MAP 소방 상 기술사

**Stand by
Strategy
Satisfaction**

새로운 출제경향에 맞춘 수험서의 완벽서

머리말

　본 교재는 소방기술사시험의 최신 트렌드에 맞추어 기초이론 및 응용력 향상에 중점을 두고 구성되었으며 단순한 문제풀이 위주의 내용이 아닌 변형된 문제가 출제되더라도 쉽게 풀 수 있도록 서술되어 있어 탄탄한 기초실력을 키워줄 것입니다.

　본서는 대영소방전문학원의 수업용 교재로서의 전문성과 착실한 기초이론의 정립으로 소방기술사 합격의 나침반이 될 것입니다.

[본서의 특징]

1. 본 교재와 더불어 동영상강의와 연계하면 기초실력향상에 도움이 됩니다.
2. 대영소방전문학원 홈페이지에서 다양한 자료 및 기출문제를 제공합니다.
3. 최근 기출문제에 대한 다각도의 접근으로 쉽게 문제를 풀 수 있는 응용력을 키워 줄 것입니다.
4. 현재 대영소방전문학원의 강의용 교재로서 교재만으로 해결이 어려운 부분은 홈페이지를 통해 쉽게 해결 받을 수 있습니다.
[www.dyedu.co.kr]

　부족하지만 심혈을 기울여 쓴 본 교재가 수험생 여러분의 합격에 일조할 수 있는 수험서가 되기를 간절히 바라며, 다시 한 번 합격의 영광을 위해 불철주야 공부에 매진하고 있는 수험생 여러분께 가슴으로부터 우러나오는 격려와 애정을 표현하면서 수험생 여러분의 합격을 진심으로 기원합니다.

　끝으로 본서가 나오기까지 물심양면으로 힘써주신 서울고시각 김용관 회장님, 김용성 사장님, 그리고 편집부 직원여러분께 지면으로나마 감사의 말씀을 전합니다.

편저자 씀

PART 01 화재역학

1. 발 화 ··· 3
2. 발화의 조건(물적 조건, 에너지 조건) ·· 4
3. 연소하한계와 상한계를 구하시오 ·· 8
4. 전기 불꽃에 의한 인화/최소발화에너지(MIE : Minimum Ignition Energy)
   ··· 9
5. 소염거리(Quenching Distance) ··· 11
6. 화염 일주 한계(MESG) ··· 13
7. 착화원의 종류 및 대책 ··· 14
8. 가연성 고체, 액체, 인화에 의한 발화 ······································· 15
9. 연소(Combustion) 산화반응 → 발열 → 빛 ······························· 17
10. 불꽃 연소와 작열연소 ··· 18
11. 훈소(심부화재) ··· 20
12. 확산 연소 ·· 23
13. 예혼합 연소(화염 전파속도) ··· 24
14. 자연발화 ·· 25
15. 연소속도 및 기화열, 최대연소속도 ·· 27
16. 질량연소유속, 유효연소열과 열방출률과 관계 ···················· 35
17. 화염의 확산 ·· 37
18. 발화 예방 대책 ·· 39
19. 소화방법 ·· 40
20. Passive System과 Active System ··· 42
21. Fool Proof와 Fail Safe ·· 43
22. 전도, 대류 ··· 44

㉓ 열용량(Thermal Capacity)과 열확산율(Thermal Diffusivity),
　 열관성(Thermal Inertia) ··46
㉔ 벽체의 열통과율 ··49
㉕ 벽체의 열손실(열유동률) ···50
㉖ 벽체에서 열저항, 열전달률 ··51
㉗ 벽체에서 표면온도 ···52
㉘ 복사 ··53
㉙ 단열압축 ··54
㉚ 전기화재 원인 ···55
㉛ 누전화재 ··57
㉜ 절연 열화(트래킹 및 흑연화 현상) ··59
㉝ 접속부 과열(접촉 불량 및 아산화동 발열 현상) ······························60
㉞ 단락 ··61
㉟ 낙뢰/피뢰설비 ···63
㊱ 정전기 ···66
㊲ 제전기 종류 ··71
㊳ 정전 역학현상, 정전유도, 재해시 손실 ··71
㊴ 화재플럼(Fire Plume) ··74
㊵ 천장 제트 흐름(Ceiling Jet Flow) ···77
㊶ 화재시 인간에 대한 열적 손상과 비열적 손상 ·······························78
㊷ 연기 발생과정, 농도 표시법, 감광계수 ···80
㊸ 감광계수와 가시거리, 피난한계와의 관계 ······································83
㊹ 연기의 특성, 유해성 ··84
㊺ 재료에서 발생하는 연기의 양 ··86
㊻ 연돌효과(Stack Effect) ··88
㊼ 중성대 ···90
㊽ 연기의 단층화 ···92

Contents

㊽ 합성 고분자 화합물 ·· 93
㊾ 목재의 착화점 바꿀 수 있는 요인 및 목재 발화의 4단계 ·········· 95
㊿ 방염 ·· 96
52 한계산소지수(LOI, Limiting Oxygen Index) ················· 101
53 MOC와 Inerting → 예혼합 연소에 산소농도 ················· 102
54 산소 평형(Oxygen Balance) ····························· 103
✚ 기출문제 ·· 105

PART 02 건축방재

① Pre-flashover와 Post flashover(연료지배형/환기지배형) ········· 173
② Flash over와 Back draft ········· 174
③ 화재 성장속도 ········· 176
④ 구획화재에서 총 발열량 ········· 177
⑤ 화재 하중(Fire Load) - TNT당량 비교 ········· 179
⑥ 화재하중 계산 ········· 180
⑦ 구획 화재의 환기요소($A\sqrt{H}$) ········· 182
⑧ 최성기에서 목재의 연소속도 ········· 184
⑨ 화재 가혹도 ········· 185
⑩ 건축물의 방화계획 ········· 187
⑪ 방재계획서 기재사항 ········· 189
⑫ 건축물 마감재료 대상 및 적용(내부 및 외장재) ········· 191
⑬ 방화재료의 시험기준 및 방법 ········· 193
⑭ 내장재 안전성 평가방법(ISO 기준 중심) ········· 195
⑮ 산소 소비 열량계(Cone Calorimeter) ········· 196
⑯ 샌드위치 패널의 특징 ········· 198
⑰ 경계벽 ········· 199
⑱ 방화벽 - 건축법, 소방법(연소방지설비) ········· 200
⑲ 방화구조 ········· 201
⑳ 내화구조 ········· 202
㉑ 건축 구조부재 내화시험 방법 ········· 208
㉒ 국내외 내화성능비교 ········· 209
㉓ 성능위주 내화 설계 ········· 210
㉔ 등가 화재 가혹도 ········· 214
㉕ 방화구획 ········· 215

Contents

㉖ 방화구획 완화 조건(건축법시행령 제46조) ·· 217
㉗ 방화지구(건축법)/화재경계지구(소방법) ·· 218
㉘ 건축법상 연소할 우려가 있는 부분 ·· 219
㉙ 화재 경계지구의 지정 ·· 221
㉚ 방화문(건축 방화설비 I) ·· 222
㉛ 방화셔터(건축 방화설비 II) ·· 226
㉜ 건축법상 방화 댐퍼의 설치 위치 및 설치 기준(건축방화설비 III) ····· 229
㉝ 배연창 ·· 231
㉞ 덕트를 통한 연소확대 방지 ·· 235
㉟ 배관, 배선의 방화구획 관통부 방화공법 ·· 237
㊱ 내화충전구조(Firestop) ·· 239
㊲ 방화구획 관통부의 Firestop의 종류별 적용 용도와 특성 ····················· 260
㊳ 창을 통한 상층으로 연소확대 방지대책 ·· 264
㊴ 인접 건물 연소확대 방지 방안(연소할 우려가 있는 부분에 조치) ····· 267
㊵ 폭렬(Spalling Failure) ·· 269
㊶ 콘크리트의 중성화 ·· 271
㊷ 건축물 화재 시 화염에 의한 콘크리트의 물리적·화학적 특성 변화와
   화재진화 후 구조물의 안전진단 절차 ·· 272
㊸ 내화대책(공법) ·· 274
㊹ 새로운 내화구조 공법 ·· 276
㊺ 고층건물의 피난계획 수립 원칙 ·· 277
㊻ 피난계획 수립순서 ·· 278
㊼ 건축물 피난 계획시 고려해야 할 기본요소 ·· 280
㊽ 국내 피난 관련 법규의 문제점 및 개선방안 ·· 281
㊾ 피난로의 구성 피난(EXIT), 피난접근(EXIT Access) 피난 배출 ········ 282
㊿ 피난경로의 연기에 대한 안전성 확보 방안 ·· 284
51 복도 설치 기준(국내 피난통로의 용량) ··· 285
52 국내 관람석 출구〈국내 관람석 피난 용량〉 ··· 285

(53) 옥외로의 출구 설치기준(건축물 바깥쪽으로의 출구 설치기준) ··········287
(54) 피난 용량(NFPA 101) ··········289
(55) 유효폭(Effective Width) ··········290
(56) 직통계단의 수량 ··········290
(57) 지하층의 구조 및 설비 ··········292
(58) 피난로의 배치 ··········293
(59) 공용이용통로(Common Path) → 피난로 배치 ··········295
(60) 보행거리 ··········296
(61) 성능위주 피난 설계 ··········297
(62) 피난계산을 수치계산을 통하여 하는 방법 ··········300
(63) 피난계단 및 특별피난계단 ··········303
(64) 비상용 승강기 ··········306
(65) 피난용 승강기 ··········308
(66) 고층건물에서 피난수단으로 승강기 사용 ··········309
(67) 초고층 빌딩의 엘리베이터를 이용한 피난 ··········311
(68) 옥상 광장, 헬리포트 ··········314
(69) 피난안전구역(건축법) ··········315
(70) 피난안전구역(초고법) ··········318
(71) 사전재난영향성평가(초고법) ··········320
(72) 사전재난영향성 평가대상 건물 허가시 제출서류 및 준공시 제출 서류 ··········322
(73) 연기의 유동 ··········323
(74) 엘리베이터의 이동에 의한 압력차(Piston Effect) ··········325
(75) 연기 제어의 목적, 기본 개념 ··········327
(76) 연기제어 기본적인 방법 ··········327
(77) 배연과 제연 ··········329
(78) Smoke Hatch ··········330
(79) 성능위주 소방 설계 절차 ··········331

Contents

- ⑧⓪ 성능위주 소방설계 장점 및 단점 ··338
- ⑧① 화재 시뮬레이션 ··339
- ⑧② 성능위주소방설계 평가기준 ··340
- ⑧③ Zone model과 Field model ···342
- ⑧④ CFAST와 FDS ··344
- ⑧⑤ Simulex ···347
- ⑧⑥ Building-EXODUS ···348
- ⑧⑦ 소방시설공사 감리업무 ··351
- ⑧⑧ 소방시설공사 감리업무 절차 ··354
- ⑧⑨ 대수선의 범위 중 건축물의 화재안전 관련된 소방공사의 범위(건축법)
  ··355
- ⑨⓪ 소방공사 착공신고 대상 ···357
- ⑨① 무창층 ···358
- ⑨② 건축허가등의 동의 ···360
- ⑨③ 대피공간 구조(건축법 시행령 제46조 제4호) ··································363
- ⑨④ 하향식 피난구〈피난구용 내림식 사다리〉 ······································366
- ⑨⑤ 2 이상의 소방대상물을 하나의 소방대상물로 보는 규정 ················368
- ⑨⑥ 특정소방대상물의 증축 또는 용도변경시의 소방시설기준
  적용의 특례 ··369
- ⑨⑦ 경사로에 관련된 건축법규 ··370
- ⑨⑧ 총괄재난관리자의 지정 등(법 제12조) ··371
- ⑨⑨ 주택성능등급 인정제도 ··372
- ①⓪⓪ 방재계획과 위험관리 ···376
- ①⓪① BTL(Build Transfer Lease) 방식 ··378
- ①⓪② VE(Value Engineering) ··379
- ✚ 기출문제 ···381

PART 03 가스폭발

① 화학공장 재해 원인 위험성 대책 ·· 481
② TNT 당량 ··· 483
③ 폭굉 유도거리(Detonation Induced Distance) ····························· 484
④ 폭발 효율 ·· 485
⑤ LPG, LNG ··· 486
⑥ 가스화재 ··· 487
⑦ 가스화재와 가스폭발 차이점 ·· 488
⑧ 가스화재 고팽창포 ·· 491
⑨ 폭발에 영향을 주는 변수 ·· 491
⑩ 폭발 시 원인물질의 물리적 상태(기상, 응상)에 따른 분류 ·············· 492
⑪ 수증기 폭발(열이동형) ··· 494
⑫ BLEVE(평형 파탄형) ·· 496
⑬ UVCE(Unconfined Vapor Cloud Explosion, 누설 착화형) ············ 498
⑭ Fire Ball ··· 500
⑮ 폭연과 폭굉 ··· 503
⑯ 반응폭주 ··· 505
⑰ 분진폭발, 분진폭발 지수 ·· 508
⑱ 전기방폭설비 ··· 512
⑲ 폭발위험장소의 구분절차(KOSH CODE E-17-2003) ···················· 519
⑳ 본질 안전 방폭구조 ··· 521
㉑ 폭발 방호 ··· 522
㉒ 화염 방지기(Flame Arrester) (불꽃방지기) ································· 525
➕ 기출문제 ··· 529

Contents

PART 04 위험물

1. NFPA 704 Code에 의한 위험물 표시 ········· 547
2. NFPA 30에 의한 인화성 액체 분류 ·········· 549
3. GHS ······························· 550
4. MSDS(Material Safety Data Sheets) ······· 553
5. 산업안전보건법상 위험물의 분류(NFPA 472 분류 유사) ······· 555
6. 위험물의 물리적 위험성 분류 ················ 557
7. 위험물 ······························ 558
8. 위험물의 위험성 구분 ····················· 567
9. 제1류 위험물의 산화성 시험 및 판정방법 ······· 571
10. 특수가연물의 종류 지정수량 저장취급방법 ······ 575
11. 금수성 물질 ··························· 577
12. 실탄(제3류) ·························· 579
13. 기타 금수성 물질 ······················· 580
14. 위험물 안전관리법상 특수인화물 ············ 581
15. 위험물 안전관리법상 알코올류 ············· 584
16. 무기과산화물 ·························· 585
17. 유기과산화물 ·························· 586
18. 저장조 내의 석유화재(Pool Fire) ··········· 587
19. 경질유, 중질유 탱크화재 특성 ·············· 590
20. 중질유 탱크 화재의 세가지 현상 ············ 591
21. LNG Roll Over 현상 ··················· 593
22. 가연성 액체의 액면상의 연소 확대 거동 ······ 594
23. 위험물규제의 개요 ····················· 597
24. 위험물시설의 구분 ····················· 602

- ㉕ 위험물 제조소 ·· 606
- ㉖ 위험물 제조소의 안전거리 ······································ 610
- ㉗ 위험물 제조소의 보유공지 ······································ 612
- ㉘ 소화난이도등급Ⅰ의 제조소등 및 소화설비 ············ 614
- ㉙ 위험물 제조소등별로 설치하여야 하는 스프링클러설비에 기준 ········ 617
- ㉚ 위험물 제조소등별로 설치하여야 하는 고정식 포소화설비의 방출구 등에 기준 ······································ 619
- ㉛ 위험물 제조소등별로 설치하여야 하는 경보설비의 종류 ················ 624
- ㉜ 옥외탱크저장소 ·· 626
- ㉝ 탱크의 안전성능시험 ·· 627
- ㉞ 옥외탱크저장소의 방유제 설치기준 ······················ 628
- ㉟ 옥외탱크저장소 방유제의 설치높이? ···················· 629
- ㊱ 지하탱크저장소 ·· 630
- ㊲ 통기장치 ·· 630
- ㊳ TLV(Threshold Limit Values) 허용한계농도 ········ 631
- ✚ 기출문제 ·· 633

Contents

PART 05 위험성 평가

1. Hazard와 Risk 차이점 ··685
2. 화학공장(공정) 위험성 평가기법의 종류 ·······································686
3. 위험성평가 비교표 ··689
4. 위험과 운전성 분석법 HAZOP(Hazard & Operability study) ········692
5. ETA/FTA ···695
6. 원인결과 분석법 CCA(Cause-Consequence Analysis) ·················698
7. CA(Consequence Analysis)사고 영향분석 ··································699
8. 위험의 표현방법(정량적 위험성평가 기법 중 위험도분석법) ··············705
9. FREM(Fire Risk Evaluation Model) ···707
10. Dow's Fire & Exploition Index(Dow Index) ······························709
11. 방호계층분석(Layer of protection analysis, LOPA) 기법 ···········712
12. 방호계층분석 보고서 ··717
13. PSM(한국산업보건안전공단) SMS(Safety Management System) ···723
14. 화재 조사 ···726
15. 국가 화재분류 체계 방안 ··727
16. 발화부 추정의 5원칙 ··729
17. 방화 ··731
18. 고층건물 화재 ··733
19. 지하구 화재 ···735
20. 목조 문화재 건축물 화재 ···737
21. 타이어 창고 화재위험 ···743
22. 전통시장의 화재안전관리 실태와 문제점 및 대책 ·······················745
23. 대형 물류창고 화재의 특성과 방재대책 ···································747
24. 초고층 건축물의 위험성 ··749

㉕ 대규모 복합시설 방재계획 특성과 방재대책 ···751
㉖ 사고결과 영향분석 CA(Consequency Analysis)
　(KOSHA CODE P-09-2005) ··753
㉗ TNO 액면화재모델 피해예측절차 ··758
✚ 기출문제 ·· 763

PART

01

화재역학

PART 01 화재역학

01 발화

구 분	자연발화	인화에 의한 발화
발생현상 (메카니즘)	열축적 → 온도상승($V = C \times e^{-\frac{E}{RT}}$) → 반응가속 → 온도상승 → 발화온도 이상시 발화	• 에너지 조건을 충족하는 착화원의 존재에 의해 발화가 시작 • 화염전파의 과정을 거쳐 계속적인 연소
착화원 유무	착화원 없다.	착화원 있다.
조건	물질농도와 에너지 조건 필요	물질농도 조건만 필요
발생형태	암기 **발산중 흡분** ① **발**효열 : 건초, 퇴비 ② **산**화열 : 건섬유, 원면, 석탄 ③ **중**합열 : 초산비닐, 스티렌 ④ **흡**착열 : 활성탄 유연탄 ⑤ **분**해열 : 니트로 셀룰로오스, 니트로 글리세린	암기 **나고충전 정복자단** • **나**화 • **고**온표면 • **충**격마찰 • **전**기불꽃 • **정**전기 • **복**사열 • **자**연발화 • **단**열압축
표현 (현상적 구분)	외부에서 가열하기 때문에 밀폐계 외측 　 중심 　 외측	국소적인 열원에 의한 개방계 외측 　 중심 　 외측

방지법	1) 열의 축적 방지 〈암기〉 전축환 　① 열전도율 상승 　② 축적방지 　③ 환기 ↑ 2) 열의 발생 방지 〈암기〉 AQTS 　① 표면적 ↓ A 　② 발열량 ↓ Q 　③ 온도 ↓ T 　④ 수분 ↓ S 3) 혼촉방지 〈암기〉 위험물 혼재 위험 423 　　　　　　　　524 61	방폭전기기기 사용 열면관리 고온가스(화염)의 관리

02 발화의 조건(물적 조건, 에너지 조건)

1 ▶▶ 개요

① 발화란 화재가 성장하는 시작점으로 발화가 일어나기 위해 발열이 방열보다 커야 한다.
② 물적조건(농도, 압력), 에너지 조건(온도, 점화원)이 필요하다.
③ 물적조건은 연소범위를 나타내며 농도, 압력으로 표현되며,
④ 에너지 조건은 발화온도, MIE 등으로 표현된다.

2 ▶▶ 물적 조건

(1) 개요

　① 물적조건은 연소범위 또는 화염 전파범위, 폭발범위로써
　② 아래와 같이 연소선도로 표현된다.

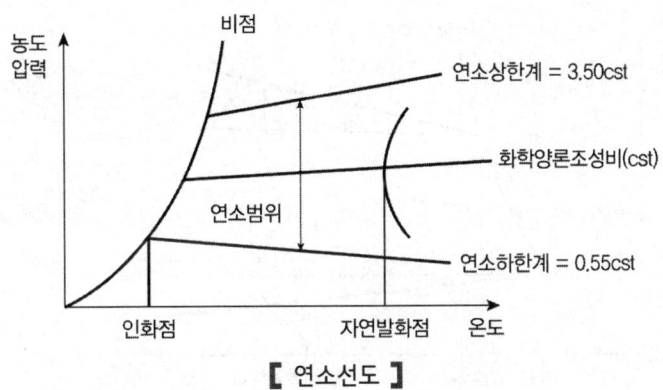

【 연소선도 】

③ LFL 이하 : 증기압이 낮아 표면연소(훈소)
④ UFL 이상 : 산소부족으로 훈소 또는 연소되지 못한다.

(2) 연소 범위 온도 영향성

① 아레니우스 반응속도 공식에서 온도가 상승하면, 반응속도는 빨라진다.

$$V = C \times e^{-\frac{E}{RT}}$$

㉠ 온도가 10℃ 상승시 반응속도가 2배로 상승하며
㉡ 기체 분자의 운동이 증가하므로 반응성이 활발해 진다.

② 온도가 상승하면 연소범위가 넓어진다.

㉠ $\frac{PV}{T} = K$ 에서 온도가 상승하면 압력 및 부피가 커지므로 연소범위가 넓어진다.

㉡ LFL = LFL 25 − (0.8 LFL 25 × 10^{-3})(T−25)
　　UFL = UFL 25 + (0.8 UFL 25 × 10^{-3})(T−25)

㉢ 온도가 100℃ 증가하면 연소범위는 8%정도 증가한다.

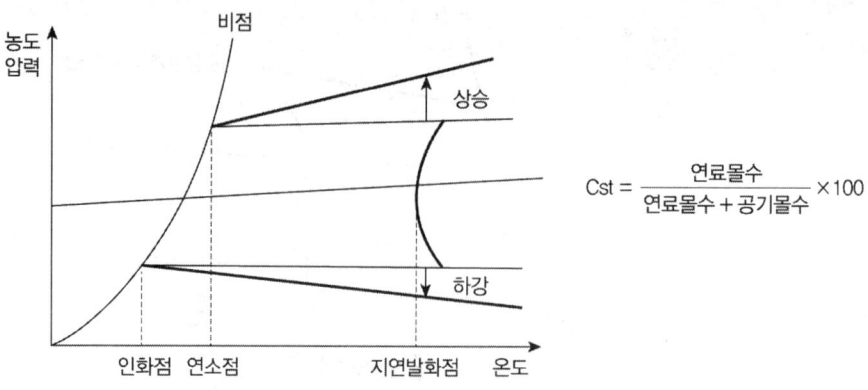

[온도상승으로 인한 연소 범위 상승]

(3) 연소 범위 압력 영향성

① LFL : 변화 없음

② $UFL_P = UFL + 20.6(\log P + 1)$

(4) 산소 농도가 높을수록 연소범위는 넓어지고

(5) 불활성 가스 투입으로 연소범위는 줄어든다.

3 ▶▶ 에너지 조건

(1) 최소발화에너지

① 활성화 에너지 (Activation E) (연소에너지)
② 가연성 가스, 증기를 발화시키는데 필요한 최소한 에너지

(2) 인화점(Flash point)

① 점화원에 의해 발화하는 온도
② 점화원을 제거하면 연소되지 않는다.
③ 가연성 혼합기가 발화하는 최저온도
④ 액체의 화재 위험성을 평가하는 척도

$$H = \frac{U-L}{L} \quad (U : UFL, \ L : LFL)$$

(3) 연소점
① 점화원을 제거하여도 연소가 지속되는 온도
② 인화점보다 약 10℃ 높다
③ Q = W-E
    Q : 연소열
    W : 방출에너지
    E : 발화, 활성화 에너지

(4) 발화점
① 주위로부터 에너지를 받아서 스스로 발화하는 최저온도를 말하며,
② 압력이 클수록, 산소농도 높을수록, 분자량 많을수록, 발화온도는 낮아진다.
③ 화학양론조성비(cst)에서 가장 낮다.

03 연소하한계와 상한계를 구하시오

예상문제

메탄 70% v/v와 프로판 30% v/v가 혼합되어 있고 공기 중에서 연소하한계와 상한계가 다음과 같을 경우 계산하고 도표를 작성하시오.

구분	L%(v/v)	U%(v/v)
메탄(CH_4)	5.0	15.0
프로판(C_3H_8)	2.1	9.5

① 연소하한계
② 연소 상한계
③ 화학양론조성(Cst)
④ 최소산소량(MOC)
⑤ 연소도표

풀이

1. 연소하한계

   Le Chatelier의 법칙 $\dfrac{100}{L} = \dfrac{V_1}{L_1} + \dfrac{V_2}{L_2}$

   $\dfrac{100}{L} = \dfrac{70}{5} + \dfrac{30}{2.1}$

   LFL = 3.54%

2. 연소상한계

   Le Chatelier의 법칙 $\dfrac{100}{U} = \dfrac{V_1}{U_1} + \dfrac{V_2}{U_2}$

   $\dfrac{100}{U} = \dfrac{70}{15} + \dfrac{30}{9.5}$

   UFL = 12.78%

3. $Cst = \dfrac{\text{연료몰수}}{\text{연료몰수} + \text{공기몰수}} \times 100$

   (1) 메탄 연소반응식
   $CH_4 + 2O_2 = CO_2 + 2H_2O$

   (2) 프로판 연소반응식
   $C_3H_8 + 5O_2 = 3CO_2 + 4H_2O$

   (3) 혼합기체의 완전연소 방정식
   $0.70(CH_4 + 2O_2 = CO_2 + 2H_2O)$
   $0.30(C_3H_8 + 5O_2 = 3CO_2 + 4H_2O)$
   $0.70CH_4 + 0.30C_3H_8 + 2.9O_2 = 1.6CO_2 + 2.6H_2O$

   $Cst = \dfrac{1}{1 + \left(\dfrac{2.9}{0.21}\right)} \times 100 = 6.75$

4. $MOC = LFL \times O_2 = 3.45 \times 2.9 = 10.27$

04 전기 불꽃에 의한 인화 / 최소발화에너지(MIE : Minimum Ignition Energy)

1 ▶▶ 정의

① 발화는 발열이 방열보다 클 때 발생한다.
② 발화는 인화에 의한 발화와 자연발화가 있으며,
③ 전기 불꽃에 의해 가연성 기체를 발화시킬 수 있는 최소에너지를 최소발화에너지(MIE)라 한다.

2 ▶▶ 전기 불꽃에 의한 발화 메카니즘

발열 > 방열 보다 클 때 발생

3 ▶▶ MIE의 측정

① 폭발 용기에 가연성 가스를 채우고 전압을 상승시켜서 불꽃이 발생할 때의 전압을 측정한다.

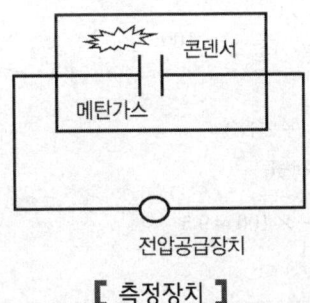

【 측정장치 】

② $E = \dfrac{1}{2} C(v_1 - v_2)^2$

  E : 최소발화에너지(J)
  C : 정전용량(F)
  v_1 : 기체 절연파괴 전압(V)
  v_2 : 방전 종료 후 전압(V)

③ 탄화수소계 MIE는 0.25mJ, 수소 0.02mJ, 분진은 10mJ이다.
④ 정전용량을 변화시켜 E값을 증가시키면 소염거리를 알 수 있다.

4. MIE 영향요소 ◆암기 PC VDT

① 압력↑, MIE↓
② Cst(화학양론조성비)에서 최소가 된다.
③ 같은 유속에서는 난류가 커지면 MIE 상승
④ 소염거리 이하에서는 아무리 큰 방전에너지를 부여해도 인화하지 않는다.
⑤ 온도↑, MIE↓

5. 활용

① 가연성가스의 위험도 측정
② 본질안전방폭구조의 원리로 이용

> **Reference**
>
> ◆ Cst(화학 양론 조성비)
>
> NTP(Normal temperature and pressure) 상태에서 가연성 가스, 공기계에서 완전 연소에 필요한 농도 비율
>
> $$Cst = \frac{연료몰수}{연료몰수 + 공기몰수} \times 100$$
>
> 1) 메탄 연소반응식
>
> $CH_4 + 2O_2 = CO_2 + 2H_2O$
>
> 2) Cst(화학 양론 조성비)
>
> $$Cst = \frac{1}{1 + \left(\frac{2}{0.21}\right)} \times 100 = 9.5$$

05 소염거리(Quenching Distance)

1 ▶▶ 정의

① 전극간의 간격을 좁게 할 때 아무리 큰 방전에너지를 부여하더라도 인화가 일어나지 않는 최대 거리를 말하며,
② 화염 방지기 등 화염전파방지장치 설계 시 응용한다.
③ 화염의 고체벽 사이나 관내를 전파할 경우에는 연소에 의해 발생한 열의 일부가 고체벽이나 관경이 어느 값보다 작게 되면 연소온도가 저하해서 화염의 전파가 불가능하게 된다. 이 한계의 치수를 소염거리라고 부른다. 소염거리는 원관의 경우 소염직경이라고도 부른다.

2 ▶▶ 발생원인

① 발화는 발열 > 방열
② 전극간의 거리가 짧아지면 MIE 작아진다.
③ 전극간의 거리가 어떤 값보다 작으면 갑자기 방열이 무한대로 증가하여 아무리 큰 MIE 부여해도 발화하지 않는다.

3 ▶▶ 소염거리 측정법

(1) 최소발화에너지법

① 원판 달린 전극장치를 사용하여 특정한 폭발 가스에 대하여 전극간에 거리를 짧게 할 때, 아무리 큰 에너지를 주더라도 착화되지 않는 거리를 소염거리라 한다.

② $E_{\min} = d^2 \dfrac{u}{Su}(T_b - T_a) \left(d = \sqrt{\dfrac{E_{\min} \times Su}{\mu(T_b - T_a)}} \right)$

$E_{\min}$: 최소 착화에너지(cal)
d : 소염거리(cm)
u : 미연소 가스의 열전도도(W/m·K)
Su : 연소속도 (cm/sec)
T_a : 가스의 초기온도(K)

T_b : 화염온도(K)

③ $E_{\min} \propto d^2 \propto T_b$

④ ds=2.24d ds : 빈공일 경우 소염거리(공간이 평형단이 아니고 속이 빈공일 경우 소음지름(ds)는 소염거리 2.24배)

(2) 평행판간 거리법

① 화염의 경우 전파되는 두 개의 평행 판간의 거리

② $d = 0.1 \left(\dfrac{520}{T}\right)^{0.5} \times \left(\dfrac{1}{P}\right)^{0.9}$

T : 온도(K) P : 절대압력

4 ▶▶ 활용

① 화염방지기 및 인화방지기의 원리로 사용된다.

> **Reference**
> 답안 작성방법
>
>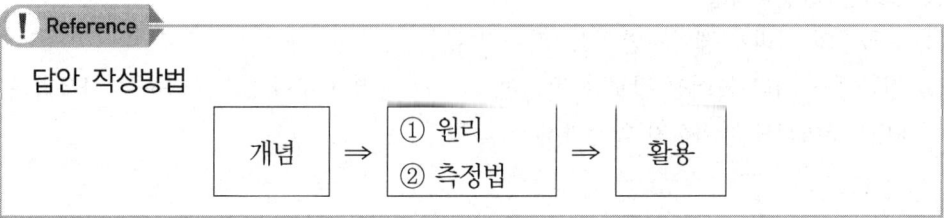

06 화염 일주 한계(MESG)

1 ▸▸ 개요

① 최대안전틈새(Maximun Experimental Safe Gap)는 용기 내부에서 가스가 폭발할 때 화염 일주가 일어나지 않는 최대 틈새를 말한다.
② 최대 안전 틈새를 통해서 가연성가스의 화염 전파 가능성 즉 가스 위험성을 간접적으로 알 수 있고 이에 대한 구체적인 대책을 세울 수 있다.

2 ▸▸ 측정

① 구조

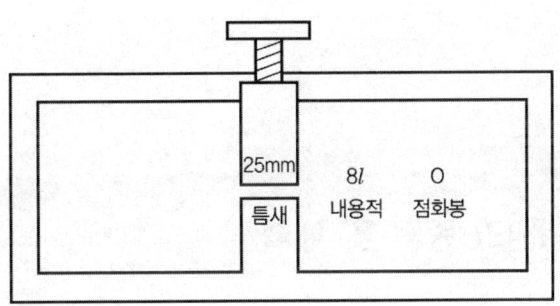

② 용기 내부와 외부에 폭발성 가스를 채운다.
③ 점화봉을 이용하여 점화시킨다.
④ 틈새를 조정해서 용기 외부의 가스가 점화될 때까지 반복한다.
⑤ 용기 외부 가스가 점화될 때의 틈새를 측정한다.

3 ▸▸ MESG에 의한 분류 🔥 최가 가방

최대안전틈새(mm)	0.9 이상	0.5 초과 0.9 미만	0.5 이하
가연성 가스 폭발등급	A	B	C
적용 가스	CH_4, C_2H_6, CS_2	C_2H_4, HCN	H_2, C_2H_2
방폭 전기기기 폭발 등급	ⅡA	ⅡB	ⅡC

4 ▶▶ 최소 점화 전류비에 의한 분류 　최가본

최소점화전류비[mm]	0.8 초과	0.45 이상 0.8 이하	0.45 미만
가연성 가스 폭발등급	A	B	C
본질 안전 방폭 구조의 폭발 등급	ⅡA	ⅡB	ⅡC

5 ▶▶ 활용

화염일주한계는 내압방폭구조의 원리로 사용된다.

> **Reference**
>
> $$\text{최소 점화 전류비} = \frac{\text{피측정 가스의 } MIE}{\text{메탄의 } MIE}$$

07 착화원의 종류 및 대책

1 ▶▶ 개요

연소의 3요소에는 가연물, 산소, 점화원이 있으며, 점화원을 제거 또는 격리시켜 연소를 예방 할 수 있다.

2 ▶▶ 착화원의 종류 ◆ 나고충전 정복자단

착화원 종류	예	대책 방안
나화	난방, 담뱃불, 램프 등의 나화 보일러, Torch lamp를 통한 나화	점화원 관리 위험물질과 점화원간 이격
고온 표면 (열면)	전열기, 가열로, 배기관, 연도 등의 고온 고체의 착화원 용융금속, 가스절단의 불꽃	점화원 관리 위험물질과 점화원간 이격

충격 마찰	충격마찰에 의한 불티나 불꽃의 비산 주물제 공구에 의한 충격불꽃	수공구류 등은 고무, 나무 또는 가죽 제품 사용
전기 불꽃	줄열 : 누과열절접 에너지 : 단지낙스정	적절한 방폭구조 설치 과전류 차단기, 누전차단기 설치
정전기 불꽃	대전현상 방전현상	① **도체**의 경우 **접지** 　**정**치시간 **배**관유속제한 ② **부도체**의 경우 **제**전기 　대전방지제 **가**습 ③ **인체**의 경우 **손목**접지대 대전방지 복 대전방지화
복사열	화염 복사열 태양광선의 열	복사열 차단 직사광선을 받지 않도록 차광시설
자연발화	**발효열** 등에 의한 반응열 축적 혼촉위험에 의한 반응열 축적	열축적 X **전축환** 열발생 X AQTS 혼촉방지 423 524 61
단열압축	디젤 엔진 점화 박막 폭굉 폭굉의 충격파	이상 압력 상승 방지를 위한 안전장치 급격한 밸브 조작하지 않도록 주의

08 가연성 고체, 액체, 인화에 의한 발화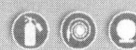

1 ▸▸ 증발

① 증발이란 액체 또는 고체의 표면에서 물질이 기화하는 현상
② 증발과정은 물리적 상태 변화
③ 온도상승이 되면 표면 장력(응집력〈부착력)이 낮아져 증발이 쉽게 이루진다.

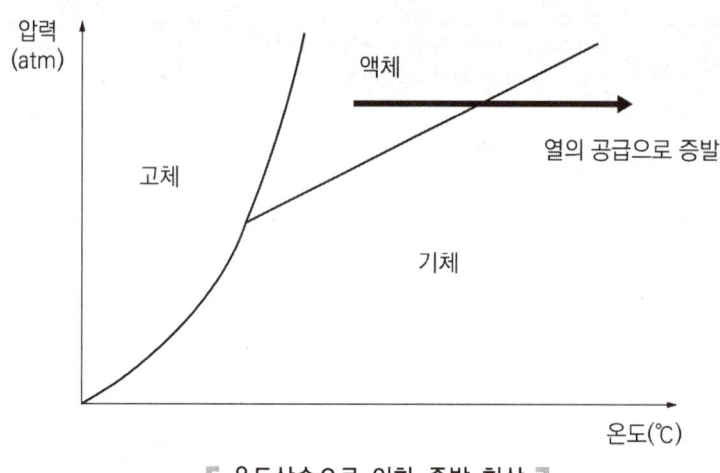

[온도상승으로 인한 증발 현상]

④ 따라서 표면적이 넓어진다.

2 ▶▶ 열분해

① 한 종류의 물질이 두 종류 이상의 새로운 물질로 나눠지는 화학 변화를 의미하는 것으로
② AB → A+B (물리 화학적 변화)
③ 분자간 인력보다 원자간의 인력이 훨씬 크기 때문에 액체의 증발 보다 고체 열분해에 필요한 에너지가 크다.

3 ▶▶ 비교 ◆참고 정상연에

구 분	고 체	액 체
과정	분해과정	증발 과정
상변화	물리, 화학적	물리적
연소형태	분해연소	증발연소
인화에 필요한 에너지	크다	작다

09 연소(Combustion) 산화반응 → 발열 → 빛

1 ▸▸ 정의

① 급격한 산화반응(Rapid Oxidation Process)으로 빛과 열을 수반
② 산화 반응이란 가연물이 산화되는 과정
③ 메탄 연소반응
   $CH_4 + 2O_2 \rightarrow 1CO_2 + 2H_2O$
   → 산소 함유물인 H_2O, CO_2로 산화되는 과정

2 ▸▸ 연소의 메카니즘

① 연소는 물질의 화학적 변화로서 원인계에 일정한 활성화 에너지가 주어져서 활성 상태에 달하면 에너지가 안정한 상태로 되려고 에너지를 방출하면서 생성계로 변화하는 현상을 연소라 한다.

②

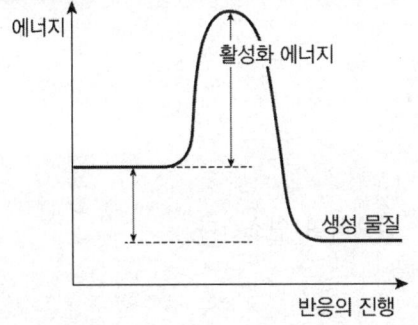
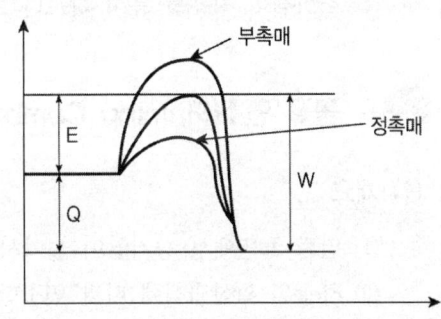

Q=W-E
Q : 연소열
W : 방출에너지
E : 발화, 활성화 에너지

3 ▸▸ 연소의 종류

① 불꽃연소(확산연소, 예혼합연소)
② 훈소(작열연소)
③ 자연발화

10 불꽃 연소와 작열연소

1 ▸▸ 개요

① 연소는 불꽃이 있는 연소와 불꽃이 없는 연소가 있다.
② 불꽃이 있는 연소는 확산연소, 예혼합연소, 자연발화
③ 불꽃이 없는 연소는 훈소 또는 작열 연소가 있다.
④ 불꽃의 유무에 따라 연소형태, 연소메카니즘, 연소특징(재해형태), 소화방법, 소화설비 적응성 등이 다르다.

2 ▸▸ 불꽃 연소(Flaming Combustion)

(1) 개요

① 연료 표면에서 증기압이 높아서 불꽃을 발생하며 연소한다.
② Fick의 확산법칙에 따라 연소한다.
③ 고체, 액체, 기체의 연소가 있다.

(2) 연소메카니즘

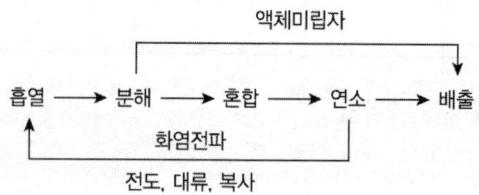

(3) 소화방법

① 연소의 4요소 중 하나를 제거하면 된다.
② 물리적 소화방법으로 질식, 냉각소화
③ 화학적 소화방법으로 연쇄반응차단

(4) 특징 암기 불화반온 열연 입감스

구 분	불꽃 연소	훈 소
불꽃 유무	있다	없다
화염전파	한다	안한다
반응속도	빠르다	느리다 (1~5mm/min)
온도	높다(고강도 화재)	낮다(저강도 화재)
열전달	높다	낮다
연기형태	Dark Smoke(타르)	Light Smoke (액적)
연소가스	$CO \downarrow$, $CO_2 \uparrow$	$CO \uparrow$, $CO_2 \downarrow$
입자크기	작다	크다
감지기 적응성	차동식 O, 정온식 O, 보상식 O, 이온화식	차동식 ×, 정온식 O, 보상식 O, 광전식 스포트형보다는 조기감지가 가능한 특수감지기
S/P 선정	화재 가혹도 크면 L/D, ESFR 화재 가혹도 작으면 일반헤드	단층화 고려 RTI 낮은 Fast형 또는 개방형 헤드

3 작열 연소(훈소)

(1) 개요

① 연료 표면에서 증기압이 낮아서 불꽃을 발생하지 않고 작열하면서 연소하는 현상
② Fick의 확산법칙에 의해서 표면에서 산소와 반응하면서 연소
③ 고체의 연소이다.
④ 연쇄 반응 없고, 액체 미립자형태의 연기 발생

(2) 연소 메카니즘

$$흡열 \longrightarrow 분해 \longrightarrow 훈소 \longrightarrow 배출$$

① 휘발분이나 열분해 성분을 거의 함유하지 않는다.

② 액체 미립자 형태로 계외로 배출되므로 독성, 냄새가 난다.

(3) 특징 🔖암기 반발 입자 독단
① 반응속도 – 아레니우스공식에 의해 온도가 낮으면 반응속도가 느리다.
② 발열량적다
③ 입자크기가 불꽃연소에 비해 크다.
④ 독성물질이 불꽃연소에 비해 많다.(CO 발생량)
⑤ 단층화가 발생한다.

(4) 소화방법
① 연소의 3요소 중에 하나를 제거하면 된다.
② 물리적 소화방법
 ㉠ 물적조건 → 제거(희석), 질식
 ㉡ 에너지조건 → 냉각

11 훈소(심부화재)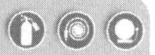

1 ▸▸ 개요
① 연료의 표면에서 불꽃(화염)이 발생되지 않고 작열하면서 연소하는 현상
② 열분해에 의하여 가연성 생성물이 생겼을 때 바람에 의하여 그 농도가 현저히 저하 또는 희석되었든지
③ 공간이 밀폐되어 산소 공급이 부족한 경우 가연성 혼합기가 형성되지 않고 발염도 되지 않아 분해 생성물이 직접 계 밖으로 나가는 현상을 Smoldering(훈소)이라 한다.

❷ 훈소 메카니즘

(1) 메카니즘

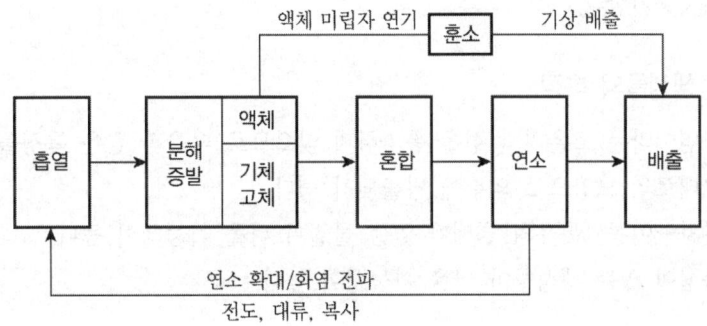

(2) 흡열
전도, 대류, 복사 등에 의해 열을 흡수하여 수분이 증발하고, 용융하는 과정

(3) 분해, 증발
흡수된 열에 의하여 휘발 성분은 휘발하고, 열가소성 수지는 용융 증발하며, 열경화성 수지는 열분해 된다.

(4) 배출
훈소에서는 분해 생성물이 화염이라는 고온의 과정을 통과하지 않고 계 밖으로 배출된다.

❸ 훈소의 특징

① 비교적 느린 연소과정으로 공기 중의 산소와 고체연료 사이에서 발생
② 반응은 고체표면에서 일어나고 산소는 표면을 향하여 확산해 감으로서 그 표면은 불꽃 없이 작열하고 숯이 생성되며 작열현상에 의해 1,000℃ 이상이 된다.
③ 연소 과정이 불완전함에 따라 CO_2 대신에 높은 CO가 발생되며, 보통 10% 이상의 연료중량이 CO로 전환되어 인체에 치명적인 영향을 준다.
④ 훈소 과정은 느린 연소 과정이기 때문에 많은 공기가 필요치 않고 연소 속도는 1~5mm/min 정도이다.

4 훈소 생성물

(1) 훈소 단계에서 산소농도는 15% 이하로 감소하고 반대로 CO 및 타르, 미연소 가스의 농도는 증가한다.

(2) 훈소 생성물의 특징

① 화염이라는 고온의 과정을 통과하지 않으므로 다음과 같은 특징을 갖는다.
② 그대로의 모양으로 외부에 방출되기 쉽다.
③ 분자량이 큰 특유의 냄새가 있는 물질이 나올 가능성이 높다.
④ 독성이 있는 생성물이 나올 가능성이 높다.

(3) 훈소에 의하여 발생되는 연기는 액체 미립자계 연기이며, 이것은 화염 중에서 생성되는 그을음과 같은 고체 미립자계 연기와는 성질이 다르다.

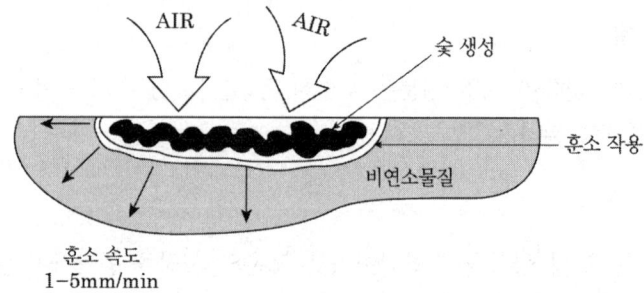

[훈소의 진행]

12 확산 연소

1. 개요

① 일반적인 화재형태의 대부분은 확산연소이며,
② Fick의 확산법칙에 따라 가연성 가스와 산소가 반응에 의해 농도가 zero가 되는 화염쪽으로 이동되는 확산과정을 통해 연소하며 부력과 난류가 연소의 중요 요소이다.
③ 층류 확산 화염은 분자 확산에 의존하며,
④ 난류 확산 화염은 난류 확산에 의존하며 화염 높이가 30cm이상을 난류 확산화염이라 한다.

2. 화염 확산의 구조

① Fick's law

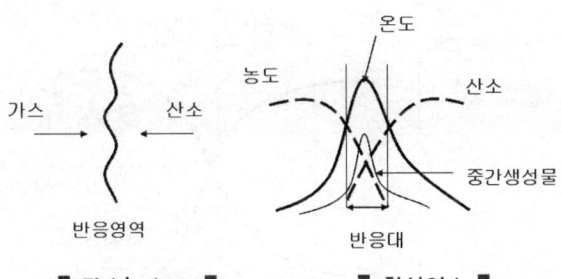

【 Fick's law 】　　　【 확산연소 】

② 가스와 산소 농도가 0이 되는 반응대로 이동
③ 연소생성물은 반응영역에서 나온다.

3. 난류 확산 화염

① 화염의 높이가 30cm 이상이 되면 난류확산화염이다.
② Re No에 따른 분류
　㉠ Re No < 2100 : 교란이 없는 층류 확산 화염
　㉡ 2100 < Re No < 4000 : 교란이 일어나고, 유속 증가하면 화염 길이 감소
　㉢ Re No > 4000 : 천이점이 화염근원에 도달, 유속 증가해도 화염 길이는 일정
③ 난류에 의해 → 화염 만곡 → 화염 면적(계면) 확대로 연소속도 및 열방출률 증가
　($Q = m \cdot A \cdot \Delta H$에서 표면적의 상승으로 열방출률 증가)

13. 예혼합 연소(화염 전파속도)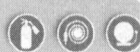

1. 개요

① 가연성 가스와 산소가 미리 혼합된 상태에서 연소
② 화염대는 예열대와 반응대 구성되며,
③ 반응대에서 예열대로 자력으로 화염이 전파되는 영역이다.
④ 밀폐된 배관에서 예혼합연소 발생 시 폭연, 폭굉으로 전이되어 충격파가 형성된다.

2. 층류 예혼합 화염의 구조

① 구조

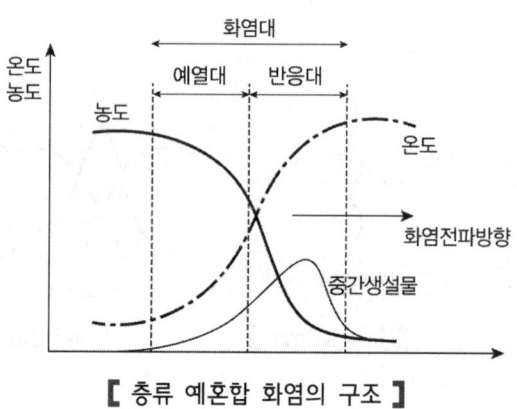

【 층류 예혼합 화염의 구조 】

② 화염대는 온도곡선 변곡점을 경계로 예열대와 반응대로 구성되며,
③ 예열대는 반응하지 않고 온도만 상승하며,
④ 반응대에서 연소하여 발열한다.
⑤ 화염대 두께가 증가하면 화염전파속도 상승한다.

3. 연소속도

① 화염면이 미연소 가연성 혼합기 방향으로 전파해 가는 속도
② 프로판은 공기 연소속도는 $0.45m/s$

③ 연소속도 영향요소 암기 억압 혼온난
　㉠ 억제제 첨가시
　　• 불활성 가스는 열용량(mc) 증가시켜 → 화염온도 하락 → 연소속도 하락
　　• 할로겐은 활성화 에너지 증가시켜 연쇄 반응 억제 → 연소속도 하락
　㉡ 압력이 높을 수록 연소속도 상승

$$Su \propto P^n \quad \begin{cases} Su < 0.45\,(m/s) \\ Su > 1\,(m/s) \end{cases} \quad \begin{matrix} \text{n값이} \\ - \\ + \end{matrix}$$

　㉢ Cst(화학양론조성비)에서 연소속도는 최대가 되고 UFL, LFL로 갈수록 연소속도 하락
　㉣ 온도가 높을수록 연소속도 상승
$$Su = 0.1 + 3 \times 10^{-6} T^2 \,[\text{m/ses}]$$
　㉤ 난류 강도에 의존 난류 강도 상승, 연소속도 상승

4 ▸▸ 화염속도

① 연소속도 + 미연 가스 이동 속도
② 화염속도는 전파시간의 최초와 최후에 0이고, 중간부분에서 최대가 된다.
③ 난류의 영향에 의해 → 화염대 증가 → 폭연, 폭굉으로 전이 되어 충격파 발생

14 자연발화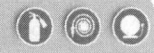

1 ▸▸ 개요

① 물질이 공기 중에서 발화온도 보다 낮은 온도에서 스스로 발열하여 그 열이 장기간 축적, 발화점에 도달하여 연소에 이르는 현상
② 밀폐된 주변의 입열에 의해서 열전달이 계의 중심으로 이동하고 계의 중심부 온도가 자연변화점 이상이 될 때 발화하는 것을 자연발화라 한다.

② ▸▸ 발생 메카니즘

입열 → 온도상승 → 반응속도 상승 → 온도 상승 반복 → 발화점 이상시 발화

③ ▸▸ 자연발화성 물질(형태) ◆ 암기 발산중 흡분

① 발효열 : 건초, 퇴비
② 산화열 : 건섬유, 원면, 석탄
③ 중합열 : 초산비닐, 스티렌
④ 흡착열 : 활성탄 유연탄
⑤ 분해열 : 니트로셀룰로오스, 니트로글리세린

④ ▸▸ 자연발화 조건

(1) 열의 축적 ◆ 암기 전축환

① 열전도율 하락, 자연발화 상승
② 축적 방법 ↑, 자연발화 상승(SHEET상 물질, 분말)
③ 환기 ↓, 자연발화 상승(공기이동)

(2) 열의 발생 ◆ 암기 AQTS

① 표면적 상승
② 발열량 상승
③ 온도 상승, 자연발화 상승

$$V = C \cdot e^{-\frac{E}{RT}} = C \cdot \frac{1}{e^{\frac{E}{RT}}}, \text{ 따라서 } V \propto \frac{1}{E}, \ V \propto T$$

E : 활성화에너지(J/mol)
R : 기체상수(8.134J/Kmol)
T : 절대온도(K)

④ 수분 상승, 열의 전도성 양호하고 촉매로 작용

5 ▶▶ 방지법

(1) 열의 축적 방지 ◆ 〈암기〉 전축환

① 열전도율 상승
② 축적방법(적재방법)
③ 환기 ↑

(2) 열의 발생 방지 ◆ 〈암기〉 AQTS

① 표면적 ↓ A   ② 발열량 ↓ Q
③ 온도 ↓ T   ④ 수분 ↓ S

15 연소속도 및 기화열, 최대연소속도

1 ▶▶ 연소속도 (Burning Rate)

화재성장의 3요소 : 발화, 화염확산, 연소속도

① 발 화 : 언제 화재가 시작되는가의 문제
② 화염확산 : 화재경계의 범위가 커지는 것
③ 연소속도 : 화재 경계에서 연료 소모 속도

① 정의 : 단위 시간 당 소모된 가연성(액체, 고체)물질의 질량

㉠ 연소속도 단위는 시간 당 소모된 질량인 [g/s]로 표현
㉡ 최초 발화에서 유면 전체로 화염이 확대되는 과정에서 연소속도는 비정상 상태 이후 유면 전체에 화염이 연속적으로 발생한 이후는 정상상태 연소
㉢ 비정상상태를 정상적인 형식으로 표현하는 방법은 질량연소속도
㉣ 질량연소속도란 단위면적당의 연소속도(mass burning flux, $\dot{m}''$)
㉤ 총 연소속도는 미소 단위표면적에서 $\dot{m}''$을 가지는 전체표면적을 곱한 값의 합

$$\dot{q} = \dot{m} \cdot \chi \cdot \triangle H_c$$

$\dot{q}$: 열방출속도, kW

$\dot{m}$: 휘발분의 질량유속, g/s

$\triangle H_c$: 휘발분의 연소열, kJ/g

χ : 연소효율(불완전연소 고려)

② 연소속도는 결국 화염속으로 이동하는 연료의 양에 의존 또는 연료의 증발속도에 의존 또는 액체의 증발에 필요한 흡열량에 의존

③ 적용

   ㉠ 액체연료 및 가연성 고체의 화염의 크기

      화염의 크기는 폭과 높이가 커지면 연소속도는 증가

   ㉡ 화염양상

      연소속도가 작은 경우 층류화염에 가깝고 연소속도가 커지면 난류화염으로 이동

   ㉢ 화재의 열방출속도 계산에 적용

      연소속도는 곧 화재에서 발생하는 열량의 크기

2. 기화열

(1) 단위 면적당 질량연소속도

단위 면적당 증발하거나 기화되는 가연물의 질량의 소모량을 말함

$$\dot{m}'' = \frac{\dot{q}''}{L_V}$$

여기서, $\dot{q}''$: 연료표면으로의 순열류[kW/m²]($\dot{q}''_s$(입사열유속) − $\dot{q}''_b$(방사열유속))

L_V : 기화열[kJ/g]

【 연료의 기화열 】

연 료	기화열[kJ/g]
액체	
가솔린	0.33
헥 산	0.45
헵 탄	0.50
케로신	0.67

	에탄올	1.00
	메탄올	1.23
열가소성플라스틱		
	폴리에틸렌	1.8~3.6
	폴리프로필렌	2.0~3.0
	폴리메틸메타크레이트	1.6~2.8
	나일론6/6	2.4~3.8
	폴리스틸렌폼	1.3~1.9
	연성폴리우레탄폼	1.2~2.7
탄화생성물		
	탄화비닐크로라이트	1.7~2.5
	경화성폴리우레탄폼	1.2~5.3
	필터용 종이	3.6
	corrugated 종이	2.2
	목 재	4~6.5

(2) 순열류(순열유속)

① 화염에서 발생하는 열류에서 다른 복사열원(벽, 천정 및 나무들간의 상호작용)에 의해 발생하는 열류를 뺀 값(Reference)
② 열가소성수지와 같은 고체의 순열류는 액체와 비슷하게 요구됨
③ 열경화성 및 목재의 순열류는 높은 표면온도에서 분해(기화)가 발생하므로 커야 함
④ 질량연소속도
   $5 \sim 50 g/m^2 \cdot s$
   $5 g/m^2 \cdot s$ 이하가 되면 화염이 소멸
⑤ 산소농도가 커지면 화염에서 열류가 커지므로 연소속도가 증가

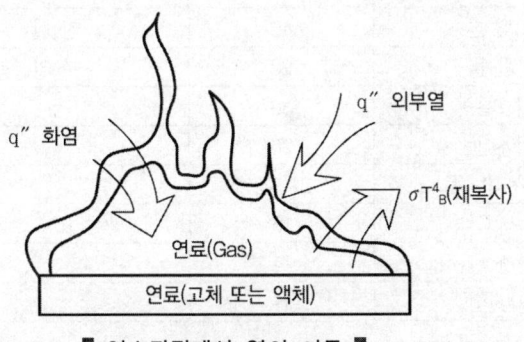

【 연소과정에서 열의 이동 】

③ 최대연소속도

① 질량연소속도를 계산하기 위해서는 화염에서의 열류값이 있어야 함
② 화염 높이가 2m 이하인 벽체에서의 열류값 : $25 \pm 5 kW/m^2$
③ L_V값은 액체(<1kJ/g)에서부터 열가소성물질(1~3kJ/g) 그리고 숯 생성 물질 (2~6kJ/g)로 가면서 커지는 경향이 있음
④ 기화시의 액체의 표면온도는 비점이 되고, 열가소성 물질은 약 250~400℃이고 숯 생성물질은 400~500℃에 도달

> **Reference**
>
> Nylon66으로 마감된 벽의 연소(증발온도 380℃)에서 화염의 열류 30kW/m²일 때 질량연소속도
> ① 순열류 = 화염에서 발생 열류 − 재복사 열류
> ② 화염열류 = 30kW/m²
> ③ 재복사열류 $\sigma T^4 = 5.67 \times 10^{-11} \left(\dfrac{kW}{m^2 K^4} \right)(380+273)^4 = 10.3 \ kW/m^2$
> ④ 순열류 $\dot{q}'' = 30 - 10.3 = 19.7 kW/m^2$
> ⑤ Nylon66의 기화열(L_V) = 2.4kJ/g
> ⑥ 질량연소속도 $\dot{m}'' = \dfrac{\dot{q}''}{L_V} = \dfrac{19.7}{2.4} = 8.2 g/m^2 s$

【 가연물의 최대연소속도값 】

연 료	$\dot{m}''$ (g/m²s)	연 료	$\dot{m}''$ (g/s)
L P G	100-130	작은 쓰레기통(18~40l)	3~6
L N G	80-100	큰 쓰레기통(70~1200l)	5~10
벤 젠	90	의자(목재, 팔걸이)	10~60
부 탄	80	소 파	20~100
헥 산	70-80	침 대	20~140
헵 탄	65-75	옷 장	~40
가 솔 린	50-60	사무실	~90
아 세 톤	40	침 실	~130
메 탄 올	22	부 엌	~190
폴리스틸렌	38	집	~30,000
폴리에칠렌	26		
폴리우레탄폼	22-25		
P V C	16		
Corrugatd paper cartons	14		
목재클립	11		

④ 에너지방출속도

(1) 에너지 방출속도의 의미

① 화재와 관련된 가장 중요한 양, 단위는 kW(화재의 힘), 심볼은 $\dot{Q}$
② 화재의 크기와 손상에 대한 잠재력을 나타냄
③ 화염의 높이와 직접적으로 연관
④ 화재 주위로의 복사열류와 직접 관계
⑤ 화재성장과 플래쉬오버의 잠재력

(2) 에너지 방출속도

$$\dot{Q} = \dot{m}'' A \triangle H_c$$

여기서, A : 증발이 관여되는 면적
$\triangle H_c$: 연소열

(3) 유효연소열 : 이론적인 연소열의 반대어

① (이론적) 연소열 : 단위질량의 증발된 연료가 반응할 때 방출되는
화학에너지(산소붐베에서 측정)
 - 목재 이론적 연소열은 19kJ/g
   화염발생기간의 유효연소열은 13kJ/g
 - 숯의 훈소과정 30kJ/g

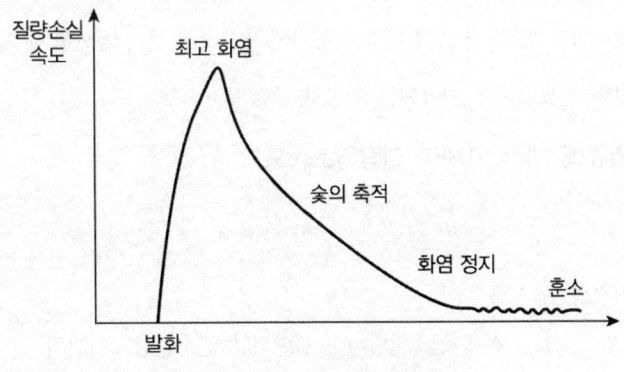

【 목재의 연소과정 】

② 적용 : 유효연소열은 기체나 액체연료에서 가장 높고, 숯 생성물에서 가장 낮음

⑤ 고체의 연소속도

(1) 합성고분자 물질의 연소

① 연소속도를 결정하는 요소는 질량감소속도

$$\dot{m} = \frac{\dot{q}''_a - \dot{q}''_L}{L_V}$$

여기서, $\dot{q}''_a$: 흡수열량
$\dot{q}''_L$: 손실열량
L_V : 기화열

기화열(L_v)는 화학적 분해가 일어나야 하므로 고체가 액체 보다 훨씬 큼
고체폴리스틸렌 $L_V = 1.76\,kJ/g$
액체스틸렌모노머 $L_V = 0.64\,kJ/g$

② 연소속도는 산소농도에 의존

산소의 분율을 고려한 질량연소속도($\dot{m}''$)

$$\dot{m}'' = \frac{\zeta \eta_{O_2}}{L_V} + \frac{\dot{q}''_E - \dot{q}''_L}{L_V}$$

여기서, $\dfrac{\zeta \eta_{O_2}}{L_V}$ 가 기울기, $\dfrac{\dot{q}''_E - \dot{q}''_L}{L_V}$ 는 상수

($\dfrac{\zeta \eta_{O_2}}{L_V}$ 와 L_V는 열량계를 사용하거나 다른 방법으로 구할 수 있기 때문에 ζ는 알려진 상수라고 할 수 있으며 따라서 공기의 경우 $\zeta \eta_{O_2}$값이 계산될 수 있는 데 이것이 화염으로부터 연료표면에 전달되는 전열량 $\dot{q}''_F$ 다.)

③ 외부열류에 대한 고체의 질량연소속도

$$\dot{q}_c = \dot{m} \, \chi \, \triangle H_c$$

여기서, $\dot{q}_c$: 연소열량
$\dot{m}$: 전체 연소질량(=단위면적당 연소질량 × 표면적)
χ : 연소효율
$\triangle H_c$: 연소열

$\dot{q}_c = \dot{m}'' \chi \triangle H_c A_F$ 로 변환

$\dot{q}''_{\neq t}$ 표면으로 들어가는 순열류

$$\dot{q}_c = \frac{\dot{q}''_{\neq t}}{L_V} \chi \triangle H_c A_F$$

$$\frac{\dot{q}_c}{A_F} = \dot{q}''_{\neq t} \chi \frac{\triangle H_c}{L_V}$$

여기서, $\frac{\triangle H_c}{L_V}$ 값을 가연성비 : 가연성비가 커지면 질량연소속도 및 열방출량이 커짐

- 화재억제제는 $\triangle H_c$와 L_V를 변화시켜서 가연성비에 영향을 주는 기능을 수행
보통 화재억제제의 연소효율(χ)은 0.4 이하
지방족탄화수소 > 지방족/방향족 혼합물/방향족 탄화수소 > 높은 할로겐화족

【 연료의 가연성비 】

Fuel^a	$\triangle H_c / L_v^b$
Red oak (solid)	2.96
Rigid PU foam (43)	5.14
Polyoxymethylene (granular)	6.37
Rigid PU foam (37)	6.54
Flexible PU foam (1-A)	6.63
PVC (granular)	6.66
Polyethylene 48% Cl (granular)	6.72
Rigid PU foam (29)	8.37
Flexible PU foam (27)	12.26
Nylon (granular)	13.10
Flexible PU foam (21)	13.34
Epoxy/FR/glass-fibre (solid)	13.38
PMMA (granular)	15.46
Methanol (liquid)	16.50
Flexible PU foam (25)	20.03
Rigid polystyrene foam (47)	20.51
Polypropylene (granular)	21.37
Polystyrene (granular)	23.04
Polyethylene (granular)	24.84
Rigid polyethylene foam (4)	27.23
Rigid polystyrene foam (53)	30.02
Styrene (liquid)	63.30
Heptane (liquid)	92.83

(2) 목재의 연소

① 목재는 비균질성, 비균등성 물질로 특성치들이 측정 방향에 따라 달라짐

② 목재의 성분별 분해온도
　　반셀룰로즈 : 200~260℃
　　셀룰로즈 : 240~350℃
　　리그닌 　: 280~500℃

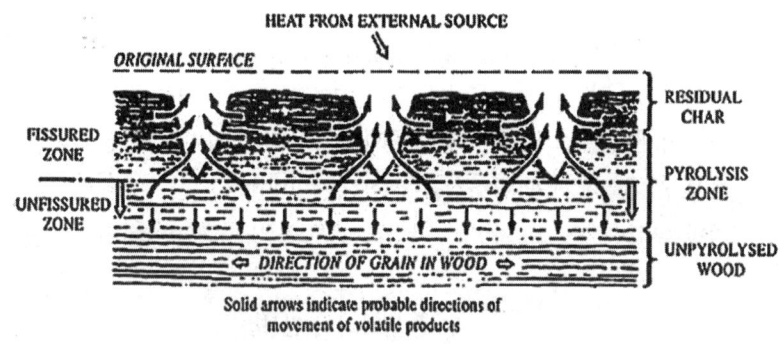

【 목재의 연소 단면 】

③ 목재판과 막대기의 연소
　㉠ 나무결 구조로 인해 특성치는 방향에 따라 변함
　　ⓐ 나무결과 평행의 열전도도는 나무결의 수직인 부분보다 약 2배가 됨
　　ⓑ 발생된 휘발분은 나무결에 따라 차이가 발생
　㉡ 온도에 다른 특성 변화
　　ⓐ 200~250℃ 이상에서 색깔이 변하고 숯이 생성
　　ⓑ 300℃ 이상이 되면 물리적 구조 파괴가 발생(휘발분이 쉽게 증발)
　　ⓒ 균열의 깊이가 증가됨에 따라 점차 넓어지고 악어등과 같은 형태를 가짐
　　　건물화재에서 이런 현상이 나타나는 것은 화재의 상당한 성장을
　　　의미함(탄화심도)
　㉢ 화재억제제와 같은 무기불순물의 영향
　　분해속도에 매우 민감한 영향을 줌
　㉣ 무기분 함량
　　사전에 영향을 주는 요소로 작용
④ **통나무 연소**(격자구조의 연소)
　㉠ 목재의 배열의 상태에 따라 복잡해짐
　㉡ 겹친 통나무 내에 가두어진 열과 연소면 사이의 상호복사에 의해 가열면적과 흡수
　　열량이 커짐

(3) 고체 분진과 분말의 연소

① 미세하게 쪼개진 가연성 물질의 화재양상
   훈소(가연성이 작은 경우) 또는 폭발(가연성이 큰 경우)
② 훈소는 톱밥이나 목분 같은 기공성의 숯 생성 물질에서만 발생
③ 숯 생성이 되지 않는 열가소성 수지 분말도 열에 노출되면 용융하여 액체 Pool을 형성
④ 가연성 분진은 분진운을 형성시켜 연소(부유상태의 액적 연소와 동일)
   연소속도는 연료의 직경에 비례(분진폭발편 참조)
⑤ 분진 연소의 반응메카니즘
   ㉠ 1단계 : 반응물질인 산소의 물질 이동 과정-대기중의 산소가 고체연료의 표면부근에 정지해 있는 가스층을 통과하여 이동
   ㉡ 2단계 : 산소가 연료표면에 화학적으로 흡착하는 과정
   ㉢ 3단계 : 고체연료와 화학적으로 반응하는 과정
   ㉣ 4단계 : 연료분과 반응한 기상생성물이 표면으로부터 이탈하여 방출되며 공기중으로 확산하는 과정
⑥ 분진연소에서 단위질량당 반응속도 즉, 열방출속도는 표면적의 부피에 대한 비에 의존, 충분히 작은 입자에서는 복사에너지 전달에 의해 격렬한 폭발이 발생

16 질량연소유속, 유효연소열과 열방출률과 관계

예상문제

화재 시 에너지 방출속도($\dot{Q}$)는 화재 시 다른 요소와 비교할 때 직접적으로 화재의 크기와 손상 가능성을 나타낸다.

① 이것이 질량연소유속($\dot{m}''$), 유효연소열(Δh_c), 기화되는 면적(A)과 어떤 관계인지 설명하시오.
② 아래의 예는 제한된 조건하에서 에너지 방출속도 $\dot{Q}$와 실제 화염의 열유속 $\dot{q}''$의 값을 제시하였다. 이들 각각 4가지 연료에 대한 위험성의 상관관계를 설명하시오.

구 분	$\dot{m}'' = \dfrac{\dot{q}''}{L}$ (g/m²s)	$\dot{Q}$ (KW)	$\dot{q}'' = \dot{m}'' \times L$ (kW/m²)
목재	11	130	20
폴리스티렌	38	1,189	65
헵탄	75	2,650	38
가솔린	55	1,887	18

[풀이] 1) ① 에너지방출속도 $\dot{Q}$

$\dot{Q} = \dot{m}'' \times A \times \triangle H_C$ 로 표현되며

$\dot{m}''$: 연소속도 $\left[= \dfrac{\dot{q}''}{L} (\text{g/m}^2\text{s}) \right]$

$\dot{q}''$: 순열유속(kW/m²)

L : 기화열(물질을 기화시키기 위한 필요한 에너지)(kJ/g)

② 에너지방출속도 $\dot{Q}$ 과 관계
  ㉠ 질량연소유속과 관계는 비례 관계로 연소열에 따라 에너지방출속도가 증가 :
  $\dot{Q} \propto \dot{m}''$
  ㉡ 유효연소열과 관계는 비례 관계로 연소열에 따라 에너지방출속도가 증가 :
  $\dot{Q} \propto \triangle H_C$

2)

구분	$\dot{m}'' = \dfrac{\dot{q}''}{L}$ (g/m²s)	A(m²)	$\triangle H_C$ (kJ/g)	$\dot{Q}$ (KW)	L (kJ/g)	$\dot{q}'' = \dot{m}'' \times L$ (kW/m²)
목재	11	0.785	15	=11×0.785×15 =130	1.82	=11×1.82 =20
폴리스티렌	38	0.785	39.85	=38×0.785×39.85 =1,189	1.72	=38×1.72 =65
헵탄	75	0.785	44.6	=75×0.785×44.6 =2,650	0.5	=75×0.5 =38
가솔린	55	0.785	43.7	=55×0.785×43.7 =1,887	0.33	=55×0.33 =18

① 가솔린 화재의 순수 열유속 18(kW/m²)은 폴리스티렌의 순수 열유속 65(kW/m²)과 비교가 된다. 이들 열유속의 차이는 이론으로 이를 예측하는데 한계가 있음을 보여준다.
② 순수 열유속과 에너지방출속도는 비례관계로 순수 열유속의 크기가 큰 폴리스티렌 화재가 가솔린화재보다 더 위험하다고 판단될 수 있으나
③ 실제 에너지 방출속도는 가솔린은 1,887KW이고 폴리스틸렌은 1,189KW으로 가솔린 화재의 위력이 더 큰 것으로 나타난다.
④ 이러한 차이는 복사로 인한 흡수 때문인 것으로 설명된다. 즉, 연료표면 가까이에서 생성된 다량의 기화 가솔린은 화염의 복사를 차단하는 구름처럼 작용한다.
⑤ 가솔린화재 손괴(열유속 $\dot{q}'' = \dot{m}'' \times L$)은 18(kW/m²)이며, 동일 조건의 목재 화재 손괴는 20(kW/m²)으로 목재화재(열유속 $\dot{q}'' = \dot{m}'' \times L$)이 더 큰 것으로 표현된다.

17 화염의 확산 　액체의 연소 확대거동과 같이 공부할 것

1 ▶▶ 개념

① 발화 → 연소속도 → 화염확산
② 고체 - 표면화염확산 및 훈소의 성장
　　액체 - 액온의 인화점 보다 높을 때 → 예혼합형 연소
　　액온의 인화점 보다 낮을 때 → 예열형 연소
③ 기체 - UVCE → Fire Ball

2 ▶▶ 고체 표면에서 화염 확산

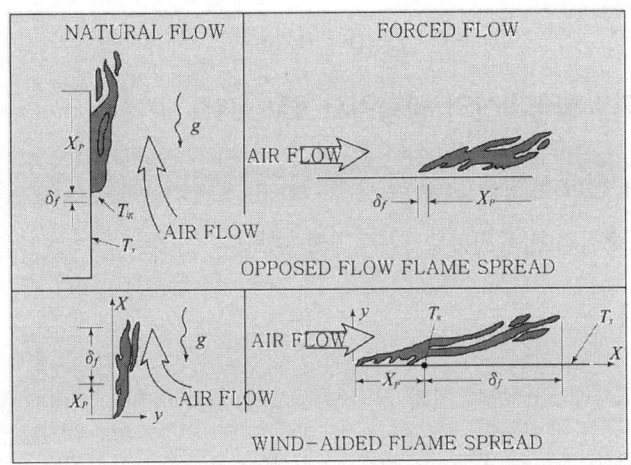

(1) 개요

① 화재가 성장하는 속도는 화염이 발화지점으로부터 가연물질 위에 큰 면적으로 증가 하면서 얼마나 빠르게 확산하는가에 의해서 결정되며,
② 화염확산은 발화면(화재의 경계면)이 전진하는 것이며, 전진 화염의 끝부분은 화염면 앞의 연료를 연소점까지 올리기 위한 열원 또는 점화원으로 작용한다.
③ 화염 확산의 속도는 재료의 화학 조성과 물리적 특성에 의존한다.
④ 훈소 과정을 통해서도 표면에서의 화염확산이 일어날 수 있다.

(2) 하향 또는 측면 확산
① 바람 흐름과 반대 방향의 흐름으로 화염 및 뜨거운 가스와 접촉되지 않는다.
② 화염확산은 표면온도가 임계값 이상인 경우 일어난다.

(3) 상향 또는 순풍에서의 확산
① 바람 흐름 방향의 확산으로 바람이 없는 화재에서는 부력 흐름에 의존하며,
② 화염 확산을 하는데 필요한 열은 화염으로 부터의 열전달, 연소생성물로 공급되며,
③ 화염의 길이는 열방출률에 의해 좌우된다.
④ 화염확산 속도

$$V = \frac{\delta f}{t_{ig}}$$

δf : 화염 열전달에 의해 가열되는 길이
t_{ig} : 점화시간

3. 고체 표면 화염확산의 영향인자 암기 전두환 밀기

(1) 표면 방위와 전파 방향
화염속도는 수직의 상향전파일 경우 가장 빠르다.

(2) 연료의 두께
① 두꺼운 고체(2mm 이상)에서 착화시간 $t_{ig} = kec\left[\dfrac{T_{ig} - T_\infty}{q''}\right]^2$

k : 열전도도, ρ : 밀도, c : 비열, T_{ig} 착화온도, T_∞ : 초기온도

얇은 고체(2mm 미만)에서 착화시간 $t_{ig} = ecl\dfrac{(T_{ig} - T_\infty)}{q''}$

② 두께가 증대되면 화염확산은 두께와 무관

(3) 환경의 영향
① 대기의 조성
② 연료의 온도
③ 투입 복사 열류
④ 대기압

⑤ 투입 공기의 이동

(4) 밀도, 비열, 열전도(eck)

(5) 기하학적 현상

① 폭 : $V \propto$ (샘플의 폭)$^{0.5}$
② 모서리 : $V \propto Q^4$, 벽 : $V \propto Q^2$
③ 하향 전파는 $\theta = 180°$일 때 최대

4 ▶▶ 일반적인 화염확산 속도

① 훈소 : 0.001~0.01[cm/sec]
② 액면에서의 수평 전파 화염 확산 속도 : 1~100[cm/sec]
③ 폭굉 : 3500[m/s]
④ 층류 예혼합 화염 10~100[cm/sec]

18 발화 예방 대책

1 ▶▶ 물적 조건 예방 대책 〈인화에 의한 발화, 자연발화 공통〉

① 불연화, 난연화
② 조성변화 → 연소범위 밖에서 보관하는 것으로 경유탱크는 밀폐를 통하여 연소범위를 UFL 위에서 보관하거나, 통풍 환기를 통하여 LFL 아래에서 저장하는 것을 의미한다.
③ 불활성화 → CO_2, N_2 등 불활성 물질 첨가

2 ▶▶ 에너지 조건 예방대책

(1) 인화에 의한 발화

① 점화원 제거 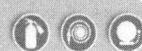(나 고 충 전 정 복 자 단)
② 점화원 제거 할 수 없는 경우

㉠ MIE 이하로 → 본질 안전 방폭구조
㉡ MESG 틈새 이하로 → 내압 방폭구조

(2) 자연 발화

① 열의 발생 방지 **암기 AQTS**
  표면적↓, 발열에너지↓, 온도↓, 수분↓
② 열의 축적방지 **암기 전축환**
  열전도율↑, 축적방법, 환기↑

19 소화방법

1 ▶▶ 물리적 소화

(1) 질식

① 원리 : 산소를 차단하여 산소농도를 15% 이하로 유지
  ㉠ 수계설비(15~250℃일 경우, 0~250℃일 경우)

  $$V_{250} = 22.4 \times \left(\frac{250+273}{15+273}\right) = 40.7\,\text{L} \;,\; \left[\left(\frac{250+1273}{0+273}\right) = 42.913\,\text{L}\right]$$

  $$팽창비 = \frac{40.7}{0.018} = 2260배\ 팽창$$

  ㉡ 가스계 설비

  $$CO_2\ 농도 = \frac{21-O_2}{21} \times 100$$

② 소화
  ㉠ 가연물 농도를 희석시켜 연소가스를 연소 범위 이하로 유지(환기)
  ㉡ 공기를 완전히 차단하여 산소공급을 제한(경유탱크의 밀폐)
  ㉢ 유면에 물분무를 방사하여 유화층 형성

(2) 냉각

① 원리 : 온도를 인화점 이하로 낮춤으로서 소화(방열>발열)
② 소화 : 비열이나 증발 잠열이 큰 물질을 이용

⊙ 수계설비(15℃ 1kg 물 → 250℃ 증기되는 경우)

$Q = GC\Delta t + Gr$

$Q = 1 \times (100 - 15) + 540 + 0.6 \times (250 - 100) = 715 \text{kcal}$

ⓒ 할로겐화합물소화약제(NOVEC 1230)

$Q = Gr$

$Q = 25\text{kcal}$ (FK 5-1-12 기화잠열은 25kcal)

ⓒ 화염방지기

(3) 제거 소화

① 원리 : 가연물을 제거함으로써 연소를 차단
② 소화
   ⊙ 기체 및 액체 : 가연물 누설시 폐쇄, 공급 중단
   ⓒ 고체 가연물 : 가연물 제거(산불 화재시 벌목, 방화 수림대)
   ⓒ 전기화재 : 전원차단

2 ▸▸ 화학적 소화

(1) 원리

① 수소, 산소로부터 활성화된 수소기 H^*, 수산기 OH^*를 화학적으로 제거하는 것
② 할론 F^-, Cl^-, Br^-, 분말 Na^+, K^*, NH^*, 강화액 K^* 등을 사용

(2) 소화

BLEND - A	제1종 분말소화설비
$H_2 + OH \rightarrow H_2O + H$	$2NaHCO_3 \rightarrow Na_2O + H_2O + 2CO_2$
$H + O_2 \rightarrow OH + O$	$Na_2O + 2H \rightarrow H_2O + 2Na^*$
$OH + HBr \rightarrow H_2O + Br$	$Na + OH^* \rightarrow NaOH$
$Br + CH_3 + (RH) \rightarrow HBr + CH_3(R)$	$NaOH + H^* \rightarrow Na + H_2O$

20 Passive System과 Active System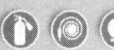

1 ▸▸ 개요

① 화재는 발화 → 연소 → 연소확대를 통해 성장한다.
② 연소확대 메카니즘 제어방법으로 Passive System과 Active System이 있다.
③ 자연적인 힘에 의존하는 Passive System은 부분화와 다중화가 있고, 기계력에 의존하는 Active System은 소화설비 등을 의미한다.

2 ▸▸ 비교 ◆암기 P A 개 장 단 요 종

구 분	Passive System	Active System
개 념	① 자연력에 의존하며 화재제어 ② 부분화와 다중화 ③ 부분화란 방화구획, 방연구획 등 ④ 다중화란 복수의 수단 의미	① 기계력에 의존하며 화재제어 감시 ② 소화설비 경보설비 등 의미한다.
장 점	신뢰도가 높아서 방재 설계의 기본이 된다.	초기대응에 효과적이다. 피해면적 줄일 수 있다.
단 점	초기 대응에 부적절하며, 피해면적이 높다.	신뢰도가 낮고 유지관리가 중요
요구기능	① 하중지지력 ② 차염성 ③ 차열성	① 소화성능 ② 독성 ③ 환경영향성 ④ 물성 ⑤ 안정성 ⑥ 경제성
종 류	① 불연재료 ② 내화구조 ③ 방화구획 ④ 피난통로 ⑤ 방폭벽, 방유제, 방액제, 안전거리	① 소화설비 ② 경보설비 ③ 피난설비 ④ 소화용수설비 ⑤ 소화활동설비

3 ▸▸ Passive 와 Active의 상호 관계

① Passive system은 화재을 한정시키는 system이고 Active System은 화재를 진압하는 System이지만 상호 보완적으로 어느 하나가 완화되면 나머지는 강화시켜 신뢰도를 유지한다.
② 예를 들어 방화구획 설정시 SP 설치하면 방화구획 면적을 3배까지 완화시키고, 연소우려가 있는 개구부는 드렌쳐 설비를 설치하여 방화구획을 보완하고 있다.

21. Fool Proof와 Fail Safe

1. 개요

Fool Proof와 Fail Safe는 설비 또는 인적 실수에 인한 것으로부터 인명 피해, 재산 피해를 방지하기 위한 것이다.

2. Fool Proof

(1) 개념
① 바보라도 보호한다는 개념
② 화재시 → 패닉 → 잘못된 판단, 행동하는 방지

(2) 적용 예
① 단순하고 명쾌한 피난 경로 구성
② 피난 방향으로 피난문을 열리게 하는 것
③ 도어 손잡이는 회전식 아닌 레버식으로
④ 피난구 유도등에 그림, 색채, 문자 사용
⑤ 소화설비, 경보설비 → 적색 위치 표시등 사용
⑥ NFPA 704 에서 위험물을 유독성(청색), 가연성(적색), 반응성(황색), 특이사항(백색) 분류하고 0~4등급 쉽게 표현하는 것

3. Fail Safe

(1) 개념

실패하더라도 바로 재해로 연결되지 않고 안전을 확보할 수 있는 또 다른 대책을 마련해 놓은 것

(2) 적용예
① 부분화
  ㉠ 방화구획
  ㉡ 방연구획

ⓒ 방액제

ⓔ 방유제

② 다중화

㉠ 2방향 피난 – 거실, 복도에서 2방향 피난, 발코니

㉡ 전원은 비상 전원

㉢ 수원은 고가수조

㉣ 배관 – Loop, Gird 배관

㉤ 배선 – Loop, Network 배선〈Class A를 통해서 하는 것〉

㉥ 가스계 소화설비에 Reserve System

22 전도, 대류

1 ▶▶ 전도 ◆암기 F N S 법칙

(1) 개요

① 전도는 고체 또는 정지 상태의 유체 내에서 이루어지는 열선날을 의미하며,

② 고체를 통한 내부로의 열흐름 및 고체 내에서 격자 진동 형태의 원자운동에 의한 열전달을 말한다.

③ Fourier 전도법칙에 의해 표현된다.

(2) 공식

① 단위면적당 전달되는 열량

②
$$\dot{q}'' = \frac{k}{L}(T_1 - T_2)(\text{w/m}^2)$$

T_1, T_2 = 온도차, 즉 물체(벽면) 표면과 일정 깊이의 온도차[℃]

L = 경로길이, 즉 벽이나 물체의 두께[m]

k = 물질의 열전도도[W/m·K]

③ 가연성 고체 발화, 화염확산, 화재저항 관련

(3) 전도에 영향을 주는 요인

① 흐름 경로의 단면적[A]
   단면적이 커지면 열 흐름양은 증가
② 흐름길이 [l]
   길이가 길어지면 열 흐름 저항이 증가하여 열 흐름양은 감소
③ 열전도도[k]
   열전도가 크면 열 흐름 저항이 작아져 열 흐름양은 증가
④ 목재와 플라스틱과 같은 적층재료
   열 흐름 결과 평행한 경우 빠르고 수직인 경우 느림

2 ▸▸ 대류

(1) 개요

① 대류는 고체 표면과 움직이는 유체 사이에서 분자의 불규칙한 운동과 거시적인 유체의 유동 등 두 가지의 메카니즘에 의해 이루어진다.
② 대류는 유체의 유동이 외부로부터 작용하는 힘에 의해 이루어짐
   강제대류 및 온도차로 인한 부력에 의해 발생(자연대류)하여 열전달이 이루어진다.
③ Newton 냉각법칙에 의해 표현된다.

(2) 공식

① 단위면적당 전달되는 열량

$$\dot{q}'' = \frac{k}{L}(T_1 - T_2) = h(T_2 - T_1)$$

$\dot{q}''$: 단위 표면적 당 열전달률[W/m^2], h : 대류전열계수[W/m$^2 \cdot$k]
T_1 : 공기의 온도[K 또는 ℃], T_2 : 화염의 온도[K 또는 ℃]

② Fire plume은 대류와 관계가 있다.
③ RTI 는 h와 반비례

$$RTI = \tau\sqrt{u} \ (\sqrt{m \circ s}$$

u : 상승기류속도(m/s)

시간지수 $\tau = \dfrac{m \cdot c}{h \cdot A}$

m : 열감지부 질량(kg), c : 열감지부 비열(kal/kg·℃)
h : 대류 열전달 계수[W/m²·k], A : 열감지부 표면적[m²]

(3) 대류열전달에 관계하는 요인

$$RTI = \tau\sqrt{u}$$
$$\tau = \frac{mc}{hA}$$

① 온도차, 밀도차(부력차이)
② 층류화염이 난류화염에 비해 높은 열전달률을 가진다.
③ 천정에 부딪치는 화재 플럼은 열흐름이 직각으로 가장 높은 배치 형상
④ 속도가 증가하면 열전달률이 달라진다.
⑤ 열전달계수는 온도차에 따라서도 변하지만 그 크기가 작기 때문에 보통 특정값을 선택해서 사용한다.

23 열용량(Thermal Capacity)과 열확산율(Thermal Diffusivity), 열관성(Thermal Inertia)

1 ▸▸ 개요

열전달에서 중요한 사항으로 열전도도(K), 비열(C), 열용량(mc), 밀도(e), 열확산율(a), 열관성(kec)등이 있다.

2 ▸▸ 열용량(Thermal Capacity)

(1) 개념

① 어떤 물질의 온도를 1℃ 높이는데 필요한 열량이다.
② 비열과 약간 다른 개념으로서, 비열이 같은 물질이어도 그 양이 다르면 온도를 1℃ 높이는데 필요한 열량이 다르다.
③ 단위 질량에 대한 열용량은 비열이라고 한다.
④ 열용량의 단위는 [cal/℃] 또는 [J/K]

(2) 계산식

① 열용량＝질량(m)×비열(c)[kcal/K]
② 열용량＝열량(q)/온도 상승량(△t)
③ 열용량이 큰 물질일수록 열이 이면으로 잘 전달되지 않는다.

(3) 소방에서 활용

$$RTI = \tau \sqrt{u}$$
$$\tau = \frac{mc}{hA}$$

(4) 단위체적당 열용량(mc)

단위체적당 열용량(mc)은 에너지 저장능력이라고 하며 1K만큼 물질의 단위 체적의 온도를 올리는데 필요한 열량(J/m³·K)

3 ▸▸ 열확산율(열확산도)

(1) 개념

① 고체의 열전도에서 열을 받지 않은 이면까지 온도가 전달되는 비율을 말한다.
② 단위체적당 열용량에 대한 열전도도 비
③ 열이 벽을 통과하는데 소요되는 시간을 계산하는데 이용
④ 열확산율이 높고 고체일수록 열전도가 잘 이루어진다.

(2) 계산식

① 고체의 열확산율

$$\alpha = \frac{k}{\rho c} \, (\text{m}^2/\text{sec})$$

② 고체 이면으로 온도가 전달되는데 걸리는 시간

$$t = \frac{l^2}{16\alpha} \, (\text{sec})$$

(3) 예

① 동 : 1.14×10^{-4} (㎡/s)

② Steel : 1.26×10^{-5} (㎡/s)

③ 콘크리트 : 5.7×10^{-7} (㎡/s)

④ 유리섬유 단열재 : 8.6×10^{-8} (㎡/s)

⑤ 폴리 우레탄폼 : 1.2×10^{-6} (㎡/s)

예상문제

두께 5mm 폴리우레탄폼 이면으로 온도가 전달되는데 걸리는 시간은?

풀이 $t = \dfrac{l^2}{16\alpha} = \dfrac{0.05^2}{16 \times 1.2 \times 10^{-6}} = 130.21 \text{(sec)}$ **답** 130.21sec

(4) 소방에서 활용

내화구조체 시험방법 중 차열성 시험방법 관련

4 열관성

(1) 정의

① 열속에 노출 되었을 때 표면의 온도가 어떻게 빨리 상승하는지를 결정하는 요소이다.

② 주위의 온도 변화가 있어도 본래의 열적상태를 유지하려는 성질을 말하며,

③ 고체 물질의 방열을 나타내는 특성치이다.

(2) 공식

$$k\rho c = \dfrac{k^2}{\alpha} = \dfrac{k^2}{\dfrac{k}{\rho c}} \;(\text{kw/m}^2 \cdot \text{c})$$

(3) 활용

물체의 착화시간을 알 수 있는 요소이다.

두꺼운 고체의 착화시간

$$t_{ig} = k\rho c \left[\dfrac{T_{ig} - T_\infty}{\dot{q}''}\right]^2$$

24. 벽체의 열통과율

예상문제

다음 그림과 같은 벽체의 열통과율(Overall Heat Transfer Coefficient)을 유도하시오.
(단, $t_i > t_o$)

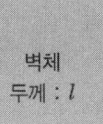

K : 열통과율(kcal/m³h℃)
λ : 열전도율(kcal/mh℃)
a_i : 내부표면 열전달계수(cal/m³·h·℃)
a_o : 외부표면 열전달계수(kcal/m²·h·℃)
t_i : 내부공기온도(℃)
t_o : 외부공기온도(℃)

㉮ **풀이**

1. 내부공기에서 내부벽체로 단위 면적당 열전달
$$\ddot{q_1} = a_i(t_i - t_1) \text{ ------- ①}$$

2. 내부벽체에서 외부벽체로 단위 면적당 열전도
$$\ddot{q_2} = \frac{\lambda}{l}(t_1 - t_2) \text{ ------- ②}$$

3. 외부벽체에서 외부공기로 단위 면적당 열전달
$$\ddot{q_3} = a_o(t_2 - t_o) \text{ ------- ③}$$

상기 ①, ②, ③식을 다시 정리하면
$$\frac{1}{a_i} = \frac{1}{\ddot{q_1}}(t_i - t_1) \quad \frac{l}{\lambda} = \frac{1}{\ddot{q_2}}(t_1 - t_2) \quad \frac{1}{a_o} = \frac{1}{\ddot{q_3}}(t_2 - t_o)$$

전열량(q) $= q_1 = q_2 = q_3$ 이므로 ①+②+③ 하면
$$\frac{1}{a_i} + \frac{l}{\lambda} + \frac{1}{a_o} = \frac{1}{\ddot{q}}(T_i - T_o)$$

$$\ddot{q} = \frac{1}{\frac{1}{a_i} + \frac{l}{\lambda} + \frac{1}{a_o}}(T_i - T_o)$$

여기서, $\dfrac{1}{\frac{1}{a_i} + \frac{l}{\lambda} + \frac{1}{a_o}}$ = 열 통과율(k)라 하면

㉯ 열통과율(k) $= \dfrac{1}{\frac{1}{a_i} + \frac{l}{\lambda} + \frac{1}{a_o}}$

Series 1 MAP 소방기술사(상)

> **Reference**
>
> ◉ 용어정리
> - heat release rate : $\dot{Q}$[kW, 열방출률] 화재크기, 발열량, 열방출속도
> - heat flow rate : $\dot{q}$[kW, 열유동률] 화재속도
> - heat flux : $\dot{q}''$ [kW/m²] 열유속(단위면적당 열유동률)

 예상문제

폴리우레탄폼으로 구성된 벽을 관통하는 단위 면적당 열유동율을 구하시오. 단, 벽의 두께는 0.05m, 벽 양면의 온도는 40℃와 20℃이다.

풀이 단위면적당 열유동율을 열유속(heat flux)이라 하고 $\dot{q}''$로 표시하는데

$$\dot{q}''_{폴리우레탄폼} = \frac{\dot{q}}{A} = \frac{\frac{kA}{l}\Delta T}{A} = \frac{0.034 \times (40-20)}{\frac{0.05}{1}} = 13.6(W/m^2)$$

$$\dot{q}''_{철} = \frac{\dot{q}}{A} = \frac{\frac{kA}{l}\Delta T}{A} = \frac{45.8 \times (40-20)}{\frac{0.05}{1}} = 18,320(W/m^2)$$

답 $18,320W/m^2 s$

25 벽체의 열손실(열유동률)

 예상문제

높이 4m, 길이 15m, 두께 0.2m인 벽에 가로 2m, 세로 1.5m 및 가로 3m, 세로 1.5m인 유리창문이 있다 내·외부의 온도차가 30℃일 때 정상상태의 열손실을 계산하시오. (다만, 벽 양측의 대류열전달계수 8W/m²·K, 벽돌열전달계수 0.69W/m²·K, 유리열전달 계수 0.76W/m²·K이며, 유리두께는 0.02m임. 기타 무시)

풀이 1. 전도와 대류의 복합적용

1) T_h부터 T_c까지의 전달열류

$$\dot{q}'' = \frac{1}{\frac{1}{h_h} + \frac{L_1}{k_1} + \frac{L_2}{k_2} + \frac{L_3}{k_3} + \frac{1}{h_c}} \times A \times (T_h - T_c)$$

$h_h,\ h_c$: 고온부와 저온부의 대류전열 계수[W/m²·K]
$k_1,\ k_2,\ k_3$: 각 층의 전열계수(열전도도)[W/m·K]
$L_1,\ L_2,\ L_3$: 각 층의 두께[m]
$T_h,\ T_c$: 고온부와 저온부의 온도[k]

2) 계산

$$\dot{q}'' = \cfrac{1}{\cfrac{1}{h_k}+\cfrac{L_1}{k_1}+\cfrac{1}{h_c}} \times A \times \Delta T(벽) + \cfrac{1}{\cfrac{1}{h_k}+\cfrac{L_2}{k_2}+\cfrac{1}{h_c}} \times A \times \Delta T(유리)$$

$$\dot{q}'' = \cfrac{1}{\cfrac{1}{8}+\cfrac{0.2}{0.69}+\cfrac{1}{8}} \times 52.5 \times 30 + \cfrac{1}{\cfrac{1}{8}+\cfrac{0.02}{0.76}+\cfrac{1}{8}} \times 7.5 \times 30$$

$$= 3731.74(W)$$

 3.7kW

26 벽체에서 열저항, 열전달률

예상문제

어떤 건축물의 벽이 3가지의 다른 재료 A, B, C로 구성되어 있다 벽이 면적이 10㎡이고 내벽과 외벽의 표면온도는 각각 250℃, 0℃일 때, 이벽의 열저항[℃/W]과 열전달률[W]을 계산하시오. 열전달은 1차원으로 가정하고 각 벽의 두께와 열전도계수는 다음과 같다.

LA=5cm, LB=20cm, LC=10cm, kA=0.01W/m·℃, kB=40W/m·℃, kC=5W/m·℃

풀이 1. 열전달률

1) 전도와 대류의 복합적용

T_h부터 T_c까지의 전달열류 $q = \cfrac{1}{\cfrac{1}{h_k}+\cfrac{L_1}{k_1}+\cfrac{L_2}{k_2}+\cfrac{L_3}{k_3}+\cfrac{1}{h_c}} \times A \times (T_h - T_c)$

h_h, h_c : 고온부와 저온부의 대류전열 계수[W/㎡·K]
k_1, k_2, k_3 : 각 층의 전열계수(열전도도)[W/m·K]
L_1, L_2, L_3 : 각 층의 두께[m]
T_h, T_c : 고온부와 저온부의 온도[k]

2) 열전달률

$$\dot{q}'' = \cfrac{1}{\cfrac{L_1}{k_1}+\cfrac{L_2}{k_2}+\cfrac{L_3}{k_3}} \times A \times \Delta T$$

$$\dot{q}'' = \cfrac{1}{\cfrac{0.05}{0.01}+\cfrac{0.2}{40}+\cfrac{0.1}{5}} \times 10 \times (250-0) = 497.5W$$

2. 벽의 열저항[℃/W]

$$R = \cfrac{L_1}{k_1 A} + \cfrac{L_2}{k_2 A} + \cfrac{L_3}{k_3 A}[℃/W] = \cfrac{0.05}{(0.01 \times 10)} + \cfrac{0.2}{(40 \times 10)} + \cfrac{0.1}{(5 \times 10)} = 0.5[℃/W]$$

27. 벽체에서 표면온도

[예상문제]

그림과 같은 화재실의 콘크리트 벽체에서 표면온도 t_A, t_B를 구하시오.

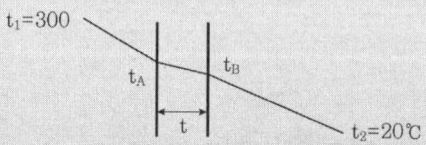

화재실 열전달률(at1) : 20kcal/m²h℃
외부 열전달률(ad2) : 10kcal/m²h℃
전열면적(A) : 5m²
벽두께(t) : 30cm
콘크리트 열전도율(λ) : 0.9kcal/m²h℃

[풀이]

1. 개요

   정상상태에서 벽을 통한 순열류는 같다.
   $$q' = h_h(T_h - T_1) = \frac{k}{L}(T_2 - T_c) = h_c(T_2 - T_c)$$

2. 계산

   $$h_h(T_h - T_1) = \frac{k}{L}(T_1 - T_2) = h_c(T_2 - T_c)$$

   - 화재실 열전달률=20(kcal/m²h℃)
   - 열전도율/두께=0.9(kcal/m²h℃)/0.3(m)=3(kcal/m·h℃)/
   - 외부 열전달률=10(kcal/m²h℃)

   T_h dp $t1$(300)을 대입하고, T_c dp $t2$(20)을 대입하면 다음과 같은 공식이 된다.
   $$20(300 - t_A) = 3(t_A - t_B) = 10(t_B - 20) \text{ ---------- ①}$$

   양변 1항과 2항을 정리하면,
   $$6000 = 23t_A - 3t_B$$

   양변을 3으로 나누면
   $$2000 = 7.667t_A - t_B \text{ ------------------- ②}$$

   양변 2항과 3항을 정리하면,
   $$3(t_A - t_B) = 10(t_B - 20) \text{ ---------------- ③}$$
   $$t_A = 4.33\, t_B - 66.667$$

   ③을 ②에 대입하면
   $$t_A = 271\,℃,\ t_B = 78\,℃$$

28. 복사

1. 개요

① Thermal radiation(열복사)
  ㉠ 0.1~100㎛ 사이의 전자기 파장은 분자와 원자 및 전자의 진동과 회전에 따라 방출되며 열전달에 영향을 준다.
  ㉡ 0K 이상의 모든 물체는 복사 에너지를 방출하며 물체가 약 650℃ 이상 되어야 가시광선 에너지를 방출
② 스테판 볼츠만 법칙
③ 흑체라고 가정하며,
④ 단위면적당 전달되는 열량

$$\dot{q}'' = \sigma T^4 = 5.67 \times 10^{11} \text{kW/m}^2$$

2. 흑체

① 들어오는 모든 복사에너지를 흡수하고 또는 완전하게 방사하는 이상적인 물체
② α (흡수)=1
③ e(반사)=0, τ(투과)=0
④ $\dot{q}'' = \sigma T^4$

3. 방사율($\varepsilon = 0.8 \pm 0.2$)

① $\varepsilon = \dfrac{\text{실제 표면의 방사에너지}}{\text{흑체의 방사에너지}} = \dot{q}''/\sigma T^4$
② $\dot{q}'' = \varepsilon \sigma T^4$
③ $\varepsilon = 1 - e^{-kl}$
  k : 흡수계수
  l : 화염두께
④ 화염두께가 2m 이상이면 $\varepsilon \fallingdotseq 1$

4 ▶▶ 형태 계수(Configuration Factor)

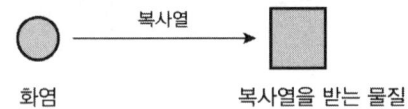

① 열원으로부터 방사된 에너지가 어떤 거리만큼 떨어진 목표물에 도달할 때 감소된 방사에너지를 말한다.
② 거리, 열원의 크기, 열원을 받는 물체의 방향에 의존하며,
③ 단위 면적당 전달되는 열량

$$\dot{q}'' = \phi \epsilon \sigma T^4$$

5 ▶▶ 화염 직경의 두배 이상 떨어진 목표물에 대한 복사 열류 계산

① $\dot{q} = \dfrac{X_r \cdot \dot{Q}}{4\pi r^2}$

    $\dot{Q}$: 에너지 방출율[kw]
    X_r : 전체 방출 에너지 중 방사된 에너지 분율
        (메탄 15~20, 벤젠, 목재 20~40, 폴리스틸렌 40~60)
    r : 거리 [m]

② 목표물에 잠재적 손상과 원격 발화의 가능성을 평가 할 수 있다.

29 단열압축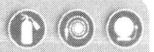

1 ▶▶ 개요

① 기체를 높은 압력으로 압축하면 온도가 상승한다.
② 압축기 기체를 고압 압축→ 압력상승으로 온도 상승 → 기계유 실린더유가 열분해되어 발화하는 현상을 단열 압축이라 한다.
③ 점화원 중 하나이다.

2 ▶▶ 단열 압축식

(1) $T_f = T_i \left(\dfrac{P_f}{P_i}\right)^{\frac{\Upsilon-1}{\Upsilon}}$

T_f : 압축 후 온도(K)
T_i : 압축 전 온도(K)
P_f : 압축 후 압력(atm)
P_i : 압축 전 압력(atm)
$\Upsilon = C_p/C_v$ = 정압비열/정적비열(공기 1.4)

(2) 예제

> **예상문제**
>
> 공기 3kgf, 0℃ → 압력이 20배 증가하면 그때의 온도는 얼마인가?
>
> **풀이** $T_f = T_i \left(\dfrac{P_f}{P_i}\right)^{\frac{r-1}{r}} = 273 \times \left(\dfrac{20}{1}\right)^{\left(\frac{1.4-1}{1.4}\right)} = 642.5\text{K}$
>
> **답** 642.5K

3 ▶▶ 예

① 디젤 엔진에 점화원
② 연소파 → 압축파 → 단열압축 → 충격파 → 폭굉파

30 전기화재 원인

1 ▶▶ 개요

① 전기 화재란 전기적 에너지를 열원으로 발생하는 화재를 말한다.
② 전기적 점화원 줄열에 의한 발화(누전, 과전류, 열적경과, 절연열화, 접속부과열) 및

전기불꽃에 의한 발화 (단락, 지락, 낙뢰, 스파크, 정전기)로 나눈다.

2 ▸▸ 전기화재의 원인

(1) 누전

전선이나 전기기기의 절연이 파괴되어 전류가 대지로 흐르는 것으로 인체 감전 위험과 화재 위험이 있으며, 아크에 의한 기기 손상 위험

(2) 과전류

① 과전류란 전선의 허용전류를 초과한 전류를 말하며,
② 도체에 흐르는 전류에 의해 줄열이 발생한다.
③ $H = I^2 R t$
④ 비닐 절연 전선의 경우
  - 200%~300% 과전류에서 절연피복이 변질, 변형되고
  - 500%~600% 과전류에서 절연피복이 열에 의해 용융
⑤ 대책 - 누전과 동일

(3) 열적경과

① 열이 발생하고 전기기기를 방열이 잘되지 않는 장소에서 사용하는 경우, 열의 축적에 의한 발화
② 덕트, 트레이 케이블 적재를 40% 이상 금지하고 있다.

(4) 절연 열화 - 트래킹, 흑연화

(5) 접속부 과열 - 접촉 저항, 아산화동

$$R = \rho \frac{L}{S}$$

(6) 단락

단락이란 전선간 절연이 파괴되어 전선과 전선간의 접촉으로 불꽃이 발생하는 현상

(7) 지락

① 단락 전류가 대지로 통하는 것을 말하며,
② 금속체 등에 지락 될 때 스파크 발생

③ 대책 - 단락 유사

(8) 낙뢰

① 순간적으로 수만 A(암페어) 이상의 전류가 흘러 절연파괴 및 화재 발생한다.
② 주상변압기, 변전실, PT소손
③ 대책 - 피뢰설비, LA

(9) 스파크

① 스위치 ON, OFF시에 발생하며, OFF시 큰 스파크 발생한다.
② 가연성 증기, 분진 체류하는 곳에서는 방폭 스위치를 사용한다.

(10) 정전기

정전기란 전하의 공간적 이동이 적어서 자계효과가 전계효과에 비해서 무시할 정도 작은 전기을 말하며, 두 물체 간에 접촉, 분리, 마찰에 등의 의하여 전기적으로 중성 상태인 물체 내에서 정(+) 또는 부(-)의 어느 한쪽 극성의 전하를 가지는 현상

31 누전화재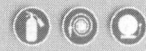

① 개요

① 발화는 발열 > 방열
② 발화는 물적조건 및 에너지 조건을 만족해야 발생하며,
③ 에너지 조건은 나화, 고온, 충격, 전기화재 등 있으며
④ 화재원인은 전기화재 > 방화 > 담배불 > 불장난
⑤ 전체 화재의 약 34%가 전기화재이다

② 전기화재

① 전기 화재란 전기적 에너지를 열원으로 발생하는 화재를 말한다.
② 전기적 점화원은 줄열에 의한 발화 및 전기불꽃에 의한 발화가 있다.

③ ▸▸ 누전의 개요

① 전선이나 전기기기의 절연이 파괴되어 전류가 대지로 흐르는 것으로 인체 감전 위험과 화재 위험이 있으며, 아크에 의한 기기 손상 위험
② 누전전류 500mA이상일때 화재 위험이 있으며, 30mA이상일때 감전의 위험이 있다

④ ▸▸ 누전의 발생원인 ◆암기 PQR

① 외력 등에 의해 절연파괴 되어 누전
② 화재 등 외부열에 의해 절연 파괴되어 누전
③ 접촉불량 등 국부가열에 의해 절연파괴 되어 누전

⑤ ▸▸ 누전시 발화메카니즘

① 누전 경로 형성
② 누설 전류로 인하여 열이 발생
③ 국부 가열에 의해 절연 열화 되어 누전 상태 지속 악화
④ 누설 전류가 장시간 흘러 발열량 누전
⑤ 주위 가연물 착화

⑥ ▸▸ 누전화재 3요소

① 누전점(전류의 유입점)
② 발화점(발화 장소)
③ 접지점(전류의 유출점)이 입증되어야 한다.

⑦ ▸▸ 누전화재 예방 대책

① 전선피복손상방지
② 열에 약한 IV전선을 케이블로 교체
③ 보호 접지 방식
④ 누전 차단기 설치
⑤ 누전 경보기 설치

32. 절연 열화(트래킹 및 흑연화 현상)

1 ▸▸ 개요

트래킹이란 절연물에 스파크 등의 고에너지가 가해질 때 절연물에 도전성 통로(Track)가 형성되어 전류가 흐르는 현상을 말한다.

2 ▸▸ 트래킹의 발생원인

① 분자 구조는 무정형 그물구조이다.
② 스파크에 의해 규칙적인 층상 그물구조로 변환

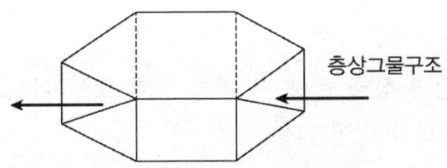

③ 도전성 통로(Track)형성
④ 지락, 단락 발생

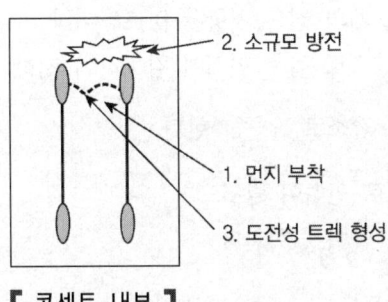

【 콘센트 내부 】

절연체 위에 먼지 부착 → 소규모 방전 → 도전성 트랙형성 → 도전성 물질로 변환

3 ▸▸ 흑연화 현상

① 목재가 화염에 의해 탄화하고, 무정형 탄소가 되어 전기를 통과하지 못하나,
② 스파크 등 고열을 받을 경우 무정형 탄소가 흑연화 되어 도전성을 가짐

③ 도전로가 증식 확대되면 줄열에 의해 발열, 발화하는 현상

4 ▸▸ 가네하라 현상

① 콘센트에서 발생하는 절연열화 현상을 가네하라 현상이라 한다.
② "가네하라"라는 사람이 규명하여 가네하라 현상이라 한다.

33 접속부 과열(접촉 불량 및 아산화동 발열 현상)

1 ▸▸ 개요

도체 접속부의 접촉 상태 불량 시 저항 증가 또는 아산화동 증식으로 줄열에 의하여 절연피복 등에 발화가 일어난다.

2 ▸▸ 접촉저항 증가에 의한 발화(R↑, H↑)

① 평상시 금속과 도체의 접촉 저항은 0.1Ω 이하
② 접속 상태의 불량으로 접촉 면적이 감소하여 저항 증가

  $R = \rho \dfrac{L}{S}$ 에서 S 감소로 R 증가한다.

③ 줄열($H = I^2Rt$)로 인하여 발열
④ 절연피복 등 가연물이 발화한다.

3 ▸▸ 아산화동 증식에 의한 발화(R↓, I↑)

(1) 아산화동 증식현상

① 상온에서 수십 kΩ의 저항
② 접속부 과열로 온도가 상승하면 전기저항 급격히 감소
③ 1000℃ 부근에서 저항이 최저가 된다(3Ω)
④ 온도 상승하면 저항이 약간 증가한다.

⑤ 구리는 1080℃에서 용융

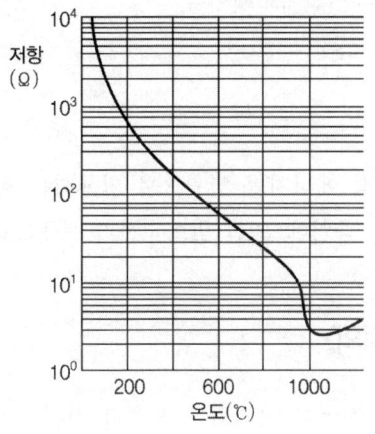

(2) 아산화동 발화메카니즘

① 접촉불량
② 스파크 발생
③ 온도 상승
④ 저항 감소(아산화동)
⑤ $I = \dfrac{V}{R}$ 전류 증가
⑥ $H = I^2 Rt$ 줄열 발생
⑦ 1080℃에서 구리 용융
⑧ 아산화동 증식
⑨ 고온에 의해 발화

34 단락

1 개요

① 발화는 발열 > 방열
② 발화는 물적조건, 에너지 조건은 만족해야 하며,
③ 에너지 조건은 (나 고 충 전 정 복 자 단)

④ 화재원인은 전기화재 > 방화 > 담배불 > 불장난으로서
⑤ 전체 화재의 34%가 전기화재이다.

2 ▸▸ 전기화재

① 전기화재란 전기적 에너지를 열원으로 발생하는 화재
② 전기적 점화원 – 줄열에 의한 발화, 전기 불꽃(스파크)에 의한 발화가 있다.

3 ▸▸ 단락의 개요〈정의〉

① 단락이란 전선간 절연이 파괴되어 전선과 전선간의 접촉으로 불꽃이 발생하는 현상
② 단락시 R=0, I=V/R에 의하여 I는 증가한다. 약 1000[A] 정도

4 ▸▸ 단락의 발생원인 ◆암기 PQR

① 외력 등에 의해 절연파괴 되어 단락
② 접촉불량 등 국부가열에 의해 절연 열화되어 단락이 발생한다.
③ 화재 등 외부 열에 의해 절연 파괴되어 단락이 발생한다.

5 ▸▸ 단락시 발화 메카니즘

(1) 줄열에 의한 발화

① 단락시 대전류에 의해 I=1000A
② 전류상승으로 줄열 발생
  $H = I^2 R t$
③ 전선 피복 발열하여
  ㉠ 절연 피복물 자체의 발열
  ㉡ 주위의 인화성, 가연성 물질을 점화

(2) 전기불꽃에 의한 발화

① 대전류에 의해 고압의 스파크 발생
② 공기가 이온화되어 도체가 된다 → 공기 절연 파괴

③ 주위의 인화성 가스등에 인화

6 ▸▸ 단락 예방대책

① 전선, 피복 손상 방지
② 열에 약한 IV를 케이블로 교체
③ 과전류 차단기 설치
④ 단락전류 계산하여 차단시간, 차단 용량을 결정하여 단락화재 방지한다.
⑤ 한류형 전력퓨즈 부착한다.
⑥ 단락에 의한 발화 방지를 위한 케이블 굵기선정 방법

$$S = \frac{I_s \sqrt{t}}{134} (\text{mm}^2)$$

S : 케이블의 단면적(mm²), I_s : 단락전류(A), t : 단락지속시간(sec)

35 낙뢰/피뢰설비

1 ▸▸ 개요

① 낙뢰는 구름이 가지고 있는 정전기가 대지로 방전되는 현상으로
② 낙뢰가 발생하면 직격뢰의 전압은 수백 kv이상 전류는 수만 A(암페어)이상 온도는 20,000℃까지 상승한다.
③ 직격뢰에 의해 대전류가 흐르면 유도 작용으로 고전압이 건물의 전기기기까지 도달하여 건축물 파괴, 화재 인명의 사상 등 재해가 발생한다.
④ 이러한 낙뢰 사고를 방지하기 위해 피뢰침을 설치한다.

2 ▸▸ 피뢰침 설치 대상

① 위험물 저장, 처리시설 지정수량 10배 이상
② 낙뢰 우려가 있는 건물, 높이 20M이상의 건물

③ 피뢰설비 수뢰부 방식(수뢰부 시스템)

(1) 돌침
① 건축물의 상부 또는 측면부에
② 뇌격은 선단이 뾰족한 금속도체에 잘 유인되기 때문에 건축물 근방에 접근한 뇌격을 흡입하여 대지로 방류하는 방식이다.
③ 벼락은 금속의 예리한 선단 부분에 떨어지기 쉽다는 점을 이용
④ 돌침의 설치 높이가 높아도 100% 보호되지 않는다.
⑤ 낮은 돌침 여러 개가 효과적이다.
⑥ 적용 : 수평 투영면적이 적은 건물, 위험물 저장소 등

(2) 수평도체
① 건축물 상부 또는 측면부에 수평형태로
② 건축물 상부에 수평도체 설치하여 뇌격을 유도하며 인하도선을 통해 대지로 방류하는 방식이다
③ 건축물의 모서리 부분에 뇌격을 받을 경우 보호가 가능하다.
④ 건축구조체, 울타리, 난간 등을 활용 할 수 있고, 미관을 손상시키지 않는다.
⑤ 적용 : 수평투영 면적이 비교적 큰 건물에 적용

(3) 케이지 방식(메쉬도체)
① 건축물 주위를 그물, 새장처럼 생긴 도체로 포위하는 방식
② 케이지 전체가 등전위가 되어 내부의 사람이나 물체를 뇌로부터 완전보호가 가능하다.
③ 적용 : 중계소, 중요시설, 산악지대, 휴게소, 천연기념물

④ 피뢰설비 수뢰부 배치방법

피뢰설비의 수뢰부 배치방법은 수뢰부 시스템 설계하는 방법으로 설계방식에 따라 보호범위 산정이 달라지는 특징이 있다.

(1) 보호각 방법
① 건축물의 높이, 보호레벨에 따라 25~55° 보호각으로 보호
② 보호각이 작아지는 만큼 피뢰침을 더 높이 설치해야 한다.

(2) 회전 구체법

① 직격뢰뿐만 아니라 유도뢰를 고려한 것으로 스트리머 선단에 의한 측면보호를 고려한 것
② 뇌의 리더가 대지면에 가까워진 때를 상정하여 반지름 R의 구가 대지면에 접하도록 범위를 구하는 것
③ 건축물 모든부분(모서리)에서 피뢰침이 필요한 것으로 간주하여 뇌의 반지름 R을 회전시킨 경우 모든 부분이 보호되도록 하는 것
④ 복합 모양이 건축물, 특수 건축물 등에 적용한다.

(3) 메쉬크기법

① 그물, 케이지 형태로 보호하는 방법으로
② 보호레벨에 따라 폭이 다르다
③ 건물 상부가 평평한 경우 적용한다.

(4) 보호각, 보호반경, 메쉬폭

피뢰시스템 레벨	보호반경 R(m) / 건물높이 H(m)	20 a	30 a	45 a	60 a	메쉬폭 (m)
I	20	25	×	×	×	5
II	30	35	25	×	×	10
III	45	45	35	25	×	15
IV	60	55	45	35	25	20

5 ▸▸ 피뢰설비 설치기준

① 건물에 높이에 따른 보호각 보호등급 예 피뢰시스템 레벨 Class IV인 경우

건물 높이	20m	30m	45m	60m
보호각	55°	45°	35°	25°

위험물 저장 및 처리시설에는 보호등급 II 이상으로 할 것
② 돌침은 건물로 맨 윗부분으로 25cm이상으로 풍, 하중에 견디는 구조
③ 재료는 수뢰부 및 인하도선, 접지극 $50mm^2$으로 나동선으로 단면적 피복이 없는 동선 기준으로 최소 단면적

④ 철골, 철근 콘크리트 건물을 피뢰도선으로 이용하는 경우
  전기적 연속성, 상단부 하단부 전기저항 0.2Ω 이하
⑤ 측벽 낙뢰 방지
  60m 초과 건물은 건물높이의 4/5 지점부터 상단부분까지 측면에 수뢰부 설치
  (최상층 높이가 150m 초과하는 건축물은 120m에서 최상단까지 측면에 수뢰부 설치)
⑥ 접지는 환경 오염이 없는 물질 사용
  환경 오염을 일으키는 시공방법이나 화학첨가물 사용 금지
⑦ 금속배관 및 금속재 설비는 전기적으로 접속할 것
⑧ 기타 한국산업규격을 적용
⑨ 전기설비의 접지계통과 건축물의 피뢰설비 및 통신설비 등의 접지극을 공용하는 통합접지공사를 할 수 있다. 이 경우 낙뢰 등으로 인한 과전압으로부터 전기 설비 등을 보호하기 위해 KS에 적합한 서지보호장치(SPD)를 설치할 것

6 설치시 고려 사항

① 건축물용도
② 낙뢰 빈도
③ 간접손실
④ 수용물
⑤ 노출 위험
⑥ 높이

36 정전기

1 개요

정전기란 전하의 공간적 이동이 적어서 자계효과가 전계효과에 비해서 무시할 정도 작은 전기를 말하며, 두 물체 간에 접촉, 분리, 마찰에 등의 의하여 전기적으로 중성상태인 물체 내에서 정(+) 또는 부(-)의 어느 한쪽 극성의 전하를 가지는 현상

❷ 발생 메카니즘

(1) 일함수
① 일함수란 물체에서 자유전자가 외부로 방출되는데 필요한 최소에너지를 말한다.
② 대전되면 전자가 이동하여 일함수가 높은 표면은 "-"로, 낮은 표면은 "+"로 대전하여 전기 2중층을 형성

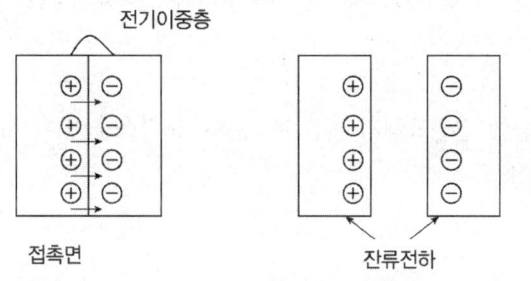

【 접촉면의 전하이동 】 【 분리에 의한 정전기 발생 】

(2) 전하분리
① 물체 접촉면 전기 이중층 형성 → 전기 이중층 분리에 발생하는 전하량이 증가 → 단화메카니즘(전하의 소멸)이 발생하여 결국 포화량에 도달한다.
② 물체 분리시 정전용량이 감소하면 접촉 전위는 수 mV에서 수 kV로 상승

$$V = \frac{Q}{C}(V)$$

❸ 정전기 발생 영향 요인

① 물체의 특성 : 대전서열 중 가까운 위치에 있으면 정전기 발생량이 적다
② 물체의 표면상태 : 표면이 거칠면 정전기 발생량이 많아진다.
③ 물체의 이력 : 처음 접촉 분리시 가장 많이 발생한다.
④ 접촉면적 및 접촉 압력 클수록 정전기 발생량이 많아진다.
⑤ 분리속도가 클수록 정전기 발생량이 많아진다.

4 정전기 대전현상

(1) 마찰 대전
물체가 마찰할 때 접촉위치가 이동하고 전하분리가 일어나 발생

(2) 박리 대전
접촉되어 있는 물체가 벗겨질 때 전하분리가 일어나 발생

(3) 유도대전
대전물체 부근에 절연도체가 있을 때 정전유도작용을 받아 대전 물체와 반대극성 전하가 나타나는 현상

(4) 비말대전
비말(물보라)은 공간에 분출한 액체류가 비산해서 분리되고 많은 물방울이 될 때 새로운 표면을 형성하기 때문에 발생

(5) 적하대전
고체 표면에 부착된 액체류가 성장 액적 물방울이 되어 떨어질 때 전하분리가 일어나 발생

(6) 유동대전
절연성 유체가 관내를 흐를 때 유체 상호간 및 관벽과의 마찰에 의해서 발생

(7) 분출대전
분체류, 액체류, 기체류가 단면적이 작은 개구부에 분출할 때 마찰이 발생

(8) 충돌 대전
액체 분체가 충돌할 때 빠르게 접촉, 분리가 일어날 때 발생
분체의 입자 상호간 또는 분체가 용기의 벽 등에 충돌할 때 발생하는 정전기

5 정전기 방전현상

(1) 코로나 방전
① 코로나 방전은 불평등 전계에 의해 전계의 집중이 일어나 이 부분만이 전리를 일으키는 국부적인 방전

② 미약한 발광음과 파괴음을 수반

(2) 스트리머 방전

① 기체방전에서 방전로가 긴 줄을 형성하면서 방전하는 현상
② 비교적 강한 파괴음과 발광을 동반

(3) 불꽃 방전

① 기체 방전에서 전극간의 절연물이 완전히 파괴되어 강한 불꽃을 내면서 방전하는 것으로
② 강한 파괴음과 발광 동반
③ 전극사이의 한점에서 전계 강도가 공기의 절연 내력의 3kV/mm의 값에 도달할 때 발생

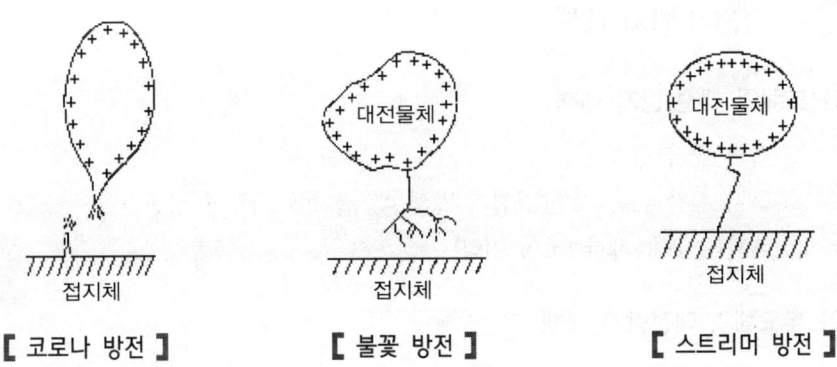

【 코로나 방전 】　　【 불꽃 방전 】　　【 스트리머 방전 】

(4) 연면방전

① 대전물체의 뒷부분에 접지도체가 있는 경우 대전물체 표면에 전위가 상승되어 대전이 상당히 클 때 대전물체 표면을 따라 발생하는 방전
② 코로나 방전이 절연체의 면 위를 따라 발생하는 현상

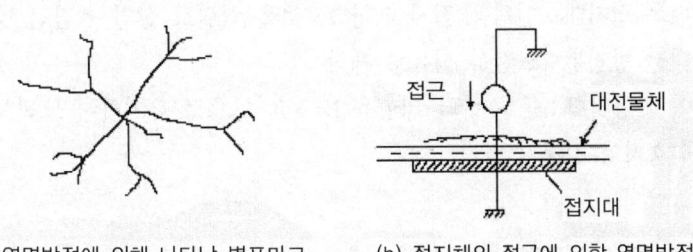

(a) 연면방전에 의해 나타난 별표마크　　(b) 접지체의 접근에 의한 연면방전

(5) 방전에너지 비교

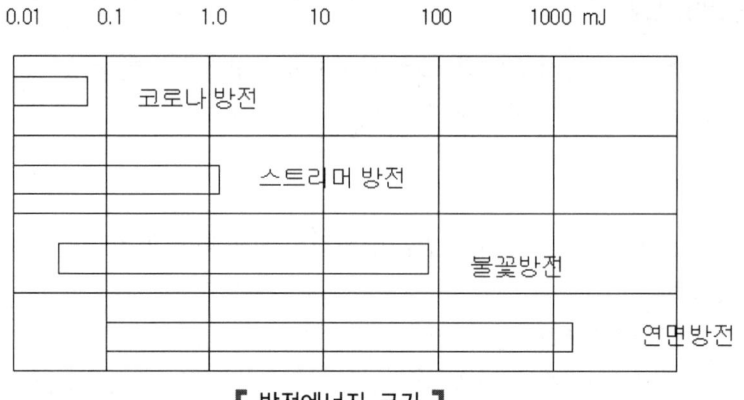

【 방전에너지 크기 】

6 ▸▸ 정전기 방지 대책

(1) 도체의 대전 방지 대책

① 접지 및 본딩
② 정치 시간 유속 제한(정전기 발생 후 접지에 의하여 정전기가 누설될 때까지 시간)
③ 배관내 유속 제한(1m/s 이하)

(2) 부도체의 대전방지 대책

① 제전기 사용
② 대전방지제 사용 → 부도체의 도전성 향상
　　예) 고무호스에 카본블랙 성분 추가하여 도전성 향상
③ 가습 상대습도 60~70% 이상 높게

(3) 인체의 대전방지 대책

① 손목 접지대 : 인체를 접지 저항 1MΩ을 직렬로 삽입→ 감전 방지
② 대전 방지복 : 도전성 섬유로 제작
③ 대전 방지화 : 구두 바닥 저항을 10^5~10^8Ω으로 유지하여 도전성 바닥과 전기적으로 연결하여 정전기 방지

37 제전기 종류

제전기	구 성	ion 생성 방법	특 징	사용예
전압 인가식		침상이나 세선상의 전극에 고전압을 인가하여 코로나 방전을 발생시켜 이온 생성	제전능력이 가장 우수 기종이 다양	필름, 종이, 포 등의 표면 대전물체의 제전
자기 방전식		대전물체 전계를 전극에 모아 고전계를 만들고 코로나 방전을 발생시켜 이온 생성	제전능력이 중간 ion 생성에 전원 불필요 취급이 간단	필름, 종이, 포 등의 표면 대전물체의 제전
방사선식	방사선 동위원소인 전리 작용에 의해 이온 생성		제전능력이 가장 작다 제전기 자체가 착화원이 됨 가능성이 있음	탱크에 저장되어 있는 가연성 물질 제전(밀폐공간)

38 정전 역학현상, 정전유도, 재해시 손실

1 ▸▸ 정전기의 역학현상(Mechanics Phenamenon)

① 정전기의 전기적 작용인 쿨롱(Coulomb)력에 의하여 대전물체 가까이에 있는 물체를 흡인하거나 반발하게 하는 성질이 있는데 이를 정전기의 역학현상이라 한다.
② 정전력

$$F = \frac{Q_1 \times Q_2}{4\pi \times \epsilon \times r^2} = 9 \times 10^9 \times \frac{Q_1 \times Q_2}{r^2}$$

여기서, F : 2개의 전하간에 작용하는 정전력[N]

Q_1, Q_2 : 각각의 전하량[C]
ε : 유전율
r : 두 전하간의 거리[m]

③ 정전력에 의하여 같은 부호끼리는 반발력, 다른 부호끼리는 흡인력이 작용한다.
④ 이 현상은 일반적으로 대전물체의 표면전하에 의해 작용하기 때문에 무게에 비하여 표면적이 큰 종이, 필름, 섬유, 분체, 미세입자 등에서 발생하기 쉬우며 각종 생산 장애의 원인이 된다.

2 ▸▸ 정전유도현상(Static Induction)

① 대전물체 부근에 절연된 도체가 있을 때에는 정전계에 의하여 대전물체 가까운 쪽의 도체표면에는 대전물체와 반대극성의 전하가, 반대쪽에는 같은 극성의 전하가 대전 되는데 이를 정전유도현상이라 한다.

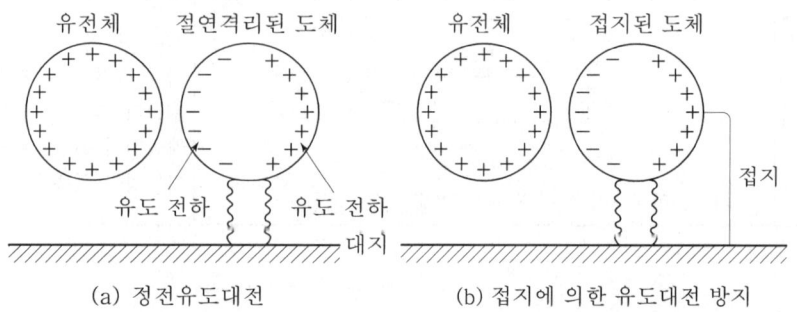

(a) 정전유도대전   (b) 접지에 의한 유도대전 방지

② 정전유도의 크기는 전계에 비례하고 대전체로부터의 거리에 반비례하며 도체의 형상에 의해서도 영향을 받는데 이는 유도대전을 일으켜 각종 재해의 원인이 되기도 하며 이 원리를 이용하여 대전전위, 전하량 등을 측정하기도 한다.

3 ▸▸ 정전기에 의한 재해와 생산 장애

(1) 화재·폭발

① 화재·폭발은 정전기의 방전현상에 의한 결과로서 가연성물질이 연소되어 일어나는 현상이다.
② 그러나 정전기방전이 일어났다 하더라도 그 방전에너지가 가연성물질의 최소 착화에너지(M.I.E)보다 작으면 화재·폭발은 일어나지 않는다.

③ 화재·폭발은 대전물체가 도체이면 대전에너지가 관련되고 부도체일 경우에는 대전전위에 관련되지만 정확한 기준을 제시하기는 어렵다.

(2) 전격
① 전격은 대전된 인체에서 도체로 또는 대전물체에서 인체로 방전되는 현상에 의하여 인체 내로 전류가 흘러 나타나는 현상이다.
② 전격의 대부분이 전격사로 이어질 만큼 강렬한 것은 아니지만, 전격시 받는 충격으로 고소추락 등 2차 재해를 일으킬 수 있으며 전격에 의한 불쾌감, 공포감 등으로 인하여 생산성이 저하되는 원인이 되기도 한다.

(3) 생산 장애
① 역학현상에 의한 장애
  ㉠ 정전기의 흡인력 또는 반발력에 의하여 발생되는 장애
  ㉡ 예 : 분진의 막힘, 실의 엉킴, 인쇄의 얼룩, 제품의 오염
② 방전현상에 의한 장애
  ㉠ 방전전류에 의한 것 : 반도체소자 등의 전자부품의 파괴, 오동작 등
  ㉡ 전자파에 의한 것 : 전자기기·장치 등의 오동작, 잡음발생
  ㉢ 발광에 의한 것 : 사진필름 등의 감광

4. 제전기 선정 시 유의사항

(1) 일반사항
① 제전목표치를 만족하는 위치 또는 제전효율이 90% 이상이 되는 위치에 설치
② 제전효율= $\dfrac{Va - Vb}{Va} \times 100$ [%]
  Va : 설치전의 전위(절대값), Vb : 설치후의 전위(절대값)
③ 대전물체의 전위가 높은 위치에 설치
④ 정전기 발생원에 까까운 위치에 설치(일반적으로 5~20cm 떨어진 위치에 설치)
⑤ 온도 150℃ 이상, 상대습도 80% 이상이 되는 장소는 피할 것
⑥ 오염, 부식 등의 우려가 없는 장소에 설치할 것

(2) 전압인가식 제전기의 설치
① 제전전극, 고압전원, 고압전선 등을 하나로 취급하여 설치할 것

② 한번 설치후 전극의 추가설치 및 설계변경은 하지 않을 것
③ 한 개의 고압전원으로 다수의 전극을 작동하지 말 것
④ 고압부의 접속에 특히 주의할 것

(3) 자기방전식 제전기의 설치
① 설치위치는 일반사항에 준한다.
② 제전기의 설치거리는 1~5cm 떨어진 위치에 설치. 단, 역대전 발생 우려가 있을 경우 5cm 이상

(4) 방사선식 제전기의 설치
① 설치위치는 일반사항에 준한다.
② 설치거리
　　제전기의 방사선원이 α 선일 경우 : 1~2cm
　　제전기의 방사선원이 β 선일 경우 : 2~5cm
③ 방사선원에 기계, 작업자, 대전물체 등이 접촉하지 않도록 한다.
④ 접촉의 우려가 있는 경우 보호장치나 차폐장치를 설치

39 화재플럼(Fire Plume)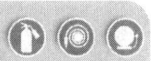

 개요

① 부력에 의한 화염기둥의 열기류이며, 연소생성물이 연료원의 위로 상승하는 것
② e=PM/RT으로 온도가 상승하고 밀도가 감소하여 부력 발생
③ 감지기 적응성, S/P 적응성에 응용하고, 화재 모델링 활용
　 액면 화재에서 화염높이, 비화, Fire Storm, Fire Ball 예측에 이용된다.

❷ 발생메카니즘

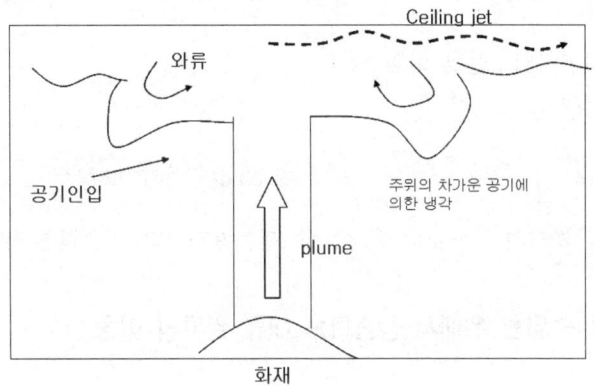

[Fire Plume 발생메카니즘]

① 화재시 온도 상승 → 부력에 의해 화재플럼 상승
② 주위의 차가운 공기가 화재플럼 내로 인입
③ 인입공기에 의해 화재 플럼이 상승함과 동시에 희석되고, 온도 저하
④ 차가운 끝부분이 아래로 하강하여 와류 형성
   와류 : 플리커 감지기

$$f = \frac{1.5}{\sqrt{D}}$$

여기서, f : 주파수(Hz), D : 화재의 직경(m)

⑤ 공기밀도
   공기밀도 ρ_{air} = 화염밀도 ρ_f (화염온도와 공기온도가 같은 경우) 플럼의 상승이 정지되며,
   공기밀도 ρ_{air} < 화염밀도 ρ_f (화염온도가 낮은 경우) 플럼이 하강한다.

❸ 화재플럼 구조

① 연속 화염 영역 – 연료 표면 바로 상승속도 가속
② 간헐 화염 영역 – 상승속도 일정, 화염의 존재와 소멸 반복
③ 부력 화염 영역 – 상승속도 감소

4. 화재 플럼의 현상

(1) 화재플럼

① 연속 화염영역, 간헐 화염 영역

② 평균 화염 높이

$$L_f = 0.23\, Q^{0.4} - 1.02\, D$$

L_f : 화염의 높이(m), Q : 에너지 방출속도(kW), D : 화염 직경(m)

(2) 부력 플럼 – 열원 위에서 상승하는 대류 열류의 이동

5. 화재 플럼과 구획 경계의 상승작용

(1) Confined Plume

① 화원이 구석이나 벽쪽에 있는 경우

② 화염쪽으로의 공기 인입에 의해 화염의 확산과 연장

③ 벽쪽에서 가장 빠르며 2m/s 정도

(2) 수평화염(Horizontal plume)

① 화염이 직접 천장에 도달

② 수평으로 굴절하여 화염의 확산과 연장

(3) Ceiling Jet flow

천장 제트 흐름 내용 참조

6. 감지기, S/P 적응성

① 감지기는 천장 또는 반자에 설치하여야 하며 화재안전기준에서는 벽으로부터 0.6m 이상 이격을 원칙으로 한다.

② 헤드 천장 또는 반자에서 30cm 이내 설치를 원칙으로 한다.

40 천장 제트 흐름(Ceiling Jet Flow)

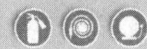

1 ▸▸ 개요

① 고온의 연소 생성물이 부력에 의해 상승하여 천장면 아래에 얇은 층을 형성하는 비교적 빠른 속도의 가스 흐름
② 열, 연기, 가스 감지기, S/P을 작동시킨다.

2 ▸▸ 생성메카니즘

① 화재플럼(Fire Plume)이 부력에 의해 천장에 이른다.
② 수평의 천장 제트 흐름으로 굴절되어 흐른다.
③ 최고 온도와 속도는 천장에서 화염까지 높이의 1% 범위

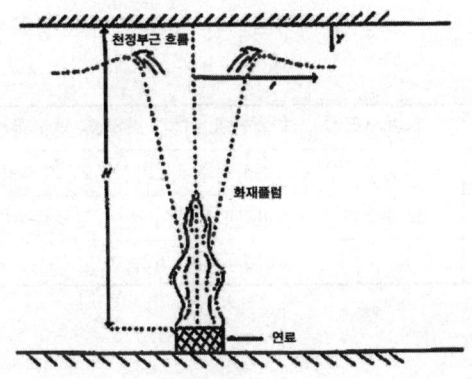

3 ▸▸ 소화설비 적응성

① 천장 제트 흐름의 두께는 천장에서 화염까지 높이의 5~12%이다.
② S/P헤드와 부착면 사이의 거리가 가까울수록 응답시간이 빠르다.
③ NFSC에서는 S/P헤드와 부착면과의 거리를 30cm 이내로 제한하며,
④ NFSC에서 주차장 보와의 헤드이격 규정에 대한 공학적 검토 필요가 필요하다.

41. 화재시 인간에 대한 열적 손상과 비열적 손상

1. 개요

① 연소시 연소생성물은 인체에 열적인 손상과 열이 아닌 비열적 손상으로 피해를 준다.
② 열적손상은 인체에 즉각적인 손상을 주는 화상과 상대적으로 긴 열응력이 있다.
③ 비열적 손상은 마취성, 자극성, 독성, 연기, 부식성 등이 있다.

2. 열적 손상

* 열로 인한 물적 손상 $20kW/m^2$: 약 80% 손상, $37.5kW/m^2$: 약 100% 손상

(1) 화상

① 피부는 45℃에 도달하면 통증을 느끼게 되며, 고통한계 온도는 200℃ 정도이다.
② 피부에 대한 복사 가열의 영향평가는 피부에 수포성화상으로 평가
③ 화상

1도 화상	홍반성화상	빨갛게 되며, 가벼운 부음과 통증, 손상이 표피층에 국한
2도 화상	수포성화상	화상직후, 표피선부와 진피일부에 손상
3도 화상	괴사성화상	피부전체층이 죽어 궤양화 하는 것
4도 화상	흑색화상	더욱 깊은 피하 지방 근육, 뼈까지 도달하는 화상

(2) 열응력

① 고온에 열에 장시간 노출될 때 발생
② 신체의 내부온도가 41℃에 도달할 때 발생

3. 비열적 손상

(1) 마취성 가스(감각이 마비)

① 수면상태를 유도하여 피난 능력을 감퇴시킴으로서 사망에 이른다.
② HCN은 90ppm으로 무의식 상태 도달한다.

③ CO는 헤모글로빈(Hb)과 결합력이 산소에 비하여 210배 강하여 COHb을 형성한다.
④ 결국 인체에 산소공급을 방해하여 산소결핍을 초래한다.
⑤ CO 허용 농도 50ppm

최대허용농도	생리적 반응
800 ppm	2~3시간 내 사망, 45분내 두통, 현기증 메스꺼움
1600	1시간 내 사망, 20분내 두통, 현기증 메스꺼움
3200	30분 내 사망, 10분내 두통, 현기증 메스꺼움
6400	15분 내 사망, 1~2분내 두통, 현기증 메스꺼움
12800	1~2분 내 사망,

⑥ CO_2

농도 %	생리적 반응
2	불쾌감
4	눈의 자극, 두통
8	호흡곤란
10	1분이내 의식 상실
20	단시간내 사망(중추신경장애)

(2) 자극성 가스

① 감각기관 눈과 기도, 폐에 자극을 주어 통증 초래
② 폐까지 침투한 높은 농도의 경우 부종이나 염증같은 급성 폐질환
③ HCl, HF, HBr 포름알데히드

(3) 독성가스

① 세포의 호흡을 정지
② CO, HCl, HCN, CS_2

42 연기 발생과정, 농도 표시법, 감광계수

1 ▸▸ 정의

① 연소 시 발생하는 고온의 수증기와 가스
② 불완전 연소물질과 응축된 물질
③ 상승하는 Plume에 흡입된 공기를 연기라 한다.
④ 공기 중에 부유하고 있는 0.01~10[μm]크기의 고체, 액체 미립자로 구성

2 ▸▸ 연소 생성물(불꽃연소)

(1) 연기 발생 메카니즘

① 흡열 → 분해/증발 → 혼합 → 연소 → 배출
② 고온 열분해 → 공기 중 응축 → 기화 → 연소 또는 불완전 연소 → 탄소 결정체의 성장 또는 응집

(2) 특징

① 고체 미립자 형태로 배출
② 불꽃 연소에서 발생
③ Dark Smoke(타르 생성물로 인해 빛은 흡수)
④ CO↓, CO_2↑
⑤ 0.3mm 이하의 입자가 작은 비가시성 연기

3 ▸▸ 분해 생성물(작열연소)

(1) 연기 발생 메카니즘

① 흡열 → 분해 → 훈소 → 배출
② 고온 열분해 → 공기 중 응축 → 계외 배출

(2) 특징

① 액체 미립자 형태로 배출

② 훈소에서 발생
③ Light Smoke(액적으로 인해 빛의 흡수↓)
④ CO↑, CO_2↓
⑤ 0.95mm 이상의 입자가 큰 가시성 연기

④ 소화설비 적응성

구 분	연소생성물	분해생성물
열감지기	차동식, 보상식, 정온식	보상식, 정온식
연기감지기	이온화식	광전식
불꽃감지기	UV	IR
헤 드	화재성장속도 Fast 이상이면 L/D 헤드, ESFR	조기감지형 헤드, 개방형 헤드

⑤ 농도표시법

(1) 절대농도 표시법

① 개수 농도
  단위체적중 입자의 개수로 표현
② 중량 농도
  단위체적중 입자의 중량으로 표현

(2) 상대농도 표시법

① 감쇄에 의한 감광계수
  ㉠ Lambert-Beer의 법칙을 이용
  ㉡ $C_s = \dfrac{1}{L} \ln \dfrac{I_0}{I}$

  C_s : 감광계수 $\left(\dfrac{1}{m}\right)$
  L : 광원과 수광체 간의 거리 (m)
  I_0 : 연기가 없을 때의 빛의 세기(lux)
  I : 연기가 있을 때의 빛의 세기(lux)

  ㉢ 감광계수와 광학농도와의 관계는 C_s = 2.303D 관계

② 광학농도(optical Density)
  ㉠ 건축재료의 최대 발연량을 측정하는 방법
  ㉡ 투과 거리 1m
  ㉢ $D = \dfrac{1}{L} \log_{10} \dfrac{I_0}{I}$

③ 미국 표준국(NBS)에 의한 광학적 농도
  ㉠ ASTM E 662인 고체 재료에서 발생하는 연기의 비광학적 농도 측정법
  ㉡ $D = D_S \dfrac{AL}{V}$

   D_S : specific optical Density(무차원)
   L : 농도계의 광로길이(m)
   A : 시료의 표면적(m^2)
   V : 상자의 용량(m^3)

  ㉢ 연직으로 놓인 $76cm^2$ 표본에서 $25kw/m^2$의 방사에너지를 방사하여 가시연기의 양을 측정

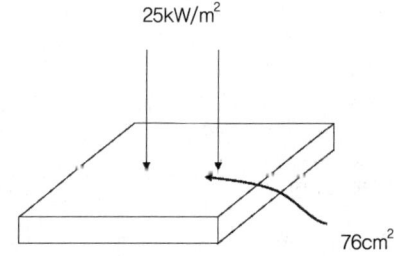

   D : 가시거리(m), C_S : 감광계수(1/m)

④ 발광형 표지(빛이 있을 때)
   $C_S D = 5 \sim 10$

⑤ 한계 간파거리
  ㉠ 한계 간파거리는 건물 내부를 잘 알고 있는 자는 30m 정도
     (보행거리 30m, 피난구 유도등 조도 기준으로 사용)
  ㉡ 건물 내부를 잘 모르는 자는 5m
  ㉢ 하부조명 설치 → 패닉 방지 → 피난유도 피난안정성 확보

43 감광계수와 가시거리, 피난한계와의 관계

1 ▸▸ 감광계수

① 감광계수는 연기에 의해 빛이 감쇄되는 정도를 나타내며
② 재료의 특성, 온도, 공기유입량에 따라 연기 발연량이 달라 빛이 감쇄되는 정도가 다르다.
③ Lambert Beer 공식

$$C_s = \frac{1}{L}\ln\frac{I_0}{I}$$

C_s : 감광계수($\frac{1}{m}$)
L : 광원과 수광체 간의 거리(m)
I_0 : 연기가 없을 때의 빛의 세기(lux)
I : 연기가 있을 때의 빛의 세기(lux)

2 ▸▸ 감광계수와 가시거리 관계

① 감광계수가 낮을수록 빛이 연기에 의해 감쇄되는 정도가 적기 때문에 가시거리는 길어진다.
② 반사판형 표지(빛이 없을 때)

$$C_S D = 2 \sim 4$$

D : 가시거리(m), C_S : 감광계수(1/m)

③ 발광형 표지(빛이 있을 때)

$$C_S D = 5 \sim 10$$

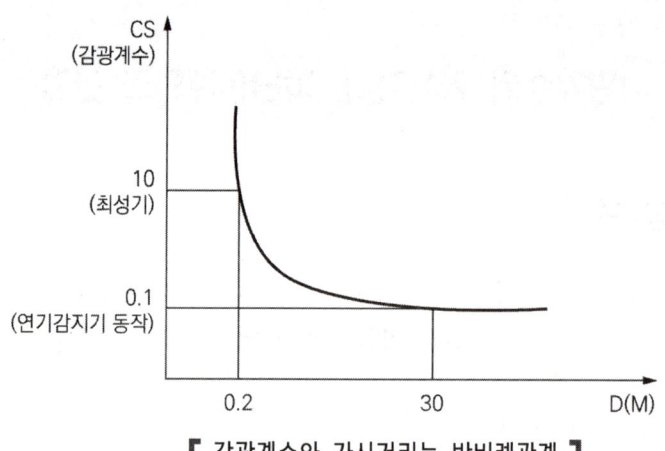

【 감광계수와 가시거리는 반비례관계 】

③ 결론

① 건물 내부에 구조를 잘 알고 있는 자와 한계 간파거리는 30m이며, 잘 모르는 자는 5m이다.
② 인간은 연기에 의해 가시거리가 확보되지 못하면 보행속도 저하 및 패닉을 일으켜 안전한 피난을 하지 못한다.
③ 따라서, Passive 대책으로 가연물의 양을 줄여 연기 발열량을 낮추거나 Active 적으로 S/P, 특수 유도등, Passway Making 설치하여 안전한 피난 도모하여야 한다.

44 연기의 특성, 유해성

① 정의

① 연소시 발생하는 고온의 수증기와 가스
② 불완전 연소물질과 응축된 물질
③ 상승하는 플럼에 흡입된 공기를 말한다.

2 ▸▸ 연기의 특성 ◆암기 광유 화산고

(1) 광선을 흡수

① 감광효과 → 가시거리 저하
② 보행속도 저하 → 피난 방해

(2) 유독성 가스를 다량함유

마취성, 자극성, 독성가스 등을 함유

(3) 화염을 수반하고, 화재 확대의 주역

공조기(HVAC), 바람효과, 피스톤 효과, 팽창, 부력, Stack Effect, 연기 단층화

(4) 산소결핍

산소농도 18% 이하이면 위험, 질식

(5) 고온, 고열로 유동 확산이 빠르다.

3 ▸▸ 연기의 유해성 ◆암기 시심생

(1) 시각적

감광효과 → 가시거리 저하 → 보행 속도 저하 → 피난 장애

(2) 심리적

감광효과 → 가시거리 저하 → 패닉 현상 → 이성적인 행동 상실

(3) 생리적 유독 가스 발생

호흡장애, 수면상태 유도 → 사망

45. 재료에서 발생하는 연기의 양

1. 개요

① 연기 특성(광, 유, 화, 산, 고)
② 발연량은 재료의 화학적 조성, 가열온도, 산소의 공급 조건 등에 영향을 받는다.

2. 발연계수와 시료량과의 관계

① $K = C_S \dfrac{V}{W}$

K : 단위중량당의 발연량＝발연계수(m^2/kg)
C_S : 감광계수
V : 발생한 연기의 체적(m^3)
W : 연소물질 중량(kg)

② 감광계수는 재료의 화학적 조성에 따라 달라지므로 그 물질의 특성이 발연량에 영향을 준다.
③ 발연량을 줄이기 위해서는 감광계수(C_S)↓, 화재하중(W)↓ 낮은 물질 사용

3. 발연량과 산소와의 관계

① 산소량 부족으로 불완전 연소를 하면 발연량 ↑
② $K = A\sqrt{H}$

4. 발연계수와 온도와의 관계

① $K = A - BT$
② 발연계수는 온도에 대하여 직선성을 가지고 있어 온도 ↑, 발연량 ↓
③ 따라서 저강도 화재인 훈소에서 발연량이 많다.

5. 발연계수와 Hinkley 공식

① $K = 0.188 PY^{3/2}$ (kg/sec)

    P : 화염의 둘레(대형 12m, 중형 6m, 소형 4m)
    Y : 청결층 까지의 높이(m)
    A : 바닥면적(m^2)

$$t = \frac{20A}{P\sqrt{g}} \left(\frac{1}{\sqrt{y}} - \frac{1}{\sqrt{h}} \right)$$

$$Q = \frac{A(h-y)}{t} (m^3/sec)$$

② 발연량은 화염의 둘레에 청결층까지 높이인 체적임을 의미하며, 화재 시 연기는 공기 인입을 포함한다.

예상문제

소방법규에서 제연경계의 수직거리가 2m 미만인 경우 최소 배출 풍량을 40,000m³/hr 정한 이유를 설명하시오.

풀이 1. Hinkley 법칙을 이용하여 설명할 수 있다.

$$t = \frac{20A}{P\sqrt{g}} \left(\frac{1}{\sqrt{y}} - \frac{1}{\sqrt{h}} \right)$$

2. y에 대한 식으로 변환

$$\frac{1}{\sqrt{y}} = \frac{P\sqrt{g}}{20A} \times t + \frac{1}{\sqrt{h}}$$

3. 양변에 미분하여 dy식 변환

$$\frac{1}{2} y^{-\frac{3}{2}} dy = \frac{P\sqrt{g}}{20A} dt$$

$$dy = \frac{P\sqrt{g}}{20A} \times (-2y^{\frac{3}{2}}) dt$$

4. $\left(A \times \frac{dy}{dt} \right)$에 대한 정리

$$\left(A \times \frac{dy}{dt} \right) = \frac{P\sqrt{g}}{20} \times (-2y^{\frac{3}{2}})$$

$$\left[\text{참고 } k = \frac{\sqrt{9.8}}{10} Py^{\frac{3}{2}} = 0.188 Py^{\frac{3}{2}} \text{ (kg/sec)} \right]$$

5. 공식적용

    y : 2m, P : 화염의 둘레(대형 12m, 중형 6m, 소형 4m)

$$V = \frac{12\sqrt{9.8}}{10} 2^{\frac{3}{2}} \times 3,600 = 38,350 (m^3/hr) \fallingdotseq 40,000 (m^3/hr)$$

46 연돌효과(Stack Effect) 온도차 → 압력차 → 기류이동

1 ▶▶ 개요

① 연돌효과는 건물 내·외부 공기기둥의 온도차에 의해 압력차가 발생하는 것으로
② 건물 내부의 온도가 외부보다 높은 경우 압력차가 발생하고, 이로 인하여 지표상에서 건물로 들어온 공기는 다시 공기의 밀도차에 의해 수직적으로 발생하는 압력차에 의해 건물 내 계단실 또는 샤프트를 통해 상부로 이동한다.
③ 온도차에 의해 건물 내·외부에 밀도차가 발생하고, 밀도차에 의하여 압력차가 발생하면서 이로 인하여 기류가 이동하는 것을 Stack Effect라 한다.

2 ▶▶ 연기이동 주요 요소 h w p E B S

공조설비, 바람, 피스톤효과, 팽창, 부력, 굴뚝효과

3 ▶▶ Stack Effect

(1) 건물 내의 Stack Effect에 의한 기류 이동

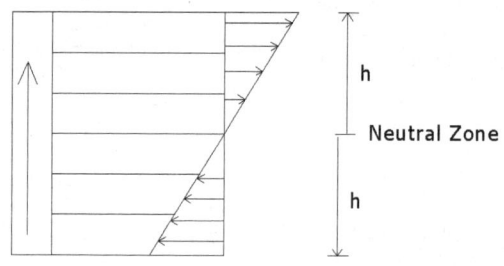

① 공식

$$\Delta P = 3460\, h \left(\frac{1}{T_o} - \frac{1}{T_i} \right)$$

ΔP : 굴뚝효과에 의한 압력차(Pa), h : 중성대로 부터의 높이(m)
T_o : 외부공기의 절대온도(K), T_i : 내부공기의 절대온도(K)

$$\Delta P = egh$$

$$e = \frac{PM}{RT} = \left(\frac{1 \times 28.84}{0.08209} \times 9.8\right)\left(\frac{1}{T_0} - \frac{1}{T_1}\right)$$

$$\Delta P = 351.4 \times 9.8 \times h\left(\frac{1}{T_0} - \frac{1}{T}\right) = (3445.9) \times h\left(\frac{1}{T_0} - \frac{1}{T}\right)$$

② 내·외부 온도차에 의해서 압력차가 발생 → 하부 → 상부로 기류이동
③ 화재시 연기의 유동 경로가 된다.

(2) Stack Effect 크기(영향을 주는 요인)
① 건물 높이-H
② 외벽의 기밀성
③ 건물 내의 온도차의 함수(T)
④ 건물의 층간 공기 누출

4 ▸▸ Stack Effect 문제점

① 화재시 연기의 수직이동
② 엘리베이터 문의 오동작
③ 코어 부분에 실에서 출입문 개폐의 어려움
④ 에너지 유출임에 따른 손실(냉방, 난방)
⑤ 침기 및 누기에 따른 소음

5 ▸▸ 방지대책

① 1층 부속실 방화문 설치
② 출입구에 방풍실 설치
③ 고층 건물 E/L에 부속실 설치
④ 외벽에 기밀도 향상
⑤ E/L 상부에 개구부

47 중성대

1 ▸▸ 정의

실내로 들어오는 공기와 나가는 공기 사이에 발생되는 압력이 "0"인 지점을 말한다.

2 ▸▸ 중성대 높이

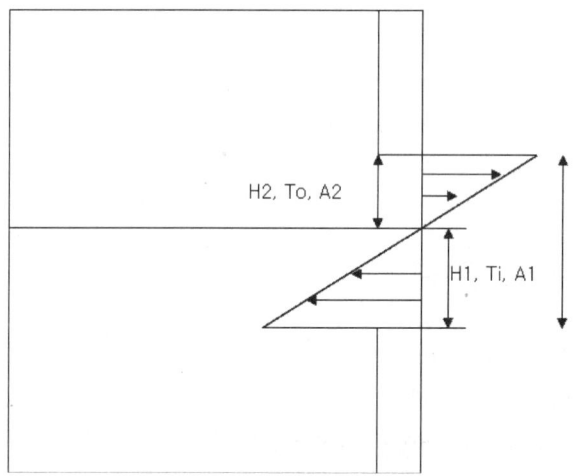

(1) 공식

$$\frac{H_1}{H_2} = \left(\frac{A_2}{A_1}\right)^2 \times \left(\frac{T_o}{T_i}\right)$$

H_2 : 중성대로부터 위쪽 개구부까지 거리 (중성대 상부층)
H_1 : 중성대로부터 아래쪽 개구부까지 거리 (중성대 하부층)
A_2 : 중성대 상부의 개구부 면적
A_1 : 중성대 하부의 개구부 면적
T_o , T_i : 내부, 외부의 온도

① 실내외 온도 같으면 수식은 아래와 같다.

$$h_1 = 1/2H$$

② H_2 높이에서 압력

$$\Delta P = 3460\, H_2 \left(\frac{1}{T_o} - \frac{1}{T_i} \right)$$

ΔP : 굴뚝효과에 의한 압력차(Pa)
H_2 : 중성대로 부터의 높이(m)
T_o : 외부공기의 절대온도(K)
T_i : 내부공기의 절대온도(K)

③ 개구부 크기에 의한 중성대 변화

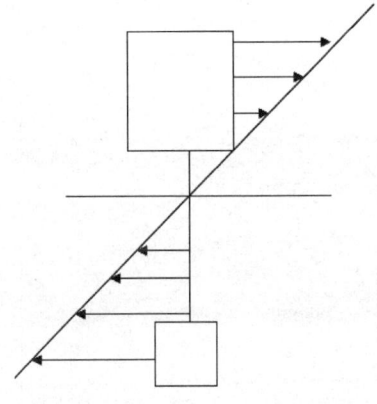
【 상층부가 개구부가 큰 경우 】

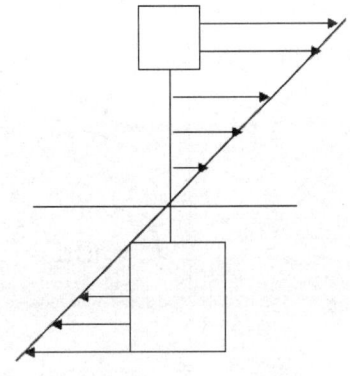
【 하층부가 개구부가 큰 경우 】

상층부가 개구부가 큰 경우	하층부가 개구부가 큰 경우
1. 중성대가 상승 2. Stack Effect 조장하여 연기확산이 빠르다.	1. 중성대가 하강 2. 최상층으로 연기 배출이 어렵다. 　상층부 피난장애

④ 중성대 활용

① Stack Effect 방지
② 자연 배기 이용

48 연기의 단층화

1 ▶▶ 개요

훈소성 화재의 저강도 화재 및 천장이 높은 대공간 화재에서 Fire Plume의 부력이 주변 공기 온도와 같게 될 때 더 이상 상승하지 못하고 연기층을 형성하는 것

2 ▶▶ 연기의 단층화 메카니즘

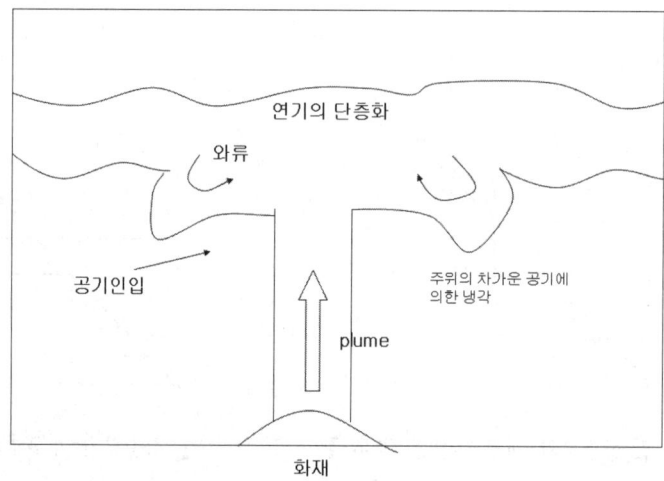

공기밀도 ρ_{air} =화염밀도 ρ_f(화염온도와 공기온도가 같은 경우) 연기층의 상승이 정지되며, 공기밀도 ρ_{air} < 화염밀도 ρ_f(화염온도가 낮은경우) 연기층이 하강 후 일정한 층을 형성

3 ▶▶ 문제점

① Ceiling jet flow 형성 하지 못해
② System 작동지연 또는 불능

4 ▶▶ 대책

① 감지기 - 공기흡입형 감지기, 불꽃감지기, 특수감지기
② S/P - RTI 낮은 헤드사용, 감지기와 연동하여 개방형 헤드 사용

49 합성 고분자 화합물

❶ 개요

① 합성 고분자 화합물분자량이 큰 물질(수백~수만)로
② 단량체(Monomer)를 첨가중합, 축중합으로 반응시켜 Polymer 만든다.

❷ 분류

① 천연고분자 : 천연섬유, 천연고무
② 합성고분자 : 합성섬유, 합성고무, 합성수지(플라스틱)

❸ 플라스틱

(1) 열가소성

- 열을 가해 성형한 후 다시 열을 가하면 녹는 플라스틱

구 분	열가소성	열경화성
분자구조	사슬구조→잘녹고, 잘탄다	그물구조→녹지 않고 분해
종 류	폴리에틸렌, 폴리염화비닐, 폴리아세틸렌, 폴리 스틸렌	페놀, 요소, 멜라닌 수지
연소형태	증발(불꽃 연소)	분해연소(훈소성)
불꽃유무	○	×
화염전파	○	×
반응속도	大	小
연기형태	Dark Smoke	Light Smoke
합성반응	첨가 중합	축 중합

(2) 열 경화성 수지

열을 가해 성형한 후 다시 열을 가하면 녹지 않고 분해되는 플라스틱

4 ▶▶ 연소메카니즘

① 열가소성 : 흡열 → 분해 → 혼합 → 연소 → 배출
② 열경화성 : 흡열 → 분해 → 배출

5 ▶▶ 화재 위험성

① 연소속도 ↑
② 열 방출속도 ↑
③ 화재강도 ↑　**암기** 공연비단
④ 화재 가혹도 ↑
⑤ 발열량 ↑
⑥ 발연량 ↑

$$K = C_S \frac{V}{W}$$

⑦ 연기색이 짙다.
⑧ 유독가스 다량 발생

6 ▶▶ 연소생성물

(1) 연소생성물

① 완전연소 : CO_2, H_2O, SO_2
② 불완전연소 : CO, H_2S
③ 기타

(2) 분해 생성물

① 기체 : 휘발성 물질, 탄화수소계열, 무기산 등
② 액체 : 포름알데히드, 알데히드류, 케톤류, 방향족 탄화수소
③ 고체 : 타르, 탄화물, 미반응 물질

50 목재의 착화점 바꿀 수 있는 요인 및 목재 발화의 4단계

1 ▸▸ 목재의 착화점을 바꿀 수 있는 요인

(1) 열원의 성질

(2) 표본의 외형 등 물리적 성질

① 크기 및 형상
  ㉠ 물질을 잘게 나눌수록 표면적이 커지고 입자 표면에서 열 흡수가 좋다.
  ㉡ 두께가 얇은 것이, 두께가 두꺼운 것보다 착화가 빠르다.

$$t_{ig} = \rho c l \frac{T_{ig} - T_\infty}{\dot{q}''}$$

  ρ : 재료의 밀도, c : 비열, l : 재료의 두께, T_∞ : 초기온도(실온), T_{ig} : 점화온도

② 수분의 함량
  목재류의 수분함량이 15%이상이면 착화가 어렵다.

(3) 표본의 비중

비중이 낮은 것이 위험 → 밀도가 낮다 착화가 쉽다.

(4) 난연 처리 여부

(5) 산소공급 상태

(6) 가열속도(가열시간)

목재가 착화하려면 고체 표면에서 가연성 가스가 발생할 때까지 충분한 시간을 열원과 접촉해야 한다.

2 ▸▸ 목재 발화의 4단계

(1) 1단계 100℃ 정도(분해)

처음에 서서히 분해하여 수증기(H_2O) 발생 및 가연성 가스가 발생하기 시작

(2) 2단계 160℃ 정도(탄화)

표면이 탄화되어 속으로 파고 든다.

(3) 3단계 260℃ 정도

급격한 분해가 되며 가연성 가스 발생량이 증가하여 점화원에 의해 인화가 가능.
즉, 목재의 인화점

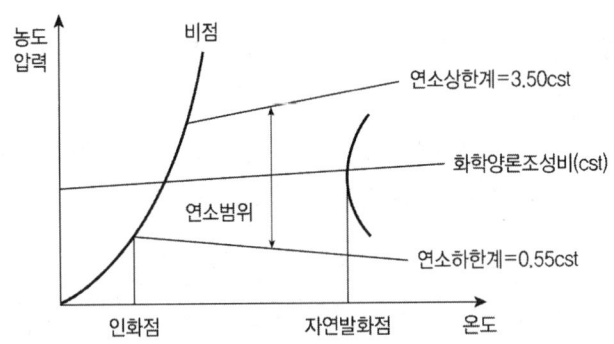

(4) 4단계 400℃이상

분해가 더욱 격심해지고 목재 스스로 발화된다.
즉, 목재의 발화점이 된다.

51 방염

1 ▸▸ 개요

① 순간적인 점화원에 의한 발화 방지
② 유기물인 장식물에 방염처리한 물질로, 접염일 때 성능이 있고, 지속적인 화염 노출시 가연물과 같이 발화한다.
③ 방염은 착화점에서 화재저항이다.

2 ▸▸ 방염 대상

① 근린생활시설 중 의원, 체력단련장, 공연장 및 종교집회장

② 건축물의 옥내에 있는 시설로서 다음 각 목의 시설
　㉠ 문화 및 집회시설
　㉡ 종교시설
　㉢ 운동시설(수영장은 제외한다)
③ 의료시설
④ 교육연구시설 중 합숙소
⑤ 노유자시설
⑥ 숙박이 가능한 수련시설
⑦ 숙박시설
⑧ 방송통신시설 중 방송국 및 촬영소
⑨ 다중이용업소
⑩ 제1호부터 제9호까지의 시설에 해당하지 않는 것으로서 층수가 11층 이상인 것(아파트는 제외한다)

③ ▸▸ 방염대상물품

① 제조 또는 가공 공정에서 방염처리를 한 물품(합판·목재류의 경우에는 설치 현장에서 방염처리를 한 것을 포함한다)으로서 다음 각 목의 어느 하나에 해당하는 것
　㉠ 창문에 설치하는 커튼류(블라인드를 포함한다)
　㉡ 카펫, 두께가 2밀리미터 미만인 벽지류(종이벽지는 제외한다)
　㉢ 전시용 합판 또는 섬유판, 무대용 합판 또는 섬유판
　㉣ 암막·무대막(「영화 및 비디오물의 진흥에 관한 법률」 제2조제10호에 따른 영화상영관에 설치하는 스크린과 「다중이용업소의 안전관리에 관한 특별법 시행령」 제2조제7호의4에 따른 골프 연습장업에 설치하는 스크린을 포함한다)
　㉤ 섬유류 또는 합성수지류 등을 원료로 하여 제작된 소파·의자(「다중이용업소의 안전관리에 관한 특별법 시행령」 제2조제1호나목 및 같은 조 제6호에 따른 단란주점영업, 유흥주점영업 및 노래연습장업의 영업장에 설치하는 것만 해당한다)
② 건축물 내부의 천장이나 벽에 부착하거나 설치하는 것으로서 다음 각 목의 어느 하나에 해당하는 것. 다만, 가구류(옷장, 찬장, 식탁, 식탁용 의자, 사무용 책상, 사무용 의자, 계산대 및 그 밖에 이와 비슷한 것을 말한다. 이하 이 조에서 같다)와 너비 10센티미터 이하인 반자돌림대 등과 「건축법」 제52조에 따른 내부마감재료는 제외한다.
　㉠ 종이류(두께 2밀리미터 이상인 것을 말한다)·합성수지류 또는 섬유류를 주원료로 한 물품

ⓒ 합판이나 목재
  ⓒ 공간을 구획하기 위하여 설치하는 간이 칸막이(접이식 등 이동 가능한 벽체나 천장 또는 반자가 실내에 접하는 부분까지 구획하지 아니하는 벽체를 말한다)
  ② 흡음(吸音)이나 방음(防音)을 위하여 설치하는 흡음재(흡음용 커튼을 포함한다) 또는 방음재(방음용 커튼을 포함한다)

④ 방염성능 기준

(1) 잔염시간

버너의 불꽃을 제거한 때부터 불꽃을 올리며 연소하는 상태가 그칠 때까지 시간은 20초 이내

(2) 잔진시간

버너의 불꽃을 제거한 때부터 불꽃을 올리지 아니하고 연소하는 상태가 그칠 때까지 시간은 30초 이내

(3) 탄화면적 50cm² 이내, 탄화길이 20cm 이내

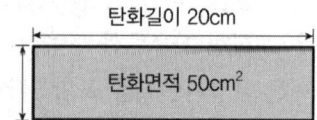

(4) 접염횟수

불꽃에 의하여 완전히 녹을 때까지 불꽃의 접촉 회수는 3회 이상

구 분	잔염시간	잔진시간	탄화면적	탄화길이	접염횟수 (용융하는 물품 적용)	최대 발연량	내세탁성
카페트	20초			10cm	미적용	400	적용
얇은포	3초	5초	30cm²	20cm	3회	200	적용
두꺼운포	5초	20초	40cm²	20cm	3회	200	적용
합성수지판	5초	20초	40cm²	20cm	미적용	400	미적용
합판, 유판, 목재, 합판등	10초	30초	50cm²	20cm	미적용	400	미적용

(5) 발연량

최대연기밀도 400 이하

5 ▸▸ 방염이론

(1) 난연화 개요

연소과정인 "흡열 → 증발/분해 → 혼합 → 연소 → 배출" 중 한 개의 과정을 차단하는 것이다.

(2) 열적이론 – 열전달 제어

① 흡열 반응을 이용
② 불꽃 에너지 열을 → 용융, 승화시 흡열 반응을 이용하여 소비

(3) 가스 이론 – 열분해 속도 제어

① 증발, 분해시에 발생한 가스가 불연성 가스
② 가연성 가스 희석(염화칼슘, 염화아연)

(4) 피복이론 – 열분해 생성물 제어

용융염류막이 섬유표면을 피복하여 산소 차단(붕사, 붕산)

(5) 화학적 이론 – 기상 반응 제어

보다 낮은 온도에 분해되어서 발화점에 이르기 전에, 가연성 가스를 발생하고 얇은 잔사를 남긴다는 이론

6 ▸▸ 장 · 단점

(1) 장점

연소속도↓, 열방출속도↓, 화염전파↓

(2) 단점

① CO↑
② 독성 가스 ↑
③ 발연량 ↑

(3) 난연제 개발동향

① 환경친화형 Non-Halogen 저발연재료

② 내열성 우수한 난연재료
③ 다기능을 구비한 난연재료
④ 고난연성 재료 개발
⑤ 성형 가공성 재료 개발
⑥ 재활용성이 우수한 난연재료

> **Reference**
>
> ◉ 발연량 계산 공식
>
> 연기밀도 $D_s = 132 \log_{10} \dfrac{100}{T}$
>
> T : 광선투과율
> 132 : 연소챔버에 대하여 V/AL로부터 유도된 인자
> (V : 연소챔버의 부피, A : 연소챔버의 노출면적, L : 광선 경로의 길이)
>
> 최대값 $D_m = 132 \log_{10} \dfrac{100}{Tr}$
>
> Tr : 광선투과율(maximum range)
>
> 보정인자 $DC = 132 \log_{10} \dfrac{100}{Tc}$
>
> Tc : 광선투과율(clear beam)
>
> 보정값 $D_s = D_m - DC$
> – 최대연기밀도는 보정값을 3회 이상 측정하여 중위수 값으로 한다.

> **Reference**
>
> ◉ 방염 표시 예
> 1. 종 별
> 2. 제조년월 및 제조번호(두루마리번호 또는 포장상자번호 등) 또는 로트번호
> 3. 제조업체명 또는 상호(커텐 및 암막의 경우에는 3m 간격으로 표시하여야 한다.)
> 4. 소재혼용율
> 5. 길이 및 폭(포장단위가 두루마리인 경우)
> 6. 주의사항

> **Reference**
>
> • 입법예고 – 목재 및 합판 선처리 제품 사용 가능
> • 선처리 사용의미 – 현장에서 밤염처리부분 샘플채취로 인한 문제점 해소를 위해 실시

52. 한계산소지수(LOI, Limiting Oxygen Index)

1. 개요

한계산소지수는 난연 평가의 한 방법이다.

2. LOI

① 연소를 지속하는데 필요한 최저한의 산소 체적분율(%)

② $LOI = \dfrac{O_2}{O_2 + N_2} \times 100$

③ 어떤 시료를 수직으로 놓고 아래쪽으로 연소시켜 나가게 하기 위하여 필요한 산소

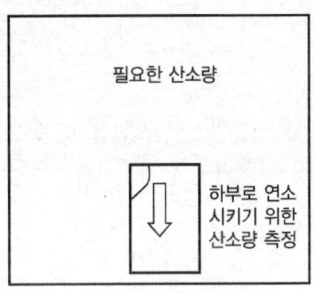

【 측정방법 】

④ 난연 섬유소재는 화재 전파능력을 상실하게 하는 섬유를 말하며 LOI가 28 이상인 것
⑤ PBO 섬유는 68, CPVC 60이다.

3. 특징

LOI는 측정이 단순하고, 재현성우수, 수치화 쉬워 가장 많이 사용한다.

4. 활용

① 난연성 측정법에는 연소시험법, 탄화장 측정법, LOI, 잔염시간 시험법 있으며,
② 한계산소지수는 난연성 측정법으로 가장 많이 사용한다.

53. MOC와 Inerting → 예혼합 연소에 산소농도

1. MOC(Minimum Oxygen Concentration)

① 연소가 진행하기 위해서 필요한 최소산소농도
② $MOC = LFL \times O_2$
③ LFL은 존슨식, 르샤틀리에 식으로 구한다.
  ㉠ 단성분인 경우 : 존슨식

$$L_{25} \approx 0.55\, C_{st}$$

  ㉡ 다성분인 경우 : 르샤틀리식

$$L = \frac{100}{\dfrac{V_1}{L_1}+\dfrac{V_2}{L_2}+\dfrac{V_3}{L_3}}$$

  $V_1,\ V_2,\ V_3,$: 단독 성분가스의 혼합물 중 농도[vol%]
  $L_1,\ L_2,\ L_3,$: 단독 성분가스의 연소하한계 농도[vol%]

2. Inerting

① 가연성 혼합기에 불활성 가스(N_2, CO_2, 수증기)를 주입하여 산소농도를 MOC 이하로 낮추어서 연소를 방지하는 것으로
② 분진의 경우
  MOC는 8% - 설계시 4%
③ 가연성 가스의 경우
  MOC는 10% - 설계시 6%

3. 불활성화 방법

① 퍼징(Purging)을 통하여 산소농도를 MOC 이하로 유지하여 제한된 공간에서 화염이 전파되지 않도록 유지하는 공정을 말한다.

② 진공퍼지

용기를 진공으로 만든 후 퍼지가스를 가하여 원하는 산소농도가 될 때까지 반복
(큰 용기는 적용 못함, 반응기 적용)

③ 압력퍼지

용기에 가압된 퍼지 가스를 주입하는 방법
(퍼징 시간이 짧다, 퍼징 가스량이 많이 든다.)

④ 스위프 퍼지

㉠ 공정을 정지 시킬 수 없는 곳에서 사용(분진이 이송되는 공정에서 적용)
㉡ 한쪽 개구부로부터 퍼지가스를 주입하고 다른 쪽 개구부로부터 혼합가스를 배출하는 방식

⑤ 사이폰 퍼지

용기에 액체를 채운 후 액체가 용기로부터 드레인 될 때 퍼지 가스 주입하는 방식

54 산소 평형(Oxygen Balance)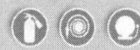

1 ▶ 정의

① 폭발성 화합물 100g이 폭발적으로 분해하여 최종 화합물이 만들어질 때 필요한 산소 과부족량(g)으로 나타낸 것으로,
② OB가 "O"에 가까울 수록 폭발 위력이 크며, 제5류 위험물 폭발력 평가시 이용된다.
③ 산소 부족시에는 CO 발생량이 많고 산소 과다시 NO_2 발생량이 많다.

2 ▶ 산소 평형에 따른 폭발 위험에 분류

OB	폭발 위험	예
±0~45	A(大)	니트로 글리콜, 니트로 글리세린
±45~90	B(中)	피크린산
±90~135	C(小)	니트로 에탄, 니트로 부탄

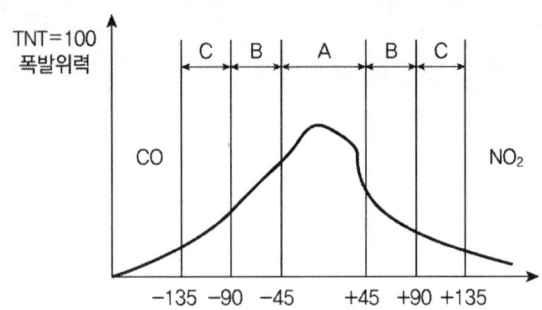

3 ▸▸ 계산 예(질산 암모늄)

$$NH_4NO_3 \rightarrow N_2 + 2H_2O + \frac{1}{2}O_2$$

$$OB = \frac{16_g}{80_g} \times 100 = 20_g$$

질산암모늄의 분자량은 80g이며, OB는 +20g으로 폭발 위험이 매우 크다.

화재역학
[기출문제]

125회

01 프로판 70%, 메탄 20%, 에탄 10%로 이루어진 탄화수소 혼합기의 연소하한을 구하시오. (단, 각각의 연소하한은 프로판 2.1%, 메탄 5.0%, 에탄 3.0%이다)

02 감광계수와 가시거리의 관계에 대하여 설명하시오. (건축방재 – 연기)

03 형태계수와 방사율에 대하여 설명하시오.

04 무차원수 중 Damkohler 수(D)에 대하여 설명하고, Arrhenius식과의 관계를 설명하시오.

05 그림은 천정열기류(Ceiling Jet)에 관한 계산 모델이다. 다음 물음에 답하시오.
1) 천정열기류(Ceiling Jet)의 정의
2) 화재플럼중심축으로부터 거리 r만큼 떨어진 위치에서의 기류 온도와 속도
3) 화재플럼중심축에서 2.5m 떨어진 위치에 72℃ 스프링클러 헤드가 설치되어 있다고 가정할 때 감열여부 판단(화재크기 1000kW, 층고 4.0m, 실내온도 20℃)

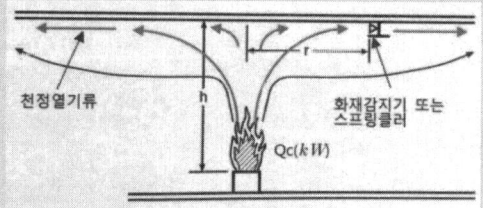

06 방염에 대한 다음 사항을 설명하시오.
1) 방염 의무 대상 장소   2) 방염대상 실내장식물과 물품   3) 방염성능기준

07 연기의 시각적 특성 및 감지기와 관련하여 다음에 대하여 설명하시오.
1) 감광율, 투과율, 감광계수 정의
2) '자동화재탐지설비 및 시각경보장치의 화재안전기준(NFSC 203)'에서 부착높이 20m 이상에 설치되는 광전식 중 아나로그방식의 감지기에 대해 공칭감지농도 하한값이 5%/m 미만인 것으로 규정하고 있는데, 그 의미에 대하여 설명하시오.

124회

01 방염대상물품 중 얇은 포와 두꺼운 포에 대하여 아래 내용을 설명하시오.
1) 구분 기준
2) 방염성능 기준

02 화재플럼(fireplume)의 발생 메커니즘(mechanism)과 활용방안을 설명하시오.

03 단열압축에 대하여 설명하고 아래 조건의 경우 단열압축 하였을 때 기체의 온도(℃)를 구하시오.

- 단열압축 이전의 기체: 25℃ 1기압
- 단열압축 이후의 기체: 20기압
- 여기서 정적비열 $C_V=1[cal/g \cdot ℃]$, 정압비열 $C_P=1.4[cal/g \cdot ℃]$이다.

123회

01 가연성 혼합물의 연료와 공기량을 결정하는 방법에서 당량비(Equivalence Ratio, Φ)의 정의와 당량비(Φ)>1, 당량비(Φ)=1, 당량비(Φ)<1일 경우 혼합기 상태에 대하여 설명하시오.

02 최소산소농도(MOC, Minimum Oxygen Concentration)를 설명하고, 다음과 같은 데이터로 부탄가스의 최소산소농도를 추정하시오. 또한 불활성화(Inerting)의 정의 및 방법에 대하여 설명하시오.

- 분자식 : 부탄가스(C_4H_{10})
- 분자량 : 58
- 연소범위 : 연소하한값(LFL) 1.6%, 연소상한값(UFL) 8.4%

기출문제

122회

01 트래킹(Tracking) 화재의 진행 과정과 방지대책에 대하여 설명하시오.

02 구획 내 전체화재에 사용하는 화재하중 설정에 대하여 설명하시오.

03 화재 시 아래의 제한된 조건하에서 화염의 열유속($\dot{q}''$)의 값을 비교하고 각각 연료에 대한 위험성의 상관관계를 설명하시오.

※ 재료별 직경 1m의 풀화재자료

	질량감소유속 $\dot{m}''$ [g/m²s]	연소면적 A[m²]	유효연소열 ΔH_c [kJ/g]	기화열 L[kJ/g]
폴리스티렌	38	0.785	39.85	1.72
가솔린	55	0.784	43.70	0.33

04 정전기의 대전을 방지하기 위한 전압인가식 제전기의 종류와 제전기 사용상의 유의사항에 대하여 설명하시오.

05 구획실화재(환기구크기 : 1m×2m)에서 플래시오버 이후 최성기화재(800℃로 가정)의 에너지방출률을 구하시오. (단, 연료가 퍼진 바닥면적 12m², 가연물의 기화열 2kJ/g, 평균연소열 ΔH_c=20kJ/g, Stefan Boltzman 상수(σ)=5.67×10⁻⁸W/m²·K⁴이다)

06 가솔린의 증발속도와 가솔린 화재에서의 화재플럼(Fire Plume) 속도를 비교하여 설명하시오. (단, 가솔린은 최고연소유속으로, 가솔린 증기밀도는 공기의 2배로, 화재플럼의 높이는 1m로 정한다)

121회

01 가연성혼합기의 연소속도(Burning Velocity)에 영향을 미치는 인자에 대하여 설명하시오.

120회

01 연소의 4요소에 해당하는 연쇄반응과 화학적 소화(할로겐 화합물)를 단계별 반응식으로 설명하시오.

02 비열(Specific Heat)의 종류와 공기의 비열비(Specific Heat Ratio)에 대하여 설명하시오.

03 인체의 열 스트레스 조건에서 상대습도와 인내 한계시간과의 관계를 설명하시오.

04 Fail Safe와 Fool Proof의 개념과 소방에서 적용 예를 들어 설명하시오.

05 정전기 대전현상에 대하여 기술하고, 위험물을 고무타이어가 있는 탱크로리, 탱크차 및 드럼 등에 주입하는 설비의 경우 "정전기 재해 예방을 위한 기술상의 지침"에서 정한 정전기 완화조치에 대하여 설명하시오.

06 화재를 다루는 분야에서는 열에너지 원(Heat Energy Source)의 제어가 중요하다. 열에너지 원을 화학적, 전기적 및 기계적 열에너지로 구분하여 설명하시오.

07 유체유동과 관련 있는 무차원수의 필요성과 주요 무차원수에 대하여 설명하시오.

기출문제

119회(2019년 8월)

01 그래파이트(Graphite) 현상과 트래킹(Tracking) 현상에 대하여 설명하시오.

02 연소범위 영향요소에 대하여 설명하시오.

03 훈소의 발생 매커니즘 및 특성, 소화대책에 대하여 설명하시오.

04 어떤 구획실의 면적이 24m²이고, 높이가 3m일 때 구획실 내부에서 화원 둘레가 6m인 화재가 발생하였다. 이때 화재 초기의 연기 발생량(kg/s)을 구하고 바닥에서 1.5m 높이까지 연기층이 하강하는데 걸리는 시간(s)과 연기 배출량(m³/s)을 계산하시오.(단 연기의 밀도 = 0.4 kg/m³이고, 기타 조건은 무시한다.)

05 방염에 대하여 아래 내용을 설명하시오.
   1) 방염대상
   2) 실내장식물
   3) 방염성능기준

118회(2019년 5월)

01 가연물 연소패턴 중 다음의 용어에 대하여 설명하시오.
   1) Pool-shaped burn pattern
   2) Splash pattern

   ▲해설 1. Pool-shaped burn patten
   ① Pour Pattern 과 유사한 특성을 가짐
   ② 연소 부위가 원형에 근접한 Pool 의 형태를 나타냄
   ③ 액체가 부어지거나 다른 방법에 의해 뿌려졌다는 것을 알 수 있음
   ④ 의도적인 행위에 의해 발생 가능성 높음

2. Splash pattern
① 액체 가연물이 쏟아지면서 주변으로 튀거나 연소중 액면에서 끓은 액체가 주변으로 튀면서 Pour Pattern 의 미연소 부분에 국부적으로 점처럼 연소된 패턴
② 바람의 영향을 받음

02 액체탄화수소의 일반적인 특성과 연소 후 특징적으로 나타나는 화재패턴(Fire Pattern)에 대하여 설명하시오.(105회 기출문제)

해설
1. 액체 탄화수소의 연소 특징
   1) 발화 후 화염전파가 빠르다.
   2) 액면 화재(Pool fire)와 누출 흐름연소(Spill fire)의 연소 형태가 다르다.
2. 액체 가연물의 화재패턴 형성 시 특징
   1) 낮은 곳으로 흐르며 고인다.
   2) 바닥재의 특성에 따라 광범위하게 퍼지거나 흡수될 수 있다.
   3) 증발하면서 증발잠열에 의한 냉각효과가 있다.
   4) 쏟아지거나 끓게 되면 주변으로 방울이 될 수 있다
   5) 어떠한 액체가연물은 고분자 물질을 침식시키거나 변형시키는 등 용매로서의 성질을 가지기도 한다
3. 화재패턴
   불규칙 패턴(Irregular pattern) ⇒ 화재시작점과 화재원인 추정이 어렵다.
   1) 포어패턴(pour pattern)
      ① 액체 가연물이 흐르는 형태대로 연소
      ② 액체가연물이 있는 곳은 다른 곳보다 연소 형태가 강하기 때문에 탄화정도의 강약에 의해서 구분됨
   2) 스플래시 패턴(splash pattern)
      ① 액체가연물이 쏟아지면서 주변으로 튀거나 연소되면서 발생하는 열에 의해 스스로 가열되어 액면(液面)에서 끓으며 주변으로 튄 액체가 포어패턴의 미연소 부분에서 국부적으로 점처럼 연소된 흔적
      ② 주변으로 튀어나간 가연성 방울에 의해 생성되므로 풍향의 영향을 받는다.
   3) 고스트마크 (ghost pattern)
      ① 타일 밑으로 스며든 액체기연물이 격렬하게 연소되고 결과적으로 타일 틈새모양으로 변색되고 종종 박리된 패턴
      ② 다른 패텐과 달리 플래시오버와 같은 강력한 화재열기속에서 발생
   4) 틈새연소 패턴(seam burn pattern)
      ① 마감재의 모서리에 가연성 액체가 흐르는 경우 틈새를 따라서 흘러가거나 더 많은 액체가 고이게 되는데, 이 액체가 연소되면서 타부위에 비하여 더 강하게, 더 오래 연소하게 되므로 탄화 정도에 따라서 구별을 할 수 가 있다.
      ② 고스트 마크와 외형이 유사하나 단순히 가연성 액체의 연소라는 점, 콘크리트나 시멘트 바닥이 아니라 마감재 표면에서 보이는 패턴이라는점, 주로 화재초기에 나타난다는 점이 다르다.

기출문제

5) 도넛 패턴(doughnut pattern)
   ① 더 많이 연소된 부분이 덜 연소된 부분을 둘러싸고 있는 형태
   ② 가연성 액체가 웅덩이처럼 고여 있을 경우 발생하는데, 고리처럼 보이는 주변부나 얕은 곳에서는 화염이 바닥이나 바닥재를 탄화시키는 반면에 비교적 깊은 중심부는 액체가 증발하면서 기화열에 의해 웅덩이 중심부를 냉각시키는 현상 때문에 발생한다.

03 전기화재의 원인으로 볼 수 있는 은(Silver) 이동 현상의 위험성과 특징, 대책에 대하여 설명하시오.

해설
1. 개념
   ① 직류전압이 인가되어 있는 은으로 된 이극도체간에 절연물이 있을 때 그 절연물 표면에 수분이 부착하면 은의 양이온이 절연물 표면을 음극측으로 이동
   ② 이동 전류에 의해 발열
   ③ 발생조건은 은 또는 은도금의 존재, 장시간 직류전압의 인가, 흡습성이 높은 절연물의 존재, 고온·다습한 환경에서의 사용한 경우 등
   ④ 은 이동을 진행시키는 요인으로는 인가전압이 높고, 절연재료의 흡수율이 높고 산화, 환원성 가스 등이 존재하는 분위기에서 사용할 때 등

2. 메커니즘
   ① Ag는 H_2O에 의해 이온화 되고(부분의 수분은 공기 중에서 흡수) 전극사이에 전기적 포텐셜(전압)이 가해지게 된다.
   anode 반응 : $Ag + e- \rightarrow Ag+$
   cathode 반응 : $H2O \rightarrow H+ + OH-$
   ② Ag와 OH서로 결합하여 AgOH를 양극면에 증착시킨다.
   $Ag + H \rightarrow AgOH$
   ③ AgOH로부터 산화은(Ag_2O)으로 분해된 후 양극면에 콜로이드 형태로 분산된다.
   $2AgOH = AgO + HO$
   ④ 이 과정 후 수화반응을 거치게 된다.
   $AgO + HO = 2AgOH = 2Ag + OH$
   ⑤ 이런 반응이 진행될수록, 은이온은

3. 은이동의 위험성
   ① 은 이온의 표면작용에 의한 발열현상 발생
   ② 전극 용융에 의한 반도체 파손으로 수신기 제어반 등의 오동작
   ③ 전력 휴대 기기 각종 제어 시스템 기능 상실로 과열 유발

04 프로판의 연소식을 적고 화학양론조성비, 연소상한계(UFL), 연소하한계(LFL), 최소산소 농도(MOC)를 구하고 각각의 의미를 설명하시오.

해설

1. 연소식
   $$C_3H_8 + 5O_2 = 3CO_2 + 4H_2O$$

2. 화학양론조성비
   ① 화학양론조성비란 상온, 상압의 가연성 가스공기계에서 완전연소에 필요한 농도비율을 말하며 Cst vol%로 나타낸다.
   ② 몰비(mole ratio)인 Cst는 탄화수소 연료가 완전연소라고 가정하였을 때의 화학양론 적계수로 $Cst = \dfrac{연료몰수}{연료몰수 + 공기몰수} \times 100$ 표현한다.
   ③ 프로판의 화학양론조성비
   $$Cst = \dfrac{1}{1 + (\dfrac{5}{0.21})} \times 100 = 4.03$$

3. 연소상한계/ 연소하한계
   ① 연소범위란 화학반응이 일어나는 공간으로 가연성 혼합기에 점화했을 때 화염이 전파하는 가스의 농도한계를 말한다. 범위를 말하므로 농도가 낮은 쪽을 연소하한계, 농도가 높은 쪽을 연소상한계라 한다.
   ② 결국 가연성가스와 산소의 활동공간을 말하므로 연소속도가 빨라지면 발열현상에 의해 연소범위는 넓어진다.
   ③ Jones는 단일성분 가스의 연소범위를 양론계수를 이용하여 추산하였는데 $L_{25} \approx 0.55\, C_{st},\ U_{25} \approx 3.5\, C_{st}$ 이다.
   ④ $L_{25} \approx 0.55\, C_{st} = 0.55 \times 4.03 = 2.22$
   $U_{25} \approx 3.5\, C_{st} = 14.1$
   ⑤ 프로판의 연소상한계/ 연소하한계

   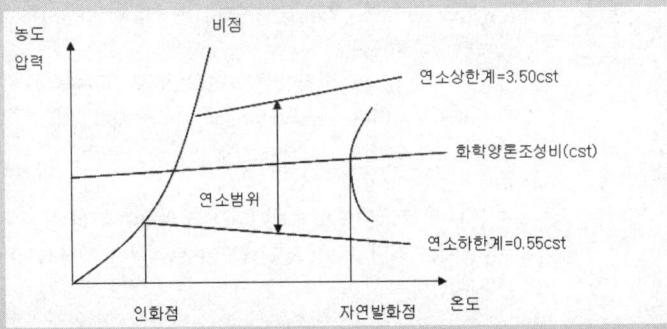

4. 최소산소농도 (MOC : Minimum Oxygen Concentration)
   ① MOC = LFL × O_2
   ② 탄화수소계 MOC는 10%에 근사하며, 불활성농도는 −4% 미만으로 설계

117회(2019년 1월)

01 Newton의 운동법칙과 점성법칙에 대하여 설명하시오.

해설 1. Newton의 운동법칙

종류	의미	개념
제1법칙	관성의 법칙	물체의 질량 중심은 외부 힘이 작용하지 않는 한 일정한 속도로 움직인다
제2법칙	가속도의 법칙	물체의 운동량의 시간에 따른 변화율은 그 물체에 작용하는 힘과 같다
제3법칙	작용, 반작용법칙	물체 A가 다른 물체 B에 힘을 가하면, 물체 B는 물체 A에 크기는 같고 방향은 반대인힘을 동시에 작용

2. Newton의 점성법칙
   1) 개념

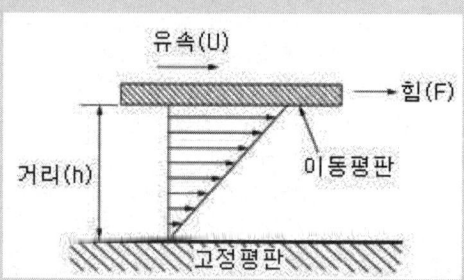

① 유체가 관 또는 두 평판 사이와 같은 밀폐된 공간을 흐를 때 유체의 평균속도는 유량을 유체가 흐르는 유로의 단면적으로 나눈 값이 된다.(유량/면적＝유속)
② 유동하는 유체에 작용하는 힘(F)은 속도차V(m/s)와 면적A(m2)에 비례하고 거리 h(m)에 반비례한다.
③ 이것을 뉴톤의 점성법칙이라 하며 유체의 전단응력은 수직인 방향으로서 속도변화율에 비례한다. 여기서 속도변화율을 속도구배라 한다.
$\dfrac{dv}{dy} = \lim\limits_{\Delta y \to 0}(\dfrac{\Delta v}{\Delta y})$} 뉴톤의 점성법칙은 $\Upsilon \propto \dfrac{dv}{dy}$ 또는 $\Upsilon \propto u\dfrac{dv}{dy}$로 표시되고 여기서, 비례상수에 해당하는 u을 점성계수라 한다.
④ 뉴톤유체는 전단응력이 전단속도에 비례하며 전단속도의 변화에 무관하고 일정한 특성을 지닌다.

02 흑연화현상과 트래킹(Tracking)현상에 대하여 비교 설명하시오.

해설

1. 개요
   트래킹이란 절연물에 스파크 등의 고 에너지가 가해질 때 절연물에 도전성 통로(Track)가 형성되어 전류가 흐르는 현상을 말한다.

2. 트래킹의 발생원인
   ① 분자 구조는 무정형 그물구조이다.
   ② 스파크에 의해 규칙적인 층상 그물구조로 변환

   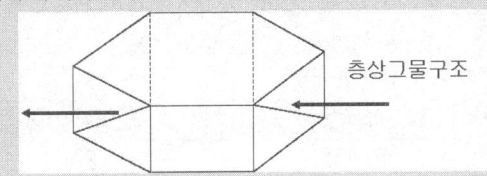

   ③ 도전성 통로(Tracking)형성
   ④ 지락, 단락 발생

   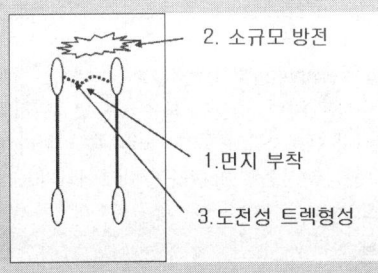

   절연체 위에 먼지 부착→소규모 방전→도전성 트랙형성→도전성 물질로 변환

3. 흑연화 현상
   ① 목재가 화염에 의해 탄화 무정형 탄소가 되어 전기를 통과하지 못하나,
   ② 스파크 등 고열을 받을 경우 무정형 탄소가 흑연화 되어 도전성을 가짐
   ③ 도전로가 증식 확대되면 줄열에 의해 발열, 발화하는 현상

4. 가네하라 현상
   ① 콘센트에서 발생하는 절연열화 현상을 가네하라 현상이라 한다.
   ② "가네하라"라는 사람이 규명하여 가네하라 현상이라 한다.

기출문제

03 열역학법칙에 대하여 설명하시오.

해설

1. 개요
   1) 열이란 온도차가 발생했을 때 고온의 물체에서 저온의 물체로 열이 발생하여 이동하는데 이 이동하는 에너지 형태를 말한다.
   2) 열역학의 고전적 의미는 열과 일(동력)의 관계를 말하며, 열의 이동에 따른 역학적 에너지변화의 상관관계를 규명하는 학문을 말한다.
   3) 열역학 제0의 법칙은 물체간의 열의 이동과 열적 평형관계를 정립한 법칙을 말한다. 즉, 열적평형에 도달할 때까지 열은 이동한다.

2. 열역학 법칙과 개념

열역학의 법칙	열역학 개념	법칙
제0법칙	온도	열평형의 법칙
제1법칙	내부에너지	에너지 보존의 법칙
제2법칙	엔트로피	비가역 과정

3. 엔탈피(enthalpy : H)
   1) 엔탈피(H)란 물질이 보유하는 열에너지와 그 물질이 일을 수행할 수 있는 능력인 기계적 에너지를 포함한 에너지를 말한다.
   2) 이를 수식으로 표현하면 내부에너지(E)에 압력(P)과 부피(V)의 곱을 더한 것으로 정의 한다.
   $$H = E + PV$$
   3) 내부에너지는 외부에서 열이 전달되면 운동에너지, 위치에너지, 분자를 구성하는 분자자체의 보유한 에너지 형태로 열에너지가 저장되는데 이들 에너지를 통틀어 지칭한다.
   4) 열역학 제1법칙은 에너지 보존법칙을 말하며, 계의 에너지 변화와 계에 출입하는 에너지 이동형태인 열과 일의 상관관계를 나타낸 것으로 에너지 총량은 보존된다.
   5) 계가 받은 열(Q)과 계에게 해준 일(W)의 합을 계의 에너지 변화량(ΔE)이라 하며, 아래와 같이 나타낸다.
   $$\Delta E = Q + W$$

4. 엔트로피(entropy)
   1) 자연에너지를 이용하는 데는 열역학의 이해가 기본이 되며 그렇기 위해서는 엔트로피라는 개념이 도입되었다.
   2) 엔트로피는 무질서의 정도로 표현되는데, 열의 속성 때문에 발생한다. 열역학 제2법칙인 열은 높은 온도에서 낮은 온도로만 흐르는 비가역과정으로 에너지의 총량은 같으나 열에너지는 낮은 방향으로 흐르기 때문에 에너지의 질은 낮아진 다는 개념이다.
   3) 엔트로피를 수식으로 표현하면 열량을 온도로 나눈 양을 말한다. 열량이란 물체가 가지고 있는 열에너지로 열에너지를 제외한 다른 에너지의 엔트로피는 열량이 없으므로 0이 된다.

$$dS = \frac{(dU+PdU)}{T} \geq \frac{dQ}{T}$$

4) 열에너지인 엔트로피는 온도에 따라 달라지는 양으로 높은 온도에 있던 열이 낮은 온도로 흘러가면 열량은 변하지 않더라고 분모에 있는 온도가 작아지므로 엔트로피는 증가한다.
5) 절대온도 0도에서는 엔트로피는 0이 된다.

04
감광(소멸)계구가 $0.3m^{-1}$ 일 때 자극성 연기에서 유도등의 가시거리를 구하시오. (단, 이때 적용하는 비례상수 K는 8을 적용한다.)

해설

1. 공식

    $C_S \times L = K$

    여기서, Cs : 감광계수, L : 가시거리

2. 풀이

    $C_S \times L = K$ 에서 가시거리 L에 관한 식으로 변환하면

    $L = \dfrac{K}{C_s} = \dfrac{8}{0.3} = 26.67(m)$

3. 가시거리와 감광계수 관계

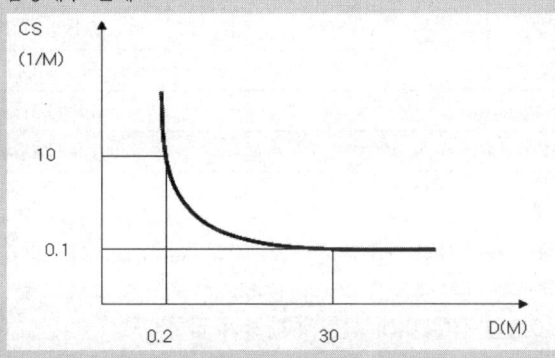

【 감광계수와 가시거리는 반비례관계 】

116회(2018년 8월)

01
이중결합을 가지고 있는 지방족 탄화수소화합물의 명칭과 일반식을 쓰고 고분자(polymer) 형성 과정에 대하여 설명하시오.

기출문제

02 소방펌프실의 펌프 고장으로 액체연료인 윤활유가 바닥면에 1cm 두께, 면적 $4m^2$로 누유 된 후 점화원에 의해 화재가 발생하였다. 이때 열방출률($\dot{Q}$), Heskestad의 화염길이 (L), 화재지속시간(Δt)을 계산하시오. (단, 용기화재의 단위면적당 연소율 계산식은 $\dot{m}'' = \dot{m}''_\infty (1 - \exp^{-\kappa \beta D})$이고, 이때 윤활유의 $\dot{m}''_\infty = 0.039 \, kg/m^2 s$, $\kappa \beta = 0.7 m^{-1}$, 밀도 $\rho = 760 kg/m^3$, 완전연소열 $\Delta Hc = 46.4 \, MJ/kg$, 연소효율 $\chi = 0.7$이다.)

03 단일 구획에 설치된 스프링클러소화설비의 헤드 열적 반응과 살수 냉각 효과를 조사하기 위하여 Zone 모델(FAST) 화재프로그램을 사용하여 아래와 같이 5가지 화재시나리오에 대하여 화재시뮬레이션을 각각 수행할 경우 화재시뮬레이션 결과의 열방출률-시간 곡선의 그림을 도시하고 헤드의 소화성능을 반응시간지수(RTI) 값과 살수밀도 ρ값을 고려하여 비교·설명하시오. (단, 구획 크기는 $4m \times 4m \times 3m$, 화재성장계수 α = medium(= 0.012 kW /s^2), 최대 열방출률 $\dot{Q}_{max} = 1055 \, kW$이고, 쇠퇴기는 성장기와 같다. 화재시뮬레이션 결과 시 나리오 2(S_2)의 경우 헤드작동시간 ta=135 s, 화재진압시간 t=700s이다.)

시나리오	반응시간지수 RTI[(m·s)1/2]	살수밀도 ρ[$m^3/s \cdot m^2$]	헤드작동온도 Ta[℃]
S1	No sprinkler	No sprinkler	No sprinkler
S2	100	0.0001017	74
S3	260	0.0001017	74
S4	50	0.0002033	74
S5	100	0.0002033	74

04 계단실의 상·하부 개구부 면적이 각각 Aa=$0.4m^2$과 Ab=$0.2 \, m^2$, 유량계수 C=0.7, 높이(상 ·하부 개구부 중심간 거리) H=60 m, 계단실 내부 및 외기 온도가 각각 Ts=20℃와 To=-10℃인 경우 아래 사항에 대하여 답하시오.

1) 중성대 높이 계산식 유도 및 중성대 높이 계산
2) 상·하부 개구부 중심 위치에서의 차압 계산
3) 각 개구부의 질량유량 계산
4) 수직높이에 대한 차압 분포 그림 도시
5) 개구부의 면적 변화에 대한 중성대의 위치 변화 설명

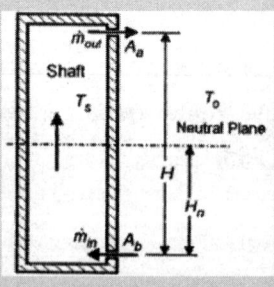

115회(2018년 5월)

01 줄열에 의한 발열과 아크에 의한 발열에 대하여 각각 설명하시오.(109회 참조)

02 그레이엄(Graham)의 확산법칙을 설명하고, 표준상태에서 수소가 산소보다 몇 배 빨리 확산하는지를 구하시오.

> **해설**
> 1. 그레이엄(Graham)의 확산법칙 정의
>   그레이엄이 기체가 용기의 작은 틈으로 분출되는 속도를 측정하여 발견한 법칙으로, 그레이엄의 분출 법칙이라고 한다. 이 법칙은 "같은 온도, 같은 압력의 기체가 용기 안에서 작은 구멍을 통해 분출될 때 그 속도는 기체 밀도의 제곱근에 반비례하고, 용기 내외의 압력차의 제곱근에 비례한다"는 것이다.
>   그레이엄은 "같은 온도 압력에서 기체의 분출 속도가 분자량의 제곱근에 반비례한다"는 것을 실험적으로 증명한 것이다. 또한 같은 온도, 같은 압력에서 기체의 밀도는 기체 분자량에 비례하므로 기체의 분출 속도는 밀도의 제곱근에 비례하는 형태로도 나타내고 설명할 수 있다.
> 2. 그레이엄의 법칙
> $$\frac{v_2}{v_1} = \sqrt{\frac{M_1}{M_2}}$$
>   여기서 v_1, v_2는 기체의 확산속도
> M_1, M_2는 기체의 분자량
>   또한 기체의 분출 속도에 대한 결과를 이용하여 기체의 확산 현상도 설명할 수 있다. 기체의 확산은 한 기체가 다른 기체 속으로 퍼져 나가는 현상이다. 기체 분자는 빠른 속도로 운동하고 있으므로 공간으로 퍼져 나갈 수 있다. 확산 속도는 온도가 높을수록, 분자의 질량은 작을수록 빠르며, 작은 구멍을 통하여 빠져나가는 분출 속도와 같다.
> 3. 계산
> H_2 = 분자량은 2
> O_2 = 분자량은 32
> $$\frac{v_2}{v_1} = \sqrt{\frac{M_1}{M_2}} = \sqrt{\frac{32}{2}} = 4 \Rightarrow 4v_1 = v_2$$
>   답) 수소의 확산속도가 산소의 확산속도 보다 4배 빠름

03 방염에서 현장처리물품의 품질확보에 대한 문제점과 개선방안을 설명하시오.

기출문제

114회(2018년 2월)

01 폴리우레탄 폼 벽체를 관통하는 단위 면적당 열유동률을 구하시오.

〈조건〉
- 벽의 두께는 0.1m, 벽 양면의 온도는 각각 20℃와 -10℃이다.
  폴리우레탄 폼의 열전도도는 0.034W/m·K이다.

◀해설 1. 공식

$$\dot{q}''_{폴리우레탄폼} = \frac{\dot{q}}{A} = \frac{\frac{kA}{l}\triangle T}{A}(W/m^2 \cdot s)$$

2. 풀이

$$\dot{q}''_{폴리우레탄폼} = \frac{\frac{0.034 \times (20-(-10))}{0.1}}{1} = 10.2\,W/m^2 \cdot s$$

3. 답
   $10.2\,W/m^2 \cdot s$

02 보일의 법칙과 샤를의 법칙을 비교하여 물질의 상태에 대한 물리적 의미를 설명하시오.

◀해설 1. 개요
   ① 보일의 법칙은 온도일정 시 압력과 부피간의 상관관계를 설명한다.
   ② 샤를의 법칙은 압력 일정 시 온도와 부피간의 상관관계를 설명한다.
2. 보일의 법칙
   ① 일정한 온도에서 기체의 수축과 팽창에 대한 관계를 나타내는 식으로 일정한 온도에서 압력(P)과 부피(V)는 반비례 한다.
   ② 공식
      PV = K
3. 샤를의 법칙
   ① 모든 기체 부피는 1℃ 증가할 때마다 0℃에서의 부피는 1/273씩 증가
   ② 공식
      V/T = K
4. 활용
   ① 기체는 온도, 압력, 부피의 3가지 물리량들 사이에 일정한 관계가 성립
   ② 보일의 법칙은 온도가 샤를의 법칙은 압력이 일정할 때 압력, 부피 또는 온도, 부피의 관계만을 설명함

③ 물질을 상태를 정확하게 이해하기 위해서는 온도, 압력과 부피도의 물리량을 표현하여야 함
④ 이 3가지의 물리량을 표현 한 것이 물질의 상태도 즉 열역학적선도(Thermodynamic Diagram)이다.

03 Normal Stack Effect와 Reverse Stack Effect에 의한 기류이동을 도시하여 비교하고, Normal Stack Effect 조건에서 화재가 중성대 하부와 상부에 발생했을 때 각각의 연기흐름을 도시하고 설명하시오.

해설
1. 개요
   ① 연돌효과란 건물 내, 외부 온도차에 의한 압력차로 기류가 수직공간을 통해 이동하는 것을 말한다.
   ② 화재 시 발생되는 화염과 연기의 이동으로 화재피해 확대로 이에 대한 대책이 요구된다.
2. Normal Stack Effect와 Reverse Stack Effect에 의한 기류이동
   1) 연돌효과(Normal Stack Effect)
   2) 건물내의 Stack Effect에 의한 기류 이동

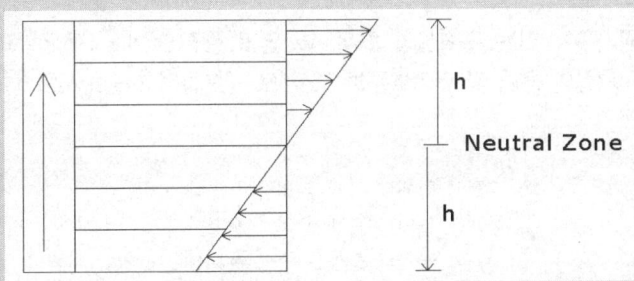

① 공식
$$\Delta P = 3460\, h \left(\frac{1}{T_o} - \frac{1}{T_i} \right)$$
   ΔP : 굴뚝효과에 의한 압력차(Pa)
   h : 중성대로 부터의 높이(m)
   T_o : 외부공기의 절대온도 K
   T_i : 내부공기의 절대온도 K
② 내・외부 온도차에 의해서 압력차가 발생 → 하부 → 상부로 기류이동
③ 화재시 연기의 유동 경로가 된다.
   2) 역연돌효과(Reverse Stack Effect)
   ① 조건
      실내온도<실외온도 일 때 중성대 상부에는 인입되려는 압력, 중성대 하부는 분출되려는 압력이 발생.

② 기류이동
　　수직공간을 통해 하부로 이동하게 됨
3) Stack effect 영향을 주는 요인
　① 건물 높이-H
　② 외벽의 기밀성
　③ 건물 내의 온도차의 함수(T)
　④ 건물의 층간 공기 누출
4. Stack Effect 문제점
　① 화재시 연기의 수직이동
　② 엘리베이터 문의 오동작
　③ 코어 부분에 실에서 출입문 개폐의 어려움
　④ 에너지 유출임에 따른 손실(냉방, 난방)
　⑤ 침기 및 누기에 따른 소음
5. 방지대책
　① 1층 부속실 방화문 설치　　② 출입구에 방풍실 설치
　③ 고층 건물 E/L에 부속실 설치　④ 외벽에 기밀도 향상
　⑤ E/L 상부에 개구부

04 환기구가 있는 구획실의 화재 시, 연기 충진(Smoke Filling) 과정과 중성대 형성에 따른 화재실의 공기 및 연기흐름을 3단계로 구분하여 설명하시오. (화재공학원론 page 199)

해설　1. 개요
　　① 구획실 화재는 구획에 의하여 영향을 받는다.
　　② 화재는 열의 피드백에 의하여 강화되고 산소저하에 의하여 감소한다.
　　③ 연기와 공기의 운동은 주로 온도상승에 의한 부력의 영향 때문이다.
　　④ 화재성장단계에 따라 공기 및 연기흐름의 영향을 미친다.
　　⑤ 구획실화재는 성장기, Flashover, 최성기, 감쇠기등의 곡선을 갖는다.
　2. 환기구가 있는 구획실화재시 연기충진 과정
　　① 성장기에는 연료 및 공기가 충분하여 연소속도가 빠르고 열방출속도가 빨라 발연량이 증가한다.
　　② ceilling jet flow에 의하여 천장면에 급속히 연기가 유동한다.
　　③ 연기축적에 의하여 연기층이 하강하면서 연기가 충진된다.
　　④ 중성대가 하강 및 상승하다가 최성기가 되면 중앙에 위치하여 연기 및 공기의 유출입량이 일정하 게 유지된다.
　3. 중성대 형성에 따른 화재실 유동 3단계
　　1) 1단계
　　　① 환기구가 있는 실은 초기 성장단계에서 연기가 충진된다.
　　　② 연기충진에 의하여 연기층이 하강한다.

③ 실내상부 : 연기충진에 의해 압력증가
　　실내하부 : 연기층 하강에 의해 압력증가 됨
　　　환기구 : 차가운 공기 방출함
2) 2단계
　① 연기층이 더욱 커지면서 연기층이 계속 하강한다
　② 연기층이 환기구상부 이하로 하강한다
　③ 환기구 : 뜨거운 공기 환기구로 방출
3) 3단계
　① 연기층의 접촉면이(HL) 환기구의 아래 끝으로 내려가면서 와류현상
　② 환기구에서의 흐름은 양방향으로 됨
　③ 경계면(중성대)
　　상부 : 뜨거운 연소생성물의 방출
　　하부 : 차가운 공기의 유입
4) 과정

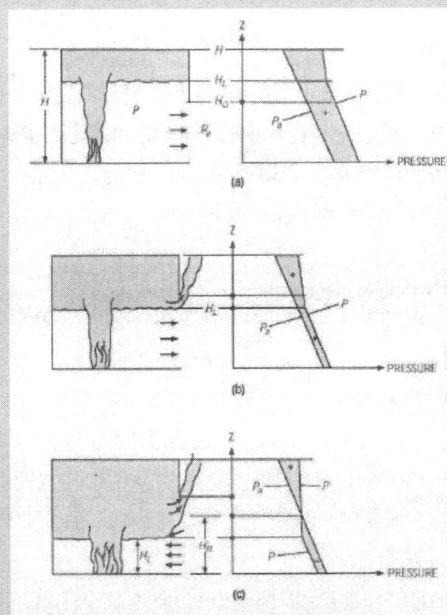

4. 결론
　① 중성대 높이는 구획실화염이 충만하는 정도에 따라 변동됨
　② 중성대란 실내외의 압력이 같아지는 경계면을 말함
　③ 중성대 높이에 따라 공기 및 연기의 유동이 달라짐

기출문제

113회(2017년 8월)

01 원자핵 분열과 핵분열이 일어날 때 방출되는 에너지를 설명하시오.

02 가솔린 화재에서 화재플럼(Fire Plume)속도가 공기인입을 제어하는 이유를 설명하시오. (단, 가솔린은 최고연소유속으로 연소, 가솔린 밀도는 공기밀도의 2배로 간주, 화재플럼(Fire Plume)의 높이는 1m로 가정한다.) (109회 출제)

03 복사에너지의 정의 및 복사에너지가 실제방사율, 온도 등과의 상호관계를 설명하시오.

04 구획실 화재(환기구 크기, 1m×2m)에서 플래시오버 이후 환기지배형 화재의 에너지 방출과 최성기 화재(800℃로 가정)의 크기를 비교하시오. (단, 연료 기화열 3kJ/g, 연료가 퍼진 바닥면적 12m², 가연물의 기화열 2kJ/g, 평균 연소열 ΔH_c=20kJ/g Stefan Boltzmann 상수 (σ)=5.67×10⁻⁸W/m²·K으로 한다.)

해설 〈환기 지배형 화재〉
작은 환기구나 대규모 화재에 유효한 최대 공기흐름속도의 계산이 가능하므로, 위 예제에서
$$\dot{Q}_{max} = \dot{m}_{a, max}(kg/s) \times 3{,}000 kJ/kg \cdots\cdots (1)$$
예제에 대하여,
$$\dot{Q}_{max} = 1.41 \times 3{,}000 = 4{,}243 kW \text{ 혹은 } 4.24 MW$$
환기 지배형 화재에서의 에너지 방출은 초기 플래시오버 값보다 크다. 이러한 플래시오버와 환기 지배형 에너지와의 차이는 대부분의 구획화재에서 거의 정확하다.

〈최성기 화재의 크기〉
식 (1)은 실내에서의 에너지 방출속도를 계산하는 식이다. 연료의 최대 연소소도는 무엇에 영향을 받을 것인가. 일반적으로, 최성기화재는 800℃ 혹은 그 이상으로서, 복사열유속 $(\sigma T^4, T=1{,}073K)$으로 환산하면 75kW/m²가 된다. 6장에서, 기화열의 범위가 1~5kJ/g 이라는 것을 알았다. 식 (6-1)에서, 평균 기화열 L을 2kJ/g으로 가정하고, 위 예제에서 연료가 퍼진 바닥면적 A=12m²라고 하면,
$$\dot{m} = \frac{(75kJ/m^2)}{2kJ/g}(12m^2) = 450 g/s$$
평균 연소열 ΔH_c를 20kJ/g으로 취할 때, 이에 따른 화재의 크기(식 6-2) $\dot{Q}$는,
$$\dot{Q} = (450 g/s)(20 kJ/g) = 9{,}000 kW \text{ or } 9.0 MW$$
나머지 에너지 방출속도 9−4.24=4.76MW는 잠재적으로 실외에서 연소될 것이다.

112회(2017년 5월)

01 발화의 요인이 되는 단열압축에 대하여 설명하시오.

▸해설 1. 개요
① 기체를 높은 압력으로 압축하면 온도가 상승한다.
② 압축기 기체를 고압 압축 → 압력상승으로 온도 상승 → 기계유 실린더유가 열분해 되어 발화하는 현상을 단열 압축이라 한다.
③ 점화원 중 하나이다.

2. 단열 압축식

1) $T_f = T_i \left(\dfrac{P_f}{P_i} \right)^{\frac{\gamma-1}{\gamma}}$

T_f : 압축 후 온도(K)
T_i : 압축 전 온도(K)
P_f : 압축 후 압력(atm)
P_i : 압축 전 압력(atm)
$\gamma = C_p/C_v =$ 정압비열/정적비열(공기 1.4)

2) 예제
공기 3kgf 0℃ → 압력이 20배 증가하면 그때의 온도는 얼마인가?

$T_f = T_i \left(\dfrac{P_f}{P_i} \right)^{\frac{r-1}{r}} = 273 \times \left(\dfrac{20}{1} \right)^{\left(\frac{1.4-1}{1.4} \right)} = 642.5 K$

3. 예
① 디젤 엔진에 점화원
② 연소파 → 압축파 → 단열압축 → 충격파 → 폭굉파

02 불완전연소 시 발생되는 이상현상에 대하여 설명하시오.

▸해설 1. 개요
불완전 연소는 산소량이 부족하여 일산화탄소가 발생되는 경우가 많으며, 염공에서 연료가스가 공기와 혼합이 불충분하여 발생하거나 연소속도가 낮을 경우에는 황염 등 발생한다. 불완전 연소의 종류에는 역화현상, 리프팅현상, 황염현상, 블로우오프 등이 있다.

2. 역화(Back fire)
1) 정의 : 연료가 연소시 연료의 분출속도가 연소속도보다 늦을 경우 발생하며, 불꽃이 염공 속으로 빨려 들어가 혼합관 속에서 연소하는 현상
2) 원인 : – 1차 공기가 적을 경우
– 공급가스의 압력이 낮을 경우
– 염공이 크거나 부식에 의해 확대되었을 경우

기출문제

3. 리프팅 현상(Lifting)
   1) 정의 : 부상화염이라고 하며, 불꽃이 염공 위에 들뜨는 현상으로 염공에서 연료가스의 분출속도가 연소속도보다 빠를 경우 발생하는 현상
   2) 원인 : - 1차 공기가 너무 많은 경우
            - 공급가스의 압력이 높을 경우
            - 염공이 작거나 막혔을 경우
4. 황염 현상(Yellow tip)
   1) 정의 : 불꽃의 색이 황색으로 되는 현상으로 염공에서 공기량이 적정하지 못하여 불완전 연소시 발생되는 현상으로 화염이 황색이 된다.
   2) 원인 : - 1차 공기가 부족한 경우(당량비가 1보다 큰 경우)
            - 염공에서 연료량이 많은 경우
5. 블로우오프(Blow off)
   1) 정의 : - 불꽃이 염공에서 날아가서 꺼지는 현상
            - 염공에서 주위의 공기의 움직임에 따라 불꽃이 꺼지는 현상
   2) 원인 : - 염공에서 연료의 분출속도가 연소속도보다 큰 경우 발생

03 화재 시 피난과 관련된 가시도(Visibility)를 설명하시오.

◀해설 1. 가시도 정의
       화재 시 가시도는 연기로 인한 한계간파거리라 하며, 건물 내부를 잘 알고 있는 자는 30m 정도이다. (보행거리 30m, 피난구 유도등 조도 기준으로 사용)
       또한 건물 내부를 잘 모르는 자의 가시도(한계간파거리)는 5m로 규정하고 있으며, 성능위주 소방설계 적용기준에서는 아래와 같은 기준을 적용하고 있다.

용도	허용가시거리 한계
기타시설	5m
집회시설 판매시설	10m

2. 가시도(가시거리) 산정방법
   ① 빛이 없을 때(반사판형 표지)
   $$D = \frac{2 \sim 4}{Cs}$$
   D : 가시거리(m)
   Cs : 감광계수(1/m)
   ② 빛이 있을 때(발광형 표지)
   $$D = \frac{5 \sim 10}{Cs}$$
   D : 가시거리(m)
   Cs : 감광계수(1/m)

3. 감광계수와 가시도와의 관계
   ① 감광계수가 낮을수록 빛이 연기에 의해 감쇄되는 정도가 적기 때문에 가시거리는 길어진다.
   ② 빛이 없을 때(반사판형 표지) 감광계수와 가시도의 관계는 아래와 같다.
   $C_s D = 2 \sim 4$
   D : 가시거리(m)
   Cs : 감광계수(1/m)

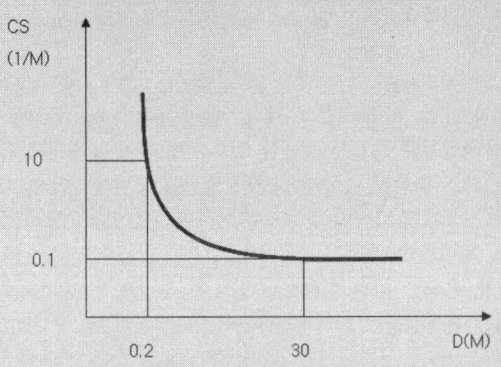

【 감광계수와 가시거리는 반비례관계 】

3. 결론
   ① 건물 내부에 구조를 잘 알고 있는 자의 한계간파거리는 30m이며, 잘 모르는 자는 5m이다.
   ② 인간은 연기에 의해 가시거리가 확보되지 못하면 보행속도 저하 및 패닉을 일으켜 안전한 피난을 하지 못한다.

04 온도와 반응속도의 관계에 있어서 다음을 설명하시오.
1) 아레니우스(Arrhenius) 식
2) 충돌이론
3) 전이상태이론
4) 온도와 반응속도와의 관계도

해설

Ⅰ. 개요
   ① 가연성가스에서 발화란 화재가 성장하는 시작점으로 발화가 일어나기 위해 발열이 방열보다 커야 한다.
   ② 발화가 일어나기 위한 조건에는 물적조건과 에너지조건이 충족하여야 하는데
   ③ 물적조건은 연소범위를 나타내며 농도, 압력으로 표현되며, 온도가 높을수록 연소범위가 넓어지며, 이러한 현상은 아레니우스 식에 의해 표현된다.

Ⅱ. 온도와 반응속도의 관계
   1. 아레니우스(Arrhenius) 식
      1) 개념
         ① 아레니우스(Arrhenius) 식은 온도와 반응속도와의 관계를 나타내는 식으로
         ② 온도가 높으면 그에 비례하여 반응속가 빨라진다.($V \propto T$)

2) 공식

$$V = C \times e^{-\frac{E}{RT}}$$

여기서, V : 반응속도
C : 빈도계수
E : 활성화에너지
R : 기체상수
T : 온도

2. 충돌이론
　1) 개념
　　① 기체에서 분자의 충돌속도는 기체의 운동이론(kinetic theory)에서 구할 수 있다.
　　② 기체 반응물질끼리 반드시 충돌이 필요하며 그 충돌은 분자가 활성화에너지 이상의 에너지를 갖고 화학적 반응에 필요한 방향이 알맞을 반응을 일으킬 수 있다.
　　③ 반응물의 농도가 증가하면 충돌횟수가 증가하여 반응속도가 빨라진다.
　2) 온도와 충돌 횟수와의 관계
　　① 화학반응은 온도가 10℃ 상승하면 반응속도는 2배로 증가되고
　　② 연소범위는 온도상승에 따라 확대되어 진다.

3. 전이상태이론
　1) 개념
　　① 모든 물질은 원인계에서 에너지를 받아 중간체(활성화에너지 상태)가 되고 다시 생성계로 돌아가는 싸이클을 갖는다.
　　② 이때 중간체(활성화에너지 상태)의 최고위 지점를 전이상태라 하며,
　　③ 정촉매 물질은 중간체(활성화에너지 상태)를 낮게 함으로 물질이 작은 에너지를 받아도 반응이 빨라지게 한다.
　2) 전이상태 그래프

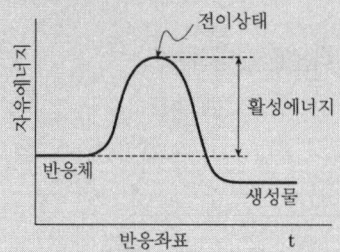

4. 온도와 반응속도와의 관계도
　1) 온도와 반응속도 관계

　　아레니우스 공식에서 보면 $V = C \times e^{-\frac{E}{RT}}$ 온도가 상승하면 그에 비례하여 반응속도가 빨라진다.

　2) 충돌횟수와 반응속도 관계
　　아레니우스 공식에서 보면 충돌횟수(빈도계수)가 커지면 반응속도는 그에 비례하여 빨라진다.($V \propto C$)

111회(2017년 1월)

01 화염의 전파와 관계있는 다음의 용어를 설명하시오.
1) 소염거리
2) 최대안전틈새(Maximun Experimental Safe Gap)

▲해설 〈소염거리〉
1. 정의
   ① 전극간의 간격을 좁게 할 때 아무리 큰 방전에너지를 부여하더라도 인화가 일어나지 않는 최대 거리를 말하며,
   ② 화염 방지기 등 화염전파방지장치 설계 시 응용한다.
2. 발생원인
   ① 발화는 발열 > 방열
   ② 전극간의 거리가 짧아지면 MIE가 작아진다.
   ③ 전극간의 거리가 어떤 값보다 작으면 갑자기 방열이 무한대로 증가하여 아무리 큰 MIE를 부여해도 발화하지 않는다.
3. 소염거리 측정법
   1) 최소발화에너지법
      ① 원판 달린 전극장치를 사용하여 특정한 폭발 가스에 대하여 전극간에 거리를 짧게 할 때, 아무리 큰 에너지를 주더라도 착화되지 않는 거리. 이 거리를 소염거리라 한다.
      ② $E_{min} = d^2 \dfrac{u}{Su}(T_b - T_a)$
         E_{min} : 최소 착화에너지(cal)
         d : 소염거리(cm)
         u : 미연소 가스의 열전도도(W/m-K)
         Su : 연소속도(cm/sec)
         T_a : 가스의 초기온도(K)
         T_b : 화염온도(K)
      ③ $E_{min} \propto d^2 \propto Tb$
      ④ $ds = 2.24d$
         ds : 빈공일 경우 소염거리
   2) 평행판간 거리법
      ① 화염이 겨우 전파되는 두 개의 평행판간의 거리
      ② $d = 0.1(\dfrac{520}{T})^{0.5} \times \left(\dfrac{1}{P}\right)^{0.9}$
         T : 온도(K)
         P : 절대압력

기출문제

〈최대안전틈새(Maximun Experimental Safe Gap)〉
1. 개요
   ① 최대안전틈새(Maximun Experimental Safe Gap)는 용기 내부에서 가스가 폭발할 때 화염 일주가 일어나지 않는 최대 틈새를 말한다.
   ② 최대안전틈새를 통해서 가연성가스의 화염 전파 가능성 즉 가스 위험성을 간접적으로 알 수 있고 이에 대한 구체적인 대책을 세울 수 있다.
2. 측정
   ① 구조

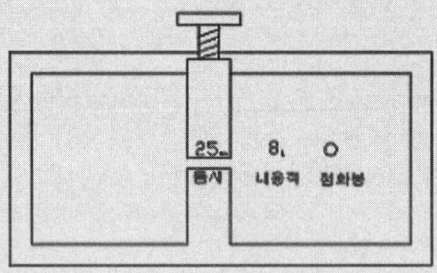

   ② 용기 내부와 외부에 폭발성 가스를 채운다.
   ③ 점화봉을 이용하여 점화시킨다.
   ④ 틈새를 조정해서 용기 외부의 가스가 점화될 때까지 반복한다.
   ⑤ 용기 외부 가스가 점화될 때의 틈새를 측정한다.

02 전기화재의 발화 원인에 따른 종류를 구분하여 설명하시오.

해설
1. 개요
   ① 전기 화재란 전기적 에너지를 열원으로 발생하는 화재를 말한다.
   ② 전기적 점화원 줄열에 의한 발화(누전, 과전류, 열적경과 절연열화 접속부과열) 및 전기불꽃에 의한 발화(단락, 지락, 낙뢰, 스파크, 정전기)로 나눈다.
2. 전기화재의 원인
   1) 누전
      전선이나 전기기기의 절연이 파괴되어 전류가 대지로 흐르는 것으로 인체 감전 위험과 화재 위험이 있으며, 아크에 의한 기기 손상 위험이 있다.
   2) 과전류
      ① 과전류란 전선의 허용전류를 초과한 전류를 말하며,
      ② 도체에 흐르는 전류에 의해 줄열이 발생한다.
      ③ $H = I^2 R t$
      ④ 비닐 절연 전선의 경우
         - 200~300% 과전류에서 절연 피복이 변질, 변형되고
         - 500~600% 과전류에서 절연피복이 열에 의해 용융
      ⑤ 대책 - 누전과 동일

3) 열적경과
   ① 열이 발생하고 전기기기를 방열이 잘되지 않는 장소에서 사용하는 경우, 열의 축적에 의한 발화
   ② 덕트, 트레이 케이블 적재를 40% 이상 금지하고 있다.
4) 절연 열화 – 트래킹, 흑연화
5) 접속부 과열 – 접촉 저항, 아산화동
   $R = \rho \dfrac{L}{S}$
6) 단락
   단락이란 전선간 절연이 파괴되어 전선과 전선 간의 접촉으로 불꽃이 발생하는 현상
7) 지락
   ① 단락 전류가 대지로 통하는 것을 말하며,
   ② 금속체 등에 지락될 때 스파크 발생
   ③ 대책 – 단락 유사
8) 낙뢰
   ① 순간적으로 수만 A(암페어) 이상의 전류가 흘러 절연파괴 및 화재가 발생한다.
   ② 주상변압기, 변전실, PT소손
   ③ 대책 – 피뢰설비, LA
9) 스파크
   ① 스위치 on, off시 발생하며 off시 큰 스파크 발생하며,
   ② 가연성 증기, 분진 체류하는 곳에서는 방폭 스위치 사용한다.
10) 정전기
    정전기란 전하의 공간적 이동이 적어서 자계효과가 전계효과에 비해서 무시할 정도로 작은 전기를 말하며, 두 물체 간에 접촉, 분리, 마찰에 등의 의하여 전기적으로 중성 상태인 물체 내에서 정(+) 또는 부(-)의 어느 한쪽 극성의 전하를 가지는 현상을 말한다.

03 공기 중 프로판가스의 다음 사항을 설명하시오.

1) 연소범위 (vol%)
2) 이론혼합비(C_{st})(단, 계산과정을 포함할 것)

해설 1) 연소범위(vol%)

구분	L%(v/v)	U%(v/v)
메탄(CH_4)	5.0	15.0
프로판(C_3H_8)	2.1	9.5

2) 이론혼합비(C_{st})
   ① 이론혼합비(C_{st})
   $$C_{st} = \dfrac{연료몰수}{연료몰수 + 공기몰수} \times 100$$
   ② 메탄 연소반응식
   $CH_4 + 2O_2 = CO_2 + 2H_2O$

기출문제

$$C_{st} = \cfrac{1}{1+\left(\cfrac{2}{0.21}\right)} \times 100 = 9.51$$

③ 프로판 연소반응식

$$C_3H_8 + 5O_2 = 3CO_2 + 4H_2O$$

$$C_{st} = \cfrac{1}{1+\left(\cfrac{5}{0.21}\right)} \times 100 = 4.03$$

04 밀폐상태에 가까운 전기배전반 또는 전기분전함의 화재에 대하여 다음 사항을 설명하시오.
1) 화재의 주요 원인
2) 화재의 성상 및 특성
3) 화재탐지 방안
4) 화재예방 방안
5) 적응 소화설비

해설

1. 개요
   ① 최근 전기설비의 노후화로 인한 배전반 및 분전반의 화재가 증가하고 있는데 2016년에는 약 400건 가량 발생하였다.
   ② 전기적 점화원이 상존하고 케이블 등 가연물이 상존하고 있으므로 화재발생시 피해가 커질 수 있다.

2. 전기배전반 화재
   1) 화재의 주요원인
      ① 과부하 : 부하의 용량 초과로 인한 줄열에 의한 열의 축적
      ② 단락 : 상간 단락으로 인한 순간 이상전류로 인한 줄열에 의한 열의 축적
      ③ 지락 및 누전 : 지락에 의한 이상전류, 누전에 의한 열의 축적
      ④ 접속부 과열 : 접촉불량에 의한 저항증가로 인한 과열
   2) 화재의 성상 및 특성
      ① 화재의 성상 : 줄열과 전기불꽃에 의한 발화
      ② 화재의 특성
         ㉠ 다양한 점화원 존재
         ㉡ 유독가스 방출
         ㉢ 케이블 화재시 연소열, 연소속도 등이 높다.
         ㉣ 심부성 화재이고, 화점파악이 힘들다.
         ㉤ 화재하중과 지속시간이 길어 화재가혹도가 크다.
   3) 화재탐지 방안
      ① 광센서 선형 감지기
      ② 정온식 감지선형 감지기
      ③ 열화상 카메라
   4) 화재예방 방안
      ① 지능형 화재감지 시스템 : 이상온도 상승시 조기감지
      ② 육안점검 및 주기적인 청소

③ 절연저항 측정
④ 열화상 데이터화
5) 적용소화설비
① 가스자동소화장치
② 분말자동소화장치
③ 고체에어로졸 자동소화장치

05 소화약제로 사용되는 물(H_2O)에 대하여 다음 사항을 설명하시오.

1) 물리적 성질
2) 화학적 성질
3) 냉각효과가 우수한 이유

해설 1. 개요
① 물은 비열, 잠열, 표면장력, 부피팽창 등의 특징이 발생되는데, 이는 분자간 수소결합으로 인해 발생된다.
② 물분자는 원자 간에는 공유결합, 분자 간에는 수소결합을 하고 있어 매우 안정된 물질이다.

2. 물의 물리적인 성질
1) 표준기압에서 어는점은 0℃, 비등점은 100℃이다.
2) 기화하면 체적이 1650배로 된다.
3) 동결시 체적이 10% 증가된다.
4) 증발잠열은 539kcal/kg이다.
5) 융해잠열은 80kcal/kg이다.
6) 취급이 용이하고 값이 싸다.

3. 물의 화학적 성질
1) 화학결합의 종류
   원자 간 공유결합, 분자간 수소결합으로 구성되어 있다.
2) 물의 화학결합 특성
   ① 분자 간 인력이 크고 결합력이 강하다.
   ② 상변화시 비열이나 증발잠열, 융해열이 크다.
   ③ 금속을 부식시킨다.

4. 냉각효과가 우수한 이유
1) 냉각효과란 연소물을 착화온도 이하로 하여 연소를 중단시키는 소화방법이다.
2) 물은 100℃ 이상 증발시 증발잠열이 커서 주위의 열을 흡수하여 가연물을 착화온도 이하로 낮출 수 있다.
3) 봉상주수와 무상주수의 방법이 있으며 화재진압, 제어등 목적에 따라 사용한다.

기출문제

06 석유화학의 기본물질인 파라핀계 탄화수소(Paragffinic hydrocarbon)에 대하여 다음 사항을 설명하시오.

1) 파라핀계 탄화수소(Alkane)의 일반식을 쓰고 탄소수 1~10번까지의 이름과 분자식
2) 폭발하한계(L, vol%)와 연소열($\triangle$Hc, kcal/mol) 사이의 관계
3) 폭발범위(L, U)와 이론혼합비(화학양론조성, Cst) 사이의 관계

◀해설 **1. 개요**

1) 파라핀계 탄화수소란 사슬 구조를 갖는 지방족 포화 탄화수소를 통틀어 이르며 일반식은 C_nH_{2n+2}로 표시되고, n이 1에서 4까지의 것은 무색무취의 기체이고, 5에서 15까지의 것은 무색의 액체이며, 그 이상의 것은 흰색의 고체이다. 천연가스와 석유의 주성분으로 쓰인다.
2) 탄화수소는 탄소원자의 결합차수에 따라 포화, 불포화로 나누고 연결형태에 따라 사슬형, 고리형으로 나눈다.

2. 파라핀계 탄화수소(Alkane)의 일반식을 쓰고 탄소수 1~10번까지의 이름과 분자식

이름	분자식
메탄	CH_4
에탄	C_2H_6
프로판	C_3H_8
부탄	C_4H_{10}
펜탄	C_5H_{12}
헥산	C_6H_{14}
헵탄	C_7H_{16}
옥탄	C_8H_{18}
노난	C_9H_{20}
데칸	$C_{10}H_{22}$

3. 폭발하한계(L, vol%)와 연소열($\triangle$H$_c$, kcal/mol) 사이의 관계

1) 폭발하한계(L, vol%)와 연소열($\triangle$H$_c$, kcal/mol) 사이의 관계
  ① 실험에 의하여 산정해야 하나 대략적인 추정이 가능하다.
  ② Burgess-Wheelr 법칙 : LFL×$\triangle$H$_c$=1,050 ($\triangle$H$_c$: 유효연소열[kcal/mol])
  ③ 파라핀계 탄화수소의 폭발하한계와 연소열의 곱은 거의 일정하다.
  ④ 해당 물질의 연소열을 알면 연소하한계는 추정할 수 있다.

4. 폭발범위(L, U)와 이론혼합비(화학양론조성, C_{st}) 사이의 관계

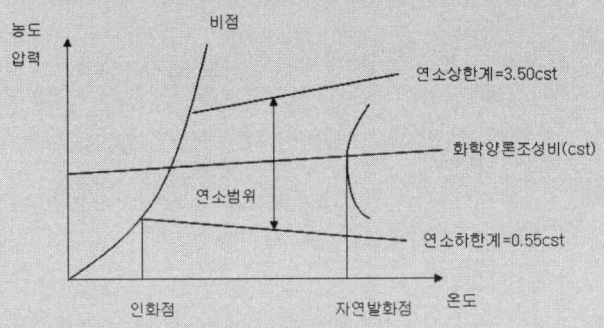

1) Jone's 식 : LFL=0.5C_{st} UFL=3.5C_{st} (C_{st} : 양론농도)
2) 완전연소 반응식으로부터 양론농도를 산출하여 연소범위를 추정할 수 있다.
3) Jone's 식은 LFL에서는 비교적 잘 맞지만, UFL에서는 잘 맞지 않는다.
4) 따라서 UFL에서는 다음과 같은 실험식을 사용하기도 한다.
   ① Zabetakis 식 : UFL = 6.5$\sqrt{UFL}$
   ② Spakowski 식 : UFL = 7.11(LFL)0.56

110회(2016년 8월)

01 화재가 발생한 건축물 지면으로부터 0.8m 높이에 설치된 송수구에 호스연결 작업을 하고 있다. 폭렬(爆裂)현상으로 지면에서 40m 높이에 있는 질량 2kg의 유리창 파편이 낙하하는 경우 다음을 구하시오. (단, 유리파편은 자유낙하로 취급하고, 중력가속도는 9.8m/s²이다.)
  ① 위치에너지(kJ)
  ② 낙하 3초 후의 속도(m/s)
  ③ 지면에 도달하기까지의 소요시간(s)

02 전기부품 중 콘덴서의 고장 메카니즘과 화재확대 메카니즘에 대하여 설명하시오.

해설 1. 콘덴서
  ① 콘덴서는 전하를 축적하는 기기이다.
  ② 콘덴서라는 말은 미국, 일본에서 사용하고 영국에서는 커패시터라 한다.
  ③ 콘덴서 구조 : 극판, 유전체
  ④ 전자부품에 사용하는 콘덴서 : 전해콘덴서, 세라믹 콘덴서, 마일러 콘덴서, 가변콘덴서

기출문제

2. 전기부품 중 콘덴서 고장 메카니즘
   1) 콘덴서 손실
      ① 유전손실 : $W_d = E^2 w C \tan\theta$
         (ω : 각속도, E : 전압(V), θ : 유전손실각, $\tan\theta$: 유전정접, C : 정전용량)
         - 유전손실 : 교류의 주파수 및 전압제곱에 비례, 유전손실의 많고 적음은 절연물의 성능을 결정하는 요소로 적을수록 좋은 절연재
         - 유전손실 발생원인은 물질의 불균일, 유전여효, 히스테리시스 현상 등이다.
      ② 누설전류에 의한 저항손 : $W_r = I^2 R t$
   2) 고장 메카니즘
      ① 유전체손실에 의한 내부온도상승(과전압, 주파수가 높을 경우, 정전용량이 클 경우)
      ② 온도상승에 따른 내압상승으로 기밀불량 → 변형 → 누유 → PCB기판 패턴 단선 등
      ③ 양, 음박 용량감소 → 정전용량 감소
      ④ 산화피막 열화 → 누설전류증가(발열 I^2Rt, R : 누설저항, I : 누설전류)

3. 화재확대 메카니즘
   1) "발열 > 방열"의 경우
      ① 유전체손실에 의한 발열과 산화피막 열화에 의한 누설전류에 따른 발열
      ② PCB기판 파손
   2) 콘덴서 발열에 의한 PCB기판 파손에 따른 전자기기 자체 화재
      전자기기 자체 화재로 인해 주변 가연물 점화로 실내 연소확대
   3) PCB기판 파손에 따른 제어 불량 따른 화재
      보일러 등의 열 발생 기기의 콘덴서 파손에 따른 PCB(Printed Circiut Board) 손상으로 열 제어불가로 열 발생 부분 화재 확대

4. 대책
   설계 및 시공 유지관리
   - 콘덴서 설치 시 정확한 극성 적용
   - 충분한 용량의 콘덴서 설치 등
   - 적절한 전압인가
   - PCB등 주기적인 청소(먼지제거)
   - 방열이 잘 될 수 있도록 방열 팬 점검

109회(2016년 5월)

01 전기적 점화원인 유도열, 유전열, 아크열에 대하여 설명하시오.

해설

1. 전기적 점화원
   1) 줄열 : $H = I^2 Rt$
      여기서, H : 발생열, t : 통전시간, I : 전류의 세기
      ① 줄열은 전류2승 비례 단면적 반비례
   2) 스파크
      ① 공기의 절연내력인 3 kV/mm 이상시 불꽃을 수반하는 스파크 발생
      ② 단락시 케이블이 소손되지 않는 단면적
      $$S(\text{mm}^2) = \frac{I_S}{134} \sqrt[2]{t}$$
      여기서, S : 케이블이 허용하는 도체 단면적
      I_S : 단락전류(A)
      t : 단락지속시간(sec)

2. 유도열
   도체 주위의 자장 변화에 의해 전위차가 발생된 전류의 흐름에 대한 저항열

3. 유전열
   누설전류, 완벽한 절연능력을 갖추지 못해 발생

4. 아크와 스파크

구 분	스파크(Spark)	아크(Arc)
공 통	매질의 절연이 파괴되어 절연매질을 통해 전류가 흐르는 현상	
정 의	전위차가 큰 두 접점이 가까워지면 빛과 열을 수반하여 방전	회로 차단시에 공기를 통한 저항급등으로 빛과 열이 발생
시 간	순간적	지속적

02 실내에서 난방 또는 화재로 인한 부력에 의한 압력변화를 설명하시오.

해설

1. 개요
   ① 연돌효과는 건물 내·외부 공기기둥의 온도차에 의해 압력차가 발생하는 것으로
   ② 건물 내부의 온도가 외부보다 높은 경우 압력차가 발생하고, 이로 인하여 지표상에서 건물로 들어온 공기는 다시 공기의 밀도차에 의해 수직적으로 발생하는 압력차에 의해 건물내 계단실 또는 샤프트를 통해 상부로 이동한다.
   ③ 온도차에 의해 건물 내·외부에 밀도차가 발생하고, 밀도차에 의하여 압력차가 발생하면서 이로 인하여 기류가 이동하는 것을 Stack Effect라 한다.

기출문제

2. 연기이동 주요 요소 암기 h w p E B S
   공조설비, 바람, 피스톤효과, 팽창, 부력, 굴뚝효과
3. Stack Effect
   1) 건물 내의 Stack Effect에 의한 기류 이동

   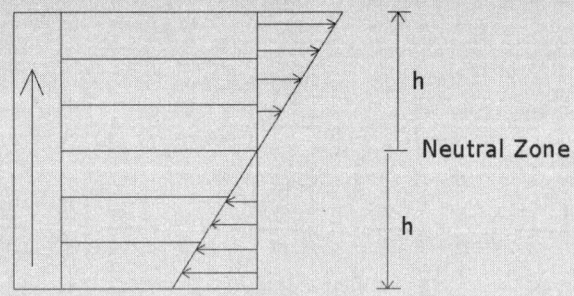

   ① 공식
   $$\Delta P = 3460\, h \left(\frac{1}{T_o} - \frac{1}{T_i} \right)$$
   ΔP : 굴뚝효과에 의한 압력차(Pa)
   h : 중성대로부터의 높이(m)
   T_o : 외부공기의 절대온도(K)
   T_i : 내부공기의 절대온도(K)
   ② 내·외부 온도차에 의해서 압력차가 발생 → 하부 → 상부로 기류이동
   ③ 화재시 연기의 유동 경로가 된다.
   2) Stack effect 크기〈영향을 주는 요인〉
   ① 건물 높이-H
   ② 외벽의 기밀성
   ③ 건물 내의 온도차의 함수(T)
   ④ 건물의 층간 공기 누출
4. Stack Effect 문제점
   ① 화재시 연기의 수직이동
   ② 엘리베이터 문의 오동작
   ③ 코어 부분의 실에서 출입문 개폐의 어려움
   ④ 에너지 유출입에 따른 손실(냉방, 난방)
   ⑤ 침기 및 누기에 따른 소음
5. 방지대책
   ① 1층 부속실 방화문 설치
   ② 출입구에 방풍실 설치
   ③ 고층 건물 E/L에 부속실 설치
   ④ 외벽에 기밀도 향상
   ⑤ E/L 상부에 개구부

03 사람은 최소 4kW/m²의 열유속으로 화상을 입을 수 있다. 화상을 유발할 수 있는 임계열유속과 관련된 순수 대류열유속은 주어진 연기온도와 일치한다. 이 연기온도를 다음 조건을 이용하여 계산하시오. (단, 대류열유속계수(h)는 10W/m²·℃, 사람 피부의 고통에 이르는 온도는 45℃이다.)

해설 1. 공식
$$\dot{q}'' = h(T_2 - T_1)$$
$\dot{q}''$: 열유속[W/m²]
h : 대류전열계수
T_1 : 공기의 온도(K 또는 ℃)
T_2 : 화염의 온도(K 또는 ℃)

2. 풀이
$$4500 = 10h(T_2 - 45)$$
$$T_2 = \frac{4500}{10} + 45 = 445\,℃$$

04 상업용 주방소화장치와 K급 화재에 대하여 설명하시오.

해설 1. 정의
   1) 상업용 주방소화장치
      ① 상업용 주방 등에 설치하여 주방화재 발생시 가연성 가스 등의 누출을 자동으로 차단하며, 소화약제를 방사하여 소화하는 소화장치
      ② 가스차단, 댐퍼차단, 전원차단, 약제방출기능
   2) K급 화재
      ① 가연성 튀김기름을 포함한 식용유 화재
      ② NFPA에서는 K급, ISO에서는 F급으로 별도분류 관리
2. 상업용 주방소화장치
   1) 기능
      ① 화재시 감지, 경보
      ② 1차경보시 가스밸브차단, 댐퍼차단, 전원차단
      ③ 2차경보시 자동소화시스템 작동
      ④ 주방여건에 맞는 온도설정(온도센서를 이용한 감지)
      ⑤ 강화액 소화약제를 이용

2) 상업용 주방소화장치 구성

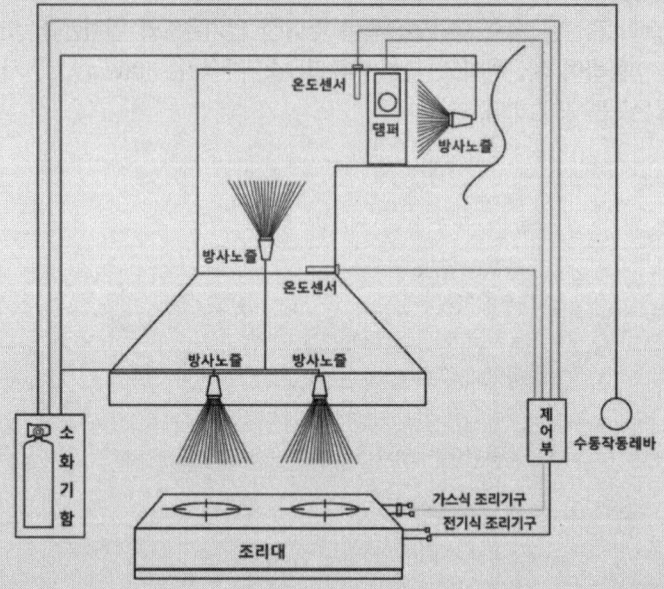

3) 적용대상
   - 음식점, 호텔, 의료시설, 업무시설, 학교시설 등 상업용 주방
3. K급화재
   1) 화재특성
      ① 인화점과 발화점 온도차가 낮아 재발화가 쉽고, B급 소화기로 소화불가
      ② 발화온도가 288~385℃로 넓다.
      ③ 인화점과 발화점 차이가 적고 바로 발화점이 비점 이하인 기름이 착화되면 유온이 상승하여 바로 발화점 이상이 된다.
      ④ Hood를 통한 Duct 화재의 발생가능성이 크다.
   2) 소화대책
      (1) 중탄산나트륨(1종 분말소화약제, $NaHCO_3$)
         ① 반응식
            - $2NaHCO_3 \rightarrow Na_2O + 2CO_2 + H_2O \rightarrow 2NaOH + 2CO_2$
         ② 소화효과
            - 냉각(H_2O), 질식(CO_2), 억제(Na), NaOH(비누화)
         ③ 비누화 현상

$$\begin{array}{ccc} RCOO\text{--}CH_2 & & HO\text{--}CH_2 \\ | & \text{비누화 반응} & | \\ RCOO\text{--}CH + 3NaOH & \longrightarrow 3RCOONa + HO\text{--}CH \\ | & & | \\ RCOO\text{--}CH_2 & & HO\text{--}CH_2 \\ \text{(유지 : 에스테르)} & \text{(비누)} & \text{(3가 알코올 : 글리세롤)} \end{array}$$

(2) 강화액(K_2CO_3)
  ① 반응식
    - $K_2CO_3 + H_2O \rightarrow 2KOH + CO_2$
  ② 소화효과
    - 냉각(H_2O), 질식(CO_2), 억제(K), KOH(비누화)
  ③ 비누화 현상

```
RCOO--CH2                              HO--CH2
   |          비누화 반응                   |
RCOO--CH  +  3KOH  ———→  3RCOOK  +  HO--CH
   |                                      |
RCOO--CH2                              HO--CH2
   (유지:에스테르)          (비누)   (3가 알코올:글리세롤)
```

05

가솔린 증기의 증발속도와 연소에 따른 부력흐름속도를 비교 설명하시오. (단, 가솔린 액면 화재의 최고 질량연소속도는 55g/m²·s, 증발가솔린의 밀도는 공기의 2배, 난류상승화재의 플룸의 온도는 외기 온도의 2.2배로 가정한다.)

해설

1. 개요
   화재플룸(Fire plume)은 부력에 의한 화염기둥의 열기류이며, 연소생성물이 연료원의 위로 상승하는 것으로 $e = PM/RT$로 온도가 상승 밀도가 감소하여 부력 발생하여 상승하는 것을 의미한다.

2. 가솔린의 화재플룸(Fire plume)의 속도
   1) 화재플룸에서 부력의 위치에너지가 운동에너지로 변화
   2) 연소가스에 의하여 생성된 높은 온도는 주변 대기와의 밀도차에 의하여 강한 부력 흐름을 발생시키며 이로 인해 압력차를 발생시켜 공기를 화재의 기저부로 끌어들인다.

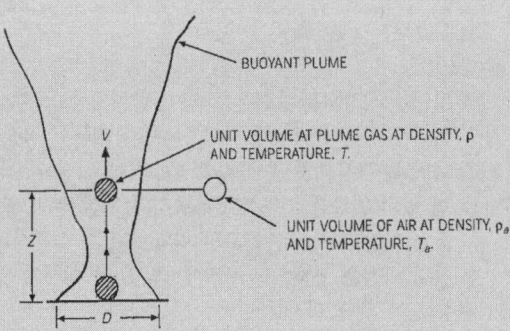

   3) 밀도 차에 의한 단위체적당 상대 위치에너지는 $(\rho_a - \rho)gz$이다.
   4) 운동에너지 $= \dfrac{v^2}{2}\rho$ (운동 개시 에너지 무시)

기출문제

5) 위치에너지와 운동에너지가 같다고 할 때 화재플륨(Fire plum)의 속도는 아래와 같다.

$$V = \sqrt{\frac{2(\rho_a - \rho)gz}{\rho}} = \sqrt{\frac{2(T-T_a)gz}{T_a}} \left(\because \frac{T}{T_a} = \frac{\rho_a}{\rho} \text{ 온도는 밀도와 반비례} \right)$$

6) 플륨 내의 조건은 아래와 같다.

$$\frac{T-T_a}{T_a} = \frac{600K - 300K}{300K} = 1 \text{(온도 600K, 실내의 온도 300K)}$$

z : 높이 1m

플륨속도 $V = \sqrt{\dfrac{2(600-300) \times 9.8 \times 1}{300}} = 4.4\text{m/s}$

3. 가솔린의 증발속도
   1) 가솔린의 풀화재에 대한 최대 연소질량 속도는 55g/m²·s이며, 기화가솔린의 밀도는 공기의 약 2배이다.
   2) 공식

   $$V_e = \frac{55\text{g/m}^2\text{s}}{2000\text{g/m}^3} = 3\text{cm/s}$$

   3) 이 속도는 공기의 유입과 관련이 없다.

4. 가솔린 화재플륨(Fire plum)의 속도가 증발속도와 다른 이유
   1) 가솔린 화재플륨(Fire plum) 속도는 플륨 내의 온도와 플륨 외부의 온도차 즉 밀도차에 의해서 결정되며 이러한 밀도차는 인입되는 공기량과의 관계가 있다.
   2) 가솔린의 증발속도는 최대질량유속에 의해서 결정되며 이 속도는 계속적인 공기 유입과는 관계가 없다.
   3) 가솔린 화재플륨(Fire plum) 속도는 4.4m/s이며, 가솔린의 증발속도는 3cm/s로 약 100배 이상이 된다.

06 고체표면 화염확산속도의 정의와 하향확산, 상향확산에 대하여 설명하시오.

해설

1. 고체 표면에서 화염 확산
   1) 개요
      ① 화재가 성장하는 속도는 화염이 발화지점으로부터 가연물질 위에 큰 면적으로 증가하면서 얼마나 빠르게 확산하는가에 의해서 결정되며,
      ② 화염 확산은 발화면(화재의 경계면)이 전진하는 것이며, 전진 화염의 끝부분은 화염면 앞의 연료를 연소점까지 올리기 위한 열원 또는 점화원으로 작용한다.
      ③ 화염 확산의 속도는 재료의 화학 조성과 물리적 특성에 의존한다.
      ④ 훈소 과정을 통해서도 표면에서의 화염 확산이 일어날 수 있다.
   2) 하향 또는 측면 확산
      ① 바람 흐름과 반대 방향의 흐름으로 화염, 뜨거운 가스와 접촉되지 않는다.
      ② 화염 확산은 표면온도가 임계값 이상인 경우 일어난다.
   3) 상향 또는 순풍에서의 확산
      ① 바람 흐름 방향이 확산으로 바람이 없는 화재에서는 부력 흐름에 의존하며,
      ② 화염 확산을 하는데 필요한 열은 화염으로부터의 열전달, 연소생성물로 공급되며,

③ 화염의 길이는 열방출률에 의해 좌우된다.
④ 화염확산 속도

$$V = \frac{\delta f}{t_{ig}}$$

δf : 화염 열전달에 의해 가열되는 길이

t_{ig} : 점화시간

2. 고체 표면 화염확산의 영향인자 ◆ 암기 전두환 밀기
① 표면 방위와 전파 방향
  화염속도는 수직의 상향전파일 경우 가장 빠르다.
② 연료의 두께
  ㄱ. 두꺼운 고체에서 착화시간 $t_{ig} = kec\left[\dfrac{T_{ig} - T_\infty}{q''}\right]^2$

  k : 열전도도, ρ : 밀도, c : 비열
  T_{ig} 착화온도 T_∞ 초기온도

  얇은 고체에서 착화시간 (2mm 미만) $t_{ig} = ecl\dfrac{(T_{ig} - T_\infty)}{q''}$

  ㄴ. 두께가 증대되면 화염확산은 두께와 무관
③ 환경의 영향
  ㄱ. 대기의 조성
  ㄴ. 연료의 온도
  ㄷ. 투입 복사 열류
  ㄹ. 대기압
  ㅁ. 투입 공기의 이동
④ 밀도 비열, 열전도(eck)
⑤ 기하학적 현상
  ㄱ. 폭 : $V \propto$ (샘플의 폭)$^{0.5}$
  ㄴ. 모서리 : $V \propto Q^4$
    벽 : $V \propto Q^2$
  ㄷ. 하향 전파는 $\theta = 180°$ 일 때 최대
3. 일반적인 화염확산 속도
① 훈소 : 0.001~0.01[cm/sec]
② 액면에서의 수령 전파 화염 확산 속도 : 1~100[cm/sec]
③ 폭굉 3500[m/s]
④ 층류 예혼합 화염 10~100[cm/sec]

기출문제

07 석유류에 속하는 고절연성 액체가 배관 중으로 고속으로 이동할 때 정전기가 발생하여 폭발의 위험성이 높아진다. 이를 액체의 저항률과 연관지어 설명하시오. (문헌참조 KOSHA-E 정전기 재해예방에 관한 기술지침)

해설
1. 액체의 저항률과 정전기 발생 관계
   배관내 이송시 발생된 유동대전은 저항율이 클수록 전하의 발생 및 축적되는 정전기 대전량도 많아져 폭발의 위험성이 커진다.
2. 유속제한
   1) 저항률이 $10^8 \Omega \cdot cm$ 미만의 도전성 위험물의 배관 유속은 7m/s 이하로 한다.
   2) 저항률이 $10^{10} \Omega \cdot cm$ 이상인 위험물의 배관내 유속은 유속제한값 이하로 한다.
   3) 물이나 기체를 혼합한 비수용성 위험물의 배관내 유속은 1m/s 이하로 한다.
3. 대책
   1) 최대유속 제한사항

배관 내경(mm)	$L \leq 2.9$m인 유속(m/s)	$L \geq 7.2$m인 유속(m/s)
80	4.7	
100	3.8	66.0
150	2.5	4.0
200	1.9	3.0
250		2.4

   2) 정치시간 권장치

대전물체의 도전율(S/m)	대전물체의 체적(m³)			
	10 이하	10~50	50~500	5000 이상
10^{-8} 이상	1분 이상	1분 이상	1분 이상	2분 이상
$10^{-12} \sim 10^{-8}$	2분 이상	3분 이상	10분 이상	30분 이상
$10^{-14} \sim 10^{-12}$	4분 이상	5분 이상	60분 이상	120분 이상
10^{-14} 이하	10분 이상	10분 이상	120분 이상	240분 이상

08 방염성능기준 중 소방청장이 정하여 고시한 방법으로 발연량을 측정하는 경우 최대연기밀도는 400 이하로 되어 있다. 이 값의 의미와 구하는 방법을 구체적으로 설명하시오.

해설
1. 연기밀도
   1) 기준
      ① 카펫, 합성수지판, 합판 등의 최대연기밀도 : 400 이하
      ② 얇은 포 및 두꺼운 포의 최대연기밀도 : 200 이하
   2) 연기밀도 측정 방법 중 방열기와 파이롯트 버너 사용에 의한 시험
      ① 고체물질의 경우는 ASTM E 662 규정인 $25kW/m^2$의 방열기와 파이롯트 버너 사용에 의한 시험

② 응용하는 물품은 KS ISO 5659-2규정인 25kW/m2의 방열기와 불꽃길이가 300mm인 버너를 사용에 의한 시험

3) 연기밀도 400의 의미(Ds)

① 광학농도 $D = \frac{1}{L}\log\left(\frac{I_0}{I}\right) = \frac{1}{L}\log\left(\frac{1}{T}\right)$

② 연기밀도(광학농도비)161

$D = D_s \frac{AL}{V}$, $D_s = \frac{V}{AL}\log_{10}\left(\frac{1}{T}\right) = 132\log_{10}\left(\frac{1}{T}\right)$

③ 연기밀도(백분율)

$D_s = 132\log_{10}\left(\frac{1}{T}\right)$

여기서, T : 광선투과율$\left(\frac{I}{I_0}\right)$

132 : 연소챔버에 대하여 V/AL로부터 유도된 인자

(V : 연소챔버의 부피, A : 연소챔버의 노출면적, L : 광선 경로의 길이)

2. 연기밀도 400의 의미(Ds)

$400 = 132\log_{10}\left(\frac{1}{T}\right)$

$\frac{400}{132} = \log_{10}\left(\frac{1}{T}\right)$

$10^{\frac{400}{132}} = \frac{1}{T}$

$T = \frac{100}{10^{\frac{400}{132}}} = 0.09\%$

T(투과율) = 0.09 ≒ 0.1%

빛의 투과율이 0.1%를 의미하며, 암흑가도 99.9%를 의미한다.

09 연소속도에 영향을 미치는 요인과 발화온도에 영향을 미치는 요인에 대하여 설명하시오.

해설 1. 기체의 연소속도

① 화염면이 미연소 가연성 혼합기 방향으로 전파해 가는 속도

② 프로판은 공기 연소속도는 45cm/s

③ 연소속도 영향요소 ◆**암기** 억압 혼온난

ㄱ. 억제제 첨가시
 - 불활성 가스는 열용량(mc) 증가시켜 → 화염온도 하락 → 연소속도 하락
 - 할로겐은 활성화 에너지 증가시켜 연쇄 반응 억제 → 연소속도 하락

ㄴ. 압력이 높을수록 연소속도 상승

		n값이
$Su \propto P^n$	$\begin{cases} Su < 0.45(m/s) \\ Su > 1(m/s) \end{cases}$	$-$ $+$

기출문제

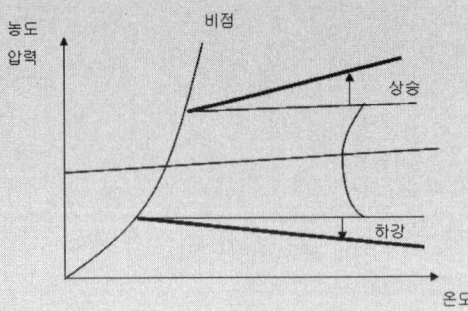

　　ㄷ. C_{st}(화학양론조성비)에서 연소속도는 최대가 되고 UFL, LFL로 갈수록 연소속도 하락
　　ㄹ. 온도가 높을수록 연소속도 상승
　　　　$Su = 0.1 + 3 \times 10^{-6} T^2 [\text{m/ses}]$
　　ㅁ. 난류 강도에 의존 난류 강도 상승, 연소속도 상승

2. 발화점(온도)
  1) 정의
     주위로부터 에너지를 받아서 스스로 발화하는 최저온도를 말하며,
  2) 영향인자
    ① 압력이 클수록 낮아진다.
    ② 산소농도가 높을수록 낮아진다.
    ③ 분자량이 많을수록 낮아진다.
    ④ 발화온도는 낮아진다.
    ⑤ 화학양론조성비(C_{st})에서 가장 낮다.

3. 연소 범위 영향인자
  1) 온도 영향성
    ① 아레니우스 반응속도 공식에서 온도가 상승하면, 반응속도는 빨라진다.
       $V = Ce - \dfrac{E}{RT}$
　　ㄱ. 온도가 10℃ 상승 시 반응속도 2배로 상승하며
　　ㄴ. 기체 분자의 운동이 증가하므로 반응성이 활발해 진다.
    ② 온도가 상승하면 연소범위가 넓어진다.
　　ㄱ. $\dfrac{PV}{T} = K$에서 온도가 상승하면 압력 및 부피가 커지므로 연소범위가 넓어진다.
　　ㄴ. LFL = LFL 25 − (0.8 LFL 25 × 10^{-3})(T−25)
　　　　UFL = UFL 25 + (0.8 UFL 25 × 10^{-3})(T−25)
　　ㄷ. 온도가 100℃ 증가하면 연소범위는 8% 정도 증가한다.
  2) 연소 범위 압력 영향성
    ① LFL : 변화 없음
    ② UFLP = UFL + 20.6(log P+1)
  3) 산소 농도가 높을수록 연소범위는 넓어진다.
  4) 불활성 가스 투입으로 연소범위는 줄어든다.

108회(2016년 2월)

01 다음 용어에 대하여 설명하시오.

해설

1. 불포화탄화수소
   1) 탄화수소 중에서 분자 내에 이중결합 또는 삼중결합 등의 불포화결합으로 이루어진 것으로 반응성이 크다.
   2) 탄소 원자간의 결합에 불포화 결합을 포함하기 때문에 접촉적 수소 첨가에 의해 수소를 첨가하여 포화 탄화수소가 된다.
   3) 탄소수가 적은 것(2~5개)은 화학공업의 원료로서 중요하다.
   4) 첨가반응을 받을 수 있는 탄화수소, 즉 다중 결합을 지니는 탄화수소이다.

2. 방향족탄화수소
   1) 방향족 화합물 중 탄소와 수소만으로 되어 있는 화합물을 말한다.
   2) 벤젠 외에 나프탈렌, 크실렌, 안트라센 등이 있는데 어느 것이나 다 콜타르에서 얻어지며, 합성 공업의 원료가 된다.
   3) 마취성이나 유독성이 있어서 일반적인 방법으로 처리하기 어렵고, 생물 처리 또는 열화학적 분해가 잘 되지 않으며, 수중에 잔류하여 어패류에 축적되는 경향이 있다.

3. 열경화성 플라스틱
   1) 열을 가하면 열가소성 플라스틱처럼 녹지 않고, 타서 가루가 되거나 기체를 발생시키는 플라스틱이다. 따라서 한번 굳어지면 다시 녹지 않는다.
   2) 종류 : 에폭시수지, 아미노 수지, 페놀 수지, 폴리에스테르 수지 등

4. 지환족탄화수소
   1) 벤젠고리가 아닌 고리를 가진 탄화수소이다.
   2) 싸이크로 프로판, 싸이크로 부탄, 싸이크로 펜탄, 싸이크로 펜틴 등

5. 발화시간
   1) 발화란 화재가 성장하는 시작점으로 발화가 일어나기 위해 발열이 방열보다 커야 한다. 발화가 일어날 때까지 시간을 발화시간이라 한다.
   2) 두꺼운 고체에서 발화시간 $t_{ig} = kec\left[\dfrac{T_{ig} - T_\infty}{q''}\right]^2$

      k : 열전도도, ρ : 밀도, c : 비열
      T_{ig} 착화온도, T_∞ 초기온도

   3) 얇은 고체에서 발화시간 (2mm 미만) $t_{ig} = ecl\dfrac{(T_{ig} - T_\infty)}{q''}$

기출문제

02 어떤 기체가 이상기체 거동을 하기 위한 조건(가정)을 설명하고, 이상기체상태 방정식인 $PV = nRT$ (P : 압력, V : 부피, n : 기체의 몰수, R : 기체상수, T : 절대온도)를 유도하시오.

해설

1. 개요
    ① 이상기체란 실제기체의 성질을 단순화한 것으로, 이상기체의 조건하에서 기체의 상태변화를 설명한다면 보다 쉽기 때문에 도입되었다.
    ② 이상기체 상태 방정식(perfect gas equation)은 이상기체의 운동을 기술하는 방정식으로 아보가드로의 법칙, 보일의 법칙, 샤를의 법칙을 하나의 방정식으로 기술한 형태이다.
    ③ 하지만 실제기체는 분자자체의 크기도 있고 분자끼리 상호작용을 하므로 이상기체와는 다르게 움직인다.
    ④ 실제기체의 정확한 계산을 위해 반 데르 발스 상태방정식을 이용하며, 반 데르 발스는 이 업적으로 1910년 노벨 물리학상을 수상하였다.

2. 이상기체 상태방정식 가정
    ① 입자의 크기는 무시할 수 있을 만큼 작다. (입자의 크기 = 0)
    ② 입자간의 상호 작용은 입자끼리 충돌할 때를 제외하곤 없다. (인력과 척력 무시)
    ③ 입자간의 충돌 및 입자와 용기와의 충돌은 완전 탄성 충돌이다.

3. 이상기체 상태방정식 유도

   1) Avogardro's law
      ① (부피) ∝ (몰수), 0℃ 1atm에서 22.4L
      ② 모든 기체는 같은 온도, 같은 압력에서 기체의 종류에 관계없이 같은 부피를 차지하며, 같은 수의 분자를 포함한다.
      ③ 또한, 기체 분자는 화학적, 물리적 특성과는 무관하게 같은 온도와 압력에서 기체 시료가 차지하는 부피는 기체의 mol수(분자 수)에 비례한다.

   2) Boyle's law
      ① $V \propto \dfrac{1}{P}$
      ② 온도가 일정할 때, 기체의 압력과 부피는 서로 반비례한다는 법칙이다.

3) Charles's law
   ① ∝
   ② 일정량의 기체의 부피는 압력이 일정하면 절대 온도에 비례한다는 법칙이다.
4) Perfect gas equation
   ① 위의 1)~3)의 식을 정리하면

   $\propto n\dfrac{1}{P}T$ 비례상수를 써서 $PV=nRT$로 유도된다.

   ② 여기서 비례상수 R를 구하면 0℃, 1기압에서 기체 1mol이 차지하는 부피는 22.4L 이므로 다음과 같이 계산된다.

   $\dfrac{PV}{T}=\dfrac{1\text{atm}\times 22.4\text{L}}{(273+0)\text{K}}=0.082\,\text{atm}\cdot\text{L/K}\cdot\text{mol}=R$ (기체상수)

03 전기화재 발생 요소인 과부하의 종류와 전기기계-기구에서의 발화 유형과 방지대책에 대하여 설명하시오.

해설

1. 개요
   ① 과부하는 과전류의 한 형태로서 과도한 부하로 인하여 전로에 허용전류 이상의 전류가 흐르는 현상이다.
   ② 이는 전류의 제곱에 비례하는 발열로 인하여 전로의 절연물 및 주위의 가연물이 착화되어 화재가 발생할 수 있다.

2. 과부하의 종류
   1) 전선의 과부하
      ① 전선이 과부하 상태가 되면, 전선의 도체 자체에서 열이 발생하므로, 도체의 발열로 인하여 전선의 절연피복이 내측으로부터 열변형되거나 탄화가 진행된 형태로 흔적을 남기는 것이 일반적이다.
      ② 대부분의 화재현장에서는 전선의 절연피복이 모두 소실되며, 전선이 과부하를 입증할만한 절연피복이 남아있는 경우는 많지 않다.
      ③ 따라서 일반적으로 전선의 절연피복이 완전히 소실된 경우에는 전선에서 식별되는 열변형이 과부하에 의한 것인지 혹은 화재에 의한 외열인지의 구분이 어려운 것이 사실이다.
   2) 권선의 과부하
      ① 변압기, 모터, 릴레이, 전자접촉기, 전자밸브, 형광등기구 안정기 등의 권선(coil)에 허용전류 이상의 과도한 전류가 흐르면 과열이 발생되어 권선의 절연피복이 손상되고 단락이 발생한다.
      ② 권선에서 발생한 단락은 일반적인 전로에서의 단락과는 상이한 부분이 많기 때문에 층간단락이라 하고, 그 흔적을 층간단락흔이라 부른다.

3. 전기기계 및 기구에서의 발화 유형
   1) 전기 밥솥
      (1) 기판부의 트래킹에 의한 출화
         ① 조립 공정시 발생한 틈에 수증기 등의 수분이 밑바닥 부분에 설치되어 있는 가열 제어 기판의 특정 개소에 떨어져서 트래킹 현상이 발생하여 가열 제어기판이 발

기출문제

화하여 출화한다.
　(2) 트랜지스터 내부 단락에 의한 출화
　　　기판에 들어가 있는 트랜지스터 내부에서 경년 열화 등에 의거 단락되어 과전류가 흘러서 발열하고 기판에 착화하여 출화한다.
2) 전자레인지
　(1) 가열실 내부의 상태(식품의 과열 발화)
　　① 전자레인지는 마이크로파 유전 가열을 이용하여 가열
　　② 식품이나 그것의 포장지가 장시간 가열되면 식품이나 포장지가 탄화되어 연소 발생
　(2) 금속 용기의 방전에 의한 발화
　　　전파가 잘 투과하지 않는 용기(스티로폼, 멜라민, 페놀 요소수지) 등을 사용 시 전파를 투과시키지 않기 때문에 그 자체가 발열 및 스파크를 일으킨다.
　(3) 급전구 커버에 부착된 식품 찌꺼기의 발화
　　　오븐고 내의 급전구 커버가 식품 찌꺼기 등으로 오염되는 경우에는 조리시에 식품의 찌꺼기에 전파가 집중되어 탄화하여 출하한다.
3) 냉장고
　(1) 기동기의 절연 파괴로부터 발화
　　　냉장고는 내부와 외부의 온도 차이를 갖는 기기로, 이슬, 물방울 등이 생기고, 이것과 기기 내의 먼지가 단자 부분 또는 접점 부분에 트래킹 현상을 유발하여 소손
4) 전기 냉/온수기
　(1) 압축기로부터의 출화
　　① 배면에 있는 압축기(compressor)의 코일 부분에서 단락 발생
　　② 내장 콘센트 배선 피복의 손상에 의해 단락한 경우
5) 전기 히터
　(1) 복사열에 의해 출화
　　　스위치 OFF 망각 등에 의해 통전 상태를 방치하면 주위 가연물이 복사열에 의해 과열되어 출화한다.
6) 토스터기
　(1) 통전 과열
　　① 자동 온도 조절기의 고장 및 자동 스위치가 없는 수동식 토스터를 통전 상태로 오랜시간 방치하면 발화 발생
　　② 가연물에 접촉시킨 채 통전 상태로 방치한 경우
7) 형광등
　(1) 안정기로부터의 출화
　　　안정기의 경년 열화에 의해 안정기 내의 권선 코일의 절연 열화된 선간에서 접촉하여 코일의 일부가 전체에서 분리되어 링회로를 형성하면 큰 전류가 흘러 국부 발열하여 출화한다.
8) 백열전구
　(1) 점등 중인 백열전구가 움직여서 출화
　　① 백열등 스탠드 등의 전구 스위치가 켜진 상태에서 이불 등의 가연물로 넘어지거나 닿게 되면 발열하여 출화

(2) 가연물이 전구에 접촉하여 출화한 경우
점등 중인 조명 기구에 코트를 걸쳐 두어 고온이 된 전구에 접촉되어 출화
4. 발화 방지대책
 1) 전기제품의 품질향상
  ① 전기용품 안전관리법에 의한 "전"자 표시제도, KS품질 보증제도로 품질향상을 꾀하며, 또한 조립 제조과정의 품질관리가 요구된다.
  ② 인간의 실수로 인한 전기화재 사고를 방지하기 위해 Fool Proof 개념으로 완전한 전기설비가 설치되도록 기술개발에 노력하여야 한다.
 2) 전기기기의 장시간 사용 금지
  ① 전기 히터나 백열전구 등을 장시간 사용하는 경우에 열의 축적이 일어날 가능성이 있으며 자체적인 열의 발산이 원활하지 못하기 때문에 장시간 사용을 금하여야 한다.
  ② 절연 열화발생으로 인한 발화우려로 장시간 사용 금지
 3) 사용상의 부주의
  전기기기 사용 장소의 부적합으로 인하여 사용 중 열의 축적이 용이한 경우에 온도가 상승하여 발열하며 발화할 수 있어 주의가 필요하다.
 4) 철저한 안전관리
  ① 전기기기 및 기구에 대하여 정기적인 점검과 보수가 요망된다.
  ② 해당 장소에 전기기기에 대한 점검표를 작성하여 점검하여야 한다.
  ③ 전기화재의 위험성에 대하여 지속적인 교육 필요
 5) 가연물 제거
  전열기구 주변에 가연물이 방치될 경우에 전열기의 열기가 가연물에 전달 축적되어 일정온도 이상이 되면 발화가 일어나므로 주의가 필요하다.
 6) 과열방지용 안전장치 설치
  ① 온도제어장치는 온도를 일정 범위 내에서 관리하는 장치
  ② 온도퓨즈는 줄열을 이용하여 발열에 의한 퓨즈를 차단하는 원리
  ③ 전도 안전 스위치는 발열기구의 밑바닥에 설치하여 넘어질 때의 스위치 차단기능이며, 전원과 직렬로 연결되어 있어 기기가 전도할 경우 스프링의 작용으로 스위치가 작동하면서 전원을 차단하여 전기화재를 예방

기출문제

107회(2015년 8월)

01 액체연료의 연소형태를 설명하시오.

◀해설 1. 개요
액체연료는 인화점에 따라 구분하고 있으며 NFPA 30에서는 인화성 액체 및 가연성 액체로 표현하며 국내에서는 제4류 위험물로 분류하고 있다. 이러한 액체연료는 증발연소, 분무연소, 분해연소를 한다.
2. 액체연소
  1) 증발연소
    ① 열분해 없이 직접 증발하여 증기가 연소하거나 용융된 액체가 기화하여 연소
    ② 연료의 증발속도가 연소속도보다 빠른 경우 불완전연소를 함
    ③ 예로는 석유난로에서 심지를 길게 하면 화염의 매연이 나오는 경우가 있음
    ④ 일반적으로 증발연소는 단독으로 이루어지는 것이 아니며 확산연소가 공존함
    ⑤ 액체 가연물(주로 경질유 등)
  2) 분무연소
    ① 액체연료를 연소시킬 때는 연료를 분무화하여 미립자로 만들어 공기와 혼합하여 연소
    ② 분무된 각각의 입자를 액적 또는 유적이라 함
    ③ 액적에서 증발한 가스가 액상에서 조금 떨어진 화염면에 도달하여 외부로부터 유입된 산소와 반응하여 연소
    ④ 분무증발의 예는 디젤기관
  3) 분해연소
    ① 열분해에 의해 생성된 가연성 가스가 공기와 혼합, 착화하여 연소
    ② 액체 가연물(주로 원유, 중질유 등)

02 전기에너지 방출현상 중 아크(Arc)와 스파크(Spark)현상의 공통점과 차이점을 설명하시오.

◀해설 1. 정의
  ① 아크(Arc)
    전극을 접촉시켜서 강한 전류를 흐르게 하면, 전극의 선단은 접촉저항에 의해 과열되고, 전극이 증발하여 금속의 증기를 발생하여 방전한다. 이 상태를 아크방전이라 한다. 아크방전이 일어나면 전극이 전자의 충돌에너지에 의해서 세차게 가열되어 전극이 용융(鎔融)상태가 되기 때문에, 이러한 전극의 용융현상을 이용해서 전기용접이 이루어진다.
  ② 스파크(Spark) : 접점이 붙는 순간 큰 전류가 흐르면서 높은 온도에 의해 주변의 불순물이나 접점이 녹아 주변으로 튀면서 발생하는 방전현상 Spark discharge는 기체 내에 놓은 전극에 고전압을 걸었을 때, 갑자기 기체의 절연상태가 깨지면서 큰 소리와 함께 불꽃을 내며 방전하는 현상

2. 비교표

구분	공통점	차이점
아크 (Arc)	① 전선이나 케이블 등에서 단선 또는 순간 단락 시에 발생 ② 절연된 두 전극 사이의 상승된 전계로 인한 절연파괴의 경우 (절연체가 공기인 경우 3kV/mm) ③ 도체의 접속 및 접촉 불량의 경우 발생되는 불꽃방전 현상	① 전원이 끊길 때 전류가 갑자기 큰 저항을 만나면서 계속 흐르려는 성질에 의해 빛과 고온의 열을 발생(지속적) ② 빛은 강렬하며, 자외선이나 적외선을 많이 방출 ③ 예) 전기Arc용접, 제철공장의 Arc
스파크 (Spark)		① 전원 투입 시 많이 발생하며 접점 폐로 시에도 발생하는 현상 ② 전위차로 인해 생기는 정전기 현상 ③ 아크는 지속적으로 일어날 수 있으나 스파크는 순간적 방전현상 ④ 예) 정전기방전, 자동차 점화플러그

03 가연성증기의 압력온도선도(Vapor Pressure & Temperature Diagram) 상에서 비등점(Boiling Point)을 표시하고, 연소구역(Flammable Region), 비연소구역(Non Flammable Region)과 안전여유구역(Margin of Safety)을 구분하여 표시하시오.

해설 1. 용어의 정의
  1) 연소구역(연소범위) : 연소하한계 ~ 연소상한계 (연소가능구역)
  2) 비연소구역 : 연소상한계 이상의 구역, 연소하한계 이하의 구역
  3) 안전여유구역 : 연소하한계와 연소상한계에서 각각 4% 이상의 안전여유를 둔 구역으로 연소 발생이 일어나지 않는 구역(불활성구역)
  4) 비등점 : 증기압과 대기압이 같아지는 점으로 선도로 표현
2. 가연성 증기의 압력온도선도

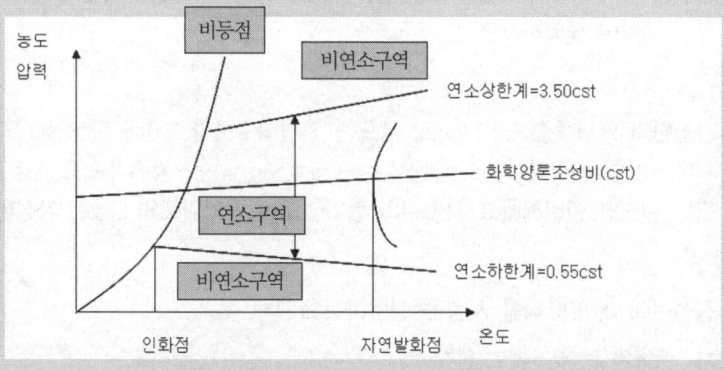

【 가연성 증기의 압력온도선도 】

3. 신뢰성 향상방안
  1) 가연성 증기의 안전도
    연소구역(위험구역) < 비연소구역 < 안전여유구역(불활성구역)
  2) 신뢰성향상대책 - 증기의 불활성 대책 강구

기출문제

106회(2015년 5월)

01 저온발화의 메카니즘을 정의하고, 목재의 저온발화에 대하여 설명하시오.

02 유동해석에 이용하는 무차원 수 중 그라쇼프 수(Grashof Number)와 누셀 수(Nusselt Number)에 대하여 설명하시오.

03 직경 1m인 시험체 표면적을 가진 가솔린화재 패턴이 동일 조건의 목재화재 패턴보다 비교적 손괴가 적은 이유를 주어진 값을 이용하여 설명하시오.

- 가솔린 : 질량유속(m'')=55g/m²·s, 유효연소열($\triangle H_c$) : 43.7kJ/g, 기화열(L)=0.33kJ/g
- 목재 : 질량유속(m'')=11g/m²·s, 유효연소열($\triangle H_c$)=15.0kJ/g, 기화열(L)=1.82 kJ/g

04 자동차화재의 점화원으로 작용하는 인자와 예방대책에 대하여 설명하시오.

05 가연물이 두꺼운 고체일 경우 상향(上向) 또는 순풍에서의 화염확산이 진행되는 과정과 특성에 대하여 설명하시오.

06 가연성 액체와 화염확산속도는 전반적으로 가연성 고체의 화염확대속도보다 빠르다. 그 이유에 대하여 설명하시오.

07 가솔린의 화재플룸(Fire Plume) 속도는 증발속도보다 100배 이상 빠르다. 그 이유를 설명하시오. (가솔린의 최대연소 질량유속(m'')=55g/m²·s, 중력가속도(g)=9.8, 화염높이 1m, 온도는 밀도와 반비례하고 가솔린의 증기밀도는 공기밀도의 2배로 가정한다)

08 정전기에 대하여 다음 사항을 설명하시오.
  가. 역학현상, 정전유도 현상
  나. 정전기에 의한 재해와 생산 장애
  다. 제진기의 종류 및 선정 시 유의사항

09 난류화재 플룸(Plume)에서 다음 사항에 대하여 설명하시오.
   가. 에너지 흐름속도(Q)와 플룸온도(T)와의 관계
   나. 에너지 흐름속도(Q)와 복사에너지 분율(Xr)과의 관계
   다. 플룸온도(T)와 복사에너지 분율(Xr)과의 관계

105회(2015년 2월)

01 다음 용어에 대하여 설명하시오.
   1) Time Line(타임라인)
   2) Arrow Pattern(화살형태)
   3) Layering(층화)
   4) Isochar(등탄화심도선)
   5) Pyrolysis(열분해)

02 화학평형의 정의와 평형이동에 영향을 미치는 인자에 대하여 설명하시오.

03 액체탄화수소의 일반적인 특성과 연소 후 특징적으로 나타나는 화재패턴(Fire Pattern)에 대하여 설명하시오.

104회(2014년 8월)

01 화재패턴의 생성 메커니즘에 대하여 설명하시오.

02 방염대상 물품 중에서 소파와 의자의 방염성능기준을 설명하시오.

03 고분자물질의 연소시 생성되는 연소가스의 종류와 인체에 미치는 유해성에 대하여 설명하시오.

04 누전으로 인한 화재 예방을 위해 설치되는 누전차단기의 사용목적, 구조, 설치장소 및 설치 시 주의 사항에 대하여 설명하시오.

103회(2014년 5월)

01 연소속도에 변화를 주는 인자에 대하여 설명하시오.

02 가연성가스, 산소 및 질소로 이루어지는 3성분계 혼합가스의 폭발범위도를 도시하고 설명하시오.

03 정전기의 대전현상을 고체대전, 액체대전 및 기체대전으로 구분하여 설명하시오.

102회(2014년 2월)

01 다음 용어를 설명하시오.
1) 케이블 또는 전선의 앰패시티(Ampacity) 및 영향요소
2) 리샤틀리에(Le Chatelier)법칙의 의미 및 혼합가스의 폭발(연소)상한계와 하한계 계산식
3) 연소점(Fire Point)

02 아래의 그림은 두께가 l인 얇은재료(a)의 상태에 대한 것이다. 입사 열유속을 라하고 복사 또는 화염에 의한 것으로 한다. 또한, 열손실유속 $\dot{q}_L''$은 복사와 대류 모두에 기인된다. 만약 재료의 온도가 상승하려면 $\dot{q}_I''$은 $\dot{q}_L''$보다 크고 착화온도에 도달하기 위해서는 그 차이가 커져야 한다. 이 차이를 순열유속 $\dot{q}''$로 나타낸다. 여기에서, 재료의 상승온도(T)는 순열유속($\dot{q}''$), 가열시간(t), 재료의 밀도(ρ), 재료의 비열(c), 재료의 두께(l), 실온인 초기온도(T_∞)와 어떠한 관계인지를 설명하시오. (화재공학원론 85page)

03 연소생성물의 성질은 연료의 구성과 화재 진행에 의해 결정된다. 여기서 급기과잉 및 급기 부족으로 불꽃연소 또는 훈소가 발생될 수 있다.

1) 연소과정에 따른 연소생성물을 설명하시오.
2) 급기과잉-부족 상태의 정도를 당량비로 설명하시오.
3) 연소 시 생성되는 화학종 중 일산화탄소의 수율과의 관계를 설명하시오.

해설 1) (1) 연소생성물
① 완전연소 : CO_2, H_2O, SO_2
② 불완전연소 : CO, H_2S
③ 기타

(2) 분해 생성물
① 기체 : 휘발성 물질, 탄화수소계열, 무기산 등
② 액체 : 포름알데히드, 알데히드류, 케톤류, 방향족 탄화수소
③ 고체 : 타르, 탄화물, 미반응 물질

2) 당량비$(\emptyset) = \dfrac{\text{연료 질량 (g)}}{\text{실제공급공기질량 (g)}} \times r\left(\dfrac{\text{양론 공기 질량 (g)}}{\text{연료 질량 (g)}}\right)$

당량비$(\emptyset) > 1$ 환기 부족상태, 분해 생성물은 완전연소 되지 않을 것이다.
당량비$(\emptyset) < 1$ 환기 과잉상태

3) CO의 수율 $Y_\infty = \dfrac{m_\infty}{m}$

여기서, m_∞ : 생성된 CO의 질량
 m : 연소된 연료의 질량

당량비$(\emptyset) < 1$ 주어진 연료에 대해 수율은 일정
당량비$(\emptyset) > 1$ 환기 부족상태 임에 따라 수율은 변한다.
CO의 수율은 환기 부족 상태임에 따라 증가

04 케이블트레이(cable tray)에는 일반적으로 여러개의 케이블(전력,제어용 등)이 설치 된다. 케이블트레이 주변에서 화재가 발생할 경우, 케이블과 케이블 상호간(inter-cable) 또는 다중 케이블 내부(inter-cable)에서 전기적 고장을 일으킬 수 있다.

1) 일반적인 전기화재 원인과는 달리 케이블 트레이 화재에서 발생할 수 있는 전기적 고장의 유형을 3가지를 적고 설명하시오.
2) 전기적 고장으로 유발되는 부하설비와 전기패널(Panel)의 이상 현상을 설명하시오.

기출문제

05 고층빌딩의 계단실은 연돌효과로 인하여 연기로 오염된다. 이 연돌효과를 상쇄시키는 풍속을 구하시오. (단, 대기와의 압력차는 △P=0.71h(Pa) 중성대로부터의 높이(33m), 계단실의 수력지름은 3.33m이다. 계산 시 소수점 셋째자리에서 반올림 한다)

해설

1. Stack Effect
   1) 건물 내의 Stack Effect에 의한 기류 이동

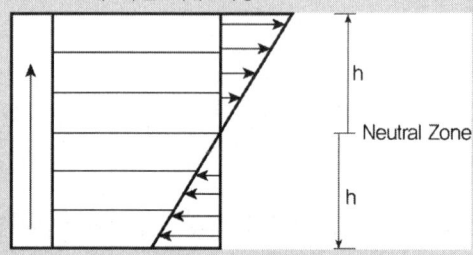

① 공식
$$\Delta P = 3460\, h \left(\frac{1}{T_o} - \frac{1}{T_i} \right)$$

ΔP : 굴뚝효과에 의한 압력차(Pa)
h : 중성대 부터의 높이(m)
T_o : 외부공기의 절대온도(K)
T_i : 내부공기의 절대온도(K)

06 화재 시 단위면적당 질량연소속도 즉, 질량연소유속($\dot{m}''$)의 예측은 고체와 액체에 대하여 다르다. 그 이유는 연료표면에 대한 순수 열유속($\dot{q}''$) 및 기화열(L_v)과 관하여 설명하시오. (화재공학원론 122page)

해설

1. 질량연소속도
   ① 정의 : 단위 시간 당 소모된 가연성(액체, 고체)물질의 질량
   - 연소속도 단위는 시간 당 소모된 질량인 [g/s]로 표현
   - 최초 발화에서 유면 전체로 화염이 확대되는 과정에서 연소속도는 비정상 상태 이후 유면 전체에 화염이 연속적으로 발생한 이후는 정상상태 연소
   - 비정상상태를 정상적인 형식으로 표현하는 방법은 질량연소속도
   - 질량연소속도란 단위면적당의 연소속도(mass burning flux, $\dot{m}''$)
   - 총 연소속도는 미소 단위표면적에서 $\dot{m}''$을 가지는 전체표면적을 곱한 값의 합
   $$\dot{q} = \dot{m} \cdot \chi \cdot \Delta H_c$$
   $\dot{q}$: 열방출속도, kW
   $\dot{m}$: 휘발분의 질량유속, g/s
   ΔH_c : 휘발분의 연소열, kJ/g

x : 연소효율(불완전연소 고려)

② 연소속도는 결국 화염속으로 이동하는 연료의 양에 의존 또는 연료의 증발속도에 의존 또는 액체의 증발에 필요한 흡열량에 의존

③ 적용
- 액체연료 및 가연성 고체의 화염의 크기
  화염의 크기는 폭과 높이가 커지면 연소속도는 증가
- 화염양상
  연소속도가 작은 경우 층류화염에 가깝고 연소속도가 커지면 난류화염으로 이동
- 화재의 열방출속도 계산에 적용
  연소속도는 곧 화재에서 발생하는 열량의 크기

2. 기화열

1) 단위 면적당 질량연소속도

단위 면적당 증발하거나 기화되는 가연물의 질량의 소모량을 말함

$$\dot{m}'' = \frac{\dot{q}''}{L_V}$$

여기서, $\dot{q}''$: 연료표면으로의 순열류, kW/m²
L_V : 기화열, kJ/g

【 연료의 기화열 】

연료	기화열[kJ/g]
액체	
가솔린	0.33
헥 산	0.45
헵 탄	0.50
케로신	0.67
에탄올	1.00
메탄올	1.23
열가소성플라스틱	
폴리에틸렌	1.8~3.6
폴리프로필렌	2.0~3.0
폴리메틸메타크레이트	1.6~2.8
나일론6/6	2.4~3.8
폴리스틸렌폼	1.3~1.9
연성폴리우레탄폼	1.2~2.7
탄화생성물	
탄화비닐크로라이트	1.7~2.5
경화성폴리우레탄폼	1.2~5.3
필터용 종이	3.6
corrugated 종이	2.2
목 재	4~6.5

기출문제

② 순열류
- 화염에서 발생하는 열류에서 다른 복사열원(벽, 천정 및 나무들 간의 상호작용)에 의해 발생하는 열류를 뺀 값
- 열가소성수지와 같은 고체의 순열류는 액체와 비슷하게 요구됨
- 열경화성 및 목재의 순열류는 높은 표면온도에서 분해(기화)가 발생하므로 커야 함
- 질량연소속도 : $5 \sim 50 \, g/m^2 \cdot s$
  $5 \, g/m^2 \cdot s$ 이하가 되면 화염이 소멸
- 산소농도가 커지면 화염에서 열류가 커지므로 연소속도가 증가

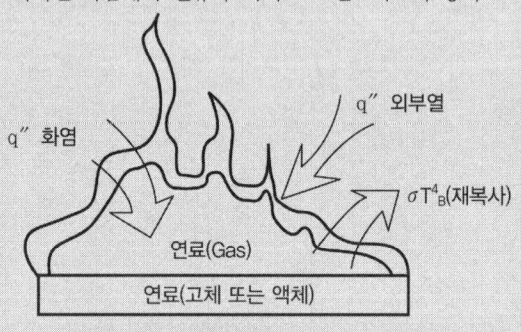

[연소과정에서 열의 이동]

101회(2013년 8월)

01 25℃, 0.85atm에서 산소의 밀도(g/L)는 얼마인지 구하시오. (단, 산소는 이상기체로 간주한다)

$$\rho = \frac{W}{V} = \frac{MP}{RT} = \frac{0.85 \times 32}{0.082 \times (273 + 25)} = 1.1 \, (g/L)$$

02 다음의 용어를 설명하시오.
1) 드롭다운(Drop Down)
2) 열관성(Thermal Inertia)
3) 플래시 화재(Flash Fire)
4) 열선속(Heat Flux)
5) Heat Release Rate; HRR

03 고분자 재료(Polymer Materials)의 열적특성에 따른 분류, 연소특성 및 발화과정에 대하여 설명하시오.

100회(2013년 5월)

01 케이블에서 발생하는 과전류의 발생 원인과 생성되는 열량에 대하여 설명하시오.

99회(2013년 2월)

01 정전기 재해방지 5원칙에 대하여 설명하시오.

02 일반적으로 풀화재(Pool Fire)현상에서 난류화염온도의 특징을 설명하시오.

03 발화에는 2가지 형태의 인화(Piloted Ignition)와 자연발화(Auto Ignition)가 있다. 각각의 발생조건을 제시하고, 차이점을 설명하시오.

04 고체 또는 액체의 연소 시 화재플륨(Fire Plume) 속도는 증발하는 연소가스의 출구 속도보다는 유입되는 공기에 지배되는 것으로 알려졌다. 그 근거를 예를 들어 설명하시오. (단, 화재플륨의 높이는 1 m, 가솔린에 대하여 최대 연소질량 속도는 55g/m²s, 가솔린의 밀도는 공기밀도의 2배로 가정)

05 두꺼운 고체일 때 벽 표면에서 화염이 아래로 향하거나 측면으로 확대되는 경우, 다음에 대하여 설명하시오.(화재공학원론 P105)
1) 화염확산속도(V)와 화염열유속($\dot{q}''$), 연료의 열전도도(k), 연료의 비열(c), 화염 전달에 영향을 받는 거리(δ_f), 연료의 발화온도(T_{ig}) 및 연료의 표면온도(T_s)와의 상관관계
2) 역풍형태의 화염확산과 연료의 표면온도와의 관계, 연료의 표면온도가 발화온도에 도달할 때 화염확산속도와의 관계 (정지된 공기중의 합판의 측면 화염확산 속도를 예로 들 것. (단, 합판의 $T_{ig}=390$℃, 합판의 최소 착화온도 $T_{s,min}=120$℃)

기출문제

06 열복사는 온도에 기인하여 발생하며 모든 물체는 절대온도 0K 이상에서 복사를 한다. 다음 질문에 대하여 답하시오. (화재공학원론 P76)
  1) 온도에 의하여 방출될 수 있는 복사 최대값을 열유속으로 표현하여 설명하시오.
  2) 복사의 실제값을 복사체의 표면효과와 흡수효과를 연관지어 설명하시오.

98회(2012년 8월)

01 다음 용어에 대하여 설명하시오.
  1) 몰분율(Molar fraction)
  2) 노르말농도(Normality)
  3) 몰랄농도(Molality)
  4) 몰농도(Molarity)

97회(2012년 5월)

96회(2012년 2월)

01 연소효율과 열효율의 차이점에 대하여 설명하시오.

02 연소의 3요소 중 산소의 결핍으로 인한 이상 연소현상에 대하여 설명하시오.

03 연소반응의 온도의존성 및 충돌이론(Collision theory)에 대하여 설명하시오.

04 전기화재의 발생원인 중 과전류에 의한 화재 발생 Mechanism과 방지대책에 대하여 설명하시오.

95회(2011년 8월)

01 화재 시 발생된 연기가 방호공간으로 확산되는 주요 요인으로 굴뚝효과, 부력, 바람, 팽창 등이 있으며, 이들 요인 중에서 바람에 의해 건축물 표면에 작용하는 풍압에 대하여 압력식(풍압)을 이용하여 설명하시오.

02 다음 그림과 같은 벽체의 열통과율(Overall Heat Transfer Coefficient)을 유도하시오. (단, $t_i > t_o$)

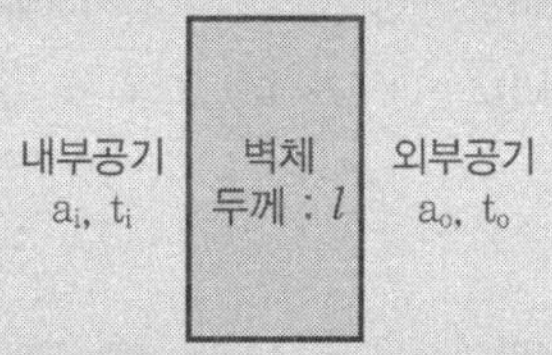

내부공기　벽체　외부공기
a_i, t_i　두께 : l　a_o, t_o

K : 열통과율(kcal/m²h℃)
K : 열전도율(kcal/mh℃)
a_i : 내부표면 열전달 계수(kcal/m²h℃)
a_o : 외부표면 열전달 계수(kcal/m²h℃)
t_i : 내부공기온도(℃)
t_o : 외부공기온도(℃)

94회(2011년 5월)

01 100도씨 물 1g이 표준대기압상태에서 100% 수증기로 증발하였을 때 체적을 계산하시오.

93회(2011년 2월)

01 화재시 천정제트흐름(ceiling jet flow)의 특징을 간단히 설명하시오.

02 초고층 건물 화재시의 연돌효과를 기술하고 이에 대한 소방측면, 건축계획측면, 기계설비 측면에서 각각의 방지 대책을 설명하시오.

기출문제

03 직경이 D인 파이프에서 유출되는 기체 출구속도 V_e인 가스연료가 있다. 주어진 연료와 고정된 파이프 직경에서 점화된 가스는 아래 그림과 같이 V_e의 증가에 따라 분출화염(jet flames) 길이가 증가하는 층류화염이 될 것이다. 출구 속도가 증가할수록 파이프 직경의 약 200배 길이까지 층류화염이 유지된다. 출구 속도가 더욱 증가하면 흐름은 난류가 되고, 이때 주어진 연료와 고정된 파이프의 직경에서 화염길이는 고전된다. 이와 같이 난류화염의 길이가 고정되는 이유를 설명하시오.

04 화재시 에너지 방출속도(Q)는 화재시 다른 요소와 비교할 때 직접적으로 화재의 크기와 손상 가능성을 나타낸다. ① 이것이 질량연소유속(m), 유효연소열($\triangle h_c$), 기화되는 면적(A)과 어떤 관계인지 설명하시오. ② 아래의 예는 제한된 조건하에서 에너지 방출속도(Q)와 실제 화염의 열유속(q'')의 값을 제시하였다. 이들 각각 4가지 연료에 대한 위험성의 상관관계를 설명하시오.

05 예혼합화염에 있어서 무염영역과 소염거리에 대하여 설명하고, 이 원리를 이용한 화염 방지기(Flame Arrester)의 구조에 대하여 설명하시오.

06 소방시설 설치유지 및 안전관리에 관한 법률 제12조제3항, 동시행령 제20조 제2항 (방염대상 물품 및 방염성능기준)의 구체적인 방염성능기준 중 소방방재청장이 정하여 고시한 방법으로 발연량을 측정하는 경우, 최대연기밀도는 400이하로 되어있다. 이의 의미는 무엇인지 구체적으로 설명하시오.

07 액체에서의 표면화염확산은 고체의 표면화염 확산 메카니즘과 유사하다. 그러나 액체인 경우에는 화염확산으로 인해 액체 내부에 움직임이 일어날 수 있는 것이 다르다. 이 경우 정지된 공기중에서 액면 위 화염확산으로 가정하고 고체표면화염확산과 다른 이유를 설명하시오.

92회(2010년 8월)

91회(2010년 5월)

01 연소에 있어서 최소 산소농도(MOC)에 대하여 설명하고, 이를 구하는 계산식을 기술하시오. 또한 가정에서 많이 사용하는 프로판(폭발하한계 2.1 vol%)가스와 메탄올(폭발하한계 6.7 vlo%)에 대하여 표준상태의 조건하에서 최소산소농도를 추산하시오.

02 고체표면에서의 화염확산에 관하여 설명하고 ① 화염확산속도 ② 얇은 재료의 착화시간 ③ 두꺼운 재료(>2mm)의 착화시간을 구하고, 각각의 구성요소에 관하여 그들의 연관성을 자세히 설명하시오. (참고로 "착화시간에 관하여 연료를 착화온도까지 상승시키는 에너지 공급속도는 연소구역의 순수 열전달속도와 같다"라는 전제하에서 출발한다)

03 연소를 일으키는 다음 그림의 열유속 구성에 관하여 그 의미를 각각 설명하고, 비질량 손실율(Specific Mass loss Rate)이 연료표면으로부터의 순열유속(열방출률)과 연료의 기화열과 어떤 관계가 있는지 설명하시오.

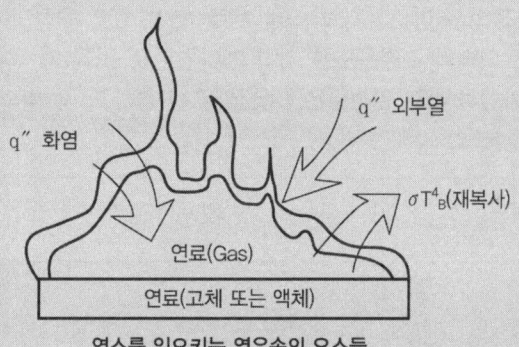

연소를 일으키는 열유속의 요소들

04 정전기의 대전현상과 방전현상에 대하여 설명하시오.

기출문제

90회(2010년 2월)

01 열전도도(Thermal Conductivity) κ의 제곱을 열확산계수(Thermal Diffusivity) α로 나눈 값을 열관성(Thermal Inertia)이라고 한다. 열관성의 정의, 계산식 및 물리적 특성에 대하여 설명하시오.

02 피뢰방식의 종류를 기술하고 건축물의 설비기준 등에 관한 규칙에서 규정한 피뢰설비의 설치기준에 대하여 설명하시오.

89회

01 어떤 건축물의 벽이 3가지의 다른 재료 A, B, C로 구성되어 있다. 벽의 면적이 $10[m^2]$이고 내벽과 외벽의 표면온도는 각각 $250[℃]$, $0[℃]$일 때, 이 벽의 열저항[℃/W]과 열전달률[W]을 계산하시오. 열전달은 1차원으로 가정하고 각 벽의 두께와 열전도계수는 다음과 같다.

> $L_A=5$ [cm], $L_B=20$ [cm], $L_C=10$ [cm],
> $k_A=0.01$ [W/m·℃], $k_B=40$ [W/m·℃], $k_C=5$ [W/m·℃]

88회

01 체적이 $100m^3$이고 통풍이 잘되지 않는 실험실 내에서 수소(H_2)가스농도가 연소하한계(4% vol.)에 도달하는 수소가스의 한계방출량(kg)을 계산하시오. (수소분자량 : 2, 공기분자량 : 28.6, 공기밀도 : 1.2 kg/m^3 적용)

87회

01 과전류와 단락에 의한 화재발생 메카니즘과 예방대책에 관하여 설명하시오.

02 가스계 소화약제 A의 불꽃소화농도는 5%이고, B의 불꽃소화농도는 10%이다. A가 20%(V %)이고 B가 80%(V %)인 혼합 소화약제의 불꽃소화농도를 산출하시오. (단, 소화약제 A와 B의 화학적 소화성능은 무시한다)

86회

01 화재성장을 지연하기 위한 방염이론, 방염성능기준, 방염의무 특정소방대상물과 방염처리 대상물품에 대하여 설명하시오.

85회

01 가시도(Visibility)에 대하여 설명하시오.

02 연소 시 화학반응 속도에 영향을 주는 요인을 설명하시오.

84회

01 주울(Joule)열과 주울의 법칙에 대하여 기술하시오.

기출문제

02 문화집회시설에 설치된 방염물품의 성능에 대한 최근 많은 문제점이 제기됨에 따라 앞으로 관련제품의 적용이 강화될 것으로 예상된다. 소방관계법에서 언급되는 방염대상물품의 종류와 방염성능기준에 대하여 기술하시오.

03 정전기 발생에 영향을 주는 요인과 발생형태 및 방지대책에 대하여 기술하시오.

04 화재진행과정 중 단계별로 발생되는 열량이 다음과 같은 기준일 경우에 아래 항목에 대하여 답하시오.

- 성장단계(Growth) $Q = ⓇT^2$ (Ⓡ : $0.08612kW/s^2$)
- 일정단계(Steady burning) Q=3500kW(240초 동안)
- 소멸단계(Decay) Q=10kW/s 비율로 일정하게 감소

1) 성장단계에 소요되는 시간(초)은?
2) 소멸단계에 소멸되는 시간(초)은?
3) 열발생량과 시간(초)의 함수관계를 그래프로 작성하고 각 기준점의 수치를 표시하시오. (축척필요 없음)
4) 상기 화재로 인해 발생되는 전체 열발생량(kJ)을 계산하시오.

83회

01 연소속도에 영향을 미치는 요인 중 5가지를 기술하시오.

02 발화점이 낮아지는 조건중 5가지를 기술하시오.

03 아보가드로의 법칙(Avogadro's Law)을 간단히 기술하시오.

04 건축재료는 목질계, 합성수지계, 천연섬유계(실크·양털류 등)로 대별된다. 이러한 건축재료가 연소될때 발생되는 연소생성가스의 종류, 위험성, 연소조건에 따른 연소생성물의 조성에 대하여 기술하시오.

82회

01 표준상태에서 에탄 10[mol%], 프로판 70[mol%], 부탄 20[mol%]의 혼합비율로 이루어진 탄화수소의 각 농도를 용량퍼센트[vol.%], 중량퍼센트[wt.%]로 나타내시오. (단, 탄소의 원자량 12, 수소의 원자량 1이다)

02 가연성 가스의 연소범위에 대하여 정의하고 연소범위의 측정방법 및 연소범위 측정값에 영향을 미치는 인자들에 대하여 기술하시오.

81회

01 화재발생시 열전달 현상을 파악하는데 중요한 열용량(Thermal Capacity)과 열확산율(Thermal Diffusivity)에 대하여 각각 설명하시오.

02 가연물표면(천장, 벽면, 바닥)에 따른 연소패턴(Pattern)에 대하여 각각 설명하시오.

03 메탄 70%v/v와 프로판 30%v/v가 혼합되어 있고 공기 중에서 연소하한계와 상한계가 다음과 같을 경우 계산하고 도표를 작성하시오.

	L%(v/v)	U%(v/v)
메탄(CH_4)	5.0	15.0
프로판(C_3H_8)	2.1	9.5

① 연소하한계 ② 연소상한계 ③ 화학양론조성(Cst)
④ 최소산소량(MOC) ⑤ 연소도표

04 석유계 연료인 CH_4, C_3H_8, C_2H_2의 연소에 대한 이론공연비{(A/F)st}를 계산하고, 탄소/수소 비와의 관계를 기술하시오.

기출문제

80회

01 과전류에 의한 화재발생 메카니즘을 설명하시오.

02 화재 시 발생되는 연기의 특성과 감광계수에 대하여 설명하시오.

03 한계산소지수(Limited Oxygen Index, LOI)에 대하여 설명하시오.

04 방염을 하여야 하는 대상물품을 열거하시오.

05 그림과 같은 화재실의 콘크리트 벽체에서 표면온도 t_A, t_B를 구하시오.

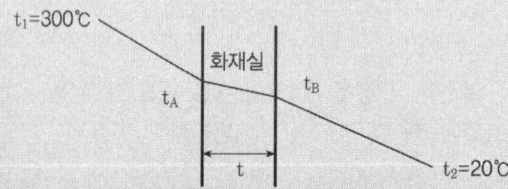

- 화재실 열전달률(αt_1) : 20kcal/m²h℃
- 외부 열전달률(αt_2) : 10kcal/m²h℃
- 전열면적 (A) : 5m²
- 벽두께(t) : 30cm
- 콘크리트 열전도율(λ) : 0.9kcal/mh℃

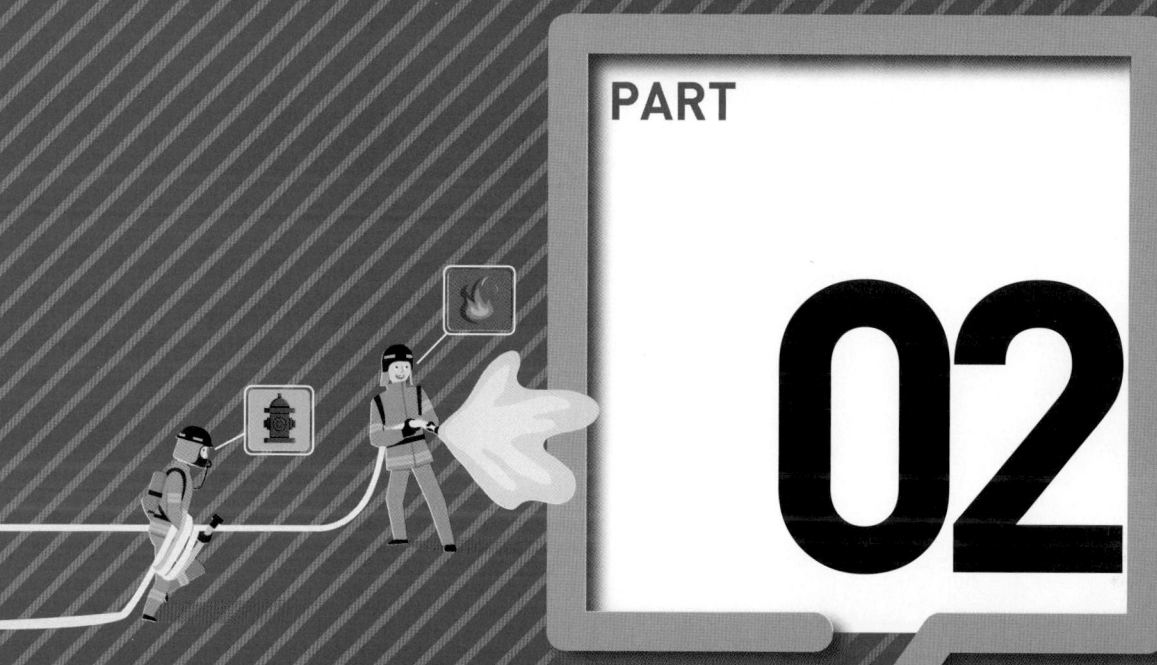

PART 02

건축방재

PART 02 건축방재

01 Pre-flashover와 Post flashover(연료지배형/환기지배형)

구 분	Pre-flashover	Post flashover
화재형태	• 연료 지배형 화재 • 연소 속도가 빠르다.	• 환기 지배형 화재 • 화재가혹도가 크다.

중요인자	• 화재 성장 속도 $Q = \alpha t^2$
	  α : 화재성장속도(kw/sec²)
	  t : 시간(sec)
		• 환기요소 $A\sqrt{H}$
		• 화재 가혹도

연소속도
열방출률
	① 연소속도 $\dot{m}'' = \dfrac{\dot{q}''}{L}$ (g/m²s)
	  $\dot{q}''$: 순열유속(kW/m²)
	  L : 기화열(물질을 기화시키기 위한 필요한 에너지)(kJ/g)
	② $\dot{Q} = \dot{m}'' A \Delta H_c$ (kW)
		① 연소속도 $R = 0.5 A\sqrt{H}$ (kg/s)
		② $Q = 0.5 A\sqrt{H} \times 3$ (kJ/g)
		     $\times 1000$ (g/kg)

화재저항	• 성장기 화재저항 • 방화구조, 불연, 난연	• 최성기 화재저항 • 방화구획 내화구조
대 책	• 피난 대책 • 연소 속도 낮추는 대책 (조기 감시, 조기 소화) • F.O 전에 피난 완료(ASET↑, RSET↓)	• 방화 대책 • 화재가혹도 낮추는 대책 • 방화구획으로 연소확대 방지 • 내화구조 구조 안정성 확보

! Reference

◎ 열방출률(에너지 방출속도 Energy Release Rate)
  1. 정의
     ① 열에너지가 얼마나 빠르게 방출하는지를 설명해 주는 표현
     ② $\dot{Q} = \dot{m}'' A \Delta H_c$
  2. 활용 예 : 화재성장속도 분류, 방출에너지의 크기
  3. 결론 : 화재저항, 대책

용어
- $\dot{Q}$(열방출률)kW : 화재크기, 발열량, 열방출속도 Heat Release Rate
- $\dot{q}$(열유동율)kW : Heat Flow Rate 화재속도
- $\dot{q}''$(열유속)kw/m² : 단위면적당 열유동율 Heat Flux

02 Flash over와 Back draft

구 분	Flash over	Back draft
정 의	전실화재 ① 국부화재 → 전체화재 ② 연료지배 → 환기지배형 화재 ③ 천정 미연소 가스연소 → 열분해 → 천장 축적 → 복사열 → F.O	① 산소가 부족한 실내에 산소가 유입될 때 급격한 폭발발생 ② CO 12.5~74%일 때 600℃
조 건	• 연기층 온도 500~600℃ • 바닥면 수열량 20~40kW • O_2 : 10% 연소속도 40g/s	• 실내가 충분히 가열 • 다량의 가연성 가스 축적 • 신선한 공기 공급
폭풍충격파	화재 → 폭풍, 충격파 없다	폭풍, 충격파 있다(PV=nRT)
발생시기	성장기, 피난 안정성 확보	감쇠기, 소방관 인명안전 확보 중요
공급요인	천장의 복사열 → 주변 가연물 발화	신선한 공기 공급
피 해	• 화재 피해 → 화재확산 • 화염 분출, 농연	• 폭발 피해 → Fire Ball • 벽체 분리 농연
방지대책	• 천장, 벽, 불연화 • 천장 높이 • 가연물 제한 • 개구부 제한	• 폭발력 억제 → 공기공급 차단 • 격리 → 피해 대상물 이격 • 소화 • 환기 → 천장을 통해 Gas 배출

(1) Flash Over 영향인자

① 천장 높이
② 점화원 크기, 점화원 위치와 연료 높이
③ 실의 모양,
④ 내장재 재질
⑤ 개구부 크기

$$Q_{fo} = 7.8A_T + 378A_F\sqrt{H}$$

Q_{fo} : Flash Over에 필요한 열량
A_T : 화재실의 총면적
A_F : 개구부 면적
H : 개구부 높이

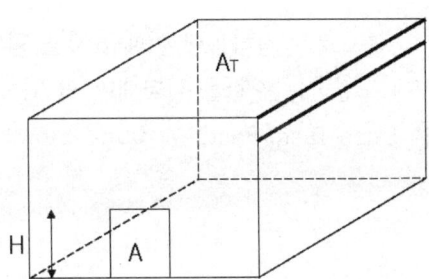

예상문제

구획실(10×15×5m)에서 3MW의 화재가 발생되어 진행 중에 있다. McCaffrey의 수식을 이용하여 flashover 발생 가능성을 평가하시오.

조건) 벽의 두께 15cm, 벽의 열전도도 $7.5×10^{-3}$kW/m℃
개구부 높이 3m, 개구부 면적 $9m^2$

풀이 1. McCaffrey의 계산식

$Q_{f_o} = 610(h_k \ A_T \ A_0 \ \sqrt{H})^{\frac{1}{2}}$ [kW]

1) 열전도계수 $h_k = \dfrac{k}{l} = \dfrac{7.5×10^{-3}}{0.15} = 0.05$ [kW/m²℃]
2) 구획내부 표면적 $A_T = (10×15×2)+(10×5×2)+(15×5×2)-9 = 541$ [m²]
3) 환기구 면적 $A_0 = 9$ [m²]
4) 환기구 높이 H = 3 [m]

2. McCaffrey의 계산식에 대입하면
    $Q_{f_o} = 610(0.05 \times 541 \times 9 \times \sqrt{3})^{\frac{1}{2}} ≒ 12526.08[kW] ≒ 12.5[MW]$
3. 평가
    ① Flashover는 발생하지 않는다.
    ② 이 실에서 flashover가 발생하려면 McCaffrey의 수식에 의해 최소 12.5MW의 열방출률이 필요하나 이 실은 현재 화재가 3MW의 열방출률로 진행 중에 있으므로 flashover는 발생하지 않는다.

03 화재 성장속도

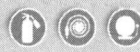

1 ▶▶ 개요

① 화재는 초기에 $Q = \alpha t^2$ 의 속도로 성장하는데 이때 α 값을 화재성장 속도라 한다.
② α 값은 열방출률이 1MW에 도달하는 시간을 나타내며 단위는 kW/s^2 으로 표시된다.
③ α 값에 따라 화재 성장을 Ultra fast, Fast, Medium, Slow으로 분류한다.

2 ▶▶ 화재 성장 속도

(1) 화재성장속도

① $Q = \alpha t^2$
   α : 화재성장속도(kw/sec^2)
   t : 시간(sec)

② $\dot{m}'' = \dfrac{\dot{q}''}{L}$ 에 따라 달라진다.

(2) 분류

① Ultra fast는 석유류 화재에 해당하는 연소속도이며,
② Fast는 플라스틱 화재에 해당하는 연소속도
③ Medium은 목재류 화재에 해당하는 연소속도
④ Slow는 훈소성 화재에 해당하는 연소속도이다.

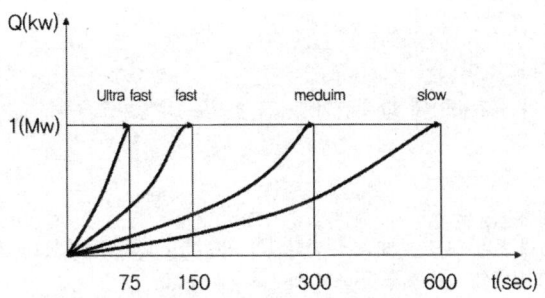

Ultra fast=1055/75² 이상($\alpha > 0.18756$)(kw/s²)
Fast=1055/150² 이상($0.04689 < \alpha < 0.18756$)(kw/s²)
Medium=1055/300² 이상($0.01172 < \alpha < 0.0.04689$)(kw/s²)
Slow=1055/600² 이상($0.00293 < \alpha < 0.1172$)(kw/s²)

❸ ▸▸ 활용

① 연소속도에 의해 열방출률 속도가 빨라지고 이것은 화재가혹도를 커지게 하는 원인이 된다.
② 성능위주 설계 시 화재가 어떻게 성장할지를 올바르게 정하여 설계 하여야만 높은 신뢰성을 지닌 설계를 할 수 있기 때문에
③ 실안의 가연물의 양과 연소속도를 콘칼로리메타 등을 통해 규명하여야 하며
④ 결국 화재 성장 속도를 알면 화재가혹도를 알 수 있고 그에 대한 적절한 Passive system, Active system 대책을 세울 수 있다.

04 구획화재에서 총 발열량

화재진행과정 중 단계별로 발생되는 열량이 다음과 같은 기준일 경우에 아래 항목에 대하여 답하시오.

- 성장단계(Growth)　　　　　　　$Q = \alpha t^2$ ($\alpha = 0.08612$ kW/s²)
- 일정단계(Steady bruning)　　　　$Q = 3500$ kW(240초 동안)
- 소멸단계(Decay)　　　　　　　　$Q = 10$ kW/s비율로 일정하게 감소

1) 성장단계에 소요되는 시간(초)은?
2) 소멸단계에 소멸되는 시간(초)은?
3) 열발생량과 시간(초)의 함수관계를 그래프로 작성하고, 각 기준점의 수치를 표시하시오.
4) 총발열량은?

【풀이】 1. 개요
① 화재 성장은 성장기, 최성기, 감쇄기로 나눌 수 있는데 각각의 단계는 중요한 특징이 있다.
② 화재 초반 성장단계에서는 점화에서 시작하여 서서히 화염의 면적을 넓혀가는 시기로 내장재에 불연화, 난연화를 통해서 화재를 제어하고,
③ 화재 중기 최성기계에서는 화재가 최대의 열량을 방출하면서 환기량의 지배를 받게 되면서 최대 열 방출량을 일정하게 유지하는 시기로서 내화구조, 방화구획을 통해서 화재를 제어한다.
④ 화재 후반 감쇄기에서는 화재는 자신의 연료를 모두 소진시키면서 작아지게 되어 소멸하게 된다.

2. 성장단계에 소요되는 시간(초)은 ?

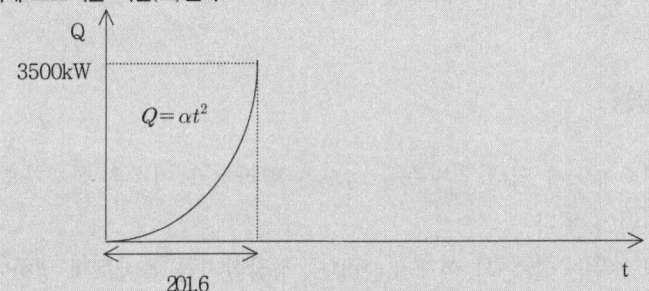

$Q = \alpha t^2$
$3500 = 0.08612 t^2$
$t = \sqrt{\dfrac{3500}{0.08612}} = 201.6 (\sec)$

3. 소멸단계에 소멸되는 시간(초)은 ?
$Q = \alpha t$ 에서
$t = \dfrac{Q}{\alpha} = \dfrac{3500}{100} = 350 (\sec)$

4. 그래프 작성

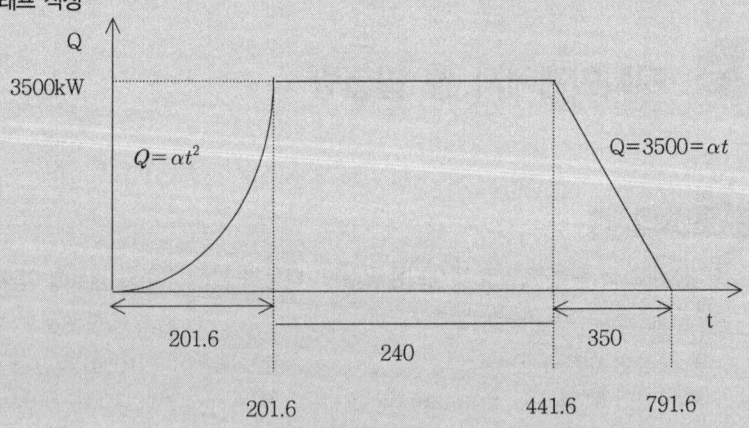

5. 전체 발생열량

$$Q_1 = \alpha t^2 = \alpha \int_0^{t1} (t_1)^2 = 0.08612 \times 1/3 \times (201.6)^3 = 235,125 (\text{kJ})$$
$$Q_2 = 3500 \times 240 = 840,000 (\text{kJ})$$
$$Q_3 = 1/2 \times 3500 \times 350 = 612,500 (\text{kJ})$$
$$Q = Q_1 + Q_2 + Q_3 = 235,125 + 840,000 + 612,500 = 1,687,625 (\text{kJ})$$

05 화재 하중(Fire Load) – TNT당량 비교

1 ▸▸ 개요

① 구획된 실내에 가연물은 건축물의 벽, 바닥, 천장 등의 고정가연물과 가구, 의류, 서적 등 적재가연물 두 종류로 나눌 수 있다.
② 이러한 가연물은 각종 재료로 구성되며 연소 시 발열량이 달라 화재의 크기를 예상할 수 없어 화재하중 개념이 도입 되었다.

2 ▸▸ 화재 하중

① 가연물을 목재의 발열량으로 환산하여 등가 목재 중량으로 사용하는데 이를 등가 가연물량이라 한다.
② 구획 내 바닥면적에 대한 등가 가연물량의 값은 화재성상을 파악하는데 기본 요소이며, 이것을 화재하중이라 한다.
③ 화재하중 공식

$$g = \frac{\sum G_i H_i}{H \cdot A} = \frac{\sum Q}{4500 A}$$

g : 화재하중(kg/m²)
G_i : 가연물량(kg)
H_i : 가연물 단위중량당 발열량(kcal/kg)
H : 목재의 단위중량당 발열량(4500kcal/kg)
A : 화재실의 바닥면적(m²)
$\sum Q$: 화재실 내 가연물의 전 발열량(kcal)

3 ▶▶ 결론

① 화재 하중은 최성기 화재에서 화재 지속시간을 결정하는 요소로
② 화재 하중을 줄임으로서 화재크기를 줄 일 수 있다.
③ 화재 하중을 줄이는 대책으로 가연물의 불연화 등이 있다.

06 화재하중 계산

화재 하중의 계산에 바닥면적이 $10m^2$인 실에 메탄 20kg, 프로판 20kg, 부탄 20kg이 보관되어 있다. 화재하중을 구하라. (소수점 셋째 자리에서 반올림)
$\triangle H_C$ air=3kJ/g air, 공기 1mol 무게=28.84g/mol, 1cal=4.2J

1 ▶▶ 완전 연소 반응식

$CH_4 + 2O_2 \rightarrow CO_2 + 2H_2O$

$C_3H_8 + 5O_2 \rightarrow 3CO_2 + 4H_2O$

$C_4H_{10} + 6.5O_2 \rightarrow 4CO_2 + 5H_2O$

2 ▶▶ CH_4 1mol 연소 시 필요공기 mol 수

$$\frac{2}{0.21} = 9.52 \mathrm{mol}$$

3 ▶▶ CH_4 1mol 연소 시 발열량

$$9.52 \mathrm{mol/air} \times \frac{28.84 \mathrm{g/mol}}{1 \mathrm{mol/air}} \times \frac{3\mathrm{kJ}}{1\mathrm{gair}} = 823.67 \frac{\mathrm{kJ}}{\mathrm{CH_4 mol}}$$

④ ▸▸ CH₄ 20kg(1,250mol)연소 시 발열량

$$\frac{20,000g}{16g} = 1,250 \, molCH_4 \times 823.67 \frac{kJ}{CH_4 mol} = 1,029,587.5 kJ \times \frac{1kcal}{4.2kJ} = 245,140 kcal$$

⑤ ▸▸ C₃H₈ 1mol 연소 시 발열량

$$\frac{5}{0.21} mol \, air \times \frac{28.84 g/mol}{1 mol \, air} \times \frac{3kJ}{1g \, air} = 2,060 \frac{kJ}{C_3H_8 mol}$$

⑥ ▸▸ C₃H₈ 20kg(454.55mol)연소 시 발열량

$$\frac{20,000g}{44g} = 454.55 \, molC_3H_8 \times 2,060 \frac{kJ}{C_3H_8 mol}$$

$$= 936,363 kJ \times \frac{1kcal}{42kJ} = 222,944 kcal$$

⑦ ▸▸ C₄H₁₀ 1mol 연소 시 발열량

$$\frac{6.5}{0.21} mol \, air \times \frac{28.84 g/mol}{1 mol \, air} \times \frac{3kJ}{1g \, air} = 2,678 \frac{kJ}{C_3H_8 mol}$$

⑧ ▸▸ C₄H₁₀ 20kg(344.83mol)연소 시 발열량

$$\frac{20,000g}{58g} = 344.83 \, mol \, C_4H_{10} \times 2,678 \frac{kJ}{C_4H_{10} mol}$$

$$= 923,448 kJ \times \frac{1kcal}{4.2kJ} = 219,868 kcal$$

⑨ ▸▸ 화재하중

$$q = \frac{\Sigma(Gt \cdot Ht)}{H \cdot A} = \frac{\Sigma(Qt)}{4,500A} = \frac{245,140 + 222,944 + 219,868}{4,500 \times 10} = 15.29 \left(\frac{kg}{m^2}\right)$$

> **Reference**
>
> 화재하중 최대값 = 도서관, 서고 : 400, 사무실, 아파트 : 60, 호텔, 침실, 교실 : 40

예상문제

가로×세로×높이 = 5m×6m×3m인 실내의 750[kcal/mol]의 발열량을 갖는 탄소분 7.5[kmol]이 적재되어 있는 경우의 화재하중을 계산하시오.

[풀이] 1. 화재하중

$$g = \frac{\Sigma(G_i \cdot H_i)}{H \cdot A} = \frac{\Sigma Q_t}{4500A}$$

여기서, g : 화재하중(kg/m^2), G_i : 가연물량(kg)
H_i : 가연물의 단위 발열량(kcal/kg), H : 목재의 단위 발열량(4,500kcal/kg)
A : 화재실 화재구획의 바닥면적(m^2)
ΣQ_t : 화재실·화재구획 내의 가연물 전체 발열량(kcal)

2. 계산

$$g = \frac{\Sigma(G_i \cdot H_i)}{H \cdot A} = \frac{\Sigma Q_t}{4500A} = \frac{750\,\text{kcal/mol} \times 7.5\,\text{kmol}}{4500\,\text{kcal/kg} \times 5\text{m} \times 6\text{m}} = \frac{750\,\text{kcal/mol} \times 7.5\,\text{mol} \times 1000\,\text{mol}}{4500\,\text{kcal/kg} \times 5\text{m} \times 6\text{m}}$$
$$= 41.67\,\text{kg/m}^2$$

07 구획 화재의 환기요소($A\sqrt{H}$)

1 ▸▸ 개요

① 구획된 건물화재의 경우 Flash Over를 기점으로 연료 지배형 화재에서 환기 지배형화재로 전이된다.
② 환기 지배형 화재는 환기요소($A\sqrt{H}$)에 지배 받는 화재로 인입되는 공기에 의해 최고온도, 지속시간이 결정된다.

2 ▸▸ 환기요소

(1) 정의

① 환기요소는 $A\sqrt{H}$라 하며 개구부 면적과 개구부 높이로 표현한다.
② 즉, 같은 면적의 창문이라도 횡장창 보다 종장창이 환기요소가 더 커진다.

(2) 환기 지배형 화재에서 최고 온도

① 환기요소 $A\sqrt{H}$에 의해 지배 받는다.

② 온도 인자 $F_O = \dfrac{A_B\sqrt{H}}{A_T}$

　　A_B : 개구부 면적, A_T : 실내의 전체 표면적

③ $A\sqrt{H}$ 높아짐으로 최고온도는 상승한다.

(3) 환기 지배형 화재에서 지속시간

① 환기 요소 $A\sqrt{H}$에 지배 받는다.

② 지속시간 $T = \dfrac{wA_F}{5.5A_B\sqrt{H}}$

　　w : 화재하중(kg/m^2), A_F : 바닥면적(m^2)

③ $A\sqrt{H}$가 작아질 때 지속시간은 길어진다.

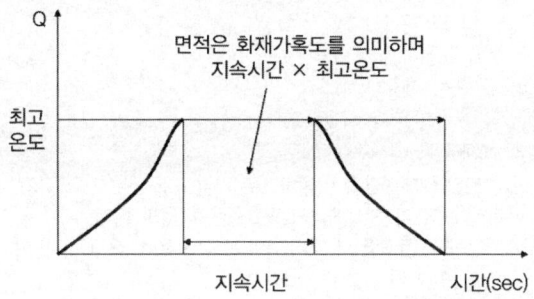

3. 활용

(1) Flash Over가 되기 위한 화재크기

$$Q_{fo} = 7.8A_T + 378A_F\sqrt{H}$$

　　Q_{fo} : Flash Over에 필요한 열량
　　A_T : 화재실의 총면적
　　A_F : 개구부 면적
　　H : 개구부 높이

→ 환기요소를 알면 Flash over도 예측 가능

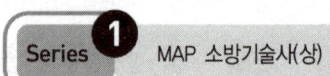

(2) 화재크기 $\dot{Q}$값과 환기계수를 이용하여 연기층의 평균온도 예측가능

$$\triangle T = 6.85 \left[\frac{\dot{Q}^2}{(hA)(A\sqrt{H})} \right]^{1/3} (℃)$$

A : 접촉면의 표면적(m^2)
h : 열손실계수

예상문제

구획실에 높이 2m, 너비 0.8m인 개구부가 있다. 환기지배화재에서 발생되는 열방출률을 계산하라.

풀이

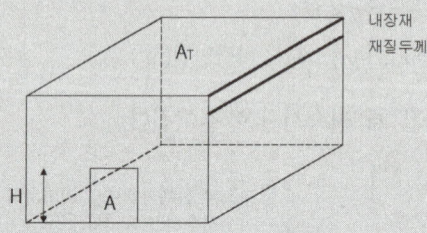

1. 연소속도
   $v = 0.5\sqrt{H} = 0.5 \times (2 \times 0.8)\sqrt{2} = 1.13137 [kg/s]$

2. 열방출량 계산
   공기 1g이 연소할 때 3kJ을 방출하므로 만일 모든 산소가 소모가 된다면 환기지배형 화재가 되고 그 방에서 최고 가능한 에너지 방출률은 다음과 같다.
   Q_{max} = 연소속도 × 연소열 = 1.13137[kg/s] × 3[kJ/g] × 1000[g/1kg]
   = 3394.11[kW] = 3.39411[MW]

08 최성기에서 목재의 연소속도

1 ▶ 개요

최성기의 구획화재에서 연소속도는 환기량에 지배를 받는 환기지배형 화재

② 개구부 계수

환기량은 개구부 계수에 비례
개구부 계수= $0.5A\sqrt{H}$ [kg/s]
여기서, kg은 개구부를 통해 구획실로 유입되는 공기의 양

③ 연소속도(kg/s)

단위 시간당 연소되는 가연물(목재)의 양
목재 1kg당 공기 약 5.5~6Kg이 필요(가연물을 목재로 환산)
목재의 단위 시간당 연소량≒ $0.09A\sqrt{H}$ [kg/s]
$5.5A\sqrt{H}$ [kg/min]
$330A\sqrt{H}$ [kg/hr]
여기서, kg은 연소되는 목재의 양

09 화재 가혹도

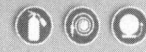

① 개요

① 화재는 화재시 최고온도×지속시간에 의해 화재의 크기를 수치로 정량화 할 수 있다.
② 이것을 화재 가혹도라 하고, 화재 가혹도의 크기에 따라 인적 물적 피해가 결정된다.

② 화재 가혹도

(1) 정의

화재 가혹도=최고온도×지속시간

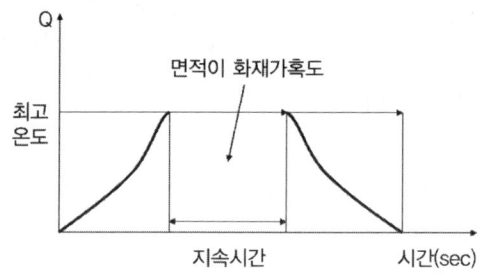

(2) 최고온도(화재 강도)

① 화재시 최고온도는 화재 강도라고도 하며

② 환기 지배형 화재인 경우

$$Q = 0.5A\sqrt{H} \times 3000 (KJ/Kg)$$

③ 최고 온도의 주요소 **암기** 공연비단

  ㉠ 공기(산소)의 공급 $A\sqrt{H}$
  ㉡ 가연물의 연소열 ΔH_c
  ㉢ 가연물의 비표면적 A
  ㉣ 화재실의 벽, 천장, 바닥의 단열성

(3) 지속시간(화재하중)

① 지속시간은 화재가 지속되는 시간을 의미하며,

② 화재하중으로 표시될 수 있으며

$$g = \frac{\sum G_i H_i}{H.A}$$

③ 지속시간

$$T = \frac{W}{R} = \frac{w A_F}{0.5 A \sqrt{H}}$$

W : 가연물량(kg), w : 화재하중(kg/m^2), A_F : 바닥면적(m^2)
A : 개구부면적(m^2), H : 높이(m)

3 ▸▸ 화재가혹도와 화재저항과의 관계

① 화재 저항은 화재가혹도와 대비되는 개념으로 화재기간 동안 화재가혹도에 대한 방화벽, 구조적 요소(보, 기둥, 바닥)등이 그 기능을 계속 할 수 있도록 하기 위한 건축물 구성요소의 능력을 의미한다.

② 구성 요소는 차염성, 차열성, 하중지지력의 기능을 확보하여 화재 발생시 발생되는 열을 가두어서 제어하는 것으로,
③ 현재 화재 저항에 대한 평가는 표준온도시간곡선에 의해 하고있다.

4 ▸▸ 소화용수와의 관계

① 최고 온도가 높을수록 주수율이 높아야 하며
② 주수시간은 지속시간과의 함수로써 지속시간이 길어지면 주수시간도 길어져야 한다.
③ 국내 소방법은 주수시간 20분으로 하고 있으며, 공공소방대의 접근이 어려운 터널은 지속시간을 고려하여 옥내소화전의 수원을 현재 40분 이상으로 하고 있다.

10 건축물의 방화계획

1 ▸▸ 개요

① 건축물 방화 계획의 목적은 발화방지, 건물 내 연소확대 방지 인접 건물로 연소확대 방지와 피난 안전확보, 소화 활동의 원활화를 통해 인적, 물적 손실을 최소화하는 것이다.
② 발화 방지는 가연물에 불연화, 난연화 또는 점화원 관리를 통해 하고 있으며
③ 건물내 연소확대는 평면계획, 단면계획, 입면계획을 통해, 인접건물 연소확대 방지는 배치계획을 통해 하고 있다.

2 ▸▸ 건축 방화계획

(1) 배치계획

① 배치 계획시 피난 및 소화활동을 고려하며,
② 소방차 진입을 위한 진입로 확보 및 11층 이상의 건축물은 소방차 진입도로를 규정하고 있으며, 초고층인 경우 피난용 승강기 설치를 고려하여야 한다.
③ 인접건물로 연소 확대 위험성에 대해 고려도 필요하다.

(2) 평면 계획

① 수직통로에 의한 상층 연소 확대 및 연기에 오염 방지를 위해 수직통로 계획
② 용도가 다른 경우 용도구획
③ 수평으로 연소확대 방지를 위해 1000㎡마다 면적별로 구획하고,
④ 피난로는 Zoning 계획을 한 다음 1, 2 ,3차 안전구획을 통해 피난 안전성을 확보하여야 한다.

(3) 단면계획

① 수직동선은 전용구획하고 방연조치를 하여 안전성을 확보
② 초고층 건축물의 경우 피난시 중간 기계층을 피난공간으로 활용
③ 수직통로에서 양방향 피난이 확보 될 수 있도록 피난계단을 2개소이상, 옥상 광장 확보, 아파트의 경우 발코니 설치하여야 한다.

(4) 입면계획

① 커튼월 구조, 무창구조의 취약성을 고려한 대책확보
② 창을 통한 상층 연소확대 방지 - 캔틸레버, 스팬드릴, S/P, 방화셔터

(5) 내장계획

① 내장재 불연화, 난연화
② 내장재 양을 줄이는 대책

(6) 설비계획

① 연소 우려가 있는 개구부는 방화문, 셔터, 댐퍼 등을 통한 계획
② 소화설비
③ 경보설비, 피난설비

(7) 연소확대방지

① 용도별, 층별, 면적별 방화구획
  ㉠ 시방위주 내화설계
    내화성능시험 > 요구내화시간
  ㉡ 성능위주 내화설계
    내화성능시험 > 설계화재 → 등가화재가혹도 → 내화설계용 시간 온도곡선

(8) 내화 건축물 계획

① 건물의 용도, 높이, 부재 등을 고려하여 요구 내화시간 산정
② 내화 성능 시험을 통해 요구내화시간 보다 큰 것을 확인
③ 내화성능시험은 차열성, 차염성, 하중지지력 시험을 통해 확인
④ 철골 구조는 내화피복 등으로 내화 성능 확보

11 방재계획서 기재사항(문헌참조 – "건축방재계획 지침서")

① ▶▶ 건축물의 개요

위치, 용도, 높이, 구조 등을 기재

② ▶▶ 방재 계획서 기본방침

피난층의 위치, 방화구획의 구성, 안전구획의 위치와 구성
피난시설의 위치와 피난 경로의 설정

③ ▶▶ 부지와 도로

① 피난층의 출입구, 부지 내 도로와 주변 도로, 광장 등의 관계
② 소방대 진입로

④ ▶▶ 방재설비

① 종류 배치

⑤ ▶▶ 화재 감지와 통보

① 경보 설비(자탐, 시각경보기, 가스누설 경보기)
② 경보 설비와 피난, 소화설비 연동

③ 피난 통보 방법(벨, 스피커, 싸이렌, 시각경보기)

⑥ 피난

(1) 피난시설의 배치와 구조
① 배치 : 복도, 직통계단, 피난계단, 특별피난계단, 옥상광장, 발코니, 보행거리
② 구조 : 비상조명, 내부 마감재, 구조(내화구조)

(2) 피난시간계산
① 목표 선정(피난 대상)
② 성능 기준 선택(ASET)
③ 피난대책(대피 인원수 산정, 출화점 산정)
④ 피난 수단(피난 경로 Fool Proof 원시적 간단 명료, Fail Safe 2방향, 대처가능)
⑤ 피난 시간(유동상황해석, 연기유동, RSET 계산)
⑥ 안정성 평가(ASET > RSET) 및 대책
⑦ 재검토, 보고서 작성

⑦ 배연설비

(1) 자연배연
배연창, Smoke Hatch

(2) 기계배연 1종, 2종, 3종
1종(급기배기), 2종(급기), 3종(배기)

⑧ 비상용 진입구와 비상용 엘리베이터

배치, 구조

⑨ 소화설비

종류, 배치

⑩ ▸▸ 중앙관리실(방재센터)

⑪ ▸▸ 내장제한

⑫ ▸▸ 유지관리

유지관리 주체와 그 방법

12 건축물 마감재료 대상 및 적용(내부 및 외장재)

❶ ▸▸ 건축물 마감재 대상 및 적용(법 제52조 대통령령이 정하는 용도 및 규모의 건축물)

용도	당해용도의 거실 바닥면적	거실의 벽 반자의 실내에 접하는 부분	거실에서 지상으로 통하는 주된 복도, 계단, 벽, 반자
1. 공동주택, 다중, 다가구주택	200㎡ 이내마다 방화구획된 건축물 제외	불연재료 준불연재료 난연재료	불연재료 준불연재료
2. (2종근생) 공연, 종교, 인터넷컴퓨터게임학원, 독서실, 당구장, 다중생활시설	200㎡ 이내마다 방화구획된 건축물 제외		
3. 발전, 방송통신(방송국, 촬영소),	200㎡ 이내마다 방화구획된 건축물 제외		
4. 공장, 창고, 위험물저장처리시설	200㎡ 이내마다 방화구획된 건축물 제외		
5. 5층 이상 건축물	5층 이상인 층의 거실 바닥면적 합계 500㎡ 이상		
6. 문화, 집회, 종교, 판매, 운수, 의료, 학교, 학원, 노유, 수련, 업무(오피스텔), 숙박, 위락, 장례식장	200㎡ 이내마다 방화구획된 건축물 제외	불연재료 준불연재료	
7. 다중이용업소의 안전관리에 관한 특별법 시행령 제2조에 따른 다중이용업소 용도로 쓰이는 건축물	모두	불연재료 준불연재료 난연재료	
8. 1~7용도의 거실 지하층에 설치한 경우	모두	불연재료 준불연재료	

위의 1~5에 주요 구조부가 내화구조 또는 불연재료로 된 건축물 그 거실의 바닥 면적 (자동식 소화설비가 설치된 면적 제외) 200㎡이내마다 방화구획된 건축물은 제외한다.

2. 건축물 외장재 적용 및 대상

① 대통령령으로 정하는 건축물은 외장재를 불연재료 또는 준불연재료 이상으로 마감 하여야 한다. 다만, 고층건축물의 외벽을 국토교통부장관이 정하여 고시하는 화재 확산 방지구조 기준에 적합하게 설치하는 경우에는 난연재료를 마감재료로 사용할 수 있다.

② 법 제52조세2항에서 "대통령령으로 정하는 건축물"이란 다음 각 호의 어느 하나에 해당하는 것을 말한다. 〈신설 2010. 12. 13., 2011. 12. 30., 2013. 3. 23., 2015. 9. 22., 2019. 8. 6.〉

㉠ 상업지역(근린상업지역은 제외한다)의 건축물로서 다음 각 목의 어느 하나에 해당하는 것

ⓐ 제1종 근린생활시설, 제2종 근린생활시설, 문화 및 집회시설, 종교시설, 판매시설, 운동시설 및 위락시설의 용도로 쓰는 건축물로서 그 용도로 쓰는 바닥면적의 합계가 2천제곱미터 이상인 건축물

ⓑ 공장(국토교통부령으로 정하는 화재 위험이 적은 공장은 제외한다)의 용도로 쓰는 건축물로부터 6미터 이내에 위치한 건축물

㉡ 의료시설, 교육연구시설, 노유자시설 및 수련시설의 용도로 쓰는 건축물

㉢ 3층 이상 또는 높이 9미터 이상인 건축물

㉣ 1층의 전부 또는 일부를 필로티 구조로 설치하여 주차장으로 쓰는 건축물

! Reference

○ 건축물 마감재료의 난연성 시험방법 및 성능기준, 화재 확산 방지구조 기준(국토교통부고시 제2012-624호)

제7조(화재 확산방지구조)「건축물의 피난. 방화구조 등의 기준에 관한 규칙」제24조제5항에서「대통령령으로 정하는 건축물은 외장재를 불연재료 또는 준불연재료 이상으로 마감 하여야 한다. 다만, 고층건축물의 외벽을 국토교통부장관이 정하여 고시하는 화재 확산 방지구조 기준에 적합하게 설치하는 경우에는 난연재료를 마감재료로 사용할 수 있다.」수직 화재확산 방지를 위하여 외벽마감재와 외벽마감재 지지구조 사이의 공간을 다음 각호 중 하나에 해당하는 재료로 매 층마다 최소 높이 400mm 이상 밀실하게 채운 것을 말한다.

① 석고보드제품에서 정하는 12.5mm 이상의 방화 석고 보드

② 석고시멘트판에서 정하는 석고 시멘트판 6mm 이상인 것 또는 섬유강화 시멘트 판에서 정하는 6mm 이상의 평형 시멘트판인 것

③ 인조 광물섬유 단열재에서 정하는 미네라울 보호판 2호 이상인 것
④ 한국산업표준 KSF 2257-8(건축 부재의 내화 시험방법-수직 비내력 구획 부재의 성능 조건)에 따라 내화성능시험한 결과 15분의 차염 성능 및 이면온도 120K 이상 상승하는 재료

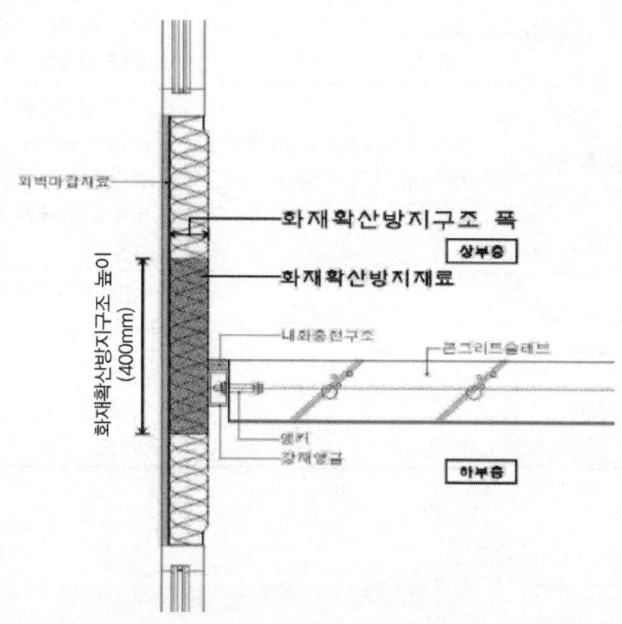

13 방화재료의 시험기준 및 방법

1 ▶▶ 방화재료의 시험기준

불연재료	1. 콘크리트, 석재, 벽돌인 경우 시멘트 모르타르 또는 회등 미장재료를 사용하는 건축표준시방서에서 정한두께이상(벽 18mm 바닥 24mm) 2. 불연성시험 및 연소가스유해성 시험에 합격한 것
준불연재료	열방출률시험 및 연소가스유해성(9분) 시험에 합격한 것
난연재료	1. 열방출률시험 및 연소가스유해성 시험에 합격한 것 2. 「건축물의 피난·방화구조 등의 기준에 의한 규칙」 제24조의2의 규정에 의한 복합자재(샌드위치패널)로서 건축물의 실내에 접하는 부분에 12.5mm이상의 방화석고보드로 마감한 것 3. 가열시험에 합격 한 것

2 ▶▶ 방화재료의 시험방법(국내)

적용시험방법	시험기준	평가방법
불연성 시험(불연)	– 일정한 가열온도(750±5)에서 20분 – 3회 실시	– 온도상승 : 가열로 내의 최고온도가 최종 평형온도 20k 이하 상승 – 질량 감소율 : 30% 이하
열방출률시험 (준불연, 난연)	– 가열 강도 : 50kw/㎡에서 10분 가열(난연제 5분) – 3회 실시	– 최대 열방출률 : 10초이상 연속으로 200kw/㎡ 이하 – 총방출열량 : 8MJ/㎡ 이하 – 방화상 유해한 균열, 구멍 및 용융 등이 없을 것
가스유해성 시험	가열시간 6분	쥐 행동정지시간 → 9분보다 클 경우 합격 (기본횟수 2회)
가열시험	KSF 2257-1의 표준온도 시간곡선에 의해 15분	– 차염성 – 차열성 : 이면온도 120k 이상 상승이 없을 것

3 ▶▶ 결론

① 방염물품은 착화를 방지하거나, 화재 성장 속도를 늦추는 것이며,
② 방화재료는 잘타지 않거나(불연재료), 화재성장속도를 늦추는 것이다.
t시간 만큼 Flash over 에 이르는 시간이 길어진다.

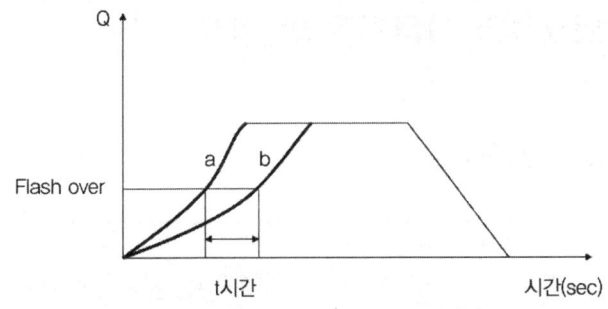

"a"는 일반 마감재, "b"는 준불연 마감재

③ 방화재료를 사용 못하는 장소에는 조기 반응형 스프링클러헤드를 설치하여(Active System) 보완할 필요가 있다.

14. 내장재 안전성 평가방법(ISO 기준 중심)

1 ▶▶ 개요

① 국내 내장재 시험은 불연성, 열방출률시험, 가스유해성시험 등으로 시험하고 있다.
② 외국은 불연성, 착화성, 화염전파성 등으로 시험하고 있다.

구 분	특 징	시험기준	평가방법
불연성 ISO 1152	국내 불연성 시험과 유사하다	750±5 30분	잔염시간 - 최종 평형온도와 최고 로 내 온도차
착화성 ISO 5657	- 시험체를 수평으로 설치 - 복사열 상부에서 노출시켜 착화시간 측정	가열강도 50kW/m²	초시계로 측정
화염 전파성	- 시험체를 수직으로 착화열, 평균 열방출률(A), 최대열 방출율(P), 총열방출(T) - 국내 건축재료시험(KS F 2844)	복사 강도 0.2~50kW/m²	최종 화염 도달 시 가열강도
Single Chamber	- 재료에서 발생하는 연기농도를 감쇄정도로 측정	가열강도 10~50kW/m²	단위면적당 발연계수로 평가
Cone Calorimeter	- 13.1MJ/kg O_2	가열강도 10~100kW/m²	P(최고발열량), A(평균 발열량), t(착화시간)
가구(Furniture) 칼로리메타			
Room Cornor	- 실대 규모 시험방법	10분간 100kw 나머지 10분간 300kw	- Flash over 발생 시간예측 - 열방출률 - 실내온도

15 산소 소비 열량계(Cone Calorimeter)

1 ▸▸ 개요

① 화재 위험성을 정량적으로 평가하기 위하여 열방출률을 측정할 필요가 있다.
② 그러나 산소소비열량계(벤치 스케일)는 실험 한계성이 있어 Full-Scale(Room Cornor 시험)시험을 통해 실제 화재시험이 필요하다.

2 ▸▸ 구성요소 암기 원로배 산연데

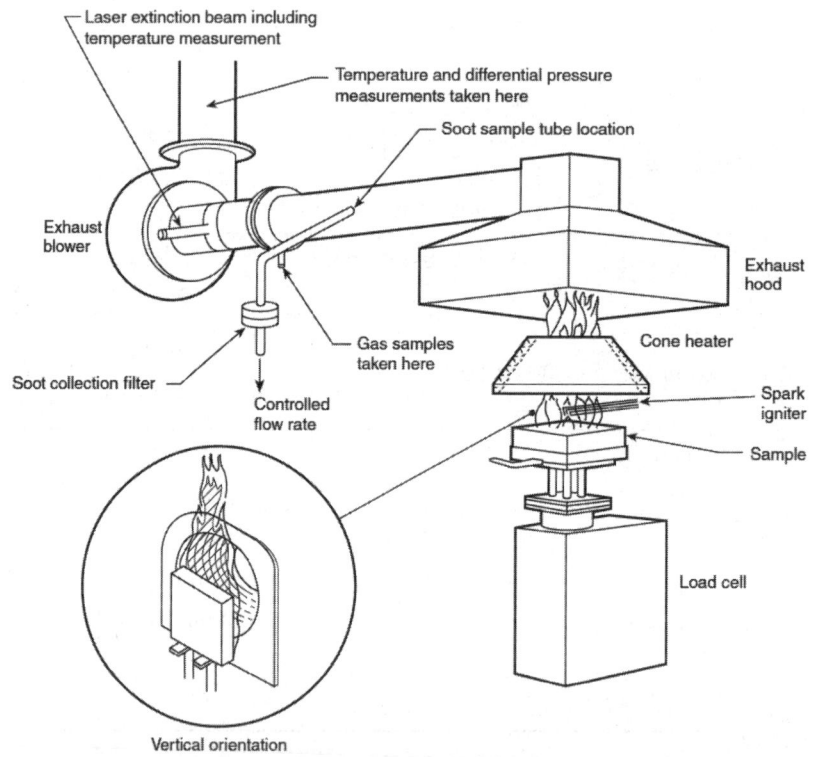

【 콘칼로리메타의 구성 】

① 원추형 히터 : 0~100kW/m², 수평 수직 가열
② 로드셀 : 500g까지 시료의 중량 감소 측정

③ 배출설비 : 연소가스 배출시키면서 산소농도, 유량측정
④ 산소분석기 : 0~25% 범위의 산소농도 측정
⑤ 연기측정시스템 0.5mw He-Ne 레이져 이용하여 시료의 연기 발생정도 측정
⑥ 데이터 수집 및 분석장치

③ 측정 원리

① 산소 소비 개념
   물질이 연소할 때 소비되는 산소의 질량에 따라 일정한 열량을 방출한다.
   ($13.1MJ/kg-O_2$, $3MJ/kg-Air$)
② 연소계 내에서 소비되는 산소만 측정하면 순방출열량을 알 수 있다.

④ 측정 방법

① 수평으로 놓인 시험체에 복사열을 노출시켜 연소시킨다.
② 복사열

$25kW/m^2$	$35kW/m^2$	$50kW/m^2$
발화점수준	소형발화원 수준	최성기 복사열 수준

③ 연소 생성물을 배기닥트를 통해 수집 및 배출
④ 연소가스 유량, 산소 소비량을 측정하여 $13.1MJ/kg-O_2$ 이용하여 방출열량을 측정한다.

⑤ 연소 특성 평가 항목 PAT set 질

① **최대 열 방출율** : 순간적인 최대 방출열량 → 초기 성장속도 중요
② **평균 열 방출율** : 착화 후 180초, 300초 → 실제화재 유사하다.
③ **총 열 방출율** : 화재가혹도(화재의 크기)
④ **연기 방출율**
⑤ **유효연소열** : 단위 질량의 재료가 연소할 때 방출되는 열량(MJ/kg)
⑥ **착화시간** : 25, 35, $50kW/m^2$ 열량을 가해 착화시간 측정
⑦ **질량 감소율**

16. 샌드위치 패널의 특징

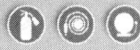

1. 정의

샌드위치 패널은 외부마감재(0.5 mm 아연도강판위 실리콘폴리에스터 코팅 또는 불소코팅)와 내부마감재 사이에 중간재(심재에 따라 글라스울, 미네라울 등)을 넣고 압착한 것으로 화재 시 중간재에 따라 각종 연소생성물을 발생시킨다.

2. 종류

구 분	발포 폴리스틸렌 폼	우레탄 폼	그라스 울	미네랄 울
생 성	유기질 원료를 발포하여 생성, 스티렌의 중합반응	폴리우레탄+휘발성용제(유기질) 사용하여 발포	광물을 용융하여 고압분사하여 섬유화하여 일정형태로 성형(무기질)	광석과 제철 섞어서 섬유화한 것(무기질)
물 성	100℃ 이상에서 부드럽게 되고 185℃에서 점성액체가 된다.	가연성	고온에서 사용가능	650℃ 이상 사용 가능
용 도	① 각종공장건물 ② 냉동창고 ③ 주차타워 ④ 사무실 ⑤ 주택 등 널리 사용	① 냉동창고 ② 정밀기계 공장 ③ 전자반도체 공장 ④ 항온항습실등	① 일반건물 ② 산업플랜트 ③ 선박 ④ 방화/내화구조	① 일반건물 ② 산업플랜트 ③ 선박 ④ 방화/내화구조
장 점	① 단열성 ② 가볍고 ③ 기계적 강도 좋음 ④ 내구성 좋음	① 단열성 ② 구조 성능 ③ 난연성 ④ 내열성 ⑤ 절연성	① 단열성 ② 무독성(연소시) ③ 내화성능 ④ 방화성능 ⑤ 내열성능	① 단열성 ② 무독성 ③ 내화성능 ④ 가볍고 ⑤ 흡음효가 높음 ⑥ 방화성능 ⑦ 내열성능
단 점	① 독성 GAS 발생 ② 화염전파 신속 ③ 열에 약함	유독가스 생성	미세 유리가루 비산	미세먼지 발생 우려
특 징	열가소성에 해당됨	폼의 겉보기 밀도를 자유롭게 조절 가능	t=50mm 이상 30분 내화성능 t=100mm 이상 1시간 내화성능	사용가능 온도로 650℃ 이상으로 내화성 좋음

17 경계벽

1 ▶▶ 경계벽 설치대상

① 단독주택 중 다가구주택의 각 가구 간 또는 공동주택(기숙사는 제외한다)의 각 세대 간 경계벽(제2조제14호 후단에 따라 거실·침실 등의 용도로 쓰지 아니하는 발코니 부분은 제외한다)
② 공동주택 중 기숙사의 침실, 의료시설의 병실, 교육연구시설 중 학교의 교실 또는 숙박시설의 객실 간 경계벽
③ 제1종근린생활시설 중 산후조리원의 다음 각호에 해당하는 경계벽
　㉠ 임산부실 간 경계벽
　㉡ 신생아실 간 경계벽
　㉢ 임산부실과 신생아실 간 경계벽
④ 노유자시설 중 「노인복지법」 제32조제1항제3호에 따른 노인복지주택(이하 "노인복지주택"이라 한다)의 각 세대 간 경계벽
⑤ 노유자시설 중 노인요양시설의 호실 간 경계벽

2 ▶▶ 설치 기준

① 경계벽, 간막이벽은 내화구조로 하고 바로 윗층의 바닥판까지 닿게 설치할 것
② 구조
　㉠ 철근 콘크리트조, 철골 철근 콘크리트조 두께 10cm 이상
　㉡ 콘크리트 블록조, 벽돌조 두께 19cm 이상
　㉢ 무근콘크리트조 또는 석조로서 두께가 10cm(시멘트모르타르·회반죽 또는 석고 플라스터의 바름두께를 포함한다) 이상인 것

3 ▶▶ 공동주택인 경우

① 철근콘크리트조 또는 철골·철근콘크리트조로서 그 두께(시멘트모르터·회반죽·석고 프라스터 기타 이와 유사한 재료를 바른 후의 두께를 포함한다)가 15센티미터 이상인 것
② 무근콘크리트조·콘크리트블록조·벽돌조 또는 석조로서 그 두께(시멘트모르터·회반죽·석고프라스터 기타 이와 유사한 재료를 바른 후의 두께를 포함한다)가 20센티미터 이상인 것

③ 조립식주택부재인 콘크리트판으로서 그 두께가 12센티미터 이상인 것
④ 제1호 내지 제3호의 것외에 국토교통부장관이 정하여 고시하는 기준에 따라 한국건설기술연구원장이 차음성능을 인정하여 지정하는 구조인 것

18 방화벽 - 건축법, 소방법(연소방지설비)

1 ▶▶ 대상

연면적이 1000m^2 이상인 건축물은 방화벽으로 구획할 것 → 각 구획의 바닥면적 합계는 1000m^2 미만일 것

2 ▶▶ 설치 제외

① 주요 구조부가 내화구조이거나 불연재료인 건축물 → 방화구획함
② 단독주택, 동물 및 식물 관련 시설, 발전시설, 교도소・소년원 또는 묘지 관련 시설의 용도로 쓰는 건축물과 철강 관련 업종의 공장 중 제어실로 사용하기 위하여 연면적 50제곱미터 이하로 증축하는 부분은 제외
③ 내부설비의 구조상 방화벽으로 구획할 수 없는 창고시설

3 ▶▶ 방화벽 구조

① 내화구조로 홀로 설수 있는 구조
② 방화벽의 양쪽 끝을 건축물의 외벽면 및 지붕면으로 0.5m 이상 튀어나오게 할 것
③ 방화벽에 설치하는 문은 60+방화문 또는 60분방화문을 설치할 것
  ㉠ 폭과 넓이를 2.5m 이하
  ㉡ 연기 발생 또는 온도 상승에 자동으로 닫히는 구조
  ㉢ 상시 폐쇄상태를 유지할 것
④ 냉난방 풍도가 방화구획을 관통하는 경우에는 적합한 댐퍼를 설치해야 한다.
⑤ 각종 배관이 방화벽을 통과하는 경우에는 배관과 방화벽의 틈을 내화충전 성능을 인정한 구조로 된 것으로 메울 것

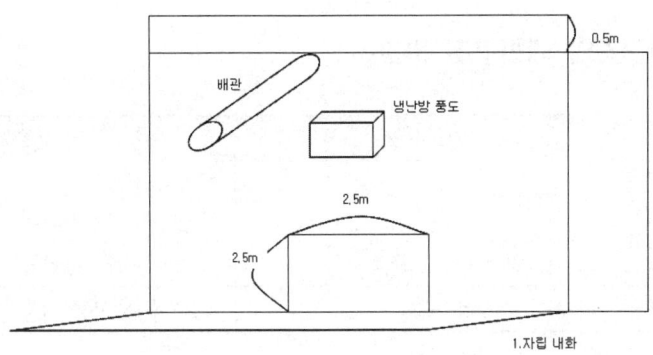

19 방화구조

1 ▸▸ 개요

① 일정시간동안 일정구획에 화재를 한정시킬수 있는 성능을 가진 구조로서, 건교부령이 정하는 기준에 적합한 구조
② 화재에 대한 내화성능은 없다. → 화재 후 재사용은 불가능
③ 화재 성장기의 화재저항을 의미한다.

2 ▸▸ 설치대상

연면적 1000㎡ 이상인 목조 건축물은 그 외벽 및 처마 밑의 연소할 우려가 있는 부분을 방화구조로 하고, 그 지붕은 불연재료로 한다.

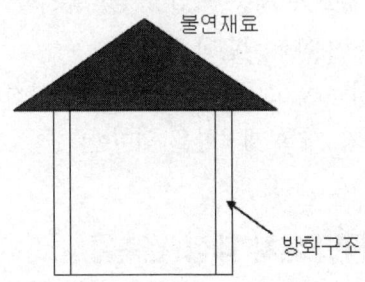

3 ▸▸ 방화구조와 내화구조 비교

구 분	방화구조	내화구조
목 적	화재확산 방지	화재확산 방지 건물 구조 안정성 확보
기 능	화재를 일정구획에 한정	하중 지지력, 차염성, 차열성
재사용	화재 후 재사용 불가	화재 후 재사용 가능

4 ▸▸ 방화구조의 기준   암기 타시 죽고 철심 2급

① 시멘트 모르타르 위에 타일을 붙인 것으로 두께 2.5cm 이상인 것
② 석고판 위에 회반죽 또는 시멘트 모르타르를 바른 것으로 두께 2.5cm 이상인 것
③ 철망 모르타르 바르기로써 바름 두께가 2cm 이상인 것
④ 심벽에 흙으로 맞벽치기 한 것
⑤ 산업표준화법에 따른 한국산업표준이 정하는 바에 따라 시험한 결과 방화 2급 이상에 해당하는 것

20 내화구조

1 ▸▸ 개요

① 화재 시 건축물의 강도와 성능을 일정시간 유지할 수 있는 성능을 가진 구조로서 건교부령이 정하는 기준에 적합한 구조로
② 화재에 대한 내화성능 있고 화재 후 재사용 가능하다.
③ 구획화재에서 최성기 때 화재저항을 의미한다.

2 ▸▸ 주요구조부 내화구조설치 대상 건축물

① 불특정 다수인을 동시에 수용하는 건축물
② 사람이 장시간 체류하는 건축물

③ 위험물을 취급하는 건축물
④ 관람 집회 시설 : 바닥면적 200m² 이상
⑤ 판매 시설 및 영업시설 : 바닥면적 500m² 이상
⑥ 공장 : 바닥면적 2000m² 이상
⑦ 3층 이상 또는 지하층이 있는 건축물
⑧ 노인복지, 숙박시설, 의료시설 바 400m² 이상

> **Reference**
>
> **건축법시행령 제56조(건축물의 내화구조)** ① 법 제50조제1항 본문에 따라 다음 각 호의 어느 하나에 해당하는 건축물(제5호에 해당하는 건축물로서 2층 이하인 건축물은 지하층 부분만 해당한다)의 주요구조부와 지붕은 내화구조로 해야 한다. 다만, 연면적이 50제곱미터 이하인 단층의 부속건축물로서 외벽 및 처마 밑면을 방화구조로 한 것과 무대의 바닥은 그렇지 않다.〈개정 2009. 6. 30., 2010. 2. 18., 2010. 8. 17., 2013. 3. 23., 2014. 3. 24., 2017. 2. 3., 2019. 8. 6., 2019. 10. 22., 2021. 1. 5.〉
>
> 1. 제2종 근린생활시설 중 공연장·종교집회장(해당 용도로 쓰는 바닥면적의 합계가 각각 300제곱미터 이상인 경우만 해당한다), 문화 및 집회시설(전시장 및 동·식물원은 제외한다), 종교시설, 위락시설 중 주점영업 및 장례시설의 용도로 쓰는 건축물로서 관람실 또는 집회실의 바닥면적의 합계가 200제곱미터(옥외관람석의 경우에는 1천 제곱미터) 이상인 건축물
> 2. 문화 및 집회시설 중 전시장 또는 동·식물원, 판매시설, 운수시설, 교육연구시설에 설치하는 체육관·강당, 수련시설, 운동시설 중 체육관·운동장, 위락시설(주점영업의 용도로 쓰는 것은 제외한다), 창고시설, 위험물저장 및 처리시설, 자동차 관련 시설, 방송통신시설 중 방송국·전신전화국·촬영소, 묘지 관련 시설 중 화장시설·동물화장시설 또는 관광휴게시설의 용도로 쓰는 건축물로서 그 용도로 쓰는 바닥면적의 합계가 500제곱미터 이상인 건축물
> 3. 공장의 용도로 쓰는 건축물로서 그 용도로 쓰는 바닥면적의 합계가 2천 제곱미터 이상인 건축물. 다만, 화재의 위험이 적은 공장으로서 국토교통부령으로 정하는 공장은 제외한다.
> 4. 건축물의 2층이 단독주택 중 다중주택 및 다가구주택, 공동주택, 제1종 근린생활시설(의료의 용도로 쓰는 시설만 해당한다), 제2종 근린생활시설 중 다중생활시설, 의료시설, 노유자시설 중 아동 관련 시설 및 노인복지시설, 수련시설 중 유스호스텔, 업무시설 중 오피스텔, 숙박시설 또는 장례시설의 용도로 쓰는 건축물로서 그 용도로 쓰는 바닥면적의 합계가 400제곱미터 이상인 건축물
> 5. 3층 이상인 건축물 및 지하층이 있는 건축물. 다만, 단독주택(다중주택 및 다가구주택은 제외한다), 동물 및 식물 관련 시설, 발전시설(발전소의 부속용도로 쓰는 시설은 제외한다), 교도소·소년원 또는 묘지 관련 시설(화장시설 및 동물화장시설은 제외한다)의 용도로 쓰는 건축물과 철강 관련 업종의 공장 중 제어실로 사용하기 위하여 연면적 50제곱미터 이하로 증축하는 부분은 제외한다.
>
> ② 법 제50조제1항 단서에 따라 막구조의 건축물은 주요구조부에만 내화구조로 할 수 있다. 〈개정 2019. 10. 22.〉

3. 설치 제외

(1) 주요구조부가 불연재료 된 2층 이하인 공장

(2) 내화구조 적용제외 공장

(화재의 위험이 적은 공장으로서 국토교통부령이 정하는 공장)
① 생수 제조업
② 얼음 제조업
③ 과일, 채소쥬스 제조업
④ 알콜음료 제조업
⑤ 제철 제강업
⑥ 합금 철제 제조업
⑦ 타일 및 유사 비내화 요업제품 제조업
⑧ 기타 내화 요업 제조업

4. 내화구조 기준

철근 콘크리트조, 연와조 기타 유사한 구조물로써 주요구조부인 주계단, 벽, 바닥, 보, 기둥, 지붕 등에 적용

5. 내화구조의 기능

(1) 하중지지력(내력기능)

① 정의 : 구조 부재가 일정기간 동안 화염에 의한 강도저하로 파괴되지 않고 견디는 능력
② 내력 부재의 시험체가 변형량과 변형률에 따른 성능 기준을 초과하지 않으면서 시험하중을 지지하는 능력
  – 변형량과 변형률 2가지를 모두 초과할때까지의 시간을 내화시간으로 인정한다.
③ 휨 부재의 경우〈보, 바닥, 지붕〉

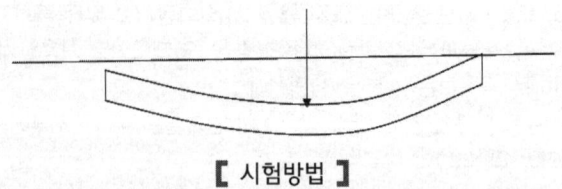

【 시험방법 】

$$\text{변형 } D = \frac{L^2}{400d} \text{(mm)}$$

$$\text{변형률 } \frac{dD}{dt} = \frac{L^2}{9000d} \text{(mm/min)}$$

L : 시험체의 스팬(mm)

d : 구조단면의 최대 압축력을 받도록 설계된 부분에서 최대 인장력을 받도록 설계된 부분까지의 거리(mm)

④ 축방향 재하 부재의 경우(기둥, 벽)

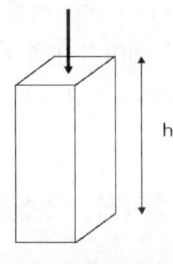

【 시험방법 】

$$\text{축방향 수축 한계 } C = \frac{h}{100} \text{(mm)}$$

$$\text{최대 축방향 수축률 } \frac{dc}{dt} = \frac{3h}{1000} \text{(mm/min)}$$

h : 시험체초기의 높이

(2) 구획기능

① **차열성** : 화재실 벽, 바닥 등 이면으로의 열전달에 의한 연소확대 방지

㉠ 시험방법 : 시험체의 한쪽면을 요구내화시간(건교부령 2005-1225호) 이상으로 가열

$$\theta - \theta_0 = 345 \log(8t + 1)$$

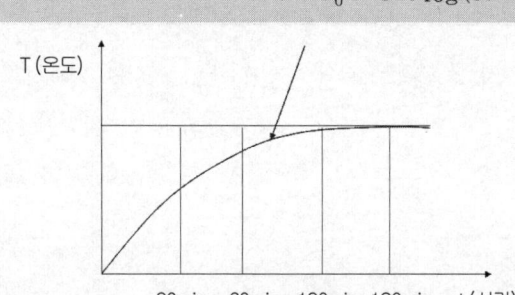

θ : 시험온도
θ_0 : 초기온도
t : 시험시간

ⓒ 시험결과 : 5개 고정 열전대 설치

평균온도 : 상승온도 140K를 초과하여 상승하지 않을 것

최고온도 : 상승온도 180K를 초과하여 상승하지 않을 것

② **차염성** : 부재에 개구부 등이 생겨 불꽃이나 화염이 통과하여 연소가 확대되는 것을 방지

ⓐ 시험방법

시험체의 한쪽 면을 요구내화시간(건교부령 2005-1225호) 이상으로 가열

ⓒ 시험결과   **암기** 면균이 6 25 150

ⓐ 면패드 시험결과, 면패드에 착화되지 않을 것

ⓑ 균열 게이지 시험결과 : 6mm 균열 게이지 관통 후 150mm를 이동되지 않거나, 25mm 균열 게이지 관통되지 않을 것

ⓒ 이면 10sec 이상 화염이 없을 것

6. 요구내화시간(건교부령 2005-1225호) 〈소요 내화시간〉

(1) 주거시설(공동주택, 다가구주택, 숙박시설, 의료시설)

(단위 : 시간)

구 분				4층/20m 이하	12층/50m 이하	12층/50m 초과
벽	외벽		내력벽	1	2	2
		비내력벽	연소할 우려가 있는 부분	1	1	1
			연소할 우려가 없는 부분	1/2	1/2	1/2
	내벽		내력벽	1	2	2
		비내력벽	간막이벽	1	1	2
			샤프트실구획벽	1	1	2
보, 기둥				1	2	3
바닥				1	2	2
지붕				1/2	1/2	1

(2) 일반시설

구 분				4층/20m 이하	12층/50m 이하	12층/50m 초과
벽	외벽		내력벽	1	2	3
		비내력벽	연소할 우려가 있는 부분	1	1	1
			연소할 우려가 없는 부분	1/2	1/2	1/2
	내벽		내력벽	1	2	3
		비내력벽	간막이벽	1	1 1/2	2
			샤프트실구획벽	1	1 1/2	2
보, 기둥				1	2	3
바닥				1	2	2
지붕				1/2	1/2	1

(3) 산업시설(공장, 창고, 위험물저장, 자연순환관련시설)

구 분				4층/20m 이하	12층/50m 이하	12층/50m 초과
벽	외벽		내력벽	1	2	2
		비내력벽	연소할 우려가 있는 부분	1	1	1 1/2
			연소할 우려가 없는 부분	1/2	1/2	1/2
	내벽		내력벽	1	2	2
		비내력벽	간막이벽	1	1	1 1/2
			샤프트실구획벽	1	1	1 1/2
보, 기둥				1	2	3
바닥				1	2	2
지붕				1/2	1/2	1

※ 비고
(1) 건축물이 하나 이상의 용도로 사용될 경우, 가장 높은 내화시간을 적용한다. 또한 건축물의 부분별 높이 또는 층수가 상이할 경우, 최고 높이 또는 최고 층수로서 상기 표에서 제시한 부위별 내화시간을 건축물 전체에 동일하게 적용함.
(2) 건축물의 층수와 높이의 산정은 건축법 시행령 제119조 의한다. 다만, 승강기탑, 계단탑, 망루, 장식탑, 옥탑 기타 이와 유사한 부분은 건축물의 높이와 층수의 산정에서 제외한다.

21. 건축 구조부재 내화시험 방법

(내화구조 시험에 의한 성능이 확인된 구조)

1. 개요

① 국내 내화설계방법은 시방규정인 구조기준으로 내화구조의 벽, 기둥, 바닥, 보, 지붕에 대한 별도의 내화성능 확인 없이 내화구조로 사용하는 것이 있으며,
② 신자재에 대한 내화성능시험 방법으로 주요부재별로 내화시험에 만족하여야 인정하고 있다.

2. 주요부재 내화시험방법

[내화성능시간 ts]

주요 부재	시험체 크기	시험 방법	성능 평가
수직내력 구획 부재	기준이하는 실제 크기 3×3m 이상	재하가열	하중지지력, 차염성, 차열성
수평내력 구획 부재	4×3m 이상 (길이) (너비)	재하가열	하중지지력, 차염성, 차열성
보	4m	- 재하가열 - 비재하가열 (내화도료 내화피복재)	하중지지력/차염성/차열성 - 강재 평균온도 1000F - 최고온도 1200F
기 둥	3m	- 재하가열 - 비재하가열 (내화도료 내화피복재)	하중지지력/차염성/차열성 - 강재 평균온도 1000F - 최고온도 1200F
수직 비내력 구회 부재	- 기준이하는 실제크기 - 3×3m 이상	비재하가열	차염성/차열성

22 국내외 내화성능비교

1. 하중지지력 시험비교

구 분	KS, JIS(개별지정.)	ISO BS	ASTM(American Society for Testing Materials 미국재료시험학회)
벽	• 최대축방향 수축(mm) : h/100 • 최대축방향. 수축율(mm/분) 3h/1000 (h : 초기높이)	가열 중 시험하중을 지지하고 있을 것	가열 중 시험하중을 지지하고 있을 것
바닥	• 최대변형(mm) : $l^2/400d$ • 최대변형율(mm/분) : $l^2/9000d$	• 최대변형(mm) : $l/20$ • 최대변형율(mm/분) : $l^2/9000d$	가열 중 시험하중을 지지하고 있을 것
기둥	• 최대축방향 수축(mm) : h/100 • 최대축방향 수축율(mm/분) : 3h/1000 (h : 초기높이)	가열 중 시험하중을 지지하고 있을 것	가열 중 시험하중을 지지하고 있을 것
보	• 최대변형(mm) : $l^2/400d$ • 최대변형율(mm/분) : $l^2/9000d$	• 최대변형(mm) : $l/20$ • 최대변형율(mm/분) : $l^2/9000d$	가열 중 시험하중을 지지하고 있을 것

비고 : l-스펜길이, h-높이, d-구조단면 상단부터 설계 인장영역 하단까지 거리

2. 차열성 시험비교

구 분	KS, JIS(개별지정), ISO	BS	ASTM
벽, 바닥	평균 140 +T_0℃ 이하 최고 180 +T_0℃ 이하	평균 140 +T_0℃ 이하 최고 180 +T_0℃ 이하	평균 139 +T_0℃ 이하

비고 : T_0는 시험체의 초기온도

3 ▶▶ 차염성 시험비교

구 분	KS, JIS(개별지정), ISO	BS	ASTM
면패드 적용	면패드를 적용시 착화되지 않을 것	면패드가 착화 되지 않을 것	면패드가 착화 되지 않을 것
Gap gauge 적용	* 균열부위에서 - 직결 6mm의 gap gauge가 길이 150mm 이상 이동하지 말 것 - 직경 25mm의 gap gauge가 관통하지 않을 것	* 균열부위에서 - 직결 6mm의 gap gauge가 길이 150mm 이상 이동하지 말 것 - 직경 25mm의 gap gauge가 관통하지 않을 것	

23 성능위주 내화 설계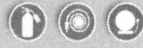

1 ▶▶ 개요

① 내화구조는 화재시 건축물의 강도 성능을 일정시간 유지할 수 있는 성능을 가진 구조로서
② 내력기능(하중지지력), 구획기능(차열성, 차염성)이 요구된다.
③ 국내 내화구조는 일반 내화구조(시방규정)와 신자재, 신공법에 적용하는 국내 성능위주 내화 시험에 의한 성능을 인정받은 구조로 구분한다.
④ 외국에서 적용하는 성능위주내화 설계는 국내 내화설계와 달리 화재하중, 화재가혹도 등을 고려한 성능위주내화설계를 시행하고 있다.

2 ▶▶ 본론

(1) 국내 내화설계

① 시방규정에 의한 내화구조
  ㉠ 건축물 피난, 방화구조 등의 기준에 관한 규칙 제 3조, 1호~10호까지의 구조체를 말한다.

        ⓒ 벽의 경우
            ⓐ 철근 콘크리트조로 두께 10cm이상
            ⓑ 벽돌조 두께 19cm이상
    ② 국내 성능위주 내화 설계
        ㉠ 건축물의 용도, 구성부재, 층고 등을 고려하여 건교부 고시 2005-122에 의해 요구내화시간을 설정
        ㉡ 내화구조 시험방법에 의해 성능이 확인된 구조
        ㉢ 내화성능시간(ts) > 요구내화시간(td)인 경우 내화구조체 인정
        ㉣ Flow

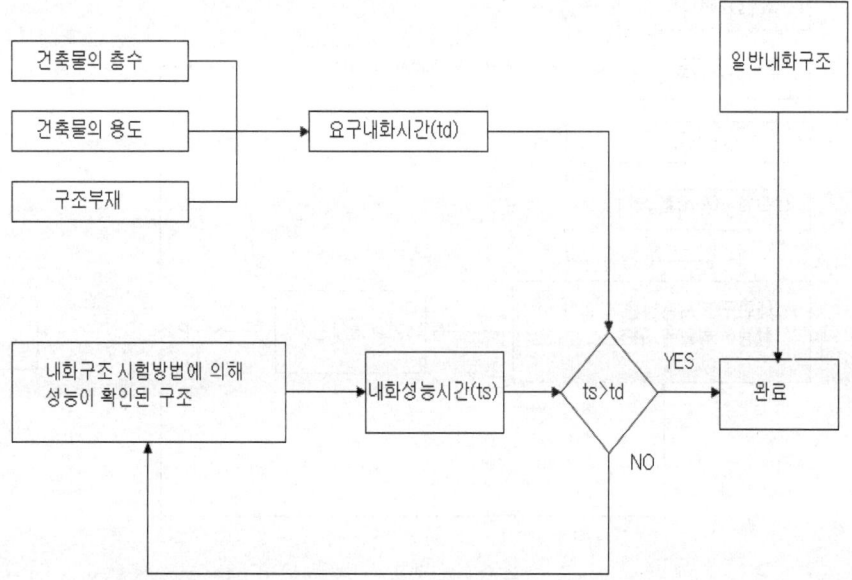

(2) 성능 위주 내화 설계(외국)
    ① 설계 절차
        ㉠ 내화설계 목표 결정(피난 안전시간, 연소 확대 방지, 소방관 인명 안전)
        ㉡ 설계 화재 성상 예측
            ⓐ 실내가연물의 종류와 양
            ⓑ 실내가연물의 형상과 상태
            ⓒ 실내가연물의 분포
            ⓓ 화재실 규모와 형상
            ⓔ 개구부의 크기와 형상

ⓒ 등가 화재 가혹도 산정
      내화설계용 시간 – 온도 곡선 작성
   ② 구조부재의 온도 예측(부재의 열특성, 열전달 해석)
   ⑩ 역학적 성상 예측(온도에 따른 응력, 변형량)
   ⑭ 내화성능시간(P) > 설계화재시간(R) 유무확인
   ⓢ 평가 및 대책
② Flow

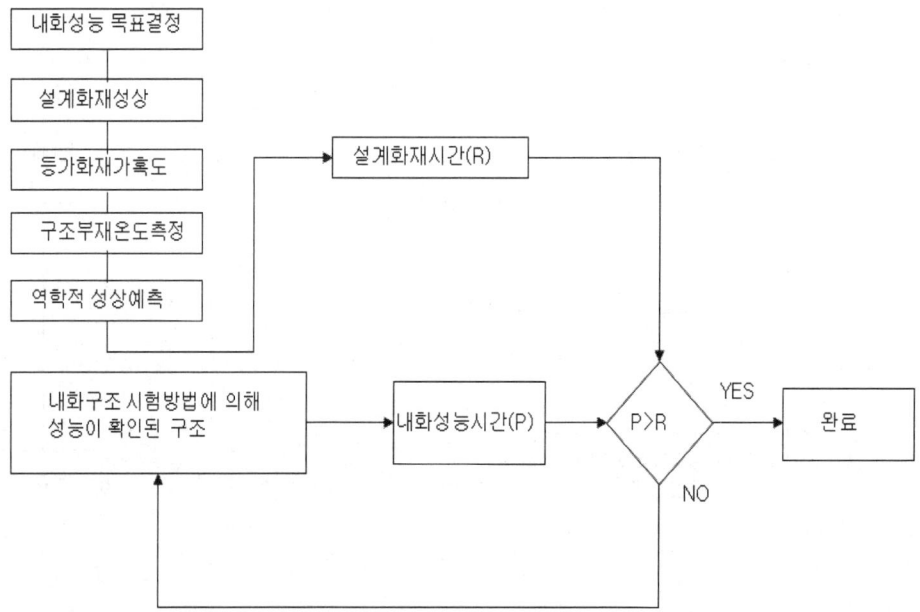

> **Reference**

◎ 성능 위주 내화 설계(외국)설계순서 참조(건축방재 계획론 이강훈 저)

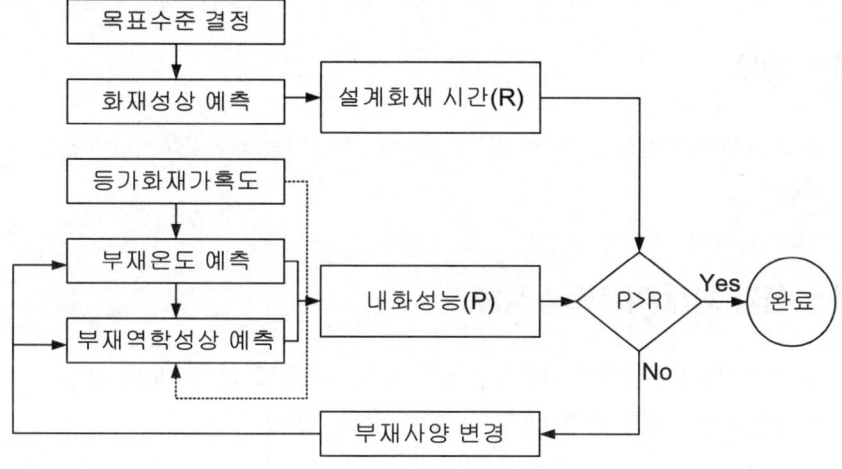

【 성능위주 내화설계법 】

(1) 목표수준 설정
　① 건물의 용도, 피난 및 방화대책등을 근거로 안전계수산정
　② 대상화재 - F.O이후 최성기 화재
(2) 화재성상 예측(화재가혹도 예측)
　① 가연물의 연소열 ② 가연물의 비표면적 ③ 공기의 공급
　④ 단열성　⑤ 가연물의 양
(3) 등가화재가혹도
　① 일반적으로 화재가혹도는 표준화재에 노출된 시간으로 환산하지만 성능기준의 설계 화재가혹도는 등가화재가혹도로 산정한다.
　② 같은 면적이면 같은 화재 가혹도를 가짐(A1 ＝ A2)
(4) 부재온도 예측
　① 벽, 기둥, 바닥, 보등의 구조부재에 대한 온도예측
　② 부재의 사양(사용재료, 단면치수) 고려
(5) 역학성상 예측
　① 재료의 비선형을 고려한 탄성, 소성 열응력 해석법 이용
　② 장기하중, 재료의 기계적 특성 고려
(6) 내화성능 평가
　① 내화성능(P) ＞ 설계화재시간(R)이 되도록 설계
　② 미달시 부재사양변경, 내화피복두께 변경
　③ 평가항목 - 하중지지력, 차염성, 차열성

24 등가 화재 가혹도

1 ▶▶ 개요

실제 화재와 동일한 열적 영향을 가진다고 가정되는 표준온도시간곡선에 노출된 시간을 말한다.

2 ▶▶ 등가 화재 가혹도의 적용

① **시방기준** : 표준온도 시간곡선에 노출된 시간으로 화재가혹도 산정
② **성능기준** : 등가 화재가혹도로 화재 가혹도 산정

3 ▶▶ 등가화재가혹도 산정

① 등가 면적을 기초로 한 방법을 많이 사용
②

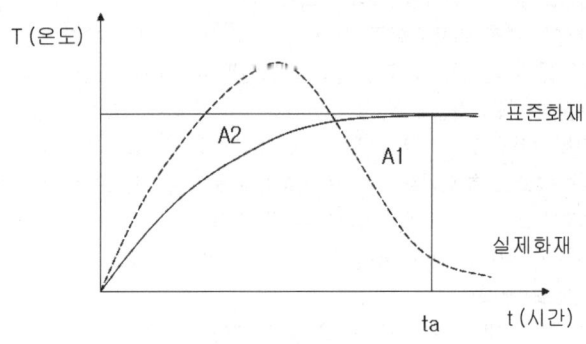

③ 특정한 기준온도에서 곡선 아래 면적이 같다면 실제화재와 표준화재가 동일한 화재 가혹도를 가진다고 간주한다.
④ 그 때의 시간 온도 곡선을 내화설계용 온도곡선에 적용한다.

4 ▶▶ 문제점

실제 화재가혹도와는 차이가 있다.

5 ▶ 결론

등가화재 가혹도 대신 모델링을 통한 화재가혹도를 산정하는 것이 바람직하다.

25 방화구획

1 ▶ 대상

① 주요구조부가 내화구조 또는 불연 재료로 된 건축물로서 연면적 $1000m^2$가 넘는 건축물일 경우 건축법상 방화구획 설치 대상이다.
② 구획을 통한 화재확대를 방지하는 것으로 부분화에 의한 확대 방지방법이다.

2 ▶ 방화구획

층별구분	설치기준
10층 이하의 층	- 바닥면적 $1,000m^2$ 이내마다 구획 - 스프링클러 기타 이와 유사한 자동식소화설비를 설치한 경우에는 바닥면적 $3,000m^2$ 이내마다 구획
3층 이상의 층과 지하층	- 매 층마다 구획
11층 이상의 층	- 바닥면적 $200m^2$ 이내마다 구획 - 스프링클러 기타 이와 유사한 자동식소화설비를 설치한 경우에는 $600m^2$ 이내마다 구획
11층 이상의 층 벽 및 반자의 실내에 접하는 부분의 마감을 불연재료로 한 경우	- 바닥면적 $500m^2$ 이내마다 - 스프링클러 기타 이와 유사한 자동식 소화설비를 설치한 경우에는 $1,500m^2$ 이내마다 구획

3 ▶ 방화구획에 따른 특징

① 시야확보 방해하여 → 소화활동 지장을 줄 수 있다.
② 공간 체적↓ → Flash Over 발생이 용이하다.

$$Q_{fo} = 7.8 A_T + 378 A_F \sqrt{H}$$

Q_{fo} : Flash over에 필요한 열량
A_T : 화재실의 총면적
A_F : 개구부 면적
H : 개구부 높이

③ 불완전 연소로 인한 훈소, Back Draft 발생 가능성이 크다.
④ 방화구획시 화재 가혹도가 커진다.

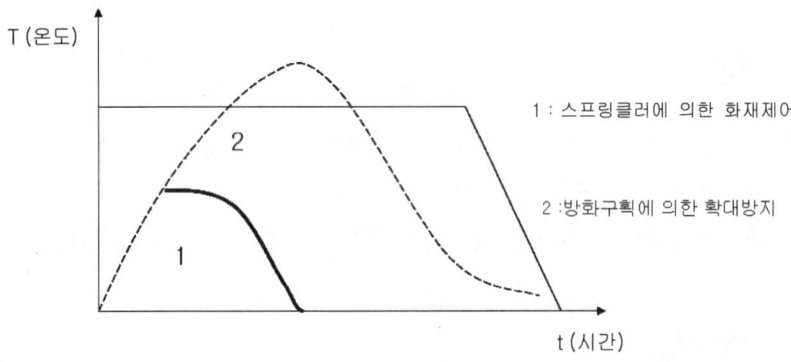

> **Reference**
>
> **제14조(방화구획의 설치기준)** ① 영 제46조제1항 각 호 외의 부분 본문에 따라 건축물에 설치하는 방화구획은 다음 각 호의 기준에 적합해야 한다. 〈개정 2010. 4. 7., 2019. 8. 6., 2021. 3. 26.〉
> 1. 10층 이하의 층은 바닥면적 1천제곱미터(스프링클러 기타 이와 유사한 자동식 소화설비를 설치한 경우에는 바닥면적 3천제곱미터)이내마다 구획할 것
> 2. 매층마다 구획할 것. 다만, 지하 1층에서 지상으로 직접 연결하는 경사로 부위는 제외한다.
> 3. 11층 이상의 층은 바닥면적 200제곱미터(스프링클러 기타 이와 유사한 자동식 소화설비를 설치한 경우에는 600제곱미터)이내마다 구획할 것. 다만, 벽 및 반자의 실내에 접하는 부분의 마감을 불연재료로 한 경우에는 바닥면적 500제곱미터(스프링클러 기타 이와 유사한 자동식 소화설비를 설치한 경우에는 1천500제곱미터)이내마다 구획하여야 한다.
> 4. 필로티나 그 밖에 이와 비슷한 구조(벽면적의 2분의 1 이상이 그 층의 바닥면에서 위층 바닥 아래면까지 공간으로 된 것만 해당한다)의 부분을 주차장으로 사용하는 경우 그 부분은 건축물의 다른 부분과 구획할 것
> ② 제1항에 따른 방화구획은 다음 각 호의 기준에 적합하게 설치해야 한다. 〈개정 2003. 1. 6., 2005. 7. 22., 2006. 6. 29., 2008. 3. 14., 2010. 4. 7., 2012. 1. 6., 2013. 3. 23., 2019. 8. 6., 2021. 3. 26., 2021. 12. 23.〉
> 1. 영 제46조에 따른 방화구획으로 사용하는 60+방화문 또는 60분방화문은 언제나 닫힌 상태를 유지하거나 화재로 인한 연기 또는 불꽃을 감지하여 자동적으로 닫히는 구조로 할

것. 다만, 연기 또는 불꽃을 감지하여 자동적으로 닫히는 구조로 할 수 없는 경우에는 온도를 감지하여 자동적으로 닫히는 구조로 할 수 있다.
2. 외벽과 바닥 사이에 틈이 생긴 때나 급수관·배전관 그 밖의 관이 방화구획으로 되어 있는 부분을 관통하는 경우 그로 인하여 방화구획에 틈이 생긴 때에는 그 틈을 별표 1 제1호에 따른 내화시간(내화채움성능이 인정된 구조로 메워지는 구성 부재에 적용되는 내화시간을 말한다) 이상 견딜 수 있는 내화채움성능이 인정된 구조로 메울 것
    가. 삭제 〈2021. 3. 26.〉
    나. 삭제 〈2021. 3. 26.〉
3. 환기·난방 또는 냉방시설의 풍도가 방화구획을 관통하는 경우에는 그 관통부분 또는 이에 근접한 부분에 다음 각 목의 기준에 적합한 댐퍼를 설치할 것. 다만, 반도체공장건축물로서 방화구획을 관통하는 풍도의 주위에 스프링클러헤드를 설치하는 경우에는 그렇지 않다.
    가. 화재로 인한 연기 또는 불꽃을 감지하여 자동적으로 닫히는 구조로 할 것. 다만, 주방 등 연기가 항상 발생하는 부분에는 온도를 감지하여 자동적으로 닫히는 구조로 할 수 있다.
    나. 국토교통부장관이 정하여 고시하는 비차열(非遮熱) 성능 및 방연성능 등의 기준에 적합할 것
    다. 삭제 〈2019. 8. 6.〉
    라. 삭제 〈2019. 8. 6.〉
4. 영 제46조제1항제2호 및 제81조제5항제5호에 따라 설치되는 자동방화셔터는 다음 각 목의 요건을 모두 갖출 것. 이 경우 자동방화셔터의 구조 및 성능기준 등에 관한 세부사항은 국토교통부장관이 정하여 고시한다.
    가. 피난이 가능한 60분+ 방화문 또는 60분 방화문으로부터 3미터 이내에 별도로 설치할 것
    나. 전동방식이나 수동방식으로 개폐할 수 있을 것
    다. 불꽃감지기 또는 연기감지기 중 하나와 열감지기를 설치할 것
    라. 불꽃이나 연기를 감지한 경우 일부 폐쇄되는 구조일 것
    마. 열을 감지한 경우 완전 폐쇄되는 구조일 것

26 방화구획 완화 조건(건축법시행령 제46조)

① 문화 및 집회시설(동·식물원은 제외한다), 종교시설, 운동시설 또는 장례시설의 용도로 쓰는 거실로서 시선 및 활동공간의 확보를 위하여 불가피한 부분
② 물품의 제조·가공·보관 및 운반 등에 필요한 고정식 대형기기 설비의 설치를 위하여 불가피한 부분. 다만, 지하층인 경우에는 지하층의 외벽 한쪽 면(지하층의 바닥면

에서 지상층 바닥 아래면까지의 외벽 면적 중 4분의 1 이상이 되는 면을 말한다) 전체가 건물 밖으로 개방되어 보행과 자동차의 진입·출입이 가능한 경우에 한정한다.
③ 계단실·복도 또는 승강기의 승강장 및 승강로로서 그 건축물의 다른 부분과 방화구획으로 구획된 부분. 다만, 해당 부분에 위치하는 설비배관 등이 바닥을 관통하는 부분은 제외한다.
④ 건축물의 최상층 또는 피난층으로서 대규모 회의장·강당·스카이라운지·로비 또는 피난안전구역 등의 용도로 쓰는 부분으로서 그 용도로 사용하기 위하여 불가피한 부분
⑤ 복층형 공동주택의 세대별 층간 바닥 부분
⑥ 주요구조부가 내화구조 또는 불연재료로 된 주차장
⑦ 단독주택, 동물 및 식물 관련 시설 또는 교정 및 군사시설 중 군사시설(집회, 체육, 창고 등의 용도로 사용되는 시설만 해당한다)로 쓰는 건축물
⑧ 건축물의 1층과 2층의 일부를 동일한 용도로 사용하며 그 건축물의 다른 부분과 방화구획으로 구획된 부분(바닥면적의 합계가 500제곱미터 이하인 경우로 한정한다)
다. 삭제 〈2019. 8. 6.〉
라. 삭제 〈2019. 8. 6.〉

27 방화지구(건축법)/화재경계지구(소방법)

1 ▸▸ 정의

① 도시 계획법에 의해 토지의 경제적, 효율적 이용과 공공의 복리 증진을 도모하고, 화재 및 기타 재해의 위험을 예방하기 위해 필요시 지정된 지역
② 따라서 방화지구 내 건축물은 건축법상 화재 예방을 위한 특별한 규제가 행하여진다.

2 ▸▸ 방화지구 내 건축물의 구조

(1) 주요구조부와 지붕, 외벽
① 내화구조로 할 것
② 예외
 - 연면적 30㎡ 미만 단층부속 건축물로서 외벽 및 처마면이 내화구조 또는

불연재료로 된 것
- 주요구조부가 불연재료로 된 도매시장의 용도에 쓰이는 건축물

(2) 주요 구조부를 불연재료로 해야 하는 공작물 간판, 광고탑 기타 대통령이 정하는 공작물
① 지붕 위에 설치하는 공작물
② 높이 3m이상의 공작물

(3) 연소할 우려가 있는 부분(정의)

(4) 연소할 우려가 있는 부분에 조치

28 건축법상 연소할 우려가 있는 부분

1 ▸▸ 연소할 우려가 있는 부분(정의)

① 인접 대지 경계선, 도로 중심선 또는 동일한 대지 안에 있는 2동 이상의 건축물
  (연면적 500㎡ 이하는 하나의 건축물로 봄)
② 상호 외벽간의 중심선으로부터
  ㉠ 1층 : 3m 이내
  ㉡ 2층 : 5m 이내 의 거리에 있는 건축물의 각 부분
    → 소방법상의 연소할 우려가 있는 구조와 동일한 개념

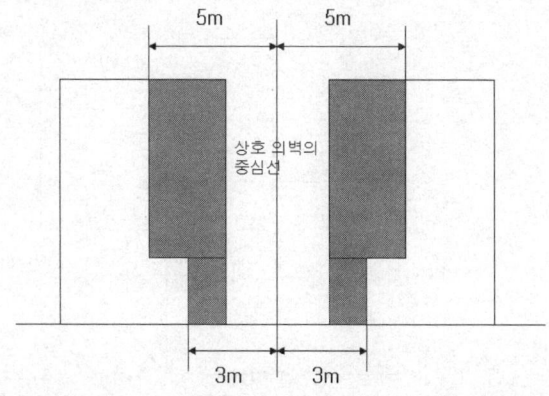

❷ ▶▶ 연소할 우려가 있는 부분의 위험성

① 복사열에 의한 연소 확대
② 수열 온도에 의한 화염 전파

❸ ▶▶ 연소할 우려가 있는 부분에 대한 방화조치

(1) 연면적 1000m² 이상인 목조 건축물

① 외벽, 처마 밑의 연소 우려 부분은 방화구조로 할 것
② 지붕은 불연 재료로 할 것

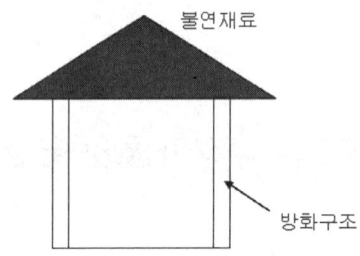

(2) 방화 지구 내의 창문 등 연소할 우려가 있는 부분

① 60+방화문 또는 60분방화문
② 창문등에 드렌처 설비
③ 당해 창문등과 연소할 우려가 있는 다른 건축물의 부분을 차단하는 내화구조나 불연 재료로 된 벽, 담장
④ 환기구멍 2mm 이하 금속망

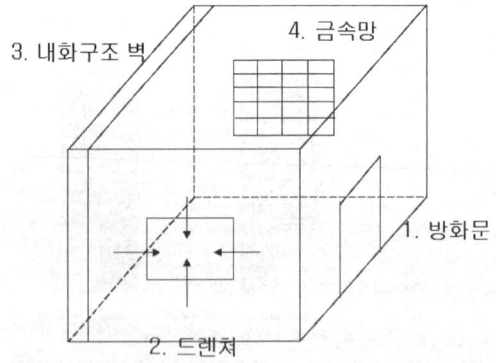

29 화재 경계지구의 지정

1 ▸▸ 정의

화재경계지구란 도시의 건물 밀집지역 등 화재 발생우려가 높거나 화재시 피해가 클 것으로 예상되는 일정한 지역

2 ▸▸ 지정자

시·도지사

3 ▸▸ 지정대상 지역   암기 공장 목석 용위

① 공장, 창고 밀집지역
② 시장지역
③ 목조건물 밀집지역
④ 석유화학제품 생산 공장이 있는 지역
⑤ 소방시설, 소방용수시설 또는 소방 출동로가 없는 지역
⑥ 위험물 저장, 처리시설 밀집지역
⑦ 산업단지

4 ▸▸ 소방검사 실시 횟수

소방 대상물의 위치 구조 설비에 대해 연 1회 이상 소방 검사 실시

5 ▸▸ 교육 및 훈련

① 소방본부장, 소방서장은 화재 경계지구 내의 소방대상물에 대해 소방상 필요한 교육 훈련을 연 1회 이상 실시
② 실시 10일 전 관계인에게 통보

6 ▶▶ 소방설비 설치 명령

소방서장은 검사결과 화재예방과 경계를 위해 필요하다고 인정되는 경우 관계인에 대해 소방용수 시설, 소화기구 기타 소방상 필요한 설비를 설치 명령 할 수 있다.

30 방화문(건축 방화설비 I)

1 ▶▶ 서론

(1) 개요

① 방화구획은 화재를 일정규모로 확산하지 못하도록 건축적으로 구획하는 장소로서 이러한 방화구획 개구부에는 방화문, 방화셔터, 방화댐퍼 등으로 차단하여 화재확산을 방지하고 있다.

② 방화문은 방화구획이나 피난계단 등의 출입문으로 설치하는 것으로, 국내에서는 성능에 따라 60분+ 방화문 또는 60분 방화문, 30분 방화문으로 구분한다.

③ 현관 등에 설치하는 디지털도어록은 KS C 9806(디지털도어록)에 적합한 것으로서 화재시 대비방법 및 내화형조건에 적합하여야 한다.

④ 방화문은 종류
  ㉠ 60분+ 방화문 : 연기 및 불꽃을 차단할 수 있는 시간이 60분 이상이고, 열을 차단할 수 있는 시간이 30분 이상인 방화문
  ㉡ 60분 방화문 : 연기 및 불꽃을 차단할 수 있는 시간이 60분 이상인 방화문
  ㉢ 30분 방화문 : 연기 및 불꽃을 차단할 수 있는 시간이 30분 이상 60분 미만인 방화문

(2) 성능기준

① 셔터
  ① KSF 2268-1에 따른 내화시험 결과 비차열 1시간 성능
  ② KSF 2846에 따른 차연성시험 결과 KSF 3109(문세트)에서 규정한 차연 성능

② 방화문
  ㉠ KS F 3109(문세트)에 따른 비틀림강도・연직하중강도・개폐력・개폐반복성 및

내충격성 확보
ⓒ KS F 2268-1에 따른 내화시험 결과 갑종방화문 비차열 1시간 이상,
 을종방화문 비차열 30분 이상 성능
ⓒ KS F 2846에 따른 차연성시험 결과 KS F 3109(문세트)에서 규정한 차연성능
ⓔ 방화문의 상부 또는 측면으로부터 50센티미터 이내에 설치되는 방화문인접창은
 KS F 2845(유리 구획부분의 내화시험 방법)에 따라 시험한 결과 비차열 1시간
 성능
ⓜ 도어클로저가 부착된 상태에서 방화문을 작동하는데 필요한 힘은 문을 열 때
 133N 이하, 완전 개방할 때 67N 이하
③ 승강기문
 방화문으로 사용하는 경우에는 KS F 2268-1에 따라 시험한 결과 비차열 1시간
 이상의 성능

② 본론

(1) 설치대상

① 60분+ 방화문 또는 60분 방화문
 ㉠ 옥내로부터 특별피난계단으로의 노대 또는 부속실로 통하는 출입구
 ㉡ 옥내로부터 피난 계단실로 통하는 출입구
 ㉢ 방화벽에 설치하는 개구부
 ㉣ 용도 단위 방화 구획
 ㉤ 층 단위 방화 구획
 ㉥ 면적 단위 방화 구획

② 30분 방화문
 ㉠ 특별피난계단의 노대 또는 부속실로부터 계단실로 통하는 출입구
 ㉡ 인근 건축물과 이어지는 연결복도나 연결통로에 설치하는 출입구

(2) 방화문 시험 〔암기〕 내차 차차

① 방화문 내화시험 방법
 ㉠ 시험 방법→ 조건 시험체 - 상단부 20[Pa]↓
  ⓐ 하단면 500mm 부분 0[Pa]

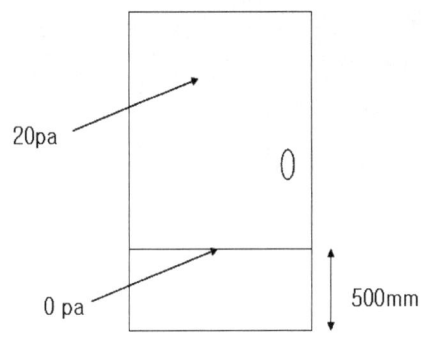

      ⓑ 시험체 크기 2m×2.5m 수직가열로 고정
      ⓒ 가열온도 시험체의 한쪽면을 가열

$$\theta - \theta_0 = 345\log(8t+1)$$

      θ : 시험온도
      θ_0 : 초기온도
      t : 시험시간

   ⓛ 성능기준
      ⓐ 차염성
        ㉮ 면패드 시험결과, 면패드에 착화되지 않을 것
        ㉯ 균열 게이지 시험결과 : 6mm 균열 게이지 관통 후 150mm를 이동되지 않거나, 25mm 균열 게이지 관통되지 않을 것
        ㉰ 이면 10sec 이상 화염이 없을 것
      ⓑ 차열성(5개 고정 열전대 설치)
        ㉮ 평균온도 : 상승온도 140K를 초과하여 상승하지 않을 것
        ㉯ 최고온도 : 상승온도 180K를 초과하여 상승하지 않을 것

② 차연 시험 방법
   ㉠ 시험 방법
      ⓐ 시험체 크기는 2m×2.5m이상
      ⓑ 시험체 틀에 설치하고 시험 체임버에 결합한 후 10번 개폐하여 정상 작동 유무 확인한다.
      ⓒ 시험장치의 공기누설 측정은 문의 틈새를 폐쇄하고 100Pa에서 1m³/h를 초과하지 않아야 한다.
      ⓓ 시험체 양면에 5-10-25-50-70-100Pa의 압력차에서의 측정한 다음 다시

5Pa의 차압과 100Pa의 차압에서 공기누설량을 2회 측정하여 평균값을 산출한다.

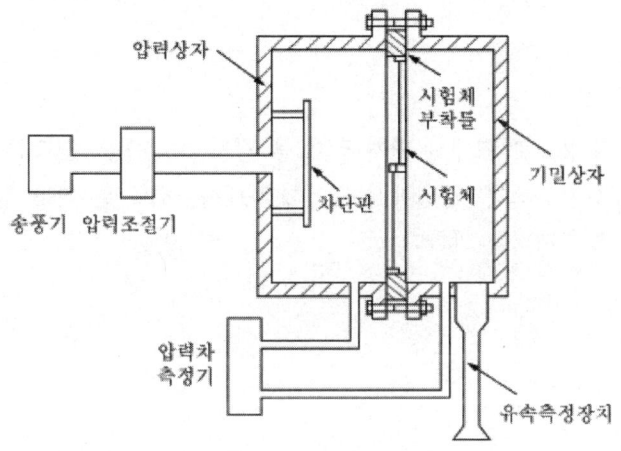

[방화문 방연시험장치]

  © 성능기준

   차압의 25pa일때 공기 누설량이 $0.9m^3/min \cdot m^2$ 이하일 것

 ③ 문세트 시험 암기 연비개내

  ㉠ 연직 하중 강도 : 잔류 변위가 3mm이하에서 개폐이상, 사용에 지장이 없을 것
  ㉡ 비틀림 강도 : 개폐에 이상이 없고, 사용상 지장이 없을 것
  ㉢ 개폐력 : 문이 원활하게 작동할 것
  ㉣ 개폐반복성 : 개폐에 이상이 없고 사용상 지장이 없을 것
  ㉤ 내충격성 → 모래 주머니 낙하 : 1회의 충격으로 해로운 변형이 없고, 개폐에 지장이 없을 것

❸ 결론

① 방화문은 내화시험, 차연시험, 문세트시험으로 시험한다.
② 규격 2m×2.5m 이하인 경우 샘플 시험에 의해 시험 성적서로 가능하다.
③ 그러나 규격 2m×2.5m 초과인 경우 별도의 내차차차, 연, 비, 개 내에 의해 시험에 합격한 것으로 하여야 한다.
④ 현행 60분 방화문 또는 30분방화문 적용시 차열성능이 없어 화재 가혹도가 큰 화재시 방화구획으로서 기능을 수행하지 못한다.

31 방화셔터(건축 방화설비Ⅱ)

1 ▸▸ 정의

방화구획의 용도로 화재시 연기 및 열을 감지하여 자동 폐쇄되는 것으로서, 공항·체육관 등 넓은 공간에 부득이하게 내화구조로 된 벽을 설치하지 못하는 경우에 사용하는 방화셔터를 말한다.

2 ▸▸ 본론

(1) 설치위치
피난상 유효한 60분+ 방화문 또는 60분 방화문으로 3m 이내에 별도로 설치할 것

(2) 자동방화셔터의 구성 ⇨ 자동방화셔터의 기준, 건교부고시 2010-528(2010. 08. 03)

① 구성요소
- ㉠ 열감지기, 연기감지기 또는 온도퓨즈
- ㉡ 연동폐쇄기구
- ㉢ 개폐장치
- ㉣ 셔터본체
- ㉤ 전동기

> **! Reference**
>
> ● 자동방화셔터 및 방화문의 기준 제4조 (셔터의 구성)
> 셔터는 전동 또는 수동에 의해서 개폐할 수 있는 장치와 연기감지기·열감지기 등을 갖추고, 화재발생시 연기 및 열에 의하여 자동폐쇄되는 장치 일체로서 주요구성부재·장치·규모 등은 KS F 4510(중량셔터)에 적합하여야 한다. 다만, 강재셔터가 아닌 경우에는 KS F 4510(중량셔터)에 준하는 구성조건이어야 한다.

② 개폐장치
- ㉠ 전동 및 수동에 의해 수시 작동
- ㉡ 임의의 위치에서 정지할 수 있는 구조
- ㉢ 자중에 의한 폐쇄가 가능
- ㉣ 개폐용 전동기는 한국공업규격의 저압3상유도전동기(KS C 4202) 또는 단상유도

전동기(KS C 4204)에 적합한 한국공업규격표시품
ⓑ 샤프트 롤러체인은 전동용 롤러체인(KS B 1407)에 적합
③ 연동폐쇄기구 KS F 4510 : 2005
방화셔터에 사용하는 케이스는 슬랫을 감아 올리는 구멍 및 건물의 내화 구조의 보, 벽 또는 바닥 등에 방화상 유효하게 씌우는 부분을 제외하고 그 모든 주위를 강판 또는 이와 동등 이상의 방화성능이 있는 재료로 둘러싸는 것으로 한다.
㉠ 열감지기는 검정에 합격한 보상식 또는 정온식 감지기로서, 정온점 또는 특종의 공칭작동온도가 각각 60~70℃의 것
㉡ 연기감지기는 소방법 제38조의 규정에 의한 검정합격
㉢ 연동 제어기는 감지기 등으로부터 신호를 받은 경우에 자동폐쇄 장치에 기동 신호를 부여하는 것으로서, 수시 제어하고 있는 것의 감시를 할 수 있는 것이어야 한다. 또 유지관리를 쉽게 할 수 있는 것이어야 한다.
㉣ 자동폐쇄장치는 연동폐쇄기구로 부터 기동신호를 받은 경우에 셔터를 자동으로 폐쇄시키는 것이어야 한다.
㉤ 예비전원은 충전을 하지 않고 30분간 계속하여 셔터를 개폐시킬 수 있어야 한다.

(3) 작동 기준

① 2단 작동
㉠ 연기감지기에 의한 일부 폐쇄 : 제연경계의 기능
㉡ 열 감지기에 의한 완전 폐쇄 : 방화구획의 기능
② 완전 폐쇄시의 기준
㉠ 셔터의 상부는 상층 바닥에 직접 닿도록 할 것
㉡ 부득이 하게 발생한 바닥과의 틈새는 열, 연기의 통로가 되지 않도록 방화구획에 준하는 처리를 할 것

(4) 성능 기준

① KS F 2268-1(방화문의 내화시험방법)에 따른 내화시험 결과 비차열 1시간 성능
② KS F 4510(중량셔터)에서 규정한 차연성능
③ KS F 4510(중량셔터)에서 규정한 개폐성능
④ 일체형 셔터의 피난 출입문을 여는데 필요한 힘(바닥으로부터 86cm에서 122cm 사이, 개폐부 끝단에서 10cm 이내에서 측정한다.)은 문을 열 때 133N 이하, 완전 개방한 때 67N 이하

3 ▸▸ 결론

(1) 문제점
① 구획기능(차열, 차염성 기능) 적다. → 스프링클러 System으로 보완 필요
② 대규모 판매시설 등 같은 다수의 피난자가 사용하는 장소는 셔터로 동작으로 인하여 피난에 장애가 일어날 수 있다.

(2) 외관점검
① 설치위치 점검 : 건축법에서 규정하는 피난상 유효한 60분+ 방화문 또는 60분 방화문으로부터 3m 이내에 별도로 설치되어 있는지 확인한다. 일체형 셔터의 경우는 제외한다.
② 출입구 부분에 유도등이나 유도표지가 소방법에 적합하게 설치되어 있는지 점검한다.
③ 셔터를 전동 또는 수동으로 개폐할 수 있는 장치와 감지기(열 및 연기)가 설치되어 있는지 점검한다.

(3) 기능점검
① 전동 또는 수동으로 개폐를 할 수 있는 장치(연동제어기)의 기능을 점검한다.
② 감지기 동작에 의해서 셔터의 개폐 기능을 점검한다.
  ㉠ 연기감지기에 의한 일부 폐쇄 : 제연경계의 기능(셔터 높이에 1/3 정도)
  ㉡ 열 감지기에 의한 완전 폐쇄 : 방화구획의 기능
③ 셔터의 상부가 상층 바닥에 직접 닿는지 여부를 점검한다.
  – 부득이하게 발생한 바닥과의 틈새는 화재시 열, 연기의 이동 경로가 되지 않도록 방화구획에 준하는 처리(내화충전구조)를 하였는지 점검한다.

> **! Reference**
>
> ◉ NFPA 5000 방화셔터
> 1. 감지 : 셔터는 연기 감지기 또는 스프링클러 작동에 의한다.
> 2. 제어
>   ① 수동으로 셔터를 작동시키고, 작동 상태를 시험하는 방법
>   ② 매주 1회 이상 작동, 정상확인
>   ③ 롤링 셔터의 작동설비는 예비전력이 공급
> 3. 작동
>   ① 0.15m/s 이하 속도로 작동 감지선단이 장착
>   ② 90N 이상의 힘이 가해지면 셔터는 정지 후 150mm 정도 후진
>   ③ 셔터는 후진 후 계속하여 작동

> **Reference**
>
> ● 방화셔터 기술기준 참조할 것

32 건축법상 방화 댐퍼의 설치 위치 및 설치 기준(건축방화설비) Ⅲ

1 ▶▶ 설치위치

① 환기, 난방 또는 냉방시설의 풍도가 방화구획을 관통하는 경우
② 설치제외 : 반도체 공장 건축물로서 관통부 풍도 주위에 스프링클러 헤드를 설치하는 경우

2 ▶▶ 설치 기준

① 미끄럼부는 열팽창, 녹, 먼지 등에 의해 작동이 저해받지 않는 구조일 것
② 방화댐퍼의 주기적인 작동상태, 점검, 청소 및 수리 등 유리·관리를 위하여 검사구·점검구는 방화댐퍼에 인접하여 설치할 것
③ 부착 방법은 구조체에 견고하게 부착시키는 공법으로 화재시 덕트가 탈락, 낙하해도 손상되지 않을 것
④ 배연기의 압력에 의해 방재상 해로운 진동 및 간격이 생기지 않는 구조일 것

3 ▶▶ 성능기준

① 별표 6에 따른 내화성능시험 결과 비차열 1시간 이상의 성능
② KS F 2822(방화 댐퍼의 방연 시험 방법)에서 규정한 방연성능

4 ▶▶ NFPA코드(Code)에서 규정한 방화댐퍼

(1) 내화성능

방화댐퍼는 UL555 standard for fire damper의 성능 요구사항에 따라 설계 및 시험하여

아래 표의 좌항의 관통부재의 방화(내화)성능에 대해 내화성능 이상의 것을 풍도에 사용하여야 한다.

관통부재 내화성능	방화댐퍼 내화성능
3시간 이상	3시간 내화성능
3시간 미만	1시간 30분 내화성능

(2) 작동온도
① 댐퍼 열작동식 장치는 덕트내의 정상온도보다 50°F(28℃) 높되 160°F(71℃) 이상이어야 한다.
② 제연덕트에 설치되는 작동장치는 286°F(141℃) 이하이어야 한다.
③ 방화 및 방연 조합식 댐퍼를 제연덕트에 설치한 경우 작동장치는 350°F(177℃) 이하이어야 한다.

(3) 점검구 설치기준
① 점검구는 댐퍼 및 작동부위를 점검 및 유지관리할 수 있을 정도로 커야 한다.
② 점검구는 내화구조의 부재의 성능과 성능유지에 지장을 두어서는 안된다.
③ 점검구의 위치는 영구적으로 표시하여야 한다.
④ 덕트의 점검구는 문자 높이가 0.5inch이상인 표지로 표시한다.
⑤ 표지는 댐퍼의 Type에 따라 다음의 내용을 포함해야 한다.
　㉠ 방화/방연댐퍼
　㉡ 방화댐퍼
　㉢ 방연댐퍼
　㉣ 기타 승인된 방식
⑥ 덕트의 점검구는 덕트구조에 적합한 것이어야 한다.

> **Reference**
>
> ● 댐퍼 자동폐쇄 방법
> 　① 전기식- 모터릴리이즈
> 　② 기계식- 퓨지블 링크
> 　③ 가스압력식- 피스톤 릴리이즈
> ● 방화문 자동폐쇄 방법
> 　① 전기식- 감지기
> 　② 기계식- 퓨지블 링크
> 　③ 자연- 도어체크

33 배연창

1 ▶ 대상 암기 6 종업운 판문집 연유 노숙의 관광 고장

① 6층 이상인 건축물로서 다음 각 목의 어느 하나에 해당하는 용도로 쓰는 건축물
  ㉠ 제2종 근린생활시설 중 공연장, 종교집회장, 인터넷컴퓨터게임시설제공업소 및 다중생활시설(공연장, 종교집회장 및 인터넷컴퓨터게임시설제공업소는 해당 용도로 쓰는 바닥면적의 합계가 각각 300제곱미터 이상인 경우만 해당한다)
  ㉡ 문화 및 집회시설
  ㉢ 종교시설
  ㉣ 판매시설
  ㉤ 운수시설
  ㉥ 의료시설(요양병원 및 정신병원은 제외한다)
  ㉦ 교육연구시설 중 연구소
  ㉧ 노유자시설 중 아동 관련 시설, 노인복지시설(노인요양시설은 제외한다)
  ㉨ 수련시설 중 유스호스텔
  ㉩ 운동시설
  ㉪ 업무시설
  ㉫ 숙박시설
  ㉬ 위락시설
  ㉭ 관광휴게시설
  ㉮ 장례시설

② 다음 각 목의 어느 하나에 해당하는 용도로 쓰는 건축물
  ㉠ 의료시설 중 요양병원 및 정신병원
  ㉡ 노유자시설 중 노인요양시설·장애인 거주시설 및 장애인 의료재활시설
  ㉢ 제1종근린생활시설 중 산후조리원

2 ▶▶ 설치기준

(1) 위치
  ① 건축물에 방화구획이 설치된 경우에는 그 구획마다 1개소 이상의 배연창 설치
  　㉠ 반자 높이가 바닥으로부터 3m 미만인 경우 배연창의 상변과 천장이 수직거리가 0.9m 이내
  　㉡ 반자 높이가 바닥으로부터 3m 이상인 경우 배연창의 하변이 바닥으로부터 2.1m 이상

(2) 크기
  ① 배연창의 유효면적은 1㎡ 이상으로 당해 건축물의 바닥면적의 1/100 이상
  ② 환기창을 거실 바닥 면적의 1/20 이상으로 한 경우 거실의 면적은 산입하지 아니한다.

(3) 제어
  ① 배연구는 수동으로 개방하는 구조
  　㉠ 연기감지기 또는 열감지기에 의하여 열 수 있는 구조
  　㉡ 손으로도 열고 닫을 수 있는 구조
  ② 예비전원에 의하여 개방하는 구조

(4) 기계배연을 하는 경우에는 위의 규정에도 불구하고 소방관계법령의 규정에 적합하도록 할 것

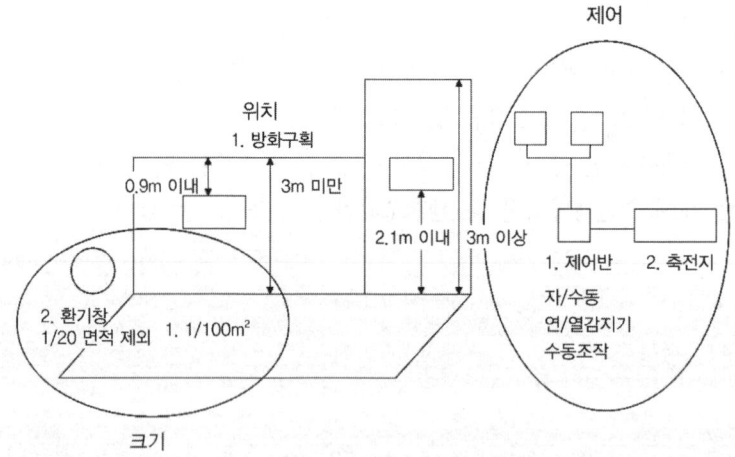

[별표2] 배연창의 유효면적 산정기준(제14조제1항제2호 관련)

1. 미서기창 : $H \times l$

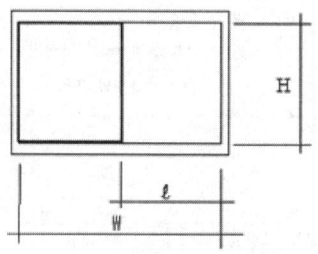

l : 미서기 창의 유효폭
H : 창의 유효 높이
W : 창문의 폭

2. Pivot 종축창 : $H \times l'/2 \times 2$

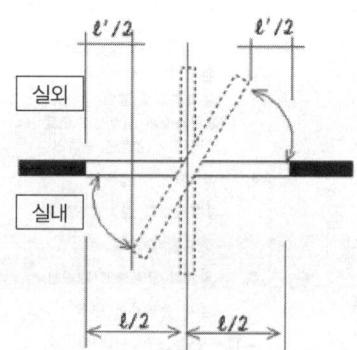

H : 창의 유효 높이
l : 90° 회전시 창호와 직각방향으로 개방된 수평거리
l' : 90° 미만 0° 초과시 창호와 직각방향으로 개방된 수평거리 수평거리

3. Pivot 횡축창 : $(W \times l_1) + (W \times l_2)$

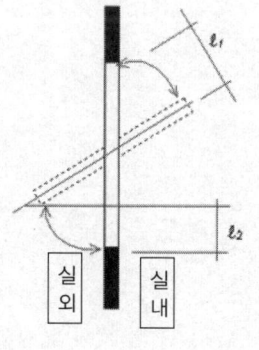

W : 창의 폭
l_1 : 실내측으로 열린 상부창호의 길이 방향으로 평행하게 개방된 순거리
l_2 : 실외측으로 열린 하부창호로서 창틀과 평행하게 개방된 순수수평투영거리

4. 들창 : $W \times l_2$

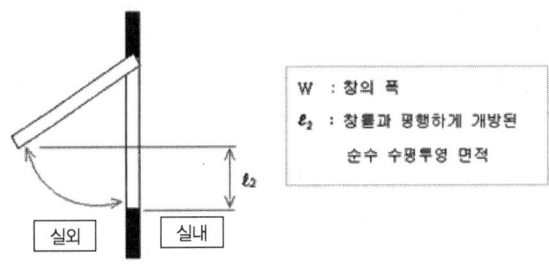

5. 미들창 : 창이 실외측으로 열리는 경우 : $W \times l$
   　　　　실내측으로 열리는 경우 : $W \times l$
   　　　창이 천장(반자)에 근접하는 경우 : $W \times l_2$)

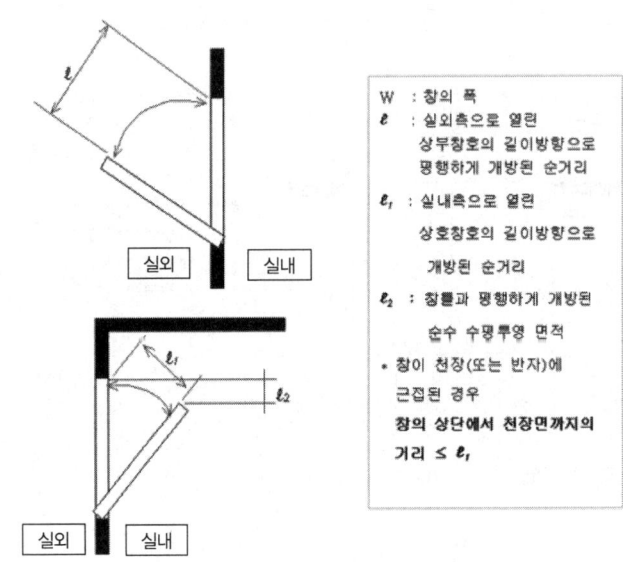

34. 덕트를 통한 연소확대 방지

1. 개요(방화구획 관통부 → 건축방화설비(댐퍼))

건물내에 연소확대는 연기 화염 등을 통해
① 설비덕트에 의한 연소확대
② 계단에 의한 연소확대
③ 샤프트에 의한 연소확대
④ 방화문에 의한 연소확대
⑤ 자동방화셔터에 의한 연소확대 등이 있으며 이에 대한 방화대책이 필요

2. 덕트를 통한 연소확대 방지 대책

(1) Passive 대책(시스템 제어)

① 단일층 유니트 방식 채용
② 방화구획 관통부 없이 방화구획 내 냉난방을 실시

(2) Active 대책

① 덕트를 통한 연소확대 방지대책

㉠ 설치기준

ⓐ 미끄럼부는 열팽창, 녹, 먼지 등에 의해 작동이 저해받지 않는 구조일 것
ⓑ 방화댐퍼의 주기적인 작동상태, 점검, 청소 및 수리 등 유지·관리를 위하여 검사구·점검구는 방화댐퍼에 인접하여 설치할 것
ⓒ 부착 방법은 구조체에 견고하게 부착시키는 공법으로 화재시 덕트가 탈락, 낙하해도 손상되지 않을 것
ⓓ 배연기의 압력에 의해 방재상 해로운 진동 및 간격이 생기지 않는 구조일 것

㉡ 성능기준

ⓐ 별표 6에 따른 내화성능시험 결과 비차열 1시간 이상의 성능
ⓑ KS F 2822(방화 댐퍼의 방연 시험 방법)에서 규정한 방연성능

② 케이블 덕트의 대책
　㉠ 실리콘 Foam 채우는 방법
　㉡ 시멘트 모르타르 채우는 방법
　㉢ 내화 Seal로 채우는 방법
　㉣ 관통부 방화 밀폐재(방화판)시공하는 방법

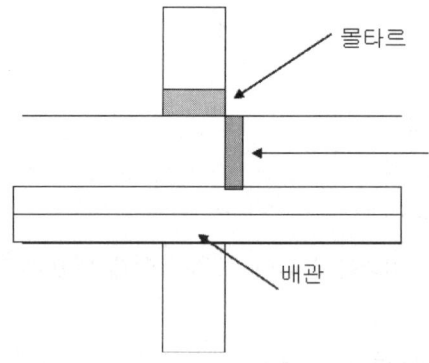

③ 버스 덕트의 대책
　㉠ 내부는 로크울 섬유로 충진
　㉡ 외부는 방화판으로 밀착 부착
　㉢ 틈새는 내화 Seal 마감
④ 금속덕트 내화피복
　㉠ 덕트표면을 20mm 내화피복재 시공
　㉡ 덕트표면을 25mm 방화판 시공
　㉢ 발전기실 연도 등에 시공
⑤ PVC 덕트
　㉠ 독성가스를 이송하는 PVC 덕트는 SP 설치하여 연소 확대 방지
　㉡ 실험실 및 반도체 공장에서 사용

35 배관, 배선의 방화구획 관통부 방화공법

1 ▶▶ 개요

① 화재를 어떤 한정된 공간 내에 가두어 화재로 인한 건축물의 물적손실과 인적손실을 최소화하기 위한 방화구획은 벽, 방화문, 방화셔터, 방화댐퍼, 관통부 Seal로 구성된다.
② 방화구획 구성재는 Post flash over 까지 화재를 가두어야하므로 일정시간 내화성능이 유지해야 한다.
③ 하지만 관통부는 현장 시공 시 인식부족으로 화재 가혹도와 무관하게 일률적으로 시멘트 몰탈 등의 대책을 통한 구획이 관례화 되어 방화구획의 성능을 확보하지 못하는 결과를 초래하여 최근에는 건축법에서 내화충진재를 법제화 하였다.

2 ▶▶ 관통부 화재전파 메카니즘

① 관통부

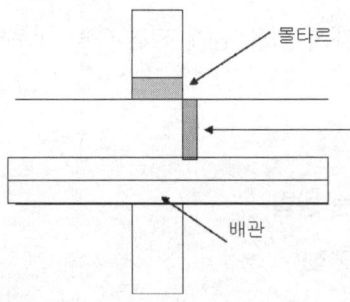

② 몰타르 탈락 → 차염성
  ㉠ 고온의 화염으로 몰타르가 탈락하여
  ㉡ 복사열 및 적정 화염에 의해 화재가 전파

$$\dot{q}'' = \frac{Xr \cdot \dot{Q}}{4\pi c^2}$$

$\dot{Q}$: 에너지 방출율[kW]
Xr : 전체 방출 에너지 중 방사된 에너지 분율
C : 거리 [m]

③ 관통부 마감재 이면온도 상승에 의한 화재 전파 → 차열성
　㉠ 마감재 이면에 열이 전달되어 이면온도 상승 → 발화
　㉡ $\dot{q}'' = \dfrac{k}{L}(T_1 - T_2)(\text{w/m}^2)$

　　　T_1, T_2 = 온도차, 즉 물체(벽면) 표면과 일정 깊이의 온도차[℃]
　　　L = 경로길이, 즉 벽이나 물체의 두께[m]
　　　k = 물질의 열전도도[W/m·K]
　　　내화 Seal 이면에 열이 전달되어 발화

❸ 관통부 화재전파 위험성

① 배관, 배선이 관통하는 벽, 바닥 등의 틈을 통한 화염전파
② 가연성 배관의 경우 변형, 탈락 등으로 구멍이 생겨 화염전파
③ 전선, 케이블 피복재가 연소하여 화염전파

❹ 관통부 방화조치

(1) 실리콘 Foam으로 채우는 방법

① 규소가 주성분으로 화재시 열을 받게 되면 Cell 내부의 공기가 팽창하여 벽과 벽 사이를 밀폐
② 시공 및 보수가 용이

(2) 시멘트 모르타르로 채우는 방법

시멘트 몰타르 이용하여 충진

(3) 내화 Seal로 채우는 방법

① 내화 Seal 연소방지제를 충진
② 열을 받으면, 그 자체는 타지 않으며, 열팽창하여 틈을 밀폐
③ 시공 및 보수가 용이

(4) 관통부 방화 밀폐재를 사용하는 방법

① 방화판을 틈에 맞게 절단
② 앵커 또는 볼트 고정하고 틈은 난연 레진으로 시공

5. 결론

구획부재에 내화성능과 동일한 성능을 가진 재료로 마감하여야 한다.

36. 내화충전구조(Firestop)

1. 개요

① 내화 충진재는 전기, 기계 설비에 방화벽이나 바닥을 관통하는 부분의 개구부를 마감하여 보호하기 위한 것이다.
② 이것은 그 개구부가 있는 벽 또는 바닥의 내화성능을 유지할 수 있도록 그 구조부의 요구 내화성능 이상의 내화성능을 가져야 한다.

2. 내화충전구조

(1) 정의

방화구획의 수직, 수평, 설비관통부, 조인트, 커튼월과 바닥사이 등의 틈새를 통한 화재확산방지를 위한 것으로

① 국토교통부 고시 제2010-331호 제21조에 의한 "세부운영지침"에서 정하는 절차와 방법, 기준에 따라 시험한 결과 성능이 확인된 재료 또는 시스템

> **Reference**
>
> ○ 제14조(건축물의 방화구획)
> 1. 영 제46조에 따른 방화구획으로 사용하는 60+방화문 또는 60분방화문은 언제나 닫힌 상태를 유지하거나 화재로 인한 연기 또는 불꽃을 감지하여 자동적으로 닫히는 구조로 할 것. 다만, 연기 또는 불꽃을 감지하여 자동적으로 닫히는 구조로 할 수 없는 경우에는 온도를 감지하여 자동적으로 닫히는 구조로 할 수 있다.
> 2. 외벽과 바닥 사이에 틈이 생긴 때나 급수관·배전관 그 밖의 관이 방화구획으로 되어 있는 부분을 관통하는 경우 그로 인하여 방화구획에 틈이 생긴 때에는 그 틈을 별표 1 제1호에 따른 내화시간(내화채움성능이 인정된 구조로 메워지는 구성 부재에 적용되는 내화시간을 말한다) 이상 견딜 수 있는 내화채움성능이 인정된 구조로 메울 것

(2) 내화 충전구조의 종류

① 설비 관통부 충전구조
② 선형죠인트 충전구조

(3) 지지구조 구성조건

지지구조 종류 \ 내화성능	1시간	1.5시간 이상	2시간 이상
스터드구조 경량부재	기준 제20조에 의거한 세부운영지침 [별표1]의 스터드벽체 중 1시간 이상 인정 내화구조	기준 제20조에 의거한 세부운영지침 [별표1]의 스터드벽체 중 1.5시간 이상 인정 내화구조	기준 제20조에 의거한 세부운영지침 [별표1]의 스터드벽체 중 2시간 이상 인정 내화구조
콘크리트패널 부재	기준 제20조에 의거한 세부운영지침 [별표1]의 콘크리트패널벽체 중 1시간 이상 인정 내화구조	기준 제20조에 의거한 세부운영지침 [별표1]의 콘크리트패널벽체 중 1.5시간 이상 인정 내화구조	기준 제20조에 의거한 세부운영지침 [별표1]의 콘크리트패널벽체 중 2시간 이상 인정 내화구조
콘크리트부재	100mm 이하 두께 콘크리트 또는 경량기포콘크리트	150mm 이하 두께 콘크리트 또는 경량기포콘크리트	150mm 이하 두께 콘크리트 또는 경량기포콘크리트

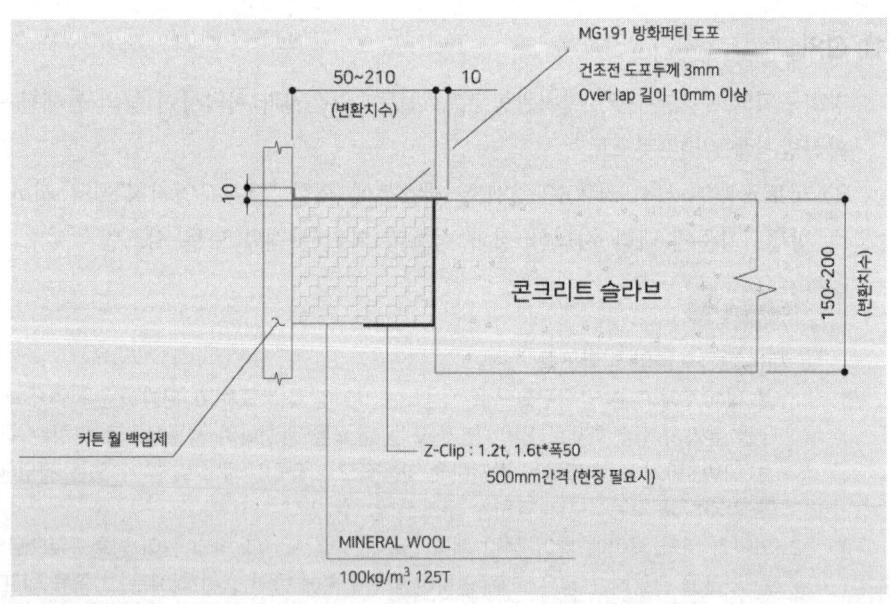

(4) 시험방법(성능기준 KS F 2257-1)

① 차염성
   ㉠ 면패드 시험결과, 면패드에 착화되지 않을 것
   ㉡ 이면 10sec 이상 화염이 없을 것
② 차열성(5개의 고정 열전대)
   최고온도 : 상승온도 180K를 초과하여 상승하지 않을 것

(5) 내화성능에 따른 충전구조의 시험기준 시간

① 건축물의 높이, 용도, 구성부재에 따라 내화구조의 내화성능기준에 따른 시간으로 한다.
② 요구내화시간(건교부령 2005-1225호) 〈소요 내화시간〉
   ㉠ 주거시설(공동주택, 다가구주택, 숙박시설, 의료시설)   (단위 : 시간)

구 분			4층/20m 이하	12층/50m 이하	12층/50m 초과
벽	외벽	내력벽	1	2	2
		비내력벽 연소할 우려가 있는 부분	1	1	1
		비내력벽 연소할 우려가 없는 부분	1/2	1/2	1/2
	내벽	내력벽	1	2	2
		비내력벽 간막이벽	1	1	2
		비내력벽 샤프트실구획벽	1	1	2
보, 기둥			1	2	3
바 닥			1	2	2
지 붕			1/2	1/2	1

   ㉡ 일반시설

구 분			4층/20m 이하	12층/50m 이하	12층/50m 초과
벽	외벽	내력벽	1	2	3
		비내력벽 연소할 우려가 있는 부분	1	1	1
		비내력벽 연소할 우려가 없는 부분	1/2	1/2	1/2
	내벽	내력벽	1	2	3
		비내력벽 간막이벽	1	1 1/2	2
		비내력벽 샤프트실구획벽	1	1 1/2	2

		보, 기둥	1	2	3
		바닥	1	2	2
		지붕	1/2	1/2	1

ⓒ 산업시설(공장, 창고, 위험물저장, 쓰레기처리시설, 분뇨시설 등)

구 분			4층/20m 이하	12층/50m 이하	12층/50m 초과
벽	외벽	내력벽	1	2	2
		비내력벽 연소할 우려가 있는 부분	1	1	1 1/2
		비내력벽 연소할 우려가 없는 부분	1/2	1/2	1/2
	내벽	내력벽	1	2	2
		비내력벽 간막이벽	1	1	1 1/2
		비내력벽 샤프트실구획벽	1	1	1 1/2
보, 기둥			1	2	3
바닥			1	2	2
지붕			1/2	1/2	1

③ 내화성능에 따른 충전구조의 등급 표시

구 분	1시간	1.5시간	2시간
스터드구조경량부재	A-1	A-1.5	A-2
콘크리트패널부재	B-1	B-1.5	B-2
콘크리트부재	C-1	C-1.5	C-2

㉠ 등급에 따라 A등급은 모두 사용 가능하고, B등급은 B, C등급에서만 사용가능하다.
㉡ 2시간 이상 내화성능은 별도의 시험결과에 따라 할 수 있다.

> Reference

내화충전구조의 내화시험방법

Ⅰ. 설비관통부 충전시스템 내화시험방법

1. 시험 방법
  1.1 시험체 제작
    1.1.1 내화충전구조 시험체 제작은 한국산업규격 KS F ISO 10295-1 및 시험신청내용에 따라 가능한 현장 시공조건과 동일하게 제작하여야 한다.
    1.1.2 시험체의 크기, 관통재 및 충전재의 설치 등 시험체 제작과 관련된 사항은 한국산업 규격 KS F ISO 10295-1에 따른다.
    1.1.3 설비관통부 충전시스템의 관통재가 파이프일 경우 밀도 100kg/㎥ 이상의 미네랄울(Mineral wool) 또는 세라믹울(Ceramic wool)로 파이프 양끝을 각각 100±10mm 깊이로 밀실하게 막아 배관 끝 처리를 하도록 한다.
  1.2 시험체 양생
    시험체의 양생은 일반적인 사용 조건 및 한국산업규격 KS F ISO 10295-1에 따른다.
  1.3 내화시험
    1.3.1 시험조건
      가) 로내열전대 및 가열로의 압력
        로내열전대 및 가열로의 압력조건은 KS F 2257-1에 따른다. 나)
      나) 시험환경
        시험은 시험체의 초기평균온도(시험체 이면온도)가 20±15℃ 이내에서 실시하여야 한다.
      다) 이면열전대
        설비관통부 충전시스템의 이면열전대는 다음과 같이 설치한다.
        1) 시험체 이면의 관통부 충전재로부터 관통재가 돌출되는 지점에서 25 mm 떨어진 곳의 관통재 표면. 이 위치의 측정은 각각의 유형 및 크기의 관통재에 대한 온도를 측정하여야 한다.
        2) 조밀하게 묶이거나 그룹지어진 관통재는 하나의 관통재로 취급한다.
        3) 관통재가 수직부재를 관통하는 경우 열전대 중 1개는 관통재의 최상단 표면에 설치하여야 한다.
        4) 표면열전대는 관통부로부터 돌출된 관통재의 어떤 코팅이나 단열된 끝부분으로부터 25mm 떨어진 곳에 설치하여야 한다(관통재 표면열전대 포함).
        5) 전술한 표면 열전대는 관통재의 외주길이 500mm 마다 1개씩 추가 설치하되, 열전대들은 관통재의 둘레에 균등하게 분포되어야 한다.
        6) 각 유형의 관통재(관통재 그룹)로부터 25mm 지점의 충전재 면. 관통재 둘레 500mm 마다 1개씩 추가 설치한다.
        7) 설비관통재로부터 관통부 끝까지의 최대거리 2등분 지점의 충전재 표면 온도를 측정하여야 한다.

8) 관통부와 지지구조체의 접합부분 중 1지점의 온도를 측정하여야 한다. 수직부재의 경우 개구부 상부에서의 온도를 측정하여야 한다.
9) 충전재를 관통하는 래크, 트레이 등 설비지지구조의 표면으로서 충전재로부터 25mm 떨어진 1지점의 온도를 측정하여야 한다.

라) 이동열전대
시험 중 높은 온도가 예측되는 부위의 비가열면 온도측정을 위해 이동열전대를 적용할 수 있다. 단, 설비고정을 위한 지지물이 직접 노출된 부위에는 적용하지 않는다. 기타 이동열전대의 적용방법은 한국산업규격 KS F 2257-1에 따른다.

마) 차염성능 측정
차염성능 측정을 위한 방법은 한국산업규격 KS F 2257-1에 따른다.

바) 시험의 실시 등
시험의 실시, 측정 및 관측사항 등 시험조건에 관한 기타의 사항에 대하여는 한국산업규격 KS F ISO 10295-1에 따른다.

1.3.2 시험체수

가) 설비관통부 충전시스템의 내화시험은 2회를 실시한다. 수직구획부재의 경우 양면에 대해 각 1회씩 시험하며 수평구획부재의 경우 화재노출면에 대해 2회 시험한다.
나) 동일 충전시스템이 수직구획부재와 수평구획부재에 모두 사용되는 경우는 수직구획부재와 수평구획부재에 대해 각1회씩 시험한다. 단, 수직구획 충전시스템이 비대칭 구조일 때에는 수직구획부재 양 방향에 대해 각1회씩 시험하여야 한다.

1.3.3 내화시험방법

설비관통부 충전시스템의 내화시험방법은 한국산업규격 KS F ISO 10295-1에 따른다.

1.4 판정기준

1.4.1 차열성능

이면열전대 및 이동열전대의 온도가 어느 한 개라도 초기온도보다 180K를 넘어서면 안된다.

1.4.2 차염성능

차염성능은 KS F 2257-1에 의하여 결정되어야 한다. 단, 균열게이지는 적용하지 않는다.

2. 시험결과의 적용

기준 제22조 제4항에 의거하여 시험결과에 대해 다음의 사항을 적용한다. 기타 시험결과의 적용에 관한 사항은 한국산업규격 KS F ISO 10295-1에 따른다.

2.1 파이프 류 관통부의 크기 제한 등

시험체 설치 가능한 관통재의 크기 등을 고려하여 강관 재질의 파이프류에 대하여는 관통재의 최대 크기를 내경 기준 400 으로 하며, 그 이상의 관통재는 별도의 시험 없이 사용 가능하다.

2.2 덕트 류 관통부의 크기 제한 등

시험체 설치 가능한 관통재의 크기 등을 고려하여 덕트류 관통재의 최대 크기는 수평재의 경우 1,000×250, 수직재의 경우 1,000×5000이며, 그 이상의 관통재는 별도의 시험 없이 사용 가능하다.

2.3 케이블 류 관통부의 면적 제한 등
시험 가능한 케이블의 크기를 고려하여 단위 동선의 단면적은 최대 240㎟로 하며, 동선 단면적 합의 최대치는 2,000㎟ 이하로 한다.

3. 시험결과의 표현
시험성적서에는 표2.의 설비관통부 내화충전구조 등급을 표시하고 합·부 표기를 하여야 한다. 기타 시험결과의 표현 및 시험성적서에 명시되어야 할 사항으로서 이 지침에서 정하지 않는 사항은 한국산업규격 KS F ISO 10295-1에 따른다.

Ⅱ. 선형조인트 충전시스템 내화시험방법

1. 적용범위
이 시험방법은 선형조인트 충전시스템의 내화성능을 결정하기 위한 방법을 규정한다.

2. 용어의 정의
 2.1 선형조인트
하나 또는 두개 이상의 건축구조부재 사이에 나란히 놓여진 선형공간으로 길이와 너비의 비율이 10 : 1 이상인 것
 2.2 선형조인트 충전시스템
화재구획기능과 함께 선형연결부 안에서 구조체의 움직임의 정도를 흡수 또는 대응하기 위해 설계된 시스템
 2.3 조인트 너비
생산자 또는 시험신청자에 의해 선정된 조인트의 지정 너비
 2.4 이음
선형조인트 충전시스템 사이 또는 길이 내의 연결 또는 조합
 2.5 지지구조
시험체가 설치되어 있는 시험이 요구되는 구획부재의 구조
 2.6 시험구조
지지구조를 포함하는 시험체가 조립된 구조
 2.7 시험체
선형조인트 충전시스템의 내화성능과 이것이 다른 구획부재의 내화성능에 기여하는 성능을 결정하기 위한 목적으로 준비된 주어진 재료, 설계, 치수의 선형조인트 충전시스템

3. 시험장치
선형조인트의 긴 끝과 가열로 벽간의 거리는 200 mm 이상이어야 하며, 가열로의 크기는 선형조인트 너비의 10배가 되는 길이를 가열할 수 있는 크기이어야 한다.

4. 시험환경
시험은 시험체의 초기평균온도(시험체 이면온도)가 20 ± 15 ℃이내에서 실시하여야 하며, 가열로 등 시험장비 및 기타 환경조건은 KS F 2257-1의 조건에 만족하여야 한다.

5. 시험구조
 5.1 일반사항
    등급을 구하는 경우 시험체에는 각각의 지지구조 타입과 종류가 정해져야 한다.
 5.2 크기
    선형조인트 충전시스템의 단면은 균일하게 설계되어야 하고, 시험을 위해 선정된 구획부재 내에 수용할 수 있는 최대 길이이어야 한다. 조인트의 길이는 최소 900㎜이어야 한다. 가장자리 부분에서의 주위 영향을 배제하기 위해 선형조인트 충전시스템의 긴 끝과 구획부재의 가열되는 부분의 가장자리 사이의 거리는 200㎜ 이상이어야 한다.
 5.3 시험체 수
  5.3.1 선형조인트 충전시스템의 내화시험은 2회를 실시한다. 수직부재의 경우 양면에 대해 각1회씩 시험하며 수평부재의 경우 화재노출면에 대해 2회 시험한다.
  5.3.2 동일 충전시스템이 수직구획부재와 수평구획부재에 모두 사용되는 경우는 수직구획 부재와 수평구획부재에 대해 각1회씩 시험한다. 단, 수직구획 충전시스템이 비대칭 구조일 때에는 수직부재 양 방향에 대해 각1회씩 시험하여야 한다.

6. 시험체의 설치
 6.1 일반사항
    시험체의 제작, 조립, 설치과정에 사용된 모든 재료는 실제 사용되는 시험체의 설계, 재료, 제작의 대표적인 것이 되어야 한다.
 6.2 지지구조
  6.2.1 지지구조는 실제로 사용되는 대표적인 구조로서 내화성능이 확보된 것이어야 한다.
  6.2.2 커튼월 지지구조는 콘크리트 또는 경량기포콘크리트부재로서 바닥과 벽체의 접합부위를 구현할 수 있는 것이어야 하고, 벽체부위는 바닥부재면으로부터 상하 200㎜ 이상 연장되도록 하여야 한다.
  6.2.3 벽 및 바닥구조로 사용되는 콘크리트 부재는 (650±200)kg/㎥ 또는 (2 200±250)kg/㎥의 밀도를 가진 것이어야 한다.
 6.3 시험구조
  6.3.1 조인트는 한개의 슬래브 내 또는 인접한 별개의 부재들로 구성되어야 한다. 선형조인트 시스템은 제조자의 시방에 따라 설치하며 시험신청시 제출한 도면 등 관련서류내용과 일치하여야 한다.
  6.3.2 선형조인트 충전시스템은 가열로에 수용할 수 있는 범위 내에서 실제 사용할 수 있는 최대길이가 가열될 수 있도록 하여야 한다. 단, 충전시스템의 최대길이가 가열로에 수용할 수 있는 범위를 넘는 경우 가열로의 최소 크기는 수직부재의 경우 3 m×3m, 수평부재의 경우 3m×4m이어야 한다.
  6.3.3 선형조인트 충전시스템에 이음부위가 발생하는 경우 시험구조 내에 1개소 이상의 이음부위를 두어야 한다.
    가) 수직부재의 경우 가열로 최상부와 수직방향 중앙지점과의 중간지점 또는 그보다 윗부분에 이음부위를 둔다.
    나) 수평부재의 경우 가열로 길이방향 중앙지점에 이음부위를 둔다.
  6.3.4 다수의 선형조인트 충전시스템을 1개의 지지구조에 설치하는 경우 가열면에서 인접 충

전재간의 거리는 지지구조의 두께보다 크거나 200 mm 이상이어야 한다. 비가열면에서 인접 충전재간의 최소거리는 200 mm 이상이어야 한다.

7. 측정장비
7.1 일반
가열로 압력조건, 기타 제어, 관측, 기록장치는 KS F 2257-1에 따른다.
7.2 열전대
7.2.1 가열로 열전대
가열로 열전대는 KS F 2257-1에 따른다.
7.2.2 이면 열전대
가) 이면열전대는 KS F 2257-1에 따른다.
나) 시험체 열전대는 선형조인트 충전재의 중심선에 있어야 한다.
다) 시험체 열전대는 시험체 길이방향의 중간지점에 1개를 설치하고(중간지점에 이음 부위가 있는 경우 이음부위 열전대를 피해 설치) 중간지점으로부터 길이방향 양쪽 1m 지점에 각 1개씩 설치한다. 단, 시험체 길이가 짧은 경우 시험체 중앙 및 길이방향(양단 200mm 제외) 4등분 점에 열전대를 설치한다.
라) 충전재 이음부분의 중앙에 1개의 이면열전대를 설치한다.
마) 지지구조와 충전재 시험체 간 연결부에 2개의 이면열전대를 설치한다. 이때 열전대 위치는 시험체 길이방향 중간지점에서 양방향 500 mm 이내의 범위에서 정한다. 단, 시험체 길이가 짧은 경우 시험체 길이방향 중간지점과 시험체 열전대 사이 중간지점에 열전대를 설치한다. 연결부 이면열전대는 중심이 시험체 끝부분으로부터 15mm 이내 거리에 위치하도록 지지구조에 설치한다.
바) 이면열전대는 시험체 가장자리에서 200mm 이내에는 설치하지 않는다.
사) 열전대 부착위치가 평면이 아닌 경우 열전대 고정판과 패드를 표면형태에 따라 변형시켜서 사용한다.
아) 작은 단면의 경우 패드의 최소폭과 길이를 12mm까지 축소하여 사용할 수 있다.
자) 선형조인트 충전시스템이 지지구조 이면에 오목하게 되어 있고 선형조인트 충전시스템의 너비가 12mm 이하인 경우 열전대의 중심이 시험체 끝부분으로부터 15mm 이내의 거리에 위치하도록 지지구조에 설치한다.
차) 이면열전대가 인접설치되는 경우는 50mm 이상 이격시켜야 한다.
7.2.3 이동열전대
시험 중 높은 온도가 예측되는 부위의 비가열면 온도측정을 위해 이동열전대를 적용할 수 있다. 이동열전대의 적용은 KS F 2257-1에 따른다.

8. 시험절차
시험절차 및 시험 중의 측정과 관찰에 관한 사항은 KS F 2257-1에 따른다.

9. 판정기준
9.1 차열성능
이면열전대의 온도가 어느 한 개라도 초기온도보다 180 K를 넘어서면 안된다.

9.2 차염성능

차염성능은 KS F 2257-1에 의하여 결정되어야 한다. 단, 균열게이지는 적용하지 않는다.

10. 시험결과의 적용

기준 제22조 제4항에 의거 이전의 시험결과 적합한 충전시스템과 동일한 구성 및 재질인 것으로서 조인트의 폭 및 길이가 작은 경우 이미 발급된 성적서로 그 성능을 갈음할 수 있다. 수용 가능한 최대 크기의 가열로 시험에 적합한 충전시스템은 실제 사용할 수 있는 최대 길이의 사용을 허용한다.

11. 시험결과의 표현

시험결과는 이 시험방법에 따라 차열성능과 차염성능의 기준에 부합하는 시간동안 기록되어야 한다. 하나의 시험에서 여러 충전시스템이 포함되어 있으면, 각각의 선형조인트 충전시스템의 성능은 분리하여 판단하여야 한다.

시험결과에는 선형조인트 충전시스템의 설치 정보(가열로, 지지구조, 시스템 구성 및 주요 재료 등)가 표기돼야 하며, 동일한 선형조인트 충전시스템에 대하여 수평, 수직가열로에 대해 모두 시험한 경우 이에 대해 확인할 수 있도록 하여야 한다.

시험성적서에는 본문 표2.의 설비관통부 내화충전구조 등급을 표시하고 합·부 표기를 하여야 한다.

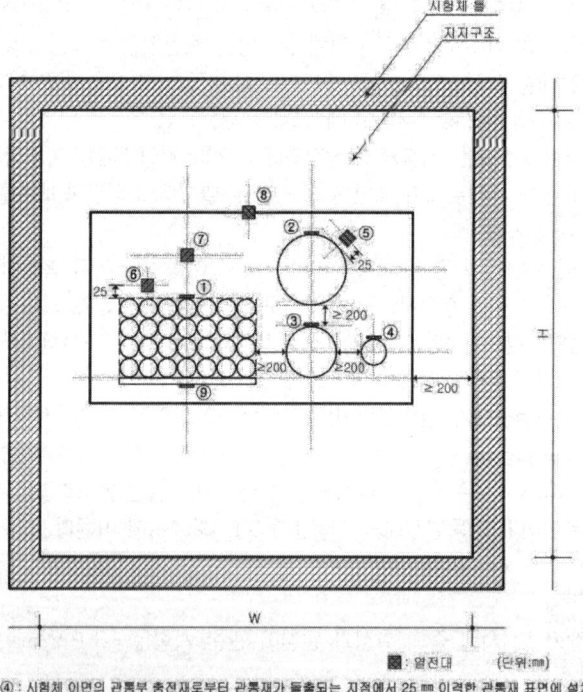

【 그림 1. 설비관통부 이면열전대 설치 예 】

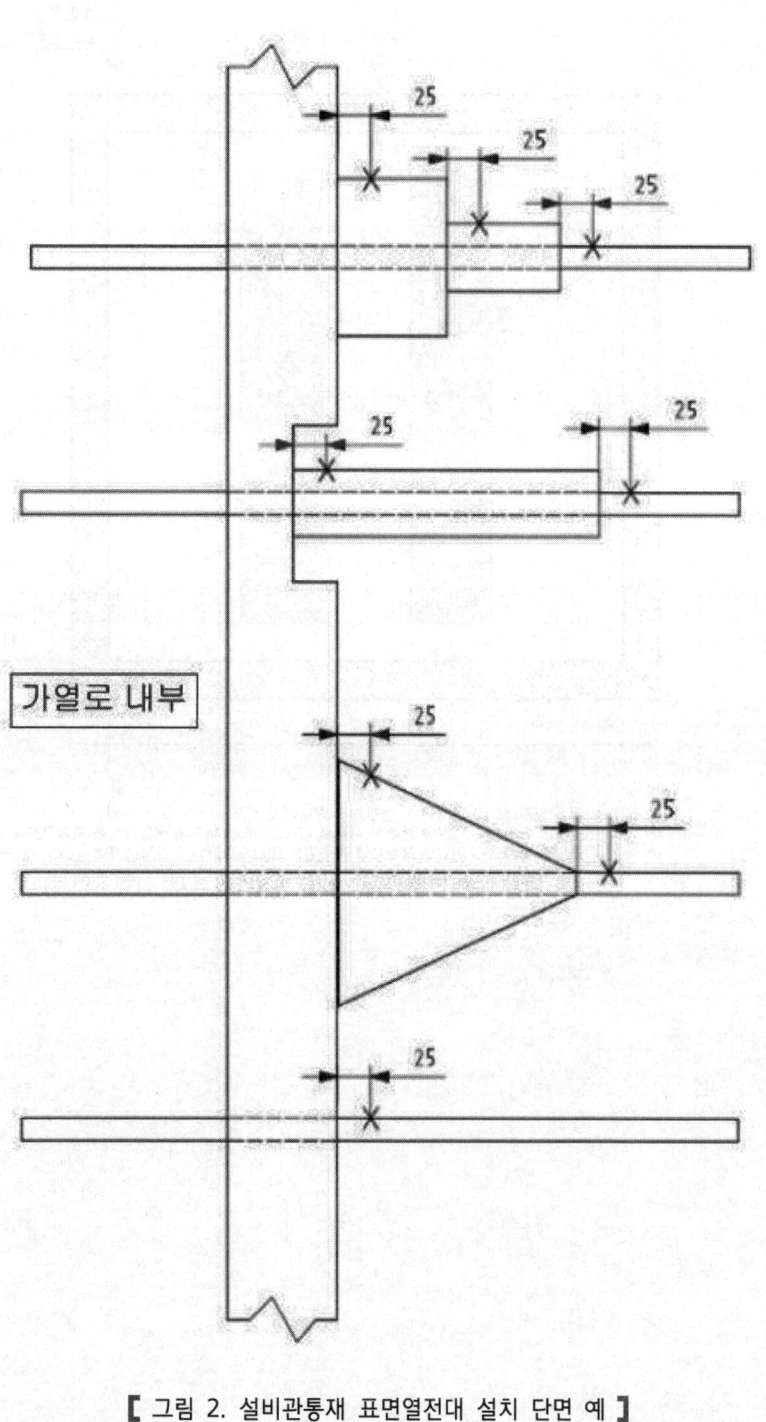

【 그림 2. 설비관통재 표면열전대 설치 단면 예 】

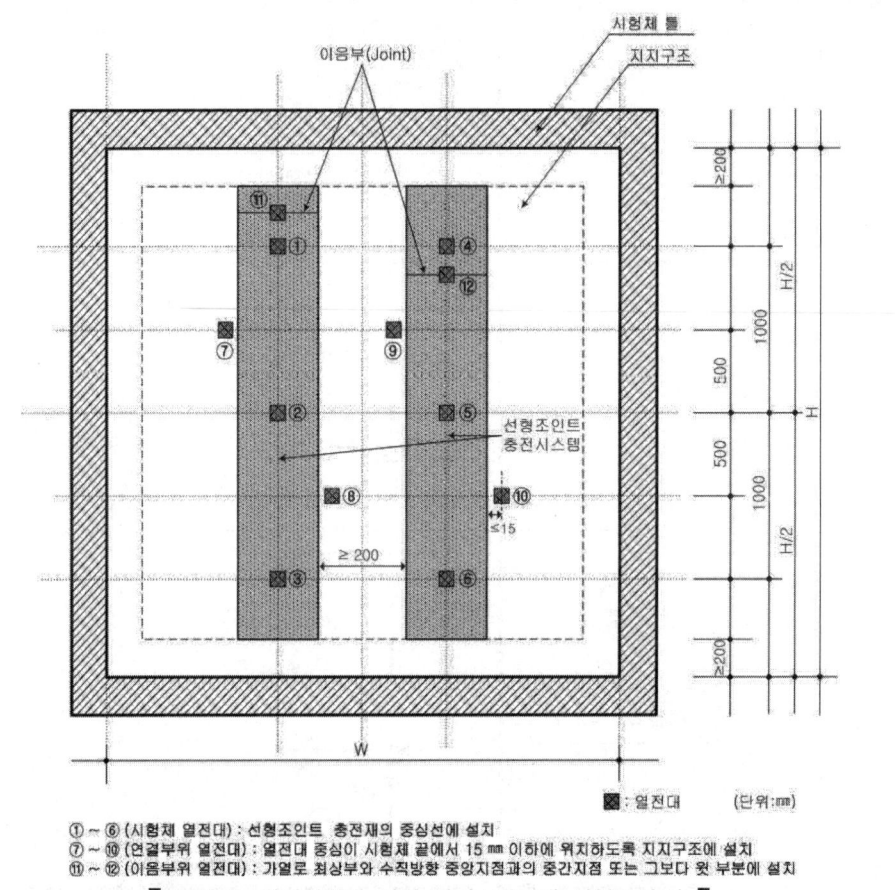

【 그림 3. 이면열전대 설치 예 (수직부재 선형조인트) 】

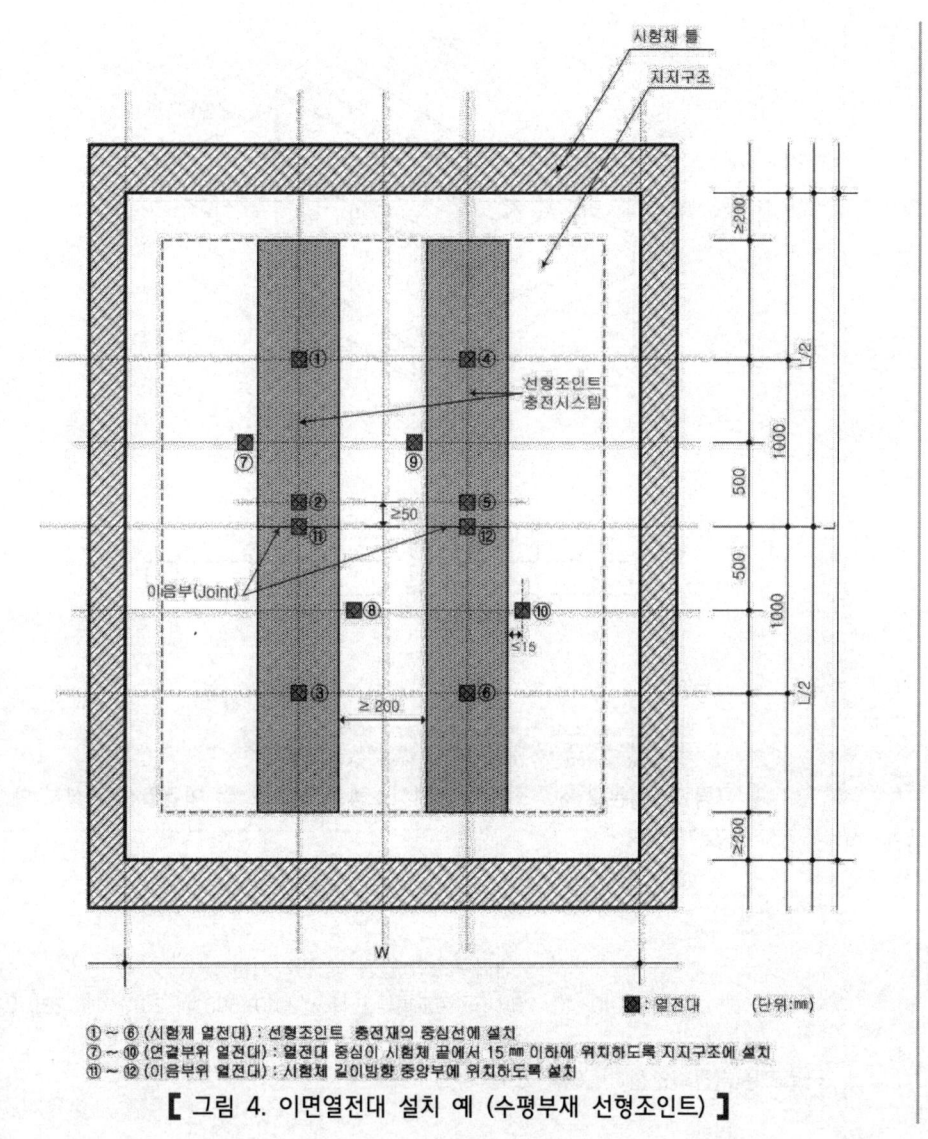

① ~ ⑥ (시험체 열전대) : 선형조인트 충전재의 중심선에 설치
⑦ ~ ⑩ (연결부위 열전대) : 열전대 중심이 시험체 끝에서 15㎜ 이하에 위치하도록 지지구조에 설치
⑪ ~ ⑫ (이음부위 열전대) : 시험체 길이방향 중앙부에 위치하도록 설치

【 그림 4. 이면열전대 설치 예 (수평부재 선형조인트) 】

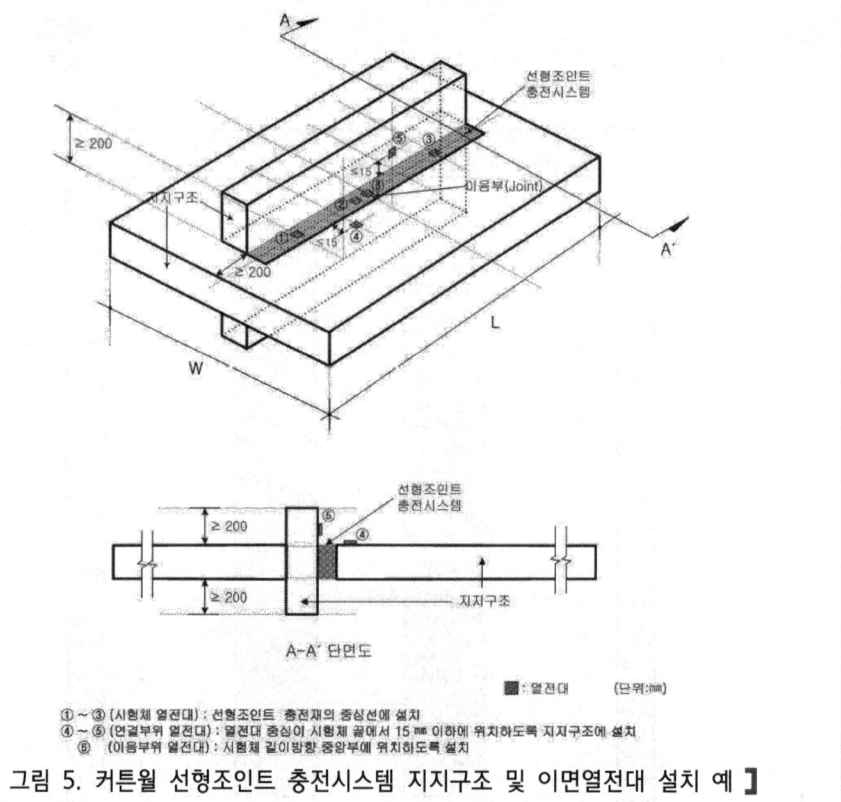

【 그림 5. 커튼월 선형조인트 충전시스템 지지구조 및 이면열전대 설치 예 】

> **Reference**
>
> 내화구조의 인정 및 관리기준
> [시행 2019. 10. 28.] [국토교통부고시 제2019-593호, 2019. 10. 28., 일부개정.]
>
> 국토교통부(건축안전과), 044-201-4992
>
>   제1장 총칙
> **제1조(목적)** 이 기준은 건축물의 피난·방화구조 등의 기준에 관한 규칙 (이하 "규칙"이라 한다) 제3조 제8호 및 제10호에 따라 화재시 인명과 재산 및 건축물의 구조적 안전을 도모하기 위한 건축물의 주요구조부 등에 사용되는 내화구조의 인정 및 관리에 관한 기준과 동 규칙 제14조제2항제2호에 의한 내화충전구조의 관리에 관한 사항을 정함을 목적으로 한다.
> **제2조(정의)** 이 기준에서 사용하는 용어의 정의는 다음과 같다.
>   1. "내화구조"라 함은 이 기준에 따라 실시된 품질시험의 결과로부터 한국건설기술연구원장(이하 "원장"이라 한다)이 내화성능을 확인하여 인정한 구조를 말한다.
>   2. "품질시험"이라 함은 내화구조의 인정에 필요한 내화시험 및 부가시험을 말한다.
>   3. "제조업자"라 함은 내화구조 또는 내화충전구조를 구성하는 주요 재료·제품의 생산 및

제조를 업으로 하는 자를 말한다.
4. "시공자"라 함은 내화구조를 사용하여 건축물을 건축하고자 하는 자로서 건설산업기본법 제9조의 규정에 따라 등록된 일반건설업을 영위하는 자(직영공사인 경우에는 건축주를 말한다)를 말한다.
5. "신청자"라 함은 이 기준에 의하여 내화구조의 인정을 받고자 신청하는 자를 말한다.
6. "내화품목"이라 함은 내화구조를 구분하는데 있어 그 구성 제품의 종류에 따라 유사한 재료성분 및 형태로 묶어 분류한 것을 말한다.
7. "내화충전구조"라 함은 방화구획의 수평·수직 설비관통부, 조인트 및 커튼월과 바닥 사이 등의 틈새를 통한 화재 확산방지를 위한 것으로서, 제21조에 의한 "세부운영지침"에서 정하는 절차와 방법, 기준에 따라 시험한 결과 성능이 확인된 재료 또는 시스템을 말한다.

제2장 내화구조의 성능기준과 인정절차

제3조(성능기준) 건축물의 벽·기둥·보·바닥·지붕틀 또는 지붕 등 일정부위에는 건축물의 용도별 층수 및 높이에 따른 규모에 따라 화재시의 가열에 규칙 [별표1]에서 정하는 시간 이상을 견딜 수 있는 내화구조이어야 한다.

제4조(내화구조의 인정신청) ① 신청자가 내화구조의 인정을 받고자 하는 경우, 별지 제1호 서식의 내화구조 인정 신청서에 [별표2]에서 정한 서류를 첨부하여 원장에게 신청하여야 한다.
② 제1항의 신청자는 제조업자 또는 시공자로 하되 원장이 인정하는 부득이한 경우에는 제조업자의 위임을 받은 자(이하 "대리신청인"이라 한다)가 대리신청을 할 수 있으며 신청자가 2인 이상인 경우에는 공동명의로 신청할 수 있다.
③ 신청자가 2인 이상인 경우, 대표자를 선정하여 신청자 공통 품질관리 설명서 등을 갖추어야 하며, 각 신청자별로 내화구조가 동일한 재료로 제조되어 그 품질이 기준의 범위 내로 관리되고 있는 증빙서류를 첨부하여야 한다.
④ 시공자는 내화구조 인정을 받고자 하는 당해 시공현장별로 내화구조 공사착공 전에 내화구조 인정을 신청하여야 한다.
⑤ 인정을 받은 내화구조로서 제19조제1항제2호에 따라 내화 구조의 인정이 취소된 자(당해 내화구조를 구성하는 재료의 생산·제조 공장을 포함한다)가 동일 성능의 동일 내화품목에 대하여 새로이 인정신청을 하는 경우에는 품질의 개선 및 개량 등을 위하여 취소된 날로부터 6개월 이후에 하여야 한다.
⑥ 제19조제1항제1호부터 제3호까지의 사유 이외의 사유로 인정이 취소된 자는 동일 성능의 동일 내화품목에 대한 인정신청을 새로이 하는 경우 인정이 취소된 날로부터 12개월 이후에 할 수 있다.
⑦ 제19조제2항에 따라 인정이 취소된 자(해당 내화구조를 구성하는 재료의 생산·제조 공장을 포함한다)가 인정신청을 새로이 하는 경우에는 내화구조에 대해 반려되거나 취소된 날로부터 24개월 이후에 하여야 한다.
⑧ 인정신청시 인정이 유효하거나 취소된 구조와 동일한 내화구조명을 사용할 수 없다.
⑨ 내화구조의 인정을 받은 자는 다음 각호에 해당하는 경우에는 동일 품목에 대하여 내화구조 인정을 신청할 수 없다.
1. 내화구조를 2인 이상 공동으로 인정받은 자중 1인이 제4조제5항부터 제7항까지 적용을 받는 경우

2. 제13조에 따라 유효기간 연장을 위하여 품질시험을 실시중인 경우(품질시험 개시일부터 결과조치 완료일까지로 한다)
3. 제16조에 따른 공장품질관리 확인점검중인 경우(점검 개시일부터 결과보고일까지로 하되, 제18조에 따른 개선요청한 경우 조치완료일까지로 한다)
4. 제16조에 따른 공장 및 공사현장품질관리 확인결과 제18조의2에 따라 내화구조 인정이 일시정지 중인 경우
⑩ 원장은 제1항에 따른 제출서류 중 원재료 및 구성재료 배합비 등 신청자가 영업활동을 위해 비밀보장을 요구하는 서류에 대하여는 비밀을 유지하여야 한다.
⑪ 제2항의 신청자는 내화구조로 인정받지 않은 구조를 내화구조로 생산하거나 판매 또는 시공할 수 없다.

제5조(내화구조의 인정절차 및 처리기간) ① 원장은 제4조의 규정에 의하여 신청된 내화구조에 대하여 [별표3]의 내화구조 인정절차에 따라 업무를 진행하고, 처리기간은 [별표4]에서 정한 기간으로 한다.
② 원장은 내화구조 인정 및 관리업무 수행상 불가피한 사유로 인하여 처리기간이 연장되어야 할 경우에는 1회에 한하여 15일 이내의 범위를 정하여 연장할 수 있으며, 신청자에게 그 사유를 통보하여야 한다.

제6조(공장의 품질관리상태 확인) 원장은 제4조의 규정에 의하여 신청된 내화구조에 대하여 [별표2]의 인정신청시 첨부도서에 대한 생산공장 품질관리상태를 확인하여야 한다.

제7조(시료채취 및 시험체 제작) ① 원장은 제4조에 따라 신청된 구조의 품질시험을 위한 시료 또는 시험편을 「산업표준화법」에 따른 한국산업표준이 정하는 바에 따라 채취하여 다음 각호의 사항을 확인하여야 한다. 다만, 시료채취방법이 별도로 정하여 있지 않은 경우에는 원장이 정하는 기준에 따른다.
1. 원재료 품질규격 및 구성배합비 등
2. 제조공정 및 제품의 품질규격 등
3. 구조의 상세도면과의 동일 여부 등
② 원장은 신청자가 품질시험 실시기관을 지정하는 경우에 품질시험을 실시하는 시험기관의 장에게 신청자료 등을 제공하여야 한다.
③ 품질시험을 실시하는 시험기관의 장은 시험을 위하여 운반된 시료 또는 시험편이 제1항에 따라 채취된 것임을 확인하고, 제4조의 규정에 의한 신청자로 하여금 신청시 제출한 구조 및 시공방법과 동일하게 시험체를 제작하게 하여 신청자 등과 함께 시험체를 확인하여야 한다.
④ 품질시험을 실시하는 시험기관의 장은 다음 각 호에 해당하는 부정한 방법으로 신청내용과 상이하게 시험체가 제작된 경우, 즉시 원장에게 보고하여야 한다.
1. 제7조제1항에 따라 채취한 시료와 상이한 재료를 사용하여 시험체를 제작한 경우
2. 측정센서에 이물질을 피복하는 등 제8조에 따른 품질시험을 방해하는 경우
3. 시험기관에서 확인한 시험체를 신청자 등이 임의로 수정한 경우
4. 그 밖에 고의로 신청내용 또는 인정내용과 상이하게 시험체를 제작한 경우

제8조(품질시험) ① 품질시험을 실시하는 시험기관의 장은 신청된 구조의 품질시험을 실시하되, 품질시험방법은 「산업표준화법」에 따른 한국산업표준이 정하는 바에 따라 품질시험을 실시하여야 한다. 다만, 품질시험방법이 별도로 정하여 있지 않은 경우에는 원장이 정하는 기준에 따른다.

② 신청자는 내화구조 품질시험의 전부 또는 일부를 건축법시행령 제63조에 따라 지정된 시험기관에서 할 수 있으며, 품질시험을 실시하는 시험기관의 장은 시험체 제작·시험일정 및 과정, 시험결과를 기록관리하고, 원장의 요구가 있는 경우에는 즉시 제출하여야 한다.
③ 원장은 제2항의 시험기관이 시험결과를 부정발급한 사실을 확인한 경우에는 해당 시험기관에 대하여 국토교통부 등 관계기관에 부정사실을 즉시 보고하여야 한다.
④ 제2항의 신청자는 본인 또는 「독점규제 및 공정거래에 관한 법률」 제2조에 따른 신청자의 계열회사에서 품질시험을 하여서는 아니된다.
⑤ 원장은 제2항 각호의 시험기관에 대하여 년 1회 이상 내화시험을 입회하고, 시험체의 제작 등 기록관리상태를 점검할 수 있다.

제9조(인정심사 및 자문위원회의 구성) ① 원장은 제4조의 규정에 의하여 신청된 내화구조에 대하여 다음 각호의 사항을 심사한 후 인정여부를 결정하여야 한다.
1. 신청구조의 품질시험 방법과 결과의 적정성
2. 신청구조의 내구성 및 안전성
3. 신청구조의 제조·품질관리, 시공의 적정성 등
4. 신청구조의 구조설명서 및 시방서, 재료의 품질규격 및 현장품질관리의 적정성 등

② 원장은 규칙 제3조제8호 및 제10호, 규칙 제27조에 따라 내화구조 인정과 관련하여 다음 각호의 사항에 대한 심의를 위하여 한국건설기술연구원에 학회, 시험기관, 관련단체 등 전문가 15인 이상으로 자문위원회(이하 "위원회"라 한다)를 둔다.
1. 내화구조의 인정 및 관리업무에 관련된 제반 사항
2. 규칙 제27조의 신제품의 신청자격, 품질시험방법 및 판정기준 등

③ 원장은 현장시공오차 및 시공기술자의 숙련도 등을 고려하여 다음 각 호에 해당하는 구조의 경우에는 안전율을 적용하여 인정할 수 있다.
1. 도료 및 뿜칠재를 적용한 구조의 인정 피복두께는 신청두께 이상으로 하되, 시험체 제작시 확인된 두께보다 10%까지 증가
2. 목재를 적용한 구조(원목, 집성재 목구조 등)의 인정 탄화두께는 시험체의 실측 탄화두께보다 10%까지 증가

④ 제2항의 위원회의 구성, 운영방법 등 세부사항은 원장이 정한다.

제10조(인정 등의 통보) ① 원장은 제4조에 따라 신청된 내화구조를 인정하는 경우 또는 제13조에 따라 내화구조의 유효기간을 연장하는 경우에는 다음 각호에서 정한 사항을 해당업체에 통보하고 이를 공고하여야 한다.
1. 내화구조의 공고내용(상세도면, 공사방법, 현장품질검사 및 검사 방법과 기준 등에 관한 세부내용)
2. 내화구조의 인정서(별지 제2호서식 또는 별지 제3호서식)
3. 내화구조의 제품품질관리 사항(내화구조 품질관리확인서 등)

② 원장은 내화구조 인정의 일시정지 또는 일시정지 사유가 해소된 경우와 제19조에 따라 내화구조 인정을 취소하는 경우에는 내화 구조명 및 일시정지 또는 취소 사유 등을 해당업체에 통보하고 이를 공고하여야 한다.
③ 원장은 제1항 및 제2항에 따라 내화구조의 인정, 유효기간 연장, 일시정지 또는 인정취소 공고를 한 경우에는 국토교통부장관 및 시·도지사, 대한건축사협회, 대한건설협회, 한국건설감리협회 등 건설관련단체에 공고내용을 통보하여야 한다.

제11조(인정의 표시) ① 제10조의 규정에 의하여 내화구조로 인정을 받은 자는 내화구조 인정제품, 구조 또는 그 포장에 내화구조를 나타내는 [별표5]의 표시를 하여야 한다.
② 제1항에서 규정한 인정표시는 인정 내화구조가 아닌 제품 또는 포장에 동일하거나 유사한 표시를 하여서는 아니된다.
③ 시공자가 내화구조로 인정을 받은 경우에는 당해 건축공사에 한하여 인정하여야 하고, 또한 당해건축공사에 사용되는 것에 한하여 제1항의 표시를 하여야 한다.

제3장 내화구조의 관리

제12조(인정변경 및 양도·양수) 제10조에 따라 내화구조의 인정을 받은 자는 다음 각호에 해당하는 변경사유가 발생시에는 변경내용을 상세히 작성한 서류를 첨부하여 원장에게 인정변경 신청을 하고 확인을 받아야 한다. 이 경우, 인정변경신청은 변경사유가 발생한 날로부터 60일 이내에 하여야 하며, 인정 내화성능에 영향을 미치는 사항에 대해서는 변경신청할 수 없다.
1. 상호 또는 대표자의 변경(양도·양수, 상속 등 재산권 변동사항을 포함한다)
2. 공장의 이전 또는 주요시설의 변경
3. 내화성능에 영향을 미치지 않는 경미한 세부인정 내용의 변경
4. 품질관리 전담인력의 변경

제13조(내화구조의 유효기간 및 유효기간 연장) ① 인정받은 내화구조의 유효기간은 인정 또는 연장받은 날로부터 5년을 원칙으로 한다. 다만, 시공자가 인정을 받은 내화구조는 유효기간을 적용하지 않는다.
② 제10조의 규정에 따라 내화구조의 인정을 받은 자가 내화구조 유효기간의 연장을 받고자 할 경우에는 유효기간이 만료되기 6개월 이내에 원장에게 제6조에 따른 공장 품질관리상태 확인 및 제7조에 따른 시료채취를 요청하여야 하며, 채취된 시료에 대해서 제8조에 의한 품질시험기관에 품질시험을 요청하고, 유효기간 만료 15일 전까지 품질시험결과를 원장에게 제출하여야 한다. 다만, 규칙 제3조 제8호 각목에 해당하는 구조를 내화구조로 인정받은 자가 내화구조의 유효기간을 연장받고자 하는 경우에는 유효기간이 만료되기 6개월 이전에 원장에게 품질관리상태 확인을 요청하여야 한다.
③ 제2항 단서조항의 경우 원장은 제14조의 자체품질관리에 대한 확인결과 제20조의 세부운영지침에 부합하는 경우 해당구조의 유효기간을 제1항에 따라 연장할 수 있다. 다만, 품질시험방법의 변경 등의 성능확인이 필요하다고 인정되는 경우에 한하여 원장은 제7조 및 제8조에 따른 시료채취, 시험체제작 및 품질시험의 실시를 인정유효기간을 연장받고자 하는 자에게 요구할 수 있다.
④ 원장은 제2항의 시료 또는 시험편의 채취를 제7조의 규정에 따라 실시하되, 공사현장에서 채취하는 것을 원칙으로 하여야 하고, 부득이한 경우에는 공장에서 내화구조 인정 당시의 시료 또는 시험편의 생산과정을 확인한 후 채취하여야 한다.
⑤ 품질시험을 실시하는 시험기관의 장은 유효기간 연장을 위한 시험신청을 받은 사실을 원장에게 알려야 하며 품질시험의 실시 결과를 원장에게 즉시 제출하여야 한다.
⑥ 내화구조의 인정이 일시정지중인 경우는 당해구조의 유효기간 연장신청을 할 수 없다.

제14조(인정업자 등의 자체품질관리) ① 제10조의 규정에 의하여 내화구조의 인정을 받은 자는 내화구조의 생산·제조를 위하여 자체 품질관리를 다음 각호에 따라 실시하고, 그 결과를 기록·보존하여야 한다.

1. 구성재료·원재료 등의 검사
2. 제조공정에 있어서의 중간검사 및 공정관리
3. 제품검사 및 제조설비의 유지관리
4. 제품생산, 판매실적 및 제품을 판매한 시공현장 등에 대한 상세 내역 등
② 제4조의 규정에 의한 대리신청인은 제조업자의 위임을 받아 제1항의 자체품질관리 결과를 보전·관리할 수 있다.
③ 제10조의 규정에 의하여 내화구조의 인정을 받은 자는 내화 구조 품질관리확인서에 인정받은 내화구조의 내용과 현장시공방법 및 검사방법 등을 첨부하여 공급업자, 시공자 및 감리자에게 제출함으로써 적정한 내화구조의 현장반입 및 시공과 현장품질관리가 이루어질 수 있도록 하여야 한다.
④ 내화구조 품질관리확인서는 제조업자, 공급업자(공급업자가 별도로 있는 경우에 한한다), 시공업자(건설산업기본법 제2조에 의한 수급인을 말한다), 감리자가 각 단계별 내화구조 품질과 시공, 검사 등을 확인·서명하여 [별표6]과 같이 각기 1장씩 보관하며, 제조업자는 원장과 감리자에게 제출하여야 한다.
⑤ 제조업자로부터 제4항에 따른 품질관리 확인서를 제출받은 감리자는 품질관리확인서 내용의 일치여부를 확인 후 관할 허가청에 제출하여야 한다.
⑥ 관할 허가청은 내화구조 품질관리확인서가 제출되지 아니한 시공현장에 대하여는 사용승인을 하기 전에 국토교통부장관에게 보고하여야 한다.

제15조(내화구조 시공실적의 제출) ① 원장은 제10조에 따라 내화구조로 인정을 받은 자(제14조제2항에 의한 대리신청인을 포함한다)에게 인정된 내화구조의 생산 및 판매실적을 요구할 수 있으며, 요청을 받은 자는 요구된 자료를 즉시 제출하여야 한다.
② 내화구조의 인정을 받은 자는 매분기별 시공현장별로 정리된 내화구조 품질관리확인서 사본을 다음 월 10일까지 원장에게 제출하여야 한다.
③ 원장은 제16조의 공사현장품질관리 확인업무에 제2항의 내화구조 품질관리확인서를 활용할 수 있다.

제16조(공장 및 공사현장품질관리 확인점검) ① 원장은 제10조에 따라 인정된 내화구조에 대하여 연 1회 이상 제14조의 규정에 따른 공장품질관리의 확인점검을 실시하되 내화구조의 인정을 받은 자에게 사전통보 없이 할 수 있다. 다만, 확인점검일 기준으로 12개월 이내에 시공실적이 없거나 공장품질관리상태확인을 실시한 경우에는 해당공장의 동일내화품목에 대한 확인점검을 생략할 수 있다.
② 원장은 제10조에 따라 인정한 내화구조의 품질관리를 위하여 인정 내화구조 공사현장을 대상으로 연 1회 이상, 1개소 이상 내화구조 품질관리상태를 확인하여야 하며, 다음 각호에 해당하는 자로부터 요청을 받은 경우에는 공장 또는 현장품질관리상태를 확인할 수 있다.
1. 내화구조의 인정을 받은 자, 건축주 또는 공사감리자
2. 국가 및 지방자치단체의 장
③ 원장은 제2항에 따라 공사현장을 확인한 경우에는 그 결과를 현장 품질관리 확인 요청자에게 통보하여야 한다.
④ 내화구조의 인정을 받은 자는 제2항에 따라 원장이 공장 또는 현장 품질관리상태를 확인하는 경우에는 시료채취·시험체 제작 등 내화구조 품질관리상태확인 업무에 협조하여야 한다.
⑤ 원장은 제13조에 따라 내화구조의 인정 또는 유효기간의 연장을 받은 인정구조에 대하여

인정유효기간이 3년이 도래되는 때에 공장품질관리상태 중간점검을 실시하여야 한다.
⑥ 공장품질관리상태 중간점검은 인정구조의 공장품질관리상태 적정 관리 및 내화성능 유지 여부에 대해 확인을 하며, 적정 여부에 대한 판정 및 점검에 관한 세부사항은 세부운영지침에서 정하는 바에 따른다.

제4장 내화구조 신청보완, 인정의 개선 및 취소

제17조(신청의 보완 또는 반려) ① 원장은 다음 각호에 해당되는 경우에는 신청자에게 보완을 요청하여야 한다.
1. 제4조의 규정에 의하여 신청자가 첨부하여야 할 도서의 내용이 부실하거나, 사실과 상이한 문서를 제출한 경우
2. 제6조에 의한 신청자의 품질관리 확인 결과 제20조의 세부운영지침에 부합하지 않거나, 신청내용과 상이한 경우

② 원장은 다음 각호에 해당되는 경우에는 신청을 반려하고, 반려사실을 신청자에게 통보하여야 한다.
1. 신청자가 내화구조의 인정신청을 반려요청하는 경우
2. 신청자가 제1항의 보완요청을 90일 이내에 이행하지 않는 경우
3. 제8조에 의한 품질시험결과 성능이 확보되지 않는 경우
4. 제7조 제4항의 각 호와 같이 고의적으로 신청내용과 상이하게 제작된 경우
5. 제20조의 규정에 의한 수수료를 통보일로부터 30일 이내에 납부하지 않는 경우

제18조(내화구조의 개선요청) ① 원장은 다음 각호에 해당되는 경우에는 제10조에 따라 내화구조로 인정을 받은 자에게 개선요청을 할 수 있으며, 개선요청을 받은 자는 30일 이내(유효기간이 도래한 때에는 유효기간까지로 한다)에 개선요청사항을 이행하고 그 사실을 원장에게 확인을 받아야 한다.
1. 제12조에 따른 인정변경 등에 대한 확인신청을 하지 않는 경우
2. 제14조제4항에 따른 내화구조 품질관리확인서를 제조업자가 제출하지 않는 경우
3. 제15조에 따른 내화구조의 생산 및 판매실적을 제출하지 않는 경우
4. 제13조 및 제16조에 의한 공장 또는 현장품질관리 확인점검결과 품질개선이 필요하다고 인정되는 경우

② 원장은 제1항의 개선조치 결과의 적정성을 서면, 공장 또는 현장 점검 등으로 이를 확인하여야 한다.

제18조의2(내화구조 인정의 일시정지) ① 원장은 다음 각호에 해당되는 경우에는 내화구조 인정을 일시정지한다.
1. 제13조제2항에 따른 내화구조 유효기간의 연장을 위한 품질시험 결과가 제출되지 않는 경우
2. 제16조에 따른 품질관리 확인점검을 거부하는 경우
3. 제18조에 따른 개선요청사항을 이행하지 않는 경우
4. 제13조제3항에 따른 품질관리확인점검이 유효기간 내에 이루어 지지 않는 경우
5. 인정 내화구조를 나타내는 인정의 표시내용이 제11조와 다르게 된 경우
6. 제14조제1항제1호 또는 제4호에 대하여 자체 품질관리의 실시결과를 허위로 기재하거나 누락하는 경우

② 인정이 일시정지된 내화구조는 일시정지된 날로부터 정지해제된 날까지 내화구조로의 판

매 및 시공을 할 수 없다.
③ 제1항에 따라 내화구조에 대한 일시정지를 받은 자는 일시정지일로부터 90일 이내에 일시정지 사유를 해소하고, 그 결과를 원장에게 제출하여야 한다.
④ 원장은 제3항의 규정의 일시정지 사유 해소 결과의 적정성을 서면, 공장 또는 현장점검 등으로 이를 확인하여야 하며, 내화구조 인정의 일시정지 사유가 해소된 때에는 즉시 일시정지를 해제하여야 한다.

제19조(내화구조 인정의 취소) ① 원장은 다음 각호에 해당하는 경우 내화구조의 인정을 즉시 취소하여야 한다.
1. 제10조에 따라 내화구조로 인정을 받은 자가 인정취소를 요구하는 경우
2. 제13조에 따른 내화구조 유효기간의 연장을 위한 품질시험결과 성능이 확보되지 않는 경우
3. 인정 유효기한까지 인정의 연장 의사가 없는 경우
4. 내화구조로 인정받지 않은 제품을 인정 내화구조 제품으로 판매하는 경우
5. 내화구조 세부 인정내용의 원재료의 품질기준과 상이한 원재료로 만들어진 제품을 인정 내화구조로 판매한 경우
6. 내화구조 인정내용의 배합비와 상이한 배합비로 만들어진 제품을 인정 내화구조로 판매한 경우
7. 제18조의2제3항에 따라 일시정지 해소기간까지 일시정지 사유를 해소하지 아니한 경우
8. 제18조의2에 따른 일시정지 중인 내화구조를 판매하거나 시공한 경우
9. 제16조제5항 및 제6항에 따른 공장품질관리상태 중간점검 결과가 적정하지 않거나 내화성능이 확보되지 않은 경우

② 원장은 제7조, 제13조 및 제16조에 따라 제작된 시험체가 제7조제4항의 각 호와 같이 부정한 방법으로 인정내용과 상이하게 제작된 경우에는 해당 내화구조에 대하여 즉시 인정을 취소를 하여야 한다.
③ 제1항 또는 제2항에 따라 인정이 취소된 내화구조는 취소된 날로부터 내화구조로의 판매 및 시공을 할 수 없다.
④ 제10조의 규정에 의하여 내화구조로 인정을 받은 자는 다음 각호에 해당하는 경우에는 내화구조의 인정취소를 요구할 수 없다.
1. 제13조에 따른 유효기간 연장을 위한 시료채취가 이루어진 경우
2. 제16조에 공장품질관리 확인점검 중인 경우

제5장 내화구조 인정 및 관리업무의 지도·감독

제20조(세부운영지침) ① 원장은 내화구조 인정과 관련하여 다음의 내용이 포함된 세부운영지침을 작성하여야 한다.
1. 인정업무 처리문서, 기간, 절차, 기준, 구비서류, 서식, 수수료, 시료채취방법, 품질시험방법 및 품질관리확인서 세부기재사항
2. 공장품질관리상태 중간점검 및 현장 품질관리 확인 점검의 기준, 서식, 수수료, 점검방법, 점검 결과 판정 등 점검에 대한 세부사항
3. 제품의 원재료 및 구성재료 배합비 관리절차 등 그 밖의 필요한 사항

② 제1항에 규정한 세부운영지침의 제·개정시에는 국토교통부장관의 승인을 득하여야 한다.

제6장 내화충전구조의 관리기준

제21조(시험방법 및 성능기준 등) ① 내화충전구조는 규칙 [별표1] 내화구조의 성능기준 이상 견딜 수 있는 것으로서, 원장이 국토교통부장관의 승인을 득한 "내화충전구조 세부운영지침"에서 정하는 절차와 방법, 기준에 따라 시험한 결과 성능이 확보된 것이어야 한다.
② 제1항의 "세부운영지침"에 별도로 정하여 있지 않은 경우에는 원장이 정하는 기준에 따른다.

제22조(시험성적서 확인 등) ① 충전구조 용 재료의 제조업자는 제8조 제2항의 시험기관에 내화충전구조 성능확인을 위한 시험신청을 하여야 하며, 시험에 필요한 자료를 제공하여야 한다.
② 시험기관은 제조업자가 제시한 시험시료의 규격(치수, 재질, 주요부품 및 구성도면 등)에 대해 확인하여 시험성적서에 명기하여야 한다. 다만, 내화충전구조의 재료가 보온재의 경우에는 제조업자가 제시한 시험시료의 규격 및 밀도를 확인하여 시험성적서에 명기하여야 한다.
③ 시험성적서의 유효기간은 3년으로 하되, 최초 발급된 시험성적서와 같은 구성 및 재질로서 연장되는 시험성적서의 유효기간은 5년으로 한다.
④ 시험체와 같은 구성 및 재질로서 크기가 작은 것일 경우에는 이미 발급된 성적서로 그 성능을 갈음할 수 있다.
⑤ 제조업자는 내화충전구조를 현장에 납품하는 경우 성능이 확인된 시험성적서를 당해 현장에 제출하여야 한다.
⑥ 공사시공자・공사감리자 및 공사감독자는 건축물에 시공한 내화충전구조의 재료가 보온재인 경우에는 감리보고서(또는 감독조서)를 제출하기 전에 [별표7]에 따라 보온재의 밀도를 측정하여 시험성적서에 명기된 밀도 이상인지를 확인하여야 한다.

제23조(공장품질 확인점검 등) ① 원장은 내화충전구조 품질확인을 위하여 필요한 경우 제조업자에 대한 공장품질확인점검을 실시할 수 있다.
② 원장은 1항의 점검시 해당 내화충전구조의 시험성적서 발행 시험기관에 도면 등 필요한 자료 제출을 요구할 수 있으며, 이때 시험기관은 원장이 필요로 하는 자료를 제공하여야 한다.

제24조(건축자재 품질관리정보 구축기관 지정) 건축사법 제31조에 따라 설립된 건축사협회는 제21조의 성능을 확보한 내화충전구조의 품질관리에 필요한 정보를 홈페이지 등에 게시하여 일반인이 알 수 있도록 하여야 한다.

37 방화구획 관통부의 Firestop의 종류별 적용 용도와 특성

1. Firestop의 정의 및 특성분석

Firestop은 건축물 방화구획의 수평・수직 설비관통부, 조인트 및 커튼월과 바닥 사이 등의 틈새를 통한 화재의 확산을 방지하기 위해 설치하는 재료 또는 시스템을 의미한다.

② Firestop 공법의 용도 및 특성 분석

Firestop 제품은 두 가지의 일반적인 분류, 팽창(Intumescent)과 비팽창(Non Intumescent)으로 나뉘어 여러 가지 형태의 제품이 생산·사용되고 있다. 팽창 물질은 녹은 케이블 또는 도관 뒤쪽에 남겨진 구멍을 막을 정도까지, 상승된 온도에서 팽창하여 구획관통부를 폐쇄한다. 비팽창 물질은 설치 후에 굳는 물질(예를 들어 모르타르)로서 팽창되지 않는다. 해외의 Firestop 설치 검사기관에서는 인식과 검사의 편리를 위하여 색깔로 물질을 구분하도록 요구하기도 한다.

③ 종류 및 특징

(1) 방화로드

① 용도
  ㉠ 커튼월 관통부
  ㉡ 전기(EPS) 관통부
  ㉢ 기계설비 (AD, PD) 관통부
  ㉣ 기타 OPEN 구간

② 특징
  ㉠ 공사품질 : 제품의 규격화 및 균일화 방화재 도포면을 유지
  ㉡ 신축성 : 커튼월 구조체 변형시 장기간 밀폐성능 보존
  ㉢ 차수성 : 균일하고 평탄한 도포면이 차수성능을 강화
  ㉣ 작업성 : 끼워넣기 작업과 방화재 1차 도포만으로 공사완료

(2) 방화코트

① 용도
  ㉠ 커튼월 관통부
  ㉡ 전기(EPS) 관통부
  ㉢ 기계설비 (AD, PD) 관통부

② 특징
  ㉠ 내열성 : 열팽창에 의한 탄소도막이 내열성을 향상
  ㉡ 신축성 : 진동과 충격을 흡수하여 장비 및 설비를 보호
  ㉢ 차수성 : 빗물 및 콘크리트 누액(침전수)을 차단
  ㉣ 친환경 : 무용제 타입의 수용성 제품으로 환경 친화적

(3) 방화보드

① 용도
- ㉠ 관통부가 큰 경우 연소차단
- ㉡ 방화구획간 화염과 유독가스 차단
- ㉢ 케이블트레이 등 큰 개구부의 방화밀폐
- ㉣ 층간방화구획, 커튼월 개구부, 크린룸
- ㉤ 복잡한 방화구, 통신설비회로, 배관부위
- ㉥ 케이블트레이, Bus Duct, 지하공동구
- ㉦ 파이프 및 기다 관통부위, 각종플랜트

② 특징
- ㉠ 화재시 3배 이상, 최대 10배까지 팽창
- ㉡ 석면성분이 없어 산업 공해 예방
- ㉢ 철판을 포함한 다중구조로 기계적 강도 보강
- ㉣ 설치 후 시간 경과에 따른 변형 없음
- ㉤ 케이블 증설 등 개보수가 용이
- ㉥ 산소지수 35% 이상
- ㉦ 설치 후 깨끗한 외양 유지
- ㉧ 두께가 얇고 가벼워 간단한 공구로 원하는 모양으로 가공할 수 있음
- ㉨ 현장상황에 따라 상부 또는 하부에 편리하게 설치할 수 있음
- ㉩ 열발산 특성으로 전류용량 감소 없음

(4) 폴리우레탄 Foam

① 용도
- ㉠ 조적, ALC 공사
- ㉡ 파이프, 배관, 전기, 덕트공사
- ㉢ 창호공사
- ㉣ 도어, 셔터공사

② 특징
- ㉠ 창문, 문, 덕트, 파이프 등 충진, 접착 및 보온재로 사용
- ㉡ 콘크리트, 조적, 나무, 플라스틱 등 다양한 모재와 매우 강한 접착력으로 보온 및 단열 효과도 크다
- ㉢ 압력과 전단에 강하여 마모에 잘 견딘다.

(5) 방화실란트
  ① 용도
    ㉠ 방화벽, 칸막이벽 조인트
    ㉡ 전기(EPS) 관통부
    ㉢ 기계설비(AD, PD)관통부
    ㉣ 기타 OPEN구간
  ② 특징
    ㉠ 열팽창 : 화재 시 내열성 및 우수한 밀폐효과를 발휘
    ㉡ 탄력성 : 진동과 충격을 흡수하여 장비 및 설비를 보호
    ㉢ 접착성 : 거친 바닥면이나 이물질이 많은 장소에 적합
    ㉣ 내부식 : 도시가스 관의 부식방지 및 절연성능 개선
    ㉤ 환경성 : 수용성제품으로 작업성이 좋고 환경 친화적

(6) 방화퍼티
  ① 용도
    ㉠ 케이블, 파이브, 덕트 등의 관통부 방화밀폐
    ㉡ Electrical Outlet과 같은 돌출부위에 대한 방화처리
    ㉢ 방화보드와 함께 큰 개구부의 방화밀폐
  ② 특징
    ㉠ 냄새가 거의 없다.
    ㉡ 굳지 않으므로 유효기간의 제한이 거의 없다.
    ㉢ 언제든지 재시공이 가능하다.
    ㉣ 화재시는 물론 평상시에도 연기나 가스를 차단한다.
    ㉤ 어떤 건축자재에도 부착성이 우수하다.

❹ Firestop의 적용실태 및 문제점

품 명	용 도	특 징
방화로드	- 커튼월 관통부 - 전기(EPS) 관통부 - 기계설비(AD,PD) 관통부 - 기타 OPEN 구간	• 제품의 규격화 및 균일한 도포 유지 • 커튼월구조체 변형시 장기간 밀폐성능 • 균일하고 평탄한 도포면이 차수기능 • 끼워넣기 작업 등으로 작업 간편

구분	적용부위	특징
방화코트	- 커튼월 관통부 - 전기(EPS) 관통부 - 기계설비(AD,PD) 관통부	• 열팽창에 의한 탄소도막이 내열성 향상 • 진동과 충격을 흡수하여 장비 및 설비 보호 • 빗물 및 콘크리트 침출수를 차단 • 무용재타입의 수용성제품-환경친화적
방화보드	- 커튼월 관통부 - 전기(EPS) 관통부 - 기타 OPEN 구간	• 탄소성분을 강화하여 우수한 밀폐효과 • 폭이 넓은 관통부를 견고하게 밀폐 • 거친 슬래브 바닥면에 밀착시공 가능
방화폼	- 전기(EPS) 관통부 - 기계설비(AD,PD) 관통부	• 진동, 충격을 흡수하여 구조체변형 안전 • 방사능을 막아주고 방진, 방습효과 우수 • 실리콘계통의 제품으로 내열성 우수 • 개보수가 용이하고 관통부의 철거 용이
방화실런트	- 방화벽, 간막이벽 조인트 - 전기(EPS) 관통부 - 기계설비(AD,PD) 관통부 - 기타 OPEN 구간	• 화재시 내열성 및 우수한 밀폐효과 • 진동,충격을 흡수하여 장비, 설비보호 • 거친 바닥면이나 이물질 많은 장소적합 • 도시가스관의 부식방지 및 절연성능개선
아크릴실런트	- 창틀틈새 및 벽구간 - 조인트밀폐, 균열보수 - 석고보드, 경량칸막이벽 - 조인트밀폐	• 소재에 대한 부착력이 좋아 밀폐효과 • 부피손실을 최소화하고 탄력성향상 • 수용성제품으로 작업성 좋고 환경친화
케이블난연도료	- 급수관, 배전관 기타 - 관통부 양측으로 1m의 거리를 난연성도료 도포	• Cable의 허용전류에 영향을 주지않음 • 외부충격에 의한 균열이나 탈락현상 없음 • 배전관절연조치 및 부식방지에 적합
방화퍼티	- 전기(EPS) 관통부 - 기계설비(AD,PD) 관통부 - 기타 OPEN 구간	• 진동과 충격을 흡수 • 협소한 관통부를 밀폐시키는데 적합 • 열팽창성이 있어 우수한 내열성능발휘 • 개보수작업 용이하고 cable 신증설용이

38 창을 통한 상층으로 연소확대 방지대책

1 ▶ 개요

① 화재시 연소확대의 이동 경로는 수직적 이동 경로와 수평적 이동 경로 나눌 수 있다.
② 수평적 이동 경로의 연소확대 방지대책은 방화문, 방화셔터, 방화 댐퍼 등이 있으며,
③ 수직적 이동 경로의 연소확대는 계단(내부), 창(외부), 샤프트 등이 있다.

④ 창을 통한 수직적 연소확대는 상층 화염 이동의 주된 경로로 주의 깊은 대책이 필요하다.

2 상층 연소 메카니즘

(1) 메카니즘

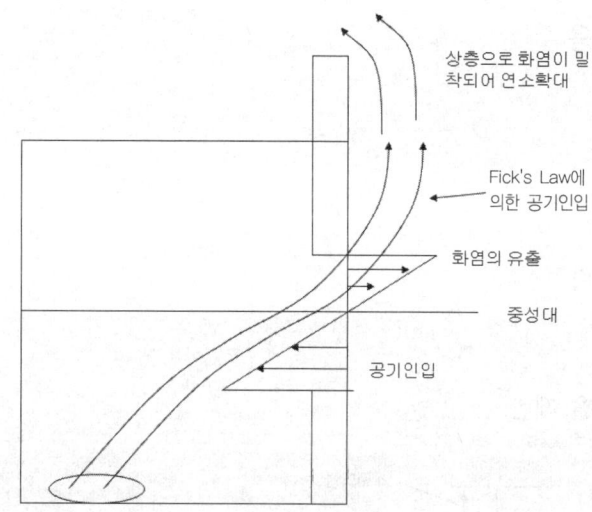

(2) 창문에 종횡비에 따른 특성

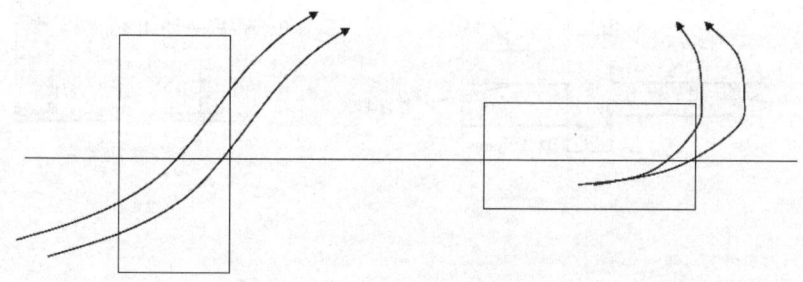

【 종장창에서 화염의 분출 】　【 횡장창에서 화염의 분출 】

① 종장창은 $\Delta P = 3460\, h \left(\dfrac{1}{T_o} - \dfrac{1}{T_i} \right)$ 에 의해 h 값이 횡장창에 비하여 커서 분출 시 압력이 크므로 분출화염이 상층으로 말리지 않고 뻗어 나간다.
② 횡장창은 분출화염에 압력(ΔP)가 작아 상층으로 화염이 밀착되어 상층 연소 확대 위험이 크다.

③ 상층연소방지대책

(1) Passive적 대응

① 캔틸래버
② 스팬드럴
③ 종장창 설치

(2) Active적 대응

① 방화셔터
② 망입유리
③ 방화판
④ 스프링클러
⑤ 드랜처 설비

(3) 예방

① 가연물 양을 제한

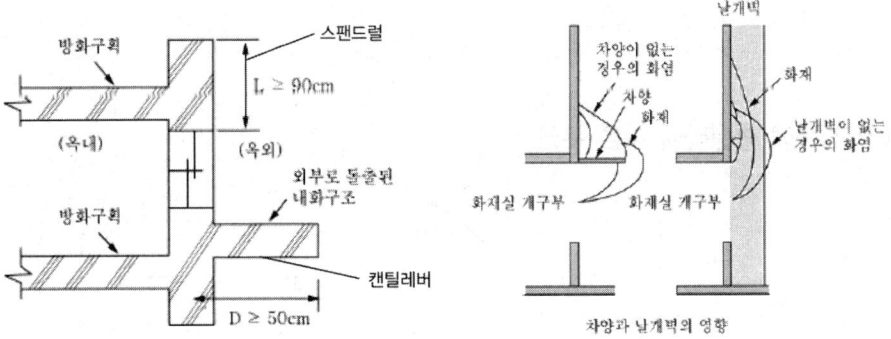

39. 인접 건물 연소확대 방지 방안(연소할 우려가 있는 부분에 조치)

1 ▸▸ 개요

① 방화지구에 연소할 우려가 있는 부분
  ㉠ 인접 대지 경계선, 도로 중심선 또는 동일한 대지 안에 있는 2동 이상의 건축물
  ㉡ 상호의 외벽간의 중심선으로부터 1층 3m이내, 2층 5m이내의 거리에 있는 건축물 각 부분
② 복사열, 직접화염에 의해 연소할 우려가 있어 이에 대한 대책이 필요

2 ▸▸ 인접건물에 연소 확대

(1) 복사열에 의한 화염전파

① 수열면이 받는 복사열 강도

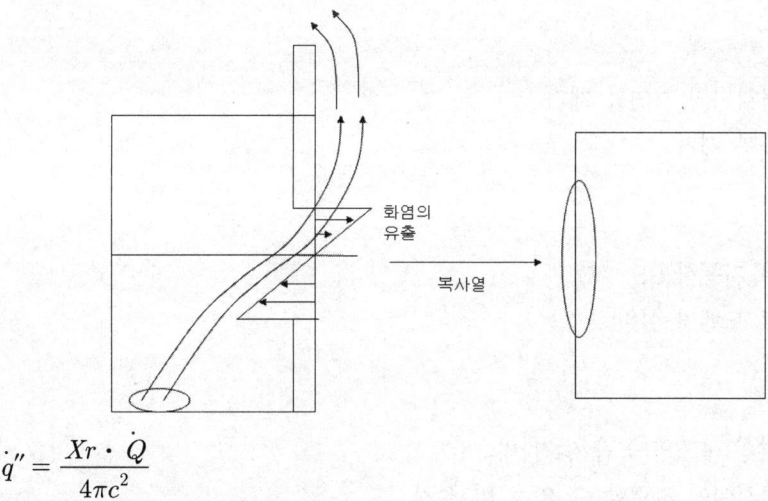

$$\dot{q}'' = \frac{Xr \cdot \dot{Q}}{4\pi c^2}$$

② 복사열 4kw/m² 수포성 화상
③ 복사열 20kw/m² 발화한다.

(2) 수열 온도에 의한 화염전파

① 등온도 곡선에 의한 연소확대 한계 거리 측정
② 목조의 표면온도 260℃가 되는 곡선을 구한 것

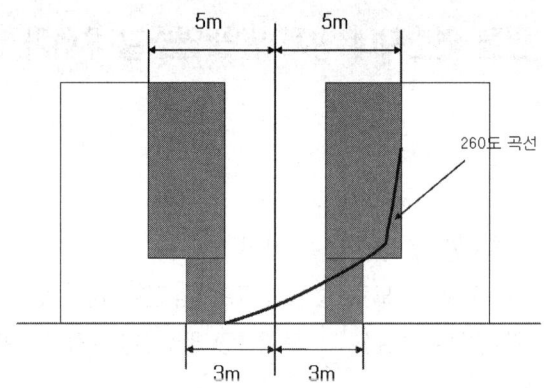

③ $h = pd^2$
 h : 수열헌고
 p : 파라미터
 d : 인동거리

3 ▶▶ 대책

(1) 예방
① 건물사이의 가연물 제거
② 개구부 제거

(2) 소방
① 내부 자동식 SP
② 외부 드렌처 설비

(3) 방화
① 불연성 구조의 공간 쌓기 벽
② 건물사이에 자립할 수 있는 벽 설치
③ 개구부에 유리 블록벽 설치
④ 개구부에 방화셔터
⑤ 개구부에 방화문, 댐퍼
⑥ 인동 거리 확보

40 폭렬(Spalling Failure)

1 ▶▶ 개요

화재시 발생한 열로 인하여 콘크리트 내부의 수증기 압력이 콘크리트 인장강도를 초과하는 경우 콘크리트가 탈락되면서 철근 노출로 인하여 구조체에 강도가 저하 되는 현상을 말한다.

2 ▶▶ 발생원인

(1) 메카니즘 암기 조 수 T

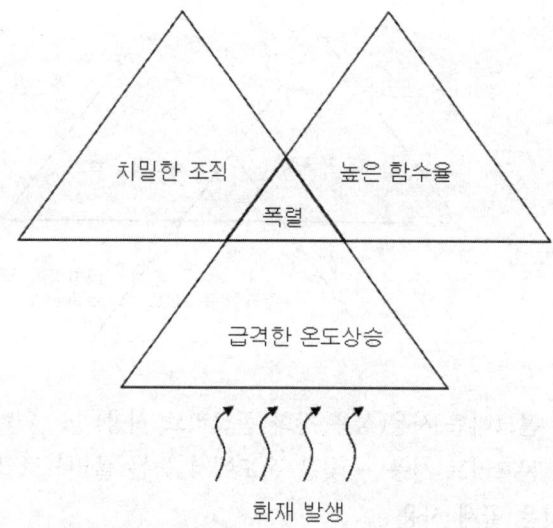

(2) **고강도 콘크리트 압축강도는 100Mpa**

고강도 콘크리트 인장강도는 5Mpa

(3) 급격한 온도상승시 300℃에서 수증기압력 8Mpa

(4) 낮은 공극비와 높은 함수율로 인하여 수증기 압력이 외부로 빠져 나가지 못하고 고강도 콘크리트 인장 강도를 초과하여 폭렬이 발생한다.

3. 철, 철골의 강도와 온도와의 관계

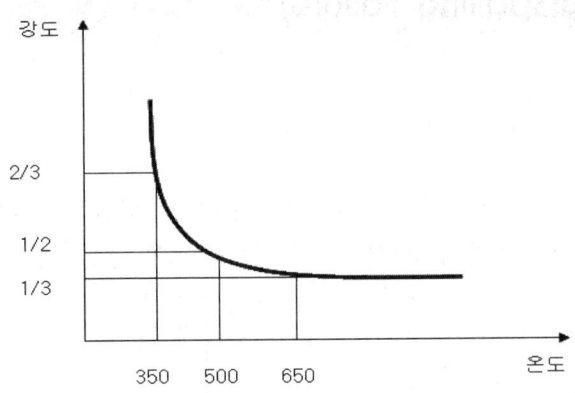

4. 대책

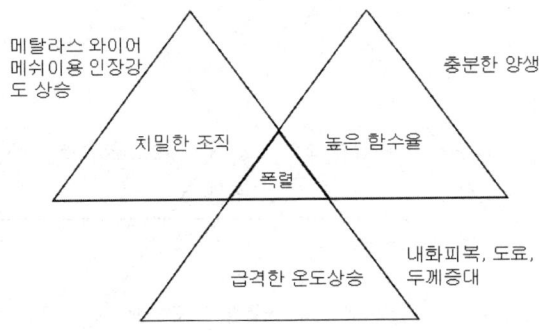

① 비폭렬성 콘크리트 사용(섬유 강화 콘크리트 사용)
　섬유강화 콘크리트 사용 – 낮은 온도에서 녹는 폴리프로필렌 첨가
② 함수율 낮은 골재 사용
③ 콘크리트 외부에 내화피복, 내화도료 사용하여 급격한 온도 상승방지
④ 콘크리트 외부의 두께를 증가시켜 급격한 온도 상승 방지
⑤ 인장강도 높이는 대책
　메탈 라스, 와이어 메시 사용하여 콘크리트로 부착력 증가 → 인장강도↑→
　폭렬시 파편비산 방지
⑥ 함수율 낮추는 대책
　충분한 양생→함수율↓→ 수증기압↓

⑦ 철근 콘크리트조에서 철근에 측면보강
〈굽힌 이음〉
⑧ 성능위주 내화설계

5 ▸▸ 결론

지하구, 무창층 폭렬 발생

41 콘크리트의 중성화

1 ▸▸ 개념

① 중성화(탄산화)란 콘크리트와 공기 중의 탄산가스가 반응 하면서 알칼리성을 잃게 되는 현상이다.
② 콘크리트는 수산화 칼슘($Ca(OH)_2$)의 영향으로 pH12~13인 강알칼리성
③ 화재시 콘크리트의 pH가 서서히 10이하로 낮아져 중성화가 진행된다.

2 ▸▸ 화학반응성

$CaCO_3 \rightarrow CaO + CO_2$ (825℃)

$Ca(OH)_2 \rightarrow CaO + H_2O$ (500~580℃)

① 알칼리성을 잃고 중성화로 변화
② 내식성 피복이 없어지고 중성화가 철근 위치까지 도달하여 철근이 부식된다.

3 ▸▸ 문제점

① 철근 부식으로 철근의 부피가 최고 5배 팽창
② 콘크리트 외부가 균열되고 탈락하는 현상으로 구조물이 내구성을 상실
③ 온도가 높을수록, 습도가 낮을수록, 탄산가스 농도가 높을수록 중성화 속도가 빠르다.

42. 건축물 화재 시 화염에 의한 콘크리트의 물리적 화학적 특성 변화와 화재진화 후 구조물의 안전진단 절차

1. 개요

① 콘크리트는 강재에 비하여 압축강도는 1/20, 인장강도는 1/200 정도로 콘크리트 속에 강재를 배치하여 콘크리트의 인장내력을 보강한다.
② 강재는 높은 강도를 갖는 우수한 구조재료이지만 고가이며 화열에 약해 두 재료를 상호보완적으로 결합시켜 구조제로 많이 사용한다.

2. 물리, 화학적 특성변화

(1) 강도 저하

① 콘크리트와 화온과의 관계

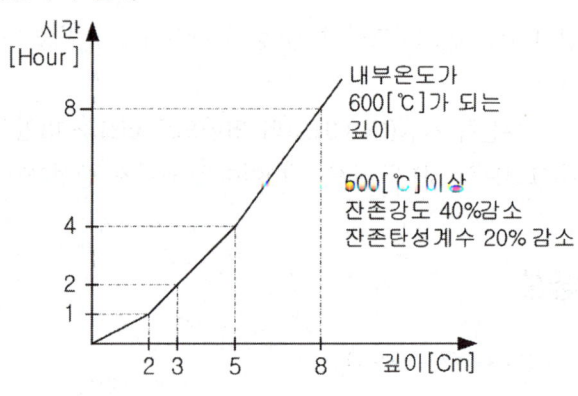

【 화재시의 콘크리트 내부온도 】

② 강재와 화온과의 관계

온도 [℃]	강도	상호관계
350	30% 저하	
500	50% 저하	
600	60% 저하	
600 초과	붕괴	

(2) 콘크리트 박리 및 폭렬

① 콘크리트는 화재시 구성재료의 팽창계수 차이로 내부응력이 발생하여 균열 발생
② 열팽창으로 인한 압축응력 > 콘크리트 압축강도 → 박리 및 폭렬 발생

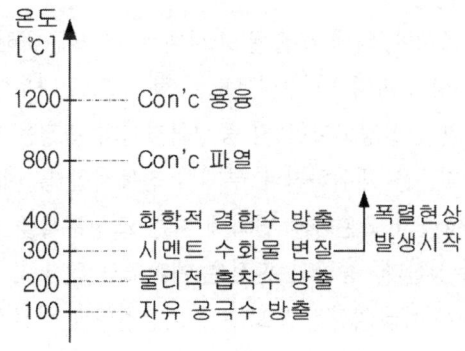

[콘크리트의 화학적 변화]

(3) 콘크리트의 중성화

① 콘크리트와 공기중의 탄산가스가 반응하면서 알칼리성을 잃게 된다.
② pH가 12~13인 강알칼리성이지만, 화재시 pH는 10이하로 중성화가 진행
③ 중성화가 철근위치까지 진행되면 철근이 부식한다.
④ 철근이 부식되면 부피가 5배 팽창하고, 콘크리트 외부가 균열탈락 된다.
⑤ 온도가 높을수록, 습도가 낮을수록, 탄산가스 농도가 높을수록 중성화 빠름

3 ▸▸ 화재진화 후 구조물의 안전진단 절차

(1) 예비조사

예비조사는 소방 활동기록, 목격자, 신문기사 등 정보를 수집하여 화재상태를 파악하기 위해 실시한다.

(2) 1차 조사

① 1차 조사는 목측에 의한 외관상태를 관찰하여 화재피해 상태를 개략적으로 파악한다.
② 외관의 조사는 이하에 표시한 화재피해 특유의 성상에 주목한다.
  ㉠ 콘크리트 부재의 변색
  ㉡ 균열의 유무 및 폭과 길이
  ㉢ 보 및 슬래브 등의 처짐이나 변형

ㄹ 폭렬 및 박락의 유무와 크기, 깊이
　　　ㅁ 폭렬이나 박락에 따른 철근의 노출상태

(3) 2차 조사

2차 조사는 1차 조사에 의해 추출된 조사대상 개소에 대해 상세하게 실시하며 재료 및 부재의 물리적 특성의 파악 및 수열온도 추정 등으로 나누어 실시한다. 간단한 조사로는 슈미트해머에 의한 반발경도시험 및 중성화깊이의 측정을 행한다. 또한 필요에 의해 콘크리트 코어 및 철근을 채취하거나 부재의 진동시험 및 재하시험 등의 물리적 시험 및 무기 및 유지 화합물의 고온하의 변화에 따른 조성분석을 실시하며 분석 장치를 이용하여 수열온도를 추정한다. 등급의 판정은 예비조사 및 1차, 2차 조사의 결과를 종합하여 판정한다. 화재피해 등급의판정은 보수나 보강계획과 직접적인 연관을 가지므로 진단 및 구조설계에 전문적인 지식을 가진 관련전문가에 의해 판정한다.

43 내화대책(공법)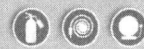

1 개요

① 내화피복은 철골, 철근의 급격한 온도 상승을 방지하기 위한 것으로,
② 전도 공식에서 $\dot{q}'' = \dfrac{k}{L}(T_1 - T_2)(\text{W/m}^2)$

　"L" 상승시키거나, "k"을 낮추는 방법을 이용한다.

2 습식 공법

(1) 타설공법
① 철골 주위 거푸집 조립 후 현장에서 콘크리트 타설
② 접합부에 문제가 없고, 내구성이 뛰어나다

(2) 도장공법
① 개요
　ㄱ 건조도막이 화염에 노출되면

　　　　ⓒ 도장 내부에 Cell이 형성되고
　　　　ⓓ 내부 압력 증가로 본래 건조도막 보다 50~100배 팽창
　　　　ⓔ 화원과 기재의 거리가 건조도막 보다 50~100배 멀어진다.
　　② 경미한 내화 피복
　　　　유럽에서는 30분 내화, 60분 내화
　　③ 내화성, 내구성이 약하여 저강도 화재 사용하며,
　　④ 선박, 조선소, 공장 H빔에 사용
　　　　→ 철의 인장강도인 538℃에 도달하는 것 방지한다.

(3) 미장공법
　　① 철골 주위에 바름 바탕 만들고, 그 위에 몰타르 바름
　　② 균열 발생이 쉽다.

(4) 뿜칠 공법
　　① 철골이나 철골에 바름 바탕을 만들고, 암면을 주재료로 하여 물+시멘트+증점제 등을 압축공기를 이용하여 뿜칠을 한다.
　　② 경년 변화에 약하다(탈락 현상)

❸ 건식공법

(1) 조적공법
철골 주위를 벽돌 등을 이용하여 쌓아 보호한다.

(2) 경량판 붙임
경량 내화 피복판을 철골 위에 못이나 접착제 이용하여 붙이는 공법

(3) 프리페브 공법
① 미리 만들어진 기포 콘크리트판, pc판 등으로 철골을 내화 피복하는 공법
② 작업이 단순화되어 공기 단축이 가능하다.

(4) 멤브레인 공법
천장자체에 내화피복 성능을 보유하도록 하여 바닥과 보를 화재의 고열로부터 보호하는 공법

(5) 복합 공법

서로 다른 재료를 조합하는 공법이다.

44 새로운 내화구조 공법

1 ▸▸ 새로운 내화구조 종류   암기 무내합수도

(1) 무내화피복의 철골 구조
① 가연물 양이 극히 작고
② 대공간에서 열방출률↓ 조건에서 사용

(2) 내화강
① 600℃ 까지 내력저하가 없는 강재를 사용
② 저강도 화재 사용

(3) 합성구조
고강도 콘크리트가 채워진 강재를 사용

(4) 수냉 강관 구조

(5) 내화도료

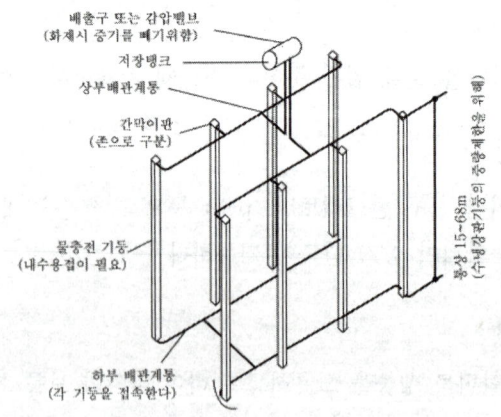

【 수냉강관 기둥 설치 예 】

45 고층건물의 피난계획 수립 원칙

1 ▶▶ 개요

① 피난 계획은 크게 화재발생에 대한 정보를 신속하게 전달시켜 상황을 인지하는 Active System인 유도계획
② 피난에 소요되는 시설들의 적절한 배치등 Passive System인 시설계획으로 구분된다.

2 ▶▶ 고층건물의 피난 계획   암기 2경구 피인대재

1) Passive System ┌ Fool Proof - 경로구성, 구획
                  └ Fail Safe - 2방향
2) Active System ┌ Fool Proof - 유도등 색상, 도어노브 레버식, 피난유도선
                  └ Fail Safe - 피난기구, 비상구분

(1) 피난 계획의 기본 원칙(Fail-Safe와 Fool Proof)
① Fail Safe는 화재가 확대되어도 피난 경로가 확보되는 것, 또는 고장이 발생하여 다른 시설로 대체 가능한 것을 말한다.
② Fool Proof는 인간이 위급한 상태에서도 피난을 원활하게 수행할 수 있도록 인간의 행동 특성이 고려된 피난 유도, 시설배치 계획 등이 있다.

(2) 2방향 피난의 확보
① 양방향 피난이 원칙
② Dead End와 Common Path 등을 통한 피난동선 제한

(3) 피난경로의 구성과 배치
① 피난 경로는 단순 명쾌하게
② 피난 시설은 평면계획상 균형 있게 배치

(4) 피난로 안전구획 설정
① 화염과 연기로부터 보호된 안전구획을 단계적으로 설정
② 1차(복도), 2차(부속실) 안전구획, 피난계단으로 구성

(5) 피난 시설의 방화, 방연
　　① 연기 전파를 방지하기 위해 수직관통부 방화
　　② 1차 안전구획 복도는 재실자 전원이 부속실, 피난계단으로 이동할 때까지 거주가능 조건을 만족
　　③ 피난계단 내화구조, 불연재료

(6) 인간의 심리, 생리를 배려한 계획
　　① 귀소본능
　　② 지광본능
　　③ 추종본능
　　④ 회피본능
　　⑤ 좌회본능

(7) 대규모 복합 건축물
　　① 소유구분, 관리구분 후 방화 관리 체제 확립
　　② 타용도로부터 안전구획

(8) 재해 약자를 배려한 계획
　　① 병원, 사회복지시설, 노유자 시설
　　　　㉠ 수평 피난이 효과적이며,
　　　　㉡ 재해 약자를 위한 안전구획 설정
　　　　㉢ 수술실, 중환자실은 화재로 부터의 영향을 차단하는 신뢰성 높은 방화구획
　　② 일반시설에서 재해약자의 안전고려

46 피난계획 수립순서

1 ▶▶ 개요

　① 피난 정의
　② 계산 ASET > RSET

② 피난계획 수립 순서 　암기 대출피 유연안재

(1) 대피 인원수 산정
① 일반적인 건물의 경우 바닥면적/$3m^2$, 강의실일 경우 바닥면적/$1.9m^2$ 강당 등의 공간은 바닥면적/$4.6m^2$로 거주인원 산정
② 화재시 피난 인원수를 산정

(2) 출화점 산정
화재가혹도가 가장 높은 지점으로 산정

(3) 피난 동선 고려
① 가장 단순하고, 길이는 짧아야 한다. (Fool Proof)
② 2방향 대체 가능
③ 국내 기준은 보행거리 30m 제한

(4) 군중 유동 상황 계산
① 수계산
② 시뮬렉스(Simulex), 엑스도스(Exodus) 등을 통해 군중 유동 상황 및 피난시간을 계산한다.

(5) 연기 유동 고려
화재 시 발생한 연기의 유동을 고려하여 거실은 급,배기 부속실은 급기 가압을 통해 연기의 침입을 방지하여 피난 안전성을 향상시키고 있다.

(6) 피난 안전성 평가
① ASET 〉 RSET 평가
② ASET을 높이는 대책, REST 줄이는 대책

(7) 재검토

47 건축물 피난 계획시 고려해야 할 기본요소

1. 개요

① 피난의 정의
② 피난계획의 원칙
③ 피난 계획의 수립순서 → 모델링→ 성능위주 피난설계

2. 본론 구구 용수 배보

(1) 피난로의 구성

① 비상구 접근로, 피난통로, 피난 배출로로 구성
② 화재실에서 복도, 계단에서 피난층, 최종으로 공공도로까지 안정성을 확보

(2) 피난로의 구획

① 복도는 1시간이상 내화성능, 부속실 및 피난계단은 2시간 이상 내화성능 확보
② 부속실의 피난계단 및 복도의 내장재는 준불연재료 이상 거실은 난연재료 이상으로 할 것
③ 개구부는 자동폐쇄장치가 설치된 방화문에 의해 방호
④ 통로의 높이는 2.3m 이상

(3) 피난로의 용량

① 수용인원
   강의실 1.9㎡/인, 숙박시설 침상수+종업원, 강당 4.6㎡/인, 기타 3㎡/인
② 피난용량
   ㉠ 국내
      ⓐ 복도의 설치기준
      ⓑ 관람석 출구 기준
   ㉡ NFPA
      ⓐ 피난로의 폭을 계산하는 방식
      ⓑ 종류(The Flow Method, The Capacity Method)

(4) 피난로의 수

① 국내

　피난로는 2개 이상

② NFPA101

　㉠ 층별 수용인원 500명 초과 1000명 이하 : 3개 이상

　㉡ 층별 수용인원 1000명 초과 : 4개 이상

(5) 피난로의 배치

(6) 보행거리

48 국내 피난 관련 법규의 문제점 및 개선방안

❶ 개요

① 국내 피난관련법규의 대표적인 문제점은 다음과 같다.
② 수용인원을 고려한 피난통로 확보기준이 없다.
③ 즉, 건물의 용도와 수용인원의 밀집도를 고려하지 않고 단순 보행거리 등의 획일적인 피난 계단 및 복도의 기준을 적용한다.
④ 대규모 복합 건축물에 대한 화재, 피난 시뮬레이션 적용이 미흡하다.

❷ 본론

구 분	문제점	개선방안
적정수용 인원 및 피난용량의 산정	국내법규에는 면적당 수용인원의 제한 규정이 없다.	① 건축물 용도별로 면적당 수용인원을 제한 ② 그에 맞는 피난용량의 산정 방법을 규정하는 제도적 검토
관람석 내 통로의 피난 용량(능력)	관람석은 많은 좌석과 피난 동선이 복잡	① 수용인원에 따른 객석 내의 유효 피난통로 확보 ② 객석의 열과 열의 좌석수를 제한

피난로의 수와 배치	① 규모, 수용인원에 관계없이 최소 2개 이상의 직통계단으로 규정 ② 직통계단까지의 거리를 보행거리에 의해서만 규정	규모, 용도 및 수용인원을 고려한 피난로 및 직통계단 수와 이격거리의 규정을 제정
피난통로까지의 보행거리	① 직통계단 보행거리 30m이하 (주요구조부 내화 불연재료 50m) ② 건축물 용도의 특성 및 거주자의 구성을 고려하지 않고 단지 구조물의 재료에 따른 완화	① NFPA 101 같은 SP에 의한 완화 도입 ② 건축물 용도의 특성 및 거주자의 구성에 따른 완화규정 필요
Common Path 및 Dead End	국내 피난 관련 법규에서는 정의 되지 않은 용어임	① 명확한 피난통로의 확보와 피난경로의 단순화에 목적을 두고 공용 이용 통로 및 막다른 통로의 한계를 규정
인명 안전성 평가	NFPA 101와 같은 code도입	① 건축 계획시 공인된 전문기관에 의한 검토 필요 ② 컴퓨터를 통한 화재 및 피난 시뮬레이션에 의한 검증 필요

3 ▶▶ 결론

① 일정규모 이상의 건축물에는 인명 안전성 평가를 의무화하고,
② 건축물의 용도 및 규모별로 수용인원 산정 및 피난용량산정의 기준마련
③ 건축물 계획시 성능위주피난 설계 도입이 필요

49 피난로의 구성 피난(EXIT), 피난접근(EXIT Access) 피난 배출

1 ▶▶ 피난 접근로

① 거실에서 비상구까지의 피난 경로 중에서 안전구획 되지 않은 장소
② 국내 보행거리 기준 30m이내(내화구조 50m)
③ NFPA 101 기준은 SP 미설치 45m(SP 설치시 60m)

❷ 피난 통로

① 피난경로로 이용되는 시설로서 비상구문, 피난계단, 경사로, 통로, 옥외 발코니 등을 말함
② 화재로부터 안전구획된 장소로서 내화구조 및 불연재료로 내장 마감되는 등의 조건을 만족한 장소
③ 국내에는 거실, 복도, 통로, 계단으로 구분하여 마감재료 기준을 두고 있음

❸ 피난 배출로(EXIT Discharge)

국내 건축물 바깥쪽으로 출구 규정과 같으며,
① 피난층에서 비상구로부터 공공도로까지의 경로
② Life Safety Code에서는 충분한 폭과 크기의 통로를 요구
③ 피난층에서 보행거리 30m(60m)
④ 피난 배출로 중 50%이하만 피난층을 경유하여 옥외 피난하며,
⑤ 50% 이상의 피난은 직접 옥외 연결 또는 EXIT passageway를 통해 옥외로 연결 부속실, mall 등에 중간 안전구역을 통해서 피난하도록 규정하고 있음

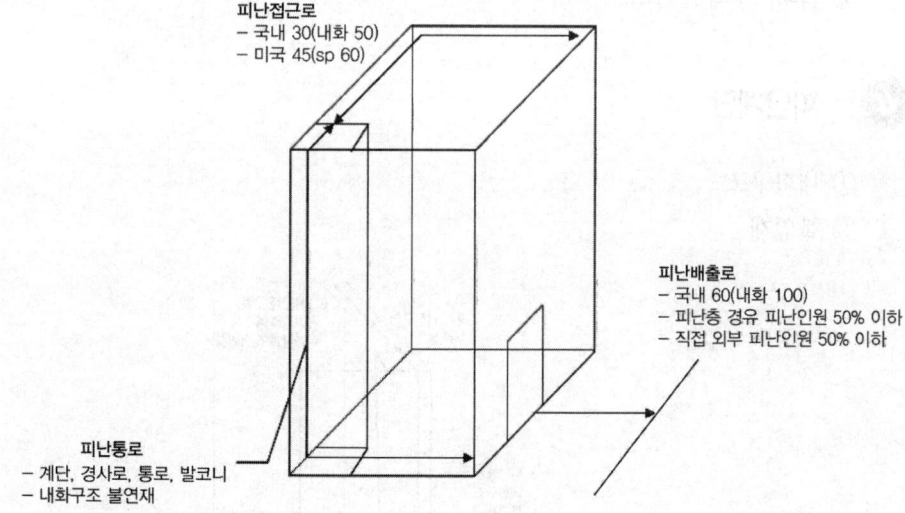

50. 피난경로의 연기에 대한 안전성 확보 방안

1. 개요

① 피난 안전성 확보를 위해 ASET > RSET 하도록 하며,
② 피난 경로에서 열, 연기, 불, 가스 등으로 부터 안전성 확보(거주가능 조건 충족)

2. 1차 안전구획 복도

① 기계 배연에 의한 연기 제어
② 수직동선과 수평동선은 직접 면하지 않게 한다.
   (수직피난동선 안전성 확보 : 노대, 부속실 통한 연결)

3. 2차 안전구획 부속실

① 노대, 창이 있는 부속실, 제연설비 있는 부속실
② 특피, 부속실 구조

4. 피난계단

① 내화구조
② 불연재

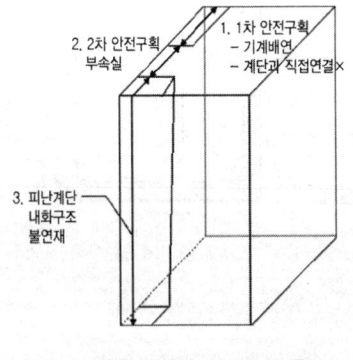

[피난경로 구성]

51 복도 설치 기준(국내 피난통로의 용량)

1 ▶▶ 복도의 유효 너비

암기 학교 오공 바 200 4 3 2.5 3 2 2

구 분	양옆에 거실이 있는 복도	기타의 복도
① 유치원, 초등학교, 중학교 고등학교	2.4m이상	1.8m이상
② 오피스텔, 공동주택	1.8m이상	1.2m이상
③ 당해층 거실의 바닥 면적 합계가 200㎡ 이상	1.5m이상(의료 1.8m이상)	1.2m이상

2 ▶▶ 강화기준

문화 및 집회시설(공연장·집회장·관람장·전시장에 한정한다), 종교시설 중 종교집회장, 노유자시설 중 아동 관련 시설·노인복지시설, 수련시설 중 생활권수련시설, 위락시설 중 유흥주점 및 장례식장의 관람실 또는 집회실과 접하는 복도의 유효너비

당해층 바닥 면적 합계	복도의 유효너비
500㎡ 미만	1.5m이상
500~1000㎡ 미만	1.8m이상
1000㎡ 이상	2.4m이상

52 국내 관람석 출구<국내 관람석 피난 용량>

1 ▶▶ 관람석 등으로부터의 출구

문화 및 집회시설, 위락시설, 장례시설, 종교시설의 용도에 쓰이는 건축물의 관람석 또는 집회실로부터 출구로 쓰이는 문은 안여닫이로 하여서는 안된다.

2 ▸▸ 공연장의 관람석 출구

【 공연장의 개별 관람석(바닥면적 300㎡ 이상인 것)의 출구 】

구 분	설치기준
① 관람석별로	2개소 이상
② 각 출구의 유효폭	1.5m 이상
③ 개별 관람석 출구의 유효폭의 합계	개별관람석의 바닥면적 100㎡마다 0.6m비율로 산정한 너비 이상

> **Reference**
> 제11조 ③ 영 제39조제1항에 따라 건축물의 바깥쪽으로 나가는 출구를 설치하는 경우 관람실의 바닥면적의 합계가 300제곱미터 이상인 집회장 또는 공연장은 주된 출구 외에 보조출구 또는 비상구를 2개소 이상 설치해야 한다.〈개정 2019. 8. 6.〉

3 ▸▸ 공연장 관람실 주위의 복도시설

관람석 구분	개별 관람석의 바닥면적	복도의 위치
개별관람실	300㎡ 이상	양쪽 및 뒤쪽
연속관람실 2개소 이상	300㎡ 미만	앞쪽 및 뒤쪽

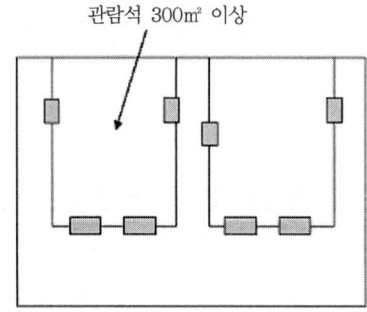

관람석 300㎡ 이상

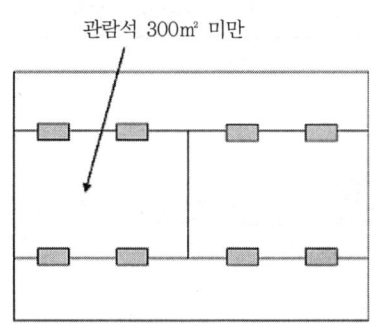

관람석 300㎡ 미만

> **Reference**
> 제11조 ④ 판매시설의 용도에 쓰이는 피난층에 설치하는 건축물의 바깥쪽으로의 출구의 유효너비의 합계는 해당 용도에 쓰이는 바닥면적이 최대인 층에 있어서의 해당 용도의 바닥면적 100제곱미터마다 0.6미터의 비율로 산정한 너비 이상으로 하여야 한다.〈개정 2010. 4. 7.〉

① 건축물의 바깥쪽으로 나가는 출구를 설치하는 경우 관람실의 바닥면적의 합계가 300 제곱미터 이상인 집회장 또는 공연장은 주된 출구 외에 보조출구 또는 비상구를 2개소 이상 설치해야 한다.
② 판매시설의 용도에 쓰이는 피난층에 설치하는 건축물의 바깥쪽으로의 출구의 유효너비의 합계는 해당 용도에 쓰이는 바닥면적이 최대인 층에 있어서의 해당 용도의 바닥면적 100제곱미터마다 0.6미터의 비율로 산정한 너비 이상으로 하여야 한다.

53 옥외로의 출구 설치기준(건축물 바깥쪽으로의 출구 설치기준)

1 ▸▸ 설치대상(건축법시행령 제39조의 1항)

다음 각 호의 어느 하나에 해당하는 건축물에는 국토교통부령으로 정하는 기준에 따라 그 건축물로부터 바깥쪽으로 나가는 출구를 설치하여야 한다.
① 제2종 근린생활시설 중 공연장·종교집회장·인터넷컴퓨터게임시설제공업소(해당 용도로 쓰는 바닥면적의 합계가 각각 300제곱미터 이상인 경우만 해당한다)
② 문화 및 집회시설(전시장 및 동·식물원은 제외한다)
③ 종교시설
④ 판매시설
⑤ 업무시설 중 국가 또는 지방자치단체의 청사
⑥ 위락시설
⑦ 연면적이 5천 제곱미터 이상인 창고시설
⑧ 교육연구시설 중 학교
⑨ 장례시설
⑩ 승강기를 설치하여야 하는 건축물

2 ▶▶ 피난층에서의 옥외출구까지의 보행거리

구 분	보행거리	보행거리의 완화
계단에서 옥외 출구까지	30m 이하	주요구조부가 내화구조 또는 불연재로 된 건축물은 50m 이하(16층 이상 공동주택은 40m 이하)
거실의 각 부분에서 옥외로의 출구까지	60m 이하	위 값의 2배

건축물의 피난층(직접 지상으로 통하는 출입구가 있는 층 및 제3항과 제4항에 따른 피난안전구역을 말한다. 이하 같다) 외의 층에서는 피난층 또는 지상으로 통하는 직통계단(경사로를 포함한다. 이하 같다)을 거실의 각 부분으로부터 계단(거실로부터 가장 가까운 거리에 있는 1개소의 계단을 말한다)에 이르는 보행거리가 30미터 이하가 되도록 설치해야 한다. 다만, 건축물(지하층에 설치하는 것으로서 바닥면적의 합계가 300제곱미터 이상인 공연장·집회장·관람장 및 전시장은 제외한다)의 주요구조부가 내화구조 또는 불연재료로 된 건축물은 그 보행거리가 50미터(층수가 16층 이상인 공동주택의 경우 16층 이상인 층에 대해서는 40미터) 이하가 되도록 설치할 수 있으며, 자동화 생산시설에 스프링클러 등 자동식 소화설비를 설치한 공장으로서 국토교통부령으로 정하는 공장인 경우에는 그 보행거리가 75미터(무인화 공장인 경우에는 100미터) 이하가 되도록 설치할 수 있다.

3 ▶▶ 옥외로의 출구

옥외로의 출구문 및 출구는 다음에 정하는 바에 의하여 설치하여야 한다.

구 분	설치기준
문화 및 집회시설(전시장 및 동식물원 제외), 장례식장, 위락시설 용도에 쓰이는 건축물의 옥외로의 출구의 문	안여닫이로 해서는 안됨
관람석의 바닥면적의 합계가 300㎡ 이상인 집회장 또는 공연장	옥외로의 주된 출구외에 보조출구 또는 비상구를 2개소 이상 설치
판매시설의 용도에 쓰이는 피난층에 설치하는 옥외로의 출구의 유효너비의 합계	당해용도로 쓰이는 바닥면적이 최대인 층에 있어서의 바닥면적 100㎡ 마다 0.6m 이상의 비율로 산정한 너비 이상

– 바닥면적이 최대인 층 바닥면적[㎡] ÷ 100㎡ × 0.6m 이상

54 피난 용량(NFPA 101)

1 ▶▶ 피난 통로의 폭을 계산하는 방식

(1) The Flow Method

① 이동 모델과 유사

② 정의
정해진 거주가능시간 내에 건물 전체 인원을 피난시킨다는 이론하에 피난통로의 폭을 역으로 계산하는 방법

③ 수평 통로에서 유동율
㉠ 60[인/ 22inch-폭/min]
㉡ 분당 22inch 폭의 통로를 60명이 통과 가능하며,

③ 대상 장소
극장, 교육 시설등과 같이 거주자가 항상 깨어 있어서 즉각 피난이 가능한 장소

④ 조건
㉠ 신체적으로 좋은 조건 상태 → 일반 성인
㉡ 일정한 피난 속도를 가진다는 가정
㉢ 이때의 폭은 유효폭(Effective Width)

(2) The Capacity Method

① 정의
건물내의 충분한 수의 계단 및 통로를 준비하여 거주자들을 적절하게 수용하도록 하는 방법

② 피난통로가 완전하게 구획되어 각 개인별로 신체적 능력에 따라 피난하도록 계산

③ 고층건물이나 피난 약자들이 있는 장소에 설계

55. 유효폭(Effective Width)

1. 정의

① 피난시에 벽이나 기타 고정 장애물에 대한 경계층을 고려하여야 하는데
② 경계층은 신체의 균형을 유지하고 장애물에 의한 피난 속도의 감소방지 등을 감안해야 한다.
③ 유효폭 = 자유통로의 폭 - 경계폭

2. 유효폭의 계산

① 유효폭 = 자유통록의 폭 - 경계층의 폭
② 자유통로 폭(Clear Width)
　㉠ 복도의 벽과 벽사이
　㉡ 계단 통로의 발판 폭
　㉢ 문 개방시 실제 통과가 가능한 폭
　㉣ 내측 의자 사이의 공간
③ 경계층의 폭(크기)
　㉠ 계단 통로의 벽 6inch　　㉡ 핸드레일 3.5inch
　㉢ 복도의 벽 8inch　　　　 ㉣ 장애물 4inch

56. 직통계단의 수량

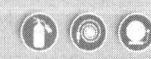

1. 대상

건축물의 피난층 외의 층에서는 피난층 또는 지상으로 통하는 직통계단을 거실의 각 부분으로부터 계단(거실로부터 가장 가까운 거리에 있는 계단을 말한다)에 이르는 보행거리가 30미터 이하가 되도록 설치하여야 한다.

② ▶▶ 2개 이상의 직통계단 설치대상

① 제2종 근린생활시설 중 공연장·종교집회장, 문화 및 집회시설(전시장 및 동·식물원은 제외한다), 종교시설, 위락시설 중 주점영업 또는 장례시설의 용도로 쓰는 층으로서 그 층에서 해당 용도로 쓰는 바닥면적의 합계가 200제곱미터(제2종 근린생활시설 중 공연장·종교집회장은 각각 300제곱미터) 이상인 것

② 단독주택 중 다중주택·다가구주택, 제1종 근린생활시설 중 정신과의원(입원실이 있는 경우로 한정한다), 제2종 근린생활시설 중 인터넷컴퓨터게임시설제공업소(해당 용도로 쓰는 바닥면적의 합계가 300제곱미터 이상인 경우만 해당한다)·학원·독서실, 판매시설, 운수시설(여객용 시설만 해당한다), 의료시설(입원실이 없는 치과병원은 제외한다), 교육연구시설 중 학원, 노유자시설 중 아동 관련 시설·노인복지시설·장애인 거주시설(「장애인복지법」 제58조제1항제1호에 따른 장애인 거주시설 중 국토교통부령으로 정하는 시설을 말한다. 이하 같다) 및 「장애인복지법」 제58조제1항제4호에 따른 장애인 의료재활시설(이하 "장애인 의료재활시설"이라 한다), 수련시설 중 유스호스텔 또는 숙박시설의 용도로 쓰는 3층 이상의 층으로서 그 층의 해당 용도로 쓰는 거실의 바닥면적의 합계가 200제곱미터 이상인 것

③ 공동주택(층당 4세대 이하인 것은 제외한다) 또는 업무시설 중 오피스텔의 용도로 쓰는 층으로서 그 층의 해당 용도로 쓰는 거실의 바닥면적의 합계가 300제곱미터 이상인 것

④ 제1호부터 제3호까지의 용도로 쓰지 아니하는 3층 이상의 층으로서 그 층 거실의 바닥면적의 합계가 400제곱미터 이상인 것

⑤ 지하층으로서 그 층 거실의 바닥면적의 합계가 200제곱미터 이상인 것

③ ▶▶ 설치기준

① 보행 거리 기준을 초과하지 않아야 한다.
② 전시장, 운동, 판매 및 영업, 동·식물원, 관광휴게, 위락, 생활권 수련시설 :
   5층 이상의 층 (피난계단 설치대상임)
   층 바닥면적 2000㎡ 넘는 2000㎡마다 1개씩
③ 지하층 바닥면적 1000㎡이상의 경우
   방화구획으로 구획되는 각 부분마다 1개씩
④ 지하층(공연장 노래방 주점, 다중이용업) 200㎡ 이상(50㎡)

57. 지하층의 구조 및 설비

1. 지하층의 구조 및 설비

구 분	대상 규모	구조 기준
비상탈출구 환기통	바닥면적 50㎡ 이상인 층	직통계단외 피난층 또는 지상으로 통하는 비상탈출구 및 환기통 설치(단, 직통계단 2개소 이상 설치시 제외)
피난계단 특별피난계단	바닥면적 1,000㎡ 이상인 층	방화구획으로 구획되는 각 부분마다 1개소 이상 피난층 또는 지상으로 통하는 피난계단 또는 특별피난계단 설치
환기설비	거실의 바닥면적 합계가 1,000㎡ 이상인 층	환기설비 설치
급수전	바닥면적 300㎡ 이상 층	식수공급을 위한 급수전 1개소이상 설치

2. 지하층으로 직통계단 2개소 이상 설치대상

구 분	대상 용도
그 층 거실바닥면적 합계가 50㎡ 이상인 층 (기타는 200㎡ 이상인 층)	① 제2종 근린생활시설 중 공연장·단란주점·당구장·노래연습장 ② 문화 및 집회시설 중 예식장·공연장 ③ 수련시설 중 생활권수련시설·자연권수련시설 ④ 숙박시설 중 여관여인숙 ⑤ 위락시설 중 단란주점. 유흥주점 ⑥ 다중이용업의 용도

3. 지하층의 비상탈출구 설치기준 _{암기} 위문크기 사유통장

구 분	구 조 기 준
위 치	출입구로부터 3m 이상 떨어진 곳
문	피난방향으로 열리도록 하고, 실내에서 항상 열수 있는 구조로 하며, 내부 및 외부에는 비상탈출구의 표지 설치
크 기	너비 0.75m 이상, 높이 1.5m 이상

사다리	바닥으로부터 비상탈출구의 아래부분까지의 높이가 1.2m 이상인 경우 발판의 너비가 20cm 이상의 사다리 설치
유도등	비상탈출구의 유도등과 피난통로의 비상조명등을 소방관계법령에 따라 설치
피난통로	유효너비는 0.75m 이상으로 하고, 내장재는 불연재료로 설치
장애물	비상탈출구의 진입부분 및 피난통로에는 통행에 지장이 있는 물건을 방치하거나 시설물을 설치하지 말 것

58 피난로의 배치

1 ▸▸ 개요

① 건축물방재대책 중 평면계획에서의 코아 배치는 피난의 방향성, 양방향 피난의 가능성 등 피난계획의 수준을 기본적으로 좌우한다.
② 코아에는 계단, E/V, 수직계통의 설비공간, 화장실, 탕비실 등이 포함되며, 이들 계단 등에서는 각각 화염과 연기에 대하여 안전한 것으로서, 양방향 피난이 확보되게 하고, 가급적 분산하여 배치하는 것이 바람직하다.

2 ▸▸ 코어배치의 유형과 피난 특성   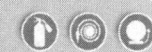 센터(외중정) 편 더블 중간 분산

(1) 센터코어 중 외주 복도형

① 초기의 고층빌딩에서 많은 타입으로 코어의 외주부에 복도가 설치되는 것
② 사무실빌딩의 경우 기준층의 면적이 3000㎡ 전후 호텔의 경우 1000㎡에 적용되며 대규모 평면에 많이 적용되어 넓은 공간을 얻을 수 있다.
③ 피난층에서 계단이 적절한 간격을 갖고 치우치지 않게 배치될 뿐만 아니라 이들 계단이 안전구획으로 연결되며, 복도에서 2방향의 피난이 되는 장점이 있다.
④ 복도가 연기로 오염되면 전체가 연결되어 피난로가 완전히 사용될 수 없는 위험도 있다.
⑤ 연기 등으로부터 안전구획을 유지할 수 있는지가 중심코어를 활용하는 조건이 된다.

(2) 센터코어 중 중복도형

① 복도를 코어주위가 아니라. 코어 중앙에 직선상으로 배치하고, 엘리베이터 샤프트도 이와 맞추어 직선상으로 배치한 것 (선형코어)
② 사무실빌딩에 많음
③ 복도부분을 적게하여 외주복도형보다 높은 임대비가 얻어지는 이점이 있으나, 사무실 출입구수가 3~4개소에 한정
④ 각층은 직선상의 동일한 복도로 나오므로 건축물 내에서의 위치 인식이 용이
⑤ 거실에서 계단에 이르는 피난경로의 일부는 엘리베이터 로비를 경유하기 쉬우므로 로비에 연기가 들어가지 않도록 직절한 조치를 강구

(3) 센터코아 중 정방향형

① 코어부분이 상대적으로 커지므로 안길이가 깊은 사무실은 얻기 어려우나, 4면에 전망이 열린 균등한 공간이 얻어지며, 사무실빌딩이나, 호텔 등에 채용이 가능하다.
② 코어내부의 복도가 안전구획되고 2개의 계단이 연결되지만 피난경로가 복잡하고 2개의 계단이 지나치게 접근하는 경향이 있다.
③ 해결책으로 코어외에 계단실을 배치하는 방법도 있다.

(4) 편코아

① (1), (2)의 중심코아 타입에서 한쪽의 사무실만 제거한 형태
② 두 개의 피난계단을 가능한 한 분리할 필요가 있음

(5) 더블코어

① 거실 양측에 코어를 분리하여 배치(분리 코어)
② 피난상은 명쾌한 평면으로 2방향 피난의 전형이라 할 수 있음
③ 사무실이나 병원용도에 적합
④ 복수의 피난계단이 안전구획에 의해 연결되지 않으므로 이에 대신하는 어떤 대책이 강구되면 더욱 좋음

(6) 중간 코어

① 호텔이나 병원에 많은 타입
② 양단에 계단은 평소에 사용하지 않는 경우가 많으나 복도의 말단에 피난계단이 있으므로 2방향 피난의 원칙에 적합
③ 중복도가 일단 연기에 오염되면 피난이 곤란하므로 충분한 방연대책이 필요

(7) 분산코어
① 코어가 분산되어 있어 코어가 없다고 할 수 있는 타입
② 백화점 등 대규모 평면의 건축물이 많다.
③ 다방면의 피난경로 확보
④ 에스켈레이터가 피난동선과 분리되는 경향
⑤ 피난계단 부근에 화장실을 배치하여 일상동선을 피난동선에 근접시키는 경우도 있음

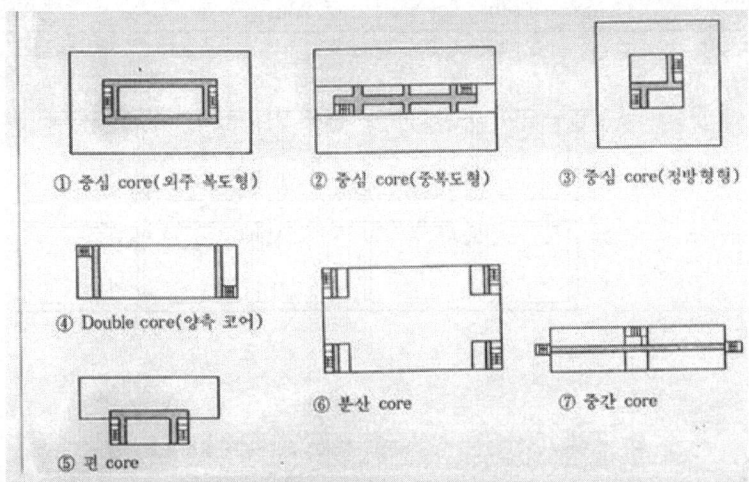

59 공용이용통로(Common Path) → 피난로 배치

1 ▸▸ 공용이용통로(Common Path)

① 정의 : 다른 방향을 선택할 여지가 없이 한 방향으로 이동하게 되는 비상구 접근로 보행 부분
② 보행거리 1/2이다.

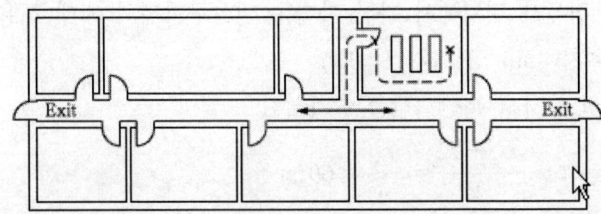

2 ▸▸ 막다른 부분(Dead-End)

① 정의 : 피난 통로를 지나는 중에 고립 지역 형태로 되어 있어 고립지역에서 다시 되돌아 나오게 되는 부분

구 분	원 칙	스프링클러 설치
Dead End	6.1m	15m
Common Path	23m	30m

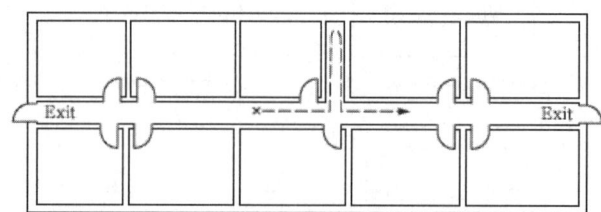

60 보행거리

1 ▸▸ 정의

① 거실의 각 부분으로부터 피난층으로 통하는 직통계단에 이르는 거리를 말한다.
② 소방설비 설치기준시 보행거리 사용(이때 보행거리는 재실자가 통로를 통하여 이동하는 거리를 의미함)

2 ▸▸ NFPA 101

① 건물내 점유자 위치에서 가장 가까운 비상구까지의 최대 허용 보행 거리를 규정
② SP 미설치 45m SP 설치시 60m
③ 보행거리 증가시 피난시간을 증가시킴

$$\text{피난시간 } t = \frac{L_x + L_y}{V} = \frac{60}{1} = 60(\sec)$$

④ 보행거리 산정요소
  ㉠ 수용인원, 연령, 신체조건, 보행속도
  ㉡ 장애물의 형태와 수
  ㉢ 가연성 물질의 양과 특성
  ㉣ 화재의 예상 확산 속도(구조, 내장재, 자동소화설비 유무)

③ 국내 건축법

구 분	원 칙	주요구조부 내화구조, 불연재	LCD, 반도체공장 (자동식 소화설비 설치된 경우)
거실로부터 직통계단까지	30m	50m(공동주택 40m)	75m(무인화 공장은 100m)
거실로부터 옥외까지 출구	60m	100m(공동주택 80m)	

61 성능위주 피난 설계

① 개요

① 성능위주 피난 설계란 ASET > RSET하여 피난안정성을 확보하는 설계를 말한다.
② ASET은 허용 피난시간(거주가능조건)이라 하며 Flash Over 발생시간, 연기층 하강 시간, 화재의 크기에 따라 결정된다.
③ RSET은 최소피난시간이라 하며 감지시간, 지연시간, 이동시간으로 구성된다.
④ 피난 안전성 확보하기 위해 "ASET > RSET"
  ASET 높이는 대책, RSET 줄이는 대책이 필요하다.

② ASET(Available Safe Egress Time)

(1) 개요

허용피난시간(거주가능시간)으로서 화재 발생 후 거주자에게 위험이 파급될 때까지의 시간을 말한다.(체류 가능 조건 또는 거주 가능 시간)

(2) 구성요소

① F.O 발생시간

② 연기층 하강시간 등 화재의 크기가 구성요소가 된다.

③ 화재크기가 크면 F.O 발생시간, 연기층 하강 시간이 짧아져서 ASET이 작아지므로 피난 안정성 확보가 어렵다.

(3) 거주 가능 시간(체류 가능 조건)

① 최대실내온도 : 100~110℃

② 연기층 높이 : 바닥에서 1.5m 이상

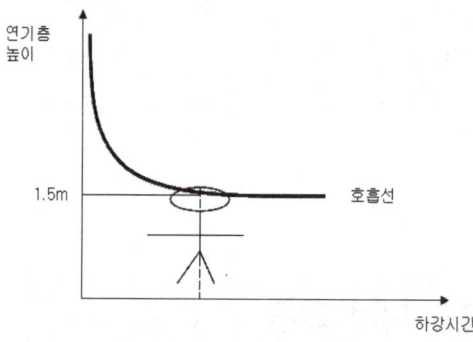

③ 최저 산소농도 : 18%

(4) 측정방법

① 수계산

$$t = \frac{20A}{P\sqrt{g}} \times \left(\frac{1}{\sqrt{y}} - \frac{1}{\sqrt{h}}\right) \quad t = 2\sqrt{A}$$

② 존모델, 필드모델 등 화재 시뮬레이션

(5) 대책

① ASET 높이는 대책은 화재크기를 줄여서 F.O발생 지연 대책과 연기층 하강시간을 늘리는 대책이 있다.

② RTI 낮은 속동형헤드 ESFR 설치 → 조기소화 → 화재크기를 줄이는 대책

③ 자동식 소화설비 설치하여 조기소화 → 화재크기를 줄이는 대책

④ 제연설비 설치 → 연기층 하강속도↓, 고온가스온도↓

⑤ 불연화 난연화하여 화재하중↓

⑥ 가연물 양 제한

3 ▸▸ RSET(Requirred Safe Egress Time)

(1) 개요
최소 피난 시간으로서 화재 발생 후 피난이 완료 될 때까지의 시간

(2) 구성요소
① RSET = t detection + t delay + t travel
② Time-line분석

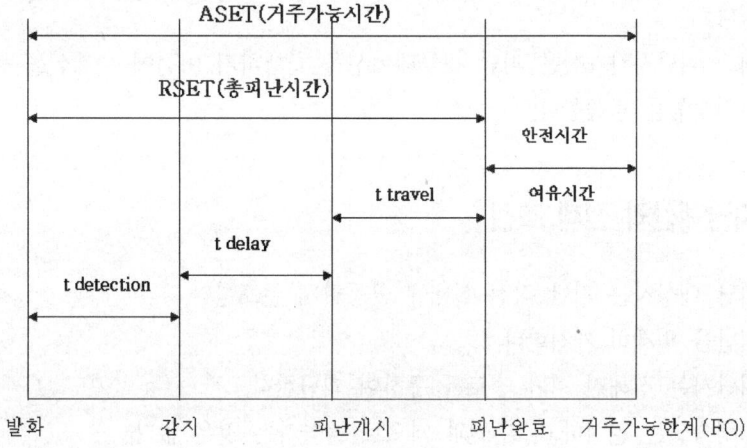

(3) 측정 방법
① NFPA에 의한 수계산
② Building - Exodus, Simulex, Elvac 등 피난 시뮬레이션

(4) 대책
① RSET을 줄이는 대책
② 특수감지기 등을 설치하여 감지시간 단축 → 감지↓
③ 고휘도 유도등, Pathway Marking 설치 → 피난이동↓
④ 보행거리, 피난거리 단축 → 피난이동↓
⑤ 피난구 폭, 피난구 수, 피난계단 등 피난용량 확대 → 피난이동↓
⑥ 거주 밀도 하향 조정
⑦ 지연시간(경보)↓

62 피난계산을 수치계산을 통하여 하는 방법

1 ▸▸ 개요

① 피난계산이란 어떤 층을 발화층으로 보고, 그 층에 있던 재실자 전원이 계단실까지 피난하는 상황을 예측하여 피난안전성을 평가하는 것이다.
② 최소 피난 시간 (RSET)은 수계산에 의한 방법과 피난 시뮬레이션을 이용하는 방법이 있다.
③ 최소 피난시간계산은 피난 시뮬레이션을 실행하기 이전에 수계산을 통해 미리 피난 안전성능을 검증한다.

2 ▸▸ 피난계산의 전제 조건

① 피난 대상자는 피난 직전 실내에 균등하게 분포한다.
② 피난을 일제히 개시한다.
③ 피난자는 정해진 피난 경로를 통하여 피난한다.
④ 보행속도는 일정하고, 추월과 역으로 돌아가는 것은 없다.
⑤ 군집류는 출입구 등의 폭에 의하여 규제된다.
⑥ 출입구가 복수일 경우 특별한 유도가 없으면 가장 가까운 출입구로부터 대피한다.

3 ▸▸ 피난 계산

① 거실의 재실자 전원이 실외로 피난 완료하기까지 필요한 시간으로 원칙적으로 각 실마다 산출
② $T_1 = Max\ T_{11},\ T_{12}$ (RSET)

$$T_{11} = \frac{N_i}{1.5 B_i}$$

N_i : 피난자의 수(인)
1.5 : 출구유동계수 (1.5인/m·sec)
B_i : 출입구 폭(m)

$$T_{12} = \frac{L_x + L_y}{V} \text{(sec)}$$

$L_x + L_y$: 실의 문에서 가장먼 곳까지의 직각보행거리
V : 보행속도(m/ses)(학교 : 1.3, 백화점 등 불특정 다수의 용도부분 : 1.0, 밀도가 높은(1.0인/m²) 용도 부분)

③ 거실허용피난시간(ASET)

$$rT_1 = 2 \sim 3\sqrt{A}$$

A : 발화실 면적

$$t = \frac{20A}{P\sqrt{g}} \times \left(\frac{1}{\sqrt{y}} - \frac{1}{\sqrt{h}}\right)\text{(sec)}$$

A : 실의 면적(m²)
P : 화염의 둘레 (대형 12m, 중형 6m, 소형 4m)
h : 건물의 높이(m)
y : 청결층의 높이(m)

④ 계산
거실피난시간(T_1) RSET ≤ 거실허용피난시간(rT_1) ASET

4 ▸▸ 피난 계산(일본 건축법)

(1) 거실에서의 피난

① 거실의 피난종료시간 설정(Rset)
  ㉠ 거실의 피난종료시간(t_{escape})=피난개시시간(t_{start})+거실의 출구에 이르는 보행시간(t_{travel})+출구통과시간(t_{queue})

  ㉡ $t_{start} = \dfrac{\sqrt{\Sigma Aarea}}{30}$

  여기서, t_{start} : 피난개시시간(min)
  t_{area} : 해당실의 바닥면적(m²)

  ㉢ $t_{travel} = \max\left(\Sigma \dfrac{l_l}{v}\right)$

  여기서, t_{travel} = : 거실 등의 각 부분에서 출구 중 하나에 도달하는데 걸리는 보행시간

l_l : 출구까지 보행거리(m)

v : 보행속도(m/min)

ⓔ $t_{queue} = \dfrac{\text{재실자수}}{(\text{유효유동계수}) \times (\text{유효출구폭})} = \dfrac{\Sigma p A_{area}}{\Sigma N_{eff} B_{eff}}$

여기서, p : 재실자 밀도(명/㎡)

A_{area} : 당해거실의 바닥면적(㎡)

N_{eff} : 유효유동계수(명/min·m)

B_{eff} : 유효출구폭(m)

② 거실의 연층하강시간 산정(Aset)

$$t_s = \dfrac{A_{room} \times (H_{room} - 1.8)}{\max(V_S - V_e, 0.01)}$$

여기서, A_{room} : 해당거실의 바닥면적(㎡)

H_{room} : 해당거실 기준점에서 평균천장높이(m)

V_S : 발연량(㎥/min)

V_e : 유효배연량(㎥/min)

(2) 층에서의 피난

① 층의 피난종료시간 산정(Rset)

㉠ 층의 피난종료시간(t_{escape})

= 피난개시시간(t_{start}) + 보행시간(t_{travel}) + 출구통과시간(t_{queue})

ⓛ $t_{start} = \dfrac{\sqrt{\Sigma Afloor}}{30} + 5$ (공동주택, 호텔기타 이와 유사한 용도)

$t_{start} = \dfrac{\sqrt{\Sigma Afloor}}{30} + 3$ (그 밖의 용도인 경우)

여기서, t_{start} : 층피난개시시간(min)

t_{floor} : 직통계단으로 향하는 출구를 통과하지 않으면 피난할 수 없는 바닥면적의 합계(㎡)

ⓒ $t_{travel} = \max(\Sigma \dfrac{l_l}{v})$

여기서, t_{travel} : 직통계단까지의 보행시간

l_l : 직통계단으로 향하는 출구 중 하나에 도달하는데 필요한 보행거리(m)

v : 보행속도(m/min)

ㄹ) $t_{queue} = \dfrac{재실자수}{(유효유동계수) \times (직통계단출구폭)} = \dfrac{\Sigma pAarea}{\Sigma N_{eff}B_{st}}$

② 층의 연층하강시간 산정(Aset)
  ㉠ 직통계단으로 향하는 출구가 여러 개인 경우 산정된 최소의 값
  $t_s = t_{s1} + t_{s2} + t_{s3}$
  ㉡ 각 실에서 연층하강시간
  $t_s = \dfrac{A_{room} \times (H_{room} - H_{\lim})}{\max(V_S - V_e, 0.01)}$
  여기서, H_{room} : 한계연층높이(m)

63 피난계단 및 특별피난계단

1 ▶▶ 개요

① 직통계단은 피난층까지 계단과 계단참으로 직접연결
② 피난계단, 특별피난계단

2 ▶▶ 설치대상

구 분	옥내 피난계단	특별 피난계단	
설치대상	5이상~10층 이하 또는 지하 2층 이하	11층 이상 또는 지하 3층 이하	공동주택 16층 이상
설치제외	1. 바닥면적 200m²미만 층 제외 2. 200m² 이내마다 방화구획이 되어 있는 경우 제외	바닥면적 400m² 미만 층 제외	

③ 특별피난계단 설치기준

구 분	구 조
건축물	• 건축물의 내부와 계단실은 노대 or 부속실을 통하여 연결될 것 • 노대 • 부속실 1㎡이상인 창문 or 배연설비 (면적 3㎡ 이상)
계단 구조	• 계단은 내화구조로 하되, 피난층 또는 지상까지 직접 연결되도록 할 것 • 돌음 계단 불가
계단 구획	• 계단실·노대 및 부속실은 창문 등을 제외하고는 내화구조의 벽으로 각각 구획할 것
내장 재료	• 계단실 및 부속실의 실내에 접하는 부분의 마감은 불연 재료로 할 것
조명 설비	• 계단실에는 예비전원에 의한 조명 설비를 할 것
출입문	• 건축물의 내부에서 노대 또는 부속실로 통하는 출입구에는 제26조에 따른 60+방화문, 60분방화문을 설치하고, 노대 또는 부속실로부터 계단실로 통하는 출입구에는 제26조에 따른 60+방화문, 60분방화문 또는 30분방화문을 설치할 것. 이 경우 갑종방화문 또는 을종방화문은 언제나 닫힌 상태를 유지하거나 화재로 인한 연기, 온도, 불꽃 등을 가장 신속하게 감지하여 자동적으로 닫히는 구조
출입구	• 출입구의 유효너비는 0.9m 이상으로 하고 피난 방향으로 열 수 있을 것
창 문	• 계단실에는 노대 또는 부속실에 접하는 부분 외에는 건축물의 내부와 접하는 창문 등을 설치하지 아니할 것 • 노대 및 부속실에는 계단실외의 건축물의 내부와 접하는 창문 (출입구를 제외한다)을 설치하지 아니할 것
옥내 창문등	• 계단실의 노대 또는 부속실에 접하는 창문 등(출입구를 제외한다)은 망이 들어 있는 유리의 붙박이창으로서 그 면적을 각각 1㎡ 이하로 할 것
옥외 창문등	• 계단실·노대 또는 부속실에 설치하는 건축물의 바깥쪽에 접하는 창문 등은 계단실·노대 또는 부속실외의 당해건축물의 다른 부분에 설치하는 창문 등으로부터 2미터 이상의 거리를 두고 설치할 것

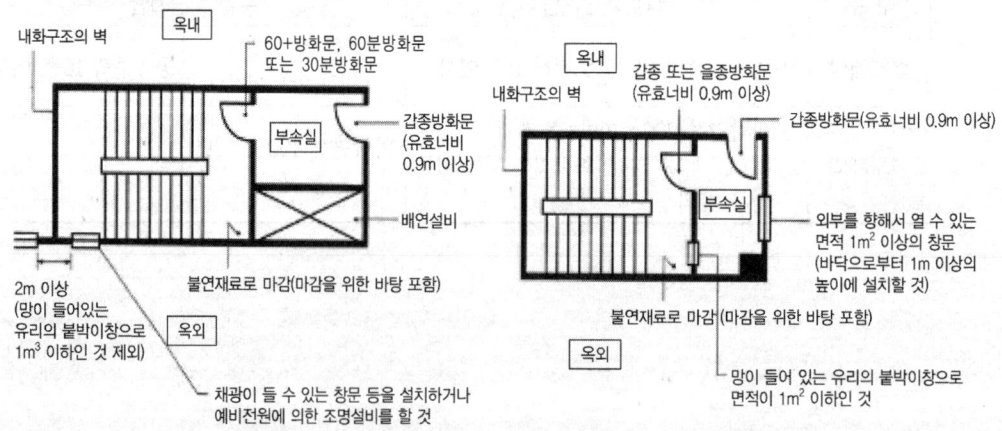

【 배연설비가 있는 부속실이 설치된 경우 】　　【 창문이 있는 부속실이 설치된 경우 】

4 피난계단 설치기준

구분	구조
계단 구조	계단은 내화구조로 하되, 피난층 또는 지상까지 직접 연결되도록 할 것 돌음 계단 불가
계단 구획	계단실은 창문·출입구 기타 개구부를 제외한 당해건축물의 다른 부분과 내화구조의 벽으로 구획할 것
내장 재료	계단실의 실내에 접하는 부분의 마감은 불연 재료로 할 것
조명 설비	계단실에는 예비전원에 의한 조명 설비를 할 것
출입문	언제나 닫힌 상태를 유지하거나 화재로 인한 연기, 온도, 불꽃 등을 가장 신속하게 감지하여 자동적으로 닫히는 구조로 된 제26조에 따른 60+방화문, 60분방화문을 설치할 것
출입구	출입구의 유효너비는 0.9m 이상으로 하고 피난 방향으로 열 수 있을 것
옥내 창문 등	건축물의 내부와 접하는 계단실의 창문 등은 망이 들어 있는 유리의 붙박이 창으로서 그 면적을 각각 1㎡ 이하로 할 것
옥외 창문 등	계단실에 설치하는 건축물의 바깥쪽에 접하는 창문 등은 계단실외의 당해 건축물의 다른 부분에 설치하는 창문 등으로부터 2미터 이상의 거리를 두고 설치할 것

5 옥외피난계단 설치기준

(1) 대상

건축물의 3층 이상인 층(피난층은 제외한다)으로서 다음 각 호의 어느 하나에 해당하는 용도로 쓰는 층에는 제34조에 따른 직통계단 외에 그 층으로부터 지상으로 통하는 옥외피난계단을 따로 설치하여야 한다.

① 제2종 근린생활시설 중 공연장(해당 용도로 쓰는 바닥면적의 합계가 300제곱미터 이상인 경우만 해당한다) 문화 및 집회시설 중 공연장이나 위락시설 중 주점영업의 용도로 쓰는 층으로서 그 층 거실의 바닥면적의 합계가 300제곱미터 이상인 것
② 문화 및 집회시설 중 집회장의 용도로 쓰는 층으로서 그 층 거실의 바닥면적의 합계가 1천 제곱미터 이상인 것

(2) 설치기준

구분	구조
계단 구조	피난계단 또는 특별피난계단은 돌음계단으로 해서는 안 되며, 영 제40조에 따라 옥상광장을 설치해야 하는 건축물의 피난계단 또는 특별피난계단은 해당 건축물의 옥상으로 통하도록 설치해야 한다. 이 경우 옥상으로 통하는 출입문은 피난방향으로 열리는 구조로서 피난 시 이용에 장애가 없어야 한다.

계단 유효폭	0.9m 이상
출입문	건축물의 내부에서 계단으로 통하는 출입구에는 60+방화문, 60분방화문
창문 등	옥외피난계단으로의 창문 등은 망이 들어 있는 유리의 붙박이 창으로서 그 면적을 각각 1m² 이하로 할 것
출입구 이외의 개구부와의 거리	계단은 출입구 외의 개구부로부터 2미터 이상의 거리를 두고 설치할 것

6. 결론

① 건축에서 특별피난계단은 재실자가 끝까지 피난하도록 보호되는 계단으로,
② 수직 피난계단은 계단 통로가 연돌 효과, Wind Effect에 의한 연기 이동 경로가 되며, 이에 대한 대책이 필요하다.

64 비상용 승강기

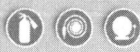

1. 대상

31m 이상(공동주택 10층 이상)

2. 수량

설치수량	1대	2대	3대
바닥면적	1500m² 이하	1500~4500m²	4500~7500m²

3. 비상용승강기를 설치하지 아니할 수 있는 건축물

① 높이 31m를 넘는 각 층을 거실 외의 용도로 쓰는 건축물
  ※ 거실 : 건축물 안에서 거주, 집무, 작업, 집회, 오락, 그 밖에 이와 유사한 목적을 위하여 사용되는 방

② 높이 31m를 넘는 각 층의 바닥면적의 합계가 500㎡ 이하인 건축물
③ 높이 31m를 넘는 층수가 4개층 이하로서 당해 각 층의 바닥면적의 합계 200㎡(벽 및 반자가 실내에 접하는 부분의 마감을 불연재료로 한 경우에는 500㎡) 이내마다 방화구획으로 구획한 건축물

4. 비상용 승강기 구조 암기 일통 예예 운소

① 일반기준 : 승용승강기에 적합할 것
② 통화장치 : 외부와 연락할 수 있는 통화장치
③ 예비전원
  ㉠ 상용전원 차단시 예비 전원으로 전환
  ㉡ 1min(60초)이내 자동전환, 수동전환가능
  ㉢ 2시간 이상 작동 가능
④ 예비조명 : 정전시 2m 떨어진 수직면상에서 조도 1lux ↑
⑤ 운행속도 : 60m/min
⑥ 소방 스위치
  ㉠ 1차 소방 스위치 : 비상시 소방전용으로 사용
  ㉡ 2차 소방 스위치 : 문이 개방되어도 승강 시킬 수 있는것

5. 승강장 구조 암기 구출조 보내바 배표

① 당해 건축물의 다른 부분과 내화구조의 바닥, 벽으로 구획, 공동 주택의 경우 승강장, 부속실 겸용 가능
② 출입문 : 각 층의 내부와 연결할 수 있게 하고, 60+방화문 또는 60분방화문
③ 조명 : 채광이 있는 창이나 예비전원에 의한 조명설비
④ 보행거리 : 피난층의 승강장 출입구으로부터 도로 또는 공지에 이르는 거리 30m
⑤ 내장재 : 벽이나 반자가 실내에 면하는 부분의 마감재는 불연재료
⑥ 바닥면적 : 비상용승강기 1대에 대하여 $6m^2$ 이상으로
⑦ 배연설비 : 노대, 외부로 열리는 창, 배연설비 중 하나 설치
⑧ 표지 : 비상용 승강기 표지 설치

6. 승강로의 구조 〈암기〉 구단

① 승강로는 당해 건축물의 다른 부분과 내화구조로 구획할 것
② 각층으로부터 피난층까지 이르는 승강로를 단일구조로 연결하여 설치할 것

65 피난용 승강기

1. 설치대상

준초고층 건축물 또는 초고층 건축물에는 화재 발생시 상층부로 화재확산방지와 인명피해 최소화를 위하여 계단만으로 피난에 한계가 있으므로 신속한 피난을 위하여 승용승강기 중 1대 이상을 피난용승강기로 설치한다. 다만, 준초고층 건축물 중 공동주택은 제외한다.

2. 피난용승강기 승강장의 구조

① 승강장의 출입구를 제외한 부분은 해당 건축물의 다른 부분과 내화구조의 바닥 및 벽으로 구획할 것
② 승강장은 각 층의 내부와 연결될 수 있도록 하되, 그 출입구에는 60+방화문 또는 60분방화문을 설치할 것. 이 경우 방화문은 언제나 닫힌 상태를 유지할 수 있는 구조이어야 한다.
③ 실내에 접하는 부분(바닥 및 반자 등 실내에 면한 모든 부분을 말한다)의 마감(마감을 위한 바탕을 포함한다)은 불연재료로 할 것
④ 삭제
⑤ 삭제
⑥ 삭제
⑦ 삭제
⑧ 「건축물의 설비기준 등에 관한 규칙」 제14조에 따른 배연설비를 설치할 것. 다만, 「화재예방, 소방시설 설치·유지 및 안전관리에 법률 시행령」 별표 5 제5호가목에 따른 제연설비를 설치한 경우에는 배연설비를 설치하지 아니할 수 있다.

⑨ 삭제

③ ▶▶ 피난용승강기 승강로의 구조   암기 구단배

① 승강로는 당해 건축물의 다른 부분과 내화구조로 구획할 것
② 승강로 상부에 「건축물의 설비기준 등에 관한 규칙」 제14조에 따른 배연설비를 설치할 것

④ ▶▶ 피난용승강기 기계실의 구조   암기 구출

① 출입구를 제외한 부분은 당해 건축물의 다른 부분과 내화구조의 바닥 및 벽으로 구획할 것
② 출입구에는 60+방화문 또는 60분방화문을 설치할 것

⑤ ▶▶ 피난용승강기 전용 예비전원 등 설비기준   암기 예비 2시간 자수동 배선

① 정전시 피난용승강기, 기계실, 승강장 및 폐쇄회로 텔레비전 등의 설비를 작동할 수 있는 별도의 예비전원 설비를 설치할 것
② 가목에 따른 예비전원은 초고층 건축물의 경우에는 2시간 이상, 준초고층 건축물의 경우에는 1시간 이상 작동이 가능한 용량일 것
③ 상용전원과 예비전원의 공급을 자동 또는 수동으로 전환이 가능한 설비를 갖출 것
④ 전선관 및 배선은 고온에 견딜 수 있는 내열성 자재를 사용하고, 방수조치를 할 것

66 고층건물에서 피난수단으로 승강기 사용

① ▶▶ 개요

① 고층 건물 화재시 화재실에서 피난계단 → 피난층 → 옥외 안전지역으로 피난에 많은 시간이 소요된다.
② 고층건물 경우 수평 피난 개념을 도입하여 피난안전성을 확보

③ 수직피난이 불가능할 경우는 대안으로 피난용 승강기 고려

2. 승강기 피난의 필요성 암기 초심장

(1) 초고층 건축물
피난경로가 길다 → 시간지연, 체력문제
발화층 아래층에서 사용 검토

(2) 심층 지하공간
피난경로가 길다 → 시간지연, 체력문제
지하 4층 이하에서 사용검토

(3) 재해약자 대책
노인, 유아, 장애자→ 의료시설, 노인복지, 유아시설→수직피난 곤란

(4) 공동주택
60세 이상 노인과 6세 미만의 노약자 거주비중 크다.

3. 승강기 피난의 문제점 암기 수도승 정연정

① 수송 능력부족 → 재해약자만 사용
② Door가 닫혀 있지 않으면 작동불가 → 부속실로 보호
③ 승강장에서 기다려야 한다. → 부속실
④ 정전 가능성 → 2차 전원 확보
⑤ E/V 샤프트 연기 침입 가능성 → 차압, 방연 풍속
⑥ 화재층 정지 가능성 → 부속실, 내화배선

4. 대책

(1) 미국의 경우
① 원칙적으로 엘레베이터 이용 금지
② 지하 집회시설, 신체 장애자 이용하는 4층 이상인 경우 하나 이상의 승강기를 장애자 피난용으로 사용하도록 규정

(2) 영국의 경우
① 원칙적으로 엘레베이터 이용 금지
② 신체장애자 피난용으로 인정

(3) 국내의 경우
① 건축물 높이 31m이상 경우 비상용 승강기 설치(소방대용)
  단, 바닥면적 200㎡미만으로서 방화구획 되어 인명구조, 소화활동에 지장이 없는 경우 설치 제외
② 구조는 내화구조, 갑종방화문, 조명(1lux이상) 보행거리 30m이내, 내장재는 불연재료, 배연설비, 표지

5 ▸▸ 결론

① 승강기 승강장을 옥외에 설치
② 부속실을 통한 체류공간 확보
③ "초,심,장"은 재해약자용으로 피난용 승강기 설치
④ 병원인 경우 브릿지를 만들어 옆 건물로 피난이동

67 초고층 빌딩의 엘리베이터를 이용한 피난

1 ▸▸ 개요

① 전세계 대부분의 국가에서 엘리베이터를 이용한 피난을 금지하고 있다.
② 금지 이유는 화재시 발생하는 연기가 승강로 내부로 침투하거나 돌발 상황으로 인해 탑승객이 갇힐 수 있기 때문으로 판단된다.
③ 그러나 최근의 초고층 빌딩과 심층 지하 공간의 개발이 증가함에 따라 승강기를 이용한 피난이 대두되고 있다.

2 ▶▶ 본론

(1) 승강기 피난의 필요성
① 초고층 건물 증가
② 심층 지하 공간의 증가에 따라 수직 피난 시간이 많이 소요되고, 노약자 등은 체력적으로 부담된다.
③ 장애자, 노약자 등은 자력 피난이 불가능하다.

(2) 승강기 피난의 문제점
① 수송 능력이 제한적
② 화재층에 정지 가능성
③ 승강장에서 대기하여야 하는 문제점
④ 정전, 오동작시 승강기에 갇힐 수 있다.
⑤ 연기, 화염에 침입 가능성
⑥ Door가 닫히지 않으면 운행 불가능

(3) 승강기 피난의 종류

전체 비상피난	단계적 피난	부분적 피난
완전한 피난 대형화재, 폭탄테러	안전지역으로 이동 일반화재, 기타재해	특정 그룹에 피난 노약자, 소방대 진입

(4) 승강기의 종류

구 분	일반 엘리베이터	강화 엘리베이터	방화 엘리베이터
로비 방화구획	없다	있다	있다
승강로 가압	없음	없다	있다
피난 이용	제한적 사용	사용	피난시, 소방대 모두 사용

(5) 피난용 승강기 방호 대책
① 열과 화염 : 로비와 샤프트 방화구획
② 연기 : 샤프트 가압, 방연구획
③ 물피해 : 방수형 부품 사용
④ 기계장비 과열방지 : 에어컨 설치

⑤ 전원설비 : 100% 비상전원 2시간 이상 용량
⑥ 내진 대책, 제어방식 고려

(6) 운용방안

① 운행 방안
　㉠ 1단계 – 긴급리콜 운행
　　화재시 지정층으로 리콜
　㉡ 2단계 – 소방대원 및 비상대응반 활동
　　소방대 진압을 위해 화재층 2층 아래까지 운행
　㉢ 3단계 – 화재초기 운행
　　재실자를 화재층 아래로 대피

② 효율적 운행 방안
　㉠ 강화 엘리베이터, 방호 엘리베이터와 일반 엘리베이터의 병용 운행
　㉡ 1단계 – 강화 엘리베이터, 방호 엘리베이터를 통해 화재층 아래까지 피난
　㉢ 2단계 – 화재층 아래에서 일반 승강기를 이용 피난

(7) 고려 사항

① 교육 훈련
　㉠ 모든 운행 방안을 거주자에게 교육, 홍보를 통해 피난효율의 극대화가 가능
　㉡ 매뉴얼 작성– 시나리오 별로 대응 전략 수립

② 통합 시스템(SI) 구축
　㉠ 자동화재탐지 설비
　㉡ 자동소화설비 연계
　㉢ 승강장 로비, 승강기 내부 CCTV설치로 재실자 상황 파악
　㉣ 양방향 통신 시설 설치, 피난자와 대화 – Panic 방지

❸ 결론

① WTC 사고시 승강기 피난의 유효성이 입증되었다.
② 방호 시스템의 강화를 통한 승강기 피난 검토 필요
③ 국내의 경우 승강기 샤프트를 통한 화재 확산 우려
　㉠ 승강로, 승강장은 방화, 방연 구획
　㉡ 승강기는 성능기준을 제정하여 안전조치

④ 초고층, 심층 지하 장소에서 승강기로 피난시 성능위주 방화 설계를 통한 안전성 확보
⑤ 승강장, 승강기와 방재센터는 통합 System 구축을 통해 신뢰성을 확보
⑥ 대안으로 헬리포트, 옥상광장

68 옥상 광장, 헬리포트

1. 옥상광장 – NFPA 피난 안전구역, 대피공간의 비교

(1) 대상

5층 이상의 층이 다음의 용도인 경우
① 제2종 근린생활시설 중 공연장·종교집회장·인터넷컴퓨터게임시설제공업소(해당 용도로 쓰는 바닥면적의 합계가 각각 300제곱미터 이상인 경우만 해당한다)
② 문화 및 집회시설(전시장 및 동·식물원은 제외한다)
③ 종교시설, 판매시설, 위락시설 중 주점영업 또는 장례시설

(2) 기준

① 높이 1.2m 이상의 난간 설치
② 피난계단 및 특별피난계단과 연결
③ 옥상으로 통하는 출입문에 비상문자동개폐장치(화재 등 비상시에 소방시스템과 연동되어 잠김상태가 자동으로 풀리는 장치를 말한다)를 설치

2. 헬리포트

(1) 대상

11층 이상의 건축물로서 11층 이상의 바닥면적의 합계가 10,000㎡ 이상
① 건축물의 지붕을 평지붕으로 하는 경우 : 헬리포트를 설치하거나 헬리콥터를 통하여 인명 등을 구조할 수 있는 공간
② 건축물의 지붕을 경사지붕으로 하는 경우 : 경사지붕 아래에 설치하는 대피 공간

(2) 헬리포트 기준

① 한계선 H 반경 8m 이상
② 반경 12m 이내 장애물 제거
③ 착륙대의 크기 22m×22m(15m 축소 가능)
④ "H" 선너비는 38cm 이상 외주선 38cm 이상
⑤ "O" 선너비는 60cm 이상

(3) 대피공간 기준

① 대피공간의 면적은 지붕 수평투영면적의 10분의 1 이상일 것
② 특별피난계단 또는 피난계단과 연결되도록 할 것
③ 출입구·창문을 제외한 부분은 해당 건축물의 다른 부분과 내화구조의 바닥 및 벽으로 구획할 것
④ 출입구는 유효너비 0.9미터 이상으로 하고, 그 출입구에는 갑종방화문을 설치할 것
⑤ 내부마감재료는 불연재료로 할 것
⑥ 예비전원으로 작동하는 조명설비를 설치할 것
⑦ 관리사무소 등과 긴급 연락이 가능한 통신시설을 설치할 것

69 피난안전구역(건축법)

1 ▶▶ 설치대상

고층(30층) 이상의 건축물 또는 120m 이상

11층 이상	고 층	
	준초고층	초고층
	30층 이상 50층 미만 120M 이상 200M 미만	50층 이상 200M 이상
특별피난계단 비상용승강기	특별피난계단 비상용승강기 피난용 승강기 피난안전구역 또는 계단의 폭 확대(120cm에서 150cm)	특별피난계단 비상용승강기 피난용 승강기 피난안전구역

❷ 설치층

① 초고층 건축물에는 피난층 또는 지상으로 통하는 직통계단과 직접 연결되는 피난안전구역(건축물의 피난·안전을 위하여 건축물 중간층에 설치하는 대피 공간을 말한다. 이하 같다)을 지상층으로부터 최대 30개 층마다 1개소 이상 설치하여야 한다.
② 준초고층 건축물에는 피난층 또는 지상으로 통하는 직통계단과 직접 연결되는 피난안전구역을 해당 건축물 전체 층수의 2분의 1에 해당하는 층으로부터 상하 5개층 이내에 1개소 이상 설치하여야 한다. 다만, 국토교통부령으로 정하는 기준에 따라 피난층 또는 지상으로 통하는 직통계단을 설치하는 경우에는 그러하지 아니하다.

❸ 설치기준

① 30층마다 설치하고 1개층 전체를 대피공간으로 사용되도록 하여야 한다.
대피에 장애가 되지 아니하는 범위에서 기계실, 보일러실, 전기실 등 건축설비를 설치하기 위한 공간과 같은 층에 설치할 수 있다. 이 경우 피난안전구역은 건축설비가 설치되는 공간과 내화구조로 구획하여야 한다.
② 피난안전구역에 연결되는 특별피난계단은 피난안전구역을 거쳐서 상·하층으로 갈 수 있는 구조로 설치
③ 지붕 및 또는 위층 바닥판까지 닿게 설치
④ 대피층 바로 아래층 및 윗층은 "녹색건축물 조성 지원법 제15조 제1항"에 따라 국토교통부장관이 정하여 고시한 기준에 적합한 단열재 설치

아래층	최상층에 있는 거실의 반자 또는 지붕 기준을 준용
윗 층	최하층에 있는 거실의 바닥 기준을 준용

⑤ 피난안전구역의 내부마감재료는 불연재료로 설치할 것
⑥ 건축물의 내부에서 피난안전구역으로 통하는 계단은 특별피난계단의 구조로 설치할 것
⑦ 비상용 승강기는 피난안전구역에서 승하차 할 수 있는 구조로 설치할 것
⑧ 피난안전구역에는 식수공급을 위한 급수전을 1개소 이상 설치하고 예비전원에 의한 조명설비를 설치할 것
⑨ 관리사무소 또는 방재센터 등과 긴급연락이 가능한 경보 및 통신시설을 설치할 것
⑩ 별표 1의2에서 정하는 기준에 따라 산정한 면적 이상일 것

> **Reference**

◎ [별표1의 2] 피난안전구역의 면적 산정기준(제8조의2제3항제7호 관련)
1. 피난안전구역의 면적은 다음 산식에 따라 산정한다.
   (피난안전구역 윗층의 재실자 수×0.5)×0.28㎡
   가. 출입구를 제외한 부분은 해당 건축물의 다른 부분과 내화구조의 바닥 및 벽으로 구획할 것
      1) 벤치형 좌석을 사용하는 공간:좌석길이 /45.5cm
      2) 고정좌석을 사용하는 공간:휠체어 공간 수+고정좌석 수
   나. 피난안전구역 설치 대상 건축물의 용도에 따른 사용 형태별 재실자 밀도는 다음 표와 같다.

용 도	사용 형태별		재실자 밀도
문화·집회	고정좌석을 사용하지 않는 공간		0.45
	고정좌석이 아닌 의자를 사용하는 공간		1.29
	벤치형 좌석을 사용하는 공간		–
	고정좌석을 사용하는 공간		–
	무대		1.40
	게임제공업 등의 공간		1.02
운 동	운동시설		4.60
교 육	도서관	서고	9.30
		열람실	4.60
	학교 및 학원	교실	1.90
보 육	보호시설		3.30
의 료	입원치료구역		22.3
	수면구역		11.1
교 정	교정시설 및 보호관찰소 등		11.1
주 거	호텔 등 숙박시설		18.6
	공동주택		18.6
업 무	업무시설, 운수시설 및 관련 시설		9.30
판 매	지하층 및 1층		2.80
	그 외의 층		5.60
	배송공간		27.9
저 장	창고, 자동차 관련 시설		46.5
산 업	공장		9.30
	제조업 시설		18.6

※ 계단실, 승강로, 복도 및 화장실은 사용 형태별 재실자 밀도의 산정에서 제외하고, 취사장·조리장의 사용 형태별 재실자 밀도는 9.30으로 본다.

⑪ 피난안전구역의 높이는 2.1미터 이상일 것
⑫ 「건축물의 설비기준 등에 관한 규칙」 제14조에 따른 배연설비를 설치할 것
⑬ 그 밖에 소방청이 정하는 소방 등재난관리를 위한 설비를 갖출 것

70 피난안전구역(초고법)

1 ▸▸ 피난안전구역 설치대상

① 초고층 건축물 : 「건축법 시행령」 제34조제3항에 따른 피난안전구역을 설치할 것
② 16층 이상 29층 이하인 지하연계 복합건축물 : 지상층별 거주밀도가 제곱미터당 1.5명을 초과하는 층은 해당 층의 사용형태별 면적의 합의 10분의 1에 해당하는 면적을 피난안전구역으로 설치할 것
③ 초고층 건축물등의 지하층에 문화 및 집회시설, 판매시설, 운수시설, 업무시설, 숙박시설, 위락시설 중 유원시설업 시설 또는 대통령령으로 정하는 용도의 시설이 하나 이상 있는 건축물 용도로 사용되는 경우 : 해당 지하층에 별표 2의 피난안전구역 면적 산정기준에 따라 피난안전구역을 설치하거나, 선큰[지표 아래에 있고 외기(外氣)에 개방된 공간으로서 건축물 사용자 등의 보행·휴식 및 피난 등에 제공되는 공간을 말한다. 이하 같다]을 설치할 것

2 ▸▸ 기준

(1) 일반기준

피난안전구역은 「건축법 시행령」 제34조제5항에 따른 피난안전구역의 규모와 설치기준에 맞게 설치

(2) 소방시설기준

① 소화설비 중 소화기구(소화기 및 간이소화용구만 해당한다), 옥내소화전설비 및 스프링클러설비
② 경보설비 중 자동화재탐지설비
③ 피난설비 중 방열복, 공기호흡기(보조마스크를 포함한다), 인공소생기, 피난유도

(피난안전구역으로 통하는 직통계단 및 특별피난계단을 포함한다), 피난안전구역으로 피난을 유도하기 위한 유도등·유도표지, 비상조명등 및 휴대용비상조명등
④ 소화활동설비 중 제연설비, 무선통신보조설비

3 ▶▶ 선큰 기준

(1) 용도별로 산정한 면적을 합산한 면적 이상으로 설치할 것
① 문화 및 집회시설 중 공연장, 집회장 및 관람장은 해당 면적의 7퍼센트 이상
② 판매시설 중 소매시장은 해당 면적의 7퍼센트 이상
③ 그 밖의 용도는 해당 면적의 3퍼센트 이상

(2) 건축기준
① 지상 또는 피난층(직접 지상으로 통하는 출입구가 있는 층 및 제1항에 따른 피난안전구역을 말한다)으로 통하는 너비 1.8미터 이상의 직통계단을 설치하거나, 너비 1.8미터 이상 경사도 12.5퍼센트 이하의 경사로를 설치할 것
② 거실(건축물 안에서 거주, 집무, 작업, 집회, 오락, 그 밖에 이와 유사한 목적을 위하여 사용되는 방을 말한다. 이하 같다) 바닥면적 100제곱미터마다 0.6미터 이상을 거실에 접하도록 하고, 선큰과 거실을 연결하는 출입문의 너비는 거실 바닥면적 100제곱미터마다 0.3미터로 산정한 값 이상으로 할 것

(3) 설비 기준
① 빗물에 의한 침수 방지를 위하여 차수판(遮水板), 집수정(集水井), 역류방지기를 설치할 것
② 선큰과 거실이 접하는 부분에 제연설비[드렌처(수막)설비 또는 공기조화설비와 별도로 운용하는 제연설비를 말한다]를 설치할 것. 다만, 선큰과 거실이 접하는 부분에 설치된 공기조화설비가 「화재예방, 소방시설 설치·유지 및 안전관리에 관한 법률」 제9조제1항에 따른 화재안전기준에 맞게 설치되어 있고, 화재발생 시 제연설비 기능으로 자동 전환되는 경우에는 제연설비를 설치하지 않을 수 있다.

4 ▶▶ 기타

초고층 건축물등의 관리주체는 피난안전구역에 제1항부터 제3항까지에서 규정한 사항 외에 재난의 예방·대응 및 지원을 위하여 행정안전부령으로 정하는 설비 등을 갖추어야 한다.

71 사전재난영향성평가(초고법)

1 사전재난영향성검토협의

① 특별시장·광역시장·도지사·특별자치도지사(이하 "시·도지사"라 한다) 또는 시장·군수·구청장은 초고층 건축물등의 설치에 대한 허가·승인·인가·협의·계획수립 등(이하 "허가등"이라 한다)을 하고자 하는 경우에는 허가등을 하기 전에 「재난 및 안전관리 기본법」 제16조에 따른 시·도재난안전대책본부장(이하 "시·도본부장"이라 한다)에게 재난영향성 검토에 관한 사전협의(이하 "사전재난영향성 검토협의"라 한다)를 요청하여야 한다.

② 제1항에도 불구하고 초고층 건축물등을 설치하고자 하는 자가 「건축법」 제10조제1항에 따른 사전결정을 신청하여 같은 법 제4조의 건축위원회에서 사전재난영향성검토협의 내용을 심의한 경우에는 사전재난영향성검토협의를 받은 것으로 본다. 이 경우 대통령령으로 정하는 재난관리 분야 전문가인 위원수가 그 심의에 참석하는 위원수의 4분의 1 이상이 되어야 한다.

③ 시·도본부장은 사전재난영향성검토협의를 요청받은 때에는 대통령령으로 정하는 바에 따라 시·도지사 또는 시장·군수·구청장에게 검토 의견을 통보하여야 한다. 이 경우 시·도지사 또는 시장·군수·구청장은 그 의견이 허가등 신청서에 반영되었는지 확인하여야 한다.

④ 건축물 또는 시설물이 용도변경 또는 수용인원 증가로 인하여 초고층 건축물 등이 되거나, 초고층 건축물등이 대통령령으로 정하는 용도로 변경되거나 수용인원이 증가하는 경우에는 제1항을 준용한다.

⑤ 시·도본부장은 사전재난영향성검토협의 요청사항의 전문적인 검토를 위하여 사전재난영향성검토위원회를 구성·운영하여야 하며, 사전재난영향성검토위원회의 구성·운영에 관하여 필요한 사항은 대통령령으로 정한다.

⑥ 사전재난영향성검토협의의 대상, 시기, 방법 및 구비서류 등에 관하여 필요한 사항은 대통령령으로 정한다.

② 사전재난영향성검토협의 내용

① 사전재난영향성검토협의의 내용은 다음 각 호와 같다.
  ㉠ 종합방재실 설치 및 종합재난관리체제 구축 계획
  ㉡ 내진설계 및 계측설비 설치계획
  ㉢ 공간 구조 및 배치계획
  ㉣ 피난안전구역 설치 및 피난시설, 피난유도계획
  ㉤ 소방설비·방화구획, 방연·배연 및 제연계획, 발화 및 연소확대 방지계획
  ㉥ 관계지역에 영향을 주는 재난 및 안전관리 계획
  ㉦ 방범·보안, 테러대비 시설설치 및 관리계획
  ㉧ 지하공간 침수방지계획
  ㉨ 그 밖에 대통령령으로 정하는 사항

> **Reference**
>
> 제11조(사전재난영향성검토협의 내용) 법 제7조제1항제9호에서 "대통령령으로 정하는 사항"이란 다음 각 호의 사항을 말한다.
> 1. 해일(지진해일을 포함한다) 대비·대응계획(초고층 건축물등이 해안으로부터 1킬로미터 이내에 건축되는 경우만 해당한다)
> 2. 건축물 대테러 설계 계획[폐쇄회로텔레비전(CCTV) 등 대테러 시설 및 장비 설치계획을 포함한다]
> 3. 관계지역 대지 경사 및 주변 현황
> 4. 관계지역 전기, 통신, 가스 및 상하수도 시설 등의 매설 현황

② 제1항 각 호의 사항을 검토하기 위하여 필요한 사항은 대통령령으로 정한다.
③ 법 제9조제2항제9호에서 "대통령령으로 정하는 필요한 사항"이란 다음 각 호의 사항을 말한다.
  ㉠ 초고층 건축물등의 층별·용도별 거주밀도 및 거주인원
  ㉡ 법 제11조에 따른 재난 및 안전관리협의회 구성·운영계획
  ㉢ 법 제16조에 따른 종합방재실 설치·운영계획
  ㉣ 법 제17조에 따른 종합재난관리체제 구축·운영계획
  ㉤ 재난예방 및 재난발생 시 안전한 대피를 위한 홍보계획

72. 사전재난영향성 평가대상 건물 허가시 제출서류 및 준공시 제출 서류

1. 허가

(1) 허가절차

시·도지사 및 시장, 군수, 구청장은 허가, 승인, 인가, 협의 계획 수립(이하 허가 등이라 한다) 시 허가등을 하기 전에 시, 도 재난안전대책 본부장에게 재난영향성 검토에 관한 사전협의(사전재난영향성 검토 협의라 한다)를 요청하여야 한다.

(2) 제출 서류

구 분	내 용

사전재난영향성 검토협의	1. 종합방재실 설치 및 종합재난관리체제 구축 계획
	2. 내진설계 및 계측설비 설치계획
	3. 공간 구조 및 배치계획
	4. 피난안전구역 설치 및 피난시설, 피난유도계획
	5. 소방설비·방화구획, 방연·배연 및 제연계획, 발화 및 연소확대 방지계획
	6. 관계지역에 영향을 주는 재난 및 안전관리 계획
	7. 방범·보안, 테러대비 시설설치 및 관리계획
	8. 지하공간 침수방지계획
	9. 그 밖에 대통령령으로 정하는 다음 사항들
	  가. 지진해일 대비·대응계획, 이 경우 해안가 1km 이내에 건축되는 경우에 한한다.
	  나. 초고층 건축물등에 사용한 내·외부마감 재료의 관계법 준수 여부
	10. 상기 1내지 9호를 검토하기 위하여 필요한 다음 사항들
	  가. 관계지역 대지경사 및 주변현황
	  나. 관계지역 내 전기, 가스 등 파이프라인 매설 현황도면
	  다. 건축물 대테러 설계계획(CCTV 시스템 등 대테러 시설 및 장비 설치계획서 포함)
	  라. 기타 시·도본부장이 재난영향성검토에 필요하다고 인정하여 제출을 요구한 자료

2 ▶ 준공

(1) 준공절차

초고층 건축물 및 지하연계 복합건축물, 준초고층 건축물의 사용승인 또는 사용검사, 준공검사를 요청한 때에는 시, 군, 구 재난안전본부장에게 재난예방 및 피해경감계획서를 제출하여야 한다.

(2) 제출서류

구 분	내 용
재난예방 및 피해경감계획서	1. 재난 유형별 대응·상호응원 및 비상전파 계획 2. 피난시설 및 피난유도계획 3. 재난 및 테러 등 대비 교육·훈련 계획 4. 재난 및 안전관리 조직의 구성·운영 5. 시설물의 유지관리계획 6. 소방시설 설치·유지 및 피난계획 7. 전기·가스·기계·위험물 등 다른 법령에 따른 안전관리계획 8. 건축물의 기본현황 및 이용계획 9. 그 밖에 대통령령으로 정하는 다음 사항들 　가. 초고층건축물 또는 시설물의 층별 용도 및 거주인원 　나. 재난 및 안전관리협의회 구성·운영 계획 　다. 종합방재실 운영계획 　라. 재난예방 및 피난 유도를 위한 홍보계획 　마. 종합재난관리체제의 구축·운영 계획

73 연기의 유동 HWPEBS

> **Reference**
> 연소분야 - 정의, 발생과정, 농도표시법, 유해성, 발연량, 연돌효과, 중성대

1. 공조 시스템(HVAC)

① 환기, 냉·난방용의 공조덕트는 건물 내의 기류를 순환시켜 화재 시 건물 내의 연기를 타구역 이동한다.
② 화재시 정지
③ 방화구획을 관통하는 덕트는 방화댐퍼 설치

2. 바람의 효과(Wind Effect)

① 바람이 불어오는 쪽에 면한 벽면 내부로 압력을 받게 된다.
② $P_W = \dfrac{1}{2} C_W \rho V^2$

C_W : 계수(-0.8~0.8)
ρ : 외기밀도(kg/m^3)
V : 풍속(m/s)

③ 21℃ 공기밀도 = 353/273+21 = 1.2(kg/m^3)

3. 피스톤 효과(Piston Effect)

① 승강기의 수직이동에 의한 공기의 유동
② 엘리베이터가 움직일 때 샤프트 안에서는 엘리베이터 뒤쪽에 피스톤 운동에 의한 부압이 생긴다.
③ 샤프트 내에 연기 침입을 방지

4. 가스의 팽창(Expansion)

① 제한된 공간에서 화재가 성장함에 따라 압력과 온도 상승
② Boyle-Charles 법칙 이용

$$\dfrac{P_1 V_1}{T_1} = \dfrac{P_2 V_2}{T_1}$$

5 ▸▸ 부력(Buoyancy)

① 화재시 온도가 상승하면 밀도가 저하되어 연기가 상승 한다.
② 연기밀도가 공기밀도와 같으면 부력이 정지
③ $\Delta P = 3460\, h \left(\dfrac{1}{T_o} - \dfrac{1}{T_i} \right)$

ΔP : 굴뚝효과에 의한 압력차(Pa)
h : 중성대로 부터의 높이(m)
T_o : 화원 주위의 온도(K)
T_i : 화원의 온도(K)

6 ▸▸ Stack Effect

① 건물 내외부 공기 기둥의 온도차에 의해 압력차가 발생
② 압력차에 의해서 건물내 기류에 이동 발생 → Stack Effect
③ $\Delta P = 3460\, h \left(\dfrac{1}{T_o} - \dfrac{1}{T_i} \right)$

ΔP : 굴뚝효과에 의한 압력차 (Pa)
h : 중성대로 부터의 높이 (m)
T_o : 외부공기의 절대온도 K
T_i : 내부공기의 절대온도 K

④ Stack Effect 크기
건물에 높이, 외벽에 기밀성, 건물 내외부 온도차, 건물 층간 공기 누출

74 엘리베이터의 이동에 의한 압력차(Piston Effect)

1 ▸▸ 개요

상부에서 하부로 유동하는 엘리베이터에서 하부는 수직개구부를 통해 공기가 유출되고 상부는 유입

② 정량적 표현

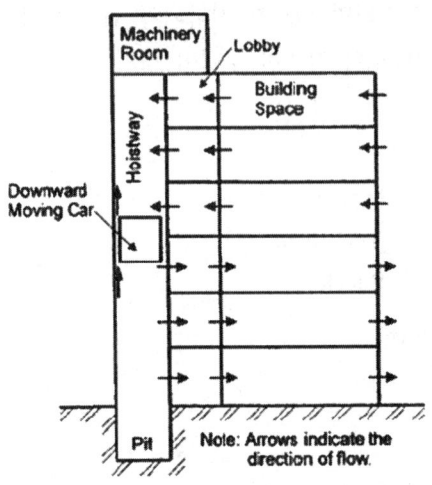

$$\Delta P_{so} = \frac{K_{pe}\, \rho}{2} \left(\frac{A_s U}{N_a C A_e + C_a A_a [1+(N_a/N_b)^2]^{1/2}} \right)^2$$

여기서, ρ : 공기밀도[kg/m³]

A_s : 수직개구부 단면적[m²]

U : 엘리베이터 속도[m/s]

N_a : 엘리베이터 카 상부 층 수

N_b : 엘리베이터 카 하부 층 수

C : 건물 누설유량계수

A_e : 수직구와 외부사이 유효누설면적[m²]

C_c : 엘리베이터와 엘리베이터 카 주위 유량계수[무차원 수]

A_a : 엘리베이터 카 주위 자유 유동 면적[m²]

K_{pe} : 1.0

75. 연기 제어의 목적, 기본 개념

1 ▶▶ 연기 제어의 목적

① 피난 안전성 확보
② 소방활동 지원
③ 화재 확대 방지

2 ▶▶ 연기 제어의 기본 개념 _{암기} 구가축 배강희

① 구획화 : 공간을 벽과 수직벽으로 구획함
② 가압(차연) : 차압을 부여
③ 축연 : 공간의 용적 및 천장이 충분히 높은 경우
   거주자 피난 시간과 연기 강하 상황 평가 필요
④ 배연 : 연기자체를 제어, 충분한 깊이의 연기층 형성이 중요
⑤ 연기의 강하 방지
   배연구를 최상부에 급기구를 하부에 설치
   유입공기가 확실하게 하부 청결층으로 공급되어야 한다.
⑥ 희석
   연기농도를 피난이나 소화활동에 지장이 없는 수준으로 유지
   모든 연기 제어 시스템은 부수적으로 희석 효과

76. 연기제어 기본적인 방법

1 ▶▶ 개요

① 연소시 발생되는 연소생성물에는 열, 연기, 불꽃 가스등이 있다.
② 연기는 특히 광선을 흡수하며 주위를 어둡게 하여 가시거리, 보행속도를 떨어뜨려 피난을 어렵게 한다.

③ 따라서 연기를 제어하는 것은 피난 안전성을 높이는 것으로 그 방법으로는 기류에 의한 제어, 수계 system을 이용하는 제어, 구획에 의한 제어 등이 있다.

2. 본론

(1) 기류에 의한 제어 방법

① 정의

연기는 유동하는 유체이며, 특히 기체의 성질을 가지고 있기 때문에 공기의 흐름에 의해, 급기, 배기, 가압 등에 의해 제어할 수 있다.

② 연기의 강하 방지(급·배기 System)

㉠ 400㎡ 이상 대공간의 연기 제어

ⓐ 400㎡이상의 대공간은 하부 급기 상부 배기를 통해 청결층을 유지하여 연기를 제어하고 있다.

ⓑ $t = \dfrac{20A}{P\sqrt{g}} \times \left(\dfrac{1}{\sqrt{y}} - \dfrac{1}{\sqrt{h}}\right)(\sec)$

$Q = \dfrac{A(h-y)}{t}(\text{m}^3/\sec)$

 A : 실의 면적(m^2)
 P : 화염의 둘레 (대형 12m, 중형 6m, 소형 4m)
 h : 건물의 높이(m)
 y : 청결층의 높이(m)

ⓒ 청결층을 어느 높이 까지 유지하고자 하는 바에 따라 배출량을 결정함으로써 일정한 높이의 청결층을 유지할 수 있다.

㉡ 배연창에 의한 제어

배연창을 통하여 배연창 상부로 연기를 배출하고, 배연창 하부로 공기를 유입시켜 청결층을 유지한다.

③ 희석

400㎡ 미만의 소규모 공간에서는 대규모 공간처럼 청결층 유지가 어렵기 때문에 천장에서 급기, 배기를 동시에 실시

④ 가압

부속실 등의 장소는 급기가압(40Pa~110Pa)하여 다른 장소보다 압력을 높게 하여 연기의 침입을 방지하고 있다.

⑤ 축연

　Smoke hatch등을 이용하는 방법

⑥ 배연

　㉠ 400㎡ 미만에서 50㎡ 미만 거실인 경우

　㉡ 통로 배출에 방식에 의한 것

(2) 수계 System에 의한 연기 제어

① 수막 설비에 의한 연기제어

　수막설비를 이용하여 방사열, 가스의 확산을 억제하여 연기의 확산을 억제하고 있으며, 지하철 계단 입구에 설치하여 이용

② S/P 설비에 의한 연기발생제어

　연소하는 물질에 물을 살포하여 현열, 잠열을 이용하여 연소속도를 낮추어 연기의 발생을 줄인다.

(3) 구획에 의한 연기 제어

천장으로부터 60cm 이상의 경계벽, 방연커튼, 간막이벽, 등을 설치하여 안전구역으로 연기 확산을 방지

77 배연과 제연

1 ▶ 제연방식 분류

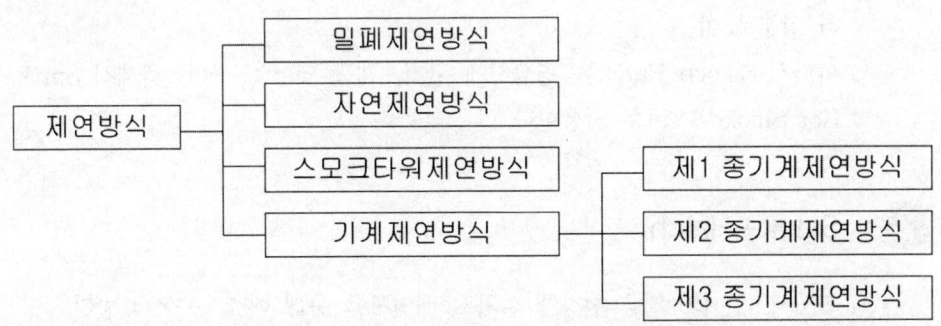

2. 배연과 제연

구 분	자연배연(배연)	기계배연(제연)
신뢰도	Passive → 大	Active → 小
동 력	불필요	필요→유지관리
배연효과	적다 - 배연구가 높을수록 - 배연 면적이 클수록 - 연기 온도가 클수록 - 효과가 커진다.	크다
배연량 제어	불가능	가능
풍 도	풍도를 사용하지 않으므로 탈락위험이 없고, 방화구획을 관통하지 않는다.	풍도를 사용하므로 탈락 위험이 있고, 방화 구획을 관통한다.
외부환경	온도, 압력 영향을 받는다.	온도, 압력 영향을 받지 않는다.
특 징	연돌효과에 의해 외기유입 상층으로 연기 확대된다.	장치의 내열성 문제 급기 경로 확보 되지 않을 수 있다 → 폐쇄장해

78 Smoke Hatch

1. 개요

① 밀도는 e=PM/RT로 온도가 상승하면, 밀도가 감소하고 부력이 발생하여 더운 공기가 상부로 이동
② 따라서 Smoke Hatch는 평상시에 환기, 채광 역할을 하며, 화재시 Smoke Vent, Hot Smoke Vent로 사용한다.

2. Smoke Hatch

① 화재시, 연기와 열을 천장에 설치된 배연구를 통해 배출 → F.O 방지
② 소방관 건물내 진입이 용이

③ 자동, 수동으로 설치가 가능, 전동식 연기 감지기와 연동

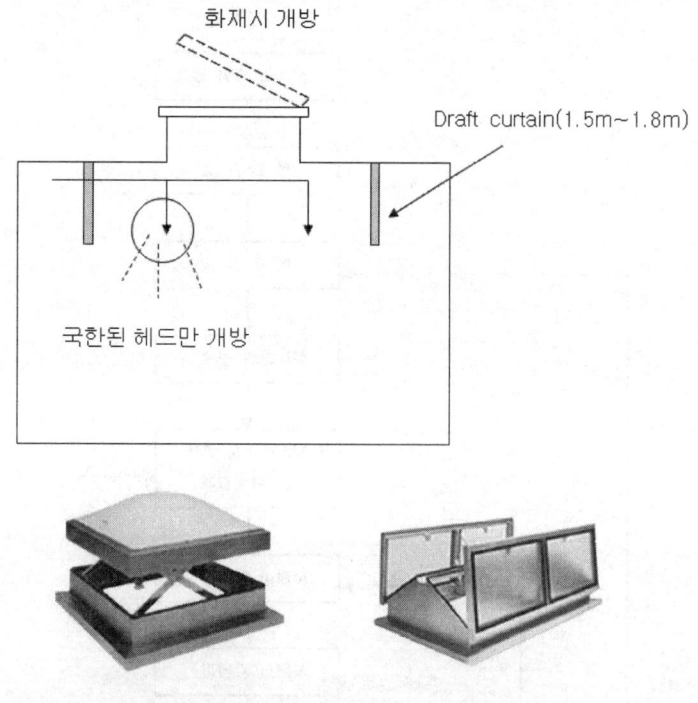

④ 시야 향상 효과, 소방대의 화점 위치 파악, 과도 SP 개방 방지
⑤ 연소율을 높이는 단점

79 성능위주 소방 설계 절차

1 ▸▸ 대상 암기 1 2 3

① 층고 100m 이상인 건물(30층 이상 건물), 영화상영관 10개
② 연면적 200,000m^2 이상인 건축물
③ 철도 및 도시철도 시설, 공항시설 30,000m^2 이상인 건축물
④ 「초고층 및 지하연계 복합건축물 재난관리에 관한 특별법」 제2조제2호에 따른 지하연계 복합건축물에 해당하는 특정소방대상물

② 성능위주 소방 설계 절차 _{암기} 범표 적성 시설 선평

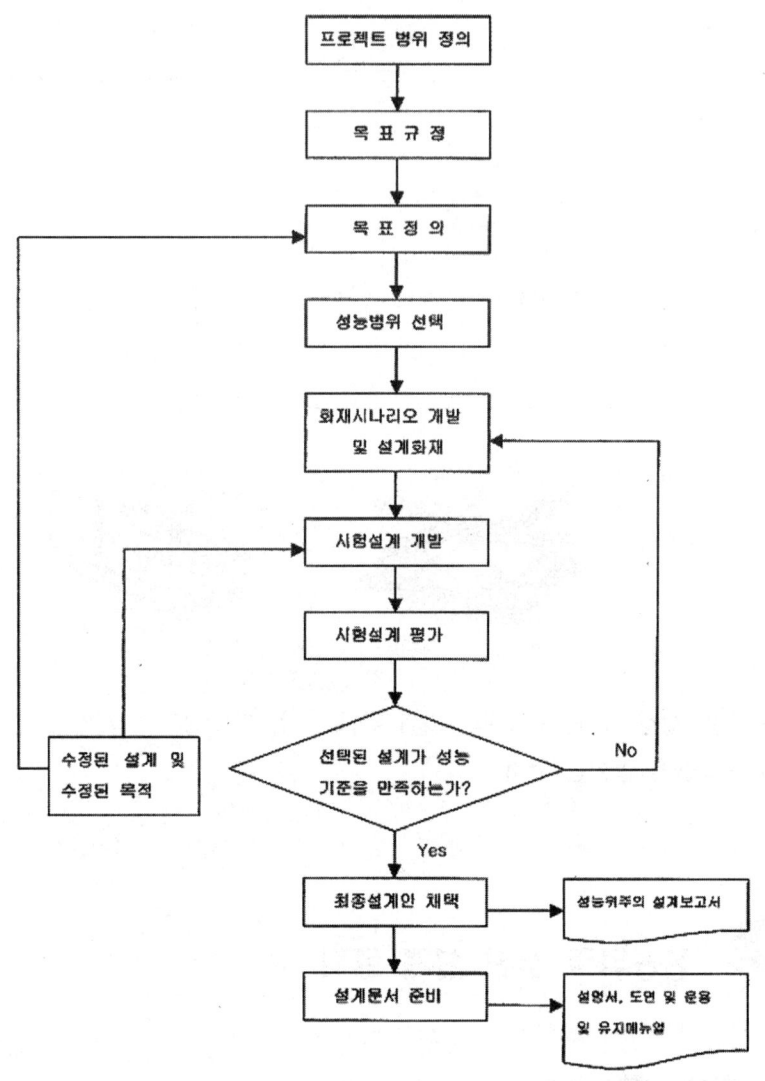

(1) 프로젝트 범위 정의

① 수용 가능한 위험정도 설정
② 건축주, 소방서, 입주자, 설계회사 등 상호 이해관계자들의 협의

(2) 목표결정 및 목적 정의

① 거주자 인명안전

② 재산보호
③ 소방관인명안전

(3) 성능기준 결정(국내 성능위주설계 인명안전기준)

구 분	성능기준		비 고
호흡 한계선	바닥으로부터 1.8m 기준		
열에 의한 영향	60℃ 이하		
가시거리에 의한 영향	용도	허용가시거리 한계	단, 고휘도 유도등, 바닥유도등, 축광유도표지 설치시, 집회시설 판매시설 7m 적용 가능
	기타시설	5m	
	집회시설 판매시설	10m	
독성에 의한 영향	성분	독성기준치	기타, 독성가스는 실험결과에 따른 기준치를 적용 가능
	CO	1,400ppm	
	O_2	15%이상	
	CO_2	5% 이하	

(4) 화재시나리오 작성(국내 성능위주소방설계 시나리오)
① 공통사항
　㉠ 시나리오는 실제 건축물에서 발생 가능한 시나리오를 선정하되, 건축물의 특성에 따라 제2호의 시나리오 적용이 가능한 모든 유형 중 가장 피해가 클 것으로 예상되는 최소 3개 이상의 시나리오에 대하여 실시한다.
　㉡ 시나리오 작성시 제3호에 따른 기준을 적용한다.
② 시나리오 유형
　㉠ 시나리오 1
　　ⓐ 건물용도, 사용자 중심의 일반적인 화재를 가상한다.
　　ⓑ 시나리오에는 다음 사항이 필수적으로 명확히 설명되어야 한다.
　　　㉮ 건물사용자 특성
　　　㉯ 사용자의 수와 장소
　　　㉰ 실 크기
　　　㉱ 가구와 실내 내용물
　　　㉲ 연소 가능한 물질들과 그 특성 및 발화원
　　　㉳ 환기조건
　　　㉴ 최초 발화물과 발화물의 위치

ⓒ 설계자가 필요한 경우 기타 시나리오에 필요한 사항을 추가할 수 있다.
ⓛ 시나리오 2
  ⓐ 내부 문들이 개방되어 있는 상황에서 피난로에 화재가 발생하여 급격한 화재 연소가 이루어지는 상황을 가상한다.
  ⓑ 화재시 가능한 피난방법의 수에 중심을 두고 작성한다.
ⓒ 시나리오 3
  ⓐ 사람이 상주하지 않는 실에서 화재가 발생하지만, 잠재적으로 많은 재실자에게 위험이 되는 상황을 가상한다.
  ⓑ 건축물 내의 재실자가 없는 곳에서 화재가 발생하여 많은 재실자가 있는 공간으로 연소 확대되는 상황에 중심을 두고 작성한다.
ⓔ 시나리오 4
  ⓐ 많은 사람들이 있는 실에 인접한 벽이나 덕트 공간 등에서 화재가 발생한 상황을 가상한다.
  ⓑ 화재 감지기가 없는 곳이나 자동으로 작동하는 화재진압시스템이 없는 장소에서 화재가 발생하여 많은 재실자가 있는 곳으로의 연소확대가 가능한 상황에 중심을 두고 작성한다.
ⓜ 시나리오 5
  ⓐ 많은 거주자가 있는 아주 인접한 장소 중 소방시설의 작동범위에 들어가지 않는 장소에서 아주 천천히 성장하는 화재를 가상한다.
  ⓑ 작은 화재에서 시작하지만 큰 대형화재를 일으킬 수 있는 화재에 중심을 두고 작성한다.
ⓑ 시나리오 6
  ⓐ 건축물의 일반적인 사용 특성과 관련, 화재하중이 가장 큰 장소에서 발생한 아주 심각한 화재를 가상한다.
  ⓑ 재실자가 있는 공간에서 급격하게 연소확대 되는 화재를 중심으로 작성한다.
ⓢ 시나리오 7
  ⓐ 외부에서 발생하여 본 건물로 화재가 확대되는 경우를 가상한다.
  ⓑ 본 건물에서 떨어진 장소에서 화재가 발생하여 본 건물로 화재가 확대되거나 피난로를 막거나 거주가 불가능한 조건을 만드는 화재에 중심을 두고 작성한다.

③ 시나리오 적용 기준
  ㉠ 인명안전 기준

구 분	성능기준		비 고
호흡 한계선	바닥으로부터 1.8m 기준		
열에 의한 영향	60℃ 이하		
가시거리에 의한 영향	용도	허용가시거리 한계	단, 고휘도 유도등, 바닥유도등, 축광유도표지 설치시, 집회시설 판매시설 7m 적용 가능
	기타시설	5m	
	집회시설 판매시설	10m	
독성에 의한 영향	성분	독성기준치	기타, 독성가스는 실험결과에 따른 기준치를 적용 가능
	CO	1,400ppm	
	O_2	15% 이상	
	CO_2	5% 이하	

〈비고〉 이 기준을 적용하지 않을 경우 실험적·공학적 또는 국제적으로 검증된 명확한 근거 및 출처 또는 기술적인 검토자료를 제출하여야 한다.

  ㉡ 피난시간 지연 기준

용 도	W1	W2	W3
사무실, 상업 및 산업건물, 학교, 대학교(거주자는 건물의 내부, 경보, 탈출로에 익숙하고, 상시 깨어 있음)	< 1	3	> 4
상점, 박물관, 레져스포츠 센터, 그 밖의 문화집회시설(거주자는 상시 깨어 있으나, 건물의 내부, 경보, 탈출로에 익숙하지 않음)	< 2	3	> 6
기숙사, 중/고층 주택(거주자는 건물의 내부, 경보, 탈출로에 익숙하고, 수면상태일 가능성 있음)	< 2	4	> 5
호텔, 하숙용도(거주자는 건물의 내부, 경보, 탈출로에 익숙하지도 않고, 수면상태일 가능성 있음)	< 2	4	> 6
병원, 요양소, 그 밖의 공공 숙소(대부분의 거주자는 주변의 도움이 필요함)	< 3	5	> 8

〈비 고〉
W1 : 방재센터 등 CCTV 설비가 갖춰진 통제실의 방송을 통해 육성 지침을 제공 할 수 있는 경우 또는 훈련된 직원에 의하여 해당 공간 내의 모든 거주자들이 인지할 수 있는 육성지침을 제공할 수 있는 경우
W2 : 녹음된 음성 메시지 또는 훈련된 직원과 함께 경고방송 제공할 수 있는 경우
W3 : 화재경보신호를 이용한 경보설비와 함께 비 훈련 직원을 활용할 경우

ⓒ 수용인원 산정기준

사용용도	인/m²	사용용도	인/m²
집회용도		상업용도	
고밀도지역 (고정좌석 없음)	0.65	피난층 판매지역	2.8
저밀도지역 (고정좌석 없음)	1.4	2층 이상 판매지역	3.7
		지하층 판매지역	2.8
벤치형 좌석	1인/좌석길이45.7cm	보호용도	3.3
고정좌석	고정좌석 수		
취사장	9.3	의료용도	
		입원치료구역	22.3
서가지역	9.3	수면구역(구내숙소)	11.1
열람실	4.6	교정, 감호용도	11.1
수영장	4.6(물 표면)	주거용도	
수영장 데크	2.8	호텔, 기숙사	18.6
헬스장	4.6	아파트	18.6
운동실	1.4	대형 숙식주거	18.6
무대	1.4	공업용도	
접근출입구, 좁은 통로, 회랑	9.3	일반 및 고위험공업	9.3
카지노 등	1	특수공업	수용인원 이상
		업무용도	9.3
스케이트장	4.6		
교육용도		창고용도 (사업용도 외)	수용인원 이상
교실	1.9		
매점, 도서관, 작업실	4.6		

(5) 시험설계선택

화재가혹도가 가장 큰 것으로 예상 후 선택

(6) 시험설계평가

화재시나리오를 평가하기 위해서는 화재 시뮬레이션을 사용하는데 Zone Model과 Field Model 이 있다.

① CFAST는 건축물의 온도, 가스농도, 연기층 높이에 대한 특정 물리값으로 Zone Model을 사용하는 소프트웨어다.

② CFAST는 미세 시간에 대한 엔탈피와 질량 유동에 기초하여 상태함수(온도, 압력)를 예측하는 방정식을 풀어 해를 구한다.
③ 이 시뮬레이터를 사용해서 탈출시간, 아트리움 연기온도, 스프링클러 및 감지기의 작동 시간, 부력가스의 압력차, 천정류의 온도, 천장 연기층의 온도, 주변으로 화염 전파, 개구부를 통한 질량 유출, 주변 가연물의 복사에 의한 점화 등을 예측할 수 있다.
④ Fire Dynamics Simulator는 NIST에서 개발하였고 Computational Fluid Danamics의 의해 계산되는 소프트웨어로 Field Model을 사용하는 소프트웨어다.
⑤ 열과 연기의 생성과 이동을 Navier-Stokes 방정식을 이용하며, 계산 결과는 Smoke-view에 의해 재현된다.
⑥ 피난시간의 계산은 SFPE Handbook의 Hydraulic Flow Calculation을 이용하거나 Simulex나 EXODUS와 같은 프로그램으로 평가한다.

(7) 최종설계안 채택 및 보고서 작성
① 최종설계 선택
  ㉠ 시험설계안 중 성능기준을 만족하는 설계안은 최종설계로 고려될 수 있다.
  ㉡ 최종설계안을 선택하기 위해서는 경제적 고려(비용), 시간적 고려(공사), 사용성, 유지관리, 등을 고려해서 선택한다
② 문서화
  ㉠ 최종설계안이 결정되면 그 다음 구체적인 설계문서화가 요구된다.
  ㉡ 문서에는 건물의 운영, 유지관리, 방호설비의 안정적인 작동에 요구되는 사항들이 무엇인지를 이해시킬 수 있는 내용이어야 한다.
  ㉢ 또한 문서에는 화재방호 전략에 대한 간단한 보고서, 성능설계의 세부내용, 도면, 시방서, 유지관리 지침서를 포함해야 한다

(8) 제출서류(국내 성능위주설계 보고서를 관할 소방서장에게 제출서류)
① 건물의 개요(위치, 구조, 규모, 용도)
② 부지 및 도로계획(소방차량 진입동선을 포함한다)
③ 화재안전기준과 성능위주설계에 따라 소방시설을 설치하였을 경우의 화재안전성능 비교표
④ 화재안전계획의 기본방침
⑤ 건축물 계획·설계도면
  ㉠ 주단면도 및 입면도
  ㉡ 건축물 내장재료 마감계획

ⓒ 용도별 기준층 평면도 및 창호도
　　ⓓ 방화구획 계획도 및 화재확대 방지계획(연기의 제어방법을 포함한다)
　　ⓔ 피난계획 및 피난동선도
　　ⓕ 「소방시설 설치유지 및 안전관리에 관한 법률 시행령」별표 1의 소방시설의 설치계획 및 설계 설명서
⑥ 소방시설 계획·설계도면
　　ⓐ 소방시설 계통도 및 용도별 기준층 평면도
　　ⓑ 소화용수설비 및 연결송수구 설치위치 평면도
　　ⓒ 종합방재센터의 운영 및 설치계획
　　ⓓ 상용전원 및 비상전원의 설치계획
⑦ 소방시설에 대한 부하 및 용량계산서
⑧ 적용된 성능위주설계 요소 개요
⑨ 성능위주설계 요소 설계 설명서
⑩ 성능위주설계 요소의 성능 평가(별표 1의 시나리오에 따른 화재 및 피난 시뮬레이션을 포함한다)
⑪ 성능위주설계 설계자 또는 기관(단체, 법인을 포함한다)
⑫ 성능위주설계 용역 계약서 사본

80 성능위주 소방설계 장점 및 단점

구 분	시방 위주 소방설계	성능위주 소방설계
장 점	① 법규정에 맞는 설계 ② 전문지식 필요없다. 　전문엔지니어링 필요없다. ③ 화재, 피난 시뮬레이션이 필요없다. ④ DB 필요없다. ⑤ 설계 과정 단순	① 적극적, 자율적, 과학적, 정량적 설계를 통한 경제적 설계 ② 건물의 특성을 반영한 유연한 설계 ③ 신기술, 신재료의 도입이 용이 ④ 소방 과학과 엔지니어링을 통한 신뢰도 확보 가능 ⑤ 화재 안전 최적 개념의 All or Nothing 개념의 설계
단 점	① 수동적, 타율적, 경험적, 정성적 설계를 통한 비경제적 설계	① 교육 훈련을 통하여 전문지식 확보, 전문 엔지니어링 양성

| | ② 건물의 특성을 반영하지 못한 획일적 설계
③ 신기술, 신재료 도입하지 않는다.
④ 화재 가혹도 ↓ 과다설계
　 화재 가혹도 ↑ 소화실패 | ② DB 구축
③ 통일된 PBD 설계 지침서 확립 필요
④ 화재, 피난 시뮬레이션 필요
⑤ 설계 과정 복잡 |

암기 유신소화 교데통화설(선결요건)

81 화재 시뮬레이션

1 ▸▸ 비교   **암기** 해적보배

구 분	ZONE MODEL	FIELD MODEL
해석 표현	거시적 표현	미시적 표현
적용 화재	F.O 이전	초기, F.O 이후
보존식	에너지 보존 질량 보존	에너지 보존 질량 보존 운동량 보존
지배방정식	상미분	편미분 방정식
특 징	① 간단한 해석 적은 시간투자 ② 긴 방향, 층고 높은 장소 사용 못함 (종횡비 제한) ③ CFAST 1000㎥ 이하 제적 제한	① 정확한 해석 많은 시간투자 필요 ② 길이, 방향 제한 없음 ③ 체적 제한이 없다.

2 ▸▸ 주의 사항   **암기** 수행 해석 판단 주의

① 화재를 표현하는 기초방정식을 정확하게 수행해야 한다.
② 비선형 방정식으로 모든 경우의 구득은 불가능하므로 적절한 수치해석 필요하다.
③ 실험치와 시뮬레이션 결과와의 일치를 통해 모델의 타당성 판단한다.
④ 그럴듯한 결과도출에 주의하여야 하며, Fire Dynamics에 대한 충분한 해석 능력을 갖추어야 한다.

82. 성능위주소방설계 평가기준

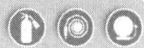

성능위주설계 확인·평가 심의 기준표

세부검토사항	검토결과	비고
1. 부지 및 도로계획(소방통로 확보 등)		
○ 소방차량 진입동선 체계 – 진입로 확보여부(진입로 폭, 피로티, 차단기 설치의적정성 등) – 부지 내 소방차량 운행통로 적정성 여부 　(부지 내의피난 및 소화에 필요한 통로) – 부지 내 도로 경사도 및 회전반경의 적정성 여부		
○ 옥외의 소방접근성 확보 – 각 거실로의 소방차량 접근 가능여부 – 고가사다리차 등 특수소방차량의 활동 공간 확보여부(건물 외벽과의 이격거리, 접안 각도, 전용주차구역표시 등) – 건축물 외측창문 등에 소방관 진입　표시(3층 이상층에 외부 식별이 가능하도록 적색 표시)		
2. 소방시설 설치에 대한 화재안전성 비교표		
○ 국가화재안전기준과 성능위주 설계에 따른 소방시설에 대한 화재안정성 적합 여부		
3. 화재안전계획의 기본방침 　(Fail Safe 등 고려)		
4. 소방시설의 설치계획 및 설계 설명서		
5. 소방시설 계획·설계도면		
○ 소방시설 계통도 및 용도별 기준층 평면도		
○ 상용전원 및 비상전원의 설치계획		
○ 종합방재센터의 운영 및 설치계획 　(위치, 면적, 기능 등)		
○ 소화용수설비 및 연결송수구 설치위치 평면도		
6. 소방시설 등에 대한 부하 및 용량계산서		
○ 동력제어반 및 비상발전기 비상전원 확보		
○ 비상용(피난용)승강기 및 소방설비의 전원		

7. 적용된 성능위주설계 요소 개요		
○ 성능위주 설계자 또는 기관 확인		
○ 기타 성능위주설계를 증빙할 수 있는 자료		
○ 성능위주설계 요소의 성능평가 　(화재 및 피난 시뮬레이션을 포함) 　- 시뮬레이션의 시나리오 유형 및 적용 기준 준수 　　여부 　- 화재피난시뮬레이션을 위한 프로그램의 선택 　- 화재공간과 화재크기 및 공간 내 화재 위치 선택 　- 피난시뮬레이션을 위한 피난시나리오의 적정성		
8. 피난·방재계획(피난안전성 확보)		
○ 헬기에 의한 인명구조 가능 여부 　- 헬리포트, 옥상 대피공간 설치 등		
○ 방화구획의 적정성 여부 　- 층간 구획에 따른 Fire Stop(내화 충진재) 적용 　- 방화셔터 및 방화문(유리방화문 포함)설치 공간 　- 비상발전기실, 감시제어반실 등		
○ 피난계획 수립의 적정성 　- 수평, 수직 동선상의 피난대피 적정여부 　- 방재계획서의 현실감 있는 반영여부		
9. 고층 건축물의 화재 안정성 강화		
○ 상층부 수직연소 확대방지 스프링클러 헤드설치		
○ 119자동신고시스템 설치 　(소방관서와의 통신시스템)		
○ 피트층(실)등 보조기능 공간 스프링클러 헤드 　설치		
○ 고층부의 무선통신 보조설비 　(소방무선통신망 강화)		
○ 지하3층 이상의 스프링클러설비(습식)적응성 여부 　- 동결방지조치 사항 등		
○ 피난안전 유도선 설치 및 피난안내도 작성		
○ 방화문 등 감시시스템 구축		
○ 소방수원의 확보 및 수원공급 방식의 적정성 여부		

○ 화재상황 전파(경보방식) 시스템 적정성 여부		
○ 소방배관 분리 및 이중화(소방간선 포함) - 건축물 수명과의 관계성(배관의 강도 확보)		
○ 공사기간 중 소방시설 설치계획 적정성 여부		
○ 제연설비 급·배기설비 적정여부(승강장 동시가 압, 샌드위치 가압, 급기구간 분리 등)		
○ 성능위주설계 실시로 소방시설 등의 강화 또는 완화되는 사항에 대한 적정성 여부		
○ 연돌효과 방지 대책의 적정성		
○ 위험물 취급에 대한 안전대책수립 여부	-	

83 Zone model과 Field model

1 ▶▶ Zone model

① 단어의 의미처럼 방화구획되어 있는 구획공간(compartment)의 구역을 상부경계층과 하부경계층 2개의 검사체적으로 분할하여 화재 현상을 분석
② 각 영역에 대해 에너지, 질량 보존식, 이상기체 상태 방정식을 적용하여 시간 경과에 따른 수치해석의 방법을 이용하여 계속적으로 화재의 영향을 계산해내는 modeling 방법
③ 다른 화재 modeling software에 비해 modeling에 소요되는 시간이 짧을 뿐만 아니라 software의 조작 역시 비교적 간단하므로 쉽게 화재의 위험성을 예측할 수 있다.
④ 단일공간이나 작은 공간이 연속적으로 연결되어 있는 대상을 해석하는데 사용되며, 아트리움이나 대 공간에서는 신뢰도가 낮다. 또한 경계층을 중심으로 분석이 되어 불충분한 화재분석이 되고 국부적 분석을 할 수 없으며 $1MW/m^3$ 이상의 급격한 연소확대 화재의 분석이 어렵다.
⑤ Software로는 FIRST, FAST, ASET 및 ASET-B등이 있고, 대표적인 software는 미국의 NIST에서 개발, 보급하는 CFAST가 있다.

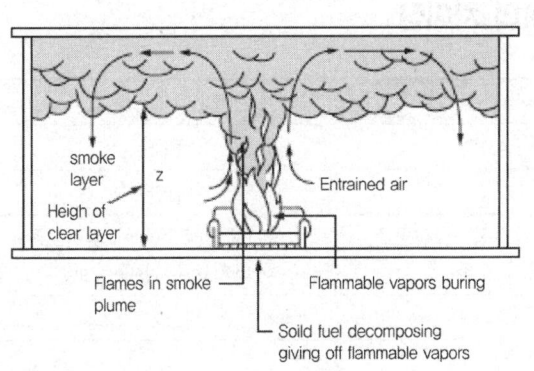
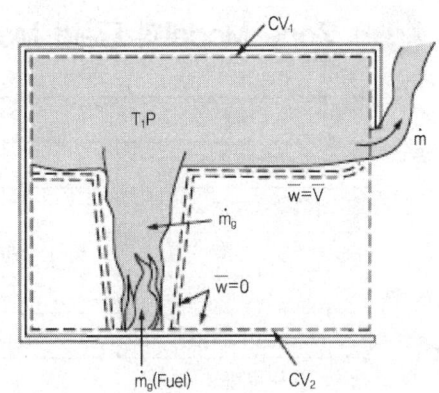

2 ▶▶ Field model

① 전체영역 모델(field model)은 정확한 값을 구하거나 대공간 혹은 야외공간에서 주로 작은 여러 개 또는 다수의 검사체적(control volume)으로 분할하여 화재의 진행 양상을 예측해내는 modeling 방법

② Zone model의 검사체적은 체적 내의 기체밀도, 연기밀도, 온도 등이 시간에 따라 변하지 않는 공간에 질량, 운동량, 에너지 등은 유동적인 것으로 해석 하나 field model의 제어체적은 zone model처럼 분리된 각각의 영역이 독립적으로 거동하는 것이 아니라 각각의 검사체적이 상호 영향을 주면서 시간에 따라 변화하게 되므로 계산과정은 복잡하다.

③ Field model은 유체역학에 있어서의 난류확산 model을 기반으로 하고 있으며 화재에 따르는 화학적 반응을 추가하여 고려한 것으로 대표적인 software로는 CFAST를 개발한 NIST의 FDS(fire dynamics simulator)가 있으며 영국에서 개발된 Smart-fire Jasmine 등이 있다.

3 ▶▶ Field model 예

① 대표적 필드모델 : FDS
  ㉠ 미국 NIST에서 개발, 국내에서 가장 많이 사용
  ㉡ 다양한 화재시나리오에 적용이 가능한 화재전용 수치해석프로그램

4 ▸▸ Zone Model과 Field Model의 차이점

구 분	Zone Model	Field Model
화재시뮬레이션 기법	C-FAST	FDS
검사체적	2개	수십만 개
보존식	이상기체상태방정식, 질량보존, 에너지 보존	이상기체상태방정식, 질량보존, 에너지보존, 운동량보존
Multigrid 기능	×	○
난류해석	×	○
신뢰도	↓	↑
Smokeview 기능	×	○
한 계	F/O이후 해석불가	폭발 해석불가

84 CFAST와 FDS

1 ▸▸ CFAST

(1) 특성

① CFAST는 구획 화재의 영향을 예측할 수 있는 화재 modeling software로써 zone model을 이용한 화재역학과 연기확산을 연구하는 software이다.

② 화재 격실은 고온 상층부와 저온 하층부로 크게 나누어지며, 화염과 fire plume을 통하여 하층부의 공기와 반응한 연소 생성물들이 고온 상층부로 이동하여 교환이 이루어진다.

③ 각 구역 내의 온도, 밀도 등은 균일하다고 가정하고, 화재로 인해 발생된 고온 상층부와 상대적으로 저온인 하층부에 대한 질량 및 에너지 방정식, 이상기체 방정식, 그리고 벽의 열전도방정식을 사용하여 화재현상을 해석한다.

④ 상층부의 고온기체 및 연기는 개구부를 통해 격실 밖으로 유출되고, 동시에 외부로부터 공기가 유입되므로 각 구경과 외부 공간 사이에 교환이 이루어지며 질량보존과 에너지 보존의 일반 방정식은 상미분 방정식의 형태로 계산된다.

⑤ $1m^3$에서 $1,000m^3$까지 시뮬레이션이 가능하고, 모델 결과치와 실제 측정치의 오차범

위는 10~25%정도이다.
ⓖ Flash over의 발생 시점과 자동화재 탐지설비, 스프링클러 등 간단한 소화설비의 작동 여부를 예측할 수 있어 소화설비의 설계와 피난계획의 수립에 매우 중요한 정보를 제공해 준다.
ⓗ 뜨거운 상층부 온도가 600℃이상이 되면 data의 신뢰도가 급격히 저하하게 되며 구획실의 수 역시 30개까지 입력이 가능하기는 하나 실의 수가 3개를 넘어가게 되면 실제 화재의 data와 많은 차이를 보인다.
ⓘ 폭과 길이차가 크지 않는 밀폐공간에서 가장 잘 적용되며, 화재성장을 예측하기 위한 열분해모델과 독성과 연소화학은 고려하지 않는다.

(2) FDS

① 특성
  ㉠ FDS는 CFAST와 마찬가지로 화재 modeling software로 field model을 이용한 열과 연기의 이동을 예측하는 도구로 다수의 검사체적으로 분할하여 화재의 진행양상을 예측해내는 software이다.
  ㉡ 각각의 격자 공간 내에서 온도, 밀도, 압력, 속도, 화학조성을 시간대별로 계산하며 해석공간은 10만에서 수백만의 격자를 가진다. 각각의 검사체적이 상호 영향을 주면서 시간에 따라 변화하게 되므로 계산과정은 복잡하다.
  ㉢ Navier-Stokes 방정식을 수치해석적으로 계산하는 모델로 편미분형태의 질량, 에너지, 운동량의 보존 방정식은 유한차분법으로 계산되며, 세분화된 3차원, 직사각형 격자에 대해 시간에 따라 해가 산출된다.
  ㉣ 난류에 대한 해석은 LES(large eddy simulation) 또는 DNS(direct numerical simulation)라는 해석 기법을 사용자가 조건에 맞게 선택하여 수행하도록 되어 있다. DNS는 시간이 많이 걸리며 일반적으로 LES를 사용한다.
  ㉤ FDS는 시뮬레이션 공간크기에 제한을 두지 않으며, 모델 결과치와 실제 측정치의 오차범위는 5~20% 정도이다 격자간격이 조밀할 경우 오차율이 낮아진다.
  ㉥ Smokeview를 구동하게 되면 연기의 유동상태, 화재 공간의 온도 분포와 가시 거리, 일산화탄소와 같은 연소 생성물의 시간에 따른 변화를 확인할 수 있다.
  ㉦ 연기 및 연전달이 저속유동일 경우 적합하며 고속유동인 폭발 등에는 부적합하며, 환기지배형은 화재에 상대적으로 적응성이 없다.

② 제한사항
  ㉠ FDS는 음속보다 낮은 경우에 이상기체의 혼합물에 대한 질량 보존방정식, 에너지 보존방성식, 운동량 보존방정식을 계산한다.

ⓒ 화재로부터 멀리 떨어진 물체에서 복사열 전달이 균일하게 전달되지 않을 수 있다.

ⓒ 열과 생성물 등의 분석이 FDS의 주된 목적

(3) 화재시뮬레이션 주요입력요소

① 시뮬레이션 순서

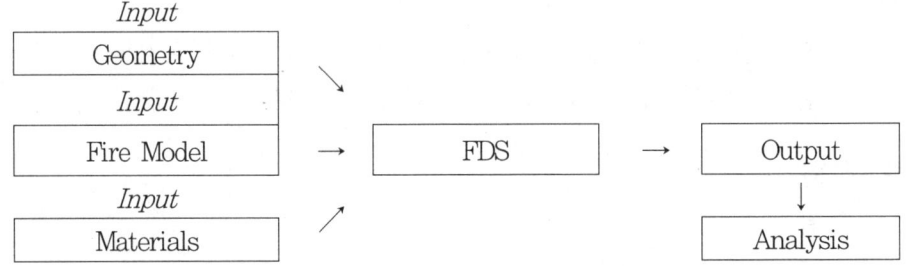

② 입력요소(화재시나리오 작성)

㉠ 화재공간에서 가장 가능성 있는 상황을 선정

ⓒ 대상공간 : 크기, 문의 크기, 공간특성

ⓒ 격자수(mesh 생성)

ⓔ 화원의 종류, 위치 및 화재하중 화재성장곡선 선정

ⓜ 물성치 입력 : 콘크리드, 내장재, 케이블, 두께 등 자재들의 특성값 입력하거나 FDS database에 있는 data를 이용

③ 실행(running)

㉠ Windows 내부프로그램인 명령프롬프트를 이용하는 방법

ⓒ 외부 프로그램을 이용하는 방법

④ 결과분석

㉠ Smokeview 파일 실행

ⓒ 시간에 따른 결과값 해석 : 온도, 연소속도, 열유량, 열방출속도, 연기

⑤ 화재 simulation프로그램 운용시 주의사항

㉠ 화재현상을 표현하는 기초방정식을 정확하게 수행해야 함.

ⓒ 비선형 방정식으로 모든 경우의 구득은 불가능하므로 적절한 수치해석 필요

ⓒ 실험치와 시뮬레이션 결과와의 일치를 통해 모델의 타당성 판단.

ⓔ 수학적, 수치해석적으로 해가 아님에도 그럴듯한 결과도출에 주의하여야 하며 fire dynamics에 대한 충분한 해석능력을 갖추어야 한다.

85. Simulex

1. Simulex의 실행절차

① 건축평면도면 정리 작업
② 건축평면도면 Simulex 프로그램으로 불러오기
③ 안전구역으로 연결되는 최종 exit 입력
④ 건축평면을 수직으로 연결하는 계단실 입력
⑤ 지정한 계단실을 건축평면에 연결(link)함
⑥ Distance Map 작성
⑦ 거주자밀도(occupant load) 입력
⑧ Simulation 수행 및 결과분석

2. 주요기능 및 특징

(1) 공간정의
① CAD DXF file을 바탕으로 건물도면을 생성, Simulex를 실행하기 위해선 건물의 형태인 벽선을 제외한 기타 모든 선은 미리 정리해야 한다.
② 여러 개의 층으로 구성된 건물의 도면을 계단으로 연결하기 위해 계단을 추가하고 최종 출구를 건물 밖이나 안으로 정의 할 수 있다.
③ 각 공간 또는 도어 주위나 계단에 거주자를 배치할 수 있으며, 그룹으로 지정하여 정의할 수 있다.

(2) 다층건물 link
① 평면과 계단을 연결하는 link로 연결하고 link는 수용인원을 평면에서 계단을 통해 피난시키는 역할을 한다.
② 계단은 CAD도면을 사용하지 않고 Simulex에서 별도 작성하며, 3차원 계단을 2차원 평면화하여 사용한다.
③ 각 층 평면과 계단의 출구는 피난 통로가 되는 link로 연결한다.
④ 최종 피난구(exit)를 나타내는 선은 수용인원이 피난하는데 최종목표가 되며 이 선에 도달하게 되면 피난이 완료되는 것으로 간주한다.

(3) 거주자 피난 동선인 Distance Map 작성

① 공간구성이 끝나면 건물공간을 분석하는데 DXF 도면에 overlay하여 0.2m×0.2m 크기의 정방향으로 공간 mesh를 자동으로 생성한다.

② 공간 mesh의 모든 점을 이용해 출구까지의 거리를 계산하여 거주자 피난 동선 채택하는데 Distance Map을 이용한다.

③ 하나의 건물에 10개까지 Distance Map을 작성할 수 있는데 최종 피난구를 여러 가지로 변경해 볼 수 있다.

(4) 거주자 수용인원 지정

① 계층의 성별, 신체크기, 구성비를 설정하여 다양한 구성원 표현을 표현할 수 있으며, 사람의 모습을 3개의 원으로 모형화하여 나타낸다.

② Distance map, 정보에 반응하는 시간인 피난반응시간, 수용인원 집단의 신체조건을 지정한다.

③ 정상 보행속도는 피난을 시작하기 전에 지정하고, 피난 진행 중의 보행속도는 수용자 간의 간격과 보행속도 감소와의 관계에서 계산된다. 수평보행속도는 0.8~1.7m/s 범위에서, 계단에서의 보행속도는 50%까지 감소할 수 있다.

④ 몸의 회전속도는 초당 100도 정도 제한되며, 각 개인의 신체회전정도는 다수의 피난자가 비상구를 통과할 때 전체 흐름에 영향을 준다.

⑤ 피난시 타인의 접근으로 인한 앞지르기가 가능하며, 앞사람 주위 50mm 떨어져 서 피난방향으로 나가도록 계산하는데, 50mm는 보행 중인 사람의 움직임을 수치로 나타낸 것이다.

86 Building-EXODUS

1. Building-EXODUS 구성

① 개개인의 행동과 움직임은 발견 또는 규칙에 의해 결정되는데 서로의 상호작용은 공간내의 보행자, 움직임, 행동, 독성, 위험 서브모델로 구성되어 있다.

② Geometry(평면) 서브모델은 사람들이 행동하고 움직이는 공간을 의미하며 보행자란 어떤 공간에 있는 사람을 의미한다.

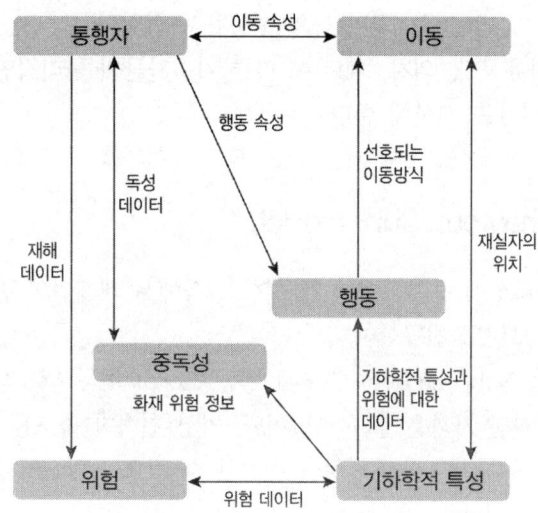

【 Building-EXODUS 구성 】

③ 보행자 서브모델은 이동, 행동, 독성, 위험요인 서브모델과 상호작용한다. 독성과 위험 서브모델은 평면과 사람 서브모델과 상호작용한다. 행동 서브모델은 사람, 이동, 평면 서브모델과 상호작용한다. 보행자와 이동간의 이동속성은 수력학적 모델의 이동 데이터와 유사하다.
④ 재실자의 위치는 화재위험 데이터와 위험요소 데이터가 적용되는 평면내에서 정해지며, 위험요소 정보는 재실자 행동과 이동 결과에 영향을 준다.

❷ ▶▶ 기하학적 특성(Geometry : 평면)

① 대상공간의 레이아웃은 Geometry Library에서 읽어오거나, CAD로 작성된 dxf file로 읽어오거나, 소프트웨어에 제공되는 편집도구를 사용하여 설정이 가능하다.
② Geometry 전체공간은 0.5×0.5m 크기의 node로 채워지며 node들은 Arc에 의해 연결된다. 0.5×0.5m 크기의 node는 한사람의 피난대상자를 수용하는 공간이 된다.
③ node가 도면에 그려지면 그 안에 만들어진 사람들이 Distant Map을 사용하여 각 위치에서의 최단거리 또는 미리 지정된 피난구까지의 거리를 계산하게 된다.

❸ ▶▶ 이동(Movement sub-model)

① 각 재실자의 현재위치에서 이웃한 안전지역으로의 물리적 이동을 제어하거나, 대기시간을 조절한다.

② 이동은 추월, 옆걸음, 회피 등의 행동을 포함한다.
③ 각 지역(자유공간, 의자, 계단)에 따른 거주자들의 물리적인 움직임을 선택하여 각각의 피난 시간을 계산해 준다.

4 ▶▶ 행동(Behaviour Sub-model)

① 개개인의 특성에 근거하여 현재 처한 상황에서 개개인의 반응형태를 결정하며, 이를 이동 서브모델로 전달한다.
② Behaviour Sub-model은 Global 행동, Local 행동으로 작용하는데, Global 행동은 거주자가 가장 가까운 출구 피난이나, 가장 친숙한 출구를 통한 피난 행위를 말한다. 사용자는 원하는 Global 행동을 결정할 수 있으나 Local 행동에 따라 변경되거나 번복될 수 도 있다.
③ Local 행동은 피난개시시간, 장애물 통과 추종하거나 우회할 수 있는 길을 선택하는 등의 반응을 말한다.

5 ▶▶ 재실자(Occupant Sub-model)

① 각 개인의 성별, 연령, 보행 속도, 걸음 속도, 반응 시간, 민첩성 등의 다양한 변수의 속성을 규정한다.
② 몇 몇 속성은 고정된 값으로 작용하고, 몇 몇은 다른 서브모델에 따라 값이 변경된다.

6 ▶▶ 위험요소(Hazard Sub-model)

① 고온과 유독성 환경을 결정하며, 이는 시간 경과와 피난행위자의 위치에서의 피난 환경을 결정하는데
② 열, 연기, 독성물질과 출입구 개폐시간을 제어한다.

7 ▶▶ 독성(Toxicity Sub-model)

① 주위환경이 거주자에게 미치는 생리학적 영향을 결정한다.
② Fractional Effective Dose 유독성 모델을 사용하는데 거주자에게 미치는 영향은 노출농도 보다는 흡입양에 영향을 더 많이 받는다는 모델이다.
③ 이 모델은 사망이나 중상에 이르게 하는 유효량에 대한 시간당 노출양의 비율과 그 비율의 노출시간 동안 합계를 계산한다.

④ FED가 1에 가까워지면 거주자의 피난이 불가능할 정도로 기동력 및 민첩성이 떨어진다. 이 모델은 고온과 열복사, HCN, CO, CO_2, 산소농도 저하에 따른 위험을 고려하고 움직일 수 없는 상태가 되는 시간을 측정한다.

87 소방시설공사 감리업무

1 감리자 지정 대상

① 옥내소화전설비를 신설·개설 또는 증설할 때
② 스프링클러설비등(캐비닛형 간이스프링클러설비는 제외한다)을 신설·개설하거나 방호·방수 구역을 증설할 때
③ 물분무등소화설비(호스릴 방식의 소화설비는 제외한다)를 신설·개설하거나 방호·방수 구역을 증설할 때
④ 옥외소화전설비를 신설·개설 또는 증설할 때
⑤ 자동화재탐지설비를 신설 또는 개설할 때
⑥ 비상방송설비를 신설 또는 개설할 때
⑦ 통합감시시설을 신설 또는 개설할 때
⑧ 비상조명등을 신설 또는 개설할 때
⑨ 소화용수설비를 신설 또는 개설할 때
⑩ 다음 각 목에 따른 소화활동설비에 대하여 각 목에 따른 시공을 할 때
　㉠ 제연설비를 신설·개설하거나 제연구역을 증설할 때
　㉡ 연결송수관설비를 신설 또는 개설할 때
　㉢ 연결살수설비를 신설·개설하거나 송수구역을 증설할 때
　㉣ 비상콘센트설비를 신설·개설하거나 전용회로를 증설할 때
　㉤ 무선통신보조설비를 신설 또는 개설할 때
　㉥ 연소방지설비를 신설·개설하거나 살수구역을 증설할 때

2 감리 업무 내용　**암기** 안성기 상계 도피방변

① 공사업자의 소방시설시공이 설계도서 및 화재안전기준에 적합한지에 대한 지도, 감독
② 완공된 소방시설 등의 성능시험

③ 소방용품의 위치, 규격 및 사용자재에 대한 적합성 검토
④ 공사업자가 작성한 시공 상세도면의 적합성 검토
⑤ 소방시설 등의 설치계획표의 적법성 검토
⑥ 소방시설 설계도서의 적합성 검토
⑦ 피난, 방화 시설의 적법성 검토
⑧ 실내 장식물의 불연화 및 방염 물품의 적법성 검토
⑨ 설계 변경사항의 적합성 검토

3 상주 공사감리

(1) 대상
① 연 30,000㎡ 이상의 특정소방대상물에 대한 소방시설의 공사
  단, 자탐, 옥내·외 소화용수 설비만 설치되는 공사는 제외
② 지하층을 포함한 층수가 16층 이상으로서 500세대 이상인 아파트에 대한 소방 시설의 공사
③ 소방기술사 상주해야할 대상   【암기】 소방기술사는 이사
  ㉠ 연 200,000㎡ 이상 건축물
  ㉡ 40층 이상의 건축물

(2) 감리 방법
① 책임 감리원이 상주하여 업무를 수행하고 감리일지에 기록
② 상주감리 기간 : 소방시설용 배관을 설치, 매립하는 때부터 소방시설 완공 검사필증을 교부 받을 때까지
③ 1일 이상 현장을 이탈시 업무대행자를 배치

(3) 배치 제외
① 민원 또는 계절적 요인 등으로 해당공정의 공사가 일정기간 중단된 경우
② 예산의 부족 등 발주자(하도급의 경우에는 수급인을 포함한다. 이하 이 목에서 같다)의 책임있는 사유 또는 천재지변 등 불가항력으로 공사가 일정기간 중단된 경우
③ 발주자가 공사의 중단을 요청한 경우

4 ▸▸ 일반 공사 감리

(1) 대상

상주공사 감리에 해당하지 아니하는 소방시설

(2) 감리방법

① 주 1회 이상 공사현장을 방문하여 업무를 수행하고 감리일지에 기록
② 감리기간 : 상동
③ 1인의 책임 감리원이 담당하는 감리현장은 5개 이하 연면적 총합계 $100,000 m^2$ 이하일 것

5 ▸▸ 감리결과 통보

(1) 통보대상(공사가 완료된 날부터 7일 이내)

① 소방본부장 또는 소방서장
② 특정소방대상물의 관계인
③ 특정소방대상물을 감리한 건축사
④ 소방시설공사의 도급인

(2) 제출서류

소방시설공사업법 제19조에 의거하여 소방공사감리 결과보고(통보)서[전자문서로 된 소방공사감리 결과보고(통보)서를 포함한다]에 다음 각 호의 서류(전자문서를 포함한다)를 첨부하여 제출

① 소방시설 성능시험조사표 1부
② 착공신고 후 변경된 소방시설설계도면 1부
③ 소방공사 감리일지(소방본부장 또는 소방서장에게 보고하는 경우에만 첨부한다) 1부
④ 특정소방대상물의 사용승인 신청서 등 사용승인 신청을 증빙할 수 있는 서류 1부

88. 소방시설공사 감리업무 절차

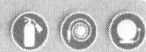

1. 착공

① 소방공사감리업 등록증 사본 1부 및 등록수첩 사본 1부
② 해당 소방시설공사를 감리하는 소속 감리원의 감리원 등급을 증명하는 서류(전자문서를 포함한다) 각 1부
③ 소방공사감리계획서 1부
④ 소방시설설계 계약서 사본1부

2. 감리 착수

① 도면검토(계통도, 평면도, 상세도 순으로 확인)
② 계산서 검토(펌프계산서, 제연팬 계산서, 가스소화설비 성능시험인증서, 발전기용량 계산서, 축전지 용량계산서)
③ 시방서(수계소화설비, 자동식소화기, 제연설비, 자동화재탐지설비)

3. 시공시 감리업무

① 자재승인서(소방산업기술원 인증제품, KS유무)
② 자재검수 업무(자재승인업체 제품유무, 수량확인, 반입물품 상태)
③ 검측(매립부분은 콘크리트타설전 실시, 헤드 등은 수압시험 후 위치 확인, 가스계소화설비는 기밀시험)
④ 감리일지 작성

4. 예비준공검사

① 펌프 성능시험
② 제연팬 성능시험
③ 가스계소화설비 직접테스트 또는 간접테스트 실시

5 ▸▸ 준공검사

① 준공도면 확인
② 소방설비 성능시험조사표에 의거하여 실시
③ 성능시험조사표에 의거하여 시험성적서 취합

6 ▸▸ 준공서류 작성

① 준공도면에 의거한 산출표 작성
② 성능시험조사표 작성

89. 대수선의 범위 중 건축물의 화재안전 관련된 소방공사의 범위(건축법)

1 ▸▸ 정의

대수선이라 함은 건축물의 기둥, 보, 내력벽, 주계단 등의 구조나 외부 형태를 수선 변경하거나 증설하는 것으로서 대통령으로 정하는 것

2 ▸▸ 대수선의 범위(영 제3조의 2)

다음 각 호의 어느 하나에 해당하는 것으로 증축, 개축 또는 재축에 해당하지 아니하는 것을 말함.
① 내력벽을 증설 또는 해체하거나 그 벽면적을 30제곱미터 이상 수선 또는 변경하는 것
② 기둥을 증설 또는 해체하거나 세 개 이상 수선 또는 변경하는 것
③ 보를 증설 또는 해체하거나 세 개 이상 수선 또는 변경하는 것
④ 지붕틀(한옥의 경우에는 지붕틀의 범위에서 서까래는 제외한다)을 증설 또는 해체하거나 세 개 이상 수선 또는 변경하는 것
⑤ 방화벽 또는 방화구획을 위한 바닥 또는 벽을 증설 또는 해체하거나 수선 또는 변경하는 것

⑥ 주계단·피난계단 또는 특별피난계단을 증설 또는 해체하거나 수선 또는 변경하는 것
⑦ 미관지구에서 건축물의 외부형태(담장을 포함한다)를 변경하는 것
⑧ 다가구주택의 가구 간 경계벽 또는 다세대주택의 세대 간 경계벽을 증설 또는 해체하거나 수선 또는 변경하는 것

3 ▶▶ 특정소방대상물에 설치된 소방시설 또는 구역 등을 증설하는 공사

옥내·옥외소화전설비 스프링클러설비·간이스프링클러설비 또는 물분무등소화설비의 방호구역, 자동화재탐지설비의 경계구역, 제연설비의 제연구역, 연결살수설비의 살수구역, 연결송수관설비의 송수구역, 비상콘센트설비의 전용회로, 연소방지설비의 살수구역

4 ▶▶ 특정소방대상물에 설치된 소방시설 등을 교체하거나 보수하는 공사

(1) 수신기인 경우

① 새로운 것으로 교체하는 경우
② 이전하는 경우
③ 회로를 증가하는 경우

(2) 소화펌프인 경우

① 새로운 것으로 교체하는 경우
② 이전하는 경우

(3) 동력(감시)제어반인 경우

① 새로운 것으로 교체하는 경우
② 이전하는 경우

> **Reference**
>
> 제4조(소방시설공사의 착공신고 대상)
> 법 제13조제1항에서 "대통령령으로 정하는 소방시설공사"란 다음 각 호의 어느 하나에 해당하는 소방시설공사를 말한다.
> 1. 특정소방대상물(「위험물 안전관리법」 제2조제1항제6호에 따른 제조소등은 제외한다. 이하 제2호 및 제3호에서 같다)에 다음 각 목의 어느 하나에 해당하는 설비를 신설하는 공사
>   가. 옥내소화전설비(호스릴옥내소화전설비를 포함한다. 이하 같다), 옥외소화전설비, 스프

링클러설비·간이스프링클러설비(캐비닛형 간이스프링클러설비를 포함한다. 이하 같다) 및 화재조기진압용 스프링클러설비(이하 "스프링클러설비등"이라 한다), 물분무소화설비·포소화설비·이산화탄소소화설비·할론소화설비·할로겐화합물 및 불활성기체 소화설비·미분무소화설비·강화액소화설비 및 분말소화설비(이하 "물분무등소화설비"라 한다), 연결송수관설비, 연결살수설비, 제연설비(소방용 외의 용도와 겸용되는 제연설비를 「건설산업기본법 시행령」 별표 1에 따른 기계설비공사업자가 공사하는 경우는 제외한다), 소화용수설비(소화용수설비를 「건설산업기본법 시행령」 별표 1에 따른 기계설비공사업자 또는 상·하수도설비공사업자가 공사하는 경우는 제외한다) 또는 연소방지설비
   나. 자동화재탐지설비, 비상경보설비, 비상방송설비(소방용 외의 용도와 겸용되는 비상방송설비를 「정보통신공사업법」에 따른 정보통신공사업자가 공사하는 경우는 제외한다), 비상콘센트설비(비상콘센트설비를 「전기공사업법」에 따른 전기공사업자가 공사하는 경우는 제외한다) 또는 무선통신보조설비(소방용 외의 용도와 겸용되는 무선통신보조설비를 「정보통신공사업법」에 따른 정보통신공사업자가 공사하는 경우는 제외한다)
2. 특정소방대상물에 다음 각 목의 어느 하나에 해당하는 설비 또는 구역 등을 증설하는 공사
   가. 옥내·옥외소화전설비
   나. 스프링클러설비·간이스프링클러설비 또는 물분무등소화설비의 방호구역, 자동화재탐지설비의 경계구역, 제연설비의 제연구역(소방용 외의 용도와 겸용되는 제연설비를 「건설산업기본법 시행령」 별표 1에 따른 기계가스설비업자가 공사하는 경우는 제외한다), 연결살수설비의 살수구역, 연결송수관설비의 송수구역, 비상콘센트설비의 전용회로, 연소방지설비의 살수구역
3. 특정소방대상물에 설치된 소방시설등을 구성하는 다음 각 목의 어느 하나에 해당하는 것의 전부 또는 일부를 개설(改設), 이전(移轉) 또는 정비(整備)하는 공사. 다만, 고장 또는 파손 등으로 인하여 작동시킬 수 없는 소방시설을 긴급히 교체하거나 보수하여야 하는 경우에는 신고하지 않을 수 있다.
   가. 수신반(受信盤)
   나. 소화펌프
   다. 동력(감시)제어반

90 소방공사 착공신고 대상

❶ ▶▶ 특정소방대상물에 설치된 소방시설 등을 신설하는 공사

옥내소화전설비, 옥외소화전설비, 스프링클러설비, 간이스프링클러설비, 물분무소화설비, 포소화설비, 이산화탄소소화설비, 할론소화설비, 할로겐화합물 및 불활성기체 소화설비, 미분무소화설비, 강화액소화설비 및 분말소화설비, 연결송수관설비, 연결살수설비,

제연설비, 소화용수설비 또는 연소방지설비, 자동화재탐지설비, 비상경보설비, 비상방송설비, 비상콘센트설비 또는 무선통신보조설비

2 ▸▸ 특정소방대상물에 설치된 소방시설 또는 구역 등을 증설하는 공사

옥내·옥외소화전설비, 스프링클러설비·간이스프링클러설비 또는 물분무등소화설비의 방호구역, 자동화재탐지설비의 경계구역, 제연설비의 제연구역, 연결살수설비의 살수구역, 연결송수관설비의 송수구역, 비상콘센트설비의 전용회로, 연소방지설비의 살수구역

3 ▸▸ 특정소방대상물에 설치된 소방시설 등을 교체하거나 보수하는 공사

(1) 수신기인 경우
① 새로운 것으로 교체하는 경우
② 이전하는 경우
③ 회로를 증가하는 경우

(2) 소화펌프인 경우
① 새로운 것으로 교체하는 경우
② 이전하는 경우

(3) 동력(감시)제어반인 경우
① 새로운 것으로 교체하는 경우
② 이전하는 경우

91 무창층

1 ▸▸ 정의

지상층 중에 개구부 면적의 합계가 그 층의 바닥면적의 1/30 이하가 되는 층

② 개구부 조건

① 개구부의 크기
  ㉠ 50cm 이상의 원에 내접할 것
  ㉡ 화재시 쉽게 피난 할 수 있도록 창살, 그 밖의 장애물이 설치되지 아니할 것
  ㉢ 내부 또는 외부에서 쉽게 파괴 또는 개방이 가능할 것
② 개구부의 높이
  그 층의 바닥으로부터 개구부 밑 부분까지가 1.2m 이하일 것
③ 개구부의 위치
  도로, 또는 차량의 진입이 가능한 공지에 면할 것

③ 무창층의 문제점

① 축열효과, 연돌효과
② $Q_{fo} = 7.8A_T + 378A_F\sqrt{H}$ F.O가 빨라진다.
③ 불완전연소에 의해 CO발생율이 많아져 인명피해가 우려된다.

> **Reference**
>
> 개구부의 조건 중 "개구부 밑부분까지 높이 1.2m 이하일 것" 조항에서 창호의 바닥높이가 1m이고, 창호 프레임이 1.5m 지점에 설치되어 있는 경우 내접원이 50cm를 만족하지 못한다. 이 경우 개구부 조건에 맞지 않아 무창층으로 간주하여 소방법을 적용해야하고, "쉽게파괴"라는 조건은 일반유리는 5mm 이하의 일반유리창, 복층 유리는 5mm + 공기층 + 5mm 이하의 유리를 의미한다.

> **Reference**
>
> ● 화재예방, 소방시설 설치.유지 및 안전관리에 관한 법률 시행령 제 2조
> "무창층(무창층)"이라 함은 지상층 중 다음 각 목의 요건을 모두 갖춘 개구부(건축물에서 채광·환기·통풍 또는 출입 등을 위하여 만든 창·출입구 그 밖에 이와 비슷한 것을 말한다)의 면적의 합계가 당해 층의 바닥면적(「건축법」 시행령 제119조제1항제3호의 규정에 의하여 산정된 면적을 말한다. 이하 같다)의 30분의 1 이하가 되는 층을 말한다.
> 가. 개구부의 크기가 지름 50센티미터 이상의 원이 내접할 수 있을 것
> 나. 해당 층의 바닥면으로부터 개구부 밑부분까지의 높이가 1.2미터 이내일 것
> 다. 개구부는 도로 또는 차량이 진입할 수 있는 빈터를 향할 것
> 라. 화재시 건축물로부터 쉽게 피난할 수 있도록 개구부에 창살 그 밖의 장애물이 설치되지 아니할 것
> 마. 내부 또는 외부에서 쉽게 파괴 또는 개방할 수 있을 것

92. 건축허가등의 동의

1. 개요

① 건축물 등의 신축·증축·개축·재축 또는 이전의 허가·협의 및 사용승인의 권한이 있는 행정기관은 건축허가등을 함에 있어서
② 그 건축물 등의 공사시공지(工事施工地) 또는 소재지를 관할하는 소방본부장 또는 소방서장의 동의를 받아야 한다.

2. 건축허가등의 동의 대상물

① 연면적 400제곱미터 이상인 건축물. 다만, 다음 각 목의 어느 하나에 해당하는 시설은 해당 목에서 정한 기준 이상인 건축물로 한다.
　㉠ 학교시설 : 100제곱미터
　㉡ 노유자시설(老幼者施設) 및 수련시설 : 200제곱미터
　㉢ 정신의료기관(입원실이 없는 정신건강의학과 의원은 제외한다) : 300제곱미터
　㉣ 장애인 의료재활시설(이하 "의료재활시설"이라 한다) : 300제곱미터
② 6층 이상인 건축물
③ 차고·주차장 또는 주차용도로 사용되는 시설
　㉠ 차고·주차장으로 사용되는 바닥면적이 200제곱미터 이상인 층이 있는 시설
　㉡ 기계식 주차시설로서 자동차 20대 이상
⑤ 항공기격납고, 관망탑, 항공관제탑, 방송용 송수신탑
⑥ 지하층 또는 무창층이 있는 건축물로서 바닥면적이 150제곱미터(공연장의 경우에는 100제곱미터) 이상인 층이 있는 것
⑦ 조산원, 산후조리원, 위험물 저장 및 처리 시설, 발전시설 중 전기저장시설, 지하구
⑧ ①에 해당하지 않는 노유자시설
　㉠ 「노인복지법」 노인주거복지시설·노인의료복지시설 및 재가노인복지시설, 학대피해노인전용쉼터
　㉡ 「아동복지법」 아동복지시설(아동상담소, 아동전용시설 및 지역아동센터는 제외한다)
　㉢ 「장애인복지법」 장애인 거주시설

ⓒ 정신질환자 관련 시설
　　ⓓ 노숙인 관련 시설 중 노숙인자활시설, 노숙인재활시설 및 노숙인요양시설
　　ⓔ 결핵환자나 한센인이 24시간 생활하는 노유자시설
⑨ 요양병원 다만, 정신의료기관 중 정신병원과 의료재활시설은 제외한다.

❸ 건축허가 등의 동의에 따른 절차

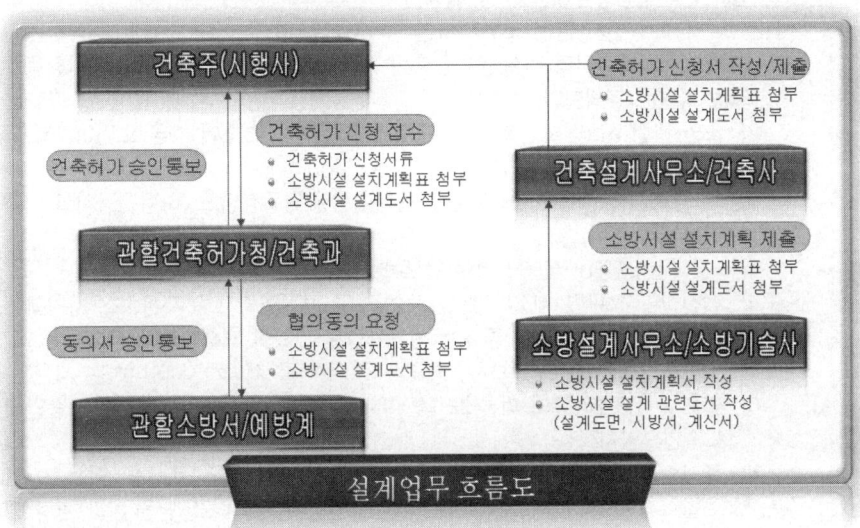

> **Reference**
>
> ● 화재예방, 소방시설 설치·유지 안전관리법 시행령 제12조(건축허가등의 동의대상물의 범위 등)
> ① 법 제7조제1항에 따라 건축허가등을 할 때 미리 소방본부장 또는 소방서장의 동의를 받아야 하는 건축물 등의 범위는 다음 각 호와 같다. 〈개정 2013. 1. 9., 2015. 1. 6., 2015. 6. 30., 2017. 1. 26., 2017. 5. 29., 2019. 8. 6.〉
> 1. 연면적(「건축법 시행령」 제119조제1항제4호에 따라 산정된 면적을 말한다. 이하 같다)이 400제곱미터 이상인 건축물. 다만, 다음 각 목의 어느 하나에 해당하는 시설은 해당 목에서 정한 기준 이상인 건축물로 한다.
>   가. 「학교시설사업 촉진법」 제5조의2제1항에 따라 건축등을 하려는 학교시설: 100제곱미터
>   나. 노유자시설(老幼者施設) 및 수련시설: 200제곱미터
>   다. 「정신건강증진 및 정신질환자 복지서비스 지원에 관한 법률」 제3조제5호에 따른 정신의료기관(입원실이 없는 정신건강의학과 의원은 제외하며, 이하 "정신의료기관"이라 한다): 300제곱미터
>   라. 「장애인복지법」 제58조제1항제4호에 따른 장애인 의료재활시설(이하 "의료재활시설"이라 한다): 300제곱미터

1의2. 층수(「건축법 시행령」 제119조제1항제9호에 따라 산정된 층수를 말한다. 이하 같다)가 6층 이상인 건축물
2. 차고·주차장 또는 주차용도로 사용되는 시설로서 다음 각 목의 어느 하나에 해당하는 것
   가. 차고·주차장으로 사용되는 바닥면적이 200제곱미터 이상인 층이 있는 건축물이나 주차시설
   나. 승강기 등 기계장치에 의한 주차시설로서 자동차 20대 이상을 주차할 수 있는 시설
3. 항공기격납고, 관망탑, 항공관제탑, 방송용 송수신탑
4. 지하층 또는 무창층이 있는 건축물로서 바닥면적이 150제곱미터(공연장의 경우에는 100제곱미터) 이상인 층이 있는 것
5. 별표 2의 특정소방대상물 중 위험물 저장 및 처리 시설, 지하구
6. 제1호에 해당하지 않는 노유자시설 중 다음 각 목의 어느 하나에 해당하는 시설. 다만, 나목부터 바목까지의 시설 중 「건축법 시행령」 별표 1의 단독주택 또는 공동주택에 설치되는 시설은 제외한다.
   가. 노인 관련 시설(「노인복지법」 제31조제3호 및 제5호에 따른 노인여가복지시설 및 노인보호전문기관은 제외한다)
   나. 「아동복지법」 제52조에 따른 아동복지시설(아동상담소, 아동전용시설 및 지역아동센터는 제외한다)
   다. 「장애인복지법」 제58조제1항제1호에 따른 장애인 거주시설
   라. 정신질환자 관련 시설(「정신건강증진 및 정신질환자 복지서비스 지원에 관한 법률」 제27조제1항제2호에 따른 공동생활가정을 제외한 재활훈련시설과 같은 법 시행령 제16조제3호에 따른 종합시설 중 24시간 주거를 제공하지 아니하는 시설은 제외한다)
   마. 별표 2 제9호마목에 따른 노숙인 관련 시설 중 노숙인자활시설, 노숙인재활시설 및 노숙인요양시설
   바. 결핵환자나 한센인이 24시간 생활하는 노유자시설
7. 「의료법」 제3조제2항제3호라목에 따른 요양병원(이하 "요양병원"이라 한다). 다만, 정신의료기관 중 정신병원(이하 "정신병원"이라 한다)과 의료재활시설은 제외한다.

② 제1항에도 불구하고 다음 각 호의 어느 하나에 해당하는 특정소방대상물은 소방본부장 또는 소방서장의 건축허가등의 동의대상에서 제외된다. 〈개정 2014. 7. 7., 2017. 1. 26., 2018. 6. 26., 2019. 8. 6.〉
1. 별표 5에 따라 특정소방대상물에 설치되는 소화기구, 누전경보기, 피난기구, 방열복·방화복·공기호흡기 및 인공소생기, 유도등 또는 유도표지가 법 제9조제1항 전단에 따른 화재안전기준(이하 "화재안전기준"이라 한다)에 적합한 경우 그 특정소방대상물
2. 건축물의 증축 또는 용도변경으로 인하여 해당 특정소방대상물에 추가로 소방시설이 설치되지 아니하는 경우 그 특정소방대상물
3. 법 제9조의3제1항에 따라 성능위주설계를 한 특정소방대상물

93 대피공간 구조(건축법 시행령 제46조 제4호)

1 ▶▶ 설치대상

공동주택 중 아파트로서 4층 이상인 층의 각 세대가 2개 이상의 직통계단을 사용할 수 없는 경우에는 발코니에 인접세대와 공동으로 설치하거나, 각 세대별로 대피 공간을 설치하여야 한다.

2 ▶▶ 설치기준

① 대피공간은 1시간 이상의 내화구조의 벽으로 구획하고, 벽, 천장, 바닥의 내부 마감재는 준불연재료, 불연재료 사용
② 대피공간은 외기에 개방되어야 한다. 다만 창호를 설치하는 경우에는 폭이 0.7m이상, 높이는 1.0m 이상(구조체에 고정되는 창틀 부분은 제외) 반드시 외기에 개방될 수 있어야 하며 비상시 외부의 도움을 받는 경우 피난에 장애가 없는 구조로 설치
③ 대피공간은 채광방향과 관계없이 거실 각 부분에서 접근이 용이한 장소에 설치하고, 출입구는 갑종 방화문으로 거실쪽에서만 열 수 있는 구조로서 대피공간을 향해 열리는 밖여닫이로 한다.
④ 대피공간에는 정전에 대비해 휴대용 손전등을 비치하거나 비상전원이 연결된 조명설비가 설치
⑤ 면적은 $2m^2$ 이상(공용사용인 경우 $3m^2$ 이상)
⑥ 대피공간은 대피에 지장이 없도록 시공. 유지관리 되어야하며 보일러실 또는 창고 등 대피에 지장이 되는 공간이 없도록 할 것

3 ▶▶ 설치제외

① 발코니의 바닥부분에 국토교통부령이 정하는 하향식 피난구를 설치한 경우
② 인접 세대와의 경계벽이 파괴하기 쉬운 경량구조 등인 경우
③ 경계벽에 피난구를 설치한 경우
④ 국토부장관이 중앙건축위원회의 심의를 거쳐 제4항에 따른 대피공간과 동일하거나 그 이상의 성능이 있다고 인정하여 고시하는 구조 또는 시설을 설치한 경우

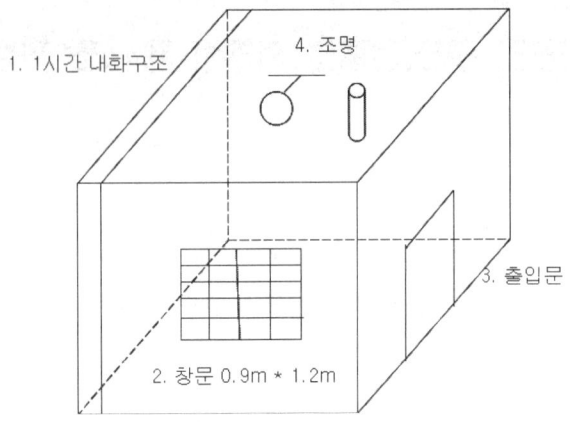

> **Reference**
>
> ◎ 상층연소확대〈2018.12.07〉 제 2010-622호
>
> 제1조(목적) 이 기준은 건축법 시행령 제2조제14호 및 제46조제4항제4호의 규정에 따라 주택의 발코니 및 대피공간의 구조변경절차 및 설치기준을 정함을 목적으로 한다.
>
> 제2조(단독주택의 발코니 구조변경 범위) 단독주택의 발코니는 외벽 중 2면 이내의 발코니에 대하여 변경할 수 있다.
>
> 제3조(대피공간의 구조) ① 건축법 시행령 제46조제4항의 규정에 따라 설치되는 대피공간은 채광방향과 관계없이 거실 각 부분에서 접근이 용이하고 외부에서 신속하고 원활한 구조활동을 할 수 있는 장소에 설치하여야 하며, 출입구에 설치하는 60+방화문 또는 60분방화문은 거실쪽에서만 열 수 있는 구조(잠금장치가 거실 쪽에 설치되는 것을 말하며, 대피공간임을 알 수 있는 표지판을 설치할 것)로서 대피공간을 향해 열리는 밖여닫이로 하여야 한다.
>
> ② 대피공간은 1시간 이상의 내화성능을 갖는 내화구조의 벽으로 구획되어야 하며, 벽·천장 및 바닥의 내부마감재료는 준불연재료 또는 불연재료를 사용하여야 한다.
>
> ③ 대피공간은 외기에 개방되어야 한다. 다만, 창호를 설치하는 경우에는 폭 0.7미터 이상, 높이 1.0미터 이상(구조체에 고정되는 창틀 부분은 제외한다)은 반드시 외기에 개방될 수 있어야 하며, 비상시 외부의 도움을 받는 경우 피난에 장애가 없는 구조로 설치하여야 한다.
>
> ④ 대피공간에는 정전에 대비해 휴대용 손전등을 비치하거나 비상전원이 연결된 조명설비가 설치되어야 한다.
>
> ⑤ 대피공간은 대피에 지장이 없도록 시공·유지관리되어야 하며, 대피공간을 보일러실 또는 창고 등 대피에 장애가 되는 공간으로 사용하여서는 아니된다. 다만, 에어컨 실외기 등 냉방설비의 배기장치를 대피공간에 설치하는 경우에는 다음 각 호의 기준에 적합하여야 한다.
>
> 1. 냉방설비의 배기장치를 불연재료로 구획할 것
> 2. 제1호에 따라 구획된 면적은 건축법 시행령 제46조제4항제3호에 따른 대피 공간 바닥 면적 산정시 제외할 것
>
> 제4조(방화판 또는 방화유리창의 구조) ① 아파트 2층 이상의 층에서 스프링클러의 살수범

위에 포함되지 않는 발코니를 구조변경하는 경우에는 발코니 끝부분에 바닥판 두께를 포함하여 높이가 90센티미터 이상의 방화판 또는 방화유리창을 설치하여야 한다.
② 제1항의 규정에 의하여 설치하는 방화판과 방화유리창은 창호와 일체 또는 분리하여 설치할 수 있다. 다만, 난간은 별도로 설치하여야 한다.
③ 방화판은「건축물의 피난·방화구조 등의 기준에 관한 규칙」제6조의 규정에서 규정하고 있는 불연재료를 사용할 수 있다. 다만, 방화판으로 유리를 사용하는 경우에는 제5항의 규정에 따른 방화유리를 사용하여야 한다.
④ 제1항부터 제3항까지에 따라 설치하는 방화판은 화재시 아래층에서 발생한 화염을 차단할 수 있도록 발코니 바닥과의 사이에 틈새가 없이 고정되어야 하며, 틈새가 있는 경우에는「건축물의 피난·방화구조 등의 기준에 관한 규칙」제14조제2항제2호에서 정한 재료로 틈새를 메워야 한다.
⑤ 방화유리창에서 방화유리(창호 등을 포함한다)는 한국산업표준 KS F 2845(유리구획부분의 내화시험방법)에서 규정하고 있는 시험방법에 따라 시험한 결과 비차열 30분 이상의 성능을 가져야 한다.
⑥ 입주자 및 사용자는 관리규약을 통해 방화판 또는 방화유리창 중 하나를 선택할 수 있다.

제5조(발코니 창호 및 난간등의 구조) ① 발코니를 거실 등으로 사용하는 경우 난간의 높이는 1.2미터 이상이어야 하며 난간에 난간살이 있는 경우에는 난간살 사이의 간격을 10센티미터 이하의 간격으로 설치하는 등 안전에 필요한 조치를 하여야 한다.
② 발코니를 거실등으로 사용하는 경우 발코니에 설치하는 창호 등은「건축법 시행령」제91조제3항에 따른「건축물의 에너지절약 설계기준」및「건축물의 구조기준 등에 관한 규칙」제3조에 따른「건축구조기준」에 적합하여야 한다.
③ 제4조에 따라 방화유리창을 설치하는 경우에는 추락 등의 방지를 위하여 필요한 조치를 하여야 한다. 다만, 방화유리창의 방화유리가 난간높이 이상으로 설치되는 경우는 그러하지 아니하다.

제6조(발코니 내부마감재료 등) 스프링클러의 살수범위에 포함되지 않는 발코니를 구조변경하여 거실등으로 사용하는 경우 발코니에 자동화재탐지기를 설치(단독주택은 제외한다)하고 내부마감재료는「건축물의 피난·방화구조 등의 기준에 관한 규칙」제24조의 규정에 적합하여야 한다.

제7조(발코니 구조변경에 따른 소요비용) ① 주택법 제2조제7호의 규정에 따른 사업주체(이하 "사업주체"라 한다)는 발코니를 거실등으로 사용하고자 하는 경우에는 다음 각 호에 해당하는 일체의 비용을「주택법」제38조에 따른 주택공급 승인을 신청하는 때에 분양가와 별도로 제출하여야 한다.
1. 단열창 설치 및 발코니 구조변경에 소요되는 부위별 개조비용
2. 구조변경을 하지 않는 경우 발코니 창호공사 및 마감공사비용으로서 분양가에 이미 포함된 비용
② 사업주체는 주택의 공급을 위한 모집공고를 하는 때에 제1항의 규정에 따라 신청 및 승인된 비용 일체를 공개하여야 한다.

제8조(건축허가시 도면) 건축주(주택법 제2조제7호에 따른 사업주체를 포함한다. 이하 같다)는 건축법 제11조에 따른 건축허가(주택법 제16조의 규정에 의한 사업계획승인신청을

포함한다)시 제출하는 평면도에 발코니 부분을 명시하여야 하며, 동법 제22조의 건축물의 사용승인(주택법 제29조에 따른 사용검사를 포함한다. 이하 "사용승인"이라 한다)시 제출하는 도면에도 발코니를 명시하여 제출하여야 한다.

제9조(건축물대장 작성방법) 시장·군수 또는 구청장은 건축허가(설계가 변경된 경우 변경허가를 포함한다)시 제출되는 허가도서(발코니 부분이 명시된 도서를 말한다)대로 건축물대장을 작성하여야 한다. 이 경우 도면상 발코니는 거실과 구분되도록 표시하고 구조변경여부를 별도로 표시한다. 이 경우 발코니 구조변경으로 인한 주거전용면적은 주택법령에 따라 당초 외벽의 내부선을 기준으로 산정한 면적으로 한다.

제10조(준공전 변경) 건축주는 사용승인을 하기 전에 발코니를 거실등으로 변경하고자 하는 경우 주택의 소유자(주택법 제38조의 규정에 의한 세대별 입주예정자를 포함한다)의 동의를 얻어야 한다.

제11조(사용승인) 사용승인권자는 사용승인을 하는 때에 제2조부터 제8조까지의 규정에 위반여부를 확인하여야 한다.

제12조(준공후 변경) ① 건축주는 발코니를 구조변경 하고자 하는 경우 제2조부터 제6조까지 및 제8조의 규정에 대하여 건축사의 확인을 받아 허가권자에게 신고하여야 한다.
② 제1항의 규정에 의하여 건축사의 확인을 받아 신고하는 경우의 신고서 양식은 건축법 시행규칙 제12조의 규정에 의한 별지 제6호 서식에 의하되, 동조 각호의 규정에 의한 첨부서류의 제출은 생략한다.
③ 제1항 및 제2항의 규정에 불구하고 주택법 적용대상인 주택의 발코니를 구조변경하고자 하는 경우 주택법 제42조의 규정에 따라야 한다.

94 하향식 피난구 〈피난구용 내림식 사다리〉

1 ▸▸ 개요

① 현행 화재안전기준에서는 2방향 피난이 가능한 장소에는 완강기 등의 피난기구 설치를 면제하고 있다.
② 따라서 아파트 발코니 부분 세대간의 벽을 쉽게 파손가능하게 하거나, 열리는 구조로 만들어 피난안전성을 확보하고 있다.
③ 그러나 세대간의 피난이 불가능한 장소는 완강기 등을 통하여 피난하도록 되어 있어 원활한 2방향 피난을 확보하지 못하는 실정이다.
④ 이러한 세대간의 피난이 부적절한 장소는 윗층에서 아래층으로 피난이 가능하도록 하향식 피난구가 건축법에 추가 되었다.

② 하향식 피난구용 내림식 사다리(피난기구의 화재안전기준)

(1) 정의
하향식 피난구 해치에 격납하여 보관하고 사용시에는 사다리 등이 소방대상물과 접촉되지 아니하는 내림식 사다리를 말함

(2) 기준
① 상층·하층간 피난구의 설치위치는 수직방향 간격을 15센티미터 이상 떨어서 설치할 것
② 피난구가 있는 곳에는 예비전원에 의한 조명설비를 설치할 것
③ 아래층에서는 바로 윗층의 피난구를 열 수 없는 구조일 것
④ 덮개가 개방될 경우에는 건축물관리시스템 등을 통하여 경보음이 울리는 구조일 것
⑤ 사다리는 바로 아래층의 바닥면으로부터 50센티미터 이하까지 내려오는 길이로 할 것
⑥ 피난구의 덮개는 제26조에 따른 비차열 1시간 이상의 내화성능을 가져야 하며, 피난구의 유효 개구부 규격은 직경 60센티미터 이상일 것

(3) 성능기준
① 비차열 1시간이상 성능을 확보
② 사다리는 형식승인 및 작동시험 기준에 적합할 것
③ 덮개는 장변 중앙부에 $637N/0.2m^2$ 등분포하중을 가했을 때 중앙부에 처짐량이 15mm 이하일 것

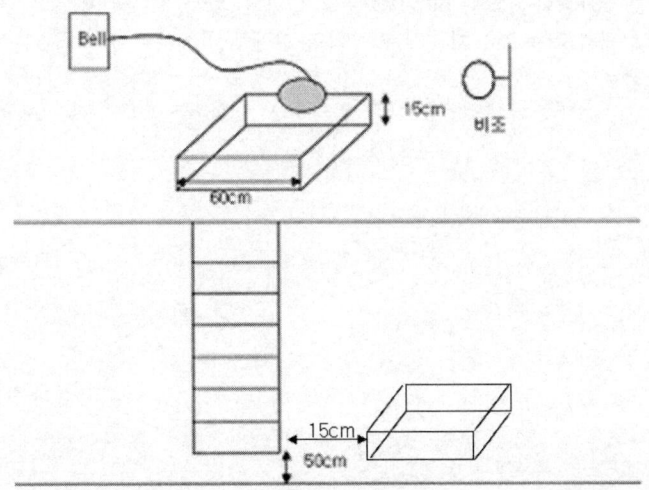

95. 2 이상의 소방대상물을 하나의 소방대상물로 보는 규정

(화재예방, 소방시설 설치·유지 및 안전관리에 관한 법률 시행령 별표2 ※비고)

2 이상의 특정소방대상물이 다음 각목의 1에 해당되는 구조의 복도 또는 통로(이하 이 표에서 "연결통로"라 한다)로 연결된 경우에는 이를 하나의 소방대상물로 본다.

1. 내화구조로 된 연결통로가 다음의 1에 해당되는 경우
   (1) 벽이 없는 구조로서 그 길이가 6미터 이하인 경우
   (2) 벽이 있는 구조로서 그 길이가 10미터 이하인 경우. 다만, 벽 높이가 바닥에서 천장 높이의 2분의 1 이상인 경우에는 벽이 있는 구조로 보고, 벽 높이가 바닥에서 천장 높이의 2분의 1 미만인 경우에는 벽이 없는 구조로 본다.
2. 내화구조가 아닌 연결통로로 연결된 경우
3. 콘베이어로 연결되거나 플랜트설비의 배관 등으로 연결되어 있는 경우
4. 지하보도, 지하상가, 지하가로 연결된 경우
5. 방화셔터 또는 갑종방화문이 설치되지 아니한 피트로 연결된 경우
6. 지하구로 연결된 경우

> **Reference**
>
> ◎ 별개의 소방대물로 볼 수 있는 조건
> 1. 화재시 경보설비 또는 자동식소화설비의 작동과 연동하여 자동으로 닫히는 방화 셔터 또는 60+방화문 또는 60분방화문이 설치된 경우
> 2. 화재시 자동으로 방수되는 방식의 드렌쳐설비 또는 개방형스프링클러헤드가 설치된 경우

96. 특정소방대상물의 증축 또는 용도변경시의 소방시설기준 적용의 특례

화재예방, 소방시설 설치·유지 및 안전관리에 관한 법률 시행령
제17조 (특정소방대상물의 증축 또는 용도변경시의 소방시설기준 적용의 특례) ① 법 제11조제3항의 규정에 의하여 소방본부장 또는 소방서장은 특정소방대상물이 증축되는 경우에는 기존부분을 포함한 특정소방대상물의 전체에 대하여 증축 당시의 소방시설 등의 설치에 관한 대통령령 또는 화재안전기준을 적용하여야 한다. 다만, 다음 각 호의 어느 하나에 해당하는 경우에는 기존부분에 대하여는 증축 당시의 소방시설등의 설치에 관한 대통령령 또는 화재안전기준을 적용하지 아니한다.
1. 기존부분과 증축부분이 내화구조로 된 바닥과 벽으로 구획된 경우
2. 기존부분과 증축부분이 「건축법 시행령」제64조에 따른 60+방화문 또는 60분방화문(국토교통부장관이 정하는 기준에 적합한 자동방화셔터를 포함한다)으로 구획되어 있는 경우
3. 자동차생산 공장 등 화재위험이 낮은 특정소방대상물 내부에 연면적 33제곱미터 이하의 직원휴게실을 증축하는 경우
4. 자동차생산 공장 등 화재위험이 낮은 특정소방대상물에 캐노피(3면 이상에 벽이 없는 구조의 캐노피를 말한다)를 설치하는 경우

② 법 제11조제3항의 규정에 의하여 소방본부장 또는 소방서장은 특정소방대상물이 용도변경되는 경우에는 용도변경되는 부분에 한하여 용도변경 당시의 소방시설 등의 설치에 관한 대통령령 또는 화재안전기준을 적용한다. 다만, 다음 각 호에 해당하는 경우에는 특정소방대상물 전체에 대하여 용도변경되기 전에 당해 특정소방대상물에 적용되던 소방시설등의 설치에 관한 대통령령 또는 화재안전기준을 적용한다.
1. 특정소방대상물의 구조·설비가 화재연소확대 요인이 적어지거나 피난 또는 화재진압활동이 쉬워지도록 변경되는 경우
2. 문화 및 집회시설 중 공연장·집회장·관람장, 판매시설, 운수시설, 창고시설 중 물류터미널이 불특정 다수인이 이용하는 것이 아닌 일정한 근무자가 이용하는 용도로 변경되는 경우
3. 용도변경으로 인하여 천장·바닥·벽 등에 고정되어 있는 가연성 물질의 양이 감소되는 경우
4. 「다중이용업소의 안전관리에 관한 특별법」제2조제1항제1호에 따른 다중이용업의 영업소(이하 "다중이용업소"라 한다), 문화 및 집회시설, 종교시설, 판매시설, 운수시설, 의료시설, 노유자시설, 수련시설, 운동시설, 숙박시설, 위락시설, 창고시설 중 물류터미널, 위험물 저장 및 처리 시설 중 가스시설, 장례식장이 각각 이 호에 규정된 시설 외의 용도로 변경되는 경우

97 경사로에 관련된 건축법규

건축물의 피난·방화구조의 기준에 관한 규칙 중
제11조(건축물의 바깥쪽으로의 출구의 설치기준)

  ⑤ 다음 각 호의 어느 하나에 해당하는 건축물의 피난층 또는 피난층의 승강장으로부터 건축물의 바깥쪽에 이르는 통로에는 제15조제5항에 따른 경사로를 설치하여야 한다.

1. 제1종 근린생활시설중 지역자치센터·파출소·지구대·소방서·우체국·방송국·보건소·공공도서관·지역건강보험조합 기타 이와 유사한 것으로서 동일한 건축물안에서 당해 용도에 쓰이는 바닥면적의 합계가 1천제곱미터미만인 것
2. 제1종 근린생활시설 중 마을회관·마을공동작업소·마을공동구판장·변전소·양수장·정수장·대피소·공중화장실 기타 이와 유사한 것
3. 연면적이 5천제곱미터이상인 판매시설, 운수시설
4. 교육연구시설 중 학교
5. 업무시설중 국가 또는 지방자치단체의 청사와 외국공관의 건축물로서 제1종 근린생활시설에 해당하지 아니하는 것
6. 승강기를 설치하여야 하는 건축물

제15조(계단의 설치기준)

  ⑤ 계단을 대체하여 설치하는 경사로는 다음 각호의 기준에 적합하게 설치하여야 한다.

1. 경사도는 1 : 8을 넘지 아니할 것
2. 표면을 거친 면으로 하거나 미끄러지지 아니하는 재료로 마감할 것
3. 경사로의 직선 및 굴절부분의 유효너비는 「장애인·노인·임산부등의 편의증진보장에 관한 법률」이 정하는 기준에 적합할 것

> **Reference**
>
> ● 「장애인·노인·임산부등의 편의증진보장에 관한 법률」에 따른 대상
> 1. 삭제 〈2005.1.27〉
> 2. 공원
> 3. 공공건물 및 공중이용시설
> 4. 공동주택
> 5. 삭제 〈2005.1.27〉
> 6. 통신시설
> 7. 기타 장애인등의 편의를 위하여 편의시설의 설치가 필요한 건물·시설 및 그 부대 시설

총괄재난관리자의 지정 등(법 제12조)

초고층 및 지하연계 복합건축물 재난관리에 관한 특별법
제12조(총괄재난관리자의 지정 등) ① 초고층 건축물등의 관리주체는 다음 각 호의 업무를 총괄·관리하기 위하여 총괄재난관리자를 지정하여야 한다. 다만, 총괄재난관리자는 다른 법령에 따른 안전관리자를 겸직할 수 없다. 〈시행 2017.1.28〉
1. 재난 및 안전관리 계획의 수립에 관한 사항
2. 제9조에 따른 재난예방 및 피해경감계획의 수립·시행에 관한 사항
3. 제13조에 따른 통합안전점검 실시에 관한 사항
4. 제14조에 따른 교육 및 훈련에 관한 사항
5. 제15조에 따른 홍보계획의 수립·시행에 관한 사항
6. 제16조에 따른 종합방재실의 설치·운영에 관한 사항
7. 제17조에 따른 종합재난관리체제의 구축·운영에 관한 사항
8. 제18조에 따른 피난안전구역 설치·운영에 관한 사항
9. 제19조에 따른 유해·위험물질의 관리 등에 관한 사항
10. 제22조에 따른 초기대응대 구성·운영에 관한 사항
11. 제24조에 따른 대피 및 피난유도에 관한 사항
12. 그 밖에 재난 및 안전관리에 관한 사항으로서 총리령으로 정한 사항
② 총괄재난관리자는 해당 초고층 건축물등의 시설·전기·가스·방화 등의 재난·안전관리 업무 종사자를 지휘·감독한다.
③ 총괄재난관리자는 총리령으로 정하는 바에 따라 소방청장이 실시하는 교육을 받아야 한다. 〈시행 2017.1.28〉
④ 시·도지사 또는 시장·군수·구청장은 총괄재난관리자가 제3항에 따른 교육을 받지 아니하면 교육을 받을 때까지 그 업무의 정지를 명할 수 있다. 〈시행 2017.1.28〉
⑤ 총괄재난관리자의 자격, 등록, 업무정지의 절차, 그 밖에 필요한 사항은 총리령으로 정한다.

99 주택성능등급 인정제도

1 ▸▸ 개요

① 주택성능등급은 「주택법(이하 "법"이라 한다)」 제16조에 따라 사업계획 승인을 받은 주택단지를 평가단위로 하며, 주택성능등급인정을 받은 공동주택이 입주자 모집공고 전에 주택성능등급에 영향을 주는 사항이 변경된 경우 해당 항목의 등급은 인정기관으로부터 다시 주택성능등급인정을 받아야 한다.

② 인정기관의 장은 제1항의 규정에 의하여 주택성능등급 인정신청을 받은 경우에는 별표 3의 인정절차에 따라 신청·접수된 날로부터 20일 이내에 처리하여야 한다.

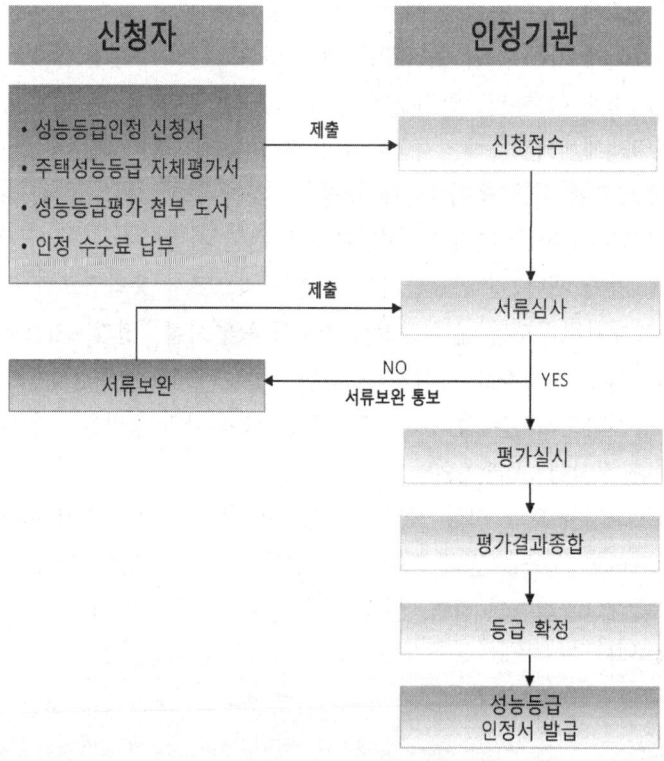

③ 평가항목은 소음관련 등급, 구조관련 등급, 환경관련 등급, 생활환경 등급, 화재·소방 등급 등 5가지로 구분하여 다음과 같은 방법으로 평가한다.

㉠ 소음 관련 등급

성능항목	성능등급	성능등급	성능등급
1. 경량충격음 차단성능		4. 교통소음(도로, 철도)에 대한 실내·외 소음도	
2. 중량충격음 차단성능			
3. 세대 간 경계벽의 차음성능		5. 화장실 급배수 소음	

㉡ 구조 관련 등급

성능항목	성능등급	성능등급	성능등급
1. 내구성		3. 수리용이성 전용부분	
2. 가변성		4. 수리용이성 공용부분	

㉢ 환경 관련 등급

성능항목	성능등급	성능등급	성능등급
1. 기존 대지의 생태학적 가치		15. 재활용가능자원의 보관시설 설치	
2. 과도한 지하개발 지양		16. 빗물관리	
3. 토공사 절토·성토량(땅깎기·흙쌓기를 한 양) 최소화		17. 빗물 및 유출지하수 이용	
		18. 절수형 기기 사용	
4. 일조권 간섭방지 대책의 타당성		19. 물 사용량 모니터링	
5. 에너지 성능		20. 연계된 녹지축 조성	
6. 에너지 모니터링 및 관리지원 장치		21. 자연지반 녹지율	
7. 신·재생에너지 이용		22. 생태면적률	
8. 저탄소 에너지원 기술의 적용		23. 생물서식공간(비오톱) 조성	
9. 오존층 보호를 위한 특정물질의 사용 금지		24. 실내공기 오염물질 저방출 제품의 적용	
10. 환경성선언 제품(EPD)의 사용			
11. 저탄소 자재의 사용		25. 자연 환기성능 확보	
12. 자원순환 자재의 사용		26. 단위세대 환기성능 확보	
13. 유해물질 저감 자재의 사용		27. 자동온도조절장치 설치 수준	
14. 녹색건축자재의 적용 비율			

② 생활환경 관련 등급

성능항목	성능등급	성능등급	성능등급
1. 단지내·외 보행자 전용도로 조성 및 연결		8. 녹색건축인증 관련 정보제공	
2. 대중교통의 근접성		9. 단위세대의 사회적 약자배려	
		10. 공용공간의 사회적 약자배려	
3. 자전거주차장 및 자전거도로의 적합성		11. 커뮤니티 센터 및 시설공간의 조성수준	
4. 생활편의시설의 접근성			
5. 건설현장의 환경관리 계획		12. 세대 내 일조 확보율	
6. 운영·유지관리 문서 및 매뉴얼 제공		13. 홈네트워크 종합시스템	
7. 사용자 매뉴얼 제공		14. 방범안전 콘텐츠	

⑩ 화재·소방 관련 등급

성능항목	성능등급	성능등급	성능등급
1. 감지 및 경보설비		4. 수평피난거리	
2. 제연설비		5. 복도 및 계단 유효너비	
3. 내화성능		6. 피난설비	

2. 화재·소방 등급 평가방법

(1) 화재감지 및 경보설비

① 평가지표

등급	등급기준
1급	아날로그 감지기, 시각경보기 및 인터넷 등을 통한 세대내 상시 감시시스템 설치
2급	CRT 일체형 수신기 및 시각경보기 설치
3급	소방법규상의 감지, 경보, 수신설비의 설치(차동식 감지기, 정온식 감지기, 연기식 감지기, 경종, 싸이렌, P형 또는 R형 수신기 등의 감지 및 경보설비의 설치 등)

② 평가방법
평면도, 단면도, 소방설비 내역서, 내화구조 내역서, 시방서 및 관련도서의 체크리스트에 의한 평가

(2) 제연 및 피난설비

① 평가지표

등급	등급기준
1급	계단실의 제연설비 및 전층 복합형 유도등 또는 피난유도선의 설치
2급	계단실의 제연설비 및 전층 유도등 설치
3급	소방법규상의 배연 및 피난설비의 설치(자연/기계식 배연설비, 유도표지, 피난구 유도등, 통로유도등 등)

② 평가방법

평면도, 단면도, 소방설비 내역서, 내화구조 내역서, 시방서 및 관련도서의 체크리스트에 의한 평가

(3) 내화성능

① 평가지표

등급	등급기준
1급	건축법규상의 내화구조에 콘크리트 피복두께 20mm 증가 또는 철골내화피복두께 10mm 증가 적용
2급	건축법규상의 내화구조에 콘크리트 피복두께 10mm 증가 또는 철골내화피복두께 5mm 증가 적용
3급	건축법규상의 내화성능을 확보한 구조의 적용

② 평가방법

평면도, 단면도, 소방설비 내역서, 내화구조 내역서, 시방서 및 관련도서의 체크리스트에 의한 평가

❸ ▸▸ 첨부도서

화재·소방 등급	화재·소방	화재 감지 및 경보설비	- 평면도, 단면도, 소방설비 내역서, 내화구조 내역서, 시방서
		배연 및 피난 설비	
		내화 성능	

100. 방재계획과 위험관리

1 ▶▶ 개요

재해는 일단 발생하면, 그 결과로 하드와 소프트 양면에 여러 가지 손실을 초래하게 된다. 이 손실을 안전에 대해 투자하지 않은 경우의 보복이라고 하면, 이것을 최소한으로 억제하기 위해서는 건축 설계시 과거의 화재사례나 설계조건을 충분히 검토하여 예측되는 사태에 대처하기 위한 계획을 세우게 된다. 이 때 행해지는 검토가 위험분석이고, 그 분석결과를 기초로 건축과 인간이라는 시스템을 종합적으로 계획, 이것을 제어하여 양호한 관계를 유지하게 하는 것이 위험관리이다.

위험관리의 방안에 입각하여 방재계획을 수정하는 것은 변화의 속도가 빠른 현시대에 필요한 개념이고, 앞으로의 건축설계에서 반드시 도입할 필요가 있다.

2 ▶▶ 방재계획과 위험관리

(1) 개념

① 시스템의 위험은 신뢰성을 결정하는 요인이기도 하고, 일반적으로 그림같은 손실함수로 나타낼 수 있다.
② 높은 신뢰성을 얻기 위해서는 여유 있는 설계가 필요하나, 그러면 건설비용은 증가해 버리고, 재해가 발생했을 때의 손실은 크고 효과는 적어진다.
③ 그래서 합리적인 신뢰성 확보를 위해서는 방재계획에 걸친 모든 비용과 재해에 의한 손실의 합이 최소가 되도록 하면 좋다.

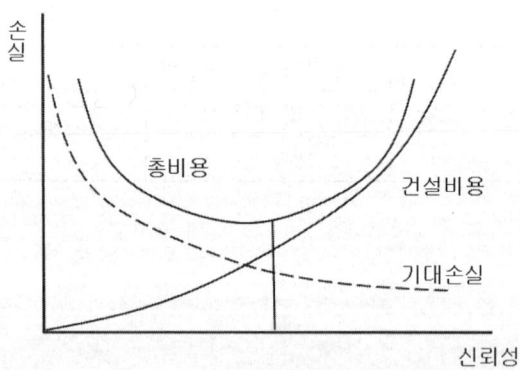

(2) 위험관리

위험관리의 실시는 설계의 가장 초기 단계에서 소유자, 관리자 등을 포함, 종합적으로 행할 필요가 있으나, 여기서는 위험을 처리하는 구체적인 방법에 대한 방안을 제시한다. 투자와 손실의 합을 적게하는 기술로서
- 위험을 발생시키는 구체적인 것에 대해 미리 물리적으로 제어하는 방법
- 위험발생에 대해 자금을 마련하는 재정적인 방법이 있으나

방재계획에서 주로 위험을 물리적으로 제어하는 방법이 실시된다.
위험 제어는 다음 4가지 방법으로 이루어지고 있는데
① 위험 예방
② 위험 경감
③ 위험 이전
④ 위험 회피

3. 위험제어

(1) 위험 예방

① 재해 발생을 사전에 대처하는 방법으로 지진에 대해서는 내진설계를 한다.
② 화재에 대해 내화구조로 하거나 불연재료를 사용하여 위험에 이르지 않도록 하는 등의 하드웨어적인 대책과 피난훈련이나 장비 등에 의한 안전확보라는 평소의 소프트웨어적인 대책도 포함된다.

(2) 위험 경감

일단재해가 발생한 경우, 손해의 규모가 확대되지 않도록 경감시키는 방법으로 감지, 통보, 소화, 피난이라는 화재 초기의 상황에 대해 설비적, 운영적인 대책을 실시
각각의 소요시간을 가급적 짧게 하는 것이 효과적이다.

(3) 위험 이전

방재설계와는 직접 관계가 없지만, 보험계약에 의한 타인에게 재무적인 위험의 이전이나 경비전문회사와의 계약에 의한 책임을 이전하는 것

(4) 위험 회피

사전에 예측불허의 사태가 예상되는 경우, 정원을 설정하여 시설에 입장 제한을 하거나, 극단적인 경우에는 이용을 중지하는 등 운용상의 대책으로서, 실제로는 시설의 이용율이

떨어지거나 공간의 활성화를 방지하게 되므로 실시할 때의 판단이 어렵다.

4 ▶▶ 결론

위험이 발생하더라도 그것을 손실로까지 이르지 않게 하고, 손실을 확대시키지 않고 최소한으로 억제할 수 있는 안전대책을 계획 전반에 걸쳐 실시, 방재계획시스템의 신뢰성을 확보하는 것이 위험관리의 개념이다.

101 BTL(Build Transfer Lease) 방식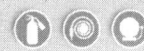

1 ▶▶ 개요

IMF 이후 계속 침체된 경제 난국을 타개하기 위하여 뉴딜정책의 일환으로 여유 자금이 많은 민간 투자자로 하여금 공공시설을 짓고 정부에 빌려준 뒤 임대료를 받는 방식

2 ▶▶ BTL 방식의 필요성

① 국가재정 기반의 미흡
② 기업의 투자 확대
③ 국내 경제 활성화
④ 고용창출
⑤ 공공건물의 환경개선

3 ▶▶ BTL 방식의 사업대상

① 군인아파트
② 국공립 초, 중등학교 노후교사 개축
③ 하수관로
④ 공공기관 리모델링

4. 결론

BTL 방식의 도입으로 국내경제 활성화와 기업의 투자확대를 통한 고용창출이 가능하고 국내 공공시설의 시설 개선이 가능한 것으로 판단 됨.

102. VE(Value Engineering)

1. 개요

① VE(가치공학)란 전 작업과정에서 최저의 비용으로 필요한 기능을 달성하기 위하여 기능분석과 개선에 쏟는 조직적인 노력이다.
② 건설현장에서 최저의 비용으로 각 공사에서 요구되는 공기, 품질, 안전 등 필요한 기능을 철저히 분석해서 원가절감 요소를 찾아내는 개선활동이다.

2. 기본원리

기능(Function)을 향상 또는 유지하면서 비용(Cost)을 최소화하여 가치(Value)를 극대화시키는 것

$$V = F / C$$

여기서, V(Value) : 가치, F(Function) : 기능, C(Cost) : 비용

3. 필요성

① 원가절감
② 조직력 강화
③ 기술력 축적
④ 경쟁력 제고
⑤ 기업체질 개선

4 특성

① 개별 수주산업이다. 구조물의 외관, 규모는 달라도 되풀이되는 부분과 공통성이 높다.
② 공사금액이 크다. 단가가 큰 만큼 원가절감 요소가 많다.
③ 옥외작업이 많고 작업장소가 일정치 않다. 작업방법의 개선과 현장에서 필요한 기능을 밝혀 철저한 기능 중심으로 운영
④ 가설물의 설치, 철거, 운반이 따른다. 전 공사비의 25% 내외로 원가절감의 여지가 크다.
⑤ 집합산업이다. 설계 및 시방서 재검토, 계약, 자재조달 등에 VE 적용

건축방재
[기출문제]

기출문제

125회

01 초고층 및 지하연계 복합건축물 재난관리에 관한 특별법과 관련하여 다음을 설명하시오.
1) 피난안전구역 소방시설
2) 피난안전구역 면적산정기준

02 아래에 열거된 FIRE STOP의 설치장소 및 주요 특성에 대하여 각각 설명하시오.
1) 방화로드   2) 방화코트   3) 방화실란트   4) 방화퍼티   5) 아크릴 실란트

03 화재 및 피난시뮬레이션의 시나리오 작성기준 상 인명안전 기준에 대하여 설명하시오.

04 소방공사감리 업무수행 내용에 대하여 다음을 설명하시오.
1) 감리 업무수행 내용
2) 시방서와 설계도서가 상이할 경우 적용 우선순위
3) 상주공사 책임감리원이 1일 이상 현장을 이탈하는 경우의 업무대행자 자격

05 건축물 내화설계에 있어서 시방위주 내화설계에 대한 문제점과 성능위주 내화설계 절차에 대하여 설명하시오.

06 피난용 승강기와 관련하여 다음 사항을 설명하시오.
1) 피난용 승강기의 필요성 및 설치대상
2) 피난용 승강기의 설치 기준·구조·설비

124회

01 비상용승강기 대수를 정하는 기준과 비상용승강기를 설치하지 아니할 수 있는 건축물의 조건에 대하여 설명하시오.

02 소방시설공사의 분리발주 제도와 관련하여 일괄발주와 분리발주를 비교하고, 소방시설 공사 분리도급의 예외규정에 대하여 설명하시오.

03 초고층 및 지하연계 복합건축물 재난관리에 관한 특별법령에 따라 재난예방 및 피해 경감 계획의 수립 시 고려해야 할 사항에 대하여 설명하시오.

04 소방시설공사업법령에서 정한 소방시설공사 감리자 지정대상, 감리업무, 위반사항에 대한 조치에 대하여 설명하시오.

05 건축물관리법령에서 정한 건축물 구조형식에 따른 화재안전성능 보강공법에 대하여 다음을 설명하시오.
  1) 필수적용 및 선택적용항목
  2) 1층 상부화재 확산방지구조 적용공법에 대한 시공기준

06 「소방시설등의 성능위주설계 방법 및 기준」에서 정하고 있는 화재 및 피난시뮬레이션의 시나리오작성에 있어 인명안전기준과 피난가능시간 기준에 대하여 설명하시오.

07 「건축물의 피난·방화구조 등의 기준에 관한 규칙」에 의한 방화구획의 설치기준을 설명하시오.

기출문제

123회

01 소방시설 법령에서 규정하고 있는 특정소방대상물의 증축 또는 용도변경 시의 소방 시설기준 적용의 특례에 대하여 각각 설명하시오.

02 국내 소방법령에 의한 성능위주설계방법 및 기준에 대하여 다음 사항을 설명하시오.
   1) 성능위주설계를 하여야 하는 특정소방대상물
   2) 성능위주설계의 사전검토 신청서 서류

03 대피(피난)행동시 인간의 심리특성에 대하여 설명하시오.

04 건축물 소방시설의 설계는 설계 전 준비를 포함한 ① 기본계획 ② 기본설계 ③ 실시설계 3단계로 구분된다. ②항의 기본설계 단계에서 수행되어야 할 주요설계업무를 항목별로 설명하시오.

05 건축법령에서 규정하고 있는 다음 사항에 대하여 설명하시오.
   1) 대피공간의 설치기준 및 제외 조건
   2) 방화판 또는 방화유리창의 구조
   3) 발코니 내부마감재료 등

06 초고층 및 지하연계 복합건축물 재난관리에 관한 특별법령에서 규정하고 있는 다음 사항에 대하여 설명하시오.(건축방재)
   1) 종합재난관리체제의 구축 시 포함될 사항
   2) 재난예방 및 피해경감계획 수립, 시행 등에 포함되어야 하는 내용
   3) 관리주체가 관계인, 상시근무자 및 거주자에 대하여 각각 실시하여야 하는 교육 및 훈련에 포함되어야 할 사항

07 단열재 설치 공사 중 경질 폴리 우레탄폼 발포시(작업 전, 중, 후) 화재예방 대책에 대하여 설명하시오.

08 건축법령상 특별피난계단의 구조와 특별피난계단 부속실의 배연설비 구조에 대하여 설명하시오.

122회

01 자연배연과 기계배연을 비교하여 설명하시오.

02 소방안전관리대상물의 소방계획서 작성 등에 있어서 소방계획서에 포함되어야 하는 사항을 설명하시오.

03 (초)고층 건축물의 화재 시 연돌효과(Stack Effect)의 발생원인 및 문제점을 기술하고, 연돌효과 방지대책을 소방측면, 건축계획측면, 기계설비측면으로 각각 설명하시오.

121회

01 소방시설 법령상 건축허가 등의 동의대상에 대하여 설명하시오.

02 건축법령에서 정하는 소방관 진입창의 설치기준에 대하여 설명하시오.

03 커튼월 Type 건축물의 화재확산 방지구조에 대하여 설명하시오.

04 건축 법령상 건축물 실내에 접하는 부분의 마감 재료(내장재)를 난연성능에 따라 구분하고 마감 재료의 성능 기준과 시험방법에 대하여 설명하시오.

05 건축물설계의 경제성 등 검토(VE : Value Engineering)에 대하여 다음 내용을 설명하시오.
   1) 실시대상   2) 실시시기 및 횟수   3) 수행자격
   4) 검토조직의 구성   5) 설계자가 제시하여야 할 자료

기출문제

06 샌드위치 패널의 종류별 특징과 화재 위험성, 국내·외 시험기준에 대하여 설명하시오. 2. 자연발화의 정의, 분류, 조건 및 예방방법에 대하여 설명하시오.(건축방재)

07 건축법령에 따른 방화구획 기준에 대하여 다음의 내용을 설명하시오.
 1) 대상 및 설치기준
 2) 적용을 아니 하거나 완화 적용할 수 있는 경우
 3) 방화구획 용도로 사용되는 방화문의 구조

08 소방시설공사업법 시행령 별표4에 따른 소방공사 감리원의 배치기준 및 배치기간에 대하여 설명하시오.

120회

01 초고층 및 지하연계 복합건축물 재난관리에 관한 특별법 시행령에서 규정하고 있는 피난안전구역 설치기준 등에 대하여 설명하시오. (단, 선큰의 기준은 제외한다.)

02 건축물 방화구획 시 사전 확인사항과 방화구획을 관통하는 부분에 내화충전 적용이 미흡한 사유를 설명하시오.

03 일반건축물 화재 시 Flame Over(Roll Over) 현상에 대하여 설명하시오.

04 열전달 메카니즘의 형태를 실내화재에 적용시켜 기술하고 화재 방지대책에 대하여 설명하시오.

05 NFPA 101의 피난계획 시 인명안전을 위한 기본 요구사항과 국내 건축물에서 피난 관련법령의 문제점 및 개선방안에 대하여 설명하시오.

06 건축물 화재 시 연기제어목적, 연기제어기법 및 연기의 이동형태에 대하여 설명하시오.

119회(2019년 8월)

01 소방감리자 처벌규정 강화에 따른 운용지침에서 중요 및 경미한 위반사항에 대하여 설명하시오.

02 직통계단에 이르는 보행거리를 건축물의 주요구조부 등에 따라 설명하시오.

03 소방성능위주설계 대상물과 설계변경 신고 대상에 대하여 설명하시오.

04 헬리포트 및 인명구조 공간 설치기준 경사지붕 아래에 설치하는 대피공간의 기준을 설명하시오.

05 무창층의 기준해석에 대한 업무처리 지침 관련 아래 사항을 설명하시오.
   1) 개구부 크기의 인정 기준
   2) 도로 폭의 기준
   3) 쉽게 파괴할 수 있는 유리의 종류

06 소방시설의 내진설계 기준에서 정한 면진, 수평력, 세장비에 대하여 설명하고, 단면적이 9 cm^2로 동일한 정삼각형, 정사각형, 원형의 버팀대가 있을 경우 세장비가 300일 때 최소회전반경(r)과 버팀대의 길이를 계산하시오.

07 최근 건설현장에서 용접·용단작업 시 화재 및 폭발사고가 증가하고 있다. 아래 내용을 설명하시오.
   1) 용접·용단작업 시 발생되는 비산불티의 특징
   2) 발화원인물질 별 주요 사고발생 형태
   3) 용접·용단작업 시 화재 및 폭발 재해예방 안전대책

08 건축물 화재 시 안전한 피난을 위한 피난시간을 계산하고자 한다. 아래 사항에 대하여 답하시오.
   1) 피난계산의 필요성, 절차, 평가방법
   2) 피난계산의 대상층 선정 방법

기출문제

118회(2019년 5월)

01 방화문의 종류 및 문을 여는데 필요한 힘의 측정기준과 성능에 대하여 설명하시오.

▶해설
1. 방화문의 종류
   1) 갑종 방화문을 사용하는 경우(비차열 1시간이상)
      ① 옥내로부터 특별피난계단으로의 노대 또는 부속실로 통하는 출입구
      ② 옥내로부터 피난 계단실로 통하는 출입구
      ③ 방화벽에 설치하는 개구부
      ④ 용도 단위 방화 구획
      ⑤ 층 단위 방화 구획
      ⑥ 면적 단위 방화 구획
   2) 을종 방화문을 사용하는 경우(비차열 30분)
      ① 특별피난계단의 노대 또는 부속실로부터 계단실로 통하는 출입구
2. 문을 여는데 필요한 힘의 측정방법
   1) 측정방법
      피난 출입문을 여는데 필요한 힘(바닥으로부터 86cm에서 122cm사이, 개폐부 끝단에서 10cm이내에서 측정한다.)은 문을 열 때 133N 이하, 완전 개방한 때 67N 이하
   2) 측정기구
3. 성능기준

구 분	도어클러저 설치된 방화문	일체형 셔터 피난 출입문
문을 열 때	133N	133N
완전 개방할 때	67N	67N

02 건축물의 구조안전 확인 적용기준, 확인대상 및 확인자의 자격에 대하여 설명하시오.

▶해설
1. 적용기준
   ① 건축법 시행령 제32조 구조안전의 확인대상 적용
   ② 건축법 시행령 제91조의 3 관계전문기술자와의 협력으로 확인자의 자격 적용
2. 확인대상
   ① 층수가 2층 목구조 건축물의 경우에는 3층) 이상인 건축물
   ② 연면적이 200㎡(목구조 건축물의 경우에는 500㎡) 이상인 건축물
      다만, 창고, 축사, 작물 재배사는 제외
   ③ 높이가 13m 이상인 건축물
   ④ 처마높이가 9m 이상인 건축물
   ⑤ 기둥과 기둥 사이의 거리가 10m 이상인 건축물
   ⑥ 건축물의 용도 및 규모를 고려한 중요도가 높은 건축물로서 국토교통부령으로 정하

는 건축물
　⑦ 국가적 문화유산으로 보존할 가치가 있는 건축물로서 국토교통부령으로 정하는 것
　⑧ 제2조제18호가목 및 다목의 건축물
　⑨ 별표 1 제1호의 단독주택 및 같은 표 제2호의 공동주택
3. 확인자의 자격
　제91조의3(관계전문기술자와의 협력)
　① 다음 각 호의 어느 하나에 해당하는 건축물의 설계자는 제32조제1항에 따라 해당 건축물에 대한 구조의 안전을 확인하는 경우에는 건축구조기술사의 협력을 받아야 한다.
　　1. 6층 이상인 건축물
　　2. 특수구조 건축물
　　3. 다중이용 건축물
　　4. 준다중이용 건축물
　　5. 3층 이상의 필로티형식 건축물
　　6. 제32조제2항제6호에 해당하는 건축물 중 국토교통부령으로 정하는 건축물
　② 연면적 1만제곱미터 이상인 건축물(창고시설은 제외한다) 또는 에너지를 대량으로 소비하는 건축물로서 국토교통부령으로 정하는 건축물에 건축설비를 설치하는 경우에는 국토교통부령으로 정하는 바에 따라 다음 각 호의 구분에 따른 관계전문기술자의 협력을 받아야 한다.
　　1. 전기, 승강기(전기 분야만 해당한다) 및 피뢰침 : 「기술사법」에 따라 등록한 건축전기설비기술사 또는 발송배전기술사
　　2. 급수·배수(配水)·배수(排水)·환기·난방·소화·배연·오물처리 설비 및 승강기(기계 분야만 해당한다) : 「기술사법」에 따라 등록한 건축기계설비기술사 또는 공조냉동기계기술사
　　3. 가스설비 : 「기술사법」에 따라 등록한 건축기계설비기술사, 공조냉동기계기술사 또는 가스기술사
　③ 깊이 10미터 이상의 토지 굴착공사 또는 높이 5미터 이상의 옹벽 등의 공사를 수반하는 건축물의 설계자 및 공사감리자는 토지 굴착 등에 관하여 국토교통부령으로 정하는 바에 따라 「기술사법」에 따라 등록한 토목 분야 기술사 또는 국토개발 분야의 지질 및 기반 기술사의 협력을 받아야 한다.

03 건축물의 구조안전 확인 적용기준, 확인대상 및 확인자의 자격에 대하여 설명하시오.

해설 1. 건축물의 구조안전 확인 적용기준
　　건축물을 건축 또는 대수선하는 경우, 구조안전 확인 대상물 건축물은 착공신고 시 확인서류 를 허가권자에게 제출해야 한다.
2. 건축물의 구조안전 확인 적용기준, 확인대상
　1) 층수가 2층(목구조 건축물인 경우 3층) 이상인 건축물
　2) 연면적이 200제곱미터(목구조 건축물의 경우에는 500제곱미터) 이상인 건축물. 다만, 창고, 축사, 작물 재배사는 제외한다.
　3) 높이가 13미터 이상인 건축물

기출문제

    4) 처마높이가 9미터 이상인 건축물
5. 구조안전 확인자의 자격
   「건축법 시행령」 제91조 3(관계전문 기술자와의 협력)에 의거 해당 건축물은 '건축구조기술사'의 협력을 받아 건축물의 구조안전 확인을 수행해야 한다.
   1) 건축구조기술사
      ① 6층 이상 건축물
      ② 특수구조 건축물
      ③ 다중이용 건축물
      ④ 준다중이용 건축물
      ⑤ 3층 이상 필로티형식 건축물로서 '지진구역1'에중요도가 "특"에 해당하는 경우
   2) 건축사
      건축구조기술사 협력을 받지 않아도 되는 "소규모" 건축물

04 「소방기본법」에 명시된 법의 취지에 대하여 설명하시오

해설
1. 법의 취지
   ① 화재를 예방·경계하거나 진압
   ② 화재, 재난·재해, 그 밖의 위급한 상황에서의 구조·구급 활동
   ③ 국민의 생명·신체 및 재산을 보호함
   ④ 공공의 안녕 및 질서 유지와 복리증진에 이바지함
2. 소방기본법 항목
   ① 소방장비 및 소방용수시설
   ② 화재의 예방과 경계
   ③ 소화활동
   ④ 화재조사
   ⑤ 구조 및 구급
   ⑥ 의용소방대
   ⑦ 소방산업의 육성, 진흥 및 지원
   ⑧ 한국소방안전원

05 감리 계약에 따른 소방공사 감리원이 현장배치 시 소방공사 감리를 할 때 수행하여야 할 업무를 설명하시오.

해설
1. 감리자 지정 대상
   1) 옥내소화전설비를 신설·개설 또는 증설할 때
   2) 스프링클러설비등(캐비닛형 간이스프링클러설비는 제외한다)을 신설·개설하거나 방호·방수 구역을 증설할 때
   3) 물분무등소화설비(호스릴 방식의 소화설비는 제외한다)를 신설·개설하거나 방호·방수 구역을 증설할 때
   4) 옥외소화전설비를 신설·개설 또는 증설할 때

5) 자동화재탐지설비를 신설・개설하거나 경계구역을 증설할 때
6) 통합감시시설을 신설 또는 개설할 때
7) 소화용수설비를 신설 또는 개설할 때
8) 제연설비를 신설・개설하거나 제연구역을 증설할 때
9) 연결송수관설비를 신설 또는 개설할 때
10) 연결살수설비를 신설・개설하거나 송수구역을 증설할 때
11) 비상콘센트설비를 신설・개설하거나 전용회로를 증설할 때
12) 무선통신보조설비를 신설 또는 개설할 때
13) 연소방지설비를 신설・개설하거나 살수구역을 증설할 때

2. 감리 업무 내용
   ① 공사업자의 소방시설시공이 설계도서 및 화재안전기준에 적합한지에 대한 지도, 감독
   ② 완공된 소방시설 등의 성능시험
   ③ 소방용 기계, 기구 등의 위치, 규격 및 사용자재에 대한 적합성 검토
   ④ 공사업자가 작성한 시공 상세도면의 적합성 검토
   ⑤ 소방시설 등의 설치계획표의 적법성 검토
   ⑥ 소방시설 설계도서의 적합성 검토
   ⑦ 피난, 방화 시설의 적법성 검토
   ⑧ 실내 장식물의 불연화 및 방염 물품의 적법성 검토
   ⑨ 설계 변경사항의 적합성 검토

3. 상주 공사감리
   1) 대상
      ① 연 30,000㎡이상의 특정소방대상물에 대한 소방시설의 공사
         단, 자탐, 옥내,외 소화용수 설비만 설치되는 공사는 제외
      ② 지하층을 포함한 층수가 16층 이상으로서 500세대 이상인 아파트에 대한 소방시설의 공사
      ③ 소방기술사 상주해야할 대상   소방기술사는 이사
         ㄱ. 연 200,000㎡이상 건축물
         ㄴ. 40층이상의 건축물
   2) 감리 방법
      ① 책임 감리원이 상주하여 업무를 수행하고 감리일지에 기록
      ② 상주감리 기간 : 소방시설용 배관을 설치, 매립하는 때부터 소방시설 완공 검사필증을 교부 받을 때까지
      ③ 1일 이상 현장을 이탈시 업무대행자를 배치

4. 일반 공사 감리
   1) 대상
      상주공사 감리에 해당하지 아니하는 소방시설
   2) 감리방법
      ① 주 1회이상 공사현장을 방문하여 업무를 수행하고 감리일지에 기록
      ② 감리기간 : 상동
      ③ 1인의 책임 감리원이 담당하는 감리현장은 5개 이하 연면적 총합계 100,000㎡

기출문제

　　　　　이하일 것
5. 감리결과 통보
   1) 통보대상(공사가 완료된 7일 이내)
      ① 소방서장
      ② 특정소방대상물의 관계인
      ③ 특정소방대상물을 감리한 건축사
      ④ 소방시설공사의 도급인
   2) 제출서류
      소방시설 공사업법 시행규칙 제19조 의거하여
      ① 소방공사감리 결과보고서
      ② 소방시설성능시험조사표
      ③ 감리일지
      ④ 설계변경도면

10조(공사감리자 지정대상 특정소방대상물의 범위)
① 법 제17조제1항 본문에서 "대통령령으로 정하는 특정소방대상물"이란 「화재예방, 소방시설 설치·유지 및 안전관리에 관한 법률」 제2조제1항제3호의 특정소방대상물을 말한다.
② 법 제17조제1항 본문에서 "자동화재탐지설비, 옥내소화전설비 등 대통령령으로 정하는 소방시설을 시공할 때"란 다음 각 호의 어느 하나에 해당하는 소방시설을 시공할 때를 말한다.
 1. 옥내소화전설비를 신설·개설 또는 증설할 때
 2. 스프링클러설비등(캐비닛형 간이스프링클러설비는 제외한다)을 신설·개설하거나 방호·방수 구역을 증설할 때
 3. 물분무등소화설비(호스릴 방식의 소화설비는 제외한다)를 신설·개설하거나 방호·방수 구역을 증설할 때
 4. 옥외소화전설비를 신설·개설 또는 증설할 때
 5. 자동화재탐지설비를 신설·개설하거나 경계구역을 증설할 때
 6. 통합감시시설을 신설 또는 개설할 때
 7. 소화용수설비를 신설 또는 개설할 때
 8. 다음 각 목에 따른 소화활동설비에 대하여 각 목에 따른 시공을 할 때
  가. 제연설비를 신설·개설하거나 제연구역을 증설할 때
  나. 연결송수관설비를 신설 또는 개설할 때
  다. 연결살수설비를 신설·개설하거나 송수구역을 증설할 때
  라. 비상콘센트설비를 신설·개설하거나 전용회로를 증설할 때
  마. 무선통신보조설비를 신설 또는 개설할 때
  바. 연소방지설비를 신설·개설하거나 살수구역을 증설할 때

06 공정흐름도(PFD, Process Flow Diagram)와 공정배관계장도(P&ID, Process & Instrumentation Diagram)에 대하여 설명하시오.

해설

1. 공정흐름도
   1) 개념
      ① 공정계통과 장치설계기준을 나타내는 도면
      ② 주요장치, 장치간의 연관성, 운전조건, 제어설비 및 연동장치 등의 기술적 정보 파악
   2) 표시 사항
      ① 공정처리 순서 및 흐름의 방향
      ② 주요 동력기계, 장치 및 설비류의 배열
      ③ 기본 제어논리
      ④ 온도, 압력 물질수지 및 열수지 등
      ⑤ 압력용기, 저장탱크, 열교환기, 가열로, 펌프, 압축기 등의 사양
      ⑥ 회분식 공정인 경우는 작업순서 및 작업시간
   3) 특징
      ① 제조공정 한번에 확인 가능
      ② 공정 흐름 순서에 따라 좌측에서 우측으로 장치 및 동력 기계 배열
      ③ 물질수지와 열수지는 도면 하단부에 표시

2. 공정배관계장도
   1) 개념
      ① 공정의 시운전, 정상운전, 운전정지 및 비상운전 시에 필요한 장치 등을 표시
      ② 상세설계, 변경, 유지보수 및 운전 등을 위한 기술적 정보 파악 가능
   2) 표시 사항
      ① 일반사항 : 공정배관계장도의 이해를 위한 기본사항
      ② 장치 및 동력기계 : 설치되는 모든 공정장치 및 동력기계 표시
      ③ 배관 : 모든 배관 및 덕트와 유체의 흐름방향 표시
      ④ 계측기기 : 모든 계기 및 자동조절밸브 등이 표시
   3) 특징
      ① 계통, 분배, 및 보조계통으로 구분
      ② 실제 제조 공정도로 PFD에 표시된 반응, 정제, 원료취급, 분리 등 상세하게 나타냄
      ③ PFD를 기초로 작성
      ④ 공정안전보고서 제출대상에 해당하지 않는 사업장에 해당
      ⑤ PFD와 P&ID를 분리하기 어려운 경우 하나의 도면으로 작성 가능

기출문제

07 건축물에 설치하는 지하층의 구조 및 지하층에 설치하는 비상탈출구의 구조에 대하여 설명하시오.

해설

1. 지하층의 구조 및 설비

구 분	대상 규모	구조 기준
비상탈출구 환기통	바닥면적 50㎡이상인 층	직통계단이외 피난층 또는 지상으로 통하는 비상탈출구 및 환기통 설치 (단, 직통계단 2개소 이상 설치시 제외)
피난계단 특별피난계단	바닥면적 1,000㎡이상인 층	방화구획으로 구획되는 각 부분마다 1개소 이상 피난층 또는 지상으로 통하는 피난계단 또는 특별피난계단 설치
환기설비	거실의 바닥면적 합계가 1,000㎡이상인 층	환기설비 설치
급수전	바닥면적 300㎡이상 층	식수공급을 위한 급수전 1개소이상 설치

2. 지하층으로 직통계단 2개소이상 설치대상

구 분	대 상 용 도
그 층 거실바닥면적 합계가 50㎡이상인 층 (기타는 200㎡ 이상인 층)	- 제2종 근린생활시설 중 공연장·단란주점·당구장·노래연습장 - 문화 및 집회시설 중 예식장·공연장 - 교육연구 및 복지시설 중 생활권수련시설·자연권수련시설 - 숙박시설 중 여관·여인숙 - 위락시설 중 단란주점·주점영업 - 다중이용업의 용도

3. 지하층의 비상탈출구 설치기준 **합각** 위문크기 사유통장

구 분	구 조 기 준
위 치	출입구로부터 3m 이상 떨어진 곳
문	피난방향으로 열리도록 하고, 실내에서 항상 열수 있는 구조로 하며, 내부 및 외부에는 비상탈출구의 표지 설치
크 기	너비 0.75m 이상, 높이 1.5m 이상
사 다 리	바닥으로부터 비상탈출구의 아래부분까지의 높이가 1.2m 이상인 경우 발판의 너비가 20cm 이상의 사다리 설치
유 도 등	비상탈출구의 유도등과 피난통로의 비상조명등을 소방관계법령에 따라 설치
피난통로	유효너비는 0.75m 이상으로 하고, 내장재는 불연재료로 설치
장 애 물	비상탈출구의 진입부분 및 피난통로에는 통행에 지장이 있는 물건을 방치하거나 시설물을 설치하지 말 것

08. IBC(International Building Code)에서 규정하고 있는 피난로(Means of Egress) 및 피난로의 구성에 대하여 설명하시오.

해설

1. 피난 접근로
   ① 거실에서 비상구까지의 피난 경로 중에서 안전구획 되지 않은 장소
   ② 국내 보행거리 기준 30m이내(내화구조 50m)
   ③ NFPA 101 기준은 SP 미설치 45m(SP 설치 60m)

2. 피난 통로
   ① 피난경로로 이용되는 시설로서, 비상구문, 피난계단, 경사로, 통로 옥외 발코니 등을 말한다.
   ② 화재로부터 안전구획된 장소로서, 내화구조 및 불연재료로 내장 마감되는 등의 조건을 만족한 장소
   ③ 국내에는 거실 복도 통로 계단으로 구분하여 마감재료 기준을 두고 있다.

3. 피난 배출로(EXIT Discharge)
   국내 건축물 바깥쪽으로 출구 규정과 같으며,
   ① 피난층에서의 비상구로부터 공공도로까지의 경로
   ② Life Safety Code에서는 충분한 폭과 크기의 통로를 요구
   ③ 피난층에서 보행거리 30m(60m)
   ④ 피난 배출로 중 50%이하만 피난층을 경유하여 옥외 피난하며,
   ⑤ 50% 이상의 피난은 직접 옥외 연결 또는 EXIT passageway를 통해 옥외로 연결 부속실, mall 등에 중간 안전구역을 통해서 피난하도록 규정하고 있다.

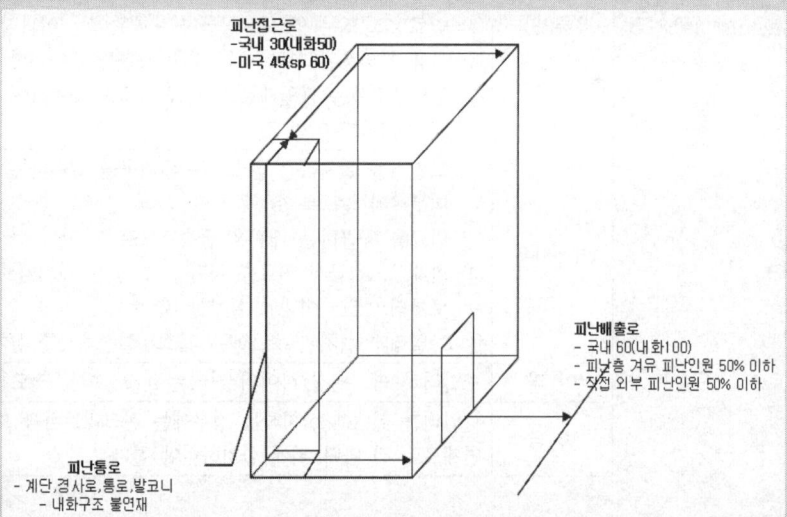

기출문제

09 「소방기본법」에서 규정하고 있는 화재예방을 위하여 불의 사용에 있어서 지켜야 할 사항 중 일반음식점에서 조리를 위하여 불을 사용하는 설비와 보일러 설비에 대하여 설명하시오.

해설 1. 일반음식점에서 조리를 위하여 불을 사용하는 설비

구 분	설치기준
덕 트	주방설비에 부속된 배기덕트는 0.5mm 이상의 아연도금강판 또는 이와 동등 이상의 내식성 불연재료로 설치할 것
필 터	주방설비에 부속된 배기덕트는 0.5mm 이상의 아연도금강판 또는 이와 동등 이상의 내식성 불연재료로 설치할 것
이 격	열을 발생하는 조리기구는 반자 또는 선반으로부터 0.6m 이상 떨어지게 할 것
마 감	열을 발생하는 조리기구로부터 0.15m 이내의 거리에 있는 가연성 주요구조부는 석면판 또는 단열성이 있는 불연재료로 덮어 씌울 것

2. 보일러 설비

구 분	설치기준
단열재	가연성 벽·바닥 또는 천장과 접촉하는 증기기관 또는 연통의 부분은 규조토·석면 등 난연성 단열재로 덮을 것
유류사용	① 연료탱크는 보일러본체로부터 수평거리 1m 이상 이격하여 설치 ② 연료탱크에는 화재 등 긴급상황이 발생하는 경우 연료를 차단할 수 있는 개폐밸브를 연료탱크로부터 0.5m 이내에 설치할 것 ③ 연료탱크 또는 연료를 공급하는 배관에는 여과장치를 설치할 것 ④ 사용이 허용된 연료 외의 것을 사용하지 아니할 것 ⑤ 연료탱크에는 불연재료로 된 받침대를 설치하여 연료탱크가 넘어지지 아니하도록 할 것
가스사용	① 보일러를 설치하는 장소에는 환기구를 설치하는 등 가연성가스가 머무르지 않도록 할 것 ② 연료를 공급하는 배관은 금속관으로 할 것 ③ 화재 등 긴급시 연료를 차단할 수 있는 개폐밸브를 연료용기 등으로부터 0.5m 이내에 설치할 것 ④ 보일러가 설치된 장소에는 가스누설경보기를 설치할 것
이 격	보일러와 벽·천장 사이의 거리는 0.6m 이상 되도록 하여야 한다.
바 닥	보일러를 실내에 설치하는 경우에는 콘크리트바닥 또는 금속 외의 불연재료로 된 바닥 위에 설치하여야 한다.

10 건축법에서 아파트 발코니의 대피공간 설치 제외 기준과 관련하여 다음 내용을 설명 하시오.

1) 대피공간 설치 제외 기준
2) 하향식 피난구 설치 기준
3) 하향식 피난구 설치에 따른 화재안전기준의 피난기구 설치관계

해설

1. 설치대상
   공동주택 중 아파트로서 4층 이상인 층의 각 세대가 2개 이상의 직통계단을 사용 할 수 없는 경우에는 발코니에 인접세대와 공동으로 또는 각 세대별로 대피공간을 설치하여야 한다.
2. 설치제외
   ① 발코니의 바닥부분에 국토해양부령이 정하는 하향식 피난구를 설치한 경우
   ② 인접 세대와의 경계벽이 파괴하기쉬운 경량구조 등인 경우
   ③ 경계벽에 피난구를 설치한 경우
3. 하향식 피난구 설치 기준
   1) 정의
      건축물의 피난방화구조 등의 기준에 관한 규칙」제14조제3항의 구조로서 발코니 바닥에 설치하는 수평 피난설비를 말한다.
   2) 기준
      ① 상층·하층간 피난구의 설치위치는 수직방향 간격을 15센티미터 이상 띄어서 설치할 것
      ② 피난구가 있는 곳에는 예비전원에 의한 조명설비를 설치할 것
      ③ 아래층에서는 바로 윗층의 피난구를 열 수 없는 구조일 것
      ④ 덮개가 개방될 경우에는 건축물관리시스템 등을 통하여 경보음이 울리는 구조일 것
      ⑤ 사다리는 바로 아래층의 바닥면으로부터 50센티미터 이하까지 내려오는 길이로 할 것
      ⑥ 피난구의 덮개는 제26조에 따른 비차열 1시간 이상의 내화성능을 가져야 하며, 피난구의 유효 개구부 규격은 직경 60센티미터 이상일 것
   3) 성능기준
      ① 비차열 1시간이상 성능을 확보할 것
      ② 사다리는 형식승인 및 작동시험 기준에 적합할 것
      ③ 덮개는 장변 중앙부에 $637N/0.2m^2$ 등분포하중을 가했을 때 중앙부에 처짐량이 15mm 이하 일 것
4. 승강식 피난기 및 하향식 피난구용 내림식사다리 기준
   1) 승강식피난기 및 하향식 피난구용 내림식사다리는 설치경로가 설치층에서 피난까지 연계될 수 있는 구조로 설치할 것. 다만, 건축물의 구조 및 설치 여건 상 불가피한 경우에는 그러하지 아니 한다.
   2) 대피실의 면적은 2㎡(2세대 이상일 경우에는 3㎡) 이상으로 하고, 「건축법 시행령」 제46조제4항의 규정에 적합하여야 하며 하강구(개구부) 규격은 직경60㎝ 이상일 것. 단, 외기와 개방된 장소에는 그러하지 아니 한다.
   3) 하강구 내측에는 기구의 연결 금속구 등이 없어야 하며 전개된 피난기구는 하강구

수평투영면적 공간 내의 범위를 침범하지 않는 구조이어야 할 것. 단, 직경 60㎝ 크기의 범위를 벗어난 경우이거나, 직하층의 바닥 면으로부터 높이 50㎝ 이하의 범위는 제외 한다.
4) 대피실의 출입문은 갑종방화문으로 설치하고, 피난방향에서 식별할 수 있는 위치에 "대피실" 표지판을 부착할 것. 단, 외기와 개방된 장소에는 그러하지 아니 한다.
5) 착지점과 하강구는 상호 수평거리 15㎝이상의 간격을 둘 것
6) 대피실 내에는 비상조명등을 설치 할 것
7) 대피실에는 층의 위치표시와 피난기구 사용설명서 및 주의사항 표지판을 부착 할 것
8) 대피실 출입문이 개방되거나, 피난기구 작동 시 해당층 및 직하층 거실에 설치된 표시등 및 경보장치가 작동되고, 감시 제어반에서는 피난기구의 작동을 확인 할 수 있어야 할 것
9) 사용 시 기울거나 흔들리지 않도록 설치할 것
10) 승강식피난기는 한국소방산업기술원 또는 법 제42조제1항에 따라 성능시험기관으로 지정받은 기관에서 그 성능을 검증받은 것으로 설치할 것

5. 하향식 피난구 설치에 따른 화재안전기준의 피난기구 설치관계
   1) 건축법령과 소방법령에서 각각 하향식 피난구에 대한 설치 기준을 별도로 규정하고 있음
   2) 건축법령 (건축법 시행령 제46조)
      대피공간 설치제외 기준으로 발코니의 바닥에 하향식 피난구를 설치한 경우에는 대피공간을 제외하고 있음
   3) 소방법령 (NFSC 301)
      대피실에는 하향식 피난구용 내림식 사다리를 설치하도록 명시하고 있음

6. 비교

구 분	건축법령	소방법령
용어	하향식 피난구	하향식 피난구 내림식사다리
제정목적	피난	피난
적용범위	하향식 피난구를 설치할 경우 발코니에 대피공간 설치 면제	10층 이하의 건축물의 대피공간
설치장소	발코니	대피공간
발코니 적용피난기구	하향식 피난구	완강기, 다수인피난장비, 피난사다리, 승강식피난기 등 (4층이상 10층이하 공동주택)
장단점	1) 건축법령에 의한 하향식 피난구를 설치할 경우 소방법령을 만족하지 못하므로 별도의 완강기 등 피난기구를 설치해야함 2) 용어의 통일이 필요함(하향식 피난구, 내림식사다리) 3) 재해취약자는 사용이 어렵다.(대피공간을 두어 장애인 우선대피필요) 4) 하향식피난기구는 사생활 침해로 인한 불안감 발생	

11 특별피난계단의 부속실과 비상용승강기의 승강장의 제연설비 설치와 관련하여, 공동 주택 지상1층에는 제연설비를 미적용하는 사례가 있다. 건축법과 소방관계법령의 이원화에 따른 문제점 및 개선방안을 설명하시오.

해설 1. 특별피난계단의 부속실과 비상용승강기의 승강장에 관한 건축법
   1) 비상용승강기(건축물의 설비기준 등에 관한 규칙 10조)
      ① 공동주택의 경우에는 승강장과 특별피난계단의 부속실을 겸용할 수 있음
      ② 비상용승강기 피난층에는 갑종방화문을 설치제외 가능
      ③ 특별피난계단의 피난층은 방화문 제외규정 없음
      ④ 공동주택은 특별피난계단과 비상용승강기 겸용으로 설치하고 피난층에 갑종방화문을 설치안하고 있음
   2) 방화구획(건축물의 피난, 방화구조등의 기준에 관한 규칙 14조)
      ① 3층 이상의 층과 지하층은 층마다 구획
      ② 피난층에 방화구획 기준이 없음
2. 특별피난계단의 부속실과 비상용승강기의 승강장에 관한 소방법
   1) 특별피난계단의 부속실 제연설비 설치대상
      11층 이상 또는 지하 3층이하 또는 공동주택 16층이상
   2) 비상용 승강장 제연설비 설치대상
      31m이상 또는 공동주택 10층이상
   3) 예외규정
      ① 1층에 방화문 미설치로 인하여 제연설비 면제
      ② 비상용승강기의 피난층에만 적용되는 예외 항목을 특별피난계단의 피난층에도 적용하여 갑종방화문이 설치되지 않고 준공처리 및 입주되어 법규정에 맞지 않는 아파트 단지들이 많은 데 1차적 책임이 있는 건축설계사, 인허가를 담당하는 지방자치체, 감리자, 시공사 등 누구하나 잘못된 행위에 대한 인지도가 부족
3. 건축법과 소방관계법령의 이원화에 따른 문제점
   1) 누설틈새 증가로 인한 차압 및 방연풍속 성능 미확보
   2) 연돌효과 발생
4. 건축법과 소방관계법령의 이원화에 따른 개선방안
   1층 부속실 감지기 연동형 방화문 설치

기출문제

117회

01 건축물 방화계획의 작성 원칙에 대해 설명하시오

[해설]

1. 개요
   ① 건축물 방화 계획의 목적은 발화방지, 건물 내 연소확대 방지 인접 건물로 연소확대 방지와 피난 안전확보, 소화 활동의 원활화를 통해 인적, 물적 손실을 최소화하는 것이다.
   ② 발화 방지는 가연물에 불연화, 난연화 또는 점화원 관리를 통해 하고 있으며
   ③ 건물내 연소확대는 평면계획, 단면계획, 입면계획을 통해 인접건물 연소확대방지는 배치계획을 통해 하고 있다.

2. 건축 방화계획
   1) 배치계획
      ① 배치 계획시 피난 및 소화활동을 고려하며,
      ② 소방차 진입을 위한 진입로 확보 및 11층 이상의 건축물은 소방차 진입도로 규정하고 있으며, 초고층인 경우 피난용 승강기 설치를 고려하여야 한다.
      ③ 인접건물로 연소 확대 위험성에 대해 고려도 필요하다.
   2) 평면 계획
      ① 수직통로에 의한 상층 연소 확대 및 연기에 오염 방지를 위해 수직통로 계획
      ② 용도가 다른 경우 용도구획
      ③ 수평으로 연소확대 방지를 1000㎡마다 면적별로 구획하고,
      ④ 피난로는 Zoning 계획을 한 다음 1, 2, 3차 안전구획을 통해 피난 안전성을 확보하여야 한다.
   3) 단면계획
      ① 수직동선은 전용구획하고 방연조치를 하여 안전성을 확보
      ② 초고층 건축물의 경우 피난시 중간 기계층을 피난공간으로 활용
      ③ 수직통로에서 양방향 피난이 확보 할 수 있도록 피난계단을 2개소이상, 옥상광장 확보, 아파트의 경우 발코니 설치하여야 한다.
   4) 입면계획
      ① 커튼월 구조, 무창구조의 취약성을 고려한 대책확보
      ② 창을 통한 상층 연소확대 방지 – 캔틸레버, 스팬드릴, s/p, 방화셔터
   5) 내장계획
      ① 내장재 불연화, 난연화
      ② 내장재 양을 줄이는 대책
   6) 설비계획
      ① 연소 우려가 있는 개구부는 방화문, 셔터, 댐퍼 등을 통한 계획
      ② 소화설비
      ③ 경보설비, 피난설비
   7) 연소확대방지

① 용도별, 층별, 면적별 방화구획
ㄱ. 시방위주 내화설계
  내화성능시험 〉 요구내화시간
ㄴ. 성능위주 내화설계
  내화성능시험〉 설계화재→등가화재가혹도→내화설계용 시간 온도곡선
8) 내화 건축물 계획
① 건물의 용도, 높이, 부재 등을 고려하여 요구 내화시간 산정
② 내화 성능 시험을 통해 요구내화시간 보다 큰 것을 확인
③ 내화성능시험은 차열성, 차염성, 하중지지력 시험을 통해 확인
④ 철골 구조는 내화피복 등을 하여 내화 성능 확보

02 피난용승강기의 설치대상과 설치기준을 설명하시오.

해설
1. 설치대상
 고층 건축물일 경우 승용승강기 중 1대 이상을 피난용 승강기로 설치
2. 피난용승강기의 설치(건축법 시행령제91조)
 1) 승강장의 바닥면적은 승강기 1대당 6제곱미터 이상으로 할 것
 2) 각 층으로부터 피난층까지 이르는 승강로를 단일구조로 연결하여 설치할 것
 3) 예비전원으로 작동하는 조명설비를 설치할 것
 4) 승강장의 출입구 부근의 잘 보이는 곳에 해당 승강기가 피난용승강기임을 알리는 표지를 설치할 것
 5) 그 밖에 화재예방 및 피해경감을 위하여 국토교통부령으로 정하는 구조 및 설비 등의 기준에 맞을 것
2. 피난용승강기 승강장의 구조(건축물의 피난방화구조 등의 기준에 관한 규칙 제30조)
 1) 승강장의 출입구를 제외한 부분은 해당 건축물의 다른 부분과 내화구조의 바닥 및 벽으로 구획할 것
 2) 승강장은 각 층의 내부와 연결될 수 있도록 하되, 그 출입구에는 갑종방화문을 설치할 것. 이 경우 방화문은 언제나 닫힌 상태를 유지할 수 있는 구조이어야 한다.
 3) 실내에 접하는 부분(바닥 및 반자 등 실내에 면한 모든 부분을 말한다)의 마감(마감을 위한 바탕을 포함한다)은 불연재료로 할 것
 4) 「건축물의 설비기준 등에 관한 규칙」 제14조에 따른 배연설비를 설치할 것. 다만, 「소방시설 설치·유지 및 안전관리에 법률 시행령」 별표 5 제5호가목에 따른 제연설비를 설치한 경우에는 배연설비를 설치하지 아니할 수 있다.
3. 피난용승강기 승강로의 구조
 1) 승강로는 해당 건축물의 다른 부분과 내화구조로 구획할 것
 2) 승강로 상부에 「건축물의 설비기준 등에 관한 규칙」 제14조에 따른 배연설비를 설치할 것
4. 피난용승강기 기계실의 구조
 1) 출입구를 제외한 부분은 해당 건축물의 다른 부분과 내화구조의 바닥 및 벽으로 구획할 것

기출문제

2) 출입구에는 갑종방화문을 설치할 것
5. 피난용승강기 전용 예비전원
 1) 정전시 피난용승강기, 기계실, 승강장 및 폐쇄회로 텔레비전 등의 설비를 작동할 수 있는 별도의 예비전원 설비를 설치할 것
 2) 가목에 따른 예비전원은 초고층 건축물의 경우에는 2시간 이상, 준초고층 건축물의 경우에는 1시간 이상 작동이 가능한 용량일 것
 3) 상용전원과 예비전원의 공급을 자동 또는 수동으로 전환이 가능한 설비를 갖출 것
 4) 전선관 및 배선은 고온에 견딜 수 있는 내열성 자재를 사용하고, 방수조치를 할 것

◆ 비상용승강기 관련법규
제9조(비상용승강기를 설치하지 아니할 수 있는 건축물) 법 제64조제2항 단서에서 "국토교통부령이 정하는 건축물"이라 함은 다음 각 호의 건축물을 말한다.
1. 높이 31미터를 넘는 각층을 거실외의 용도로 쓰는 건축물
2. 높이 31미터를 넘는 각층의 바닥면적의 합계가 500제곱미터 이하인 건축물
3. 높이 31미터를 넘는 층수가 4개층이하로서 당해 각층의 바닥면적의 합계 200제곱미터(벽 및 반자가 실내에 접하는 부분의 마감을 불연재료로 한 경우에는 500제곱미터)이내마다 방화구획(영 제46조제1항 본문에 따른 방화구획을 말한다. 이하 같다)으로 구획된 건축물

제10조(비상용승강기의 승강장 및 승강로의 구조) 법 제64조제2항에 따른 비상용승강기의 승강장 및 승강로의 구조는 다음 각 호의 기준에 적합하여야 한다.
1. 삭제
2. 비상용승강기 승강장의 구조
 가. 승강장의 창문·출입구 기타 개구부를 제외한 부분은 당해 건축물의 다른 부분과 내화구조의 바닥 및 벽으로 구획할 것. 다만, 공동주택의 경우에는 승강장과 특별피난계단('건축물의 피난·방화구조 등의 기준에 관한 규칙」 제9조의 규정에 의한 특별피난계단을 말한다. 이하 같다)의 부속실과의 겸용부분을 특별피난계단의 계단실과 별도로 구획하는 때에는 승강장을 특별피난계단의 부속실과 겸용할 수 있다.
 나. 승강장은 각층의 내부와 연결될 수 있도록 하되, 그 출입구(승강로의 출입구를 제외한다)에는 갑종방화문을 설치할 것. 다만, 피난층에는 갑종방화문을 설치하지 아니할 수 있다.
 다. 노대 또는 외부를 향하여 열 수 있는 창문이나 제14조제2항의 규정에 의한 배연설비를 설치할 것
 라. 벽 및 반자가 실내에 접하는 부분의 마감재료(마감을 위한 바탕을 포함한다)는 불연재료로 할 것
 마. 채광이 되는 창문이 있거나 예비전원에 의한 조명설비를 할 것
 바. 승강장의 바닥면적은 비상용승강기 1대에 대하여 6제곱미터 이상으로 할 것. 다만, 옥외에 승강장을 설치하는 경우에는 그러하지 아니하다.
 사. 피난층이 있는 승강장의 출입구(승강장이 없는 경우에는 승강로의 출입구)로부터 도로 또는 공지(공원·광장 기타 이와 유사한 것으로서 피난 및 소화를 위한 당해 대지에의 출입에 지장이 없는 것을 말한다)에 이르는 거리가 30미터 이하일 것
 아. 승강장 출입구 부근의 잘 보이는 곳에 당해 승강기가 비상용승강기임을 알 수 있는 표지를 할 것

3. 비상용승강기의 승강로의 구조
   가. 승강로는 당해 건축물의 다른 부분과 내화구조로 구획할 것
   나. 각층으로부터 피난층까지 이르는 승강로를 단일구조로 연결하여 설치할 것

03 국내 소방법령에 의한 성능위주설계에 대하여 다음의 내용을 설명하시오.
- 성능위주설계의 목적 및 대상
- 시나리오 적용기준에서 인명안전 및 피난가능시간 기준

04 건축물의 내부마감재료 난연성능기준에 대하여 설명하시오.

116회

01 연소확대와 관련하여 Pork through 현상에 대하여 설명하시오.

02 외단열 미장마감에서 단열재를 스티로폼으로 시공 시 화재확산과 관련하여 닷 앤 댑(Dot & Dab)방식과 리본 앤 댑(Ribbon & Dab)방식에 대하여 설명하시오.

03 방화구조 설치대상 및 구조기준에 대하여 설명하시오.

04 자동방화댐퍼의 설치기준과 점검시에 발생하는 외관상 문제점에 대하여 설명하시오.

05 건축물의 화재확산 방지구조 및 재료에 대하여 설명하시오.

06 건축물에 설치하는 피난용승강기와 비상용승강기의 설치대상, 설치대수 산정기준, 승강장 및 승강로 구조에 대하여 설명하시오.

07 건축물 내부에 설치하는 피난계단과 특별피난계단의 설치대상·설치예외조건, 계단의 구조에 대하여 설명하시오.

기출문제

08 재난 및 안전관리기본법령 상에 의거한 재난현장에 설치하는 긴급구조통제단의 기능과 조직(자치구 또는 시·군 기준)에 대하여 설명하시오.

09 건축물 배연창의 설치대상, 배연창의 설치기준, 배연창 유효면적 산정기준(미서기창, Pivot 종축창 및 횡축창, 들창)에 대하여 설명하시오.

10 지진발생 시 화재로 전이되는 메카니즘과 화재의 주요원인, 지진화재에 대한 방지대책에 대하여 설명하시오.

115회

01 건축용 강부재의 방호방법 중 히트 싱크(Heat Sink)방식에 대하여 설명하시오.

▶해설
1. 개요
   ① 강부재의 방호방법에는 내화공법을 이용하고 있으며 이러한 강부재(철골)의 방호방법은 급격한 온노 상승을 방지하기 위한 것으로 뿜칠공법을 가장 많이 이용한다.
   ② 미국에서는 강부재의 방호방법 중 히트 싱크(Heat Sink)방식도 이용하고 있다.
2. 개념
   강부재가 받은 열을 외부로 방열시키기 위해 강부재측면에 물기둥을 세우고 물이 기둥내 내부를 대류순환하여 강재의 온도상승을 억제하는 방식
3. 구조

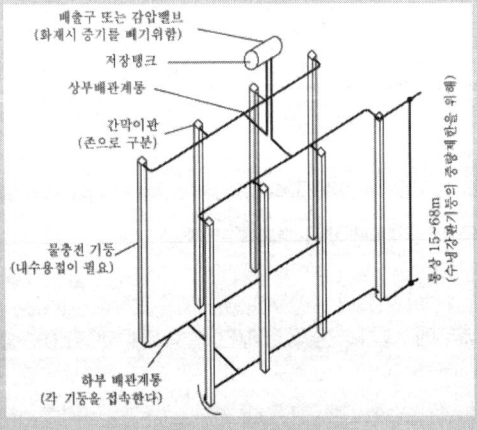

1) 저장탱크 : 기둥 상부에 설치하여 기둥에 공급하는 물을 저장
2) 배출구(감압밸브) : 화재열에 의해 기둥내부의 물이 증발하고, 내부의 압력이 상승하므로 기둥내부의 압력을 조정
3) 배관 : 기둥 상부나 하부에 설치하여 기둥내부에 물을 원활히 공급
4) 기둥 : 내부에 물이 충전되어 있으며 설치 높이는 15~68m 이내

4. 특징
① 기둥내부의 물기둥의 대류순환을 이용
② 수증기의 증기압 상승방지를 위해 최상부 배출밸브 설치
③ 상하부 모두를 배관으로 연결(정방향 연결)
④ 동절기에는 동결방지를 위해 외측 기둥 내의 물에 동결방지제를 혼입하여 사용

02 소방감리의 검토대상 중 설계도면, 설계시방서·내역서 및 설계계산서의 주요 검토 내용에 대하여 설명하시오.

해설

1. 정의
   발주자가 발주한 일정한 공사에 대하여 당해 공사의 설계도서, 기타 관계서류의 내용에 따라 시공되는지 여부를 확인하고 품질관리, 시공관리, 공정관리, 안전 및 환경관리 등에 대한 검토, 확인 등의 업무를 수행하는 것을 말한다. 소방감리의 경우 소방시설 공사업법 제16조제1항에서 그 수행업무를 정하고 있다.

2. 설계도면 검토
   1) 기본 설계도면
      ① 건축물의 연면적 용도에 따른 소방시설 적용여부 확인
      ② 건축평면과 소방평면 일치 여부
      ③ 법정 수량 등 확인

3. 실시 설계도면
   1) 정의
      시공 상세도면은 평면도에서 표기하지 못하는 사항을 해결하고, 건축물의 구조, 형태 및 건축, 기계, 전기, 통신, 토목 등의 공종과 간섭되는 사항 등을 확인하여 각 공종별 협의를 통해서 각각의 문제점과 간섭사항을 해결하기 위해서 평면, 단면, 상세도면을 포함하여 작성한다. 이렇게 작성된 도면에 대해 화재안전기준을 위반하거나, 시공성, 안전성, 불확실한 부분 등을 검토하는 것이다.
   2) 설계도서 상호부합 여부(시방서, 계산서 내역서)
   3) 설계의 오류, 누락 등 불명확성 검토 시 중요 확인 사항
      ① 방화구획 누락 여부 : 감시제어반, 비상전원
      ② 방화셔터와 출입문 거리
      ③ 소화펌프 계산서와 설계도서 일치 여부
      ④ 감압밸브 적용조건 설치 및 구성방법 적절 여부
      ⑤ 연결송수관 가압송수장치 및 기동장치
      ⑥ 송수구 위치
      ⑦ 기계실 등 살수 장애 여부 및 상하향식

기출문제

   3) 건축분야 설계도면 확인
     ① 방화구획은 화재확산을 최소화하기 위한 기본적 건물구조의 영역에 해당되며 건축물의 경우 어느 한 곳의 불량이 전체의 방화구획을 무의미하게 만들어 재산 및 큰 인명피해를 줄 수 있으므로 정밀 시공 및 확인이 이루어져야 함.
     ② 방화구획 불량사항은 주로 눈이 띄지 않는 곳에 생기는 문제이며, 전기 및 설비공사 후 관통부 틈새 마감공사를 하여야 하나 이행하지 않거나, 법적 조건을 충족하지 않는 방법을 시공하여 문제점이 발생함.
     ③ 방화 구획에 관련된 사항이 설계도서상에는 표현되어 있으나 실제 시공 시 여러 개의 배관 틈새를 비롯한 방화구획 관통부위에 대하여 밀폐시키는 것이 용이한 일이 아니므로 관통부위별 특성에 맞는 내화충전재와 시공방법에 대하여 시공자와 충분한 협의 후 시공을 할 수 있도록 하여야 함.
     ④ 연돌효과 방지 관련 확인(제연설비 연관) : 기밀 계획도 및 건물 커튼월 틈새, 코어부 배관 및 덕트 관통부위, 건물벽체 틈새 등을 확인하여 누설부위가 없도록 함.

4. 설계 시방서 검토
   1) 소방용품의 위치·규격 및 사용자재의 적합성 검토
   2) 시방서, 내역서와 도면 일치 여부
   3) 도면에 표기하지 못하는 부분 있는지 확인 검토

5. 내역서 검토
   1) 소방용품의 규격 및 사용자재의 적정 여부 검토
   2) 내역, 품목, 수량이 도면과 일치 여부

6. 설계 계산서 검토
   1) 펌프계산서
   2) 거실, 부속실제연설비 제연팬 계산서
   3) 가스소화설비 성능시험인증서
   4) 발전기용량계산서
   5) 축전지 용량계산서
   6) 수조용량 계산서
   7) 내진용 버팀대 계산서

7. 설계도서 해석의 우선 순위
   관계법령 및 계약서에 명시된 순서가 우선되어야 하나 특별한 명시가 없는 경우에는 아래의 순서에 의하여 우선 순위가 일반적으로 적용되고 있다.
   ① 관계법령의 유권해석
   ② 계약서
   ③ 계약일반조건 및 특수조건
   ④ 특별시방서
   ⑤ 설계도
   ⑥ 일반시방서 또는 표준시방서
   ⑦ 산출내역서

03 방화댐퍼의 설치기준, 설치 시 고려사항 및 방연시험에 대하여 설명하시오.

해설

1. 개요

    방화구획를 관통하는 덕트내부에 연기 및 열을 감지하여 댐퍼를 자동으로 폐쇄하는 것으로서, 방화구획 벽체 관통부에 주로 사용하고 있다.

2. 방화댐퍼의 설치기준

    ① 철재로서, 철판의 두께가 1.5mm이상일 것
    ② 닫힌 경우에는 방화에 지장이 있는 틈이 생기지 아니할 것
    ③ 방연시험에 합격할 것일 것
    ④ 화재가 발생한 경우에는 연기의 발생 또는 온도의 상승에 의하여 자동적으로 닫힐 것(발전기 덕트 등 고온의 덕트는 250℃이상 온도에서 작동하는 것 사용)

    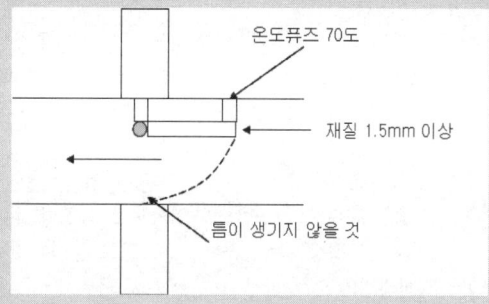

3. 방화댐퍼의 설치 시 고려기준

    1) 설치위치
        ① 환기, 난방 또는 냉방시설의 풍도가 방화구획을 관통하는 경우
        ② 설치제외
            반도체 공장 건축물로서 관통부 풍도 주위에 스프링클러 헤드를 설치하는 경우
    2) 작동온도(NFPA코드(Code) 참조)
        ① 댐퍼 열작동식 장치는 덕트내의 정상온도보다 50°F(28℃) 높되 160°F(71℃) 이상이어야 한다.
        ② 제연덕트에 설치되는 작동장치는 286°F(141℃)이하이어야 한다.
        ③ 방화 및 방연 조합식 댐퍼를 제연덕트에 설치한 경우 작동장치는 350°F(177℃)이하이어야 한다.
    3) 점검구 설치기준(NFPA코드(Code) 참조)
        ① 점검구는 댐퍼 및 작동부위를 점검 및 유지관리할 수 있을 정도로 커야 한다
        ② 점검구는 내화구조의 부재의 성능과 성능유지에 지장을 주어서는 안된다.
        ③ 점검구의 위치는 영구적으로 표시하여야 한다
        ④ 덕트의 점검구는 문자 높이가 0.5inch이상인 표지로 표시한다
        ⑤ 표지는 댐퍼의 type에 따라 다음의 내용을 포함해야 한다
            ㉠ 방화/방연댐퍼 ㉡ 방화댐퍼 ㉢ 방연댐퍼 ㉣ 기타 승인된 방식
        ⑥ 덕트의 점검구는 덕트구조에 적합한 것이어야 한다

기출문제

4. 방연시험
   1) 시험장치

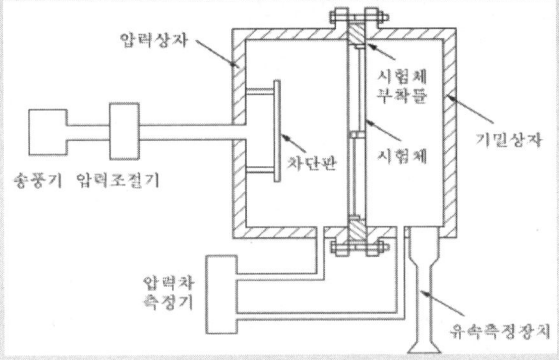

① 압력상자, 송풍기, 압력조절장치, 차압측정장치 및 유량측정장치로 구성
② 압력상자는 기밀구조로 하고 시험체를 현장의 부착방법에 준하여 부착
③ 송풍기 및 압력조절장치는 시험체 전후의 압력차를 0 Pa에서 100Pa까지 조정할 수 있고 일정한 압력으로 유지
④ 차압측정장치는 시험체 양면의 정압차를(5~100) Pa 범위에서 최대허용오차±5 Pa, 규정값의 ±10%의 정확도로 측정할 수 있는 장비
⑤ 유량측정장치는 ±5%의 정확도로 공기누설량을 측정

   2) 시험방법
   ① 시험체를 압력상자의 시험체 부착한 후 시험체의 개폐상태 확인하고, 연동폐쇄장치에 의해 폐쇄상태에서 시험
   ② 압력조정기로 시험체 전후의 압력차를 10, 20, 30, 50 Pa로 통기량 측정
   ③ 기류방향을 앞뒤로 바꾸어 3회 실시

   3) 성능 기준
   ① 20℃, 20 Pa압력에서 5 ㎥/min

04 드라이비트(외단열미장마감공법)의 화재확산에 영향을 미치는 시공 상의 문제점을 설명하시오.

◀해설 1. 개요
   1) 건축 외벽 마감 시공법 중 하나로 사용되는 공법으로 단열재(스티로폼)에 회죽(시멘트 모르타르)를 바른 후 외벽에 부착하는 방식이다.
   2) 다른 마감재에 비하여 단열효과가 우수하고 가격이 저렴하나 외부화재시 복사열로 인하여 단열재가 고체에서 액체로 급격히 변화하여 화재확산이 빠르다.

2. 외벽마감재 기준
   ① 건축물의 외벽[필로티 구조의 외기(外氣)에 면하는 천장 및 벽체를 포함한다]에는 법 제52조제2항 후단에 따라 불연재료 또는 준불연재료를 마감재료(단열재, 도장 등 코팅재료 및 그 밖에 마감재료를 구성하는 모든 재료를 포함한다. 이하 이 항 및 제6항에서 같다)로 사용하여야 한다. 다만, 외벽 마감재료를 구성하는 재료 전체를 하나

로 보아 불연재료 또는 준불연재료에 해당하는 경우 마감재료 중 단열재는 난연재료로 사용할 수 있다.
② 위 규정에도 불구하고 영 제61조제2항제2호에 해당하는 건축물의 외벽을 국토교통부장관이 정하여 고시하는 화재 확산 방지구조 기준에 적합하게 설치하는 경우에는 난연재료를 마감재료로 사용할 수 있다.

3. 드라이비트의 구성
    1) 외부벽체 위에 스티로폼 부착
    2) 스티로폼 위에 시멘트 모르타르를 덮은 것
    3) 시멘트 모르타른 위에 페인트 마감

4. 드라이비트의 연소특성
    1) 연소특성
        스티로폼은 열가소성으로 아래와 같은 연소과정
        흡열 → 증발 → 연소범위 내 혼합기 형성 → 연소 → 배출
    2) 물성
        100℃이상에서 부드럽게 되고 185℃에서 점성액체가 된다
    3) 문제점
        ① 독성 GAS 발생
        ② 화염전파 신속
        ③ 열에 약하다

5. 특징

장점	단점
- 시공이 편리하고 다른마감재 비하여 저렴 - 마감재의 색상을 다양하게 만들 수 있음 - 외부손상시 유지보수가 간단 - 단열성 매우 우수하다 - 공사기간을 단축	- 스티로품이 주요 구성 요소로써 화재에 매우 취약 - 타일이나 대리석에 비해 자재가 약함 - 다른 마감방식에 비해서 오염이 심함

6. 대책
    1) 인접건물 연소확대 우려가 있는 건물은 법규을 강화여 외장재마감을 강화 시켜여 함
    2) 도시형 생활주택 및 병원, 어린이 관련시설 등은 화재로 인하여 인명피해가 클 것으로 예상 되므로 마감재 기준 강화와 함께 수직연소확재 방지용 스프링클러 설치를 의무화 하여야 함.
    3) 수직연소확대 방지용 스프링클러설비
        건축물에 있어서 어느 한 층에서 발생된 화재는 바닥 슬라브와 외부창 사이의 틈새를 통하여 상부층으로 확대 되거나 외부창을 깨뜨리고 번져나간 불이 상부층의 유리창을 뚫고 확대되는 경우가 있다. 이러한 경우를 대비하여 바닥 방호용 스프링클러설비 외에 창문에 헤드를 설치하여 연소확대를 방지하는 방식을 권장한다. 헤드의 간격은 창문에서 50cm, 헤드간에는 1.8m가 적정하며, 일반 하향식 헤드를 사용하는 것이 가능하다.

기출문제

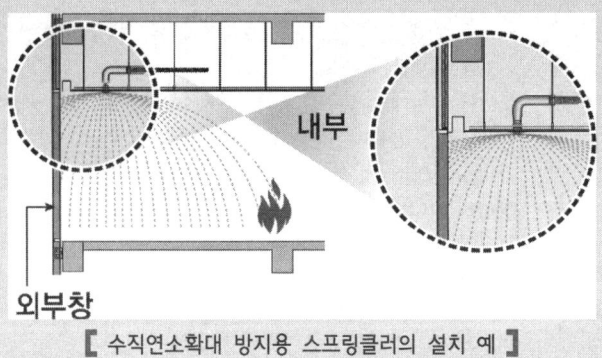

【 수직연소확대 방지용 스프링클러의 설치 예 】

114회

01 비상용승강기의 승강장에 설치하는 배연설비의 구조에 대해 설명하시오.

해설 1. 기준
① 배연구 및 배연풍도는 불연재료로 하고, 화재가 발생한 경우 원활하게 배연시킬 수 있는 규모로서 외기 또는 평상시에 사용하지 아니하는 굴뚝에 연결할 것
② 배연구에 설치하는 수동개방장치 또는 자동개방장치는 손으로도 열고 닫을 수 있도록 할 것
③ 배연구는 평상시에는 닫힌 상태를 유지하고, 연 경우에는 배연에 의한 기류로 인하여 닫히지 아니하도록 할 것
④ 배연구가 외기에 접하지 아니하는 경우에는 배연기를 설치할 것
⑤ 배연기는 배연구의 열림에 따라 자동적으로 작동하고, 충분한 공기배출 또는 가압능력이 있을 것
⑥ 배연기에는 예비전원을 설치할 것
⑦ 공기유입방식을 급기가압방식 또는 급・배기방식으로 하는 경우에는 제1호 내지 제6호의 규정에 불구하고 소방관계법령의 규정에 적합하게 할 것

02 건축물의 바깥쪽에 설치하는 피난계단의 건축법상 구조기준에 대해 설명 하시오.

해설 1. 옥외 피난계단 설치 대상
① 건축물의 3층 이상인 층(피난층 제외)으로서 다음 어느 하나에 해당하는 용도로 쓰는 층
  - 제2종 근린생활시설 중 공연의 용도로 쓰는 바닥면적의 합계가 300m2 이상인 것
  - 문화 및 집회시설 중 공연장이나 위락시설 중 주점영업의 용도로 쓰는 층으로서 그 층 거실의 바닥면적의 합계가 300m2 이상인 것 – 문화 및 집회시설 중집회장

의 용도로 쓰는 층으로서 그 층 거실의 바닥면적의 합계가 1000m2 이상인 것
2. 옥외 피난계단 구조
① 계단은 그 계단으로 통하는 출입구외의 창문등으로부터 2m 이상의 거리를 두고 설치할 것
② 건축물의 내부에서 계단으로 통하는 출입구에는 갑종방화문을 설치할 것
③ 계단의 유효너비는 0.9 m 이상으로 할 것
④ 계단은 내화구조로 하고 지상까지 직접 연결되도록 할 것

03 소방시설 등의 성능위주설계 방법에서 시나리오 적용기준 중 인명안전기준에 대하여 설명하시오.

해설 1. 인명안전기준

구 분	성능기준		비 고
호흡 한계선	바닥으로부터 1.8m 기준		
열에 의한 영향	60℃ 이하		
가시거리에 의한 영향	용도	허용가시거리 한계	단, 고휘도 유도등, 바닥유도등, 축광유도표지 설치시, 집회시설 판매시설 7m 적용 가능
	기타시설	5m	
	집회시설 판매시설	10m	
독성에 의한 영향	성분	독성기준치	기타, 독성가스는 실험결과에 따른 기준치를 적용 가능
	CO	1,400ppm	
	O_2	15%이상	
	CO_2	5% 이하	

04 건축물에 화재발생 시 유독가스 발생으로 인한 인명피해를 최소화하기 위한 마감재료의 기준과 수직화재 확산방지를 위한 화재확산방지구조에 대하여 각각 설명하시오.

해설 1. 개요
① 마감재료란 건축물의 외벽 및 내부의 천장·반자·벽(경계벽 포함)·기둥 등에 부착되는 마감재료를 말함
② 마감재료는 불연재, 준불연재, 난연재 이상의 성능 기준에 적합하여야 한다.
③ 불연재료란 불에 타지 아니하는 성질을 가진 재료로서 국토교통부령으로 정하는 기준에 적합한 재료, 준불연재료란 불연재료에 준하는 성질을 가진 재료로서 국토교통부령으로 정하는 기준에 적합한 재료, 난연재료란 불에 잘 타지 아니하는 성능을 가진 재료로서 국토교통부령으로 정하는 기준에 적합한 재료를 말한다.
2. 마감재료 규제대상

기출문제

1) 내부마감재료 규제대상

용도	당해용도의 거실바닥 면적	거실	복도, 통로, 계단
1. 위험물 저장 처리시설	모두	불연재료 준불연재료 난연재료	불연재료 준불연재료
2. 위락, 운수, 판매, 종교, 문화, 집회	200㎡이상 (내화,불연재료 400㎡이상)		
3. 숙박 오피스텔, 학원 독서실, 공동주택, 다중, 다가구, 의료, 아동, 노인복지	3층이상 거실바닥면적 합계 200㎡이상 (내화, 불연 400㎡이상)		
4. 공장건축물이 (1층 이하이고, 연1000㎡미만으로 다음 각호에 해당되는 것은 제외) ① 국토해양부령으로 정하는 화재위험이 적은 공장용도 ② 화재 시 대피가 가능한 국토해양부령으로 정하는 출구를 갖출 것 ③ 국토해양부령으로 정하는 성능을 갖춘 복합자재[불연성인 재료와 불연성이 아닌 재료가 복합된 자재로서 양면 철판과 심재(心材)로 구성된 것을 말한다]를 내부 마감재료로 쓸 것			
5. 5층이상 건축물	5층 이상의 층의 거실 바닥면적 합계 500㎡이상		
6. 1~4용도의 거실 지하층에 설치한 경우	모두	불연재료 준불연재료	
7. 다중이용업소 당구장, 공연장, 초등학교, 예식장, 여관, 여인숙			

※ 위의 1~5에 주요 구조부가 내화구조 또는 불연재료로 된 건축물 그 거실의 바닥면적(자동식 소화설비가 설치된 면적 제외)200㎡이내마다 방화구획된 건축물

3. 건축물 외장재 적용 및 대상
   1) 외장재 적용 및 대상
      ① 법 제52조제2항
         대통령령으로 정하는 건축물의 외벽에 사용하는 마감재료는 방화에 지장이 없는 재료로 하여야 한다. 이 경우 마감재료의 기준은 국토교통부령으로 정한다.
      ② "법 제52조제2항에서 "대통령령으로 정하는 건축물"이란 다음 각 호의 어느 하나에 해당하는 것을 말한다.
         (1) 상업지역(근린상업지역은 제외한다)의 건축물로서 다음 각 목의 어느 하나에 해당하는 것
            가. 제1종 근린생활시설, 제2종 근린생활시설, 문화 및 집회시설, 종교시설, 판매시설, 의료시설, 교육연구시설, 노유자시설, 운동시설 및 위락시설의 용도로

쓰는 건축물로서 그 용도로 쓰는 바닥면적의 합계가 2천제곱미터 이상인 건축물
　　　　나. 공장(국토교통부령으로 정하는 화재 위험이 적은 공장은 제외한다)의 용도로 쓰는 건축물로부터 6미터 이내에 위치한 건축물
　　　(2) 6층 이상 또는 높이 22미터 이상인 건축물
　2) 외장재 재질
　　① 건축물의 외벽[필로티 구조의 외기(外氣)에 면하는 천장 및 벽체를 포함한다]에는 법 제52조제2항 후단에 따라 불연재료 또는 준불연재료를 마감재료(단열재, 도장 등 코팅재료 및 그 밖에 마감재료를 구성하는 모든 재료를 포함한다. 이하 이 항 및 제6항에서 같다)로 사용하여야 한다. 다만, 외벽 마감재료를 구성하는 재료 전체를 하나로 보아 불연재료 또는 준불연재료에 해당하는 경우 마감재료 중 단열재는 난연재료로 사용할 수 있다. 〈개정 2015.10.7〉
　　② 위 규정에도 불구하고 영 제61조제2항제2호에 해당하는 건축물의 외벽을 국토교통부장관이 정하여 고시하는 화재 확산 방지구조 기준에 적합하게 설치하는 경우에는 난연재료를 마감재료로 사용할 수 있다.

> **Reference**
>
> **제7조(화재 확산 방지구조)**
> 「건축물의 피난·방화구조 등의 기준에 관한 규칙」제24조제5항에서 "국토해양부장관이 정하여 고시하는 화재 확산 방지구조"는 수직 화재확산 방지를 위하여 외벽마감재와 외벽마감재 지지구조 사이의 공간([별표1]에서 "화재확산방지재료" 부분)을 다음 각 호 중 하나에 해당하는 재료로 매 층마다 최소 높이 400㎜ 이상 밀실하게 채운 것을 말한다.
> 1. 한국산업표준 KS F 3504(석고 보드 제품)에서 정하는 12.5mm 이상의 방화 석고 보드
> 2. 한국산업표준 KS L 5509(석고 시멘트판)에서 정하는 석고 시멘트판 6mm 이상인 것 또는 KS L 5114(섬유강화 시멘트판)에서 정하는 6mm 이상의 평형 시멘트판인 것
> 3. 한국산업표준 KS L 9102(인조 광물섬유 단열재)에서 정하는 미네랄울 보온판 2호 이상인 것
> 4. 한국산업표준 KS F 2257-8(건축 부재의 내화 시험 방법-수직 비내력 구획 부재의 성능 조건)에 따라 내화성능 시험한 결과 15분의 차염성능 및 이면온도가 120K 이상 상승하지 않는 재료
>
> **제6조(시험성적서)**
> ① 시험기관은 의뢰인이 제시한 시험시료의 재질, 주요성분 및 시험체 가열면 등 세부적인 내용을 확인하여 시험성적서에 명기하여야 하며, 시험의뢰인은 필요한 자료를 제공하여야 한다.
> ② 이 기준에 따라 발급된 시험성적서는 발급일로부터 1년간 유효한 것으로 한다.
> ③ 성능시험은 다음 각호의 시험기관에서 할 수 있으며, 시험을 실시하는 시험기

기출문제

> 관의 장은 시험체 및 시험에 관한 기록을 유지·관리하여야 한다.
> 1. 건설기술관리법 제25조에 의한 품질검사전문기관
> 2. 한국산업규격(KS A 17025) 또는 ISO/IEC 17025에 적합한 것으로 인정받은 국내 공인시험기관

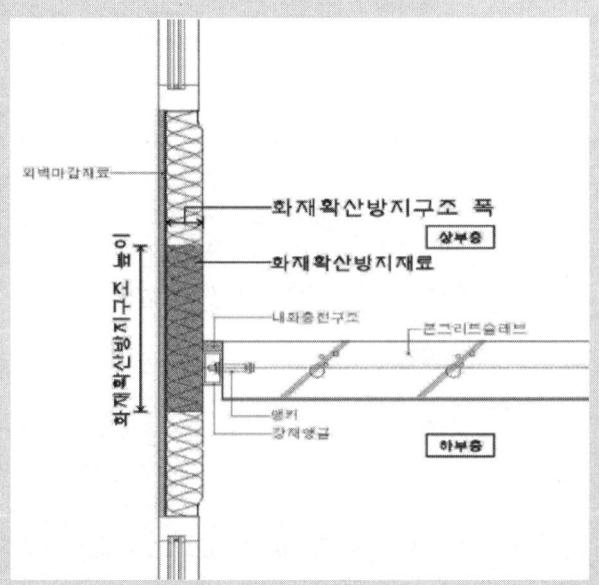

05 건축법상 방화구획과 내화구조의 기준을 비교하고, 차이점을 설명하시오.

해설

1. 개요
   ① 방화구획은 화재를 post-flashover까지 화재를 한정하는데 있다.
   ② 내화구조는 방화구획을 조성하기 위한 구조체로 건축물의 부위별 특성에 따라 구조적안전성, 차염성, 차열성을 확보해야 한다.
   ③ 방화구획은 화재 확산을 수직, 수평으로 입체적으로 방지하는 기능을 갖는다.

2. 비교

구분	내화구조	방화구획
대상	① 불특정 다수인을 동시에 수용하는 건축물 ② 사람이 장시간 체류하는 건축물 ③ 위험물을 취급하는 건축물 ④ 관람 집회 시설 : 바닥면적 200㎡이상 ⑤ 판매 시설 및 영업시설 : 바닥면적 500㎡이상 ⑥ 공장 : 바닥면적 2000㎡이상	주요구조부가 내화구조 또는 불연 재료로 된 건축물로서 연면적 1000㎡가 넘는 건축물일 경우 건축법상 방화구획 설치

	⑦ 3층이상 또는 지하층이 있는 건축물 ⑧ 노인복지, 숙박시설, 의료시설 바닥면적 400㎡이상	

기준	① 철근 콘크리트조, 연와조 기타 유사한 구조물로써 주요구조부인 주계단, 벽,바닥, 보, 기둥, 지붕 등에 적용	① 10층 이하의 층
		  - 바닥면적 1,000㎡ 이내마다 구획
		  - 스프링클러 기타 이와 유사한 자동식소화설비를 설치한 경우에는 바닥면적 3,000㎡ 이내마다 구획
		② 3층 이상의 층과 지하층
		  - 층마다 구획
		③ 11층 이상의 층
		  - 바닥면적 200㎡ 이내마다 구획
		  - 스프링클러 기타 이와 유사한 자동식소화설비를 설치한 경우에는 600㎡ 이내마다 구획

기능	하중지지력, 차열성, 차염성	구획을 통한 화재확대 방지하는 것으로 부분화에 의한 확대방지방법

3. 차이점

구분	내화구조	방화구획
목적	화재확산 방지 건물 구조 안정성 확보	구획을 통한 화재확대 방지 재산보호
기능	하중 지지력, 차염성, 차열성	이웃된 실, 다른 층으로 연소확대방지
재사용	화재 후 재사용 가능	재사용 유무 고려하지 않음

기출문제

113회(2017년 8월)

01 화재모델의 사용 시 열과 연기에 대한 공학적 능력을 토대로 적절한 입력조건을 결정하기 위한 고려사항을 제시하시오.

02 건축물의 화재발생 시 수직 화재 확산 등을 방지하기 위하여 외벽마감재와 외벽마감재지지 구조 사이의 공간에 대해 적용하는 화재 확산방지구조에 대하여 설명하시오.

03 소방공사 감리업무 수행 내용과 설계도서 해석의 우선순위에 대하여 설명하시오.

04 「소방시설 등의 성능위주설계 방법 및 기준」에 따른 성능위주설계 적용대상, 절차 및 「초고층 및 지하연계복합건축물 재난관리에 관한 특별법」에 대한 사전재난영향성검토 적용대상, 절차를 기술하고, 신청·신고내용, 초고층 건축물에서 특별히 고려해야 할 사항에 대하여 설명하시오.

▲해설 1. 성능위주설계 적용대상
    1) 연면적 20만제곱미터 이상인 특정소방대상물. 다만, 별표 2 제1호에 따른 공동주택 중 주택으로 쓰이는 층수가 5층 이상인 주택(이하 이 조에서 "아파트 등"이라 한다)은 제외한다.
    2) 다음 각 목의 어느 하나에 해당하는 특정소방대상물. 다만, 아파트 등은 제외한다.
       가. 건축물의 높이가 100미터 이상인 특정소방대상물
       나. 지하층을 포함한 층수가 30층 이상인 특정소방대상물
    3) 연면적 3만제곱미터 이상인 특정소방대상물로서 다음 각 목의 어느 하나에 해당하는 특정소방대상물
       가. 별표 2 제6호 나목의 철도 및 도시철도 시설
       나. 별표 2 제6호 다목의 공항시설
    4) 하나의 건축물에 「영화 및 비디오물의 진흥에 관한 법률」 제2조 제10호에 따른 영화상영관이 10개 이상인 특정소방대상물

2. 성능위주설계 절차

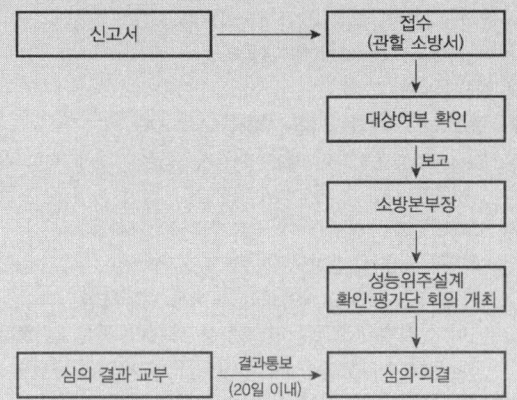

3. 사전재난영향성검토 적용대상
   1) "초고층 건축물"이란 층수가 50층 이상 또는 높이가 200미터 이상인 건축물을 말한다(「건축법」 제84조에 따른 높이 및 층수를 말한다. 이하 같다).
   2) "지하연계 복합건축물"이란 다음 각 목의 요건을 모두 갖춘 것을 말한다.
      가. 층수가 11층 이상이거나 1일 수용인원이 5천명 이상인 건축물로서 지하부분이 지하역사 또는 지하도상가와 연결된 건축물
      나. 건축물 안에 「건축법」 제2조 제2항 제5호에 따른 문화 및 집회시설, 같은 항 제7호에 따른 판매시설, 같은 항 제8호에 따른 운수시설, 같은 항 제14호에 따른 업무시설, 같은 항 제15호에 따른 숙박시설, 같은 항 제16호에 따른 위락(慰樂)시설 중 유원시설업(遊園施設業)의 시설 또는 대통령령으로 정하는 용도의 시설이 하나 이상 있는 건축물

4. 사전재난영향성검토 절차(신고)
   1) 건축물 허가 사업자 → 승인기관에 재난영향 포함 사업계획서 제출 및 접수
   2) 승인기관 장은 허가·승인·인가·협의·계획수립 등을 하기 전 → 시·도 본부장에게 재난영향성 검토에 관한 사전협의를 요청
   3) 시·도 본부장에게 사전재난영향성검토위원회를 구성·운영 및 심의 → 시·도지사에게 검토 의견을 통보
   4) 시·도지사는 의견이 허가 등 신청서에 반영되었는지 확인 → 요청사업자에게 결과 통보
   5) 기타
      초고층 건축물 등을 설치하고자 하는 자가 사전영향평가를 신청하여 건축위원회에서 사전재난영향성검토협의 내용을 심의한 경우 → 사전재난영향성검토협의를 받은 것으로 본다.

5. 사전재난영향성검토 신청·신고내용
   1) 종합방재실 설치 및 종합재난관리체제 구축 계획
   2) 내진설계 및 계측설비 설치계획
   3) 공간 구조 및 배치계획
   4) 피난안전구역 설치 및 피난시설, 피난유도계획

> ## 기출문제

5) 소방설비·방화구획, 방연·배연 및 제연계획, 발화 및 연소확대 방지계획
6) 관계지역에 영향을 주는 재난 및 안전관리 계획
7) 방범·보안, 테러대비 시설설치 및 관리계획
8) 지하공간 침수방지계획
9) 그 밖에 대통령령으로 정하는 다음 사항들
  가. 지진해일 대비·대응계획, 이 경우 해안가 1km 이내에 건축되는 경우에 한한다.
  나. 초고층 건축물등에 사용한 내·외부마감 재료의 관계법 준수 여부
10) 상기 1내지 9호를 검토하기 위하여 필요한 다음 사항들
  가. 관계지역 대지경사 및 주변현황
  나. 관계지역 내 전기, 가스 등 라이프라인 매설 현황도면
  다. 건축물 대테러 설계계획(CCTV 시스템 등 대테러 시설 및 장비 설치계획서 포함)
  라. 기타 시·도본부장이 재난영향성검토에 필요하다고 인정하여 제출을 요구한 자료

6. 초고층 건축물에서 특별히 고려해야 할 사항
- 강력한 연돌효과 발생
- 피난의 어려움 및 혼란발생 우려
- 소방대원용 무전기의 통신성능 제한
- 상층부로의 수직 연소확대 위험
- 방재센터의 기능 중요
- 피난용량에 근거한 피난계단 수 및 계단폭 결정 필요
- 피난자와 소방대원과의 혼잡 발생
- 태풍이나 지진의 영향
- 방화나 테러의 표적
- 진화 실패에 따른 대형 피해 우려
- 거주자들의 심리적인 불안감
- 대형사고 시 국가안전 이미지 추락

05 「소방시설의 내진설계기준」에서 제시하는 수평력(F_{pw})과 「건축구조기준」 중 기계 및 전기설비 등 비구조요소의 내진설계 기준에서 제시하는 등가정적하중(F_p)에 대하여 비교하여 설명하시오.

06 피난용승강기의 설치대상 및 세부기준 및 피난용승강기안전검사기준에 따른 추가 요건에 대하여 설명하시오.

07 화재 시 발생된 연기 유동에 따른 기본방정식을 설명하시오.

112회(2017년 5월)

01 건축물의 구조안전 확인 대상과 적용기준을 설명하시오.

◀해설 1. 건축물의 구조안전 확인 대상
① 층수가 2층(주요구조부인 기둥과 보를 설치하는 건축물로서 그 기둥과 보가 목재인 목구조 건축물의 경우에는 3층) 이상인 건축물
② 연면적이 500제곱미터 이상인 건축물. 다만, 창고, 축사, 작물 재배사 및 표준설계도서에 따라 건축하는 건축물은 제외한다.
③ 높이가 13미터 이상인 건축물
④ 처마높이가 9미터 이상인 건축물
⑤ 기둥과 기둥 사이의 거리가 10미터 이상인 건축물
⑥ 국토교통부령으로 정하는 지진구역 안의 건축물
⑦ 국가적 문화유산으로 보존할 가치가 있는 건축물로서 국토교통부령으로 정하는 것
⑧ 제2조 제18호 가목 및 다목의 건축물

2. 적용기준
① 구조안전 확인대상에 해당하는 건축물의 건축주는 해당 건축물의 설계자로부터 구조 안전의 확인 서류를 받아 법 제21조에 따른 착공신고를 하는 때에 그 확인 서류를 허가권자에게 제출하여야 한다.
② 기존 건축물을 건축 또는 대수선하려는 건축주는 법 제5조 제1항에 따라 적용의 완화를 요청할 때 구조 안전의 확인 서류를 허가권자에게 제출하여야 한다.
③ 건축, 대수선하는 설계자는 구조기준 등에 따라 그 구조의 안전을 확인해야 한다.

02 간막이벽의 설치대상 건축물과 설치기준을 설명하시오.

◀해설 1. 경계벽 및 간막이벽 설치대상
① 단독주택 중 다가구 주택의 각 세대간 또는 공동 주택의 각 세대간
② 기숙사의 침실, 의료시설의 병실, 교육연구시설 중 학교의 교실 또는 숙박시설의 객실 사이 벽
③ 제2종 근린생활시설 중 고시원의 호실 간 칸막이벽
④ 노유자시설 중 「노인복지법」 제32조 제1항 제3호에 따른 노인복지주택(이하 "노인복지주택"이라 한다)의 각 세대 간 경계벽
⑤ 노유자시설 중 노인요양시설의 호실 간 경계벽

2. 설치기준
① 경계벽, 간막이벽은 내화구조로 하고 바로 윗층의 바닥판까지 닿게 설치할 것
② 구조
 - 철근 콘크리트조, 철골 철근 콘크리트조 두께 10㎝ 이상
 - 콘크리트 블록조, 벽돌조 두께 19㎝ 이상

- 무근콘크리트조 또는 석조로서 두께가 10센티미터(시멘트모르타르·회반죽 또는 석고플라스터의 바름두께를 포함한다) 이상인 것
- 국토교통부장관이 정하여 고시하는 기준에 따라 국토교통부장관이 지정하는 자 또는 한국건설기술연구원장이 실시하는 품질시험에서 그 성능이 확인된 것
- 한국건설기술연구원장이 제27조 제1항에 따라 정한 인정기준에 따라 인정하는 것

3. 공동주택인 경우
    ① 철근 콘크리트조, 철골 철근 콘크리트조 두께 15cm 이상
    ② 콘크리트 블록조, 벽돌조 두께 20cm 이상
    ③ 조립식주택부재인 콘크리트로서 두께가 12cm 이상인 것
    ④ 한국건설기술연구원장이 차음성능을 인정하여 지정하는 구조인 것

03 초고층 건축물의 피난안전구역에 설치하는 피난유도선, 비상조명등 및 인명안전기구의 설치기준을 각각 설명하시오.

◀해설

1. 피난유도선
    ① 피난안전구역이 설치된 층의 계단실 출입구에서 피난안전구역 주 출입구 또는 비상구까지 설치할 것
    ② 계단실에 설치하는 경우 계단 및 계단참에 설치할 것
    ③ 피난유도 표시부의 너비는 최소 25mm 이상으로 설치할 것
    ④ 광원점등방식(전류에 의하여 빛을 내는 방식)으로 설치하되, 60분 이상 유효하게 작동할 것

2. 비상조명등
    피난안전구역의 비상조명등은 상시 조명이 소등된 상태에서 그 비상조명등이 점등되는 경우 각 부분의 바닥에서 조도는 10ℓx 이상이 될 수 있도록 설치할 것

3. 휴대용비상조명등
    ① 피난안전구역에는 휴대용비상조명등을 다음 각호의 기준에 따라 설치하여야 한다.
      - 초고층 건축물에 설치된 피난안전구역 : 피난안전구역 위층의 재실자수의 10분의 1 이상
      - 지하연계 복합건축물에 설치된 피난안전구역 : 피난안전구역이 설치된 층의 수용인원의 10분의 1 이상
    ② 건전지 및 충전식 건전지의 용량은 40분 이상 유효하게 사용할 수 있는 것으로 한다. 다만, 피난안전구역이 50층 이상에 설치되어 있을 경우의 용량은 60분 이상으로 할 것

4. 인명구조기구
    ① 방열복, 인공소생기를 각 2개 이상 비치할 것
    ② 45분 이상 사용할 수 있는 성능의 공기호흡기(보조마스크를 포함한다)를 2개 이상 비치하여야 한다. 다만, 피난안전구역이 50층 이상에 설치되어 있을 경우에는 동일한 성능의 예비용기를 10개 이상 비치할 것
    ③ 화재시 쉽게 반출할 수 있는 곳에 비치할 것
    ④ 인명구조기구가 설치된 장소의 보기 쉬운 곳에 "인명구조기구"라는 표지판 등을 설치할 것

04 건축물에서 방화구획 시공 시 사전확인 사항에 대하여 설명하시오.

해설

1. 대상
   ① 주요구조부가 내화구조 또는 불연재료로 된 건축물로서 연면적 1,000㎡가 넘는 건축물일 경우 건축법상 방화구획 설치 대상이다.
   ② 구획을 통한 화재확대 방지하는 것으로 부분화에 의한 확대방지방법이다.

2. 방화구획

층별구분	설치기준
10층 이하의 층	- 바닥면적 1,000㎡ 이내마다 구획 - 스프링클러 기타 이와 유사한 자동식소화설비를 설치한 경우에는 바닥면적 3,000㎡ 이내마다 구획
3층 이상의 층과 지하층	- 층마다 구획
11층 이상의 층	- 바닥면적 200㎡ 이내마다 구획 - 스프링클러 기타 이와 유사한 자동식소화설비를 설치한 경우에는 600㎡ 이내마다 구획
11층 이상의 층 벽 및 반자의 실내에 접하는 부분의 마감을 불연재료로 한 경우	- 바닥면적 500㎡ 이내마다 - 스프링클러 기타 이와 유사한 자동식소화설비를 설치한 경우에는 1,500㎡ 이내마다 구획

3. 방화구획 시공 시 사전확인 사항
   ① 방화구획도를 통한 면적별 방화구획 확인
   ② 3층 이상 및 지하층 유무에 따른 층별 방화구획 확인
   ③ 면적별 및 층별 방화구획을 관통하는 배관 및 케이블트레이 등에 내화충진제 시공 방법 확인
   ④ 방화문의 설치위치 및 개폐방법 확인(아파트의 계단실 출입문 상시 열려있는 구조일 것)
   ⑤ 방화셔터의 설치위치 및 동작방법 확인
   ⑥ 방화구획 관통부에 설치되는 덕트내에 방화댐퍼 설치위치 및 댐퍼퓨즈의 동작온도 확인
   ⑦ 외벽마감재의 적정성 여부(상층연소확대방지를 위한 화재확산방지구조 적용)

05 자동방화셔터의 설치위치, 셔터구성, 성능기준 및 사용에 따른 문제점에 대하여 설명하시오.

해설

1. 설치위치
   ① 피난상 유효한 갑종방화문으로 3m 이내에 별도로 설치할 것
   ② 일체형 셔터의 경우에는 갑종방화문을 설치하지 않을 수 있다.

2. 일체형 셔터의 출입구
   ① 유도등 또는 비상구 유도표지를 설치할 것
   ② 출입구 부분은 셔터의 다른 부분과 색상을 달리하여 쉽게 구분이 되도록 할 것
   ③ 출입구의 유효너비 0.9m 이상, 유효 높이 2m 이상일 것

기출문제

3. 자동방화셔터의 구성 ◆자동방화셔터의 기준, 건교부고시 2010-528(2010. 08. 03)
   1) 구성요소
      ① 열감지기, 연기감지기 또는 온도퓨우즈
      ② 연동폐쇄기구
      ③ 개폐장치
      ④ 셔터본체
      ⑤ 전동기

   > **Reference**
   >
   > ◎ 자동방화셔터 및 방화문의 기준 제4조 (셔터의 구성)
   > 셔터는 전동 또는 수동에 의해서 개폐할 수 있는 장치와 연기감지기·열감지기 등을 갖추고, 화재발생시 연기 및 열에 의하여 자동폐쇄되는 장치 일체로서 주요구성부재·장치·규모 등은 KS F 4510(중량셔터)에 적합하여야 한다. 다만, 강재셔터가 아닌 경우에는 KS F 4510(중량셔터)에 준하는 구성조건이어야 한다.

   2) 개폐장치
      ① 전동 및 수동에 의해 수시 작동
      ② 임의의 위치에서 정지할 수 있는 구조
      ③ 자중에 의한 폐쇄가 가능
      ④ 개폐용 전동기는 한국공업규격의 저압3상유도전동기(KS C 4202) 또는 단상유도전동기(KS C 4204)에 적합한 한국공업규격표시품
      ⑤ 샤프트 롤러체인은 전동용 롤러체인(KS B 1407)에 적합
   3) 연동폐쇄기구 KS F 4510 : 2005
      방화셔터에 사용하는 케이스는 슬랫을 감아 올리는 구멍 및 건물의 내화구조의 보, 벽 또는 바닥 등에 방화상 유효하게 씌우는 부분을 제외하고 그 모든 주위를 강판 또는 이와 동등 이상의 방화성능이 있는 재료로 둘러싸는 것으로 한다.
      ① 열감지기는 검정에 합격한 보상식 또는 정온식 감지기로서, 정온점 또는 특종의 공칭 작동온도가 각각 60~70℃의 것
      ② 연기감지기는 소방법 제38조의 규정에 의한 검정합격
      ③ 연동 제어기는 감지기 등으로부터 신호를 받은 경우에 자동폐쇄 장치에 기동신호를 부여하는 것으로서, 수시 제어하고 있는 것의 감시를 할 수 있는 것이어야 한다. 또 유지관리를 쉽게 할 수 있는 것이어야 한다.
      ④ 자동폐쇄장치는 연동폐쇄기구로부터 기동신호를 받은 경우에 셔터를 자동으로 폐쇄시키는 것이어야 한다.
      ⑤ 예비전원은 충전을 하지 않고 30분간 계속하여 셔터를 개폐시킬 수 있어야 한다.
4. 성능 기준
   ① KS F 2268-1(방화문의 내화시험방법)에 따른 내화시험 결과 비차열 1시간 성능
   ② KS F 4510(중량셔터)에서 규정한 차연성능
   ③ KS F 4510(중량셔터)에서 규정한 개폐성능
   ④ 일체형 셔터의 피난 출입문을 여는데 필요한 힘(바닥으로부터 86cm에서 122cm 사이, 개폐부 끝단에서 10cm 이내에서 측정한다.)은 문을 열 때 133N 이하, 완전 개방할 때 67N 이하

5. 문제점
   ① 구획기능(차열, 차염성 기능)이 적다. → sp System으로 보완 필요
   ② 다수의 피난자가 사용하는 장소는 일체형 셔터로 인하여 피난에 장애가 일어날 수 있다.
6. 외관점검
   ① 설치위치 점검 : 건축법에서 규정하는 피난상 유효한 갑종방화문으로부터 3m 이내에 별도로 설치되어 있는지 확인한다. 일제형 셔터의 경우는 제외한다.
   ② 출입구 부분에 유도등이나 유도표지가 소방법에 적합하게 설치되어 있는지 점검한다.
   ③ 일체형 셔터의 경우는 출입구 부분에 셔터와 다른 부분과 색상을 달리하여 구분을 쉽게 하였는지 점검한다.
   ④ 일체형 셔터의 경우 출입구의 유효너비는 0.9m 이상, 유효높이는 2m 이상인지 여부를 점검한다.
   ⑤ 셔터를 전동 또는 수동으로 개폐할 수 있는 장치와 감지기(열 및 연기)가 설치되어 있는지 점검한다.
7. 기능점검
   ① 전동 또는 수동으로 개폐를 할 수 있는 장치(연동제어기)의 기능을 점검한다.
   ② 감지기 동작에 의해서 셔터가 개폐할 수 있는 그 기능을 점검한다.
      - 연기감지기에 의한 일부 폐쇄 : 제연경계의 기능(셔터 높이에 1/3 정도)
      - 열 감지기에 의한 완전 폐쇄 : 방화구획의 기능
   ③ 셔터의 상부가 상층 바닥에 직접 닿는지 여부를 점검한다.
      - 부득이하게 발생한 바닥과의 틈새는 화재시 열, 연기의 이동 경로가 되지 않도록 방화구획에 준하는 처리(내화충전구조)를 하였는지 점검한다.

06 건축물의 방화계획에서 다음을 설명하시오.

1) 구조계획
2) 평면 및 단면계획
3) 설비계획
4) 유지관리계획

해설 1. 구조계획
   1) 배치계획
      ① 배치 계획시 피난 및 소화활동을 고려하며,
      ② 소방차 진입을 위한 진입로 확보 및 11층 이상의 건축물은 소방차 진입도로 규정하고 있으며, 초고층인 경우 피난용 승강기 설치를 고려하여야 한다.
      ③ 인접건물로 연소 확대 위험성에 대한 고려도 필요하다.
   2) 연소확대방지
      ① 용도별, 층별, 면적별 방화구획
         ㄱ. 시방위주 내화설계
            내화성능시험 > 요구내화시간
         ㄴ. 성능위주 내화설계
            내화성능시험 > 설계화재 → 등가화재가혹도 → 내화설계용 시간 온도곡선

3) 내화 건축물 계획
① 건물의 용도, 높이, 부재 등을 고려하여 요구 내화시간 산정
② 내화성능시험을 통해 요구내화시간보다 큰 것을 확인
③ 내화성능시험은 차열성, 차염성, 하중지지력 시험을 통해 확인
④ 철골 구조는 내화피복 등을 하여 내화성능 확보

2. 평면 및 단면계획
1) 평면계획
① 수직통로에 의한 상층 연소 확대 및 연기에 의한 오염 방지를 위해 수직통로 계획
② 용도가 다른 경우 용도구획
③ 수평으로 연소확대 방지를 1000㎡마다 면적별로 구획하고,
④ 피난로는 Zoning 계획을 한 다음 1, 2, 3차 안전구획을 통해 피난 안전성을 확보하여야 한다.

2) 단면계획
① 수직동선은 전용구획하고 방연조치를 하여 안전성을 확보
② 초고층 건축물의 경우 피난시 중간 기계층을 피난공간으로 활용
③ 수직통로에서 양방향 피난을 확보할 수 있도록 피난계단을 2개소 이상, 옥상광장 확보, 아파트의 경우 발코니를 설치하여야 한다.

3) 입면계획
① 커튼월 구조, 무창구조의 취약성을 고려한 대책확보
② 창을 통한 상층 연소확대 방지 - 캔틸레버, 스팬드릴, s/p, 방화셔터

4) 내장계획
① 내장재 불연화, 난연화
② 내장재 양을 줄이는 대책

3. 설비계획
① 연소 우려가 있는 개구부는 방화문, 셔터, 댐퍼 등을 통한 계획
② 소화설비 적용 여부
③ 경보설비 및 피난설비 적용 여부

4. 유지관리계획
① 소방대의 조직 및 소방안전관리자 업무분장
② 소화기 및 연기감지기 등 내구연한에 따른 교체 주기
③ 화기관리 및 취급 계획
④ 방재센터의 설치 및 기능

07 푸리에 변환 적외선 분광기(Fourier Transform Infrared Spectrometer)를 이용한 건축물 마감재료의 독성평가에 대하여 설명하시오.

08 피난안전구역에 관하여 다음을 설명하시오.

1) 초고층건축물의 피난안전구역 설치기준
2) 지하연계복합건축물의 선큰(Sunken) 설치기준
3) 피난안전구역에 설치하는 소방시설

▣ 해설

1. 정의
   일반 건축물에서의 화재 등의 재난 시 피난은 옥외로 피난하는 것이다. 그러나 고층건축물에서 모든 층의 거주자가 일시에 계단으로 피난하는 경우에는 그 혼잡으로 인하여 피난시간의 지연뿐만 아니라 흥분하거나 공포심을 느낀 사람들로 인한 부상이나 사망 등의 사고가 발생할 수 있다. 따라서 건축물 내에 있는 사람들이 재난 시 모두 옥외로 피난하는 것이 아니라 1차로 피난하여 대기할 수 있는 공간으로 피난하였다가 상황이 더욱 악화되는 경우에 2차 피난을 하게 된다.
   피난안전구역은 고층 건축물 내에 마련된 1차 피난장소이며, 이 장소는 화재 등의 재난 시에도 안전을 보장하기 위하여 각종 안전조치를 하여야 한다.

2. 설치대상
   1) 건축법 시행령
      – 초고층 건축물에는 피난안전구역을 지상층으로부터 최대 30개 층마다 1개소 이상 설치
      – 준초고층 건축물에는 피난안전구역을 해당 건축물 전체 층수의 2분의 1에 해당하는 층으로부터 상하 5개층 이내에 1개소 이상 설치. 다만, 다음 기준에 따라 직통계단을 설치하는 경우에는 그러하지 아니하다. (40층인 경우 15층에서 25층 사이에 설치)
         • 공동주택 : 120센티미터 이상
         • 공동주택이 아닌 건축물 : 150센티미터 이상
   2) 초고층 및 지하연계복합건축물의 재난관리에 관한 특별법
      – 16층 이상 29층 이하인 지하연계 복합건축물은 지상 층별 거주밀도가 $1.5명/m^2$를 초과하는 층은 해당 층의 사용형태별 면적의 합의 10분의 1에 해당하는 면적을 피난안전구역으로 설치할 것
        (극장, 회의장, 전시장 중 입석식, 회의실 등과 나이트 클럽 등)
      – 초고층 건축물 등의 지하층이 문화 및 집회시설, 판매시설, 운수시설, 업무시설, 숙박시설, 위락시설 중 유원시설업의 시설 또는 종합병원과 요양병원으로 사용하는 경우 설치
   3) 설치기준
      (가) 피난안전구역은 해당 건축물의 1개층을 대피공간으로 하며, 대피에 장애가 되지 아니하는 범위에서 기계실, 보일러실, 전기실 등 건축설비를 설치하기 위한 공간과 같은 층에 설치할 수 있다. 이 경우 피난안전구역은 건축설비가 설치되는 공간과 내화구조로 구획하여야 한다.
      (나) 피난안전구역에 연결되는 특별피난계단은 피난안전구역을 거쳐서 상·하층으로 갈 수 있는 구조로 설치하여야 한다.

기출문제

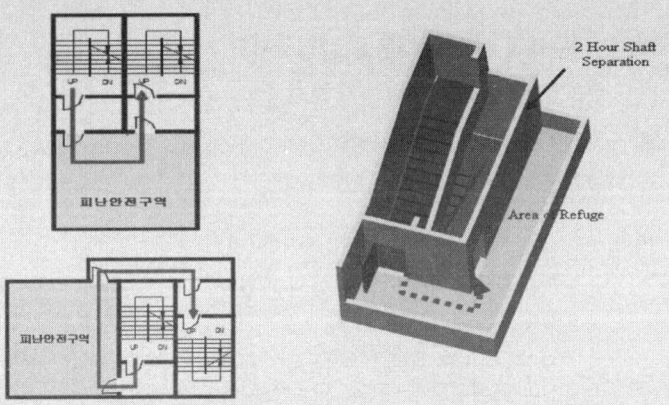

[피난안전구역에서 계단 분리의 예]

(다) 피난안전구역의 구조 및 설비는 다음 각 호의 기준에 적합하여야 한다.
① 피난안전구역의 바로 아래층 및 윗층은 적합한 단열재를 설치할 것. 이 경우 아래층은 최상층에 있는 거실의 반자 또는 지붕 기준을 준용하고, 윗층은 최하층에 있는 거실의 바닥 기준을 준용할 것
② 피난안전구역의 내부마감재료는 불연재료로 설치할 것
③ 건축물의 내부에서 피난안전구역으로 통하는 계단은 특별피난계단의 구조로 설치할 것
④ 비상용 승강기는 피난안전구역에서 승하차 할 수 있는 구조로 설치할 것
⑤ 피난안전구역에는 식수공급을 위한 급수전을 1개소 이상 설치하고 예비전원에 의한 조명설비를 설치할 것
⑥ 관리사무소 또는 방재센터 등과 긴급연락이 가능한 경보 및 통신시설을 설치할 것
⑦ 다음 별표에서 정하는 기준에 따라 산정한 면적 이상일 것

> 〈별표〉 피난안전구역의 면적 산정기준
> (1) 피난안전구역의 면적은 다음 산식에 따라 산정한다.
>   (피난안전구역 윗층의 재실자 수 × 0.5) × 0.28㎡
>   가. 피난안전구역 윗층의 재실자 수는 해당 피난안전구역과 다음 피난안전구역 사이의 용도별 바닥면적을 사용 형태별 재실자 밀도로 나눈 값의 합계를 말한다. 다만, 문화·집회용도 중 벤치형 좌석을 사용하는 공간과 고정좌석을 사용하는 공간은 다음의 구분에 따라 피난안전구역 윗층의 재실자 수를 산정한다.
>   1) 벤치형 좌석을 사용하는 공간 : 좌석길이 / 45.5cm
>   2) 고정좌석을 사용하는 공간 : 휠체어 공간 수 + 고정좌석 수
>   나. 피난안전구역 설치 대상 건축물의 용도에 따른 사용 형태별 재실자 밀도는 다음 표와 같다.
>
> | 용 도 | 사용 형태별 | 재실자 밀도 |
> |---|---|---|
> | 문화·집회 | 고정좌석을 사용하지 않는 공간 | 0.45 |

		고정좌석이 아닌 의자를 사용하는 공간	1.29
		벤치형 좌석을 사용하는 공간	-
		고정좌석을 사용하는 공간	-
		무대	1.40
		게임제공업 등의 공간	1.02
운동		운동시설	4.60
교육	도서관	서고	9.30
		열람실	4.60
	학교 및 학원	교실	1.90
보육		보호시설	3.30
의료		입원치료구역	22.3
		수면구역	11.1
교정		교정시설 및 보호관찰소 등	11.1
주거		호텔 등 숙박시설	18.6
		공동주택	18.6
업무		업무시설, 운수시설 및 관련 시설	9.30
판매		지하층 및 1층	2.80
		그 외의 층	5.60
		배송공간	27.9
저장		창고, 자동차 관련 시설	46.5
산업		공장	9.30
		제조업 시설	18.6

※ 계단실, 승강로, 복도 및 화장실은 사용 형태별 재실자 밀도의 산정에서 제외하고, 취사장·조리장의 사용 형태별 재실자 밀도는 9.30으로 본다.

⑧ 피난안전구역의 높이는 2.1미터 이상일 것
⑨ 「건축물의 설비기준 등에 관한 규칙」에 따른 배연설비를 설치할 것
⑩ 그 밖에 소방청장이 정하는 소방 등 재난관리를 위한 설비를 갖출 것

3. 소방시설
 1) 제연설비
  피난안전구역과 비 제연구역간의 차압은 50pa(옥내에 스프링클러설비가 설치된 경우에는 12.5Pa) 이상으로 하여야 한다. 다만 피난안전구역의 한쪽 면 이상이 외기에 개방된 구조의 경우에는 설치하지 아니할 수 있다.(건축관계법규에서는 옥외 피난안전구역에 대한 허용 여부가 명확히 정해져 있지 않으나 이 기준으로 인하여 옥외에 노출된 피난안전구역이 허용됨을 알 수 있다)
 2) 피난유도선
  피난유도선은 다음 각호의 기준에 따라 설치하여야 한다.
  ① 피난안전구역이 설치된 층의 계단실 출입구에서 피난안전구역 주 출입구 또는 비상구까지 설치할 것

② 계단실에 설치하는 경우 계단 및 계단참에 설치할 것
③ 피난유도 표시부의 너비는 최소 25mm 이상으로 설치할 것
④ 광원점등방식(전류에 의하여 빛을 내는 방식)으로 설치하되, 60분 이상 유효하게 작동할 것

3) 비상조명등
   피난안전구역의 비상조명등은 상시 조명이 소등된 상태에서 그 비상조명등이 점등되는 경우 각 부분의 바닥에서 조도는 10ℓx 이상이 될 수 있도록 설치할 것

4) 휴대용비상조명등
   ① 피난안전구역에는 휴대용비상조명등을 다음 각호의 기준에 따라 설치하여야 한다.
   – 초고층 건축물에 설치된 피난안전구역 : 피난안전구역 위층의 재실자수의 10분의 1 이상
   – 지하연계 복합건축물에 설치된 피난안전구역 : 피난안전구역이 설치된 층의 수용인원의 10분의 1 이상
   ② 건전지 및 충전식 건전지의 용량은 40분 이상 유효하게 사용할 수 있는 것으로 한다. 다만, 피난안전구역이 50층 이상에 설치되어 있을 경우의 용량은 60분 이상으로 할 것

5) 인명구조기구
   ① 방열복, 인공소생기를 각 2개 이상 비치할 것
   ② 45분 이상 사용할 수 있는 성능의 공기호흡기(보조마스크를 포함한다)를 2개 이상 비치하여야 한다. 다만, 피난안전구역이 50층 이상에 설치되어 있을 경우에는 동일한 성능의 예비용기를 10개 이상 비치할 것
   ③ 화재시 쉽게 반출할 수 있는 곳에 비치할 것
   ④ 인명구조기구가 설치된 장소의 보기 쉬운 곳에 "인명구조기구"라는 표지판 등을 설치할 것

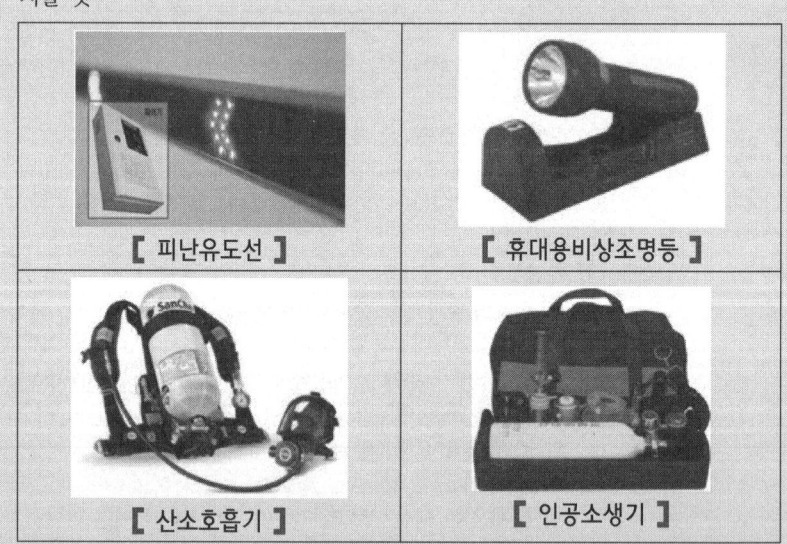

[피난유도선]   [휴대용비상조명등]
[산소호흡기]   [인공소생기]

4. 선큰 기준
   1) 용도별로 산정한 면적을 합산한 면적 이상으로 설치할 것
      ① 문화 및 집회시설 중 공연장, 집회장 및 관람장은 해당 면적의 21퍼센트 이상
      ② 판매시설 중 소매시장은 해당 면적의 7퍼센트 이상
      ③ 그 밖의 용도는 해당 면적의 3퍼센트 이상
   2) 건축기준
      ① 지상 또는 피난층(직접 지상으로 통하는 출입구가 있는 층 및 제1항에 따른 피난안 전구역을 말한다)으로 통하는 너비 1.8미터 이상의 직통계단을 설치할 것
      ② 거실(건축물 안에서 거주, 집무, 작업, 집회, 오락, 그 밖에 이와 유사한 목적을 위하여 사용되는 방을 말한다. 이하 같다) 바닥면적 100제곱미터마다 0.9미터 이상을 거실에 접하도록 하고, 선큰과 거실을 연결하는 출입문의 너비는 거실 바닥면적 100제곱미터마다 0.6미터로 산정한 값 이상으로 할 것
   3) 설비 기준
      ① 빗물에 의한 침수 방지를 위하여 차수판(遮水板), 집수정(集水井), 역류방지기를 설치할 것
      ② 선큰과 거실이 접하는 부분에 제연설비[드렌처(수막)설비 또는 공기조화설비와 별도로 운용하는 제연설비를 말한다]를 설치할 것. 다만, 선큰과 거실이 접하는 부분에 설치된 공기조화설비가 「화재예방, 소방시설 설치·유지 및 안전관리에 관한 법률」 제9조 제1항에 따른 화재안전기준에 맞게 설치되어 있고, 화재발생 시 제연설비 기능으로 자동 전환되는 경우에는 제연설비를 설치하지 않을 수 있다.

09 플래시오버(Flash Over)를 정의하고, 다음의 영향요인물과 플래시오버와 관계에 대하여 설명하시오.

1) 화원의 크기
2) 내장재료
3) 개구율

해설

1. 플래시오버(Flash Over) 정의
   ① 국부화재에서 전체화재로 진행되는 과정
   ② 연료지배형화재에서 환기지배형화재로 전이되는 과정
   ③ 천장 미연가스가 연소되는 과정

2. 특징

구분	Flash over
조건	연기층 온도 500~600℃ 바닥면 수열량 20~40kw O_2 : 10% 연소속도 40g/s
폭풍 충격파	화재 → 폭풍, 충격파 없다
발생시기	성장기, 피난 안정성 확보

기출문제

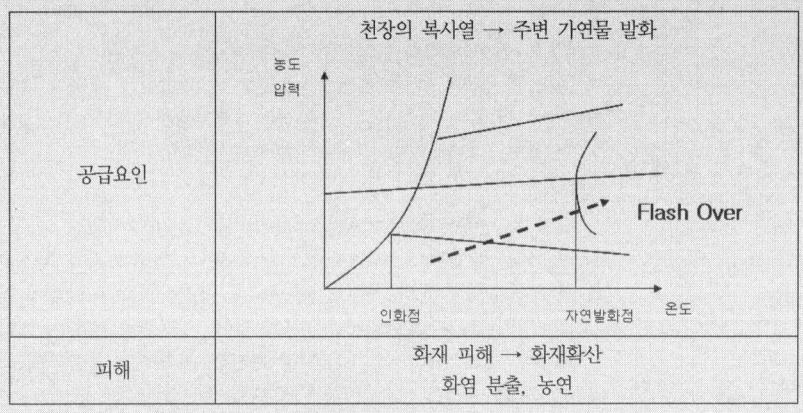

2. 다음의 영향요인물과 플래시오버와 관계
   1) 화원의 크기
      ① 연기의 온도상승 예측공식은 아래와 같은데

      $$\triangle T(℃) = 6.85 \left[\frac{\dot{Q}}{(hA)(A\sqrt{H})} \right]^{1/3}$$

      여기서, $\dot{Q}$: 열방출률(화원의 크기)
      h : 열손실 계수로 공식은 다음과 같다.

      $$h = \sqrt{\frac{\rho ck}{t}} \text{ 또는 } \frac{k}{l}$$

      ② 연기층의 온도($\triangle T(℃)$)는 화원의 크기($\dot{Q}$)와 비례하고 연기층의 온도가 약 500℃ 이상 상승하면 플래시오버가 일어난다.
      ③ 점화원 크기, 점화원 위치와 연료 높이에 따라 플래시오버가 빨라진다.
   2) 내장재료
      ① 내장재의 열손실계수(h: 대류전열계수)는 아래의 공식과 같다.

      $$h = \sqrt{\frac{\rho ck}{t}} \text{ 또는 } \frac{k}{l}$$

      ② 내장재 열손실계수(h)는 연기층의 온도와 반비례 관계로($\triangle T(℃) \propto \left[\frac{1}{(h)} \right]^{1/3}$)
      열손실계수가 작을수록 온도상승이 빨라져 플래시오버가 빨라진다.
      ③ 물체의 두께(L)이 얇을수록 플래시오버가 빨라진다.
   3) 개구율
      개구부의 크기에 따라서 플래시오버가 일어날 수 있는 필요 열방출량이 커진다.
      즉 환기요소($A_F\sqrt{H}$)가 커지면 플래시오버는 반비례하여 늦게 발생한다.

      $$Q_{fo} = 7.8A_T + 378A_F\sqrt{H}$$

      Q_{fo} : Flash over에 필요한 열량
      A_T : 화재실의 총면적
      A_F : 개구부 면적
      H : 개구부 높이

3. 방지대책
  ① 천장, 벽, 불연화로 플래시오버를 지연시켜 피난안전성 확보
  ② 천장 높이를 높여 바닥면의 수열온도를 낮추어 플래시오버를 지연시킴
  ③ 가연물량을 제한하여 플래시오버를 지연
  ④ 개구부 면적(환기요소)를 크게 하여 플래시오버를 지연

10 다음 1)~4)의 용어를 정의하고 5)를 계산하시오.
1) 세장비
2) 슬로싱(Sloshing)
3) 지진분리이음
4) 지진분리장치
5) 아래 그림의 세장비(단, 버팀대 길이 1 : 3m, 양단의 Pin지지, 좌굴길이의 계수 r=1)

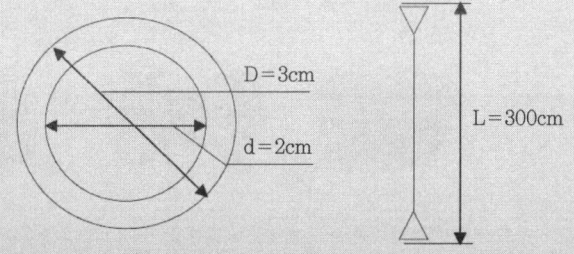

해설 1. 세장비
  1) 정의
    버팀대의 길이와 최소회전반경의 비율로, 세장비가 커지면 좌굴(bucking)현상이 발생한다. 따라서 세장비는 버팀대가 수평지진하중을 잘 견디면서 재료의 좌굴이 발생하지 않도록 제한하는 조건으로 작용한다. 좌굴현상을 방지하기 위해 소방시설에 설치하는 버팀대의 세장비는 최대 300을 초과할 수 없다.
  2) 공식
    세장비 $= L \div r$
    여기서, L : 버팀대 길이(cm)
    r : 최소회전반경(cm)
  3) 좌굴현상
    압축부재가 어느 한계에 가면 작용하중이 더 이상 증가하지 않아도 변형이 증가하고, 하중제거 후 비탄성 거동을 보여서 변형이 회복되지 않는 현상을 말한다.
2. 슬로싱(Sloshing)
  1) 정의
    슬로싱이란 액체가 부분적으로 채워진 용기에 외부에서 힘이 작용하여 액체를 담은 용기의 액체가 출렁거리는 현상을 말한다. 슬로싱은 주기적인 충격으로 격벽을 손상시킬 수 있다.

기출문제

2) 방지법
   방파판 설치

3) 지진분리이음

지진분리이음이란 지진발생시 건축물의 지진하중이 소방시설에 전달되지 않도록 지진으로 인한 진동을 격리시키는 장치를 말한다. 지진분리이음은 층별 변위량이 달라서 입상관이 파괴될 수 있는 부분과 입상관과 수평배관의 연결부에 사용된다. 분리이음으로 사용되기 위해서는 배관 사이의 유격각이 1° 이상이 되어야 한다.

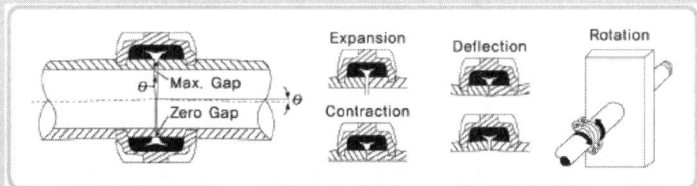

【 지진분리이음 】

【 FLEXIBLE 지진분리이음 】

4. 지진분리장치

지진분리장치는 변위량이 커서 1개의 지진분리이음으로 해결할 수 없는 경우에 사용한다. 주로 지진시 거동이 다른 구조물을 연결하는 신축부에 적용한다. 건물과 건물을 지상으로 연결하는 건널다리가 대표적이다. 넓은 구조물의 지반이 다른 경우에도 변위를 흡수하여 구조물을 보호하기 위해 기초를 별도로 구성하여 연결하기도 한다.

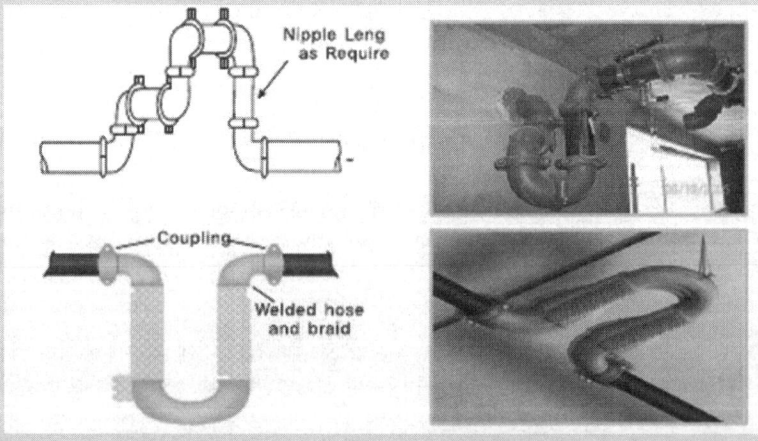

5. 버팀대 길이 l : 3m, 양단의 Pin지지, 좌굴길이의 계수 $r=1$일 때 세장비 계산
   1) 관계식

   $$세장비(\lambda) = \frac{L}{\Upsilon}$$

   $$회전반경(\Upsilon) = \sqrt{\frac{I}{A}} \, (cm)$$

   여기서, I : 버팀대 단면이차모멘트, A : 버팀대의 단면적

   2) 풀이

   ① $I = \frac{\pi}{64}(D_1^4 - D_2^4) = \frac{\pi}{64}(3^4 - 2^4) = 3.19$

   $A = \frac{\pi}{4}(D_1^2 - D_2^2) = \frac{\pi}{4}(3^2 - 2^2) = 3.93$

   ② $\Upsilon = \sqrt{\frac{I}{A}} = \sqrt{\frac{3.19}{3.93}} = 0.90 \, (cm)$

   ③ $\lambda = \frac{L}{\Upsilon} = \frac{300}{0.90} = 333.33$

   3) 답
   세장비는 333.33으로 법규기준인 300보다 크므로 버팀대의 길이를 줄여야 한다.

111회(2017년 1월)

01 소방시설 등의 성능위주설계와 관련하여 다음 사항을 설명하시오.

1) 성능위주설계 대상 특정소방대상물(5가지)

▶해설 1. 연면적 20만제곱미터 이상인 특정소방대상물. 다만, 별표 2 제1호에 따른 공동주택 중 주택으로 쓰이는 층수가 5층 이상인 주택(이하 이 조에서 "아파트등"이라 한다)은 제외한다.
2. 다음 각 목의 어느 하나에 해당하는 특정소방대상물. 다만, 아파트등은 제외한다.
   가. 건축물의 높이가 100미터 이상인 특정소방대상물
   나. 지하층을 포함한 층수가 30층 이상인 특정소방대상물
3. 연면적 3만제곱미터 이상인 특정소방대상물로서 다음 각 목의 어느 하나에 해당하는 특정소방대상물
   가. 별표 2 제6호 나목의 철도 및 도시철도 시설
   나. 별표 2 제6호 다목의 공항시설
4. 하나의 건축물에 「영화 및 비디오물의 진흥에 관한 법률」 제2조 제10호에 따른 영화상영관이 10개 이상인 특정소방대상물

기출문제

2) 성능위주설계자가 관할 소방서장에게 성능위주설계변경 신고 범위(6가지)

◀해설
1. 연면적이 10% 이상 증가되는 경우
2. 연면적을 기준으로 10% 이상 용도변경이 되는 경우
3. 층수가 증가되는 경우
4. 「화재예방, 소방시설 설치·유지 및 안전관리에 관한 법률」과 「화재안전기준」을 적용하기 곤란한 특수공간으로 변경되는 경우
5. 「건축법」 제16조 제1항에 따라 허가를 받았거나 신고한 사항을 변경하려는 경우
6. 제5호에 해당하지 않는 허가 또는 신고사항의 변경으로 종전의 성능위주설계 심의내용과 달라지는 경우

02 「화재예방, 소방시설 설치유지 및 안전관리에 관한 법률」에 따른 중앙소방기술심의 위원회의 심의사항을 설명하시오.

◀해설
1. 연면적 10만제곱미터 이상의 특정소방대상물에 설치된 소방시설의 설계·시공·감리의 하자 유무에 관한 사항
2. 새로운 소방시설과 소방용품 등의 도입 여부에 관한 사항
3. 그 밖에 소방기술과 관련하여 소방청장이 심의에 부치는 사항
  ② 법 제11조의2 제2항 제2호에서 "대통령령으로 정하는 사항"이란 다음 각 호의 사항을 말한다. 〈개정 2017.1.26.〉
  1. 연면적 10만제곱미터 미만의 특정소방대상물에 설치된 소방시설의 설계·시공·감리의 하자 유무에 관한 사항
  2. 소방본부장 또는 소방서장이 화재안전기준 또는 위험물 제조소등(「위험물안전관리법」 제2조 제1항 제6호에 따른 제조소등을 말한다. 이하 같다)의 시설기준의 적용에 관하여 기술검토를 요청하는 사항
  3. 그 밖에 소방기술과 관련하여 시·도지사가 심의에 부치는 사항

03 초고층 및 지하연계 복합건축물의 재난관리에 관한 특별법에 따른 피난안전구역의 산정기준을 설명하시오.

◀해설 [별표 2]

피난안전구역 면적 산정기준(제14조제1항제3호 관련)

1. 지하층이 하나의 용도로 사용되는 경우
   피난안전구역 면적 = (수용인원 × 0.1) × 0.28㎡
2. 지하층이 둘 이상의 용도로 사용되는 경우
   피난안전구역 면적 = (사용형태별 수용인원의 합 × 0.1) × 0.28㎡

비고
1. 수용인원은 사용형태별 면적과 거주밀도를 곱한 값을 말한다. 다만, 업무용도와 주거용도의 수용인원은 용도의 면적과 거주밀도를 곱한 값으로 한다.
2. 건축물의 사용형태별 거주밀도는 다음 표와 같다.

건축용도	사용형태별	거주밀도 (명/㎡)	비고
가. 문화·집회 용도	1) 좌석이 있는 극장·회의장·전시장 및 기타 이와 비슷한 것 　가) 고정식 좌석 　나) 이동식 좌석 　다) 입석식 2) 좌석이 없는 극장·회의장·전시장 및 기타 이와 비슷한 것 3) 회의실 4) 무대 5) 게임제공업 6) 나이트클럽 7) 전시장(산업전시장)	 n 1.30 2.60 1.80 1.50 0.70 1.00 1.70 0.70	1. n은 좌석 수를 말한다. 2. 극장·회의장·전시장 및 그 밖에 이와 비슷한 것에는 「건축법 시행령」 별표 1 제4호 마목의 공연장을 포함한다. 3. 극장·회의장·전시장에는 로비·홀·전실을 포함한다.
나. 상업 용도	1) 매장 2) 연속식 점포 　가) 매장 　나) 통로 3) 창고 및 배송공간 4) 음식점(레스토랑)·바·카페	0.50 0.50 0.25 0.37 1.00	연속식 점포 : 벽체를 연속으로 맞대거나 복도를 공유하고 있는 점포 수가 둘 이상인 경우를 말한다.
다. 업무 용도		0.25	
라. 주거 용도		0.05	
마. 의료 용도	1) 입원치료구역 2) 수면구역	0.04 0.09	

04. 소방시설의 내진설계 기준에서 제시한 배관 설치를 위한 다음 사항을 설명하시오.
1) 배관의 내진설계 설치기준
2) 배관의 수평지진하중 산정 방법
3) 배수관, 송수구, 기타 배관을 포함한 벽, 바닥 또는 기초를 관통하는 배관의 이격을 위한 설치기준
4) 배관 정착을 위한 설치방법

해설 1) 배관의 내진설계 설치기준
① 배관의 내진설계는 다음 각 호의 기준에 따라 설치하여야 한다.
1. 배관에 대한 내진설계를 실시할 경우 지진분리이음은 배관의 수평지진하중을 산정하여야 한다.
2. 배관의 변형을 최소화하고 소화설비 주요 부품사이의 유연성을 증가시킬 수 있는

기출문제

것으로 설치하여야 한다.
3. 건물 구조부재간의 상대변위에 의한 배관의 응력을 최소화시키기 위하여 신축배관을 사용하거나 적당한 이격거리를 유지하여야 한다.
4. 건물의 지진분리이음이 설치된 위치의 배관에는 직경과 상관없이 지진분리장치를 설치하여야 한다.
5. 천장과 일체 거동을 하는 부분에 배관이 지지되어 있을 경우 배관을 단단히 고정시키기 위해 버팀대를 사용하여야 한다.
6. 배관의 흔들림을 방지하기 위하여 흔들림 방지 버팀대를 사용하여야 한다.
7. 버팀대와 고정장치는 소화설비의 동작 및 살수를 방해하지 않아야 한다.

2) 배관의 수평지진하중 산정 방법
② 배관의 수평지진하중의 산정은 다음 각 호에 따라서 계산하여야 한다.
1. 버팀대의 수평지진하중 산정 시 배관의 중량은(W_p)는 가동중량으로 산정한다.
2. 버팀대에 작용하는 수평력 $F_{pw} = 0.5\,W_p$ 로 계산한다.
3. F_{pw}는 배관의 길이방향과 직각방향에 각각 적용되어야 한다.

3) 배수관, 송수구, 기타 배관을 포함한 벽, 바닥 또는 기초를 관통하는 배관의 이격을 위한 설치기준
③ 배수관, 송수구 그리고 다른 기타배관을 포함하여 벽, 바닥 또는 기초를 관통하는 모든 배관 주위에는 충분한 이격이 있도록 다음 각 호의 기준에 따라 설치하여야 한다. 다만, 내화성능이 요구되지 않는 석고보드나 이와 유사한 부서지기 쉬운 부재를 관통하는 배관과 벽, 바닥 또는 기초의 각 면에서 30cm 이내에 신축이음쇠가 있으면 그러하지 아니하다.
1. 관통구 및 배관 슬리브의 구경은 배관구경 25mm 내지 100mm 미만인 배관의 경우 5cm 이상, 배관구경 100mm 이상의 경우는 배관구경보다 10cm 이상 커야 한다.
2. 필요에 따라서 이격면에는 방화성능이 있는 신축성 물질로 충진하여야 한다.

4) 배관 정착을 위한 설치방법
④ 배관의 정착은 다음 각 호에 따라 설치하여야 한다.
1. 배관과 타 소방시설 연결부에 작용하는 하중은 제2항의 기준에 따라 결정하여야 한다.
2. 소방시설의 배관이 팽창성·화학성 정착물 또는 현장타설 정착물에 의하여 얇게 정착될 경우에는 수평력(F_{pw})을 1.5배 증가시켜 사용한다.

110회(2016년 8월)

01 소방분야의 커미셔닝(Commissioning)에 대하여 설명하시오.

02 연소확대와 관련하여 립프로그효과(Leapfrog effect)에 대하여 설명하시오.

03 건물화재 시 유소(類燒)현상의 발생인자를 설명하시오.

04 비상용승강기 승강장 구조와 피난용승강기 승강장 구조를 비교 설명하시오.

05 건축물에 소방시설의 기본설계시 건축분야 등 관계되는 공종에 대한 주요 고려사항을 설명하시오.

06 주택에 소방시설을 설치하고자 하는 경우 소방법령에서 규정하고 있는 내용과 시·도 조례로 위임한 "주택용 소방시설의 설치기준 및 자율적인 안전관리 등에 관한 사항"에 대하여 설명하시오.

▪해설 "주택용 소방시설의 설치기준 및 자율적인 안전관리 등에 관한 사항"
　　　제8조(주택에 설치하는 소방시설) ① 다음 각 호의 주택의 소유자는 대통령령으로 정하는 소방시설을 설치하여야 한다.
　　　　1. 「건축법」 제2조 제2항 제1호의 단독주택
　　　　2. 「건축법」 제2조 제2항 제2호의 공동주택(아파트 및 기숙사는 제외한다)
　　　② 국가 및 지방자치단체는 제1항에 따라 주택에 설치하여야 하는 소방시설(이하 "주택용 소방시설"이라 한다)의 설치 및 국민의 자율적인 안전관리를 촉진하기 위하여 필요한 시책을 마련하여야 한다.
　　　③ 주택용 소방시설의 설치기준 및 자율적인 안전관리 등에 관한 사항은 특별시·광역시·특별자치시·도 또는 특별자치도의 조례로 정한다.

　　　　　　　　　　　서울특별시 주택의 소방시설 설치 조례
　　　[시행 2015.10.8.] [서울특별시조례 제6016호, 2015.10.8., 타법개정]

　　　제1조(목적) 이 조례는 「소방시설 설치·유지 및 안전관리에 관한 법률」 제8조에서 위임된 사항과 그 시행에 필요한 사항을 규정함으로써 주택화재로 인한 인명피해 및 재산피해를 방지함을 목적으로 한다.
　　　제2조(주택 화재예방 등 시책 추진 책임) ① 서울특별시장(이하 "시장"이라 한다)은 주택화재의 예방과 시민의 자율적인 안전관리를 촉진하도록 필요한 시책을 마련하고 추진하여야 한다.
　　　② 시장은 제1항에 따라 시책 추진에 필요한 프로그램 개발 및 재정지원을 위한 예산확보를 위하여 노력하여야 한다.
　　　제3조(주택용 소방시설의 우선 설치대상) ① 제2조의 시책에 의해 주택에 소방시설을 설치하고자 할 때에는 다음 대상을 우선하여 설치할 수 있다.
　　　　1. 「노인복지법」에 따른 노인이 홀로 거주하는 주택
　　　　2. 「장애인복지법」에 따른 장애인 또는 지체부자유자가 거주하는 주택

기출문제

3. 소년소녀가장, 한부모 가정 주택
4. 「국민기초생활보장법」에 따른 국민기초생활수급자가 거주하는 주택
5. 시장이 소방시설의 우선 설치가 필요하다고 인정하는 주택

② 시장은 제1항의 규정에 의한 주택 소방시설 설치사업에 소요되는 경비를 예산으로 지원할 수 있다.

제4조(주택의 신축·개축 등의 소방시설 설치 확인) 시장 및 구청장이 「화재예방, 소방시설 설치·유지 및 안전관리에 관한 법률」(이하 "법"이라 한다) 제8조제1항 각 호의 어느 하나에 해당하는 주택에 대한 신축, 증축, 개축, 재축, 이전, 대수선의 허가 또는 신고의 수리를 할 때에는 그 주택의 규모와 형태에 맞는 소방시설의 설치여부를 지도·안내하여야 한다.

제5조(주택용 소방시설의 종류 및 기준) 주택에 설치하는 소방시설은 다음 기준에 의한다.
1. 소화기구는 세대별, 층별 적응성 있는 능력단위 2단위 이상의 소화기를 1개 이상 설치한다.
2. 단독경보형감지기는 구획된 실마다 1개 이상 설치한다. 이 경우 구획된 실이라 함은 주택 내부의 침실, 거실, 주방 등 거주자가 사용할 수 있는 공간을 벽 또는 칸막이 등으로 구획된 공간을 말한다. 다만 거실 내부를 벽 또는 칸막이 등으로 구획한 공간이 없는 경우에는 내부 전체공간을 하나의 구획된 공간으로 본다.

제6조(주택용 소방시설의 설치방법) 그 밖의 소방시설의 설치에 필요한 사항은 법 제9조에 의해 소방청장이 정하여 고시하는 화재안전기준에 의한다.

07 소방시설의 내진설계에서 부재(部材)로 사용되는 흔들림방지 버팀대의 세장비(細長比)에 대하여 설명하시오.

◢해설
* 세장비 정의
"세장비(L/r)"란 버팀대의 길이(L)와, 최소회전반경(r)의 비율을 말하며, 세장비가 커질수록 좌굴(buckling)현상이 발생하여 지진발생시 파괴되거나 손상을 입기 쉽다.

* 좌굴(buckling)현상
압축력을 받을 때만 발생하여 한계 압축력에 도달했을 때 횡방향으로 변형을 일으키며 불안정한 상태가 되는 현상

제9조(흔들림 방지 버팀대) 흔들림 방지 버팀대 설치는 다음 각 호의 기준에 따라 설치하여야 한다.
1. 흔들림 방지 버팀대는 내력을 충분히 발휘할 수 있도록 견고하게 설치하여야 한다.
2. 배관에는 제6조 제2항에서 산정된 횡방향 및 종방향의 수평지진하중에 모두 견디고, 지진하중에 의한 수직방향 움직임을 방지하도록 버팀대를 설치하여야 한다.
3. 버팀대가 부착된 구조 부재는 배관설비에 의해 추가된 지진하중을 견딜 수 있어야 한다.
4. 버팀대의 세장비(L/r)는 300을 초과해서는 안 된다. 여기서, L은 버팀대의 길이, r은 최소회전반경이다.
5. 4방향 버팀대는 횡방향 및 종방향 버팀대의 역할을 동시에 할 수 있어야 한다.

109회(2016년 5월)

01 화재하중의 개념과 산정방법을 설명하시오.

02 비상문 자동개폐장치의 구조 및 작동시험 방법에 대하여 설명하시오.

03 건물내의 계단, 설비 샤프트 그리고 설비 덕트에 대한 연소방지대책을 각각 설명하시오.

04 임야화재의 연소과정을 3단계로 구분하여 설명하시오.

05 화재모델링 시에 적절한 입력조건을 결정하기 위한 다음의 고려사항을 설명하시오.
1) 건축물의 공간 특성 및 화재 특성
2) 화재감지 및 소화설비, HVAC(Heating, Ventilating and Air Conditioning)의 연동제어

06 소방공사현장에서 설계가 변경되는 경우 설계변경 및 계약금액의 조정관련 감리업무에 대하여 설명하시오.

07 화재 시 화재 확산과 붕괴를 방지하기 위한 건축물의 화재 저항성에 대하여 설명하시오.

08 최성기화재(Fully-Developed Fire)에서 나타나는 여러 특징 중 연소속도, 화재온도 화재계속시간에 대하여 설명하시오.

09 화재와 기류의 관계 중 불안정 기층에서의 선풍(Whirl Winds)과 화재폭풍(Fire Storm)에 대하여 설명하시오.

기출문제

108회(2016년 2월)

01 연소(화재)가 진행되는 과정에서 환기지배화재에서 연료지배화재로 또는 연료지배화재에서 환기지배화재로 변할 수 있는 요인을 설명하시오.

해설 1. 비교

구분	연료지배화재	환기지배화재
화재형태	연료지배형 화재 연소 속도가 빠르다.	환기지배형 화재 화재가혹도가 크다.
중요인자	화재 성장 속도 $Q = \alpha t^2$ α : 화재성장속도(kw/sec²) t : 시간(sec)	환기요소 $A\sqrt{H}$ 화재 가혹도
연소속도 열방출률	① 연소속도 $\dot{m}'' = \dfrac{\dot{q}''}{L}(g/m^2 s)$ $\dot{q}''$: 순열유속(kw/m^2) L : 기화열(물질을 기화시키기 위한 필요한 에너지)(kJ/g) ② $\dot{Q} = \dot{m}'' A \Delta H_c$ (kW)	① 연소속도 $R = A\sqrt{H}$ (kg/s) ② $Q = 0.5A\sqrt{H} \times 3$(kJ/g) $\times 1000$(h/kg)
화재저항	성장기 화재저항 방화구조, 불연, 난연	최성기 화재 저항 방화구획 내화구조

2. 영향인자
   ① 영향인자는 환기요소이며, 환기요소는 $A\sqrt{H}$라 하며 개구부 면적과 개구부 높이로 표현한다.
   ② 즉 같은 면적에 창문이라도 횡장창보다 종장창이 환기요소가 더 커진다.
3. 연료지배화재에서 환기지배화재로 변할 수 있는 요인
   1) 연료지배형화재는 연료량에 비해 공기량이 많아(당량비가 1보다 작은 경우) 연료가 소모되는 것에 화재가 좌우되며
   2) 환기지배형화재로 변화하려면 공기량이 연료량에 비해 적어(당량비가 1보다 큰 경우) 공기량 즉 환기요소에 의해서 지배된다.
4. 환기지배화재에서 연료지배화재로 변할 수 있는 요인
   1) 환기지배형화재는 연료량에 비해 공기량이 적어(당량비가 1보다 큰 경우) 환기요소에 의해 화재가 좌우되며
   2) 연료지배형화재로 변화하려면 창문의 파손 등으로 공기량이 연료량에 비해 커져(당량비가 1보다 작은 경우) 연료량에 의해서 지배된다.

02 비상용승강기의 안전장치인 다음 사항을 설명하시오.

1) 가이드 레일
2) 완충기
3) 조속기

해설

1. 가이드 레일(guide rails)
   1) 개념 : 카, 균형추 또는 평형추의 주행 안내를 위해 설치된 고정부품
   2) 가이드 레일 설치기준
      (1) 가이드 레일, 가이드 레일의 연결 및 부속부품은 엘리베이터의 안전한 운행을 보장하기 위해 부과되는 하중 및 힘에 충분히 견뎌야 한다.
      (2) 카, 균형추 또는 평형추의 안내는 보증되어야 한다.
      (3) 힘은 다음 사항에 의해 기인되는 범위까지 제한되어야 한다.
         ① 의도되지 않게 문의 잠금이 해제되지 않아야 한다.
         ② 안전장치의 작동에 영향을 주지 않아야 한다.
         ③ 움직이는 부품이 다른 부품과 충돌할 가능성이 없어야 한다.
      (4) 압연강으로 만들어지거나 마찰 면이 기계 가공되어야 하는 경우
         ① 정격속도가 0.4m/s를 초과
         ② 속도에 관계없이 점자 작동형 비상정지장치가 사용된다.
      (5) 비상정지장치가 없는 균형추 또는 평형추의 가이드 레일은 성형된 금속판으로 만들 수 있다. 이 가이드 레일은 부식에 보호되어야 한다.

2. 완충기(buffer)
   1) 개념 : 유체 또는 스프링 등을 사용하여 주행의 종점에서 충격의 흡수를 위해 사용되는 제동수단
   2) 완충기 설치기준
      (1) 엘리베이터에는 카 및 균형추의 주행로 하부 끝에 완충기가 설치되어야 한다.
      (2) 카 투영면적 아래 완충기의 작용점은 어떤 높이의 장애물(받침대)에 의해 확실하게 작용하여야 한다.
      (3) 포지티브 구동식 엘리베이터는 주행로 상부 끝단에서 작용하도록 카 상부에 완충기가 설치되어야 한다.
      (4) 선형 또는 비선형 특성을 갖는 에너지 축적형 완충기는 엘리베이터의 정격속도가 1m/s 이하인 경우에만 사용되어야 한다.
      (5) 완충된 복귀 움직임을 갖는 에너지 축적형 완충기는 엘리베이터의 정격속도가 1.6m/s 이하인 경우에만 사용되어야 한다.
      (6) 에너지 분산형 완충기는 엘리베이터 정격속도와 상관없이 어떤 경우에도 사용될 수 있다.

3. 조속기(overspeed governor)
   1) 개념 : 엘리베이터가 미리 정해진 속도에 도달할 때 엘리베이터를 정지시키도록 하며 필요한 경우에는 비상정지장치를 작동시키는 장치
   2) 조속기 설치기준
      (1) 카 비상정지장치의 작동을 위한 조속기는 정격속도의 115% 이상의 속도 그리고 다

기출문제

음과 같은 속도 미만에서 작동되어야 한다.
   ① 고정된 롤러 형식을 제외한 즉시 작동형 비상정지장치 : 0.8m/s
   ② 고정된 롤러 형식의 비상정지장치 : 1m/s
   ③ 완충효과가 있는 즉시 작동형 비상정지장치 및 정격속도가 1m/s 이하의 엘리베이터에 사용되는 점차 작동형 비상정지장치 : 1.5m/s
(2) 매우 무거운 정격하중 및 낮은 정격속도를 갖는 엘리베이터인 경우 조속기는 특별하게 설계되어야 한다.
(3) 균형추 또는 평형추 비상정지장치에 대한 조속기의 작동속도는 카 비상정지장치에 대한 작동속도보다 더 높아야 하나 그 속도는 10%를 넘게 초과하지 않아야 한다.
(4) 조속기가 작동될 때, 조속기에 의해 생성되는 조속기 로프의 인장력은 다음 두 값 중 큰 값 이상이어야 한다.
   ① 최소한 비상정지장치가 물리는데 필요한 값의 2배
   ② 300N
(5) 인장력을 생성하기 위해 견인에만 의존하는 조속기는 다음과 같은 홈이 있어야 한다.
   ① 추가적인 경화공정을 거친 홈
   ② 언더컷이 있는 홈
(6) 조속기에는 비상정지장치의 작동과 일치하는 회전방향이 표시되어야 한다.

03 건축물 피난방화 구조 등의 기준에 관한 규칙에 따른 피난안전구역의 면적 산정기준을 설명하시오.

04 「화재예방, 소방시설 설치유지 및 안전관리에 관한 법률 시행령」에 따라 관할 소방본부장 또는 소방서장에게 건축허가 동의를 받아야 할 대상과 동의 대상에서 제외할 수 있는 특정소방대상물을 설명하고, 건축허가를 받기 위하여 관할 소방서에 제출할 서류에 대해 설명하시오.

05 특정소방대상물의 소방공사에서 책임감리원과 보조감리원 제도가 2016년부터 시행되고 있다. 이와 관련하여 책임감리원과 보조감리원의 정의, 업무와 배치기준을 설명하시오.

06 건축부재의 내화시험 방법인 KS F-2257과 ASTM E-119에서 제시하고 있는 표준시간-가열온도 곡선의 의미와 목적을 설명하고, 시험기준의 차이점을 설명하시오.

해설 1. 표준시간-가열온도 곡선의 목적
   ① 국내 내화설계방법은 시방규정인 구조기준으로 내화구조의 벽, 기둥, 바닥, 보, 지붕에 대한 별도의 내화성능 확인 없이 내화구조로 사용하는 것이 있으며,
   ② 신자재에 대한 내화성능시험 방법으로 주요부재별로 내화시험에 만족여부를 확인하기 위한 목적

2. 표준시간-가열온도 곡선의 의미
   1) 의미
      표준시간동안 가열후 하중지지력, 차열성, 차염성 시험에 합격여부를 확인하는 곡선
   2) 하중지지력(내력기능)
      ① 정의 : 구조 부재가 일정기간 동안 화염에 의한 강도저하로 파괴되지 않고 견디는 능력
      ② 내력 부재의 시험체가 변형량과 변형률에 따른 성능 기준을 초과하지 않으면서 시험하중을 지지하는 능력
         - 변형량과 변형률 2가지를 모두 초과할 때까지의 시간을 내화시간으로 본다.
      ③ 휨 부재의 경우 〈보, 바닥, 지붕〉

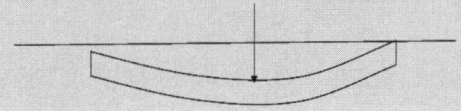

   (시험방법)

   변형 $D = \dfrac{L^2}{400d}$ (mm)

   변형률 $\dfrac{dD}{dt} = \dfrac{L^2}{9000d}$ (mm/min)

   L : 시험체의 스팬(mm)
   d : 구조단면의 최대 압축력을 받도록 설계된 부분에서 최대 인장력을 받도록 설계된 부분까지의 거리(mm)

   ④ 축방향 재하 부재의 경우(기둥, 벽)

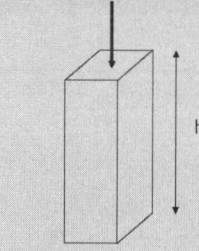

   (시험방법)

   축방향 수축 한계 $C = \dfrac{h}{100}$ (mm)

   최대 축방향 수축률 $\dfrac{dc}{dt} = \dfrac{3h}{1000}$ (mm/min)

   h : 시험체초기의 높이

   3) 구획기능
      ① 차열성
         화재실 벽, 바닥 등 이면으로의 열전달에 의한 연소확대 방지
         ㄱ. 시험방법
            시험체의 한쪽면을 요구내화시간(건교부령 2005-1225호) 이상으로 가열
            $$\theta - \theta_0 = 345 \log(8t+1)$$

기출문제

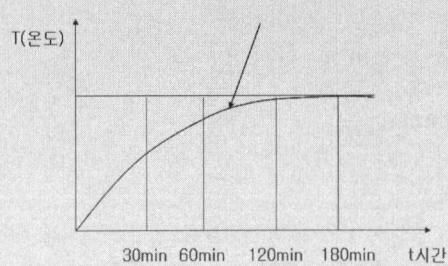

θ : 시험온도, θ_0 : 초기온도, t : 시험시간

ㄴ. 시험결과
   차열성 5개 고정열전대
   평균온도 : 상승온도 140K를 초과하여 상승하지 않을 것
   최고온도 : 상승온도 180K를 초과하여 상승하지 않을 것

② 차염성
   부재에 개구부 등이 생겨 불꽃이나 화염이 통과하여 연소가 확대되는 것을 방지

ㄱ. 시험방법
   – 시험체의 한쪽면을 요구내화시간(건교부령 2005-1225호) 이상으로 가열

ㄴ. 시험결과 암기 면균이 6 25 150
   – 면패드 시험결과, 면패드에 착화되지 않을 것
   – 균열 게이지 시험결과 : 6mm 균열 게이지 관통 후 150mm를 이동되지 않거나, 25mm 균열 게이지 관통되지 않을 것
   – 이면 10sec 이상 화염이 없을 것

3. 건축부재의 내화시험 방법인 KS F-2257과 ASTM E-119 시험기준의 차이점
   1) 하중지지력 시험비교

구분	KS, JIS(개별지정)	ISO BS	ASTM(American Society for Testing Materials 미국재료시험학회)
벽	* 최대축방향 수축(mm) : h/100 * 최대축방향. 수축율(mm/분) : 3h/1000(h : 초기높이)	가열 중 시험하중을 지지하고 있을 것	가열 중 시험하중을 지지하고 있을 것 주수시험
바닥	* 최대변형(mm) : $l^2/400d$ * 최대변형율(mm/분) : $l^2/9000d$	* 최대변형(mm) : $l/20$ * 최대변형율(mm/분) : $l^2/9000d$	가열 중 시험하중을 지지하고 있을 것 주수시험
기둥	* 최대축방향 수축(mm) : h/100 * 최대축방향 수축율(mm/분) : 3h/1000 (h : 초기높이)	가열 중 시험하중을 지지하고 있을것	가열 중 시험하중을 지지하고 있을 것 주수시험
보	* 최대변형(mm) : $l^2/400d$ * 최대변형율(mm/분) : $l^2/9000d$	* 최대변형(mm) : $l/20$ * 최대변형율(mm/분) : $l^2/9000d$	가열 중 시험하중을 지지하고 있을 것 주수시험

비고 : l-스펜길이, h-높이, d-구조단면 상단부터 설계 인장영역 하단까지 거리

2) 차열성 시험비교

구분	KS, JIS(개별지정),ISO	BS	ASTM
벽, 바닥	평균 140 + T_0 ℃ 이하 최고 180 + T_0 ℃ 이하	평균 140 + T_0 ℃ 이하 최고 180 + T_0 ℃ 이하	평균 139 + T_0 ℃ 이하

비고 : T_0는 시험체의 초기온도

3) 차염성 시험비교

구분	KS, JIS(개별지정), ISO	BS	ASTM
면패드 적용	면패드를 적용시 착화되지 않을 것	면패드가 착화되지 않을 것	면패드가 착화되지 않을 것
Gap gauge 적용	* 균열부위에서 - 직결 6mm의 gap gauge가 길이 150mm 이상 이동하지 말 것 - 직경 25mm의 gap gauge가 관통하지 않을 것	* 균열부위에서 - 직결 6mm의 gap gauge가 길이 150mm 이상 이동하지 말 것 - 직경 25mm의 gap gauge가 관통하지 않을 것	

107회(2015년 8월)

01 내화건축물의 화재 시 시간에 따른 온도변화 특성과 건축부재의 내화시에 사용되는 표준시간-가열온도곡선(Standard Time-Temperature Curve)에 대하여 설명하시오.

해설

1. 개요
   내화구조 부재중 신자재에 대한 내화성능시험 방법으로 주요부재별로 내화시험에 만족하여야 인정하고 있으며, 이러한 내화성능을 시험하는 경우 구성부재에 따라 시험체의 한쪽면을 요구내화시간(건교부령 2005-1225호) 이상으로 가열하여 시험하고 있으며, 요구내화시간은 표준시간-가열온도곡선을 이용하고 있다.

2. 표준시간-가열온도곡선(요구내화시간) (건교부령 2005-1225호)
   1) 시험체 가열시 이용되는 표준시간-가열온도곡선
      시험체의 한쪽면을 표준온도-시간곡선(요구내화시간) 이상으로 가열
      $$\theta - \theta_0 = 345\log(8t+1)$$

기출문제

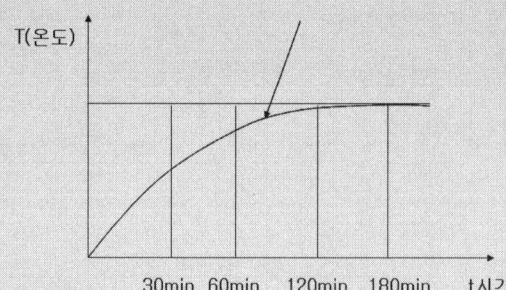

θ : 시험온도(℃), θ_0 : 초기온도(20℃), tt : 시험시간(min)

2) 표준시간-가열온도곡선을 이용한 실제 가열온도
   ① 30분인 경우 가열온도
   $\theta = 345\log(8t+1) + \theta_0 = 345\log(8 \times 30 + 1) + 20 = 841.79$ ℃
   ② 60분인 경우 가열온도
   $\theta = 345\log(8t+1) + \theta_0 = 345\log(8 \times 60 + 1) + 20 = 945.34$ ℃
   ③ 120분인 경우 가열온도
   $\theta = 345\log(8t+1) + \theta_0 = 345\log(8 \times 120 + 1) + 20 = 1049.04$ ℃
   ④ 180분인 경우 가열온도
   $\theta = 345\log(8t+1) + \theta_0 = 345\log(8 \times 180 + 1) + 20 = 1109.74$ ℃

3) 구성부재의 요구내화시간이 3시간인 경우 1109.74℃로 3시간 가열 후 하중지지력, 차열성, 차염성 등을 통과하면 내화성능을 인정하고 있음

3. 결론

국내에서는 표준시간-가열온도곡선(요구내화시간)을 이용하여 내화구조, 방화문, 방화셔터 등을 시험하고 있으나, 외국의 경우는 등가화재가혹도를 작성하여 실제 화재 발생 후 지속되는 시간을 예측하여 표준시간-가열온도곡선에 반영하고 있다.

106회(2015년 5월)

01 건축물의 수직 화재확산 방지를 위한 외벽의 마감재의 지지구조 사이 공간에 사용하는 화재확산방지재료에 대하여 설명하고 해당 부분을 도시하시오.

02 건축물 화재 시 화염에 의한 콘크리트의 물리적·화학적 특성 변화와 화재진화 후 구조물의 안전진단 절차에 대하여 설명하시오.

▣ 해설   1. 개요
   1) 콘크리트는 강재에 비하여 압축강도는 1/20, 인장강도는 1/200 정도 콘크리트 속에 강재를 배치하여 콘크리트의 인장내력을 보강한다.
   2) 강재는 높은 강도를 갖는 우수한 구조재료이지만 고가이며 화열에 약해 두 재료를 상호보안적으로 결합시켜 구조체로 많이 사용한다.
2. 물리, 화학적 특성변화
   1) 강도 저하
      ① 콘크리트와 화온과의 관계

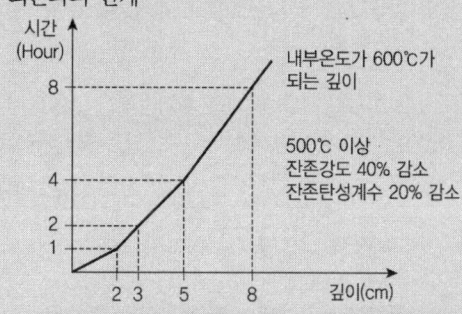

【 화재시의 콘크리트 내부온도 】

   ② 강재와 화온과의 관계

온도 [℃]	강도	상호관계
350	30% 저하	
500	50% 저하	
600	60% 저하	
600 초과	붕괴	

   2) 콘크리트 박리 및 폭렬
      ① 콘크리트는 화재시 구성재료의 팽창계수 차이로 내부응력, 균열 발생
      ② 열팽창으로 인한 압축응력 > 콘크리트 압축강도 → 박리 및 폭렬 발생

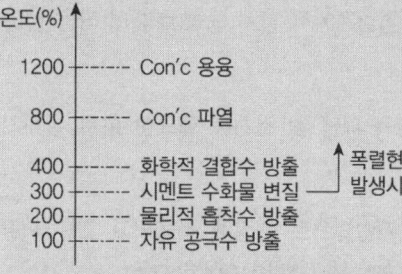

【 콘크리트의 화학적 변화 】

3) 콘크리트의 중성화
   ① 콘크리트와 공기중의 탄산가스가 반응하면서 알칼리성을 잃게 된다.
   ② pH가 12~13인 강알칼리성이나 화재시 pH는 10이하로 중성화가 진행
   ③ 중성화가 철근위치까지 진행되면 철근이 부식한다.
   ④ 철근이 부식되면 부피가 5배 팽창, 콘크리트 외부가 균열탈락 된다.
   ⑤ 온도가 높을수록, 습도가 낮을수록, 탄산가스 농도가 높을수록 중성화 빠름
3. 화재진화 후 구조 물의 안전진단 절차
   1) 예비조사
      예비조사는 소방 활동기록, 목격자, 신문기사 등 정보를 수집하여 화재상태를 파악하기 위해 실시한다.
   2) 1차 조사
      1차 조사는 목측에 의한 외관상태를 관찰하여 화재피해 상태를 개략적으로 파악한다. 외관의 조사는 이하에 표시한 화재피해 특유의 성상에 주목한다.
      - 콘크리트 부재의 변색
      - 균열의 유무 및 폭과 길이
      - 보 및 슬래브 등의 처짐이나 변형
      - 폭렬 및 박락의 유무와 크기, 깊이
      - 폭렬이나 박락에 따른 철근의 노출상태
   3) 2차 조사
      2차 조사는 1차 조사에 의해 추출된 조사대상 개소에 대해 상세하게 실시하며 재료 및 부재의 물리적 특성의 파악 및 수열온도 추정 등으로 나누어 실시한다. 간단한 조사로는 슈미트해머에 의한 반발경도시험 및 중성화깊이의 측정을 행한다. 또한 필요에 의해 콘크리트 코어 및 철근을 채취하거나 부재의 진동시험 및 재하시험 등의 물리적 시험 및 무기 및 유지 화합물의 고온하의 변화에 따른 조성분석을 실시하며 분석 장치를 이용하여 수 열온도를 추정한다. 등급의 판정은 예비조사 및 1차, 2차 조사의 결과를 종합하여 판정한다. 화재피해 등급의판정은 보수나 보강계획과 직접적인 연관을 가지므로 진단 및 구조설계에 전문적인 지식을 가진 관련전문가에 의해 판정한다.

105회(2015년 2월)

01 피난상의 거점설계에서 일시 농성(籠城)방식을 설명하시오.

02 대지(垈地)안의 피난 및 소화에 필요한 통로 설치기준을 설명하시오.

03 연소확대 방지방법으로 현장에 적용되고 있는 더블스킨 시스템(Double Skin System)의 개념, 종류 및 특성에 대하여 설명하시오.

04 피난계단을 설치하여야 하는 대상물과 피난계단의 요건을 건축물 내부와 외부에 설치하는 경우로 구분하여 설명하시오.

05 "건축물의 피난·방화구조등의 기준에 관한 규칙"에 의한 소규모 공장용도 건축물의 마감재료의 종류와 특성 및 화재위험성이 낮은 공장의 업종을 10가지 이상 설명하시오.

104회(2014년 8월)

01 건축관계법령에서 요구하는 지하층 설치기준 중 화재안전과 관련된 내용을 설명하시오.

02 건축물의 외벽에 "방화에 지장이 없는 마감재료"로 설치해야 하는 대상 건축물을 기술하고, 외벽마감재료의 기준 및 화재확산방지구조에 대하여 설명하시오.

03 방화구획 관통부의 FIRESTOP의 종류별 적용용도와 특성에 대하여 설명하시오.

▲해설
1. Firestop의 정의 및 특성분석
   Firestop은 건축물 방화구획의 수평·수직 설비관통부, 조인트 및 커튼월과 바닥사이 등의 틈새를 통한 화재의 확산을 방지하기 위해 설치하는 재료 또는 시스템을 의미한다.
2. Firestop 공법의 용도 및 특성 분석
   Firestop 제품은 두 가지의 일반적인 분류, 팽창(Intume-scent)과 비팽창(Non Intumescent)로 나뉘어 여러 가지 형태의 제품이 생산·사용되고 있다. 팽창 물질은 녹은 케이블 또는 도관 뒤쪽에 남겨진 구멍을 막을 정도까지, 상승된 온도에서 팽창하여 구획관통부를 폐쇄한다. 비팽창 물질은 전형적으로 설치 후에 굳는 물질(예를 들어 모르타르)로서 팽창되지 않는다. 해외의 Firestop 설치 검사기관에서는 인식과 검사의 편리를 위하여 색깔로 물질을 구분하도록 요구되기도 한다.
3. 종류 및 특징
   1) 방화로드
      ① 용도
         - 커튼월 관통부
         - 전기(EPS) 관통부
         - 기계설비 (AD, PD) 관통부
         - 기타 OPEN 구간

② 특징
- 공사품질 : 제품의 규격화 및 균일화 방화재 도포면을 유지
- 신축성 : 커튼월 구조체 변형시 장기간 밀폐성능 보존
- 차수성 : 균일하고 평탄한 도포면이 차수성능을 강화
- 작업성 : 끼워넣기 작업과 방화재 1차 도포만으로 공사완료

2) 방화코트
① 용도
- 커튼월 관통부
- 전기(EPS) 관통부
- 기계설비 (AD, PD) 관통부
② 특징
- 내열성 : 열팽창에 의한 탄소도막이 내열성을 향상
- 신축성 : 진동과 충격을 흡수하여 장비 및 설비를 보호
- 차수성 : 빗물 및 콘크리트 누액(침전수)을 차단
- 친환경 : 무용제 타입의 수용성 제품으로 환경 친화적

3) 방화보드
① 용도
- 관통부가 큰 경우 연소차단
- 방화구획간 화염과 유독가스 차단
- 케이블트레이 등 큰 개구부의 방화밀폐
- 층간방화구획, 커튼월 개구부, 크린룸
- 복잡한 방화구, 통신설비회로, 배관부위
- 케이블트레이, Bus Duct, 지하공동구
- 파이프 및 기타 관통부위, 각종플랜트
② 특징
- 화재시 3배 이상, 최대 10배까지 팽창
- 석면성분이 없어 산업 공해 예방
- 철판을 포함한 다중구조로 기계적 강도 보강
- 설치 후 시간 경과에 따른 경로 없음
- 케이블 증설 등 개보수가 용이
- 산소지수 35% 이상
- 설치 후 깨끗한 외양 유지
- 두께가 얇고 가벼워 간단한 공구로 원하는 모양으로 가공할 수 있음
- 현장상황에 따라 상부 또는 하부에 편리하게 설치할 수 있음
- 열발산 특성으로 전류용량 감소 없음

3) 폴리우레탄 Foam
① 용도
- 조적, ALC 공사
- 파이프, 배관, 전기, 덕트공사
- 창호공사
- 도어, 셔터공사

② 특징
- 창문, 문, 덕트, 파이프 등 충진, 접착 및 보온재로 사용
- 콘크리트, 조적, 나무, 플라스틱 등 다양한 모재와 매우 강한 접착력으로 보온 및 단열 효과도 크다
- 압력과 전단에 강하여 마모에 잘 견딘다.

4) 방화실란트
① 용도
- 방화벽, 칸막이벽 조인트
- 전기(EPS) 관통부
- 기계설비(AD, PD)관통부
- 기타 OPEN구간

② 특징
- 열팽창 ~ 화재 시 내열성 및 우수한 밀폐효과를 발휘
- 탄력성 ~ 진동과 충격을 흡수하여 장비 및 설비를 보호
- 접착성 ~ 거친 바닥면이나 이물질이 많은 장소에 적합
- 내부식 ~ 도시가스 관의 부식방지 및 절연성능 개선
- 환경성 ~ 수용성제품으로 작업성이 좋고 환경 친화적

5) 방화퍼티
① 용도
- 케이블, 파이브, 덕트 등의 관통부 방화밀폐
- Electrical Outlet과 같은 돌출부위에 대한 방화처리
- 방화보드와 함께 큰 개구부의 방화밀폐

② 특징
- 냄새가 거의 없다.
- 굳지 않으므로 유효기간의 제한이 거의 없다.
- 언제든지 재시공이 가능하다.
- 화재시는 물론 평상시에도 연기나 가스를 차단한다.
- 어떤 건축자재에도 부착성이 우수하다.

4. Firestop의 적용실태 및 문제점

품명	용도	특징
방화로드	- 커튼월 관통부 - 전기(EPS) 관통부 - 기계설비(AD,PD) 관통부 - 기타 OPEN 구간	• 제품의 규격화 및 균일한 도포한 유지 • 커튼월구조체 변형시 장기간 밀폐성능 • 균일하고 평탄한 도포면이 차수가능 • 끼워넣기 작업 등으로 작업 간편
방화코드	- 커튼월 관통부 - 전기(EPS) 관통부 - 기계설비(AD,PD) 관통부	• 열팽창에 의한 탄소도박이 내열성 향상 • 진동과 충격을 흡수하여 장비설비 보호 • 빗물 및 콘크리트 침출수를 차단 • 무용재타입의 수용성제품-환경친화적
방화보드	- 커튼월 관통부 - 전기(EPS) 관통부 - 기타 OPEN 구간	• 탄소성분을 강화하여 우수한 밀폐효과 • 폭이 넓은 관통부를 견고하게 밀폐 • 거친 슬래브 바닥면에 밀착시공 가능

기출문제

방화폼	- 전기(EPS) 관통부 - 기계설비(AD,PD) 관통부	• 진동, 충격을 흡수하여 구조체변형 안전 • 방사능을 막아주고 방진, 방습효과 우수 • 실리콘계통의 제품으로 내열성우수 • 개보수가 용이하고 관통부의 철거용이
방화실런트	- 방화벽, 간막이벽 조인트 - 전기(EPS) 관통부 - 기계설비(AD,PD) 관통부 - 기타 OPEN 구간	• 화재시 내열성 및 우수한 밀폐효과 • 진동, 충격을 흡수하여 장비, 설비보호 • 거친 바닥면이나 이물질 많은 장소적합 • 도시가스관의 부식방지 및 절연성능개선
아크릴실런트	- 창틀틈새 및 벽구간 - 조인트밀폐, 균열보수 - 석고보드, 경량칸막이벽 - 조인트밀폐	• 소재에 대한 부착력이 좋아 밀폐효과 • 부피손실을 초소화하고 탄력성향상 • 수용성제품으로 작업성 좋고 환경친화
케이블 난연도료	- 급수관, 배전관 기타 - 관통부 양측으로 1m의 거리를 나연성도료 도포	• Cable의 허용전류에 영향을 안미침 • 외부충격에 의한 균열이나 탈락현상 없음 • 배전관절연조치 및 부식방지에 적합
방화퍼티	- 전기(EPS) 관통부 - 기계설비(AD,PD) 관통부 - 기타 OPEN 구간	• 진동과 충격을 흡수 • 협소한 관통부를 밀폐시키는데 적합 • 열팽창성이 있어 우수한 내열성능발휘 • 개보수작업 용이하고 cable 신증설용이

04 성능위주설계 신고 시 첨부하여야 할 신고서류를 기술하고, 화재 및 피난시뮬레이션 시나리오 적용기준 중 인명안전 기준과 피난가능시간 기준을 설명하시오.

05 피난용승강기 설치기준을 기술하고 비상용승강기 설치기준과의 차이점을 비교 설명하시오.

103회(2014년 5월)

01 인명안전코드(Life Safety Code)에 규정된 피난로의 구성수단(Means of Egress Components) 및 영향요소를 설명하시오.

◀해설 1. 피난 접근로
　　　　① 거실에서 비상구까지의 피난 경로 중에서 안전구획 되지 않은 장소
　　　　② 국내 보행거리 기준 30m이내(내화구조 50m)
　　　　③ NFPA 101 기준은 SP 미설치 45m(SP 설치 60m)
　　　2. 피난 통로
　　　　① 피난경로로 이용되는 시설로서, 비상구문, 피난계단, 경사로, 통로 옥외 발코니 등을

말한다.
② 화재로부터 안전구획된 장소로서, 내화구조 및 불연재료로 내장 마감되는 등의 조건을 만족한 장소
③ 국내에는 거실 복도 통로 계단으로 구분하여 마감재료 기준을 두고 있다.

3. 피난 배출로(EXIT Discharge)
국내 건축물 바깥쪽으로 출구 규정과 같으며,
① 피난층에서의 비상구로부터 공공도로까지의 경로
② Life Safety Code에서는 충분한 폭과 크기의 통로를 요구
③ 피난층에서 보행거리 30m(60m)
④ 피난 배출로 중 50%이하만 피난층을 경유하여 옥외 피난하며,
⑤ 50% 이상의 피난은 직접 옥외 연결 또는 EXIT passageway를 통해 옥외로 연결 부속실, mall 등에 중간 안전구역을 통해서 피난하도록 규정하고 있다.

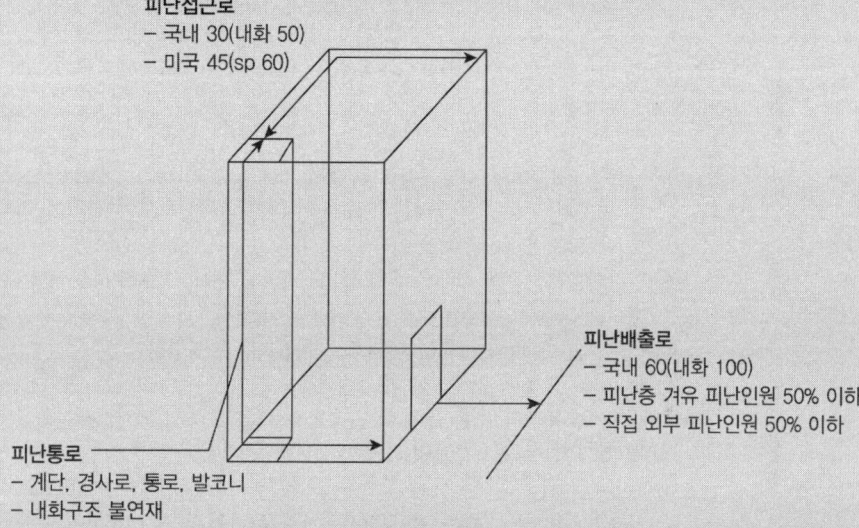

피난접근로
- 국내 30(내화 50)
- 미국 45(sp 60)

피난배출로
- 국내 60(내화 100)
- 피난층 겨유 피난인원 50% 이하
- 직접 외부 피난인원 50% 이하

피난통로
- 계단, 경사로, 통로, 발코니
- 내화구조 불연재

02 화재시뮬레이션에 이용되는 CFAST 모델과 FDS 모델의 특성과 각각 프로그램상의 제한사항에 대하여 설명하시오.

해설

1. CFAST
 1) 특성
  ① CFAST는 구획 화재의 영향을 예측할 수 있는 화재 modeling software로써 zone model을 이용한 화재역학과 연기확산을 연구하는 software이다.
  ② 화재 격실은 고온 상층부와 저온 하층부로 크게 나누어지며, 화염과 fire plume을 통하여 하층부의 공기와 반응한 연소 생성물들이 고온 상층부로 이동하여 교환이 이루어진다.
  ③ 각 구역 내의 온도, 밀도 등은 균일하다고 가정하고, 화재로 인해 발생된 고온 상

> **기출문제**

층부와 상대적으로 저온인 하층부에 대한 질량 및 에너지 방정식, 이상기체 방정식, 그리고 벽의 열전도방정식을 사용하여 화재현상을 해석한다.
④ 상층부의 고온기체 및 연기는 개구부를 통해 격실 밖으로 유출되고, 동시에 외부로부터 공기가 유입되므로 각 구경과 외부 공간 사이에 교환이 이루어지며 질량보존과 에너지 보존의 일반 방정식은 상미분 방정식의 형태로 계산된다.
⑤ $1m^3$에서 $1,000m^3$까지 시뮬레이션이 가능하고, 모델 결과치와 실제 측정치의 오차범위는 10~25%정도이다.
⑥ Flash over의 발생 시점과 자동화재 탐지설비, 스프링클러 등 간단한 소화설비의 작동 여부를 예측할 수 있어 소화설비의 설계와 피난계획의 수립에 매우 중요한 정보를 제공해 준다.
⑦ 뜨거운 상층부 온도가 600℃이상이 되면 data의 신뢰도가 급격히 저하하게 되면 구획실의 수 역시 30개까지 입력이 가능하기는 하나 실의 수가 3개를 넘어가게 되면 실제 화재의 data와 많은 차이를 보인다.
⑧ 폭과 길이차가 크지 않는 밀폐공간에서 가장 잘 적용되며, 화재성장을 예측하기 위한 열분해모델과 독성과 연소화학은 고려하지 않는다.

2. FDS
  1) 특성
    ① FDS는 CFAST와 마찬가지로 화재 modeling software로 field model을 이용한 열과 연기의 이동을 예측하는 도구 다수의 검사체적으로 분할하여 화재의 진행 양상을 예측해 내는 software이다.
    ② 각각의 격자 공간 내에서 온도, 밀도, 압력, 속도, 화학조성을 시간대별로 계산하며 해석 공간은 10만에서 수백만의 격자를 가진다. 각각의 검사체적이 상호 영향을 주면서 시간에 따라 변화하게 되므로 계산과정은 복잡하다.
    ③ Navier-Stokes 방정식을 수치해석적으로 계산하는 모델로 편미분형태의 질량, 에너지, 운동량의 보존 방정식은 유한차분법으로 계산되며, 세분화된 3차원, 직사각형 격자에 대해 시간에 따라 해가 산출된다.
    ④ 난류에 대한 해석은 LES(large eddy simulation) 또는 DNS(direct numerical simulation)라는 해석 기법을 사용자가 조건에 맞게 선택하여 수행하도록 되어 있다. DNS는 시간이 많이 걸리며 일반적으로 LES를 사용한다.
    ⑤ FDS는 시뮬레이션 공간크기에 제한을 두지 않으며, 모델 결과치와 실제 측정치의 오차범위는 5~20% 정도이다 격자간격이 조밀할 경우 오차율이 낮아진다.
    ⑥ Smokeview를 구동하게 되면 연기의 유동상태, 화재 공간의 온도 분포와 가시거리, 일산화탄소와 같은 연소 생성물의 시간에 따른 변화를 확인할 수 있다.
    ⑦ 연기 및 연전달이 저속유동일 경우 적합하며 고속유동인 폭발 등에는 부적합하며, 환기 지배형 화재에 상대적으로 적응성이 없다.
  2) 제한사항
    ① FDS는 음속보다 낮은 경우에 이상기체의 혼합물에 대한 질량 보존방정식, 에너지 보존방성식, 운동량 보존방성식을 계산한다.
    ② 화재로부터 멀리 떨어진 물체에서 복사열 전달이 균일하게 전달되지 않을 수 있다.
    ③ 열과 생성물의 동의 분석이 FDS의 주된 목적

102회(2014년 2월)

01 초고층빌딩의 비상용승강기 설계에 있어서 수직통로의 높이에 따른 화재상의 문제점과 대책을 설명하시오.

02 화재모델링에서 사용하는 존모델(zone model)과 전산유체역학모델(CFD model)에 대하여 아래의 내용을 설명하시오.
  1) 존모델과 전산유체역학모델의 주요 특성 및 차이점
  2) 대표적인 존모델 및 전산유체역학모델의 유형을 각 2종류씩 예로 들고 설명하시오

03 소방감리원은 소방공사 시공업체로부터 요청을 받은 경우 물가변동에 의한 계약금액 조정에 관하여 검토해야 한다. 이러한 물가변동에 의한 계약금액 조정의 요건, 지수 조정율과 품목조정율의 개요, 산출방법, 적용대상에 대하여 설명하시오.

04 초고층 건축물 화재 시에 대피를 위해 사용 가능하도록 조건을 갖춘 피난용승강기의 필요성 및 IBC(International Building Code)에 제정되어 있는 초고층 건축물의 피난용승강기 기준에서 제시된 동작상태, 승강장, 모니터, 전원에 대하여 설명하시오.

05 화재구역의 표준설계조건에서 화재성장속도의 관계식과 관련하여 아래의 내용을 설명하시오.
  1) $Q = \alpha t^n$에서 각 변수의 의미와 단위 및 온도-열량 그래프를 그리고 설명하시오.
  2) n=2인 경우, 화재성장속도별(slow fire, medium fire, ultra-fast fire) 값을 제시하시오. (단, 값은 소수점 4째 자리에서 반올림한다)
  3) n=2인 경우, ultra-fast fire 조건을 기준하여 화재발생 이후 30초가 경과할 때까지 총발생 열량을 계산하고 그 과정을 온도-열량 그래프를 이용하여 설명하시오. (단, 계산 결과값은 소수점 4째 자리에서 반올림한다)

해설 1) (1) 정의
  ① 화재는 초기에 $Q = \alpha t^2$의 속도로 성장하는데 이때 α 값을 화재성장 속도라 한다.
  ② α 값은 열방출률이 1MW에 도달하는 시간을 나타내며 단위는 kw/s2으로 표시된다.
  ③ α 값에 따라 화재 성장을 ultra-fast, fast, medium, slow으로 분류한다.

기출문제

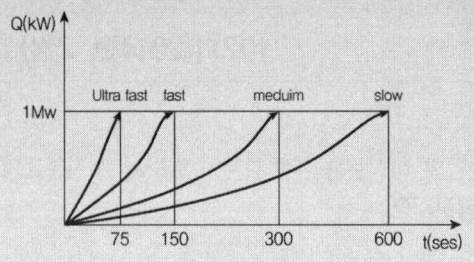

(2) 화재성장속도
① $Q = \alpha t^2$
   α : 화재성장속도(kW/sec²)
   t : 시간(sec)
② $\dot{m}'' = \dfrac{\dot{q}}{L}$ 에 따라 달라진다.

2) Ultra fast = 1055/75² 이상($\alpha < 0.18756$)(kW/s²)
   Fast = 1055/150² 이상 ($0.04689 < \alpha < 0.18756$)(kW/s²)
   Meduim = 1055/300² 이상($0.0172 < \alpha < 0.0.04689$)(kW/s²)
   Slow = 1055/600² 이상($0.00293 < \alpha < 0.1172$)(kW/s²)

3) $Q_1 = \alpha t^2 = \alpha \displaystyle\int_0^{t1} (t_1)^2 = 0.188 \times 1/3 \times (30)^3 = 1{,}692 \,(\text{kJ})$

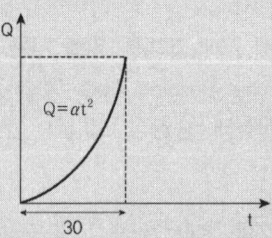

101회(2013년 8월)

01 건축관계법규에서 규정하는 대수선의 범위 중 건축물의 화재안전 관련된 소방공사의 범위에 대하여 설명하시오.

해설 1) 정의
　　　　대수선이라 함은 건축물의 기둥, 보, 내력벽, 주계단 등의 구조나 외부 형태를 수선, 변경하거나 증설하는 것으로서 대통령으로 정하는 것
　　　2) 대수선의 범위(영 제3조의 2)
　　　　다음 각 호의 어느 하나에 해당하는 것으로 증축, 개축 또는 재축에 해당하지 아니하는 것을 말함.
　　　　① 내력벽을 증설 또는 해체하거나 그 벽면적을 30제곱미터 이상 수선 또는 변경하는 것
　　　　② 기둥을 증설 또는 해체하거나 세 개 이상 수선 또는 변경하는 것
　　　　③ 보를 증설 또는 해체하거나 세 개 이상 수선 또는 변경하는 것
　　　　④ 지붕틀(한옥의 경우에는 지붕틀의 범위에서 서까래는 제외한다)을 증설 또는 해체하거나 세 개 이상 수선 또는 변경하는 것
　　　　⑤ 방화벽 또는 방화구획을 위한 바닥 또는 벽을 증설 또는 해체하거나 수선 또는 변경하는 것
　　　　⑥ 주계단·피난계단 또는 특별피난계단을 증설 또는 해체하거나 수선 또는 변경하는 것
　　　　⑦ 미관지구에서 건축물의 외부형태(담장을 포함한다)를 변경하는 것
　　　　⑧ 다가구주택의 가구 간 경계벽 또는 다세대주택의 세대 간 경계벽을 증설 또는 해체하거나 수선 또는 변경하는 것
　　　3) 특정소방대상물에 설치된 소방시설 또는 구역 등을 증설하는 공사
　　　　옥내·옥외소화전설비 스프링클러설비·간이스프링클러설비 또는 물분무등소화설비의 방호구역, 자동화재탐지설비의 경계구역, 제연설비의 제연구역, 연결살수설비의 살수구역, 연결송수관설비의 송수구역, 비상콘센트설비의 전용회로, 연소방지설비의 살수구역
　　　4) 특정소방대상물에 설치된 소방시설 등을 교체하거나 보수하는 공사
　　　　(1) 수신기인 경우
　　　　　　새로운 것으로 교체하는 경우
　　　　　　이전하는 경우
　　　　　　회로를 증가하는 경우
　　　　(2) 소화펌프인 경우
　　　　　　새로운 것으로 교체하는 경우
　　　　　　이전하는 경우
　　　　(3) 동력(감시)제어반인 경우
　　　　　　새로운 것으로 교체하는 경우
　　　　　　이전하는 경우

기출문제

> **Reference**
>
> **제4조(소방시설공사의 착공신고 대상)**
> 법 제13조제1항에서 "대통령령으로 정하는 소방시설공사"란 다음 각 호의 어느 하나에 해당하는 소방시설공사를 말한다.
> 1. 신축, 증축, 개축, 재축(再築), 대수선(大修繕) 또는 구조변경·용도변경되는 특정소방대상물(「위험물 안전관리법」 제2조제1항제6호에 따른 제조소등은 제외한다. 이하 제2호 및 제3호에서 같다)에 다음 각 목의 어느 하나에 해당하는 설비를 신설하는 공사
>   가. 옥내소화전설비, 옥외소화전설비, 스프링클러설비, 간이스프링클러설비, 물분무소화설비·포소화설비·이산화탄소소화설비·할로겐화합물소화설비·청정소화약제소화설비 및 분말소화설비(이하 "물분무등소화설비"라 한다), 연결송수관설비, 연결살수설비, 제연설비(소방용 외의 용도와 겸용되는 제연설비를 「건설산업기본법 시행령」 별표 1에 따른 기계설비공사업자가 공사하는 경우는 제외한다), 소화용수설비(소화용수설비를 「건설산업기본법 시행령」 별표 1에 따른 기계설비공사업자 또는 상·하수도설비공사업자가 공사하는 경우는 제외한다) 또는 연소방지설비
>   나. 자동화재탐지설비, 비상경보설비, 비상방송설비(소방용 외의 용도와 겸용되는 비상방송설비를 「정보통신공사업법」에 따른 정보통신공사업자가 공사하는 경우는 제외한다), 비상콘센트설비(비상콘센트설비를 「전기공사업법」에 따른 전기공사업자가 공사하는 경우는 제외한다) 또는 무선통신보조설비(소방용 외의 용도와 겸용되는 무선통신보조설비를 「정보통신공사업법」에 따른 정보통신공사업자가 공사하는 경우는 제외한다)
> 2. 증축, 개축, 재축, 대수선 또는 구조변경·용도변경되는 특정소방대상물에 다음 각 목의 어느 하나에 해당하는 설비 또는 구역 등을 증설하는 공사
>   가. 옥내·옥외소화전설비
>   나. 스프링클러설비·간이스프링클러설비 또는 물분무등소화설비의 방호구역, 자동화재탐지설비의 경계구역, 제연설비의 제연구역(소방용 외의 용도와 겸용되는 제연설비를 「건설산업기본법 시행령」 별표 1에 따른 기계설비공사업자가 공사하는 경우는 제외한다), 연결살수설비의 살수구역, 연결송수관설비의 송수구역, 비상콘센트설비의 전용회로, 연소방지설비의 살수구역
> 3. 특정소방대상물에 설치된 소방시설등을 구성하는 다음 각 목의 어느 하나에 해당하는 것의 전부 또는 일부를 교체하거나 보수하는 공사. 다만, 고장 또는 파손 등으로 인하여 작동시킬 수 없는 소방시설을 긴급히 교체하거나 보수하여야 하는 경우에는 신고하지 않을 수 있다.
>   가. 수신반(受信盤)
>   나. 소화펌프
>   다. 동력(감시)제어반

02 둘 이상의 특정소방대상물이 하나의 소방대상물이 되는 조건에 대하여 설명하시오.

03 불연재료와 준불연재료가 갖추어야 할 각각의 성능기준에 대하여 설명하고 성능판정을 위한 시험체 및 시험횟수 등 관련 기준을 시험규격별로 설명하시오.

04 고강도 철근콘크리트 구조가 화재에 노출 될 때 발생하는 폭렬 현상의 원인과 폭렬현상을 최소화하기 위한 대책에 대하여 설명하시오.

05 주요구조부가 내화구조나 불연재료가 아닌 대규모 건축물에 설치하여야 하는 방화벽에 대한 설치 및 구조 기준에 대하여 설명하시오.

100회(2013년 5월)

01 엘리베이터의 Piston Effect에 대하여 설명하시오.

02 배연설비의 배연창 유효면적 산정기준에 대하여 설명하시오.

03 대형복합건축물 피난계획 시 수행하는 피난시간계산에 대하여 다음을 설명하시오.
   1) 피난시간계산의 개요
   2) 피난시간의 평가
   3) 피난구획(복도·부속실)의 체류면적에 대한 평가
   4) 피난행동의 전제조건

04 인명안전코드(Life Safety Code)에 규정된 성능위주 소방설계를 위한 화재시나리오의 구성요소 5가지를 설명하시오.

기출문제

05 사전재난영향성검토 평가 시 평가분야별 평가항목 및 평가내용에 대하여 설명하시오.

06 초고층 건축물의 피난특성과 피난용 엘리베이터의 설치기준 및 피난용 엘리베이터를 이용한 피난의 장·단점에 대하여 설명하시오.

07 가로, 세로, 높이가 10m×10m×5m인 구획실에서 6 MW의 화재가 진행 중이다. 다음 조건을 이용하여 화재가 플래시오버(Flashover)로 발전할 가능 여부를 McCaffrey의 공식을 사용하여 판단하시오.

> 벽 두께 : 콘크리트 20cm, 열전도도(k) : 7.6×10⁻³kW/m·℃, 개구부 높이 : 3 m, 개구부 크기 : 3m×2m

◢해설

$$Q_{f_o} = 610(h_k A_T A_0 \sqrt{H})^{\frac{1}{2}} [kW]$$

1) 열전도계수 $h_k = \dfrac{k}{l} = \dfrac{7.5 \times 10^{-3}}{0.15} = 0.05 [kW/m^2℃]$

2) 구획내부 표면적 $A_T = (10 \times 15 \times 2) + (10 \times 5 \times 2) + (15 \times 5 \times 2) - 9 = 541 [m^2]$

3) 환기구 면적 $A_0 = 9 [m^2]$

4) 환기구 높이 $H = 3 [m]$
   - McCaffrey의 계산식에 대입하면

$$Q_{f_o} = 610(0.05 \times 541 \times 9 \times \sqrt{3})^{\frac{1}{2}} ≒ 12526.08 [kW] ≒ 12.5 [MW]$$

08 방재계획과 위험관리의 상관성에 대한 손실한수 그래프를 설명하고 위험제어 방법에 대하여 설명하시오.

99회(2013년 2월)

01 건축물 마감재료의 난연성능을 판정하는데 적용되는 시험규격명칭(한국산업규격) 4가지를 기술하시오.

02 방화댐퍼의 감열체 성능을 확인하기 위한 성능시험방법(KS F 2847)에서 요구하는 3가지 시험에 대하여 기술하시오.

03 소방법상 성능위주 설계를 하여야 할 특정소방대상물의 범위에 대하여 설명하시오.

04 건축물의 지붕을 경사지붕으로 하는 경우 경사지붕 아래 "대피공간"을 의무적으로 설치하여야 하는 대상건축물과 대피공간의 설치기준을 기술하시오.

05 초고층 건물의 화재 발생 시의 연돌효과 방지대책을 소방측면, 건축계획측면, 기계 설비측면에서 설명하시오.

06 건축물의 층의 위치, 용도, 규모에 따라 피난층 또는 지상으로 통하는 직통계단을 피난계단, 특별피난계단으로 설치하여야 하는 대상, 옥외피난계단을 설치하여야 하는 대상을 기술하시오.

07 소방감리원이 시공사로부터 제출받아야 하는 착공계 서류에 대하여 10가지 이상 설명하시오.

> **해설** 제14조(착공신고서 검토 및 보고) ① 감리원은 소방시설공사가 착공된 경우에는 시공자로부터 다음 각 호의 서류가 포함된 착공신고서를 제출받아 적정성 여부를 검토하여 7일 이내에 발주자에게 보고하여야 한다.
> 1. 현장기술자 배치신고서(책임기술자)
> 2. 소방시설공사 예정공정표
> 3. 자재관리 검사계획표
> 4. 공사도급 계약서 사본 및 내역서
> 5. 착공 전 사진
> 6. 현장기술자 경력사항 확인서 및 자격증 사본
> 7. 안전관리 계획서
> 8. 작업인원 및 장비투입 계획서
> 9. 기타 발주자가 지정한 사항
> ② 감리원은 다음 각 호를 확인하여 착공신고서의 적정성 여부를 검토하여야 한다.
> 1. 계약내용의 확인
>   가. 공사기간(착수부터 준공까지)
>   나. 지급조건 및 방법(선급금, 기성부분 지급, 준공금 등)
>   다. 기타 공사계약 문서에서 정한 사항

기출문제

2. 현장기술자의 적격여부
   가. 책임기술자 : 법 제12조, 영 제3조 별표 2
   나. 안전관리담당자 : 「산업안전보건법」 제15조
3. 소방시설공사 예정공정표 : 작업 간 선행·동시 및 완료 등 공사 전후 간의 연관성이 명시되어 작성되고, 예정공정율이 적정하게 작성되었는지 확인
4. 품질관리시험 계획표 : 공사 예정공정표에 따른 자재의 시험방법, 빈도 등이 적정하게 반영 작성되었는지 확인
5. 자재수급 계획 : 공사 예정공정표에 따른 자재 수급계획의 적정성 여부 확인
6. 착공 전 사진 : 내부 구조물 등이 잘 나타나도록 촬영되었는지 확인
7. 작업인원 및 장비투입 계획서 : 공사의 규모 및 성격, 특성에 맞는 장비형식이나 수량의 선정여부 등

08 지하공간(지하가)의 방재계획 특성과 방재대책에 대해 설명하시오.

98회(2012년 8월)

01 건축물의 설비기준 등에 관한 규칙에서 규정한 특별피난계단과 비상용 승강기 승강장에 설치하는 배연설비의 구조기준에 대하여 설명하시오.

02 건축물의 피난·방화구조 등의 기준에 관한 규칙에서 규정한 경계벽 및 간막이 벽의 설치기준에 대하여 설명하시오.

03 건축물의 피난·방화구조 등의 기준에 관한 규칙에서 규정하는 방화구획의 설치기준에 대하여 설명하시오.

04 건축관계법규에서 규정하는 옥상광장의 설치기준과 헬리포트 및 구조공간의 설치기준을 설명하시오.

05 초고층건축물 및 준초고층건축물에서 피난안전구역과 직통계단의 연결기준 및 피난안전구역의 설치기준에 대하여 설명하시오.

97회(2012년 5월)

01 화재 및 피난시뮬레이션 수행 시 인명안전적용기준을 설명하시오.

02 초고층 및 지하연계 복합건축물의 종합방재실 설치기준에 대하여 설명하시오.

03 건축물의 방재계획에서 연소 확대경로에 따른 연소확대 방지대책을 설명하시오.

04 공동주택 발코니 구조 변경 시 설치되는 대피공간, 방화판 또는 방화유리창의 구조에 대하여 설명하시오.

05 화재 시 콘크리트의 물리·화학적 특성변화에 따른 강도변화, 균열발생 및 색상변화를 설명하고, 온도범위에 따른 변태 또는 분해반응을 기술하시오.

96회(2012년 2월)

01 BIM(Building Information Modeling) 설계에 대하여 설명하시오.

02 초고층 건축물의 피난을 위해 제시되고 있는 피난용 승강기의 성능기준에 대하여 설명하시오.

03 건축물 복도의 너비와 설치기준 및 관람석 등으로부터의 출구 설치기준에 대하여 설명하시오.

04 방화에 장애가 되는 용도의 제한과 복합건축물의 피난시설 등 설치기준에 대하여 설명하시오.

기출문제

05 건축부재내화시험방법(KS F 2257-1)에서 규정하고 있는 내화성능기준 및 방화구획을 적용하지 않거나 사용상 지장이 없는 범위에서 완화 적용할 수 있는 기준에 대하여 설명하시오.

06 소방시설 등의 성능위주 설계 방법 및 기준 중 화재 및 피난시뮬레이션의 시나리오 작성 기준 및 성능위주설계 보고서 제출 서류에 대하여 설명하시오.

07 초고층 건축물에 적용하는 무선통신보조설비의 문제점 및 해결방안에 대하여 설명하시오.

08 방화구획 관통부에 적용하는 내화충전재(Fire Stop) 공법의 종류와 특성에 대하여 설명하시오.

95회(2011년 8월)

01 특정 방화관리 대상물의 소방계획서 작성 항목에 대하여 설명하시오.

02 방화지구란 무엇이며 방화지구안의 건축물이 인접대지경계선에 접하는 외벽에 설치하는 창문 등으로서 연소할 우려가 있는 부분에 필요한 방화설비에 대해 기술하시오.

03 국내 건축법상 내화성능 기준은 건축물의 용도, 층수, 및 최고높이를 기준으로 30분에서 3시간으로 정해져 있다. 이러한 내화성능 기준의 문제점에 대하여 설명하시오.

04 최근 저급 소방용 기계기구의 성능부실이 문제로 제기된다. 특정 소방용 기계기구를 제조하거나 수입하고자 하는 경우에는 국내에서 정하는 형식승인을 받아야 한다. 현장에 설치되는 형식승인대상 소방용 기계기구의 종류를 10가지만 열거하시오.

05 초고층 건축물에서 화재 발생시 수용인원이 동시에 지상으로 피난하는 것은 사실 불가능하여 건축물 내부에 피난대피층을 설정하여야 한다. 적합한 피난대피층의 구조에 대하여 설명하시오.

06 일반화재의 경우 화재성상현상을 예측하기 위한 방법으로 화재시뮬레이션을 이용하는 경우가 많다. 화재시뮬레이션을 실시할 때 주요 입력요소 및 세부요소에 대하여 설명하시오.

94회(2011년 5월)

01 건축물 출입구 등에 설치되는 지연성 출구 자물쇠의 설치가 허용되는 경우를 설명하시오.

02 건축법에서의 피난안전구역 설치대상 및 설치기준을 설명하시오.

03 화재형태에 따른 화재성장곡선을 설명하시오.

04 피난안정성 평가방법으로 사용되고 있는 Time-Lineqnstjr법에서 RSET와 ASET의 인명 및 피난안전성 평가방법에 대하여 설명하시오.

05 폭렬의 발생원인 및 메카니즘에 의한 분류에 대하여 설명하시오.

06 건축물 화재진압자적 수행 중 백드리프트가 예상될 때 대응할 표준작전절차에 대하여 설명하시오.

07 성능위주설계의 흐름도와 장단점을 설명하시오.

08 소방시설설치유지 및 안전관리에 관한 법률에서 규정하고 있는 무창층 기준해석상 논란이 되는 부분에 대한 업무처리 지침을 설명하시오.

09 구획화재의 화재성상에서 환기지배형화재시 개구부영향에 의해 연소속도, 온도인자, 계속시간인자, 열방출률의 관계를 설명하시오.

기출문제

93회(2011년 2월)

01 플래쉬오버(flashover)를 정의하고 발화공간에서의 ① flashover를 억제할 수 있는 인자들과 ② flashover시간에 영향을 주는 인자들을 열거하시오.

02 4층 이상의 아파트에 의무적으로 설치하여야 하는 대피공간 대신 아파트 발코니에 하향식 피난구를 설치하는 경우 하향식 피난구가 갖추어야 할 성능기준을 간략히 설명하시오.

03 전력 케이블이 벽면 등을 관통할 때 화재 확대 방지 대책과 시공방법을 간단히 설명하시오.

04 서울특별시 초고층 건축물 가이드라인 중 방재, 피난 및 소화설비 관련사항에 대하여 설명하시오.

05 건축 관련 법규상 건축물의 외벽에 사용되는 마감 재료를 방화(防火)에 지장이 없는 재료로 설치해야 하는 건축물을 설명하시오.

06 건축물 실내마감재는 불연성능에 따라 KS에 의한 성능시험을 통해 불연재료, 준불연 재료, 난연재료로 분류할 수 있다. 불연재료와 난연재료의 시험항목과 판정기준을 설명하시오.

07 특정소방대상물의 증축 시 소방시설기준 적용에 있어 기존부분에 대해서 증축 당시의 소방시설의 설치 유지 및 안전관리에 관한 법령 또는 화재안전기준을 적용하지 아니하는 조건에 대해서 설명하시오.

08 소방준공과 관련하여 시운전(성능시험) 계획서와 시운전 성과품에 포함될 사항에 대하여 설명하시오.

09 내화충전구조 시험규격인 KS F ISO 10295-1(건축부재의 내화시험방법 - 충전시스템 - 제1부 : 설비 관통부 충전 시스템)에 의한 시험 방법 및 요구 성능기준을 기술하고 KS F 2842(설비 관통 부위의 충전 구조에 대한 내화 시험방법)와의 시험기준상 차이점을 설명하시오.

10 주택성능등급 인증제도의 도입배경, 표시대상, 평가항목을 설명하고, 화재·소방등급에 대하여 상세히 설명하시오.

11 발코니 확장형 아파트 화재 시 윗층으로 연소확대 방지를 위한 대책에 관하여 다음 사항을 설명하시오.
  가. Coanda Effect의 유체역학적 정의
  나. 외부 창문에서의 분출화염의 Coanda Effect
  다. 윗층으로의 연소확대 방지대책

12 대부분의 국가에서 엘리베이터를 피난수단으로 사용하지 않는 것이 원칙이나 최근 선진국을 중심으로 피난수단으로 활용하는 방안이 모색되고 있다. 피난수단으로써 엘리베이터가 필요한 이유와 NFPA 101(Life safety code)에서 요구하는 피난용 엘리베이터 설치 시 최소한의 구비조건에 대하여 설명하시오.

92회

01 초고층 건축물 화재의 경우, 일반용 승강기에 의한 피난 시 예상되는 문제점을 설명하시오.

02 국내 소방산업의 장기적인 발전을 위한 사업수행능력 평가(Pre-Qualification)제도의 평가절차 및 평가항목에 대하여 설명하시오.(10점)

03 샌드위치 판넬 4가지에 대한 재료별 특성에 대하여 설명하시오.

04 철골의 내화피복 공법에 대하여 설명하시오.

05 건축물의 주요구조부 중에 벽, 기둥, 바닥, 보의 내화구조에 대하여 설명하시오.(25점)

기출문제

06 소방·방재와 관련하여 여러 가지 재난이 일어나고 있고 또한 예측되어지고 있다. 자연재난, 사회적재난 및 인위적재난을 설명하고 재해위험의 3가지 요인인 재해(Hazard), 노출(Exposure), 재해취약요인(Vulnerability)을 변화시켜 재해를 저감하는 방안에 대하여 설명하시오.(25점)

91회

01 화재패턴이 만들어지는 원인으로는 열변형, 소실(燒失), 연소생성물의 퇴적 등이 있는데, 어떤 원리에 의해 열원을 추적해 갈 수 있는지에 대하여 설명하시오.

02 초고층 건축물에 대한 다음 사항들을 설명하시오.
가. 건축법 시행령에서 규정하는 초고층건축물의 정의
나. 피난안전구역에 대하여 건축물의 피난·방화구조 등의 기준에 관한 규칙에서 정하는 설치기준

03 시공상세도(Shop Drawing)를 정의하고, 기본설계(Basic) 도면과의 차이점과 특징 및 작성법에 대하여 설명하시오.

04 Ventilation Parameter에 대하여 설명하시오.

05 건축법 시행령에서 규정하는 공동주택중 아파트의 대피공간에 대하여 설명하시오.

06 옥외 피난계단 및 옥상광장의 설치 목적 및 시설기준에 대하여 설명하시오.

07 비상용 승강기에 대하여 설치대상, 설치목적, 설치 소요 대수, 설치예외 규정, 승강장의 구조 및 승강로의 구조에 대하여 설명하시오.

08 초고층 및 복합건축물의 방재계획서 작성의 의미와 목적 그리고 건축물의 방재관련 잠재적 위험요인에 대하여 설명하시오.

90회

01 성능위주소방설계에 있어서 인명안전기준과 비인명안전기준에 대하여 설명하시오.

02 국내 규정상 방화관리에 필요한 소방계획서 작성 항목에 대하여 설명하시오.

03 대지안의 피난 및 소화에 필요한 통로와 옥상광장 등의 설치기준에 대하여 설명하시오.

04 건축물 바깥쪽으로의 출구설치 대상건물의 회전문 설치기준에 대하여 설명하시오.

05 유리로 구획된 부분의 내화시험방법(KS F 2845 2008.12)에 대하여 설명하시오. (유리구획의 정의 시험체 크기, 비가열면의 온도측정, 성능기준, 결과의 표시 등)

06 초고층 건물에서 동절기시(외기온도, 실내온도) 건물높이에 따른 실내 및 실외공기의 압력분포와 실내·외 공간간의 차압분포를 그래프로 나타내고 공기유동현상을 설명하시오.

07 인명안전코드(NFPA 101)에서 권장하는 인명안전 설계시 기본요구사항에 대하여 설명하시오.

기출문제

89회

01 내화 건축물 실내화재의 진행을 단계별로 구분하고 기술하시오.

02 도심화재 시 인접건물로의 연소(延燒)에 의한 2차 화재에 대한 방지대책을 기술하시오.

03 방화재료 별 성능기준 및 시험방법을 기술하시오.

04 공동주택 및 오피스텔을 개별난방설비로 하는 경우 건축 관계법규상의 보일러실 및 방화구획기준을 기술하시오.

05 서울도심 지하를 이용한 터널화 계획이 발표되었다. 터널에서의 화재 시 많은 인명 및 재산피해가 예상되는바 지하를 이용한 도로 계획 시 터널화재의 특성 및 방재시설 설치기준을 기술하시오.

06 건축법에 의거 주요 구조부를 내화구조로 하여야 하는 건축물을 열거하시오.

07 공조 및 배연 덕트내부를 통하여 화재가 확산되는 현상이 발생하는 바, 이에 대한 화재 특성과 방지대책에 대하여 기술하시오.

08 고강도 콘크리트를 이용한 초고층 건축물의 화재 시 발생하는 폭렬(爆裂)현상의 발생원인과 방지대책에 대하여 기술하시오.

88회

01 같은 건축물 안에 공동주택과 위락시설 등 중 하나 이상을 함께 설치하고자 하는 경우에 적용되는 "복합건축물의 피난시설 등"의 기준에 대하여 기술하시오.

02 피난·방화규칙(복합자재 사용이 가능한 공장용도)에 따른 소규모 공장용도 건축물의 조건과 내부마감재료 등에 대하여 기술하시오.

03 국내 방화댐퍼의 설치기준과 미국 NFPA코드(Code)에서 규정한 댐퍼의 내화성능, 작동온도 및 점검구 설치기준에 대하여 기술하시오.

04 소방공사 감리업자가 수행하여야 할 소방시설공사업법상의 주요 업무내용, 공사감리자 지정대상 특정소방대상물의 범위, 소방시설성능시험조사표의 자동화재탐지설비 수신기와 중계기의 점검항목에 대하여 기술하시오.

05 국토교통부고시에 의한 자동방화셔터 및 방화문의 성능기준과 한국산업규격(KS)의 중량셔터 기준에서 규정하고 있는 셔터의 연동제어기구(장치) 기준 및 개폐시험 방법에 대하여 기술하시오.

06 건축법상 비상용 승강기의 설치제외 기준과 기술표준원 고시에서 규정하고 있는 로프식 비상용엘리베이터의 설치기준에 대하여 기술하시오.

07 화재시 발생하는 연기의 발연량과 연기층 하강시간, 연기확산에 영향을 미치는 굴뚝효과 및 부력효과에 대하여 공식을 이용하여 기술하시오.

기출문제

87회

01 특정소방대상물에 도시가스와 같은 기체연료를 사용하는 보일러를 설치하는 경우 화재예방을 위해 소방 관련법규에서 요구하고 있는 안전기준에 대해 기술하시오.

02 건축부재가 내화구조로 인정받기 위해서는 '내화구조의 인정 및 관리기준(국토교통부 고시)'에 의해 품질시험에 합격하여야 한다. 내화도료 피복 철골기둥의 내화구조 인정 시 요구되는 내화시험 및 부가시험의 시험규격(KS) 종류를 기술하시오.

03 일정 규모나 용도의 건축물의 경우 직통계단을 2개소 이상 설치하여야 한다. 직통계단의 구조(정의)에 대해 설명하시오.

04 국내 건축법규에서는 화재방호를 위해 동일한 건축물에 함께 설치할 수 없는 용도를 규정하고 있다. 노인복지시설과 동일 건축물에 설치할 수 없는 용도 5가지를 기술하시오.

05 소방시설공사법에서 규정하고 있는 성능위주설계를 해야 하는 특정소방대상물의 범위와 성능위주설계자의 자격을 기술하고, 2009년 1월부터 소방방재청에서 시행하고 있는 성능위주설계 수행지침 주요내용에 대해 설명하시오.

06 구획화재에서 Flash over와 Back Draft의 관계에 대해 5가지 이상 기술하시오.

07 2008년 7월에 국토교통부에서 고시한 "고강도콘크리트 기둥·보의 내화성능관리기준"의 제정이유와 주요내용(내화성능기준, 시험방법, 시험체 제작 및 내화성능관리 등)을 기술하시오.

08 문화 및 집회시설, 판매시설 등의 용도로 사용하는 건축물에는 건축물로부터 바깥쪽으로 나가는 출구를 설치하여야 한다. 이 경우 건축 관련규정에서 요구하는 옥외로의 출구 설치기준(출구의 구조, 설치 수, 유효폭 등)을 기술하시오.

86회

01 옥내에 설치하는 피난계단의 구조에 대하여 설명하시오.

02 건축물의 피난·방화구조 등의 벽, 비내력벽, 기둥, 바닥, 보의 내화구조기준에 대하여 설명하시오.

03 최근 샌드위치판넬을 사용한 이천 냉동창고와 서울 은평구 유흥업소 화재로 대형 인명피해가 발생하였다. 샌드위치판넬의 재료별 특성 및 화재위험성에 대하여 설명하시오.

04 초고층 건축물 화재 시 구조용 강재(Steel Structure)의 온도상관관계와 내화대책에 대하여 기술하시오.

05 물류창고 방화기준 중 저장물품의 적재절차 및 예방대책, 이격거리, 통로 기준에 대하여 설명하시오.

85회

01 건축법상 "연소할 우려가 있는 부분"을 설명하고, 방화지구안의 건축물 인접대지 경계선에 접하는 외벽에 설치하는 창문 등으로서 "연소할 우려가 있는 부분"의 방화설비에 대하여 설명하시오.

02 방화셔터를 설치한 후 외관점검과 기능점검을 하고자 한다. 그 방법을 설명하시오.

03 건물의 보안강화를 위한 NFPA 5000 기준 등에 의하면 5개층 이상 건물 계단실의 모든 문은 원칙적으로 재진입이 가능한 구조로 설치하도록 규정하고 있다. 건물내부로 재진입을 막기 위한 장치를 설치 할 수 있는 예외조건과 평상시 계단실 문을 잠근 상태에서 유지관리 할 수 있는 조건에 대하여 설명하시오.

기출문제

04 피난 개시 지연시간에 영향을 미치는 건물 및 거주자의 특성을 열거하고 설명하시오.

05 건축물의 실내 마감재가 화재에 미치는 영향과 개정된 난연 성능 기준(국토교통부 구 건설교통부 고시 제2006-476호)을 기술하시오.

06 건축규모가 지하 5층, 지상 10층, 연면적 약 300,000㎡인 대형 판매시설에 대한 화재영향평가를 수행하고자 한다. 그 목적과 내용을 설명하시오.

07 건축물 내부 및 외부 연소 확대 경로에 따른 연소 확대 방지대책을 설명하시오.

84회

01 특별피난계단의 건축법상 구조기준에 대하여 기술하시오.

02 건축물이 화재예방을 위하여 건축관계법에 규정된 내장재의 건축용도별 적용규모 및 부위별 방화재료의 적용기준에 대하여 기술하시오.

03 철골구조 건축물의 주요구조부에 대한 내화피복과 구조안전성의 관계를 기술하시오.

04 방호대상공간의 바닥면적이 1000㎡인 내부공간에 둘레가 5m인 가연물을 연소시켜 30초 후에 연기층이 바닥으로부터 2m 높이까지 하강하였다. 이 연기층이 더 이상 하강하지 않도록 유지하기 위하여 필요한 분당 연기배출량(㎥/min)은? (단, 방호대상공간의 천장높이는 4m이고, 불의 둘레(화원의 둘레)는 가연물 둘레와 동일하며 Hinkley공식을 사용, 기타 조건은 무시)

05 특정소방대상물의 용도분류상 복합건축물의 정의와 건축법상의 부속용도에 대하여 기술하시오.

06 건축법상 비상용 승강기의 설치대상과 비상용승강기 승강장의 구조에 대하여 기술하시오.

83회

01 초고층 건물의 화재 시 화재특성, 피난 및 소화활동의 문제점, 방재대책을 기술하시오.

02 성능위주 소방설계에서 고려해야 할,
1) 인명안전에 대한 성능기준인 거주가능조건(Tenable Conditions)을 요약하시오.
2) ASET와 RSET의 개념에 대하여 설명하시오.

82회

01 국내 건축법에 의한 방화구획의 설치기준에 대하여 설명하시오.

02 성능적 피난설계의 개념에 대하여 설명하시오.

03 콘크리트 화재시 물리 화학적 특성변화에 대하여 설명하시오.

04 화재에 노출된 고강도 콘크리트의 폭렬현상 기구(機構: Mechanism)와 대책에 대하여 설명하시오.

05 사무용 고층 건물에 많이 적용하고 있는 코아형 평면의 종류와 피난계획 특성을 기술하시오.

06 성능적 내화설계의 개념과 플로우(절차, 흐름도)에 대하여 설명하시오.

07 세계무역센타 건물 붕괴사고(2001년 발생)와 스페인 마드리드의 윈저타워(2005년 발생)의 화재에 영향을 받은 부분의 붕괴사고에 대하여 그 원인과 대책에 대하여 기술하시오.

기출문제

81회

01 성능위주소방설계 및 화재영향평가시 결정론적 방법(Deterministic Analysis)에서 Time Line 분석방법을 사용하고 있다. 총 피난시간과 거주가능시간의 관계를 설명하시오.

02 방화문의 차열 및 비차열에 대하여 약술하시오.

03 비상구(소방기본법시행령 상)와 비상탈출구(건축관계법규 상)의 설치대상 및 세부적인 설치기준을 중심으로 비교 기술하시오.

04 초등학교 교실의 면적이 $100m^2$이고, 높이가 6m인 곳에서 바닥에서 3m×3m 크기의 화재가 발생하였다고 가정할 경우, 바닥으로부터 각각 3m, 2m, 1.5m 높이까지 연기가 도달하는 시간을 Hinkley 공식을 사용하여 구하시오. (단, 연기화염의 온도는 400℃로서 연기의 밀도는 $0.40kg/m^3$이고, 실내의 환기설비는 작동하지 않는다. 기타 조건은 무시한다)

> ◀해설 Hinkley 공식
> $$t = \frac{20A}{P \times \sqrt{g}} \times \left(\frac{1}{\sqrt{y}} - \frac{1}{\sqrt{h}}\right)$$

05 공동주택의 발코니 확장에 따른 문제점과 화재안전성능 확보를 위한 소방시설의 설치 및 피난성능 확보방안에 대해 설명하시오.

80회

01 굴뚝효과(Stack Effect)와 Smoke Hatch에 관하여 설명하시오.

02 화재 시 발생되는 연기의 특성과 감광계수에 대하여 설명하시오.

03 방화댐퍼의 설치위치 및 설치기준에 대하여 건축법을 중심으로 기술하시오.

04 자동방화셔터 및 방화문 설치 기준 중 다음을 설명하시오.
  가. 용어의 정의 (방화셔터 및 일체형 방화셔터)
  나. 설치위치
  다. 셔터의 구성
  라. 성능기준 (셔터, 방화문 및 승강기문)

05 건축물의 외벽, 간막이벽 및 지붕재료로 사용되고 있는 샌드위치 패널의 종류별 특징 및 화재위험성에 대하여 논하시오.

06 건축법상의 거실 배연설비 설치대상과 설치기준에 대해서 기술하시오.

PART 03

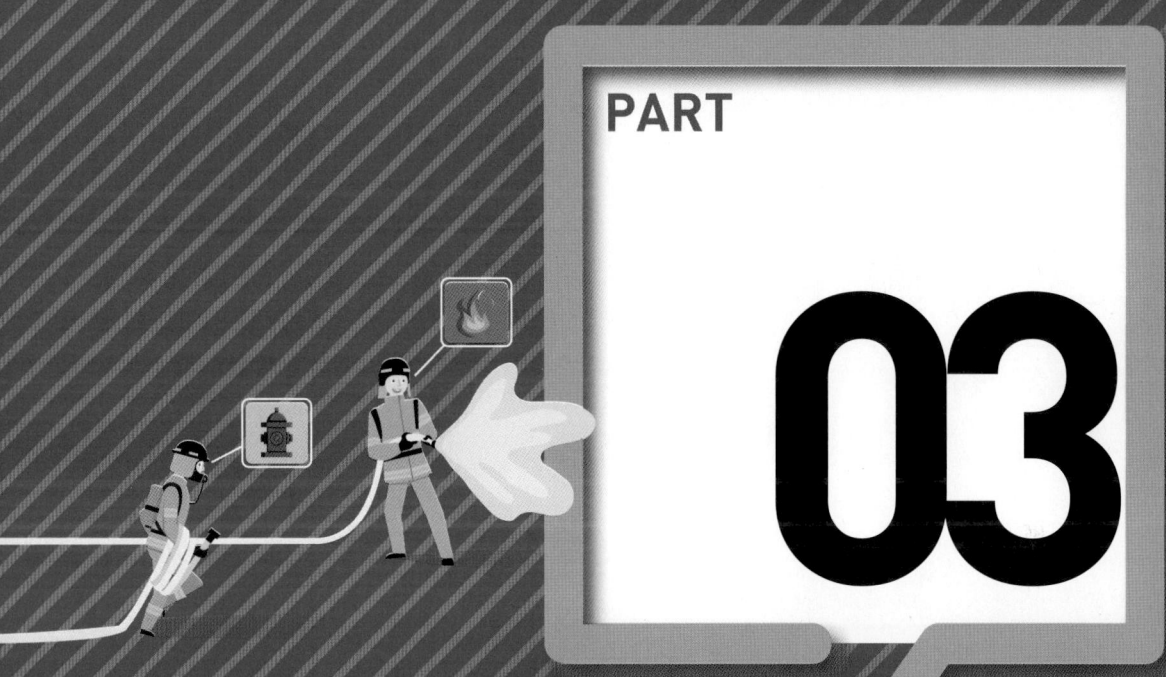

가스폭발

PART 03 가스폭발

01 화학공장 재해 원인 위험성 대책

1. 화학공장에서 재해원인

① 누설
② 방류 ─ 가연성 혼합기 형성 → 점화원 → 폭발 또는 화재로 진행한다.
③ 체류

2. 화학공장에서 위험성

(1) 화학 물질의 위험
① 물질 자체의 위험(유독성, 가연성, 반응성)등
② 위험물질의 수송, 운반위험

(2) 화학공정의 위험
① 반응 폭주에 의한 화재 폭발위험
② 방출, 유출의 유동 위험
③ 압력, 열 등의 상태 위험

(3) 화학 설비의 위험
① 화학설비 장치 파손 → 기계적 파손, 부식 파괴
② 기계적 고장, 휴먼에러
③ 계측제어 및 안전시스템의 고장 등

3. 폭발 대책

(1) 사전대책(폭발예방)

① 불활성화
② 점화원 관리(방폭, 나고충전 정복자단)
③ 플래어 스택, 실-드럼, 불꽃 감지기 등

(2) 사후대책(폭발 방호)

① 봉쇄
② 차단
③ 화염방지기
④ 폭발억제
⑤ 폭발배출
⑥ 안전거리

4. 피해 예측

(1) 독성

RMV = 노출시간 × 농도(급성, 만성폭로)

(2) 복사열

수포성 화상 $4kW/m^2$

재산손실 $37.5kW/m^2$ - 100% 전손, $20kW/m^2$ - 80% 손상

(3) 과압

고막파열 $0.2kgf/cm^2$
차량 전도 $0.15kgf/cm^2$

02 TNT 당량

1 ▶▶ 개요

TNT의 폭발에너지는 실험에 의해 차트화 되어 다른 물질의 폭발에너지를 TNT 당량으로 나타내면, 그 물질에 폭발에너지를 쉽게 알 수 있다.

2 ▶▶ TNT 당량

① 어떤 물질이 폭발할 때 내는 에너지와 동일한 에너지를 내는 TNT 당량
② 공식

$$\text{TNT당량(kg)} = \frac{\triangle H_C \times W_C}{1,120(\text{kcal/kgTNT})} \times \eta$$

$\triangle H_C$: 폭발성 물질의 발열량(kcal/kg)
W_C : 폭발한 물질의 양(kg)
η : 폭발효율(%)

3 ▶▶ Scaling 삼승근 법칙

① $Ze = \dfrac{R}{W^{\frac{1}{3}}}$

Ze : 환산거리
R : 폭심으로부터의 거리(m)
W : 폭발물 질량(TNT질량)

② 환산거리가 같으면 폭발물의 양에 관계없이 충격파 등 재해크기는 같다.

4 ▶▶ 계산순서

① TNT 당량으로 환산
② TNT 당량은 환산거리로 환산

③ 환산거리를 이용하여 도표에서 과압(kpa)을 추산

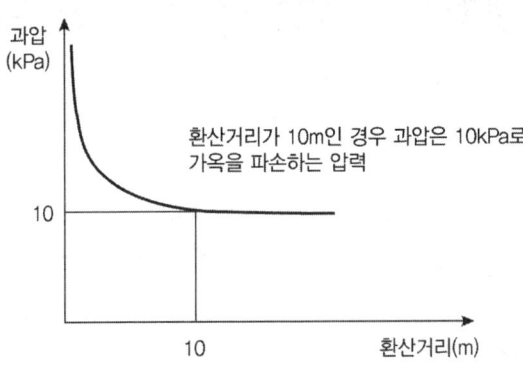

④ 환산된 과압에 의한 피해 예측
  ㉠ $0.21 kg_f/cm^2$ 고막파손
  ㉡ $0.15 kg_f/cm^2$ 차량전도

03 폭굉 유도거리(Detonation Induced Distance)

1 ▸▸ 정의

① 완만한 연소가 격렬한 폭굉으로 발전할 때까지의 거리를 말한다.

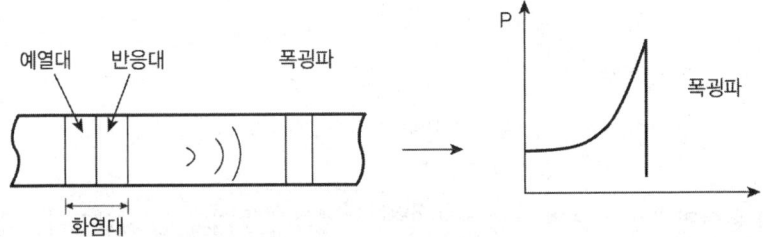

2 ▸▸ 폭굉 유도거리가 짧아지는 조건

① 정상연소속도가 큰 혼합가스인 경우
② 관 속에 방해물이 있는 경우

③ 관경이 가는 경우
④ 점화에너지가 큰 경우
⑤ 압력이 높을수록

3 ▸▸ 활용

① 화염 방지기 설치 시 폭굉 유도거리를 고려하여 설치
② Isolation 장치 설치 시 폭굉 유도거리를 고려하여 설치

04 폭발 효율

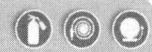

1 ▸▸ 정의

폭발 효율이란 이론적으로 계산하여 얻을 수 있는 폭발 에너지에 대한 실제로 방출된 에너지양

2 ▸▸ 폭발 효율

① 폭발 효율 = $\dfrac{\text{실제로 방출된 에너지}}{\text{이론적으로 계산하여 얻을수 있는 폭발에너지}} \times 100(\%)$

② UVCE 폭발 효율 = $\dfrac{\text{폭풍파내에 함유한 에너지}}{\text{증기운속의 총가연물 질량} \times \text{연소열}} \times 100(\%)$

③ 실제 폭발 효율
 ㉠ BLEVE 25~50%
 ㉡ UVCE 1~10%
 ㉢ 화학플랜트의 설계공정 약 2%

05 LPG, LNG

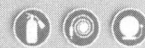

구 분	LPG	LNG
생 성	1. 원유의 채굴, 정제과정에서 생산되는 기체상의 탄화수소를 액화시킨 혼합물 2. 주성분 : 프로판, 부탄	1. 천연가스를 대량수송과 저장을 위해 $-162°C$로 냉각시켜 부피를 1/600로 압축시킨 무색 투명한 액체 2. 액화 과정에서 분진, 황 등을 제거한 저공해 청정연료
물 성	1. 기화 시 공기보다 무겁고 액화 시 물 보다 가볍다. 2. 무색, 무취, 무미이나 누출 시 감지할 수 있도록 착색제를 첨가 3. 연소하한이 낮아 누출되면 화재폭발의 위험 4. 액화 및 기화가 용이 5. 기화 잠열이 높아 기화 시 많은 기화 열이 필요하다.	1. 지하 매설 배관으로 공급하므로 공급의 중단이 없다. 2. 배관으로 공급되므로 별도의 연료 저장시설이 불필요 3. 다른 가스보다 착화온도가 높아 새어 나와도 쉽게 연소하지 않는다. 4. 공기보다 가벼워 누출 시 확산되어 화재폭발위험이 낮다. 5. 불꽃 조절이 용이하여 열효율이 높다.
용 도	1. 프로판 : 가정용 식당용 2. 부탄 : 자동차 산업용, 난방용	1. 도시가스 2. 산업용 연료
장 점	1. 발열량이 높다. 2. 발열량이 크며 연소 조절이 쉽다. 3. 시설 설치비용이 저렴 4. 액화가 쉽다. 5. 운반이 용이	1. 누설 시 폭발 위험이 적다. 2. 가격이 상대적으로 저렴하다. 3. 가스공급이 중단되지 않는다. 4. 연소조절이 쉽고 찌꺼기가 없다.
단 점	1. 비중이 공기보다 커 누출 시 폭발사고 위험 2. 용기 설치장소가 필요 3. 용기 관리 필요 4. 사용 중 공급중단 우려	초기 설치 비용이 많이 든다.
연소특성	1. 프로판 연소(2.1~9.5) $C_3H_8 + 5O_2 \rightarrow 3CO_2 + 4H_2O$ 2. 부탄 연소(1.8~8.4) $C_4H_{10} + 6.5O_2 \rightarrow 4CO_2 + 5H_2O$ 3. 연소 시 많은 공기가 필요 4. 연소 온도 2,150°C로 높다.	1. 메탄연소범위(5~15) $CH_4 + 2O_2 \rightarrow CO_2 + 2H_2O$ 2. 연소 시 LPG보다 적은 공기 소요 3. 연소 하한이 높다.(상대적) 4. 연소온도 2,050°C

06 가스화재

종 류	Vapor Fire	Pool Fire	Torch Fire	Flash Fire
형 태	확산연소	확산연소	확산연소	확산연소
연속속도	빠르다		빠르다	
열방출률			pool 비해 크다	
근거리 피해	보통	보통	작다	크다
장거리 피해	보통	보통	크다(L=AD)	작다
충격파 유무	없다	없다	없다	없다

❶ 개요

가스화재 발생원인은 누출, 방류, 체류에 의해서 → 가연성혼합기 형성 → 점화원 → 화재로 발전한다.

❷ 발생메카니즘

누출 → 혼합 → 연소 → 배출

❸ 가스화재의 형태

증기운, 풀, 토치(제트), 플래시 화재

❹ 가스화재의 특징

① 전형적인 확산연소+난류확산 연소
② 화염길이 $Lf = 0.23 Q^{0.4} - 1.02D$

5 ▶▶ 대책

(1) 예방
① 물적 조건 – 누설, 방류, 체류 방지 + 가연성 혼합형성 방지
② 에너지 조건 – 점화원 대책 → 방폭

(2) 소방
① 소규모 누설 시 밸브 차단
② 대규모 누설 시 밸브 차단 + 연소방지
③ 살수설비 물분무 설비 등, 탱크 냉각 및 복사열 차단
④ 고팽창포 소화설비 – 화재 제어 및 가스 증발제어 목적으로 사용(500 : 1 팽창포)

(3) 방화
방유제, 방액제, 방화벽
안전거리, 보유공지

07 가스화재와 가스폭발 차이점

1 ▶▶ 개요

① 가스는 NTP상태(21℃, 1atm)에서 기체상태인 물질이며
② 누설, 방류, 체류에 의해 물질조건이 형성되고 점화원에 의해 화재 및 폭발이 발생한다.
③ 가연성 가스 연소범위 하한계 10%이거나 상한과 하한계의 차이 20% 이상의 가스

2 ▶▶ 가스화재와 가스폭발의 차이점

(1) 메카니즘
① 가스화재
　㉠ 누출 → 혼합 → 연소 → 배출

    ⓒ 기상이므로 증발과정이 생략되어 있다.
  ② 가스폭발
    ㉠ 누출 → 연소 → 배출
    ㉡ 가연성 혼합기를 미리 예혼합 형성하여 연소속도가 매우 빠르며 급격한 연소 형태가 된다.

(2) 위험성
  ① 가스화재
    • 복사열에 의한 잠재적 손상 및 원격변화로 연소확대가 발생한다.

    $$\dot{q}'' = \frac{X_r \dot{Q}}{4\pi r^2}$$

    $\dot{q}''$: 복사열유속
    X_r : 총방출에너지중 복사된 에너지 분율(0.15~0.6)
    $\dot{Q}$: 화재 시 연소에너지 방출량(kW)
    r : 화재중심과 목표물간 거리

  ② 가스폭발
    ㉠ 폭발에 의한 과압을 발생하며 TNT당량으로 계산하여 환산거리로서 평가
    ㉡ TNT당량 = $\dfrac{\triangle H_C \times W}{1,120}$

      $\triangle H_C$: 연소열 (kcal/kg)
      W : 가연물양(kg)
      1,120 : TNT 1kg당 연소열

    ㉢ $Ze = \dfrac{R}{TNT^{\frac{1}{3}}}$

      Ze : 환산거리
      R : 방호대상과 거리

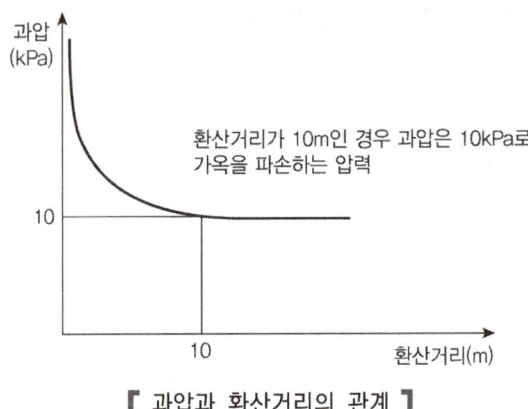

[과압과 환산거리의 관계]

(3) 연소형태

① 가스화재

확산연소를 하며 Fick's Law에 의해 농도가 높은 곳에서 낮은 곳

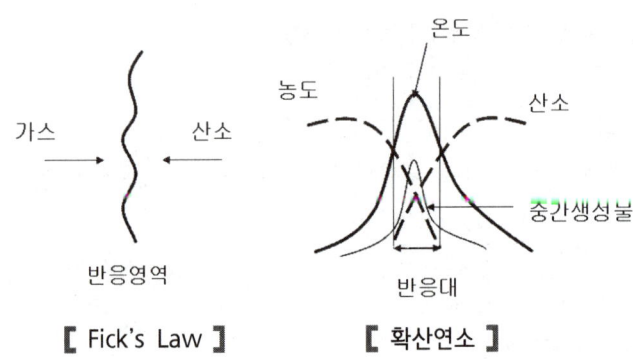

[Fick's Law]   [확산연소]

② 가스폭발

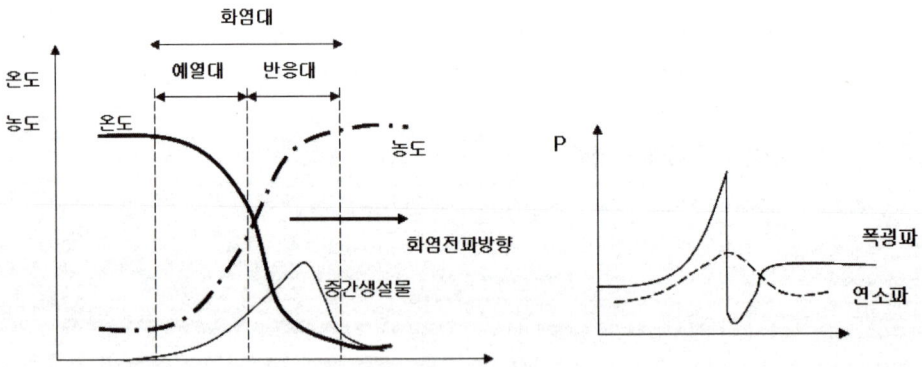

08 가스화재 고팽창포

1. 개요
① 가스화재에서 고팽창포는 화재진압용으로 사용하는 것이 아니라
② 화재 제어용 → 화재에서 폭발로 전이 방지

2. 고팽창포
① 500 : 1의 고팽창포로 사용
② 포와 LNG 경계층이 동결되어 얼음층 형성
③ 얼음층이 가벼워 LNG 위로 부상
④ LNG 액체로의 입열 억제
⑤ LNG 풀이 완전히 증발할 때까지 포 살포
⑥ 포의 안정화를 위해 25% 환원 시간이 15분은 초과해야 한다.

09 폭발에 영향을 주는 변수 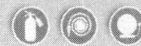 온압 조성착 기양유착속

① 주위의 온도
② 주위의 압력
③ 폭발성 물질의 조성
④ 폭발성 물질의 물리적 성질
⑤ 착화원의 성질 : 형태, 에너지, 지속시간
⑥ 주위의 기하학적 조건 : 개방 또는 밀폐
⑦ 가연성 물질의 양
⑧ 가연성 물질의 유동상태 : 난류
⑨ 착화지연시간 $t = \left(\dfrac{A}{T}\right) + B$
⑩ 가연성 물질이 방출되는 속도

10 폭발 시 원인물질의 물리적 상태(기상, 응상)에 따른 분류

1 ▶▶ 개요

① 폭발이 발생할 때의 원인물질의 물리적 상태에 따라 기상폭발과 응상폭발로 분류한다.
② 응상이란 고상과 액상을 총칭하며,
③ 응상폭발은 기상에 비하여 그 밀도가 100~1000배 이므로 기상폭발과 양상이 다르다.

2 ▶▶ 기상폭발 무스진해

(1) 분무 폭발

① 공기 중에 분출된 가연성 액체의 미세한 액적이 무상으로 되어 공기 중에 부유하고 있을 때에 발생하며
② 고압의 유압설비 일부 파손으로 분출시 발생한다.
③ 분무 폭발과 비슷한 박막폭굉이 있으며 실린더유 또는 윤활유가 공기 중에 분무될 때 발생한다.

(2) 가스 폭발

① 가연성 가스와 지연성 가스와의 혼합기체에서 발생
② 균등반응, 전파반응에 의한 폭발이 있다.

(3) 분진 폭발

가연성의 고체가 미분말로 되어 공기 중에 부유하고 있을 때 점화원(10mJ)에 의해 발생한다.

(4) 분해 폭발

① 개요
  ㉠ 아세틸렌, 에틸렌 등과 같이 분해반응이 발열반응인 물질에서 발생되는 폭발
  ㉡ 이러한 분해폭발성 가스가 분해되면 발열을 동반하여 분해 생성된 가스가 팽창되면서 압력이 상승하여 폭발하는 것
② 분해 폭발성 가스
  ㉠ 분해 반응이 발열반응인 가스로서 그 발열량이 충분히 큰 것

ⓒ 아세틸렌, 산화아세틸렌, 에틸렌, 산화에틸렌, 히드라진 등
③ 분해 폭발의 특징　**암기** 지화고 단가 배몰범
　　㉠ 지연성가스(산소)없이도 폭발한다.
　　㉡ 폭발 시 분해화염이라는 특수한 화염이 발생된다.
　　㉢ 고압가스에서만 발생되는 것이 아니다.(저압에서도 분해에 의해 발생)
　　㉣ 화염, 스파크, 가열 등의 열원이나 밸브개폐 등의 단열압축에 의해 발생될 수 있다.
　　㉤ 분해 폭발, 위험 뿐만 아니라 가스폭발의 위험성도 함께 가지고 있다.
　　㉥ 배관 중에서 발생되면 폭굉으로 전이
　　㉦ mol당 발열량이 가스폭발보다 크며, 화염온도가 매우 높다.
　　㉧ 폭발범위가 다르다.
　　　　ⓐ 아세틸렌 경우 가스폭발 범위는 2.5~81%
　　　　ⓑ 아세틸렌 경우 분해폭발 범위는 2.5~100%

(5) 아세틸렌의 분해폭발

① 메카니즘

아세틸렌의 압축→점화→화염전파→가스압력의 상승→화염속도 증가→압력 증가→분해 폭발

② 분해폭발 반응식

$C_2H_2 \rightarrow 2C + H_2 + 54(Kcal)$

연소에 의한 일반적 가스폭발에 비해 발열량이 약 2.2배 크다.

③ ▶▶ 응상폭발

(1) 혼합, 혼촉에 의한 폭발

혼합 시 폭발 위험이 있는 위험물 간의 접촉으로 인해 발열, 발화되어 발생되는 폭발이다.

(2) 수증기 폭발

(3) 고상 간 전이폭발

① 고상→고상으로 전이될 때 발생되는 폭발
② 고체인 무정형 안티몬이 동일한 고상의 안티몬으로 전이될 때 발열하여 이로 인해 주위 공기가 팽창하여 발생되는 폭발현상

(4) 증기 폭발

① 액체를 급속하게 가열하게 되면, 액체 내부에서 기포를 발생하며 증발하는 비등현상이 생긴다. 이러한 과열 액체의 폭발적 비등에 의한 폭발을 증기폭발이라 한다.
② 수증기 폭발은 물에 의한 증기 폭발로 볼 수 있다.
③ 미국에서는 증기 폭발 이라는 말로 정확한 의미전달이 어려우므로 RPT(급속한 상변화)라고 한다.
④ 가연성 가스인 경우 증기폭발 후 가스폭발이 발생되어 화염이 발생(BLEVE 후 Fire Ball 발생)

(5) 전선 폭발

① 고상에서 급격히 액상-기상으로 전이되면서 발생되는 폭발
② 알루미늄계 전선에 과전류가 흘러 순식간에 전선이 가열되어 용융, 기화하여 폭풍을 일으키는 폭발

(6) 불안전 물질의 폭발

유기 과산화물 등과 같은 불안정물질인 고체가 미소한 충격이나 가열에 발열, 분해되어 다량의 고온가스를 발생시키며 폭발하는 것이다.

11 수증기 폭발(열이동형)

1 ▶▶ 개요

① 액체의 폭발적인 비등현상에 의해 폭발이 발생하는데 이를 증기폭발
② 비등은 가열이 강할 경우 액체 내부에서도 기포발생이 일어나는 것으로,
③ 물질의 상변화에 의한 물리적 폭발이다.

2 ▶▶ 수증기 폭발 메카니즘.

① 수증기 폭발은 철강공업 제철소에서의 고온의 용융금속에 접촉한 물이 다량의 수증기로 급격히 상변화 되어 이 체적 팽창에 의해 폭발하는 것을 말한다.

②

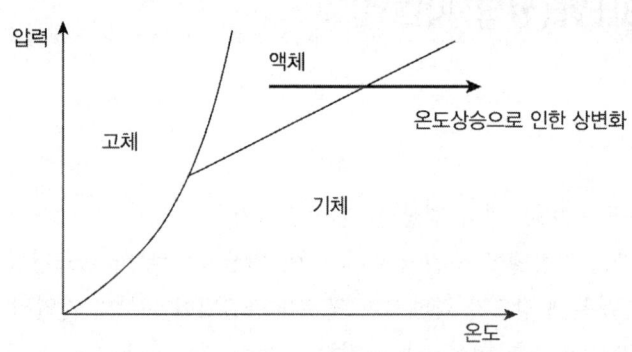

㉠ 수증기 폭발은 점화원, 가연물이 없이 상변화에 의해 발생 되는 것.
㉡ 따라서 물과 고열물체 간의 접촉을 방지하는 것이 유일한 대책이다.

3 ▸▸ 예방대책 🔑 바노주고

(1) 작업장 바닥의 건조
빗물이나 지하수가 스며들지 않는 구조.

(2) 노 내부로의 물 침입방지
① 노의 설치 또는 보수 시 완전 건조 후 용융 작업을 실시함.
② 주변에서의 소화 작업 시 주수의 침입 방지.
③ 노의 방수처리 (빗물이나 기타 물 침투 방지)

(3) 주수 분쇄설비의 안전설계
① 용융금속을 급속하게 수냉시키려 할 때 물에 고열물체를 넣는 방식으로 설계해서는 아니 되고
② 주수설비를 이용하고 배수를 철저히 하여 물이 정체하지 않도록 한다.

(4) 고온의 폐기물 처리
건조한 장소에 버리고 서서히 냉각 시킨다.

12 BLEVE(평형 파탄형)

1 ▸▸ 개요

① BLEVE는 비등 액체 팽창 증기 폭발로써,
② 액화가스 저장탱크 주위에 화재 등이 발생 기상부의 탱크강판이 국부적으로 가열되어 그 부분에 강도가 약해지면 탱크가 파열되어 내부의 가열된 액화가스가 급속히 유출되면서 화구를 형성하여 폭발하는 현상을 말한다.
③ BLEVE는 밀폐계에서의 폭발로 1ton 이상이면 Fire Ball로 전이된다.

2 ▸▸ 발생 메카니즘

(1) 액온 상승

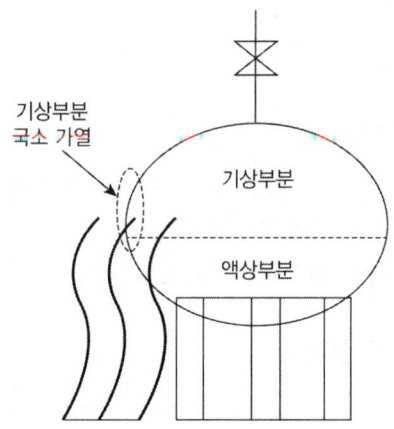

① 탱크 주변에서 화재 발생
② 기상부분에 국소가열
③ 탱크 내부에 액체가 기화

(2) 연성 파괴

① 액체의 기화로 압력 증가
② 접염에 의해 강도 저하
③ 탱크의 강도는 650℃에서 $\frac{1}{3}$로 줄어든다.

④ 연성파괴

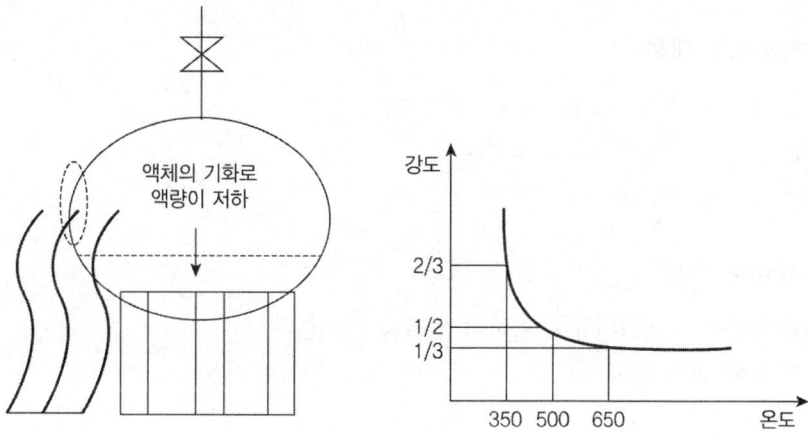

(3) 액격 현상

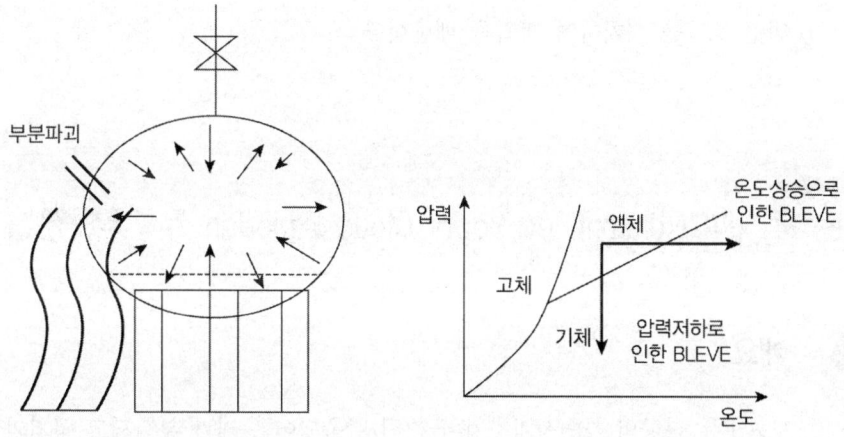

① 탱크의 일부분 파손 발생
② 압력저하 발생으로 액화가스의 비점이 내려가고 과열상태가 된 액화가스는 격렬하게 비등하여 액체를 비산시키고 내벽에 강한 충격을 준다.

(4) 취성 파괴

액격현상으로 탱크가 파괴되고 파편이 사방으로 비산함과 동시에 화이어 볼로 발전한다.

3 ▸▸ BLEVE 방지법

(1) Passive 대책

① 방액제 내부 기초를 경사지게 한다.
② 용기의 내압강도를 높게 한다.
③ 탱크를 지하에 설치

(2) Active 대책

① 물분무 소화설비를 설치하여 입열을 억제한다.
② 폭발 방지 장치
　㉠ 열전도도가 큰 알루미늄 합금 박판 설치
　㉡ 탱크 내벽에 열전도도가 좋은 물질 설치
③ 용기 외력에 의한 파괴방지
④ 안전 V/V를 설치하여 과압을 배출한다.

13 UVCE(Unconfined Vapor Cloud Explosion, 누설 착화형)

1 ▸▸ 개요

① UVCE는 다량의 가연성가스가 급격히 방출되어 증기가 분산되고 공기와 혼합되면서 증기운을 형성하고, 점화원에 의해 발생 된다.
② 화염전파가 너무 느려 심각한 과압을 형성하지 않는 경우는 Flash Fire라 한다.

2 ▸▸ 누출 시 증기운 형성과정에 따른 가스의 분류 ◆암기 C 물질 특증

class	물질 예	특 성	증발형태
I	LNG	대기압에서 저온으로 액화	열전달이 증발을 제한
II	LPG, 액화염소, 액화암모니아	상온에서 가압하여 액화	순간증발 (Flashing)
III	벤젠, 헥산	물질이 비점 이상인 온도에 있지만 가압하여 액화	열전달 및 확산이 증발을 제한
IV	액화 사이클론 헥산	물질에 비점보다 주위온도가 높아 압력을 가하여 액화 시킨 상태에서 보관	내부에너지로 순간증발

여기서, II, IV는 Flashing 능력으로 증기운 형성의 위험이 높다.

3. 메카니즘

(1) 가연성 가스 누출
저장탱크와 파손, 밸브 손상 등의 원인으로 가연성 가스가 누출된다.

(2) 누출된 증기의 확산
발화되지 않은 상태에서 누출 된 가스가 확산

(3) 대량의 증기운 형성
① 공기와 혼합되어 매우 큰 가연성 혼합기의 증기운을 형성
② 공기보다 무거울수록 증기운 형성이 용이

(4) 발화에 의한 증기운 폭발
① 점화온도에 의해서 발화
② 화염속도가 매우 빨라 폭풍을 일으킨다. → 폭굉으로 전이
③ 자체 상승력에 의해 Fire Ball 형성

4. 증기운 폭발조건

온도, 압력, 조성, 성질 등

5 ▸▸ UVCE 거동에 영향을 주는 인자

(1) 가연성 가스의 종류 : Ⅰ~Ⅳ

(2) 점화의 지연정도, 점화원 위치

(3) 증발된 물질의 분율

$$\frac{q}{Q} = \frac{(Hf_1 - Hf_2)}{L}$$

$q,\ Q$: 기화, 전체 액량(kg)
$Hf_1,\ Hf_2$: 가압, 대기압 하의 엔탈피(kcal/kg)

(4) 폭발 효율, 폭발한계 이상의 농도

(5) 발화전 증기운 이동거리

6 ▸▸ 예방대책 방재가자 F

① 누출을 방지
② 재고량을 낮게
③ 가스 탐지기 설치
④ 자동 차단 V/V 설치
⑤ 플레어 스택 등을 이용한 연소

14 Fire Ball

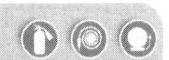

1 ▸▸ 개요

BLEVE, UVCE 등에 의하여 발생한 가연성가스나 가연성증기가 공기와 혼합되어, 가연성 혼합기를 형성하고, 점화원에 의해 폭발 하면서, 커다란 공의 형태로 폭발하는 것

2. Fire Ball 메카니즘

(1) 발생과정

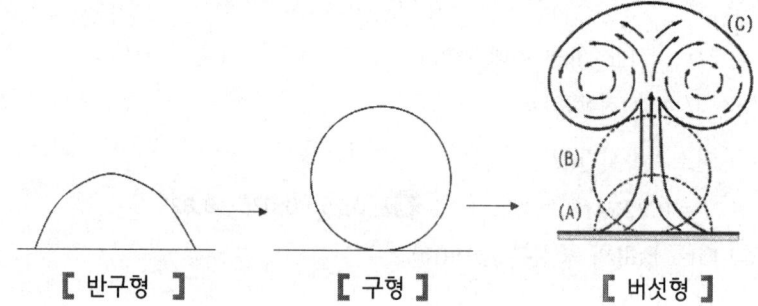

[반구형]　　[구형]　　[버섯형]

① 부력 상승 → 냉각 능력 약화 → 공기인입 → 와류 → 상승
② 지면에서 반구형 화염 → 상승하여 구형의 화염 → 버섯형

3. 발생 형태

(1) UVCE에 의한 Fire Ball의 발생

① 위험물 저장탱크의 파손이나 밸브조작 실수 등으로 가스가 누설
② 증기운 형성 → 점화 → Fire Ball
③ 계산식
　㉠ 크기(D)

$$D = 3.77 W^{0.32}$$

　　D : Fire Ball의 크기
　　W : 가연성혼합물질의 중량(가연성물질+공기)(kg)

　㉡ 연소 지속시간

$$T = 0.285 W^{0.34}$$

(2) BLEVE에 의한 Fire Ball 발생

① BLEVE 발생 → 가연성 가스 누출 → Fire Ball 발생

② 계산식
  ㉠ 크기 D

  $$D_{max} = 6.48 M^{0.325}$$

  D_{max} : Fire Ball 최대직경(m)
  M : 가스저장량(kg)

  ㉡ 연소지속시간(T)
  $T = 0.825 M^{0.26}$ 암기 0.75 + 0.075 = 0.825

  ㉢ Fire Ball의 중심부 높이(m)
  $H = 0.75 D_{max}$

  ㉣ 복사열량

  $$E = \frac{Frad \times M \times H_C}{\pi \times D_{max}^2 \times T}$$

  E : 화이어볼 표면 복사열량(kW/m^2)
  H_C : 물질의 연소열(kJ/kg)
  Frad : 계수(0.25~0.4)

④ Fire Ball 형성의 영향인자

① 증기와 공기 혼합물의 조성
② **연소열** : 높을수록 쉽게 발생
③ **폭발범위** : 넓을수록 쉽게 발생
④ **증기밀도** : 낮을수록 쉽게 발생

15 폭연과 폭굉

(연소파와 폭굉파, 난류 예혼합 화염 전파 메카니즘) 착화 파괴형

1 ▸▸ 폭연(Deflagration)

① 화염전파 속도가 음속 이하인 것
② 0.1~10m/sec
③ 충격파 無

2 ▸▸ 폭굉(Detonation)

① 화염전파속도가 음속 이상인 것
② 1,000~3,500m/s
③ 충격파 有
④ 충격파가 배후에 연소를 수반하여 폭굉파가 된다.

구 분	연속파	폭굉파
속 도	10m/s	3500m/s
에너지	연소열	충격파
압 력		초기의 10배
충격파	無	○

3 ▸▸ DDT (Deflagration Detonation Transfer)

연소파에 의해 온도상승 → 난류에 의해 압력파 → 압력중첩에 $\left(\dfrac{PV}{T}=k\right)$ 충격파 → 단열압축 $\left(\dfrac{T_2}{T_1}=\left(\dfrac{P_2}{P_1}\right)^{\frac{r-1}{r}}\right)$ 에 의해 폭굉파 전이되는 과정

(1) 메카니즘

① 예열대가 온도를 상승시킨다.
② 반응대가 연소반응에 의해 예열대로 이동

③ 예열대가 전방의 미연소 가스로 이동하여 온도 상승

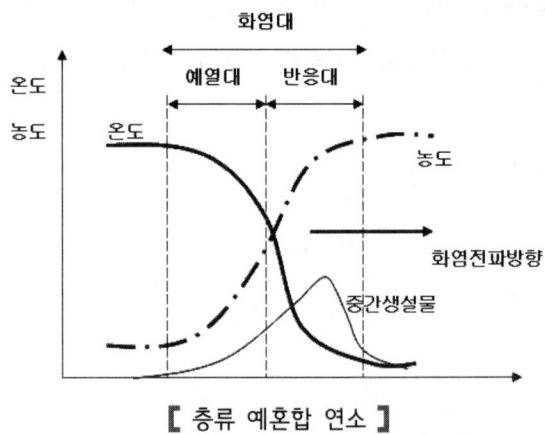

[층류 예혼합 연소]

④ 난류에 의해 화염대 두께 증가로 압력상승
⑤ 화염 전방에 약한 압축 발생($\frac{PV}{T} = k$)
⑥ 약한 압축파가 중첩되어 충격파 발생

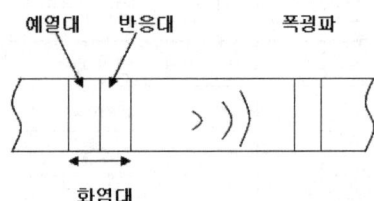

⑦ 충격파에 의해 단열압축이 발생

$$\left(\frac{T_2}{T_1} = \left(\frac{P_2}{P_1}\right)^{\frac{r-1}{r}}\right) 압력상승으로 온도상승$$

⑧ 충격파 배후에 연소파를 수반하여 폭굉파 형성
⑨ 충격파는 배후에 연소열에 의해 보호받는다.

4 ▶▶ 폭연 · 폭굉 압력분포

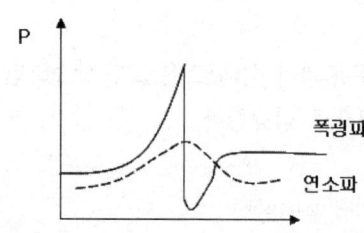

5 ▶▶ 대책

(1) 폭발예방

① 불활성화
② 점화원 관리

(2) 폭발 방호

① 봉쇄
② 차단
③ 화염방지기(불꽃 감지기)
④ 폭발 억제
⑤ 폭발 배출
⑥ 안전거리

16 반응폭주

1 ▶▶ 개요

① 폭발은 물리적 폭발과 화학적 폭발이 있는데, 반응폭주는 화학적 폭발에 한 종류이다.
② 반응폭주는 반응기 내부에서 온도, 압력, 혼합비율 이상에 의해서 반응속도가 폭발적으로 증가하는 현상이다.

2. 반응 폭주 발생 현상

(1) 온도상승에 의한 반응폭주

① 반응기 내부에서 온도제어 실패로 온도가 상승하면 반응속도 $V = Ce^{-\frac{E}{RT}}$ 에 의해서 반응속도가 폭발적으로 상승한다.

C : 빈도계수
E : 활성화 에너지(cal/mol)
R : 기체상수
T : 상승온도

② 반응속도 V상승으로 다시 온도가 상승하고 $PV/T = k$에 의해서 압력이 상승하여 폭발을 일으킨다.

(2) 물질의 혼합비율에 따른 반응폭주

① 반응기 내부로 공급되는 물질에 혼합 비율 이상으로 정촉매 작용이 촉진되어 반응폭주가 발생한다.

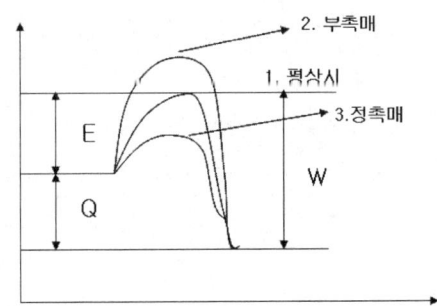

여기서 1 : 평상 시 활성화 에너지
2 : 정촉매 물질 투입으로 활성화 에너지가 적어진다.
3 : 부촉매 투입 시 활성화 에너지

② 정촉매 물질의 투입으로 활성화 에너지가 작아져 연쇄반응이 촉진되고 반응기 내부에 온도상승이 발생한다.

③ ▸▸ 반응폭주 발생원인 암기 동원냉장 조계장 혼합

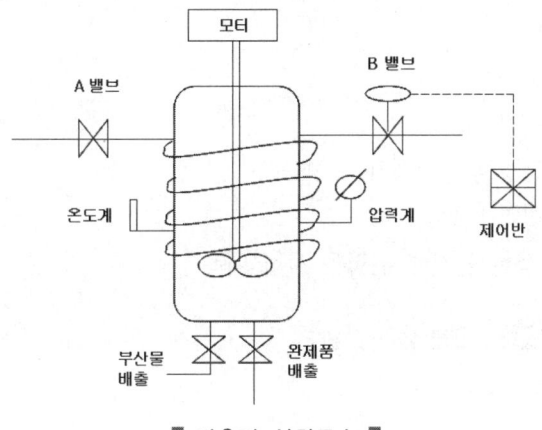

[반응기 설치모습]

① 플랜트 동력원으로 부조화 또는 정지
② 원재료 혼합비율 이상
③ 냉각 장치의 고장
④ 장치 내로 공기유입
⑤ 조작자 실수
⑥ 계장 시스템에 오작동
⑦ 혼합 위험에 따른 발열

④ ▸▸ 특수반응설비의 종류

번 호	특수반응설비의 종류
1	암모니아 2차 개질로
2	에틸렌 제조시설의 아세틸렌 수첨탑
3	산화에틸렌 제조시설의 에틸렌과 산소(공기)와의 반응기
4	사이클로헥산 제조시설의 벤젠 수첨반응탑
5	석유정제 시 중유직접수첨탈류반응기
6	석유정제 시 수소분해반응기
7	저밀도 폴리에틸렌 중합기(고압법)
8	메탄올 합성반응탑

5 ▶▶ 대책

(1) 예방 및 예측
① 교육 훈련(예방)
② 예측 ┬ 물질 MSDS
        ├ 공정 위험성평가 – Hazop
        └ 설비 RBI
③ MSDS에 의한 물질에 위험을 사전 예측

(2) 방지 대책 ◀암기 원불 냉차 반송 F
① 원재료 공급차단 장치
② 불활성 가스공급 장치
③ 냉각수 긴급 공급 장치
④ 공장의 긴급 차단 장치
⑤ 반응 억제제 투입 설비(Halon)
⑥ 내용물의 긴급 이송 설비
⑦ 내용물을 긴급 방출하는 장치(플레어 스택)

17. 분진폭발, 분진폭발 지수

【분진폭발】

1 ▶▶ 개요

① 분진이란 가연성 고체를 세분화한 것으로 입자 크기가 $1\mu m$ 이하이면 공기 중에 부유하여 폭발 위험성 있다.
② 분진 폭발은 발화에너지가 크고 연소속도가 낮아 폭발하기 어렵지만 일단 폭발하면 2~3차 폭발하고 발생에너지가 크다.

② 분진 종류

종 류	주요 위험공정
알루미늄, 마그네슘, 유기금속 화합물, 유황, 망간철	싸이크론, 집진기, 분쇄기, 사일론 공기수송, 건조기 등
옥수수, 전분, 사료, 밀가루, 사탕, 어분	버킷 엘리베이터, 백필터, 회전건조기
고무, 플라스틱, 셀룰로이드, 요소 포름알데히드, 셀룰로즈아세테이트,	집진기, 분무건조기, 혼합기 저장번, 성형기
목분, 석탄, 톱밥, 석탄	백필터, 싸이클론

③ 분진의 폭발조건

① 분진이 가연성인 것
② 분진이 미분상태로 부유중인 것($1\mu m$ 이하)
③ 지연성 가스와 충분히 교반과 운동으로 혼합되어 있을 것
④ 점화원이 존재할 것(10mJ 이상)

④ 분진의 폭발메카니즘

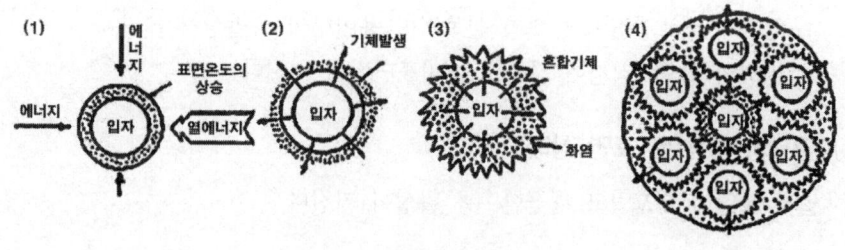

【 분진 폭발메카니즘 】

(1) 분진의 흡열
분진 입자에 점화원에 의해 온도 상승

(2) 분진의 열분해
온도상승에 의해 열분해, 건류작용으로 가연성 기체가 생성됨

(3) 가연성 혼합기 형성
① 가연성 가스와 공기가 가연성 혼합기를 형성하여 착화되어 화염이 발생
② 1차 폭발 발생

(4) 2, 3차 폭발
① 발생 화염에 의해 분진에 열분해 촉진
② 2, 3차 폭발이 발생한다.

5 ▶▶ 분진폭발에 영향을 주는 인자

(1) 수분 함유량   암기   수입산 화가
① 수분 함유량이 적을수록 폭발성이 급격히 증가
② 수분의 영향
 ㉠ 부유성 억제
 ㉡ 정전기 방지(가습)
 ㉢ 폭발의 발생열을 흡수
 ㉣ 점화에너지 흡수

(2) 입자의 크기 및 밀도
① 입자의 비표면적이 클수록 열축적이 용이하여 폭발성이 크다.
② 분진의 밀도, 직경이 작을수록 비표면적이 커진다.

(3) 입자의 형상 및 표면 상태
입자 표면이 매끄럽고 깨끗할수록 활성이 커진다.

(4) 산소농도
① 산소농도↓ 폭발성↓
② N_2, CO_2, 투입 불활성화

(5) 분진의 화학적 조성(농도)
① Cst에서 최대
② LFL은 유기성 분진이 낮다.

(6) 분진의 가연성

6 ▶▶ 비교 ◆암기 발화C 발생파 최연폭2

구 분	분진폭발	가스폭발
발화에너지	大	小
CO 발생	大	小
발생에너지	大	小
파괴력	大	小
최초 폭발	小	大
연소속도	小	大
폭발압력	小	大
2차, 3차 폭발	○	×

7 ▶▶ 방지대책

(1) 예방대책

　① 분진의 퇴적 및 분진율의 생성방지
　② 불활성 물질의 첨가
　③ 점화원 제거
　④ 분진 방폭

(2) 방호 대책

　① 봉쇄
　② 차단
　③ 폭발억제
　④ 폭발 배출
　⑤ 안전거리 - 건물을 개방식, 격리, 청소
　⑥ 공정장치
　　㉠ 단위별로 분리 설치
　　㉡ 습식공정 채택
　　㉢ Scrubber 설치

【분진폭발지수】

분진의 위험성에 대한 수량적 표시와 급별

① ▸▸ 미국의 폭발지수 : 피츠버그탄 기준

(1) 폭발 지수 = 발화감도 × 폭발강도

(2) 발화 감도 ◆암기 감실이 MLT

$$= \frac{\text{탄진의 최소발화에너지} \times \text{폭발하한농도} \times \text{발화온도}}{\text{시료분진의 최소발화에너지} \times \text{폭발하한농도} \times \text{발화온도}}$$

(3) 폭발강도 ◆암기 강시탄 PV

$$= \frac{\text{시료분진의 최대압력} \times \text{최대압력 상승속도}}{\text{탄진의 최대압력} \times \text{최대압력 상승속도}}$$

② ▸▸ 폭발의 정도와 폭발지수의 관계

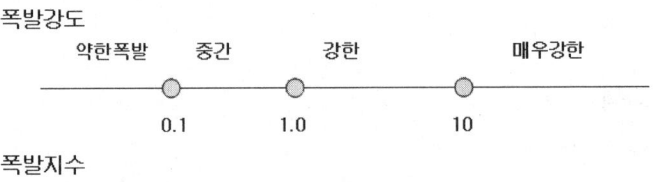

18 전기방폭설비

① ▸▸ 개요

① 화학공장에서는 누설, 방류, 체류에 의해 가연성혼합기가 형성되며, 가연성가스가 체류하는 장소에서 전기설비를 안전하게 사용하기 위해 방폭구조를 사용하고 있으며,
② 전기방폭설비에는 본질적으로 억제(점화능력)하는 본질안전방폭구조
③ 방폭적으로 격리하는 내압방폭 및 압력방폭구조, 유입방폭구조

④ 안전도를 증가하여 방폭하는 안전증방폭구조 등이 있다.

2 위험장소 구분 및 방폭구조 적용

위험장소	개 요	해당장소	방폭구조
0종 장소	정상상태에서 위험분위기가 지속적으로 또는 장기간 존재하는 것을 말한다.	용기 내부, 장치 및 배관의 내부 등	본질안전
1종 장소	정상상태에서 위험분위기가 존재하기 쉬운 장소를 말한다	0종 장소 주변, 급유구주변, 운전상 열게 되는 연결부 주변	내압, 압력, 유입
2종 장소	이상상태에서 위험분위기가 단기간에 존재할 수 있는 장소	1종 장소 주변, 설비의 연결부 주변, 펌프의 Seal 주변	안전증

(1) 0종 장소
① 인화성 액체의 용기 또는 탱크 내 액면상부의 공간부
② 가연성 가스의 용기, 탱크, 봄베 등의 내부

(2) 1종 장소
① 탱크로리, 드럼관 등에 인화성 액체를 충전하는 경우 개구부 부근
② Relief v/v가 작동하여 가연성 가스 또는 증기를 방출하는 부분
③ 탱크류의 gas vent의 개구부 부근
④ 정정(setting), 보수작업 시 또는 누설에 의해 가연성 가스 또는 증기가 방출될 수 있는 부분
⑤ FRT 상의 동체 내부의 부분
⑥ 위험한 가스가 누출할 위험이 있는 장소로서 pit류처럼 가스가 축적되는 장소

(3) 2종 장소
① 0종 및 1종 장소 주변 영역
② 용기나 장치의 연결부 또는 펌프의 봉인부 등의 주변영역
③ 강제 환기 방식이 채용된 곳으로 환기설비의 고장이나 이상시 위험성 분위기가 생성될 수 있는 곳
④ 가연성 가스 또는 인화성 액체의 용기류가 부식, 노화로 파손되어 가스 또는 액체가 누출될 우려가 있는 장소
⑤ 운전원의 오동작으로 가스 또는 액체가 분출할 염려가 있는 장소

⑥ 이상반응으로 고온 고압이 되어 장치를 파손하여 가스 또는 액체가 분출할 염려가 있는 장소
⑦ 환기장치 고장으로 가스 또는 액체가 외부로부터 침투할 우려가 있는 장소

3. 방폭구조

(1) 본질안전 방폭구조 (Intrinsic Safety "i")

① 구조 개요
  ㉠ 폭발성 가스 또는 증기 등의 혼합물이 점화되어 폭발하려면 점화에 필요한 최소한도의 에너지가 주어져야 한다는 개념에 기초한 것으로,
  ㉡ 정상상태 및 이상상태에서 전기회로에서 발생되는 전기불꽃이 규정된 시험조건에서 점화하지 않고 고온에 의해서도 점화할 우려가 없는 방폭구조

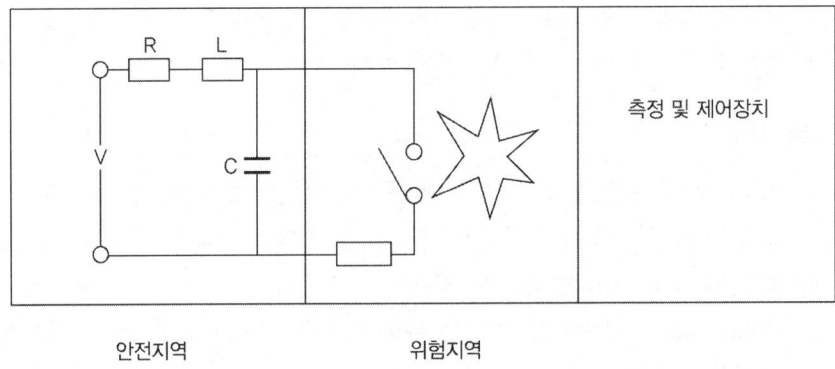

【 본질안전방폭구조 】

② 대상 기기
  – 측정 및 제어기기

(2) 내압방폭구조 (Flameproof Enclosures "d")

① 구조 개요
  ㉠ 일반적으로 가장 많이 사용
  ㉡ 용기 내부에 폭발성가스가 침입하여 내부에서 폭발이 일어날 경우 용기가 폭발 압력에 견딜 수 있고
  ㉢ 외부의 위험성 분위기에 불꽃의 전파를 방지하도록 한 방폭구조
② 대상 기기
  ㉠ Arc가 생길 수 있는 모든 기기 : 접점 개폐기류, 스위치류, 변압기류, MCB, 모터

류, 계측기
ⓒ 표면온도가 높이 올라갈 수 있는 모든 기기 : 전동기, 조명기구, 전열기
③ 요구성능
㉠ 내부 폭발의 경우 그 압력에 견딜 것
㉡ 폭발 화염이 외부로 유출되지 않을 것
㉢ 외함 표면온도가 주위의 가연성 가스를 점화하지 않을 것

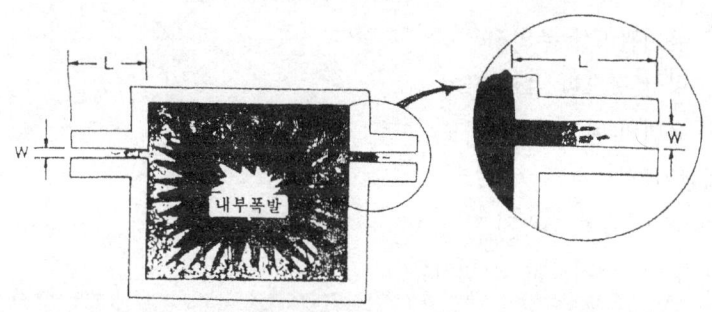

【 내압 방폭구조 】

(3) 압력 방폭구조(Pressurized Apparatus "p")
① 구조 개요
㉠ 점화원이 될 수 있는 부분을 용기에 넣고 공기 또는 불활성 기체를 용기의 내부에 압입함으로서 내부의 압력을 유지하여 폭발성 가스의 침투를 방지하는 구조
㉡ 내부압력 감소 시 자동 경보하거나 운전정지
㉢ 대기압 보다 5mmHg 높게 유지

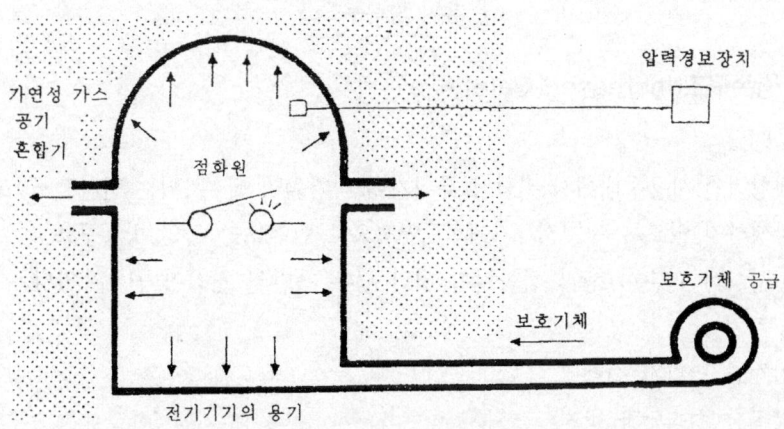

【 압력 방폭구조 】

② 대상기기
- 내압 및 안전증 방폭구조에 적용되는 기기 중에 큰 장비 및 구획된 실내에 적용

(4) 유입 방폭구조(Oil Immersed "o")

① 구조 개요
㉠ 전기불꽃을 발생하는 부분을 유중에 내장하여 유면상 및 용기 외부에 존재하는 위험성 분위기에 점화할 염려가 없게 한 구조
㉡ 유지관리상 주의점
항상 필요한 유량 유지
유면의 온도 상승 한도 규정

② 대상기기
㉠ oil 봉입형 변압기
㉡ 접점, 개폐기류, 스위치류

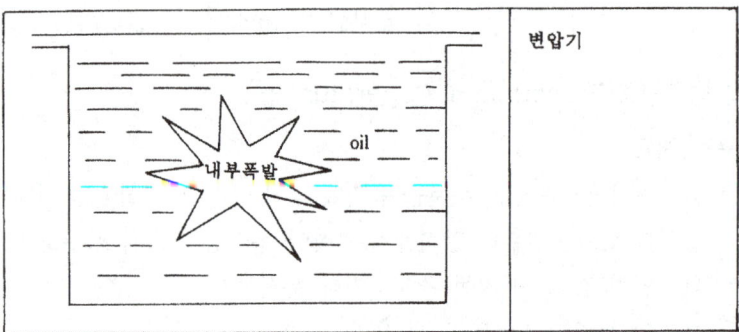

【 유입 방폭구조 】

(5) 안전증 방폭구조(Increased Safety "e")

① 구조 개요
㉠ 정상적인 사용상태에서 위험성 분위기에 점화원이 될 수 있는 전기불꽃, 고온부를 발생하지 않도록 전기적, 기계적, 열적으로 안전도를 높인 방폭구조
㉡ 고장이나 파손이 생겨 점화원이 생긴 경우 폭발의 원인이 될 수 있다.

② 대상 기기
㉠ 안전증 변압기 전체
㉡ 안전증 접속단자 장치
㉢ 안전증 측정계기

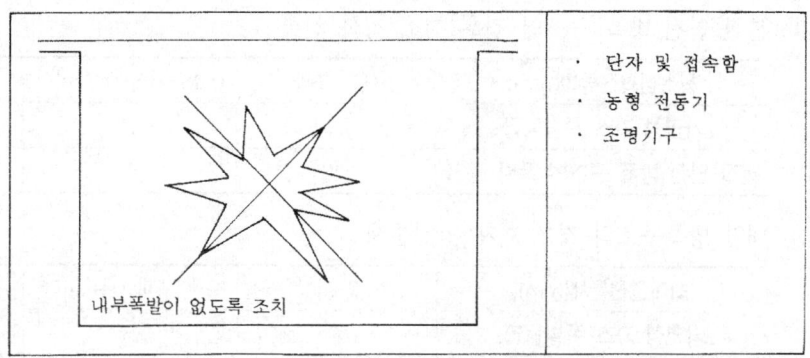

[안전증 방폭구조]

(6) 특수 방폭구조(Special "s")
　① 구조 개요
　　상기 이외의 구조로서 폭발성 가스의 인화를 방지할 수 있는 것이 시험, 기타의 방법에 의해 확인 된 구조
　② 대상 기기
　　㉠ 폭발성 가스에 점화하지 않는 기기의 회로
　　㉡ 계측제어, 통신관계 등 미전력 회로
　③ 성능시험
　　㉠ 특수성능 시험 : 내온, 내진, 내수시험
　　㉡ 일반성능 시험 : 절연전항, 내전압시험,
　　㉢ 재료 시험 : 내마모성, 불연성, 내구성, 독성시험 등을 실시

4 ▶▶ 방폭 전기기기의 선정원칙 암기 사발 환경 등 본내압

① 사용장소에 가스 등의 2종류 이상 존재 할 때 가장 위험도가 높은 물질을 고려해서 선정
② 방폭 성능에 영향을 줄 우려가 있는 전기기기는 사전에 적절한 전기적 보호장치를 설치
③ 가스 등의 발화온도
④ 설치된 장소의 주변온도, 표고 또는 상대습도, 먼지, 부식성가스 또는 습기 등 환경 조건 (압력 0.8~1.1bar 온도 -20~40℃, 습도 45~85%, 표고 1000M)

⑤ 설치된 장소의 방폭지역 등급 구분
⑥ 본질 안전 방폭 구조인 경우 최소 점화 전류

최소점화전류비[mm]	0.8 초과	0.45 이상 0.8 이하	0.45 미만
가연성 가스 폭발등급	A	B	C
본질 안전 방폭 구조의 폭발 등급	II$_A$	II$_B$	II$_C$

⑦ 내압 방폭구조의 경우 화재 안전틈새

최대안전틈새(mm)	0.9 이상	0.5 초과 0.9 미만	0.5 이하
가연성 가스 폭발등급	A	B	C
적용 가스	CH_4, C_2H_6, CS_2	C_2H_4, HCN	H_2, C_2H_2
방폭 전기기기 폭발 등급	II$_A$	II$_B$	II$_C$

⑧ 압력, 유입, 안전증 방폭구조의 경우 최고 표면온도

온도등급(발화도)		발화온도(℃)
IEC 79	KS C 0906 : 1997	
T1	G1	450초과
T2	G2	300초과 450이하
T3	G3	200초과 300이하
T4	G4	135초과 200이하
T5	G5	100초과 135이하
T6	G6	85초과 100이하

⑤ 방폭 전기기기의 기호

방폭구조	내압	유입	압력	안전증	본질안전	특수
KS	d	o	p	e	ia, ib	s
IEC	Ex d	Ex o	Ex p	Ex d	Ex i	Ex s

⑥ 결론

폭발 방지는 "물적 조건×에너지조건=0"을 만드는 것으로 방폭전기설비는 에너지 조건을 낮추어 폭발을 방지하는 시스템이다.

19 폭발위험장소의 구분절차(KOSH CODE E-17-2003)

1. 개요

폭발위험장소의 구분은 가스 등의 물질특성, 공정 및 설비에 대한 충분한 지식을 보유한 전문가와 안전, 전기, 기계 등 관련 공학전문가와 협의하여 실시

2. 폭발위험장소의 구분절차

(1) 폭발위험장소 여부 결정

① 폭발위험장소
  ㉠ 인화성 또는 가연성의 증기가 쉽게 존재할 가능성이 있는 장소
  ㉡ 인화점 40℃ 이하의 액체가 저장·취급되고 있는 장소
  ㉢ 인화점 60℃ 이하의 액체가 인화점 이상으로 저장·취급될 수 있는 장소
  ㉣ 인화점이 100℃ 이하인 액체의 경우, 해당 액체의 인화점 이상으로 저장·취급되고 있는 장소

② 비폭발위험장소
  ㉠ 환기가 충분한 장소에 설치되고 개구부가 없는 상태에서 인화성 또는 가연성 액체가 간헐적으로 사용되는 배관으로 적절한 유지관리가 이루어지는 배관 주위
  ㉡ 환기가 불충분한 장소에 설치된 배관으로 밸브, 핏팅(fittin), 플랜지(flange) 등 이상발생시 누설될 수 있는 부속품이 전혀 없고 모두 용접으로 접속된 배관 주위
  ㉢ 가연성물질이 완전히 밀봉된 수납 용기 속에 저장되고 있는 경우에 수납용기 주위
  ㉣ 보일러, 화로, 가열로, 소각로 등 개방된 화면이나 고온표면의 존재가 불가피한 설비로써 연료주입 배관상의 밸브, 펌프 등의 위험발생원 주변의 전기기계기구가 없는 경우의 개방화염 또는 고온표면이 있는 설비 주위

(2) 폭발위험장소의 종별 결정

① 0종장소(ZONE 0)
  ㉠ 설비의 내부
  ㉡ 인화성 또는 가연성액체가 존재하는 피트 등의 내부
  ㉢ 인화성 또는 가연성가스나 증기가 지속적으로 또는 장기간 체류하는 곳

② 1종장소(ZONE 1)
　㉠ 통상의 상태에서 위험분위기가 쉽게 생성되는 곳
　㉡ 운전·유지 보수 또는 누설에 의하여 자주 위험분위가 생성되는 곳
　㉢ 설비 일부의 고장 시 가연성 물질의 방출과 전기계통의 고장이 동시에 발생되기 쉬운 곳
　㉣ 환기가 불충분한 장소에 설치된 배관계통으로 배관이 쉽게 누설되는 구조의 장소
　㉤ 주변 지역보다 낮아 가스나 증기가 체류할 수 있는 곳
　㉥ 상용의 상태에서 위험분위기가 주기적 또는 간헐적으로 존재하는 곳

③ 2종장소(ZONE 2)
　㉠ 환기가 불충분한 장소에 설치된 배관계통으로 배관이 쉽게 누설되지 않는 구조의 장소
　㉡ 가스켓, 팩킹 등의 고장과 같이 이상상태에서만 누출될 수 있는 공정설비 또는 배관의 환기가 충분한 곳에 설치될 경우
　㉢ 1종장소와 직접 접하며 개방되어 있는 곳 또는 1종장소와 덕트, 트랜치, 파이프 등으로 연결되어 이들을 통해 가스나 증기의 유입이 가능한 곳
　㉣ 강제환기방식이 채용되는 곳으로 환기설비의 고장이나 이상 시에 위험분위기가 생성될 수 있는 장소

(3) 폭발위험장소의 범위결정
폭발위험장소의 범위 결정은 설치위치, 취급물질, 설비크기, 운전조건, 충분한 환기 여부 등에 따라 가장 적합한 방폭지역구분도를 선정하여 결정하되 다음 사항을 고려
① 설비의 크기 및 운전조건에 따른 구별

설 비	단 위	소	중	대
설비규모	m^3	18 이하	18~93 이하	93 초과
최대운전압력	kg/cm^2	7 이하	7~35 이하	35 초과
최대운전유량	l/분	380 이하	380~1900 이하	1,900 초과

② 설비의 크기 및 운전조건에 따른 폭발위험장소의 구분범위가 상이할 경우 구분 범위가 큰 쪽을 선정하여 가장 넓은 폭발위험지역을 보유하게 되는 방폭지역구분도를 작성

20. 본질 안전 방폭구조

1 ▸▸ 개요(개념)

① 정상 시 또는 단락, 지락 등의 사고 시에 발생하는 전기불꽃, 아크, 고온에 의하여 폭발성 가스에 점화되지 않는 것이 점화시험 등에 의해 확인된 구조
② 즉 에너지 조건을 MIE 이하로 낮추는 것으로,
③ 메탄에 대한 최소 점화전류와 측정대상으로 하는 폭발성 가스와의 비로 표시
④ 가장 신뢰도가 높은 방식으로서 0종(I_a만), 1종, 2종에 사용가능하다.

2 ▸▸ 종류

(1) Zener Barrier 방식
제너다이오드와 저항이 위험지역으로 들어가는 전류 레벨을 제한하고, 퓨즈가 연속적으로 들어오는 전압을 차단하는 방식

(2) Isolated Barrier 방식
변압기 광전소자 릴레이 등을 이용하여 위험지역에 들어가는 전류를 통제

3 ▸▸ 비교

구 분	Zener Barrier	Isolated Barrier
가 격	저렴	비싸다
구 조	간단	복잡
재사용	퓨즈단선시 재사용 ×	재사용 가능
접 지	○	×

4 ▶▶ 최소 점화전류에 의한 방폭 전기기기 분류

최소점화전류비[mm]	0.8 초과	0.45 이상 0.8 이하	0.45 미만
가연성 가스 폭발등급	A	B	C
본질 안전 방폭 구조의 폭발 등급	II_A	II_B	II_C

$$최소점화\ 전류비 = \frac{피측정\ 가스의\ MIE}{메탄의\ MIE}$$

5 ▶▶ 장·단점

(1) 장점 〔암기〕 구유신

① 구조가 경제적이며 좁은 장소에 설치가능
② 유지 보수 시 정전을 시키기 않아도 되므로 시간과 경비 절감
③ 신뢰성 우수하여 0종, 1종, 2종에 사용

(2) 단점 〔암기〕 B 계약

① Barrier을 추가 설치하여 복잡
② 온도계, 압력계, 유량 등 약전류 장치에 사용 가능하고, 전격기기 등 강전류 장치에 사용
③ 약전류 장치에 적용되므로 케이블 길이가 제한적

21 폭발 방호

1 ▶▶ 개요

폭발의 대책은 사전대책과 사후대책으로 구분하다.
사전대책에는 불활성화 및 점화원관리 등이 있으며, 사후대책에는 봉쇄, 차단, 불꽃방지기, 폭발억제, 폭발배출, 안전거리 등이 있다.

❷ 봉쇄(Containment)

① 장치나 건물이 폭발압력에 견디도록 충분히 강하게 제작하여 구획화하는 방법
② 압력용기, 방폭벽, 차단물, 방폭큐비클 ◀암기 방차방압

❸ 차단(Isolation)

① 폭발이 다음 곳으로 전파될 때, 자동적으로 고속 차단할 수 있는 설비
② 종류
  ㉠ Spark 감지 System+Water Spark 소화설비
     Spark 감지 System+Chemical Barrier
  ㉡ Flame 감지 System+Mechanical Barrier
③ 초고속 감지설비와 차단 시스템이 필요

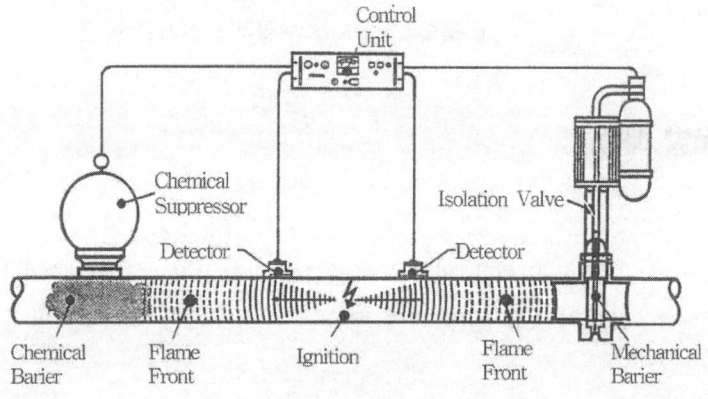

【 폭발차단장치 】

❹ 불꽃 감지기

❺ 폭발 억제

(1) 개요
① 폭발 후 파괴적인 압력에 도달하기 전에 소화약제를 고속으로 분사하여 폭발억제
② 폭발 개시 후 $\dfrac{10}{1,000}$초 이내에 작동

(2) 구성
① 검출기구
② 방출기구
③ 약제 및 추진제
④ 제어기구

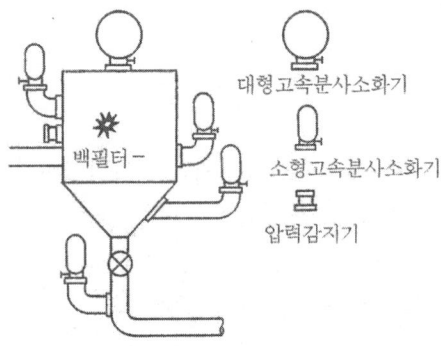

【 폭발억제장치를 백필터에 설치한 예 】

6 ▶▶ 폭발 배출

(1) 개요
① 폭발 시 발생한 압력을 외부로 배출함으로써 장치, 설비의 전체적인 파괴를 방지
② $F = P \cdot A$에서 A를 크게 하여 배출

(2) 종류
① 폭압 방산공
  이탈식, 파열막식, 경첩식
② 안전밸브
③ 가용합금 안전밸브
④ 파열판식 안전장치
⑤ CRT 지붕, 제조소 지붕
⑥ 건물 → 파열 판넬

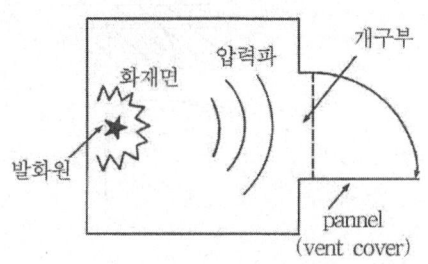

【 폭발벤트 개요 】

7 ▸▸ 안전거리

① 독성
② 화재-복사열
③ 폭발-과압

22 화염 방지기(Flame Arrester) (불꽃방지기)

1 ▸▸ 개요

① 폭발성 혼합가스로 충만된 배관 등의 내부에서 연소가 개시될 때 가연성 가스가 있는 장소로 불꽃이 유입 전파되는 것을 방지하는 것으로,
② 화염을 제거하는 소염능력(성능)과 폭발 압력(구조)에 견디는 기계적 특성을 고려하여야 한다.

2 ▸▸ 원리

① 발열 < 방열
② 작은 불꽃으로 세분화 → 냉각 → 소화
③ 소염거리를 이용한 냉각소화

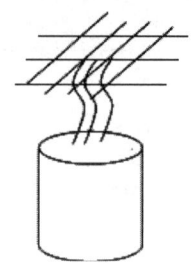

혼합가스	연소속도[cm/s]	소염직경[mm]
메탄-공기	36.6	3.7
프로판-공기	45.7	2.7
부탄-공기	39.6	2.8
헥산-공기	39.6	3.0
에틸렌-공기	70.1	1.9
아세틸렌-공기	176.8	0.79
수소-공기	335.3	0.86
프로판-산소	396.2	0.38
아세틸렌-산소	1127.7	0.13
수소-산소	1187.7	0.30

3 구조

(1) 본체

① 폭발 및 화재로 인한 압력에 견딜 것
② 폭발 및 화재로 인한 온도에 견딜 것
③ 금속체로서 내식성

(2) 소염소자

① 내식·내열성의 재질
② 이물질 제거를 위한 정비 작업에 용이

(3) 가스켓

① 내식·내열성의 재질

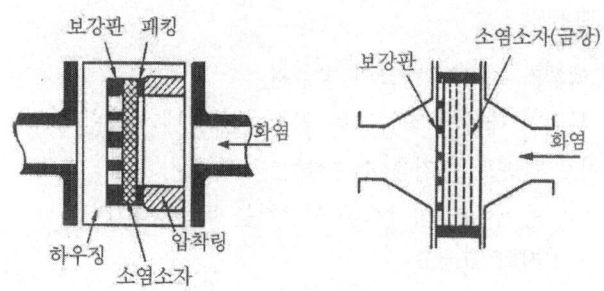

[화염방지기의 구조]

(4) 재질

① 스테인리스 강
② 모넬(Ni + Cu, 내산성)
③ 주철(Cast Iran)
④ 알루미늄

4. 종류

종류	열흡수율	구조	공기흐름 저항
금속망형	中		小
평판형	小	튼튼하고 분해 및 청소 용이	中
수냉형	大	통기관을 순환하는 물 속으로 통과시켜 가연성 증기 약화 시켜 탱크로 되돌려 보내는 장치	大

5. 설치장소

소방법 → 위험물 취급하는 저장소 : 인화 방지망 설치

(1) 산업 안전보건법상의 기준

① 인화성 액체 및 가연성 가스를 저장, 취급하는 화학설비로 증기 또는 가스를 대기로 방출할 경우(외부로부터의 화염유출을 방지하기 위해 그 설비 상단에 설치)
② 용량, 내식성, 정확도, 기타 성능이 충분한 것을 사용(항상 유지 보수를 철저히 할 것)

(2) 일반적인 장소

① 인화성 액체가 저장된 탱크의 방출관
② 인화성 분위기 내에서 작동되는 연소엔진의 배기통 등
③ 회수장치로 솔벤트 증기를 이송하는 덕트 장치
④ 노 또 버너 등에 가연성가스를 이송하는 배관장치
⑤ 내부연소 엔진의 크랭크
⑥ 폐가스를 처리하는 플래어 스택

가스폭발
[기출문제]

기출문제

125회

01 착화파괴형 폭발과 누설착화형 폭발에 대한 예방대책에 대하여 설명하시오.

123회

01 위험물안전관리법에서 규정한 인화성액체, 산업안전보건법에서 규정한 인화성액체, 인화성가스, 고압가스 안전관리법에서 규정한 가연성가스의 정의에 대하여 각각 설명하시오.

02 전기설비를 위험 장소 및 사용 환경이 열악하여 화재 및 폭발의 우려가 있는 장소에서 사용하는 경우의 방폭형 소방 전기 기기에 대하여 아래 기호의 정의를 설명하고 이와 관련된 사항을 설명하시오.
1) Ex d ⅡBT6
2) IP2X, IP54, IP67

122회

01 전기적 폭발의 개념과 발생원인 및 예방대책에 대하여 설명하시오.

120회

01 전기적 폭발을 내부적 원인과 외부적 원인으로 구분하여 설명하시오.

119회

01 유기과산화물의 활성산소량, 분해온도, 활성화에너지, 반감기, 사용 시 주의사항에 대하여 설명하시오.

118회

117회

116회

01 화학적폭발의 종류와 개별특성에 대하여 설명하시오.

02 폭발에 관한 다음 질문에 답하시오.
1) 폭발의 정의
2) 폭연과 폭굉의 차이점
3) 폭굉 유도거리
4) 폭굉 유도거리가 짧아질 수 있는 조건
5) 폭발 방지대책

115회

01 인화성 증기 또는 가스로 인한 위험요인이 생성될 수 있는 장소의 발위험장소 구분에 대한 규정인 한국산업표준(KS C IEC 60079-10-1)이 2017년 11월에 개정되었다. 주요 개정사항 7가지를 설명하시오.

◀해설 1. 개요
   1) 폭발위험장소의 구분은 폭발성 가스 분위기가 생성될 우려가 있는 장소에 전기 설비를 안전하게 사용하도록, 적절한 선정, 설치 및 동작을 용이하게 하기 위한 환경을 분석하고 구분하는 방법이다.
   2) 폭발위험장소 구분은 두가지 주요 목적, 즉 위험장소 종별과 그 범위를 결정하는 것이다.
2. 개정사항
   1) 적용의 배제 대상에 "저압의 연료가스가 취사, 물의 가열(water heating), 기타 유사한 용도로 사용되는 상업용 및 산업용 기기, 다만, 해당설비가 관련 가스 코드에 부합되는 경우에 한함"이 추가 됨
   2) 저압가스/증기, 고압가스/증가, 액화가스/증기, 인화성 액체 등에 따른 폭발위험 장소의 형태가 추가됨
   3) 2차 누출등급에서 고정부의 기밀 부위, 저속 구동 부품류의 기밀부위, 고속 구동 부품류의 기밀부위 등에 관한 누출 구멍의 단면적이 추가됨
   4) 액체 가스 등의 누출률 계산에 누출계수(Cd)를 적용 함
      ① 누출계수(Cd)는 특정 오리피스에서 특정 누출 사례에 대한 일련의 실험을 통한 값
      ② 누출 구멍 평가에 관련된 적절한 정보가 없는 경우
      ③ 만약 (Cd)에 계산값을 적용한다면, 그 값은 현장 적용에 적합한 가이드인 참고자료로 사용할 수 있다.
   5) 액체 누출의 경우, 누출률이 아닌 증발률을 적용하여 희석 등급 등을 결정 함.
      ① 증발 풀(evaporative)은 액체 누출(spillage) 또는 누설(leakage) 결과 뿐만 아니라, 개방된 용기에서 인화성 액체를 저장 또는 취급하는 공정에서 발생
      ② 가정
        - 대기온도에서 상변화와 플룸(plume)이 없다
        - 누출된 인화성 물질은 중간 정도의 부력을 갖는다.
        - 다량의 연속 누출의 경우에는 이 분석에서 고려하지 않는다.
        - 용기에서 흘러나오는 액체는 즉시 1cm 깊이의 풀(pool)로써 평평한 표면을 형성하고 대기 조건에서 증발된다.
      ③ 증발률
   6) 가상 체적이 아닌 차트(누출 특성 vs. 환기 속도)에 의한 희석 등급 결정방법
   7) 차트(누출 특성 vs. 누출 유형)에 의한 폭발위험장소의 범위 결정방법
      ① 다음 중 하나에 속하는 누출 유형에 따라 적절한 곡선을 선택한다.
        - 방해받지 않는 고속 제트 누출
        - 저속의 확산누출 또는 누출 형상이나 주위 표면의 충돌로 인한 속도 손실 제트 누출
        - 수평 표면(예 : 지표면)을 따라 확산되는 무거운 가스 또는 증기

114회

113회(2017년 8월)

01 분진폭발의 변수 및 폭발지수에 대하여 설명하시오.

112회(2017년 5월)

01 0종 및 1종 방폭지역에서의 금속전선관 공사 시의 전선관 실링(Sealing) 방법에 대하여 설명하시오.

02 가연성 분진의 착화 폭발메카니즘에 대하여 설명하시오.

> **해설** 1. 개요
> ① 분진이란 가연성 고체를 세분화한 것 입자 크기가 1μm 이하이면 공기 중에 부유하여 폭발 위험성이 있다.
> ② 분진 폭발은 발화에너지가 크고 연소속도가 낮아 폭발하기 어렵지만 일단 폭발하면 2~3차 폭발하고 발생에너지가 크다.
>
> 2. 분진 종류
>
> | 종류 | 주요 위험공정 |
> | --- | --- |
> | 알루미늄, 마그네슘, 유기금속 화합물, 유황, 망간철 | 싸이크론, 집진기, 분쇄기, 사일론 공기수송, 건조기 등 |
> | 옥수수, 전분, 사료, 밀가루, 사탕, 어분 | 버킷 엘리베이터, 백필터, 회전건조기 |
> | 고무, 플라스틱, 셀룰로이드, 요소포름알데히드, 셀룰로즈아세테이트 | 집진기, 분무건조기, 혼합기 저장벤, 성형기 |
> | 목분, 석탄, 톱밥, 석탄 | 백필터, 싸이크론 |
>
> 3. 분진의 폭발조건
> ① 분진이 가연성인 것
> ② 분진이 미분상태로 부유중인 것(1μm 이하)
> ③ 지연성 가스와 충분히 교반과 운동으로 혼합되어 있을 것
> ④ 점화원이 존재할 것(10mJ 이상)

4. 분진의 폭발메카니즘

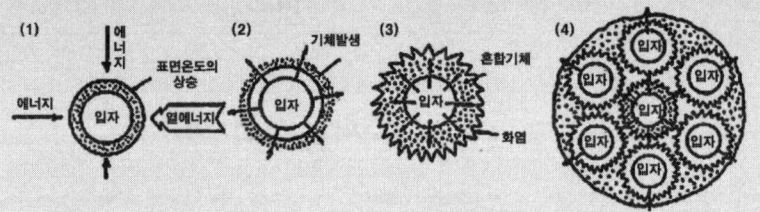

【 분진 폭발메카니즘 】

1) 분진의 흡열
   분진 입자에 점화원에 의해 온도 상승
2) 분진의 열분해
   온도상승에 의해 열분해, 건류작용으로 가연성 기체가 생성됨
3) 가연성 혼합기 형성
   ① 가연성 가스와 공기가 가연성 혼합기를 형성하여 착화되어 화염이 발생
   ② 1차 폭발 발생
4) 2, 3차 폭발
   ① 발생 화염에 의해 분진에 열분해 촉진
   ② 2, 3차 폭발이 발생한다.

5. 분진폭발에 영향을 주는 인자

1) 수분 함유량 ◆암기 수입산 화가
   ① 수분 함유량이 적을수록 폭발성이 급격히 증가
   ② 수분의 영향
      ㉠ 부유성 억제
      ㉡ 정전기 방지(가습)
      ㉢ 폭발의 발생열을 흡수
      ㉣ 점화에너지 흡수
2) 입자의 크기 및 밀도
   ① 입자의 비표면적이 클수록 열축적이 용이하여 폭발성이 크다.
   ② 분진의 밀도, 직경이 작을수록 비표면적이 커진다.
3) 입자의 형상 및 표면 상태
   입자 표면이 매끄럽고 깨끗할수록 활성이 커진다.
4) 산소농도
   ① 산소농도↓ 폭발성↓
   ② N_2, CO_2, 투입 불활성화
5) 분진의 화학적 조성(농도)
   ① Cst에서 최대
   ② LFL은 유기성 분진이 낮다.
6) 분진의 가연성

6. 비교 ◆암기 발화C 발생파 최연폭2

	분진폭발	가스폭발
발화에너지	大	小
CO 발생	大	小
발생에너지	大	小
파괴력	大	小
최초 폭발	小	大
연소속도	小	大
폭발압력	小	大
2차, 3차 폭발	○	×

7. 방지대책
   1) 예방대책
      ① 분진의 퇴적 및 분진율의 생성방지
      ② 불활성 물질의 첨가
      ③ 점화원 제거
      ④ 분진 방폭
   2) 방호 대책
      ① 봉쇄
      ② 차단
      ③ 폭발억제
      ④ 폭발 배출
      ⑤ 안전거리 - 건물을 개방식, 격리, 청소
      ⑥ 공정장치
         ㉠ 단위별로 분리 설치
         ㉡ 습식공정 채택
         ㉢ Scrubber 설치

111회(2017년 1월)

01 화학물질이 누출될 때 일어날 수 있는 화재현상인 Jet fire와 Flash fire의 정의를 설명하시오.

기출문제

02 방폭전기설비 중에 폭발분위기의 빈도와 시간에 따른 위험장소를 분류하고 해당 장소(구체적 장소 포함)를 설명하시오.

해설

1. 개요
   ① 화학공장에서는 누설, 방류, 체류에 의해 가연성 혼합기가 형성되며, 가연성 가스가 체류하는 장소에서 전기설비를 안전하게 사용하기 위해 방폭구조를 사용하고 있으며,
   ② 전기방폭설비에는 본질적으로 억제(점화능력)하는 본질안전방폭구조
   ③ 방폭적으로 격리하는 내압방폭 및 압력방폭구조, 유입방폭구조
   ④ 안전도를 증가하여 방폭하는 안전증방폭구조 등이 있다.

2. 위험장소 구분 및 방폭구조 적용

위험장소	개요	빈도	확률	방폭구조
0종 장소	정상상태에서 위험분위기가 지속적으로 또는 장기간 존재하는 것을 말한다.	1000시간/년	10% 이상	본질안전
1종 장소	정상상태에서 위험분위기가 존재하기 쉬운 장소를 말한다.	10~1000시간/년	0.1~10% 이상	내압, 압력, 유입
2종 장소	이상상태에서 위험분위기가 단기간에 존재할 수 있는 장소를 말한다.	1~10시간/년	0.01~0.1% 이상	안전증

   1) 0종 장소
      - 인화성 액체의 용기 또는 탱크 내 액면상부의 공간부
      - 가연성 가스의 용기, 탱크, 봄베 등의 내부
   2) 1종 장소
      - 탱크로리, 드럼관 등에 인화성 액체를 충전하는 경우 개구부 부근
      - Relief v/v가 작동하여 가연성 가스 또는 증기를 방출하는 부분
      - 탱크류의 gas vent의 개구부 부근
      - 정정(setting), 보수작업 시 또는 누설에 의해 가연성 가스 또는 증기가 방출될 수 있는 부분
      - FRT 상의 동체 내부의 부분
      - 위험한 가스가 누출할 위험이 있는 장소로서 pit류처럼 가스가 축적되는 장소
   3) 2종 장소
      - 0종 및 1종 장소 주변 영역
      - 용기나 장치의 연결부 또는 펌프의 봉인부 등의 주변영역
      - 강제 환기 방식이 채용된 곳으로 환기설비의 고장이나 이상시 위험성 분위기가 생성될 수 있는 곳
      - 가연성 가스 또는 인화성 액체의 용기류가 부식, 노화로 파손하여 가스 또는 액체가 누출될 우려가 있는 장소
      - 운전원의 오동작으로 가스 또는 액체가 분출할 염려가 있는 장소
      - 이상반응으로 고온 고압이 되어 장치를 파손 가스 또는 액체가 분출할 염려가 있는 장소
      - 환기장치 고장으로 가스 또는 액체가 외부로부터 침투할 우려가 있는 장소

110회(2016년 8월)

01 퍼징(Purging)의 종류와 각 퍼징의 작업순서(과정)를 설명하시오.

109회(2016년 5월)

01 방폭지역별 사용 가능한 방폭전기기기의 선정원칙을 설명하시오.

해설

1. 방폭전기기기의 선정원칙 ◆암기 2 사발 환경 등 본내압
   ① 사용장소에 가스 등의 2종류 이상 존재 할 때 가장 위험도가 높은 물질을 고려해서 선정
   ② 방폭 성능에 영향을 줄 우려가 있는 전기기기는 사전에 적절한 전기적 보호장치를 설치
   ③ 가스 등의 발화온도
   ④ 설치된 장소의 주변온도, 표고 또는 상대습도, 먼지, 부식성가스 또는 습기 등 환경 조건 (압력 0.8~1.1bar, 온도 -20~40℃, 습도 45~85%, 표고 1,000m)
   ⑤ 설치된 장소의 방폭지역 등급 구분
   ⑥ 본질안전방폭구조인 경우 최소 점화 전류

최소 점화 전류비	0.8 이상	0.45 초과 0.8 미만	0.45 이하
가연성 가스 폭발등급	A	B	C
본질안전방폭구조의 폭발등급	ⅡA	ⅡB	ⅡC

   ⑦ 내압방폭구조의 경우 화재 안전틈새

최대안전틈새(mm)	0.9 이상	0.5 초과 0.9 미만	0.5 이하
가연성 가스 폭발등급	A	B	C
적용 가스	CH_4, C_2H_6, CS_2	C_2H_4, HCN	H_2, C_2H_2
방폭전기기기 폭발등급	ⅡA	ⅡB	ⅡC

   ⑧ 압력, 유입, 안전증 방폭구조의 경우 최고 표면온도

온도등급(발화도)		발화온도(℃)
IEC 79	KS C 0906 : 1997	
T1	G1	450 초과
T2	G2	300 초과 450 이하
T3	G3	200 초과 300 이하
T4	G4	135 초과 200 이하
T5	G5	100 초과 135 이하
T6	G6	85 초과 100 이하

108회(2016년 2월)

107회(2015년 8월)

106회(2015년 5월)

01 분진폭발에 대하여 다음 사항을 설명하시오.
   가. 분진폭발의 특징
   나. 분진폭발에 영향을 미치는 인자
   다. 분진폭발을 일으키는 분진의 종류
   라. 분진폭발의 방지대책

105회(2015년 2월)

104회(2014년 8월)

01 방폭(폭발 방지) 및 위험지역 분류기준에 대하여 다음 사항을 설명하시오.
   1) 방폭의 정의
   2) 폭발의 요소 및 점화원의 종류
   3) 우리나라의 위험지역 분류 기준과 외국의 위험지역 분류 기준 비교

103회(2014년 5월)

01 가스폭발 또는 분진폭발 위험장소에 설치하는 건축물, 위험물 저장·취급용기 지지대 및 배관·전선관 등의 지지대에 대해서는 특정부분을 내화구조로 하여야 한다. ① 적용대상 ② 적용제외 기준 ③ 내화재료(내화성능)에 대하여 설명하시오.

102회(2014년 2월)

101회(2013년 8월)

100회(2013년 5월)

99회(2013년 2월)

98회(2012년 8월)

97회(2012년 5월)

기출문제

96회(2012년 2월)

01 건물 내 LNG 누출사고 대응방법과 절차에 대하여 설명하시오.

02 폭연에서 폭굉으로의 전이과정(Deflagration-Detonation Transition)에 대하여 설명하시오.

95회(2011년 8월)

94회(2011년 5월)

93회(2011년 2월)

01 예혼합화염에 있어서 무염영역과 소염거리에 대하여 설명하고, 이 원리를 이용한 화염 방지기(Flame Arrester)의 구조에 대하여 설명하시오.

02 폭발 위험 장소의 각 위험 장소별 배선 종류와 방폭 전기배선 공사 방법에 대하여 설명하시오.

92회

01 폭연(Deflagration)에 의한 과압방지 장치(Vent)의 최소 배출 단면적 계산식과 계산식을 구성하는 각 요소에 대하여 설명하시오.(10점)

02 액화천연가스(LNG)저장용기 중 액화가스 누출 시 발생되는 인화성가스의 확산피해규모를 최소화하기 위해 적용되는 Full Containment Container의 구조와 LNG누출로 인한 화재 시에 적용되는 고발포 포소화약제를 설명하시오.(25점)

91회

01 분진의 폭발은 그의 물리적, 화학적 성상에 따라 크게 좌우되므로 이들 인자를 잘 알아서 대처해야 한다. 다음의 분진 폭발성에 영향을 미치는 인자에 대하여 설명하시오.
   가. 분진의 화학적 성질과 조성에 대하여 설명하시오.
   나. 분진의 농도 중 폭발성 분진의 폭발범위 농도, 폭발범위 내에서 분진농도에 따른 최소점화에너지와 폭발율의 변화에 대하여 각각 설명하시오.
   다. 산소농도가 폭발분진의 폭발압력과 최대 폭발압력 상승속도에 미치는 영향에 대하여 각각 설명하시오.

02 본질안전 방폭구조의 개요, 원리, 장단점, 종류, Isolated Barrier 및 Barrier 선택시 유의 사항에 대하여 설명하시오.

90회

01 A, B 석탄 분쇄기의 석탄 투입량은 각각 4.5kg/sec, 8.8kg/sec이고, 공기 유입량은 각각 2.5㎥/sec, 3.2㎥/sec이다. 석탄분진 폭발농도 범위가 24kg/㎥인 경우 분진폭발이 일어날 가능성이 있는 분쇄기를 판단하시오. (단, 공기밀도는 1.2kg/㎥이고, 표준온도 및 표준 대기압 상태이다)

02 가스 또는 분진폭발이 발생할 수 있는 위험장소에 설치되는 건축물 등의 내화구조 설치기준에 대하여 설명하시오.

기출문제

03 방폭전기기기 선정시 고려사항과 위험 장소별 선정원칙을 설명하시오.

89회

01 알루미늄 분진의 물리·화학적 특성, 폭발 메커니즘 및 화재 시 소방대책에 대하여 기술하시오.

88회

01 방유제(Dike)시설이 있는 인화성액체 저장탱크에서 급격한 누출로 액면화재(Pool Fire)가 발생하였다. 인근 주변시설에 미치는 최대 복사열량(Maximum Radiant Flux)의 크기를 산출하는 과정을 세부 검토항목을 포함하여 단계적으로 기술하시오.

02 화학공장에서 화재폭발로 이어질 수 있는 연속적인 발열공정(Exothermic Process) 반응기에 대한 공정안전(Process Safety) 목적으로 사용되는 계측기, 제어장치, 인터록기구 및 기타 공정장치에 대하여 항목별로 구분하여 설명하시오.

87회

86회

01 국내 및 국제규격(IEC/IECEx/IP/NFPA 등)에 규정된 전기설비 방폭구조 5가지를 열거하고, 내용을 설명하시오.

85회

84회

01 100kg의 프로판(LPG)이 누출 인화되어 증기운 폭발(BLEVE)이 발생하였다. 그 후속효과에 관련된 아래 항목을 다음의 계산식을 선별적으로 사용하여 계산하시오. (단, 프로판의 적용 기체밀도는 일정온도에서 1.67kg/m³임)

$$W_{TNT}=E/4200kg, \quad D_{MAX}=5.25m^{0.314}, \quad E=\alpha \triangle H_C m_f$$
$$q_{max}=828m^{0.771}/R^2, \quad p_m/p_0=(M_0 T_b)/(M_b T_0)$$
$$Z_p=12.73V_{va}^{1/3}$$

1) Fire Ball의 최대직경(m)은?
2) Fire Ball 중심의 수직높이(m)는?
3) Fire Ball 중심지면으로부터 수평거리100m 지점에서의 최대 Heat Flux(kW/m²)는?

02 인화성액체의 증기 또는 가연성가스에 의한 화재폭발 위험장소를 국내 적용기준으로 구분하여 분류등급, 구분내용 및 대표적인 장소의 예를 기술하시오.

83회

기출문제

82회

01 임의의 건축물에서 LP가스가 누설되어 폭발이 발생되었다.
1) 화재가 발생하지 않은 경우의 원인을 설명하시오.
2) 화재가 발생한 경우 화재발생의 기구(機構: Mechanism) 및 화재 성상의 특징에 대하여 설명하시오.

02 가연성 가스의 연소범위에 대하여 정의하고 연소범위의 측정방법 및 연소범위 측정값에 영향을 미치는 인자들에 대하여 기술하시오.

81회

80회

01 화염방지기(Flame Arrestor)의 기능과 원리를 설명하고 이 화염방지기가 주로 설치되는 장소 5곳을 기술하시오.

PART

04

위험물

PART 04. 위험물

01 NFPA 704 Code에 의한 위험물 표시

1 ▶▶ 개요

① 위험물이란 대통령령이 정하는 물품으로 인화성 또는 발화성 등의 성질을 가진 물질을 말한다.
② 국내의 경우 1류에서 6류로 분류하여 관리하고 있으나 NFPA 704에서는 물질의 위험성을 유독성, 가연성, 반응성 및 기타 특이사항 등을 표시할 수 있는 표지를 정하여 사용

2 ▶▶ NFPA 704에 의한 위험물 표시

(1) 표시

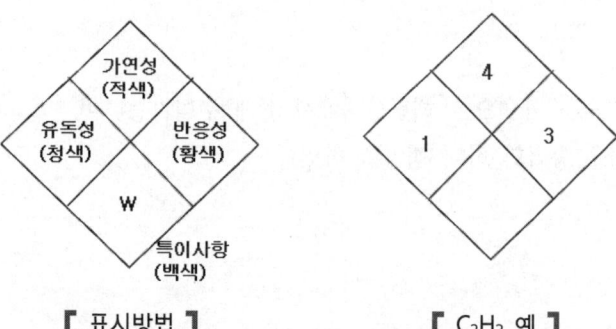

【 표시방법 】　　　　【 C_2H_2 예 】

① 유독성은 인체에 흡입, 노출 등으로 미치는 영향을 표시
② 가연성은 물질에 가연성을 나타내는 것
③ 반응성은 폭발성, 물과 반응성을 나타내는 것
④ 특이사항은 금수성, 산화성, 방사성 물질에 한하여 특별한 기호를 넣는 것

(2) 분류

			유독성(청색)
4	위험		짧은 노출(피폭)에도 치명적임, 특수 보호장비 필요
3	주의		부식성 혹은 유독성 피부접촉 또는 흡입을 피할 것
2	주의		흡입 또는 흡수 시 유해
1	조심		자극성이 있음
0			위험하지 않음
			가연성(적색)
4	위험		가연성 가스 또는 대단히 연소하기 쉬운 액체
3	주의		인화점 100°F 미만인 인화성 액체
2	조심		인화점 100°F 이상 200°F 미만인 가연성 액체
1			가열 시 가연성
0			불연성
			반응성(황색)
4	위험		실온에서도 폭발성 물질
3	위험		충격, 밀폐상태에서 가열 또는 물과 혼합 시 폭발물질
2	주의		물과 혼합 시 불안정하거나 격렬한 반응
1	조심		물과 혼합 시 또는 가열 시 반응성이 있으나 격렬 처리 있음
0	안정		물과 혼합 시 반응성이 없음
			특이사항(백색)
W			금수성 물질
OXY			산화성 물질

3 결론

① Fool Proof 개념으로 패닉상태에서 쉽게 구별가능하며,
② 위험성을 등급화 하여 정량화 하였다.

02 NFPA 30에 의한 인화성 액체 분류

1 ▸▸ 개요

① NFPA 30에 의한 인화성 및 가연성 액체 코드에서는 인화점을 기준으로 분류
② 국내에서는 제 4류 위험물로 분류하고 있다.

2 ▸▸ NFPA에 의한 분류

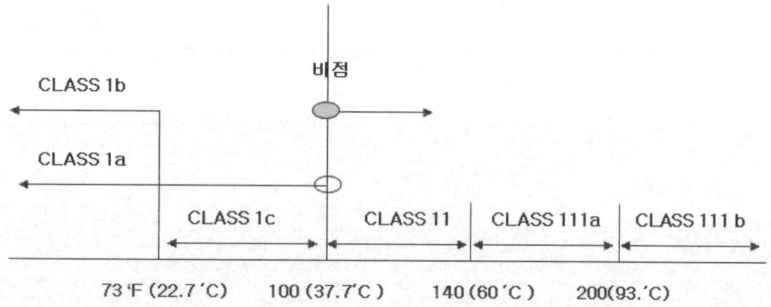

(1) 인화성 액체

(인화성액체란 인화점이 37.8℃(100°F) 미만이고 증기압력이 40psi를 넘지 않는 액체)
- Class Ⅰ : 인화점이 100°F 미만인 모든 액체
  (내부 실온이 대부분 지역에서 도달하는 온도)
- Class ⅠA : 인화점이 73°F 미만이고, 액체의 비점이 100°F을 넘지 않는 것
- Class ⅠB : 인화점이 73°F 미만이고, 액체의 비점이 100°F을 넘는 것
- Class ⅠC : 인화점이 73°F 이상 100°F 미만 또는 액체의 비점이 100°F 미만인 액체

(2) 가연성 액체

(가연성액체란 Class Ⅱ와 Class Ⅲ 물질)
- Class Ⅱ : 인화점이 100°F에서 140°F 사이인 액체
  (액체를 인화점까지 올릴 때 약간의 가열이 필요)
- Class Ⅲ : 인화점이 140°F 보다 높은 액체(발화가 일어나기 전에 충분한 가열이 요구)
- Class ⅢA : 인화점이 140°F 이상, 200°F 미만
- Class ⅢB : 인화점이 200°F 이상

3 ▶▶ 비교

구 분	인화성 액체(CLASS Ⅰ)	가연성액체(CLASS Ⅱ, CLASS Ⅲ)
연소형태	예혼합 연소	예열형 전파 및 표면장력 구동류
메카니즘	누출 → 혼합 → 연소 → 배출	누출 → 흡열 → 증발 → 혼합 → 연소 → 배출
재해형태 (위험성)	VCE	Boil Over, Slop Over, Froth Over
대 책	점화원 관리 방폭(방폭전기설비) 불활성화	비등석 설치, 수층 방지, 기계적 교반, 소화 포소화설비 물분무설비

03 GHS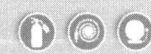

1 ▶▶ 개념

① GHS(Globally harmonized System of Classification and Labelling of Chemicals)는 화학물질 분류 및 표지에 관한 세계 조화시스템이다.
② 국가마다 다른 분류, 표지 또는 SDS를 작성하는 문제점 등이 있다.
③ GHS는 화학물질의 안전한 사용, 운송, 폐기를 위하여 국제적으로 공통된 시스템을 운영하는 것으로,
④ 통일된 분류 기준에 따라 화학물질이 유해 위험성 분류하고 통일된 형태의 경고 표지 및 MSDS로 정보를 전달하는 방법이다.

2 ▶▶ 기대효과

① 국제적 표준화로 화학물질의 독성을 쉽게 알 수 있으므로 근로자의 건강과 환경보호
② 위험성, 평가를 반복하지 않아도 되므로 국제적 교역이 용이
③ 위험정보시스템이 없는 나라도 국제적 표준에 따라 보호
④ 유해성 실험 및 평가의 양을 줄일 수 있다.

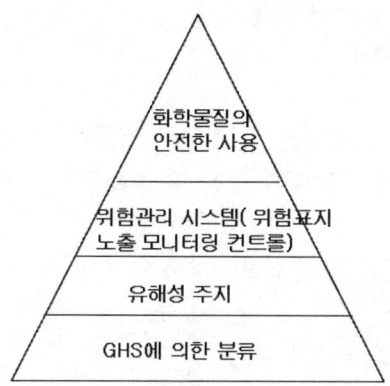

3 ▸▸ GHS 주요내용

(1) 화학 물질의 분류(Classification)
   ① 건강 유해성 10개
      ㉠ 심한 눈 손상 또는 눈 자극성 물질
      ㉡ 호흡기 또는 피부 과민성 물질
      ㉢ 흡인 유해성 물질
      ㉣ 발암성 물질
      ㉤ 급성독성 물질
      ㉥ 피부 부식성 또는 자극성 물질
      ㉦ 생식독성 물질
      ㉧ 생식세포 변이원성 물질
      ㉨ 특정 표적장기(標的臟器) 독성 물질 - 1회 노출
      ㉩ 특정 표적장기(標的臟器) 독성 물질 - 반복 노출
   ② 물리적 위험성 16개
      ㉠ 산화성 가스
      ㉡ 산화성 액체
      ㉢ 산화성 고체
      ㉣ 인화성 가스
      ㉤ 인화성 액체
      ㉥ 인화성 고체
      ㉦ 인화성 에어로졸
      ㉧ 금속부식성 물질
      ㉨ 고압가스

ⓒ 폭발성 물질 또는 화약류
ⓚ 자연발화성 액체
ⓣ 자연발화성 고체
ⓟ 자기반응성 (自己反應性) 물질 및 혼합물
ⓗ 자기발열성 (自己發熱性) 물질 및 혼합물
㉮ 유기과산화물
㉯ 물 반응성 물질 및 혼합물
③ 환경 유해성 2개
㉠ 급성 수생환경 유해성 물질
㉡ 만성 수생환경 유해성 물질

(2) 경고 표지(Labelling)

① 위험물을 수납한 용기의 외부에 표시할 사항 **암기** 신문제공 유예
㉠ 신호어 : 위험성의 심각성 정도에 따라 표시하는 "위험" 또는 "경고"로 표시하는 문구
㉡ 그림문자 : 분류기준에 따라 위험성의 내용을 나타내는 그림
㉢ 제품정보 : 물질명 또는 제품명, 함량 등에 관한 정보
㉣ 공급자정보 : 제조자 또는 공급자의 명칭, 연락처 등에 관한 정보
㉤ 유해·위험문구(H CODE) : 분류기준에 따라 위험성을 알리는 문구
㉥ 예방조치문구(P CODE) : 화학물질에 노출되거나 부적절한 저장·취급 등으로 발생하는 위험성을 방지하거나 최소화하기 위한 권고조치를 명시한 문구
② **표지의 바탕** : 바탕은 백색으로, 문자와 테두리는 흑색으로 하되, 용기의 표면을 바탕색으로 사용할 수 있다. 다만, 바탕색이 흑색에 가까운 경우 문자와 테두리를 바탕색과 대비되는 색상으로 하여야 한다.
③ **그림문자** : 위험성을 나타내는 심벌과 테두리로 구성하며 심벌은 검정색으로, 테두리는 적색으로 한다.

(3) GHS 기준에 따른 유해·위험성 분류 정보 예시

04 MSDS(Material Safety Data Sheets)

1 ▶▶ 개요

① 미국 노동안전 위생국이 근로자에게 유해하다고 여겨지는 600여종의 화학물질에 대해서 유해기준을 마련한 것
② MSDS는 Material Safety Data Sheets의 약어로 물질안전 보건자료라 한다.

③ 유해화학물질을 제조, 수입 또는 취급하는 사업주가 해당물질에 대한 유해성 평가 결과를 근거로 작성하는 자료

2 ▸▸ MSDS의 필요성

① 화학물질, 사용량 급증
② 안전에 대한 근로자의 의식증대
③ 화학물질 관련 국제적 동향을 반영
④ 예방중심의 산업안전 보건 행정을 위한 획기적인 전기마련

3 ▸▸ MSDS의 효과

① 유해화학물질이 기초 자료를 근로자나 실수요자에게 제공
② 유해화학 물질의 취급으로 인한 화재, 폭발, 산업재해를 예방하기 위한 것
③ 유해화학물질을 매매, 양도하는 경우 반드시 MSDS 자료를 첨부해야 하고 첨부된 자료는 최종 사용자에게 전달되어야 한다.

4 ▸▸ MSDS 상에 포함되어야 할 항목

① 화학 제품과 회사에 관한 정보
② 구성성분의 명칭 및 함유량
③ 유해 위험성
④ 응급 조치요령
⑤ 폭발 화재 시 대처방법
⑥ 누출 사고 시 대처방법
⑦ 취급 및 저장방법
⑧ 노출 방지 및 개인 보호구
⑨ 물리, 화학적 특성
⑩ 안정성 및 반응성
⑪ 특성에 관한 정보
⑫ 환경에 미치는 영향
⑬ 폐기 시 주의사항
⑭ 운송에 필요한 정보

⑮ 법적 규제 현황
⑯ 그 밖의 참고사항

5 ▶▶ 활용 범위 암기 재위전구 근화비

① 화학물질 취급설비의 재질설정 : 반응성 검토, 공정조건
② 제조공정의 위험성 평가 : 화학물질의 평가, 공정운전 조건
③ 전기적 위험지역 구분 : 방폭 설비 설정
④ 저장설비의 구조 선정 : 안전설비 구조 설정
⑤ 근로자의 보건 대책 수립 : 노출 시 위험성 평가, 보호구 선정
⑥ 화학물질 취급 안정작업 절차 작성
⑦ 비상대책 수립 : 누출방지, 화재예방, 소방, 환경 오염 방지

05 산업안전보건법상 위험물의 분류(NFPA 472 분류 유사)

1 ▶▶ 가연성 가스 암기 가산 폭발 인부독

(1) 정의
연소범위 하한농도, 10% 이하 또는 상, 하한의 차이가 20% 이상인 가스

(2) 종류
수소, 프로판, 부탄, 메탄, 아세틸렌

2 ▶▶ 산화성 물질

(1) 정의
산화력이 강하고 가열, 충격, 마찰 타 물체와 접촉 시 격렬히 반응하는 고체와 액체

(2) 종류
염소산염류, 질산염류, 과산화수소, 무기과산화물

3. 폭발성 물질

(1) 정의

가열, 충격, 마찰 등 산소나 산화제 없이도 폭발이나 격렬하게 반응을 일으키는 고체 또는 액체를 말한다.

(2) 종류

유기과산화물, 질산에스테르(5류), 셀룰로이드

4. 발화성 물질

(1) 정의

스스로 발화 또는 물과 접촉 시 발화 또는 가연성 가스 생성하는 물질

(2) 종류

① 가연성 고체 : 철분, 마그네슘, 금속분(제 2류)
② 금속성, 자연발화성 물질 : K, Na, 황린

5. 인화성 물질

(1) 정의

1기압 대기 속에서 인화점이 65°C 이하인 가연성 액체

(2) 종류

① 인화점 −30°C : 이황화탄소, 산화프로필렌
② 인화점 −30°C~0° 미만 : 메틸 에틸 케톤, 산화에틸렌
③ 인화점 0°C~30° 미만 : 메틸 알코올, 에틸 알코올
④ 인화점 30°C~65° 미만 : 경유, 등유

6. 부식성 가스

(1) 정의

금속 등을 쉽게 부식시키고 인체에 접촉하면 심한 상해(화상)를 입히는 물질

(2) 종류

부식성 산류, 부식성 염기류

7. 독성물질

흡입, 음용, 접촉 시 사망 중대한 장애 또는 건강에 해를 끼치는 물질

06 위험물의 물리적 위험성 분류

구 분	위험물 안전관리법	UN 수송규칙 (NFPA 704)	GHS
위험도	위험 등급 Ⅰ, Ⅱ, Ⅲ	물질마다 다른 Division(6)	물질마다 다른 등급 (5등급)
식별	화기엄금/주의 (적색 바탕, 백색 문자) 물기엄금/주의 (청색바탕 백색 문자)		그림문자(Pictogram)
분류	1~6류 류별 분류	Class 1~Class 9 분류	
내용	① 위험물 분류 및 정의 ② 위험의 식별 ③ 위험도(지장수량으로 위험 등급 Ⅰ,Ⅱ,Ⅲ 분류)	① 위험물 분류 및 정의 ② 위험물의 품명 리스트 ③ 위험물의 라벨 ④ 포장기준 ⑤ 폭발물 등에 관한 특별 규정	① 위험물 분류 및 정의 ② 유해 위험상 구분 ③ 그림문자 ④ 신호어(위험, 경고 등) ⑤ MSDS

07 위험물

1 ▸▸ 개요

① 국내에 위험물은 인화성 또는 발화성 등의 성질을 가지는 것으로서 대통령이 정하는 물품으로 1류~6류로 분류하고 있다.
② 미국에 위험물은 유독성, 가연성, 반응성 3가지로 분류하고 0~4까지 5단계로 나누어 위험등급을 분류하고 있으며,
③ 표시색상은 적색, 청색, 황색으로 분류하여 소방관이나 관리자가 한 눈에 위험물의 위험도를 알 수 있다.

2 ▸▸ 위험물

구 분	1류	2류	3류	4류	5류	6류
유독성		○	○			○
가연성	조연성	○(있다)	○	○	○	조연성
반응성 (물과 반응성)	무기금속 화합물	철분, 마그네슘, 금속분	○ (황린 제외)			○

(1) 1류 위험물

① 품명 및 지정 수량 **암기** 무아과 요부질 과중("-"는 위험등급Ⅰ)
  ㉠ 무기과산화물, 아염소산 염류, 염소산 염류, 과염소산 염류 50kg
  ㉡ 요오드산염류, 브롬산 염류, 질산 염류 300kg
  ㉢ 과망간산 염류, 중크롬산 염류 1,000kg
② 공통적 성질
  ㉠ 산화성 성질, 무색결정, 백색 분말
  ㉡ 독성이 없으며
  ㉢ 불연성 물질인 동시에 조연성 물질(산소 함유)
  ㉣ 반응성이 강하고 분해가 용이하므로 가열, 충격, 마찰, 다른 약품과의 접촉은 피한다.
  ㉤ 수용성 물질이나 무기과산물 중 알칼리 금속, 알칼리 토금속은 물과 반응

③ 저장 및 취급 방법
- ㉠ 가연물과 접촉을 피하고 가열, 충격, 마찰을 피한다.
- ㉡ 알칼리 금속의 과산화물(Na_2O_2, K_2O_2)은 물과 접촉을 피한다.
- ㉢ 조해성 물질은 습기 방지하고 용기 밀폐해서 보관

④ 소화방법
- ㉠ 주수에 의한 냉각 소화
- ㉡ 알칼리 금속은 건조사로 질식 소화

(2) 2류 위험물 암기 황적유 철마금 인 ("-"는 위험등급Ⅱ)

① 품명 및 지정수량, 위험등급
- ㉠ 황화린, 적린, 유황 100kg
- ㉡ 철분, 마그네슘, 금속분 500kg
- ㉢ 인화성 고체 1,000kg

② 공통적인 성질
- ㉠ 자체가 독성을 가지고 있거나 연소 시 유독가스를 발생
- ㉡ 가연성 고체
- ㉢ 비교적 낮은 온도에서 착화되기 쉬운 가연성 고체이며 대단히 연소속도가 빠르다.
- ㉣ 철분, 마그네슘, 금속분류는 물과 산과 접촉 시 발열

③ 저장 및 취급 방법
- ㉠ 독성에 유의
- ㉡ 산화재와 접촉이나 혼합을 피하고, 점화원 또는 과열을 피한다.
- ㉢ 철분, 마그네슘, 금속분류는 물과 접촉을 피한다.

④ 소화방법
- ㉠ 주수에 의한 냉각효과
- ㉡ 철분, 마그네슘, 금속분류는 건조사로 질식소화
- ㉢ 포나 금속화재용 분말 소화약제
  ⟨Na-X, MET-L-X, G-1, TMB, TEC⟩

(3) 3류 위험물 암기 크나알리 황 금토유 수인탄("-"는 위험등급Ⅰ)

① 품명 및 지정수량
- ㉠ 칼륨, 나트륨, 알킬 알루미늄, 알킬리튬 10kg
- ㉡ 황린(P_4) 20kg

ⓒ 알칼리 금속(K, Na 제외), 알칼리 토금속, 유기금속 화합물 50kg
  (알킬알루미늄, 알킬리튬 제외)
ⓔ 금속수소화합물, 금속 인화물, 칼슘 알루미늄 탄화물 300kg

② **공통적 성질**
  ㉠ 황린은 자연발화성 금속 인화물 및 칼슘 알루미늄 탄화물은 금수성 물질, 기타는 자연발화성＋금수성
  ㉡ 금속수소화합물은 독성이 있으며
  ㉢ 자연발화성으로 가연성이 크다.
  ㉣ 물과 반응하여 수소를 발생시킨다.

③ **저장 및 취급방법**
  ㉠ 보호액에 저장하는 것은 위험물에 노출되지 않도록 할 것
    (석유 보호액 : k, Na, 물 보호액 : 황린, CS_2)
  ㉡ 가연성 가스를 발생하는 것은 화기 주의
  ㉢ 소분하여 저장
  ㉣ 용기 파손이나 부식을 막으며 공기 또는 수분접촉을 방지
    $SiH_4 + 2O_2 \rightarrow SiO_2 + 2H_2O$

④ **소화방법**
  ㉠ 마른 모래 및 금속화재를 분말소화약제
  ㉡ 주수소화금지
  ㉢ SiH_4는 CCl_4 반응하므로 사용금지
  ㉣ $6Li + N_2 \rightarrow 2Li_3N$ 반응하므로 석묵으로 소화

3 ▶▶ 위험물 혼재위험 ◆암기 사이삼 오이사 육일

구 분	제1류	제2류	제3류	제4류	제5류	제6류
제1류						○
제2류				○	○	
제3류				○		
제4류		○	○		○	
제5류		○		○		
제6류	○					

지정수량 $\frac{1}{10}$ 이하의 위험물에 대하여는 미적용

4 ▸ 4류 위험물

(1) 품명 및 지정수량 암기 특1알 234 동 524 1261("-"는 위험등급Ⅰ)

특수 인화물류 50L(Ⅰ) 제 1석유류 비수용성 200L(수용성 400L)(Ⅱ) 알코올류 400L(Ⅱ), 제 2석유류 비수용성 1,000L(수용성 2,000L) 제3석유류 비수용성 2,000L(수용성 4,000L), 제4석유류6,000L 동식물유류 10,000L(Ⅲ)

① 특수 인화물(디에틸에테르, CS_2(이황화탄소))
  인화점 -20℃ 이하, 비점 40℃ 이하, 발화점 100℃ 이하
②

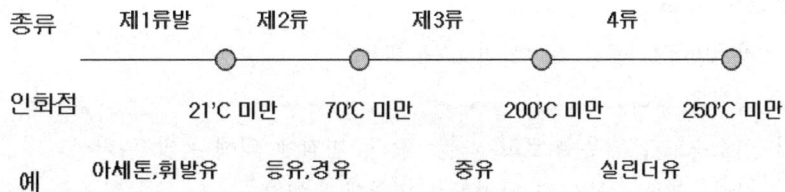

(2) 공통적인 성질
  ① 인화성 물질(HCN 증기는 공기보다 가볍다)
  ② 독성은 없으나 증기는 공기보다 무거워 질식 위험성
  ③ 인화점이 낮아 대단히 위험
  ④ 물보다 가볍고 물에 불용

(3) 저장 및 취급방법
  ① 증기 누출 방지 및 밀봉하여 냉소에 보관
  ② 인화점 이하로 보관
  ③ 화기 및 점화원으로부터 멀리 저장
  ④ 전기설비 방폭, 정전기 제거

(4) 소화방법
  ① 공기 차단에 의한 질식효과(CO_2, 분말, 포)
  ② 주수 소화는 화재 확대 위험, 알코올류는 내알코올포를 사용

⑤ 5류 위험물

(1) 품명 및 지정수량 〔암기〕 유질 히히 니니아디("-"는 위험등급Ⅰ)

① 유기 과산화물, 질산에스테류 10kg
② 히드록시아민, 히드록시아민 염류 100kg
③ 니트로화합물 니트로소화합물 200kg
   아조화합물, 디아조화합물 200kg
   히드라진 유도체 200kg
   히드록실아민, 히드록실아민염류 100kg

(2) 공통적 성질

① 자기반응성 물질(가연성의 고체, 액체)
② 독성은 없다.
③ 연소속도가 매우 빠르고 가열, 충격, 마찰에 의해 폭발 위험성
④ 산화, 열분해에 의해 자연발화 위험성이 있다.

(3) 저장 및 취급 방법

① 가열, 충격, 마찰을 피하고 고온체와의 접근을 피한다.
② 용기파손에 주의하고 화기엄금, 충격주의 등 주의사항 표시
③ 소화가 곤란하므로 소분하여 보관

(4) 소화방법

① 주수에 의한 냉각소화
② 자기 산소 함유물이므로 질식소화는 효과가 없다.

⑥ 6류 위험물[염과질("-"는 위험등급Ⅰ)]

(1) 품명 및 지정수량

과염소산, 과산화수소, 질산 300kg

(2) 공통적 성질

① 산화성 액체
② 독성이 있으며 부식성 강하다.

③ 조연성 물질이다.
④ 물에 잘 녹으며 물과 만나면 발열

(3) 저장 및 취급 방법
① 내산성 저장용기에 밀봉하여 저장하고 누설에 주의
② 물, 가연물, 유기물과 접촉을 피할 것

(4) 소화방법
① 건조사 및 CO_2로 소화
② 물과 발열반응하여 주수소화가 곤란하나, 위급 시에만 대량의 물로 희석한다.
③ 화재 시 유독가스 발생 주의

■ 위험물안전관리법 시행령 [별표 1] 〈개정 2019. 2. 26.〉

위험물 및 지정수량(제2조 및 제3조관련)

위험물			지정수량
유별	성질	품명	
제1류	산화성고체	1. 아염소산염류	50킬로그램
		2. 염소산염류	50킬로그램
		3. 과염소산염류	50킬로그램
		4. 무기과산화물	50킬로그램
		5. 브롬산염류	300킬로그램
		6. 질산염류	300킬로그램
		7. 요오드산염류	300킬로그램
		8. 과망간산염류	1,000킬로그램
		9. 중크롬산염류	1,000킬로그램
		10. 그 밖에 행정안전부령으로 정하는 것 11. 제1호 내지 제10호의 1에 해당하는 어느 하나 이상을 함유한 것	50킬로그램, 300킬로그램 또는 1,000킬로그램
제2류	가연성고체	1. 황화린	100킬로그램
		2. 적린	100킬로그램
		3. 유황	100킬로그램
		4. 철분	500킬로그램
		5. 금속분	500킬로그램
		6. 마그네슘	500킬로그램
		7. 그 밖에 행정안전부령으로 정하는 것 8. 제1호 내지 제7호의 1에 해당하는 어느 하나 이상을 함유한 것	100킬로그램 또는 500킬로그램
		9. 인화성고체	1,000킬로그램
제3류	자연발화성 물질 및 금수성물질	1. 칼륨	10킬로그램
		2. 나트륨	10킬로그램
		3. 알킬알루미늄	10킬로그램
		4. 알킬리튬	10킬로그램
		5. 황린	20킬로그램
		6. 알칼리금속(칼륨 및 나트륨을 제외한다) 및 알칼리토금속	50킬로그램
		7. 유기금속화합물(알킬알루미늄 및 알킬리튬을 제외한다)	50킬로그램
		8. 금속의 수소화물	300킬로그램
		9. 금속의 인화물	300킬로그램
		10. 칼슘 또는 알루미늄의 탄화물	300킬로그램
		11. 그 밖에 행정안전부령으로 정하는 것 12. 제1호 내지 제11호의 1에 해당하는 어느 하나 이상을 함유한 것	10킬로그램, 20킬로그램, 50킬로그램 또는 300킬로그램

제4류	인화성액체	1. 특수인화물		50리터
		2. 제1석유류	비수용성액체	200리터
			수용성액체	400리터
		3. 알코올류		400리터
		4. 제2석유류	비수용성액체	1,000리터
			수용성액체	2,000리터
		5. 제3석유류	비수용성액체	2,000리터
			수용성액체	4,000리터
		6. 제4석유류		6,000리터
		7. 동식물유류		10,000리터
제5류	자기반응성 물질	1. 유기과산화물		10킬로그램
		2. 질산에스테르류		10킬로그램
		3. 니트로화합물		200킬로그램
		4. 니트로소화합물		200킬로그램
		5. 아조화합물		200킬로그램
		6. 디아조화합물		200킬로그램
		7. 히드라진 유도체		200킬로그램
		8. 히드록실아민		100킬로그램
		9. 히드록실아민염류		100킬로그램
		10. 그 밖에 행정안전부령으로 정하는 것 11. 제1호 내지 제10호의 1에 해당하는 어느 하나 이상을 함유한 것		10킬로그램, 100킬로그램 또는 200킬로그램
제6류	산화성액체	1. 과염소산		300킬로그램
		2. 과산화수소		300킬로그램
		3. 질산		300킬로그램
		4. 그 밖에 행정안전부령으로 정하는 것		300킬로그램
		5. 제1호 내지 제4호의 1에 해당하는 어느 하나 이상을 함유한 것		300킬로그램

비고
1. "산화성고체"라 함은 고체[액체(1기압 및 섭씨 20도에서 액상인 것 또는 섭씨 20도 초과 섭씨 40도 이하에서 액상인 것을 말한다. 이하 같다)또는 기체(1기압 및 섭씨 20도에서 기상인 것을 말한다)외의 것을 말한다. 이하 같다]로서 산화력의 잠재적인 위험성 또는 충격에 대한 민감성을 판단하기 위하여 소방청장이 정하여 고시(이하 "고시"라 한다)하는 시험에서 고시로 정하는 성질과 상태를 나타내는 것을 말한다. 이 경우 "액상"이라 함은 수직으로 된 시험관(안지름 30밀리미터, 높이 120밀리미터의 원통형유리관을 말한다)에 시료를 55밀리미터까지 채운 다음 당해 시험관을 수평으로 하였을 때 시료액면의 선단이 30밀리미터를 이동하는데 걸리는 시간이 90초 이내에 있는 것을 말한다.
2. "가연성고체"라 함은 고체로서 화염에 의한 발화의 위험성 또는 인화의 위험성을 판단하기 위하여 고시로 정하는 시험에서 고시로 정하는 성질과 상태를 나타내는 것을 말한다.
3. 유황은 순도가 60중량퍼센트 이상인 것을 말한다. 이 경우 순도측정에 있어서 불순물은 활석 등 불연성물질과 수분에 한한다.
4. "철분"이라 함은 철의 분말로서 53마이크로미터의 표준체를 통과하는 것이 50중량퍼센트 미만인 것은 제외한다.
5. "금속분"이라 함은 알칼리금속·알칼리토류금속·철 및 마그네슘외의 금속의 분말을 말하고, 구리분·니켈분

및 150마이크로미터의 체를 통과하는 것이 50중량퍼센트 미만인 것은 제외한다.
6. 마그네슘 및 제2류제8호의 물품중 마그네슘을 함유한 것에 있어서는 다음 각목의 1에 해당하는 것은 제외한다.
   가. 2밀리미터의 체를 통과하지 아니하는 덩어리 상태의 것
   나. 직경 2밀리미터 이상의 막대 모양의 것
7. 황화린·적린·유황 및 철분은 제2호의 규정에 의한 성상이 있는 것으로 본다.
8. "인화성고체"라 함은 고형알코올 그 밖에 1기압에서 인화점이 섭씨 40도 미만인 고체를 말한다.
9. "자연발화성물질 및 금수성물질"이라 함은 고체 또는 액체로서 공기 중에서 발화의 위험성이 있거나 물과 접촉하여 발화하거나 가연성가스를 발생하는 위험성이 있는 것을 말한다.
10. 칼륨·나트륨·알킬알루미늄·알킬리튬 및 황린은 제9호의 규정에 의한 성상이 있는 것으로 본다.
11. "인화성액체"라 함은 액체(제3석유류, 제4석유류 및 동식물유류의 경우 1기압과 섭씨 20도에서 액체인 것만 해당한다)로서 인화의 위험성이 있는 것을 말한다. 다만, 다음 각 목의 어느 하나에 해당하는 것을 법 제20조제1항의 중요기준과 세부기준에 따른 운반용기를 사용하여 운반하거나 저장(진열 및 판매를 포함한다)하는 경우는 제외한다.
    가. 「화장품법」 제2조제1호에 따른 화장품 중 인화성액체를 포함하고 있는 것
    나. 「약사법」 제2조제4호에 따른 의약품 중 인화성액체를 포함하고 있는 것
    다. 「약사법」 제2조제7호에 따른 의약외품(알코올류에 해당하는 것은 제외한다) 중 수용성인 인화성액체를 50부피퍼센트 이하로 포함하고 있는 것
    라. 「의료기기법」에 따른 체외진단용 의료기기 중 인화성액체를 포함하고 있는 것
    마. 「생활화학제품 및 살생물제의 안전관리에 관한 법률」 제3조제4호에 따른 안전확인대상생활화학제품(알코올류에 해당하는 것은 제외한다) 중 수용성인 인화성액체를 50부피퍼센트 이하로 포함하고 있는 것
12. "특수인화물"이라 함은 이황화탄소, 디에틸에테르 그 밖에 1기압에서 발화점이 섭씨 100도 이하인 것 또는 인화점이 섭씨 영하 20도 이하이고 비점이 섭씨 40도 이하인 것을 말한다.
13. "제1석유류"라 함은 아세톤, 휘발유 그 밖에 1기압에서 인화점이 섭씨 21도 미만인 것을 말한다.
14. "알코올류"라 함은 1분자를 구성하는 탄소원자의 수가 1개부터 3개까지인 포화1가 알코올(변성알코올을 포함한다)을 말한다. 다만, 다음 각목의 1에 해당하는 것은 제외한다.
    가. 1분자를 구성하는 탄소원자의 수가 1개 내지 3개의 포화1가 알코올의 함유량이 60중량퍼센트 미만인 수용액
    나. 가연성액체량이 60중량퍼센트 미만이고 인화점 및 연소점(태그개방식인화점측정기에 의한 연소점을 말한다. 이하 같다)이 에틸알코올 60중량퍼센트 수용액의 인화점 및 연소점을 초과하는 것
15. "제2석유류"라 함은 등유, 경유 그 밖에 1기압에서 인화점이 섭씨 21도 이상 70도 미만인 것을 말한다. 다만, 도료류 그 밖의 물품에 있어서 가연성 액체량이 40중량퍼센트 이하이면서 인화점이 섭씨 40도 이상인 동시에 연소점이 섭씨 60도 이상인 것은 제외한다.
16. "제3석유류"라 함은 중유, 클레오소트유 그 밖에 1기압에서 인화점이 섭씨 70도 이상 섭씨 200도 미만인 것을 말한다. 다만, 도료류 그 밖의 물품은 가연성 액체량이 40중량퍼센트 이하인 것은 제외한다.
17. "제4석유류"라 함은 기어유, 실린더유 그 밖에 1기압에서 인화점이 섭씨 200도 이상 섭씨 250도 미만의 것을 말한다. 다만 도료류 그 밖의 물품은 가연성 액체량이 40중량퍼센트 이하인 것은 제외한다.
18. "동식물유류"라 함은 동물의 지육 등 또는 식물의 종자나 과육으로부터 추출한 것으로서 1기압에서 인화점이 섭씨 250도 미만인 것을 말한다. 다만, 법 제20조제1항의 규정에 의하여 행정안전부령으로 정하는 용기기준과 수납·저장기준에 따라 수납되어 저장·보관되고 용기의 외부에 물품의 통칭명, 수량 및 화기엄금(화기엄금과 동일한 의미를 갖는 표시를 포함한다)의 표시가 있는 경우를 제외한다.
19. "자기반응성물질"이라 함은 고체 또는 액체로서 폭발의 위험성 또는 가열분해의 격렬함을 판단하기 위하여 고시로 정하는 시험에서 고시로 정하는 성질과 상태를 나타내는 것을 말한다.
20. 제5류제11호의 물품에 있어서는 유기과산화물을 함유하는 것 중에서 불활성고체를 함유하는 것으로서 다음 각목의 1에 해당하는 것은 제외한다.
    가. 과산화벤조일의 함유량이 35.5중량퍼센트 미만인 것으로서 전분가루, 황산칼슘2수화물 또는 인산1수소칼슘2수화물과의 혼합물
    나. 비스(4클로로벤조일)퍼옥사이드의 함유량이 30중량퍼센트 미만인 것으로서 불활성고체와의 혼합물

다. 과산화지크밀의 함유량이 40중량퍼센트 미만인 것으로서 불활성고체와의 혼합물
라. 1·4비스(2-터셔리부틸퍼옥시이소프로필)벤젠의 함유량이 40중량퍼센트 미만인 것으로서 불활성고체와의 혼합물
마. 시크로헥사놀퍼옥사이드의 함유량이 30중량퍼센트 미만인 것으로서 불활성고체와의 혼합물
21. "산화성액체"라 함은 액체로서 산화력의 잠재적인 위험성을 판단하기 위하여 고시로 정하는 시험에서 고시로 정하는 성질과 상태를 나타내는 것을 말한다.
22. 과산화수소는 그 농도가 36중량퍼센트 이상인 것에 한하며, 제21호의 성상이 있는 것으로 본다.
23. 질산은 그 비중이 1.49 이상인 것에 한하며, 제21호의 성상이 있는 것으로 본다.
24. 위 표의 성질란에 규정된 성상을 2가지 이상 포함하는 물품(이하 이 호에서 "복수성상물품"이라 한다)이 속하는 품명은 다음 각목의 1에 의한다.
    가. 복수성상물품이 산화성고체의 성상 및 가연성고체의 성상을 가지는 경우 : 제2류제8호의 규정에 의한 품명
    나. 복수성상물품이 산화성고체의 성상 및 자기반응성물질의 성상을 가지는 경우 : 제5류제11호의 규정에 의한 품명
    다. 복수성상물품이 가연성고체의 성상과 자연발화성물질의 성상 및 금수성물질의 성상을 가지는 경우 : 제3류 제12호의 규정에 의한 품명
    라. 복수성상물품이 자연발화성물질의 성상, 금수성물질의 성상 및 인화성액체의 성상을 가지는 경우 : 제3류 제12호의 규정에 의한 품명
    마. 복수성상물품이 인화성액체의 성상 및 자기반응성물질의 성상을 가지는 경우 : 제5류제11호의 규정에 의한 품명
25. 위 표의 지정수량란에 정하는 수량이 복수로 있는 품명에 있어서는 당해 품명이 속하는 유(類)의 품명 가운데 위험성의 정도가 가장 유사한 품명의 지정수량란에 정하는 수량과 같은 수량을 당해 품명의 지정수량으로 한다. 이 경우 위험물의 위험성을 실험·비교하기 위한 기준은 고시로 정할 수 있다.
26. 위 표의 기준에 따라 위험물을 판정하고 지정수량을 결정하기 위하여 필요한 실험은 「국가표준기본법」 제23조에 따라 인정을 받은 시험·검사기관, 「소방산업의 진흥에 관한 법률」 제14조에 따른 한국소방산업기술원, 중앙소방학교 또는 소방청장이 지정하는 기관에서 실시할 수 있다. 이 경우 실험 결과에는 실험한 위험물에 해당하는 품명과 지정수량이 포함되어야 한다.

08 위험물의 위험성 구분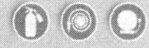

 개요

(1) 산화성(酸化性)

일반적으로 전자를 빼앗기는 변화 또는 그것에 따르는 화학반응을 「산화」라 한다. 이에 반해 전자를 얻는 변화 또는 그것에 따르는 화학변화를 「환원」이라고 한다. 원래는 어느 순물질이 산소와 화합하는 것을 산화라 하고 어느 순물질이 수소를 잃는 경우도 산화에 해당한다. 또한 자신이 환원(산소 방출)하면서 다른 물질을 산화시키는 물질을 산화제 또는 산화성 물질이라 한다. 산화성 물질은 다른 분자에서 전자를 빼앗기 쉬운 성질을 갖는 화학종으로서 산소나 오존 외에 산화도가 높은 산화물(MnO_2 등), 산소산(질산, 염소산 등), 그 염류(과망간산칼륨 등) 또는 염소, 브롬 등의 할로겐이다. 또한 하나의 반응에서 한쪽 물질이 산화되고 다른 쪽이 환원되므로 산화·환원 반응은 항상 동시에 일

어난다. 이와 같은 성질을 가지고 있는 물질은 염소산칼륨 등이 있다. 산화성을 갖는 물질은 그 자체로서 화재의 위험성은 적으나 석유류 등 다른 물질의 연소를 격렬하게 돕는 성질이 있어 위험물로 규제한다.

(2) 가연성(可燃性)

일반적으로 가연성이란 연소할 수 있는 성질을 의미하며, 가연성 고체란 가연성의 성질을 가진 것 중 쉽게 연소되는 고체를 말한다. 가연성 고체는 분말, 입상 또는 가루반죽 상태의 물질 등으로 점화원에 의해 쉽게 발화되며, 화재의 위험성은 물론 유독성 물질을 발생시키기도 한다. 또한 금속분말 등은 이산화탄소 또는 물과 같은 통상적 소화약제 사용 시 가연성가스 발생 등 위험을 초래하기도 한다. 고체알코올, 황화린, 적린, 유황, 금속분 등이 여기에 해당된다.

(3) 자연발화성(自然發火性)

가연성물질 또는 혼합물에 다른 화염, 전기불꽃 등의 점화원을 주지 않고 공기 또는 산소 중에서 가열한 경우 어느 시점에서 자연적으로 연소(발화 또는 폭발)가 개시되는데 이를 「발화성」이라 하고 이때 필요한 최저온도를 「발화점(발화온도, 착화점, 착화온도)」이라고 한다. 점화원 없이 스스로 화재를 유발하는 특성에 따라 위험물로 규제된다.

(4) 금수성(禁水性)

물과 반응하여 발화하거나 가연성가스를 발생시키는 성질을 말한다. 일반적으로 물을 소화약제로 많이 사용하는데 금수성이 있는 물질의 화재 시 물을 사용하게 되면 화재를 더욱더 키우는 역할을 하기 때문에 주의할 필요가 있으며, 금수성 물질을 이송 중 누출사고가 발생하게 되면 주변의 논, 수로, 하천 등에 흘러 들어가게 되어 화재를 확산시키기 때문에 매우 위험하게 될 수 있다. 이와 같은 성질을 가지고 있는 물질에는 알카리 금속류, 유기금속 화합물류, 수소화합물류 등이 있다.

(5) 인화성(引火性)

가연성증기를 발생하는 액체 또는 고체가 공기 중에 그 표면 가까이 작은 화염이 닿은 때 그것이 점화원이 되어 표면 근처에서 연소하기에 충분한 농도의 증기를 발생하여 불이 붙는 성질을 「인화성」이라 하고 이때의 최저온도를 「인화점(인화온도)」라고 한다. 이와 같은 성질을 가지고 있는 물질은 휘발유 등이 있다.

(6) 자기반응성(自己反應性)

외부로부터 산소의 공급 없이도 가열, 충격 등에 의해 연소폭발을 일으킬 수 있는 성질을 말한다. 즉 이와 같은 성질을 가진 물질은 공기 중 산소를 필요로 하지 않고 분자 중에 포함되어 있는 산소에 의해 연소한다. 자기반응성물질은 하나의 분자 내 또는 분자사이에 산소 공급이 있어 외부에서의 산소공급이 없어도 연소가 계속되므로 연소속도는 급속히 되고 폭발적으로 연소하는 것이 많으며, 유기과산화물, 질산에스테르류, 셀룰로이드류 등이 자기반응성의 성질을 가지고 있다.

2 위험성이 둘 이상일 경우

위험물은 하나의 위험성을 가질 경우도 있지만 둘 이상의 위험성을 가질 경우도 있다. 이렇게 하나의 위험물이 둘 이상의 위험성을 가질 경우를 「위험물안전관리법」에서는 복수성상 물질이라 하며 이러한 경우 더 위험한 위험성을 그 위험물의 성상으로 한다. 이경우 유의할 것은 복수성상의 물질이란 두 가지의 위험성을 갖는 물질이 혼합된 경우를 의미하는 것이 아니라 혼합된 후의 물질이 두 가지의 위험성을 갖는 경우를 의미한다는 것이다. 즉, 산화성 물질과 가연성 물질이 혼합되어 가연성만 가질 경우에는 가연성 물질로 보는 것이지 복수성상 물품으로 보는 것은 아니다.

(1) 위험물이 산화성과 가연성을 동시에 가지는 경우
위험물이 가지는 산화성 보다는 가연성이 더 위험한 성질로서 가연성의 성상을 가지는 것으로 본다.

(2) 위험물이 산화성과 자기반응성을 동시에 가지는 경우
위험물이 가지는 산화성 보다는 자기반응성이 더 위험한 성질로서 자기반응성의 성상을 가지는 것으로 본다.

(3) 위험물이 가연성과 자연발화성 및 금수성을 동시에 가지는 경우
위험물이 가지는 가연성 보다는 자연발화성 및 금수성이 더 위험한 성질로서 자연 발화성 및 금수성의 성상을 가지는 것으로 본다.

(4) 위험물이 자연발화성 및 금수성과 인화성을 동시에 가지는 경우
위험물이 가지는 인화성 보다는 자연발화성 및 금수성이 더 위험한 성질로서 자연 발화성 및 금수성의 성상을 가지는 것으로 본다.

(5) 위험물이 인화성과 자기반응성을 동시에 가지는 경우
위험물이 가지는 인화성 보다는 자기반응성이 더 위험한 성질로서 자기반응성이 있는 것으로 본다.

3 위험물의 판단

위험물의 판단은 그 물질이 영 별표 1에 정한 품명에 따른 성상을 가지고 있는지 여부에 의하며, 성상을 알 수 없는 경우에는 위험물로서의 성상을 가지고 있는지 여부를 시험을 실시하여 판단한다(위험물 판정 흐름 참고). 즉, 산화성, 가연성 등의 위험성을 갖고 있는 물질을 모두 위험물로 규제하는 것은 아니며, 그 중에서 일정한 기준 이상의 위험성을 갖고 있는 물질만 위험물로 규제하는데 그 일정한 기준을 충족하는지 여부는 시험판정 기준에 의하여 결정한다. 그리고 위험물의 범위는 물질의 화학적 또는 물리적 성상을 토대로 하되, 그 물질의 사회적 유통량, 사용형태 등의 사회적 여건을 종합하여 결정하는 것이다. 유사한 성상을 가진 황산과 질산에 있어서 황산은 위험물로 규제하지 않는 이유가 이것이다.

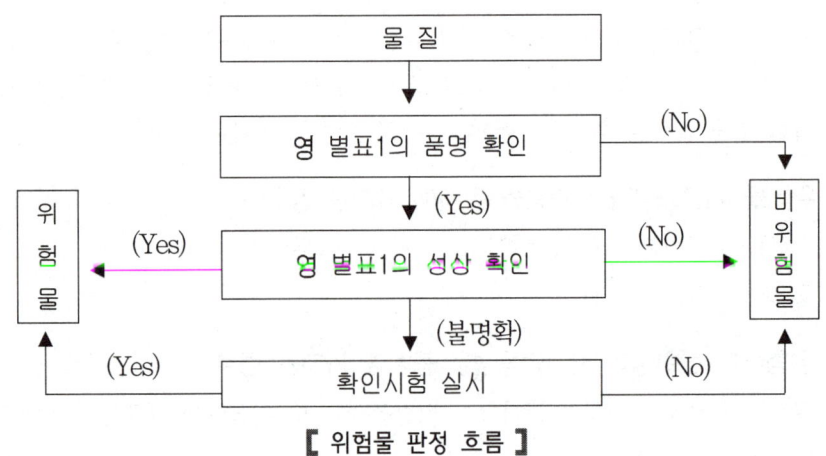

【 위험물 판정 흐름 】

4 종류

위험물의 성상을 판정하기 위한 시험의 종류는 다음과 같다(세부기준 제2장).

【 위험물별 시험 종류 및 항목 】

위험물 분류	시험종류	시험항목	적용시험
제1류 산화성 고체	산화성시험	연소시험	연소시험기
		대량연소시험	대량연소시험기

	충격민감성시험	낙구식타격감도시험	낙구식타격감도시험기
		철관시험	철관시험기
제2류 가연성 고체	착화성시험	작은불꽃착화시험	작은불꽃착화시험기
	인화성시험	인화점측정시험	세타밀폐식
제3류 자연발화성 및 금수성물질	자연발화성시험	자연발화성시험	자연발화성시험대
	금수성시험	물과의 반응성시험	물과의 반응성 시험기
제4류 인화성 액체	인화성시험	인화점측정시험	태그밀폐식(자동, 수동)
			세타밀폐식(신속평형법)
			클리브랜드개방식(자동, 수동)
		연소점측정시험	태그개방식(수동)
		발화점측정시험	발화점측정시험기
		비점측정시험	비점측정시험기
제5류 자기반응성 물질	폭발성시험	열분석시험	DSC(시차주사열량계)
	가열분해성시험	압력용기시험	압력용기시험기
제6류 산화성 액체	산화성시험	연소시험	연소시험기

09 제1류 위험물의 산화성 시험 및 판정방법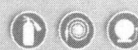

1 ▸▸ 산화성고체 정의

산화성고체란 고체로서 산화력의 잠재적인 위험성 또는 충격에 대한 민감성을 판단하기 위하여 소방청장이 정하여 고시(이하 "고시"라 한다)하는 시험에서 고시로 정하는 성질과 상태를 나타내는 것을 말한다. 산화력의 잠재적 위험성을 판단하기 위한 시험이란 연소시간 측정시험으로 목분에 산화성고체를 혼합하여 연소시간을 측정하는 것이고, 충격에 대한 민감성을 판단하기 위한 시험이란 적린과 산화성고체를 혼합하여 충격을 가함으로서 혼합물이 폭발하는 여부를 시험하는 것이다. 산화성고체는 제6류 위험물 산화성액체와 더불어 자신은 불연성이지만 조연성의 성질이 있어서 연소속도를 빠르게 하기 때문에 위험물안전관리법상 위험물로 분류하여 관리하고 있다.

2 ▸▸ 산화성 시험방법 및 판정기준

(1) 분립상 물품 산화성 시험

분립상(매분당 160회의 타진을 받으며 회전하는 2mm의 체를 30분에 걸쳐 통과하는 양이 10중량% 이상인 것을 말함) 물품의 산화성으로 인한 위험성의 정도를 판단하기 위한 시험은 연소시험으로 하며 그 방법은 다음과 같다.

① 표준물질의 연소시험
  ㉠ 표준물질(시험에 있어서 기준을 정하는 물질을 말함)로서 150μm 이상 300μm 미만(입자의 크기의 측정방법은 매분당 160회의 타진을 받으며 30분간 회전하는 해당 규격의 체를 통과하는지 여부를 확인하여 행한다.)인 과염소산칼륨과 250μm 이상 500μm 미만인 목분(木粉)을 중량비 1:1로 섞어 혼합물 30g을 만든다.
  ㉡ 혼합물을 온도 20℃, 기압 1기압의 실내에서 높이와 바닥면의 직경비가 1:1.75가 되도록 원추형으로 무기질의 단열판 위에 쌓고 직경 2mm의 원형 니크롬선에 통전(通電)하여 온도 1,000℃로 가열된 것을 점화원으로 하여 원추형 혼합물의 아랫부분에 착화할 때까지 접촉한다.
  ㉢ 착화부터 불꽃이 없어지기까지의 시간을 측정한다.
  ㉣ 상기 시험을 5회 이상 반복하여 평균연소시간을 구한다.

② 시험물품의 연소시험
  ㉠ 시험물품(시험을 하고자 하는 물품을 말함)을 직경 1.18mm 미만으로 부순 것과 250μm 이상 500μm 미만인 목분을 중량비 1:1 및 중량비 4:1로 섞어 혼합물 30g을 각각 만든다.
  ㉡ 두 혼합물을 표준물질의 연소시험 방법에 의하여 각각 평균연소시간을 구한 다음, 눌 중 짧은 연소시간을 택한다.

(2) 분립상 외의 물품 산화성 시험

분립상 외의 물품의 산화성으로 인한 위험성의 정도를 판단하기 위한 시험은 대량연소시험으로 하며 그 방법은 다음과 같다.

① 표준물질의 대량연소시험
  ㉠ 표준물질로서 150μm 이상 300μm 미만인 과염소산칼륨과 250μm 이상 500μm 미만인 목분을 중량비 4:6으로 섞어 혼합물 500g을 만든다.
  ㉡ 혼합물을 온도 20℃, 기압 1기압의 실내에서 높이와 바닥면의 직경비가 1:2가 되도록 원추형으로 무기질의 단열판 위에 쌓고 점화원으로 원추형 혼합물의 아랫부분에 착화할 때까지 접촉한다.

ⓒ 착화부터 불꽃이 없어지기까지의 시간을 측정한다.
ⓔ 상기한 시험을 5회 이상 반복하여 평균연소시간을 구한다.
② 시험물품의 대량연소시험
ⓐ 시험물품과 250㎛ 이상 500㎛ 미만인 목분을 체적비 1:1로 섞어 혼합물 500g을 만든다.
ⓑ 혼합물을 온도 20℃, 기압 1기압의 실내에서 높이와 바닥면의 직경비가 1:1.75가 되도록 원추형으로 무기질의 단열판 위에 쌓고 직경 2mm의 원형 니크롬선에 통전(通電)하여 온도 1,000℃로 가열 된 것을 점화원으로 하여 원추형 혼합물의 아랫부분에 착화할 때까지 접촉한다.
ⓒ 착화부터 불꽃이 없어지기까지의 시간을 측정한다.
ⓔ 상기한 시험을 5회 이상 반복하여 평균연소시간을 구한다.

(3) 산화성 판정기준

상기 방법에 의한 시험결과 시험물품의 연소시간이 표준물품에 의한 연소시간 이하일 경우 산화성고체에 해당하는 것으로 본다.

3 ▸▸ 충격민감성 시험방법 및 판정기준

(1) 분립상 물품 충격민감성 시험

분립상 물품의 민감성으로 인한 위험성의 정도를 판단하기 위한 시험은 낙구타격감도시험으로 하며 그 방법은 다음과 같다.
① 표준물질의 낙구타격감도시험
ⓐ 온도 20℃, 기압 1기압의 실내에서 직경 및 높이 12mm의 강제(鋼製) 원기둥 위에 적린(180㎛ 미만인 것) 5mg을 쌓고 그 위에 표준물질로서 질산칼륨(150㎛ 이상 300㎛ 미만인 것) 5mg을 쌓은 후 직경 40mm의 쇠구슬을 10cm의 높이에서 혼합물의 위에 직접 낙하시켜 발화 여부를 관찰한다. 이 경우에 폭발음, 불꽃 또는 연기를 발생하는 경우에는 폭발한 것으로 본다.
ⓑ 위의 결과 폭발한 경우에는 낙하높이(H, 강제의 원기둥의 상면에서 강구의 하단까지의 높이)를 당해 낙하높이의 상용대수(logH)와 비교하여 상용대수의 차가 0.1이 되는 높이로 낮추고, 폭발하지 않는 경우에는 낙하높이를 당해 낙하높이의 상용대수와 비교하여 상용대수의 차가 0.1이 되는 높이로 높이는 방법(Up-down법)에 의하여 연속 40회 이상(최초로 폭발될 때부터 폭발되지 않을 때 또는 폭발되지 않을 때부터 폭발이 될 때까지의 횟수) 반복하여 강구를 낙하시켜 폭점산출

법으로 표준물질과 적린과의 혼합물의 50% 폭점(폭발확률이 50%가 되는 낙하높이를 말한다.)을 구한다. 다만, 낙하높이의 상용대수의 표준편차가 0.05에서 0.2까지의 범위 내에 있지 않는 경우에는 시험을 반복한다.

ⓒ 50% 폭점(H50, 단위 cm) 및 상용대수의 표준편차(S)는 다음 식으로 산출한다.

$$logH50 = C + d(A/Ns \pm 0.5)$$
$$Ns = \Sigma n, \quad A = \Sigma(i \times n)$$

　i : 낙하높이의 순차치(최저 낙하높이를 0으로 하여 낙하높이의 순차에 따라 1씩 증가한다)
　n : 폭발의 횟수 또는 폭발하지 않은 횟수(전체 낙하에서 발생횟수의 합계가 적은 쪽으로 한다)
　C : 시험을 행한 최저 낙하높이(i=0에 대한 낙하높이)의 수치의 상용대수
　d : logH의 간격(=0.1)
　± : n이 폭발한 횟수인 때는 "-" 부호를, 폭발하지 않은 횟수인 때는 "+" 부호를 쓴다.
　$S = 1.62d\{(Ns \cdot B - A^2)/Ns^2 + 0.029\}$
　$B = \Sigma(i2 \times n)$

② 시험물품의 낙구타격감도시험

　㉠ 시험물품을 직경 1.18mm 미만으로 부순 것을 표준물질의 낙구타격감도시험방법에 의하여 시험을 10회 실시한다. 이 경우 표준물질의 낙구타격감도시험에서 구한 50% 폭점을 낙하높이로 한다.
　㉡ 시험결과 폭발하는 경우 및 폭발하지 아니하는 경우가 모두 발생하는 경우에는 추가로 30회 이상의 시험을 실시한다.
　㉢ 시험물품과 적린과의 혼합물이 폭발하는 확률을 구한다.

(2) 분립상 외의 물품 충격민감성 시험

분립상 외의 물품의 민감성으로 인한 위험성의 정도를 판단하기 위한 시험은 철관시험으로 하며 그 방법은 다음과 같다.

① 아랫부분을 강제마개(외경 60mm, 높이 38mm, 바닥두께 6mm)로 용접한 외경 60mm, 두께 5mm, 길이 500mm의 이음매 없는 철관에 플라스틱제의 포대를 넣는다.
② 시험물품(건조용 실리카겔을 넣은 데시케이터 속에 온도 24℃로 24시간 이상 보존되어 있는 것)을 적당한 크기로 부수어 셀룰로오스분(건조용 실리카겔을 넣은 데시케이터 속에 온도 24℃로 24시간 이상 보존되어 있는 것으로 53μm 미만의 것)과 중량비 3:1로 혼합하여 상기한 포대에 균일하게 되도록 넣고 50g의 전폭약(傳爆藥 ; 트리메틸렌트리니트로아민과 왁스를 중량비 19:1로 혼합한 것을 150MPa의 압력으로 직경 30mm, 높이 45mm의 원주상에 압축 성형 한 것을 말한다.)을 삽입한다.

③ 구멍이 있는 나사 플러그의 뚜껑을 철관에 부착한다.
④ 뚜껑의 구멍을 통해 전폭약의 구멍에 전기뇌관을 삽입한다.
⑤ 철관을 모래 중에 매설하여 기폭한다.
⑥ 위의 시험을 3회 이상 반복하고, 1회 이상 철관이 완전히 파열하는지 여부를 관찰한다.

(3) 충격민감성 판정기준

충격에 대한 민감성으로 인하여 산화성고체에 해당하는 것은 다음과 같다.
① 분립상 물품 : 시험에 의한 폭발 확률이 50% 이상인 것
② 분립상 외의 물품 : 시험에 의하여 철관이 완전히 파열하는 것

10 특수가연물의 종류 지정수량 저장취급방법

1. 종류, 수량 ◆암기 면봉 넝사볏고 석가목합기 24 1000 3 12 123

품 명	수 량
면화류	200kg
나무껍질 및 대패밥	400kg
넝마 및 종이 부스러기	1,000kg
사 류	1,000kg
볏집류	1,000kg
가연성 고체류	3,000kg
석탄, 목탄류	10,000kg
가연성 액체류	2m³ 이상
목재 가공품 및 나무부스러기	10m³ 이상
합성수지류 발포	20m³
합성수지류 기타	3,000kg 이상

1. "면화류"라 함은 불연성 또는 난연성이 아닌 면상 또는 팽이모양의 섬유와 마사(麻絲) 원료를 말한다.
2. 넝마 및 종이부스러기는 불연성 또는 난연성이 아닌 것(동식물유가 깊이 스며들어 있는 옷감·종이 및 이들의 제품을 포함한다)에 한한다.
3. "사류"라 함은 불연성 또는 난연성이 아닌 실(실부스러기와 솜털을 포함한다)과 누에고치를 말한다.
4. "볏짚류"라 함은 마른 볏짚·마른 북더기와 이들이 제품 및 건초를 말한다.

5. "가연성고체류"라 함은 고체로서 다음 각목의 것을 말한다.
   가. 인화점이 섭씨 40도 이상 100도 미만인 것
   나. 인화점이 섭씨 100도 이상 200도 미만이고, 연소열량이 1그램당 8킬로칼로리 이상인 것
   다. 인화점이 섭씨 200도 이상이고 연소열량이 1그램당 8킬로칼로리 이상인 것으로서 융점이 100도 미만인 것
   라. 1기압과 섭씨 20도 초과 40도 이하에서 액상인 것으로서 인화점이 섭씨 70도 이상 섭씨 200도 미만이거나 나목 또는 다목에 해당하는 것
6. 석탄·목탄류에는 코크스, 석탄가루를 물에 갠 것, 조개탄, 연탄, 석유코크스, 활성탄 및 이와 유사한 것을 포함한다.
7. "가연성액체류"라 함은 다음 각목의 것을 말한다.
   가. 1기압과 섭씨 20도 이하에서 액상인 것으로서 가연성 액체량이 40중량퍼센트 이하이면서 인화점이 섭씨 40도 이상 섭씨 70도 미만이고 연소점이 섭씨 60도 이상인 물품
   나. 1기압과 섭씨 20도에서 액상인 것으로서 가연성 액체량이 40중량퍼센트 이하이고 인화점이 섭씨 70도 이상 섭씨 250도 미만인 물품
   다. 동물의 기름기와 살코기 또는 식물의 씨나 과일의 살포부터 추출한 것으로서 다음의 1에 해당하는 것
      (1) 1기압과 섭씨 20도에서 액상이고 인화점이 250도 미만인 것서「위험물 안전관리법」제20조 제1항의 규정에 의한 용기기준과 수납·저장(기준에 적합하고 용기외부에 물품명·수량 및 "화기엄금" 등의 표시를 할 것)
      (2) 1기압과 섭씨 20도에서 액상이고 인화점이 섭씨 250도 이상인 것
8. "합성수지류"라 함은 불연성 또는 난연성이 아닌 고체의 합성수지제품, 합성수지 반제품, 원료합성수지 및 합성수지 부스러기(불연성 또는 난연성이 아닌 고무제품, 고무반제품, 원료고무 및 고무 부스러기를 포함한다)를 말한다. 다만, 합성수지의 섬유·옷감·종이 및 실과 이들의 넝마와 부스러기를 제외한다.

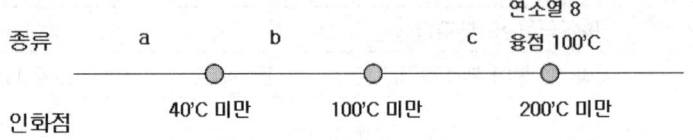

【 가연성 고체류 정의 】

① a : 인화점 40℃ 미만 인 가연성 고체류
② b : 인화점 100℃ 미만인 가연성 고체류로서 연소열 8kcal/kg
③ c : 인화점 200℃ 미만인 가연성 고체류로서 연소열 8kcal/kg이고 융점 100℃ 미만인 가연성 고체류
④ NTP (1atm 20℃~40℃)에서 인화점 70℃~200℃ 가연성 고체류

2 ▶▶ 저장 취급의 기준

(1) 저장, 취급 장소에는 품명, 최대수량 및 화기취급의 금지 표시한 것

(2) 적재방법

① 물질별로 구분하여 쌓을 것
② 높이 10m 이하가 되게 하고, 쌓는 부분 바닥면적 50m²(석탄, 목탄 200m²) 이하
③ 쌓는 부분의 바닥면적 사이는 1m 이상이 되도록 할 것

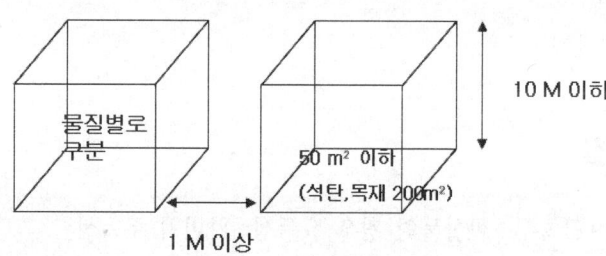

> **Reference**
>
> ◎ 공장 또는 창고에서 특수가연물 지정수량에 따른 소방시설 적용 대상
>   ① 자탐 지정수량 500배
>   ② 옥내 지정수량 750배
>   ③ 스프링클러 지정수량 1,000배

11 금수성 물질

1 ▶▶ 개요

금수성 물질이란 물과 혼재 시 위험이 가중되도록 수소나 기체의 가연성 물질이 생성되는 것으로서 위험물 분류상 제3류 위험물 및 제1류 중 무기과산화물, 제2류 중 철분, 마그네슘, 금속분 등에 해당되는 것들이다.

2. 종류

① 무기과산화물
② 철분, 금속분
③ 알칼리 금속 - K, Na, Li
④ 알칼리 토금속 - Ca, Mg
⑤ 유기금속화합물 - 알킬알루미늄, 알킬리튬
⑥ 금속수소화합물 - 디보란(B_2H_6), 데카보란($B_{10}H_{14}$), 포스핀(PH_3), 디실란(Si_2H_4), 실란(SiH_4)
⑦ 금속인화물

3. 공통성질

① 유독성 → 금속수소화합물의 경우 유독성, 나머지 무독성
② 가연성이 크다.
③ 물과 반응성이 크다.

4. 저장취급

① 유독성 → 인체에 접촉, 흡입금지
② 가연성 → K, Na 석유류 보관저장, 밀폐보관
③ 물과 반응성 → 물과 접촉금지
④ 소분 저장

5. 소화방법

① 물사용 금지
② 건조사 피복
③ 금속화재용 분말 소화억제
④ CO_2 - 질식
⑤ N_2 - 질식
  리튬에는 N_2 사용불가
  $6Li + N_2 \rightarrow 2Li_3N$

12 실란(제3류)

1 ▸▸ 개요

① 반도체 공장에서 애칭 가스용으로 사용된다.
② 종류에는 SiH_4(모노실란), Si_2H_6(디실란)이 있다.
③ 연소범위 0.8~98%로 위험도가 높다.

2 ▸▸ 공통성질

① 유독성 大 → 국소배출
② 가연성 大 → 자연발화성
③ 반(물과)응성 大 → 금수성
④ 부식성 大 → 배관 CPVC 사용

3 ▸▸ 저장 취급 방법

① 유독성 - 인체, 접촉, 흡입금지
② 가연성 - 가연성 혼합기, 생성금지, 불활성화, 점화원 대책
③ 반응성 - 물과 접촉금지
④ 부식성 - 저장용기(부식), CPVC
⑤ 소분, 저장

4 ▸▸ 반응성

① $SiH_4 + 2O_2 \rightarrow SiO_2 + 2H_2O$ - 자연발화성
② $SiH_4 + 4H_2O \rightarrow Si(OH)_4 + 4H_2$ - 금수성
③ $SiH_4 + CCl_4 \rightarrow SiCl_4 + C + 2H_2$ - 할론 약제반응시 문제

5 ▸▸ 소화방법

① 실란은 물과 할론이 반응하여 사용금지
② CO_2, N_2 통한 질식소화

13 기타 금수성 물질

1 ▸▸ Mg(2류) → 알칼리토금속

① 물과 반응식 : $Mg + 2H_2O \rightarrow Mg(OH)_2 + H_2 \uparrow$
② CO_2와 반응식 : $2Mg + CO_2 \rightarrow 2MgO + C$(흑연을 내면서 연소하는 탈탄 작용)
  $Mg + CO_2 \rightarrow MgO + CO \uparrow$
③ CCl_4와 반응식 : $2MgO + CCl_4 \rightarrow 2MgCl_2 + CO_2$
④ N_2와 반응식 : $3Mg + N_2 \rightarrow Mg_3N_2$

2 ▸▸ 철분(2류)

물과 반응식 : $2Fe + 3H_2O \rightarrow Fe_2O_3 + 3H_2 \uparrow$

3 ▸▸ 알킬리 금속류(3류)

① 물과 반응식 : $2Na + 2H_2O \rightarrow 2NaOH + H_2 \uparrow$
② CO_2와 반응식 : $4Na + CO_2 \rightarrow 2Na_2O + C$
③ CCl_4와 반응식 : $4Na + CCl_4 \rightarrow 4NaCl + C$
④ 사용할수 없는 소화약제는 CO_2이다
  CO_2 반응식 : $4Na + 3CO_2 \rightarrow 2Na_2CO_3 + C$(연소폭발)

14. 위험물 안전관리법상 특수인화물

1. 개요

① 특수인화물은 지정품목 이황화탄소, 디에틸에테르와 지정성상 1기압에서 발화점이 100℃ 이하이거나 인화점이 -20℃ 이하이고 비점이 40℃ 이하인 것을 말한다.
② 특수인화물은 발화점이나 인화점이 낮고 비점이 매우 낮아서 휘발, 기화하기 쉽기 때문에 연소·폭발 위험성이 매우 높은 물질이며, 지정수량은 50ℓ로 매우 적다.

2. 디에틸 에테르($C_2H_5-O-C_2H_5$)

(1) 특성

① 무색 투명한 유동성 액체로 휘발성이 크며, 증기를 장기간 흡입하면 마취작용이 있다.
② 비점(35℃), 인화점(-45℃), 발화점(180℃)이 낮고, 연소범위(1.9~48%)가 넓고 연소하한계가 낮아 약간의 증기가 누출되어도 폭발을 일으킨다.
③ 강산화제와 접촉시 격렬하게 반응하고 혼촉발화한다.

(2) 저장 및 취급

① 증기흡입에 의한 마취에 주의
② 점화원을 제거하고, 대량저장시 불활성가스를 봉입한다.
③ 직사광선이나 장기간 공기와 접촉시 과산화물을 생성하므로 밀봉하여 냉암소에 저장한다.
④ 과산화물 생성방지를 위해 40mesh의 구리망을 넣어두고 정전기 방지를 위해 $CaCl_2$를 넣어준다.
⑤ 강산화제와 반응 혼촉발화에 주의

(3) 소화방법

① 이산화탄소등에 의한 질식소화
② 알코올포에 의한 질식소화

❸ ▶▶ 이황화탄소(CS_2)

(1) 특성

① 독성이 강하며 증기흡입시 중독되고 중추신경계 마비되며, 연소생성물 SO_2는 자극성이 강한 독성가스
② 비점(46℃), 인화점(-30℃), 발화점(90℃)이 낮고, 연소범위(1.3~40%)가 넓어 인화성, 발화의 위험이 있다.
③ 강산화제, 알카리 금속류 등과 접촉시 격렬히 반응하고 혼촉발화 위험이 있다.

(2) 저장 및 취급

① 독성에 주의
② 직사광선 및 점화원 이격
③ 강산화물질, 알카리, 강산류, 불소와 접촉을 피한다.

(3) 소화방법

① 초기화재시 CO_2, 분말, 하론으로 소화
② 대형화재시 다량의 포 방사로 질식소화

❹ ▶▶ 산화프로필렌(CH_3CHCH_2)

(1) 특성

① 눈에 들어가면 각막염을 일으키고, 증기흡입시 고농도의 경우 두통등을 일으킨다.
② 비점(34℃), 인화점(-37℃), 발화섬(465℃)이 낮고, 연소범위(2.3~36%)가 넓어 인화성, 발화의 위험이 있다.
③ 강산화제와 접촉시 혼촉발화 위험이 있다.
④ 반응성이 풍부하여 구리, 철, 알루미늄, 마그네슘, 수은, 은, 금 합금, 또는 산, 염기류와 중합반응을 일으켜 발열하고 용기내에서 폭발한다.

(2) 저장 및 취급

① 독성에 주의
② 화기엄금, 직사광선 차단, 점화원 제거, 용기는 차고 건조한 곳에 저장
③ 산 또는 강산화제, 염기류와의 접촉을 피한다.
④ 취급시설로는 구리, 마그네슘, 수은, 은, 그 합성성분은 사용금지

(3) 소화방법

① 초기화재시 CO_2, 분말, 하론으로 소화
② 다량의 알코올포 방사로 질식소화

5 ▸▸ 아세트알데히드(CH_3CHO)

(1) 특성

① 눈에 들어가면 매우 위험하고 증기흡입시 점막을 자극하며, 다량 흡입 시 사망할 수 있다.
② 비점(21℃), 인화점(-39℃), 발화점(175℃)이 낮고, 연소범위(4~60%)가 넓어 인화성, 발화의 위험이 있다.
③ 강산화제와 접촉시 혼촉발화 위험이 있고, 가압하에서 공기와 접촉시 과산화물을 생성한다.
④ 구리, 마그네슘, 수은, 은 등과 반응에 의해 폭발성 물질 생성

(2) 저장 및 취급

① 독성에 주의
② 화기엄금, 직사광선, 점화원 이격, 통풍, 환기가 잘되는 장소에 저장
③ 산 또는 강산화제와의 접촉을 피한다.
④ 취급시설로는 구리, 마그네슘, 수은, 은, 그 합성성분은 사용금지

(3) 소화방법

① 초기화재시 CO_2, 분말, 하론으로 소화
② 다량의 알코올포 방사로 질식소화

15 위험물 안전관리법상 알코올류

1 ▶▶ 개요

제 4류 위험물로 알코올류란 1분자를 구성하는 탄화수가 1~3개인 포화1가 알코올 말하며 변성알코올 포함한다.

2 ▶▶ 종류

① CH_3OH(메틸 알코올)
② C_2H_5OH(에틸 알콜)
③ C_3H_7OH(프로필 알코올)

3 ▶▶ 공통성질

① 인화성 액체
② 지징수량 400L
③ 유독성 독성 없다.(단, 메틸알코올 및 변성알코올은 독성이 있다.)
④ 가연성 : 크다, 연소 시 불꽃이 없다.
⑤ 반응성 : 물과 반응하지 않는다.

4 ▶▶ 저장 취급

① 가연성이 크므로 점화원과 격리(물적조건 및 에너지조건을 나추는 대책)
② 가연성 혼합기와 형성 방지

5 ▶▶ 소화대책

① 수용성이므로 알코올포 사용
   금속 비누형 내알코올포
   불화 단백포형 내알코올포

고분자 젤형 내알코올포
② 수용성이므로 다량의 물로 희석 소화
③ 분무 주수소화(질식, 냉각작용)

16 무기과산화물

1 ▶ 개요

무기과산화물이란, 분자 내에 -O-O- (Peroxy기)결합을 가진 산화물의 총칭으로 과산화수소(H_2O_2)의 수소분자가 금속으로 치환된 제1류 위험물이다.

2 ▶ 화학적 특징 〈위험성〉

① 불안정한 물질로 가열 등에 의해 분해되며 산소를 방출한다.
② 무기과산화물 자체는 연소되지 않지만, 유기물 등과 접촉하여 산소를 방출한다.
③ 물과 격렬하게 반응 $Na_2O_2 + H_2O \rightarrow 2NaOH + \frac{1}{2}O_2$

3 ▶ 종류

K_2O_2	Na_2O_2	Ba_2O_2
① 물과 반응→발열. 산소발생 ② CO, CO_2를 흡수 ③ 물기 엄금, 가열금지, 화기 엄금, 용기는 차고 건조하게 환기가 잘되는 장소 보관 ④ 초기 화재는 CO_2 분말 소화기 사용	① 융점 이하에서 안정, 600℃ 초과하면 분해 → 산소발생 ② 금, 니켈 제외 모든 금속을 침식시킨다. ③ 차가운 물과 반응→ Na_2O_2 　상온에 물과 반응→ O_2 　고온에 물에서는 소량의 물에 서도 발열→ O_2 ④ 건조사, 건조석회 ⑤ 냉암소 보관, 밀폐보관	① 800~850℃ 분해 → 산소 ② 온수와 접촉시 → 산소, 산과 반응시→H_2O_2 ③ 냉암소 보관, 밀폐보관 ④ 건조사, 소다회 분말 소화기

17. 유기과산화물

1. 특징

① 과산화물이란 물 H_2O에 산소 하나가 더 결합한 구조이며 H_2O_2로 나타난다.
② 유기과산화물이란 과산화물의 수소원자가 알킬기로 치환된 구조로서 R′-O-O-R′ (R= C_nH_{2n+1})이다.
③ O-O 사이의 결합에너지 3Kcal/mol 결합이 약하여 충격 등에 의해 쉽게 분해되며, 산소를 함유하고 있는 자기 반응성 물질이다.

2. 위험성

① 유독성 없다.
② 가연성
　탄소를 함유하고 있는 유기물이므로 불에 타는 가연성이며 자체 산소를 함유하고 있어 주위의 산소 부족 시에도 연소할 수 있다.
③ 물과 반응성은 없다.

3. 소방 대책

① 주수 소화
　㉠ NFPA 13 스프링 글러 중 델류지 System
　㉡ NFPA 15 Water Spray Fixed System
② 소분 저장

4. 유기과산화물의 선정시 고려사항(특성)

(1) 반응 산소 함유량

① 이론적인 반응산소 함유량 = $\dfrac{16 \times 과산화물결합수}{분자량} \times 100\%$

② OB로 측정

(2) 반감기
① 과산화물이 분해되는 양이 반이될 때 반응 산소 함유량으로 분해 속도를 나타낸다.
② 온도가 높을수록 반감기 짧아진다. → 위험이 커진다.

(3) 활성화 에너지
① 작은 활성화 에너지를 갖는 과산화물이 비교적 좁은 온도 범위에서 분해된다.
② 활성화에너지 E가 적아지면 반응속도 V가 상승하여 위험도가 커진다.

$$E \propto V(V = C \times e^{-\frac{E}{RT}})$$

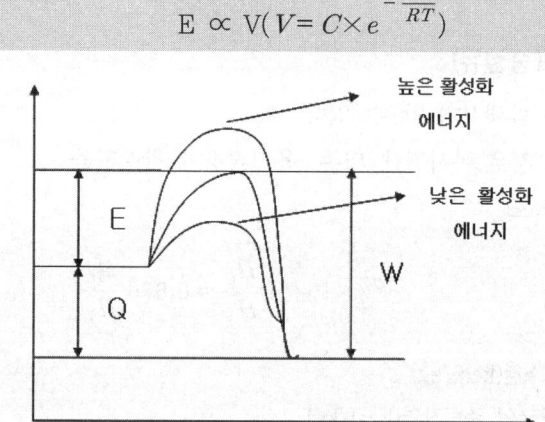

(4) 분해 생성물
과산화물이 분해하는 동안 부산물이 생김으로 해서 고분자의 물리적 특성에 나쁜 영향을 미친다.

18 저장조 내의 석유화재(Pool Fire)

1. 개요
용기나 저장조 내와 같이 치수가 정하여진 액면 위의 석유화재를 Pool Fire라 한다.

2 ▸▸ 연소 메카니즘

① 경질유
   흡열 → 혼합 → 연소 → 배출
② 중질유
   흡열 → 분해/증발

3 ▸▸ 연소특성(액면화재 지배요소 4가지)

(1) 액면 강하속도(중질유)

① Boil Over 발생시기 알 수 있다.
② 1m를 넘는 경우 복사열에 의존, 용기직경과 관계없음
③ 액면 강하속도

$$V = A\frac{H_C}{H_V} = 0.076\frac{H_C}{H_V}$$

H_c : 연소열(kcal/kg)
H_V : 연료의 증발잠열(kcal/kg)

(2) 액면 아래 온도분포 → Boil Over, Slop Over 발생유무 확인

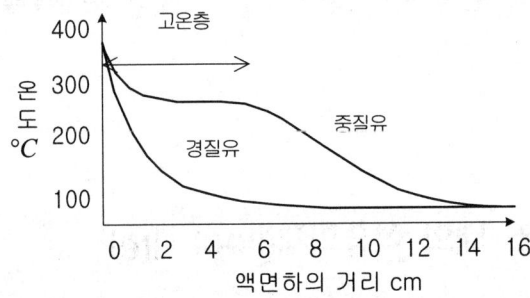

① 경유 : 단일 성분
   화염 중심에서 1,400~1,500℃ 액면에서 비점이 되어 연료감소
② 중유 : 다성분
   비점이 높아 액온에서 열류층(Heat Layer) 형성

(3) 화염의 높이와 바람에 의한 화염의 경사

① 화염의 높이

$$L_f = 0.23 Q^{0.4} - 1.02 D$$

Q : 에너지 방출속도(kW)

D : 화염 직경(연료층 직경)(cm)

- 화염높이를 알면 복사열량을 알고, 복사열량을 알면 인접거리 발화 및 재해 현상 규명
- 화염의 복사열을 받는 지점에 물적손상 - 37.5kW
   　　　　　　　　　　　　　　인적손상 - 4kW

② 바람에 의한 화염의 경사

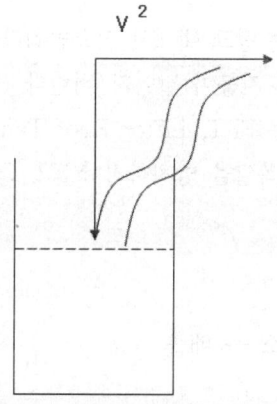

$$\tan\theta = \frac{V^2}{gd}$$

㉠ 풍속 V^2에 비례
㉡ 용기 직경 d에 반비례

(4) 복사열 영향 요소 → 수열면 복사열량 ◆암기 HQTV

① 화염높이와 바람에 의한 화염의 경사 (H)
② 화염으로부터 열복사 : $E = \phi \varepsilon \sigma T^4$
③ 화염의 온도 : 1,400~1,500℃
④ 액면 강하속도 : $V = A \dfrac{H_C}{H_V}$

19. 경질유, 중질유 탱크화재 특성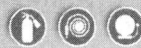

- 증기압 : 어느 물질이 기체, 즉 증기 상태로 변화되려고 하는 경향을 나타내는 척도

1. 경질유 탱크화재

(1) 특성
① 비점이 낮은 가연성 액체 Oil로서, 일반적으로 증기압이 100°F에서 4psi 이상인 것을 의미한다.
② 가솔린, 메탄올, 에탄올 등이 있으며 상온에서는 증기공간이 연소범위에 들어 있어 대단히 위험
③ 경질유 저장탱크는 탱크 내에서 연소범위가 존재하여 착화원에 의하여 발화, 폭발 등이 발생하여 탱크 지붕이 날아가 버린다. → VCE
④ 따라서 저장탱크는 FRT, Lifter Roof Tank, Vapor Dome Roof Tank를 이용하여 증기공간을 없애 폭발을 방지하거나 N2, CO2 등 불활성 가스를 이용한 저장을 하여야 한다.

(2) 메카니즘
흡열 → 혼합 → 연소 → 배출

(3) 재해형태
① VCE(밀폐공간 폭발)
② BLEVE
③ UVCE

2. 중질유 탱크화재

(1) 특성
① 비점이 높고, 증기압이 100°F에서 2psi 미만이 되는 액체
② 케로신, 디젤, 중유, 원유 등으로 가열이나 화재 등으로 증기공간이 연소범위 이내로 들어간다.
③ CRT에 저장

(2) 메카니즘

열류층에 의한 재해발생

(3) 재해 형태

① Boil Over
② Slop Over

3 ▶▶ 대책

(1) 경질유

예 방	방 화
① 점화원 관리	봉쇄
② 방폭설비	차단, 안전거리
③ 불활성화	불꽃방지기, 안전거리

(2) 중질유

① Boil Over : 비등석, 수층 형성 방지, 기계류교반을 통한 Boil Over 전 소화
② 방화 : 봉쇄, 차단, 불꽃방지기, 폭발억제, 폭발진압, 안전거리

20 중질유 탱크 화재의 세가지 현상

1 ▶▶ 개요

중질유 탱크 화재의 세가지 현상으로 Boil Over, Slop Over, Froth Over가 있다.

2 ▶▶ 중질유 탱크 화재의 세가지 현상

(1) Boil Over

① 단일성분 액체인 경질유는 끓는점이 같아 화염중심에서 1,400℃~1,500℃ 정도이며

아래로 내려감에 따라 온도는 낮아져 액면에서는 비점이 되고 액체 내에서는 비점 아래로 서서히 감소하여 열류층을 형성하지 못한다.

② 다성분 액체인 중질유는 끓는점이 달라 저장탱크에 화재가 장기간 진행되면 유류 중 가벼운 성분은 유류 표면층에서 증발하여 연소되고, 무거운 성분은 화염의 온도에 의해 가열, 축적되어 200~300°C 되는 열류층(Heat Layer)을 형성한다.

③ 열류층의 온도는 200~300°C로 열류층 아래 기름으로 열흐름이 생기고, 이 열흐름에 의해 반대 방향으로 물질이 이동하여 고온층은 천천히 하강한다.

④ 열류층은 화재의 진행과 더불어 점차 탱크 바닥으로 도달하게 되는데 이때 탱크의 저부에 물 또는 물-기름 에멀전이 존재하면 뜨거운 열류층의 온도에 의하여 물이 수증기로 변하면서 급작스러운 부피팽창에 의하여 유류가 탱크 외부로 분출되는 동시에 다량의 불이 붙은 기름을 탱크 밖으로 분출시키는 현상을 Boil-over라 한다.

⑤ 고온층의 저면은 천천히 하강해서 찬기름이 있는 데까지 이르고, 탱크의 저부까지 도달하게 되는데, 이 고온층이 하강하는 속도를 고온층 연소속도(Heat Wave Settling Ratio)라고 한다.

(2) Slop Over

① 열류층(Heat Layer)을 형성한 다성분 액체는 열류층 아래로의 열흐름이 생기고 반대 방향(↓↑)으로 물질 이동이 생기나 소화활동 중 소방대에 의해 고온층의 표면에 물, 포말등 찬 물질이 투입되게 되면 열흐름과 물질이동이 같은 방향으로(↑↑) 교란되어 열류층을 탱크 밖으로 비산시키며 연소하는 현상이다.

② 이 고온층의 표면에서부터 소화작업 등에 의한 물, 포말이 주입되면 수분의 급격한 증발에 의하여 유면에 거품이 일거나, 열류의 교란에 의하여 고온층 아래의 찬기름이 급히 열팽창하여 유면을 밀어 올려, 유류는 불이 붙은 채 탱크벽을 타고 넘게 된다.

(3) Froth Over

① 이것은 화재 이외의 경우에도 물이 고점도 유류 아래서 비등할 때 탱크 밖으로 물과 기름이 거품과 같은 상태로 넘치는 현상이다.

② 전형적인 예는, 뜨거운 아스팔트가 물이 약간 채워진 무개 탱크차에 옮겨질 때 일어난다. 처음에 아스팔트는 조금 냉각될 뿐 아무 변화가 없으나 탱크차 속의 물이 가열되어 끓기 시작하면 아스팔트가 상당량 주입될 때 Froth Over가 발생한다.

뜨거운 기름이 수층에까지 도달하여 장시간 경과하고 물이 비등하는 시간이 오래되면 그 축적된 에너지로 탱크의 지붕을 날려버리고 넓은 범위로 물과 기름을 Froth Over시킨다.

21. LNG Roll Over 현상

1. 개요

① Roll Over란 상, 하층의 밀도차에 의한 역전에 따라 일어나는 현상이다.
② LNG의 경우 저장탱크의 액이 수입, 이송 등에 따라 하부에 중질액, 상부에 경질액으로 서로 다른 밀도층을 형성하는 경우가 있는데 이를 층상화라 한다.
③ 층상화 현상은 탱크 내에 남아있는 LNG보다 밀도가 큰 무거운 LNG를 탱크의 하부 입구를 통해 하역한 후 탱크 내에서 자연대류가 작은 경우에 LNG의 밀도가 균일하지 않게 되는 현상이다.

2. Roll Over의 발생

① 통상 조성이나 밀도 차이가 거의 없는 경우에는 상층표면은 기체, 액체 평형조건이 되고 이런 상태에서는 액의 자연대류가 이루어지므로 액 전체가 균질화된다.
② 탱크측면 및 저부로부터의 입열은 BOG(증발가스 : Boiled Off Gas)발생과 액의 농축에 이용되는데 일단 층상화가 되면 상층은 측벽 입열로서 하층액 사이의 계면보다 작은 입열로도 BOG가 발생되고 서서히 농축되어 액밀도가 상승한다.
③ 한편 하층은 상층으로부터의 가압 조건이고 측벽 및 하부 입열에 따라 액온의 상승이 발생해 밀도가 저하된다.
④ 하층의 밀도가 상층액 보다 저하될 경우 상하층이 반전하며 동시에 급격한 혼합이 일어난다. 그리고 하층액에 축적된 열량분의 BOG가 급속히 발생하는데 이 같은 현상을 Roll Over라 한다.

3. Roll Over 방지방법

(1) LNG 조성의 범위 제한

LNG의 밀도에 따라 LNG를 하역하여야 한다. 만약 2개의 LNG Cargo의 밀도차가 10kg/m^{3}을 초과하면 같은 Tank로 LNG를 하역해서는 안된다.

(2) Jet노즐로 인입 LNG와 잔류 LNG를 혼합

하역 시에는 Mixing Loading Line을 사용하도록 한다. Mixing Loading Pipe에는 Special Mixing Nozzle이 설치되어 있어 층형성을 방지할 수 있다.

(3) 탱크내부 LNG의 Mixing순환

최소한 3주에 한번은 Tank 내의 LNG를 순환시켜야 한다. 장기간의 Stand-by 기간에도 Primary Pump로 LNG를 순환시켜 LNG를 균질화 하도록 한다.

(4) 탱크의 상, 하층 입구 분리

탱크의 상, 하층부에 각각 입구를 만들어 중질 LNG는 상부로, 경질 LNG는 하부 인입구로 유입시킨다.

4 Roll Over 발생 시 안전조치

① LNG Tank의 층이 형성되면 하역작업 수시간 내에 Roll Over가 일어나 많은 양의 Vapor가 발생되며 Flare가 작동한다.
② 계속해서 Tank의 압력이 증가한다면 Vent 및 Safety Relief Valve에 의해 방호된다.

22 가연성 액체의 액면상의 연소 확대 거동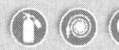

1 개요

① 가연성 액체의 액면 상의 한 점에서 착화가 일어나면 화염은 액면을 따라서 일정한 속도로 번져간다.
② 이러한 현상은 화염의 연소 확대(Fire Spread)라 하며 그 거동은 액체온도가 액체의 인화점보다 높고 낮음에 따라 변한다.

❷ 액온이 인화점보다 높은 경우(경질유)

(1) 예혼합형 전파
① 액면상의 증기는 가연범위에 들어있는 농도 영역이 존재

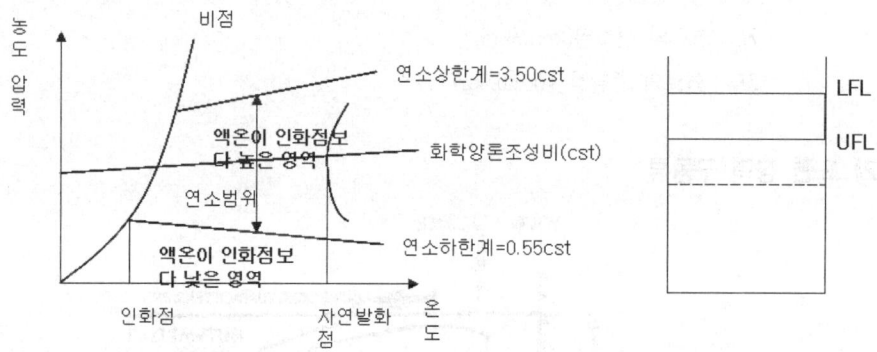

② 화염은 그 증기층을 통하여 전파하며, 가연성 혼합기의 화염 전파와 비슷하다.

(2) 전파 속도
① 최대 속도

$$V_m = ASU\left(\frac{\rho u}{\rho f}\right)^{\frac{1}{2}}$$

V_m : 최대속도
SU : 예혼합 층류 연소속도
A : 2~3
ρu, ρf : 액온, 화염온도에 있어서의 증기밀도

② 액체 온도의 증기에 따라 증가
③ 증기의 농도가 화학양론 혼합비를 넘는 온도가 되면 일정한 값을 유지
④ 액체 종류에 따라 일정한 값
⑤ 탄화수소나 알코올의 전파속도 2m/s 전후

❸ 액온이 인화점보다 낮은 경우(중질유)

(1) 예열형 전파
① 액면상의 농도는 농도 하한계 이하 영역으로 액체를 가열해서 착화가능
② 화염에 의하여 미연소 액면이 예열 되어야만 연소가 확대

③ 인화점이 40℃ 부근인 맥동유 경우 상온에서 착화하면 계속 연소한다.
④ 중질유에서 연소속도는 액면 강화속도 표시한다.

$$V = A\frac{H_c}{H_V} = 0.076\frac{H_c}{H_V}$$

H_c : 연료의 연소열(kcal/kg)

H_V : 연료의 증발잠열(kcal/kg)

(2) 표면 장력 구동류

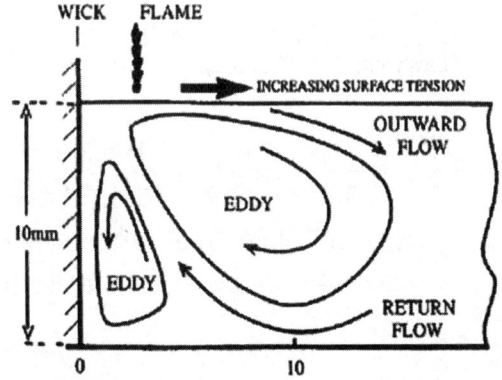

① 표면류에 의하여 화염 전방과 같은 방향으로 전열이 진행
② 가연성 증기는 화염으로부터 멀어짐에 따라 온도가 저하하여 부력을 읽기 때문에 흐름이 순환되는데
③ 이 흐름은 액면상의 표면장력의 구배에 기인하므로 표면 장력 구동류라 한다.
④ 따라서 연소 확대는 따뜻한 표면류에 의하여 차가운 미연액체가 가열되어 인화점에 도달하면 화염은 그 위치까지 이동하는 현상을 표면 장력 구동류라 한다.

(3) 화염전파

① 표면류에 비하여 기상 중의 화염전파는 빠르며
② 화염은 곧바로 표면류의 맨 앞부분에 따라 붙어, 거기에서 다시 표면류의 발달을 기다려서 진행한다.
③ 따라서 인화점이 액온보다 낮을 경우에는 화염 전파는 일정한 속도로 진행하지 않고 가속과 감속을 반복하는 맥동점이 된다.

23 위험물규제의 개요

1 ▸▸ 규제의 흐름도

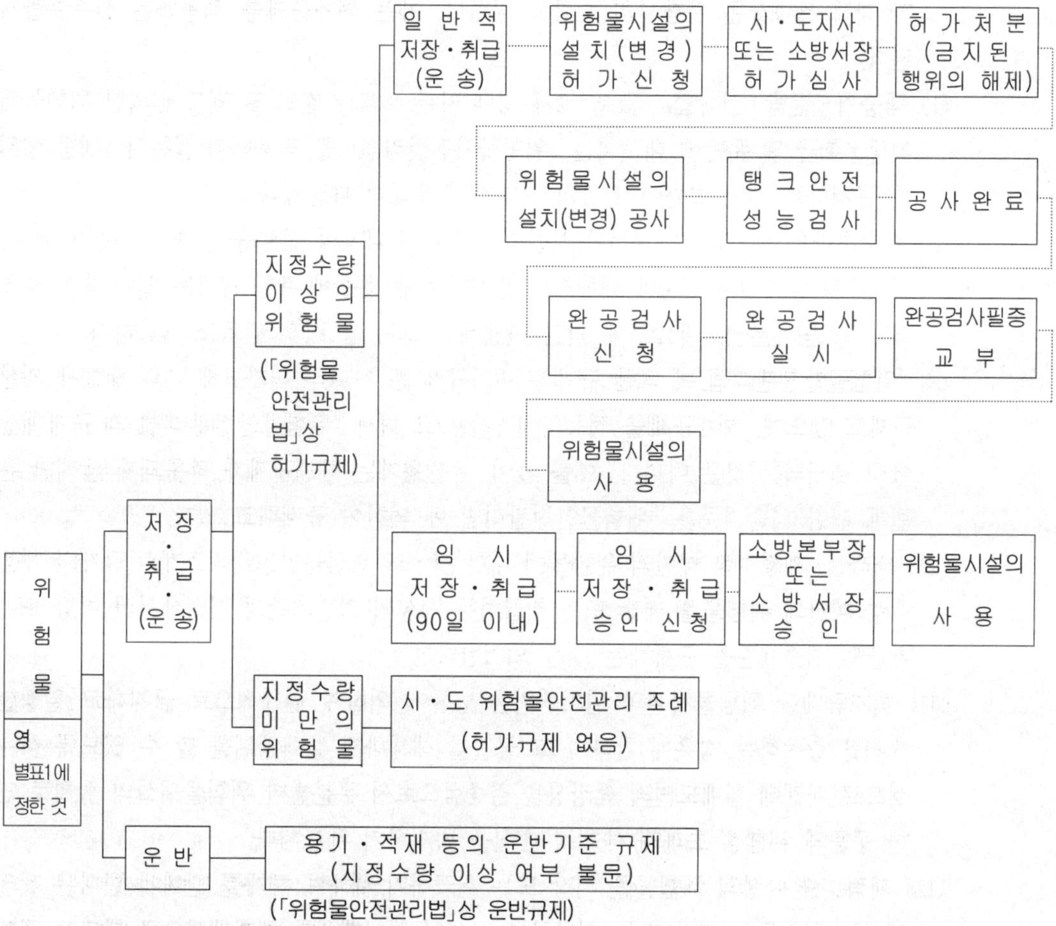

```
                          ┌─일반적 저장·취급(운송)─위험물시설의 설치(변경) 허가신청─시·도지사 또는 소방서장 허가심사─허가처분(금지된 행위의 해제)
                          │                        ├─위험물시설의 설치(변경) 공사─탱크안전 성능검사─공사완료
            ┌─지정수량 이상의 위험물─┤                        ├─완공검사 신청─완공검사 실시─완공검사필증 교부
            │  (「위험물안전관리법」상 │                        ├─위험물시설의 사용
            │   허가규제)            │                        └─임시 저장·취급(90일 이내)─임시 저장·취급 승인 신청─소방본부장 또는 소방서장 승인─위험물시설의 사용
위험물─┼─저장·취급(운송)
영 별표1에 │                        
정한 것    │  └─지정수량 미만의 위험물─시·도 위험물안전관리 조례 (허가규제 없음)
            │
            └─운반─용기·적재 등의 운반기준 규제 (지정수량 이상 여부 불문)
               (「위험물안전관리법」상 운반규제)
```

◈ **해설**

(1) 위험물이란 화학물질의 화재와 관련한 위험성에 따라 영 제2조 별표1에 정한 물질을 말한다.

(2) 저장이란 위험물을 탱크에 저장하거나, 용기에 수납하여 창고 또는 나대지에 저장하는 것을 말한다.

(3) 취급이란 위험물을 사용 또는 소비하는 일체의 행위를 말한다.

(4) 운송이란 위험물을 이동탱크저장소에 저장한 채 옮기는 것을 말한다. 이는 이동탱크저장소에 의한 저장의 연장선상에 있는 형태이다.
(5) 운반이란 위험물을 용기에 수납한 채 화물자동차 등에 적재하여 옮기는 것을 말한다.
(6) 지정수량이란 위험물의 종류별로 위험성을 고려하여 영 제2조 별표1에서 품명에 따라 각각 정해놓은 위험물의 수량을 말한다. 이는 허가규제를 적용하는 기준수량이 된다.
(7) 항공기·선박(「선박법」제1조의2제1항에 따른 선박)·철도 및 궤도에 의한 위험물의 저장·취급 및 운반에 대해서는 「위험물안전관리법」을 적용하지 않는다. 해당 행위를 규제하는 개별 법률에 별도의 규제가 적용되기 때문이다.
(8) 지정수량은 사전규제인 위험물시설의 설치허가 대상의 범위를 정하는 기준이 된다. 지정수량 미만의 위험물에 대해서도 용기기준 등 운반에 관한 규제는 법이 직접 적용되고 「소방기본법」제12조에 의한 화재예방 조치 등 사후 감독도 가능하다.
(9) 「위험물안전관리법」에 의한 규제는 허가규제 뿐 아니라 허가규제 외의 방법에 의한 규제도 있으며, 허가규제를 적용하지 않는다고 해서 「위험물안전관리법」의 규제대상에서 제외되는 것은 아니다. 예를 들어, 운반용기는 허가규제가 적용되지 않지만 운반에 관한 기술기준은 「위험물안전관리법」에 의하여 규제하고 있다.
(10) 따라서, 지정수량 미만의 위험물에 대한 시·도 위험물안전관리조례의 규제란 지정수량 미만의 위험물을 저장 또는 취급하는 시설의 기술기준과 시설에서의 저장 또는 취급의 기술기준을 규제하는 것을 의미한다.
(11) 허가규제란 위험물시설의 설치행위를 법률에 의하여 원천적으로 금지하고 일정한 요건을 충족하는 경우에 한하여 그 금지를 해제하여 설치행위를 할 수 있도록 하는 것으로 시전에 설계도면의 적정성을 검증함으로써 무분별한 위험물시설의 설치로 인한 공공의 위험성 초래와 사회적 손실을 방지하기 위함이다.
(12) 지정수량 이상의 위험물을 저장 또는 취급하기 위하여 허가를 받아야 한다는 것의 의미는 위험물을 저장 또는 취급하는 시설의 설치행위를 허가대상으로 한다는 것이며, 위험물의 저장 또는 취급하는 행위를 허가대상으로 한다는 것이 아니다.

❷ 규제법령의 체계

```
위험물안전관리법(법률)
위험물안전관리법 시행령(대통령령)
위험물안전관리법 시행규칙(행정안전부령)
위험물안전관리에 관한 세부기준(소방청고시)
위험물규제업무 처리규정(소방청훈령)
```

(소방청지침)
1. 휘발성유기화합물(VOC) 배출방지장치 등의 설치기준
2. 컨테이너식 이동탱크저장소의 허가업무지침
3. 제조소등의 단위 및 저장·취급량 산정에 관한 업무지침
4. 위험물 데이터베이스의 운용지침
5. 예방규정의 제정 및 변경에 관한 업무지침
6. 주유취급소의 부대용도의 범위에 관한 업무지침
7. 안전관리자의 중복선임 관련 규정 해석기준
8. 총리령이 정하는 위험물의 지정수량
9. 공동승계인의 지위승계신고태만에 따른 과태료부과 지침
10. 위험물규제 관련 소방관서의 질의에 대한 업무지침
11. 제조소등의 휴지(休止)에 대한 업무처리 지침
12. 알코올류의 판정기준에 관한 업무지침
13. 위험물시설 안전성평가에 관한 업무지침
14. 주유취급소 담 또는 벽의 기술기준 적용에 관한 업무지침

③ 규제대상의 영역

구 분	개 요
위치기준 (시설기준)	위험물시설의 입지 (안전거리・보유공지)
구조기준 (시설기준)	위험물시설의 주요기준 (건축기준・탱크구조 등)
설비기준 (시설기준)	위험물시설의 부속설비 (펌프・방유제・배관・소화설비 등)
저장기준 (행위기준)	위험물시설 내에서의 위험물 저장기준
취급기준 (행위기준)	위험물시설 내에서의 위험물 취급기준
운송기준 (행위기준)	위험물시설 외부로 위험물을 이동탱크저장소로 수송하는 기준 *이동탱크저장소의 시설기준은 위치・구조・설비 기준에서 규정
운반기준 (행위기준+ 용기기준)	위험물시설 외부로 위험물을 용기에 수납하여 수송하는 기준

◆ 해설

(1) 「위험물안전관리법」에 의한 위험물안전을 위한 규제의 영역은 크게 시설기준, 저장취급 기준, 운송운반 기준의 세 가지로 분류된다.

(2) 첫째는 위험물시설의 기술기준에 관한 규제로서 위치, 구조 및 설비에 관한 기술기준이다. 위험물시설의 입지, 주요구조, 부속설비의 기술기준을 규제하는 것이다.

(3) 둘째는 저장취급의 기술기준에 관한 규제로서 위험물시설 내에서의 위험물 저장 또는 취급하는 행위에 관한 기술기준을 규제하는 것이다.

(4) 셋째는 운송운반의 기술기준에 관한 규제로서 위험물을 위험물시설 밖으로 옮기는 행위에 관한 기술기준을 규제하는 것이다.

(5) 이러한 세 가지 규제영역에서 세분되는 일곱 가지의 규제영역이 위험물안전 규제의 주요 축이 되는 것이며, 이 축을 근간으로 하여 규제의 그물을 구축하는 것이 규제정책으로 나타난다. 사회적 여건의 변화에 따라 규제의 그물은 더 느슨해질 수도 있고 더 촘촘해 질 수도 있으나, 기본적인 규제의 근간인 일곱 가지의 축은 변함이 없다.

❹ 위험물시설의 설치 또는 변경 절차 흐름도

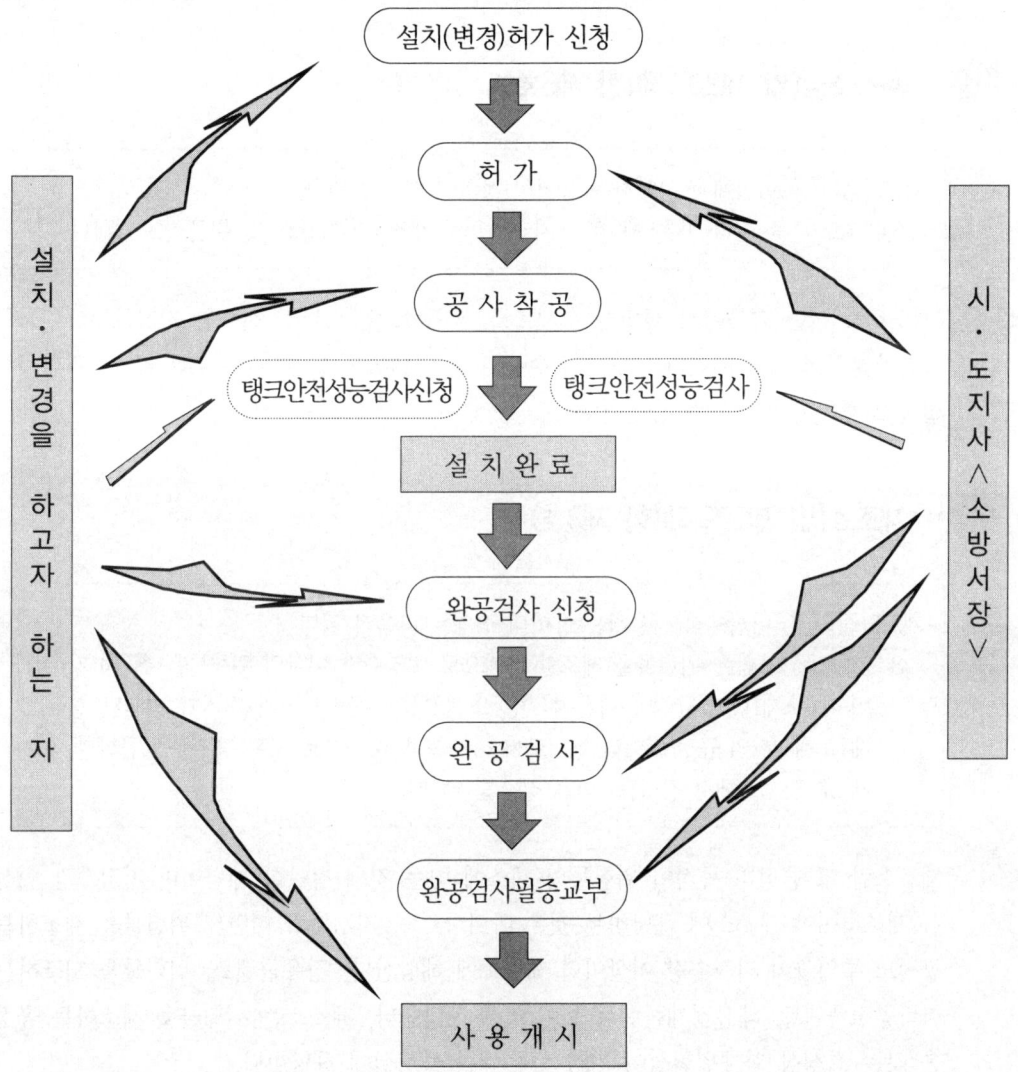

◆ 해설
(1) 위험물시설의 설치는 소방서장 등 허가청의 사전허가를 받은 후 시공하여야 하며, 주요한 변경공사(규칙 별표 1의2에 정한 사항) 또한 마찬가지 이다.
(2) 설치허가절차는 기본적으로 건축물을 설치하는 건축허가절차와 유사하나, 위험물탱크안전성능검사 절차가 개입되는 특성이 있다.

24 위험물시설의 구분

1 ▸▸ 제조소등(법 제2조 제1항 제6호)

> 제2조(정의) ①이법에서 사용하는 용어의 정의는 다음과 같다.
> 6. "제조소 등"이라 함은 제3호 내지 제5호의 제조소·저장소 및 취급소를 말한다.

"제조소등"이란 다음에서 설명하는 제조소, 저장소 및 취급소 전체를 지칭하는 「위험물 안전관리법」상의 용어이다. 즉, 지정수량 이상의 위험물을 저장 또는 취급하는 위험물시설을 포괄하여 지칭하는 용어이다.

2 ▸▸ 제조소(법 제2조 제1항 제3호)

> 제2조(정의) ①이법에서 사용하는 용어의 정의는 다음과 같다.
> 3. "제조소"라 함은 위험물을 제조할 목적으로 지정수량 이상의 위험물을 취급하기 위하여 제6조제1항의 규정에 따른 허가(동조제3항의 규정에 따라 허가가 면제된 경우 및 제7조제 2항의 규정에 따라 협의로써 허가를 받은 것으로 보는 경우를 포함한다. 이하 제4호 및 5호에서 같다)를 받은 장소를 말한다.

제조소란 그 공정의 목적이 위험물의 제조에 있는 것에 착안한 개념이며 지정수량 이상을 제조하여야 제조소에 해당하는 것은 아니다. 즉, 지정수량 미만의 위험물을 제조히는 공정도 투입량이 지정수량 이상이면 제조소에 해당한다. 정유플랜트, 위험물을 제조하는 화학공정플랜트, 폐유정제플랜트 등이 이에 해당한다. 제조소는 위험물을 제조하는 공정을 갖는 특성상 화재위험성이 가장 높은 위험물시설에 해당한다.

3 ▸▸ 저장소(법 제2조 제1항 제4호)

> 제2조(정의) ① 이법에서 사용하는 용어의 정의는 다음과 같다.
> 4. "저장소"라 함은 지정수량 이상의 위험물을 저장하기 위한 대통령령이 정하는 장소로서 제6조제1항의 규정에 따른 허가를 받은 장소를 말한다.

영 제4조

제4조(위험물을 저장하기 위한 장소 등) 법 제2조제1항제4호의 규정에 의한 지정수량 이상의 위험물을 저장하기 위한 장소와 그에 따른 저장소의 구분은 별표2와 같다.

[별표 2]
지정수량 이상의 위험물을 저장하기 위한 장소와 그에 따른 저장소의 구분(제4조관련)

지정수량 이상의 위험물을 저장하기 위한 장소	저장소의 구분
1. 옥내(지붕과 기둥 또는 벽 등에 의하여 둘러싸인 곳을 말한다. 이하 같다)에 저장(위험물을 저장하는 데 따르는 취급을 포함한다. 이하 이 표에서 같다)하는 장소. 다만, 제3호의 장소를 제외한다.	옥내저장소
2. 옥외에 있는 탱크(제4호 내지 제6호 및 제8호에 규정된 탱크를 제외한다. 이하 제3호에서 같다)에 위험물을 저장하는 장소	옥외탱크저장소
3. 옥내에 있는 탱크에 위험물을 저장하는 장소	옥내탱크저장소
4. 지하에 매설한 탱크에 위험물을 저장하는 장소	지하탱크저장소
5. 간이탱크에 위험물을 저장하는 장소	간이탱크저장소
6. 차량(피견인자동차에 있어서는 앞차축을 갖지 아니하는 것으로서 당해 피견인자동차의 일부가 견인자동차에 적재되고 당해 피견인자동차와 그 적재물의 중량의 상당부분이 견인자동차에 의하여 지탱되는 구조의 것에 한한다)에 고정된 탱크에 위험물을 저장하는 장소	이동탱크저장소
7. 옥외에 다음 각목의 1에 해당하는 위험물을 저장하는 장소. 다만, 제2호의 장소를 제외한다. 가. 제2류 위험물 중 유황 또는 인화성고체(인화점이 섭씨 0도 이상인 것에 한한다) 나. 제4류 위험물 중 제1석유류(인화점이 섭씨 0도 이상인 것에 한한다)·알코올류·제2석유류·제3석유류·제4석유류 및 동식물유류 다. 제6류 위험물 라. 제2류 위험물 및 제4류 중 특별시·광역시 또는 도의 조례에서 정하는 위험물(「관세법」 제154조의 규정에 의한 보세구역 안에 저장하는 경우에 한한다) 마. 「국제해사기구에 관한 협약」에 의하여 설치된 국제해사기구가 채택한 「국제해상위험물규칙」(IMDG Code)에 적합 한 용기에 수납된 위험물	옥외저장소
8. 암반내의 공간을 이용한 탱크에 액체의 위험물을 저장하는 장소	암반탱크저장소

④ 취급소(법 제2조 제1항 제5호)

제2조(정의) ① 이 법에서 사용하는 용어의 정의는 다음과 같다
5. "취급소"라 함은 지정수량 이상의 위험물을 제조외의 목적으로 취급하기 위한 대통령령이 정한 장소로서 제6조제1항의 규정에 따른 허가를 받은 장소를 말한다.

영 제5조

제5조(위험물을 취급하기 위한 장소 등) 법 제2조제1항제5호의 규정에 의한 지정수량 이상의 위험물을 제조 외의 목적으로 취급하기 위한 장소와 그에 따른 취급소의 구분은 별표3과 같다.

[별표 3]
위험물을 제조 외의 목적으로 취급하기 위한 장소와 그에 따른 취급소의 구분(제5조관련)

위험물을 제조 외의 목적으로 취급하기 위한 장소	취급소의 구분
1. 고정된 주유설비(항공기에 주유하는 경우에는 차량에 설치된 주유설비를 포함한다)에 의하여 자동차·항공기 또는 선박 등의 연료탱크에 직접 주유하기 위하여 위험물(「석유 및 석유대체연료 사업법」제29조의 규정에 의한 유사석유제품에 해당하는 물품을 제외한다. 이하 제2호에서 같다)을 취급하는 장소(위험물을 용기에 옮겨 담거나 차량에 고정된 5,000*l* 이하의 탱크에 주입하기 위하여 고정된 급유설비를 병설한 장소를 포함한다)	주유취급소
2. 점포에서 위험물을 용기에 담아 판매하기 위하여 지정수량의 40배 이하의 위험물을 취급하는 장소	판매취급소
3. 배관 및 이에 부속된 설비에 의하여 위험물을 이송하는 장소. 다만, 다음 가목의 1에 해당하는 경우의 장소를 제외한다. 가. 「송유관안전관리법」에 의한 송유관에 의하여 위험물을 이송하는 경우 나. 제조소등에 관계된 시설(배관을 제외한다) 및 그 부지가 같은 사업소 안에 있고 당해 사업소 안에서만 위험물을 이송하는 경우 다. 사업소와 사업소의 사이에 도로(폭 2m 이상의 일반교통에 이용되는 도로로서 자동차의 통행이 가능한 것을 말한다)만 있고 사업소와 사업소 사이의 이송배관이 그 도로를 횡단하는 경우 라. 사업소와 사업소 사이의 이송배관이 제3자(당해 사업소와 관련이 있거나 유사한 사업을 하는 자에 한한다)의 토지만을 통과하는 경우로서 당해 배관의 길이가 100m 이하인 경우 마. 해상구조물에 설치된 배관(이송되는 위험물이 별표1의 제4류 위험물 중 제1석유류인 경우에는 배관의 내경이 30cm 미만인 것에 한한다)으로서 당해 해상구조물에 설치된 배관의 길이가 30m 이하인 경우	이송취급소

바. 사업소와 사업소 사이의 이송배관이 다목 내지 마목의 규정에 의한 경우 중 2 이상에 해당하는 경우 사. 「농어촌 전기공급사업 촉진법」에 따라 설치된 자가발전 시설에 사용되는 위험물을 이송하는 경우	
4. 제1호 내지 제3호 외의 장소(「석유 및 석유연료대체 사업법」제29조의 규정에 의한 유사석유제품에 해당하는 위험물을 취급하는 경우의 장소를 제외한다)	일반취급소

(1) 일반취급소란 제조 목적 외의 위험물 취급시설 중 주유취급소, 판매취급소 또는 이송취급소에 해당하지 않는 나머지 모든 형태의 취급소를 말한다. 즉, 기타 취급소를 의미한다. 따라서 일반취급소는 그 구조와 형태를 예견할 수 없다.

(2) 흔히 보일러시설, 화학공정플랜트 등을 일반취급소의 개념과 일치하는 것으로 사용하는데 이러한 시설은 일반취급소에 포함되는 사례이지 일반취급소의 개념의 범위와 일치되는 것은 아니다. 지정수량 이상의 위험물을 취급하는 시설 중 제조소, 주유취급소, 판매취급소 또는 이송취급소에 해당하지 않는 것을 모두 제조소등의 개념에 포괄하기 위하여 도출된 개념이다. 즉, 예견하지 않은 어떠한 위험물시설이 나타나더라도 일반취급소에 해당하게 된다.

(3) 일반취급소의 개념이 존재하는 이유는 입법상 예견하지 못한 어떠한 위험물시설이 출현하더라도 그것이 지정수량 이상의 위험물을 취급하는 것이라면 위험물규제대상으로 포섭하기 위한 고려이다.

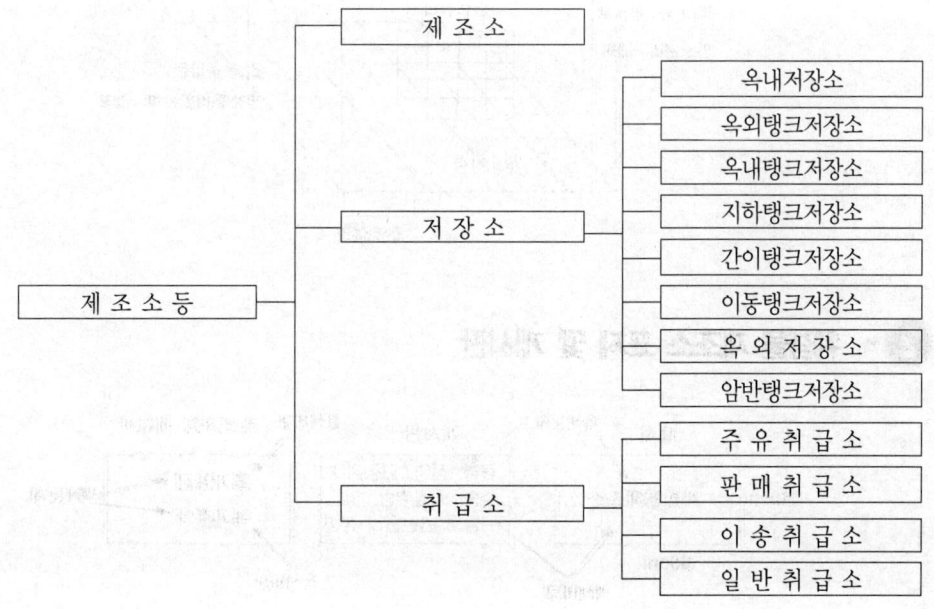

25 위험물 제조소

1 ▶▶ 위험물 제조소 건축구조

① 지하층이 없도록 할 것
② 벽, 기둥, 바닥, 보, 서까래, 계단 – 불연재
　연소우려가 있는 개구부는 내화구조의 벽
③ 지붕은 폭발력이 위로 방출될 정도의 가벼운 불연재
④ 출입구와 비상구에는 갑종 방화문 또는 을종 방화문을 설치하고 연소우려가 있는 외벽의 출입구는 자동폐쇄식의 갑종 방화문을 설치
⑤ 위험물을 취급하는 건축물의 창 및 출입구에 유리 사용시 망입유리 사용
⑥ 액체위험물을 취급하는 건축물의 바닥은 위험물이 스며들지 않는 재료를 사용하고, 적당한 경사를 두고 최저부에 집유설비를 할 것

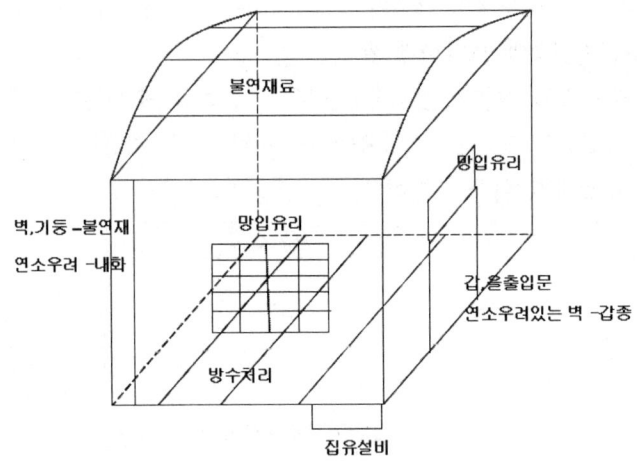

2 ▶▶ 위험물 제조소 표지 및 게시판

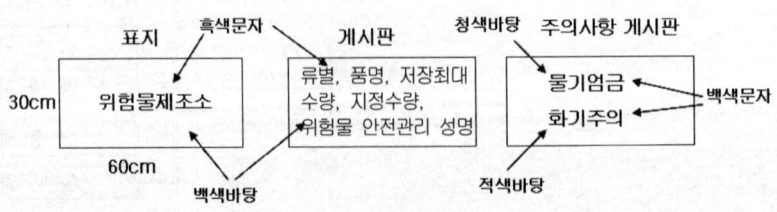

예) 제1류 위험물(알칼리금속의 과산화물), 제3류 위험물(금수성물질) - "물기엄금"

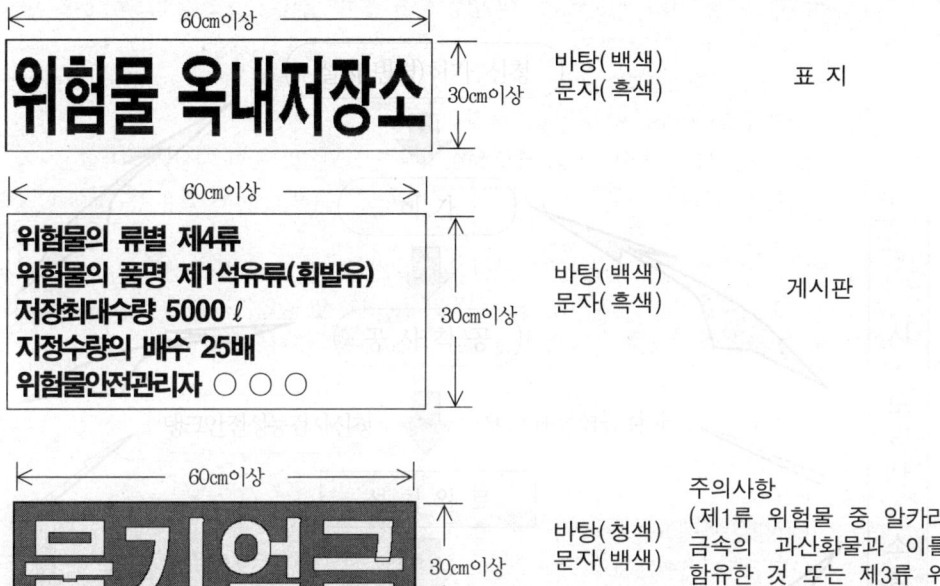

Reference

1. 표지 및 게시판의 규격(위험물안전관리에 관한 세부기준 [별표 3] 제조소·저장소(이동탱크저장소 제외) 또는 취급소의 표지 및 게시판(제164조 관련))

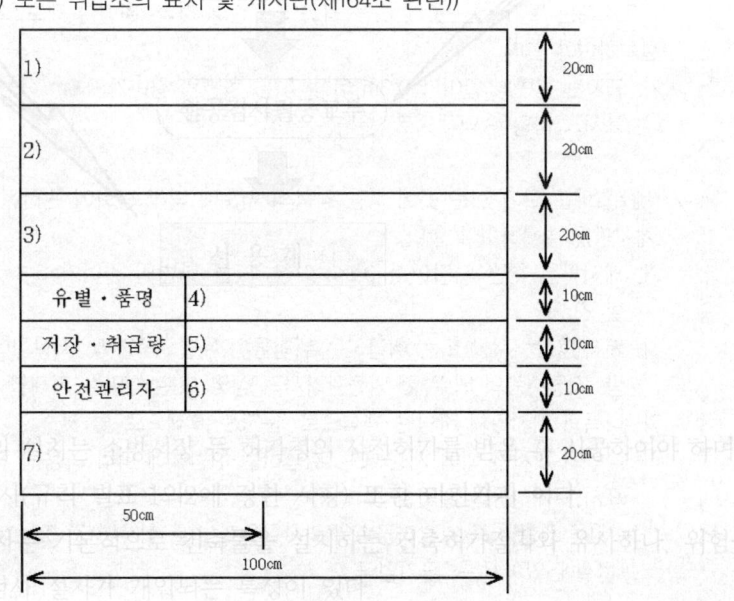

2. 표시방법
   가. 1)란은 법 제2조제1항제3호, 영 별표 2 각 호 및 별표 3 각 호의 규정에 따른 제조소, 취급소 또는 저장소의 구분에 따른 제조소등의 명칭을 기재할 것
   나. 2)란은 「화학물질관리법 시행규칙」제12조 및 같은 규칙 별표 2에 따른 "유해화학물질", 물질명, UN번호 및 그림문자를 기재할 것
   다. 3)란은 「산업안전보건법」제12조에 따른 안전·보건에 관한 사항을 기재할 것
   라. 4)란은 법 제2조제1항제1호의 규정에 따른 "위험물" 및 영 별표 1의 규정에 따른 유별 및 품명을 기재할 것
   마. 5)란은 법 제6조제1항의 규정에 따라 허가받은 위험물의 최대저장·취급량을 기재할 것
   바. 6)란은 위험물안전관리자, 유해화학물질관리자 및 산업안전관리자의 성명을 기재할 것
   사. 7)란은 규칙 별표 4 Ⅲ제2호라목의 규정에 따른 주의사항을 기재할 것

3. 문자의 규격은 기재하는 문자의 수에 따라 적당한 크기로 할 것

4. 색상
   가. 1)란은 백색바탕에 흑색문자로 할 것
   나. 2) 및 3)란은 기재 사항의 종류에 따라 해당 법령에서 정하는 색상으로 할 것
   다. 4), 5) 및 6)란은 백색바탕에 흑색문자로 할 것
   라. 7)란은 "화기주의" 또는 "화기엄금"은 적색바탕에 백색문자, "물기엄금"은 청색바탕에 백색문자로 할 것

위험물안전관리법 시행규칙 〈별표4〉
Ⅲ. 표지 및 게시판
1. 제조소에는 보기 쉬운 곳에 다음 각목의 기준에 따라 "위험물 제조소"라는 표시를 한 표지를 설치하여야 한다.
   가. 표지는 한변의 길이가 0.3m 이상, 다른 한변의 길이가 0.6m 이상인 직사각형으로 할 것
   나. 표지의 바탕은 백색으로, 문자는 흑색으로 할 것

2. 제조소에는 보기 쉬운 곳에 다음 각목의 기준에 따라 방화에 관하여 필요한 사항을 게시한 게시판을 설치하여야 한다.
   가. 게시판은 한변의 길이가 0.3m 이상, 다른 한변의 길이가 0.6m 이상인 직사각형으로 할 것
   나. 게시판에는 저장 또는 취급하는 위험물의 유별·품명 및 저장최대수량 또는 취급최대수량, 지정수량의 배수 및 안전관리자의 성명 또는 직명을 기재할 것
   다. 나목의 게시판의 바탕은 백색으로, 문자는 흑색으로 할 것
   라. 나목의 게시판 외에 저장 또는 취급하는 위험물에 따라 다음의 규정에 의한 주의사항을 표시한 게시판을 설치할 것
      1) 제1류 위험물 중 알칼리금속의 과산화물과 이를 함유한 것 또는 제3류 위험물 중 금수성 물질에 있어서는 "물기엄금"

2) 제2류 위험물(인화성고체를 제외한다)에 있어서는 "화기주의"
3) 제2류 위험물 중 인화성고체, 제3류 위험물 중 자연발화성물질, 제4류 위험물 또는 제5류 위험물에 있어서는 "화기엄금"
마. 라목의 게시판의 색은 "물기엄금"을 표시하는 것에 있어서는 청색바탕에 백색문자로, "화기주의" 또는 "화기엄금"을 표시하는 것에 있어서는 적색바탕에 백색문자로 할 것

3 ▸▸ 환기설비

① 환기는 자연배기방식으로 할 것
② 급기구는 당해 급기구가 설치된 실의 바닥면적 150m^2마다 1개 이상으로 하되, 급기구의 크기는 800cm^2 이상으로 할 것. 다만, 바닥면적이 150m^2 미만인 경우에는 다음의 크기로 하여야 한다.

바닥면적	급기구의 면적
60m^2 미만	150cm^2 이상
60m^2 이상 90m^2 미만	300cm^2 이상
90m^2 이상 120m^2 미만	450cm^2 이상
120m^2 이상 150m^2 미만	600cm^2 이상

③ 급기구는 낮은 곳에 설치하고 가는 눈의 구리망 등으로 인화방지망을 설치
④ 환기구는 지붕위 또는 지상 2m 이상의 높이에 회전식 고정 벤틸레이터 또는 Roof 팬 방식으로 설치

4 ▸▸ 배출설비

① 배출설비는 국소방식으로 한다. 다만, 다음 경우에는 전역방식으로 할 수 있다.
 ㉠ 위험물취급설비가 배관이음 등으로만 된 경우
 ㉡ 건축물의 구조·작업장소의 분포 등의 조건에 의하여 전역방식이 유효한 경우
② 배출설비는 배풍기·배출덕트·후드 등을 이용하여 강제배출한다.
③ 배출능력은 1시간당 배출장소 용적의 20배 이상으로 한다. 다만, 전역방식의 경우에는 바닥면적 1m^2당 18m^3 이상으로 할 수 있다.

④ 배출설비의 급기구 및 배출구의 기준
  ㉠ 급기구는 높은 곳에 설치하고, 가는 눈의 구리망 등으로 인화방지망을 설치
  ㉡ 배출구는 지상 2m 이상으로서 연소의 우려가 없는 장소에 설치하고, 배출 덕트가 관통하는 벽부분에 화재시 자동 폐쇄되는 방화댐퍼를 설치
⑤ 배풍기는 강제배기방식으로 하고, 옥내덕트의 내압이 대기압 이상이 되지 아니하는 위치에 설치

5 ▶▶ 조명설비, 채광설비

① 채광설비 : 불연재료로 하고, 연소의 우려가 없는 장소에 설치하되 채광면적을 최소로 할 것
② 조명설비
  ㉠ 가연성가스 등이 체류할 우려가 있는 장소의 조명등은 방폭등으로 할 것
  ㉡ 전선은 내화·내열전선으로 할 것
  ㉢ 점멸스위치는 출입구 바깥부분에 설치할 것.

26 위험물 제조소의 안전거리

1 ▶▶ 개요

① 안전거리란 위험물 시설에서의 폭발, 화재, 누설로부터 인접 건물 및 거주자를 보호하기 위한 물리적 수평거리를 말한다.
② 안전거리는 위험물 시설에서 저장 및 취급하는 위험물의 종류와 양에 따라 변할 수 있다.
③ 안전거리 내에는 다른 물건이나 시설물이 있어도 상관없으며, 기준에 맞는 방호벽을 설치하면 안전거리를 짧게 할 수 있다.

2 안전거리 기준 (암기) 문병가주고

① 문화재와 유형문화재 : 50m 이상
② 병원·학교·극장·다수의 수용시설 : 30m 이상
③ 가스의 저장 또는 취급하는 시설 : 20m 이상
④ 주거용 건축물 또는 공작물 : 10m 이상
⑤ 고압 전선 ─ 사용전압이 35,000V를 초과 : 5m 이상
            └ 사용전압이 7,000V 초과 35,000V 이하 : 3m 이상

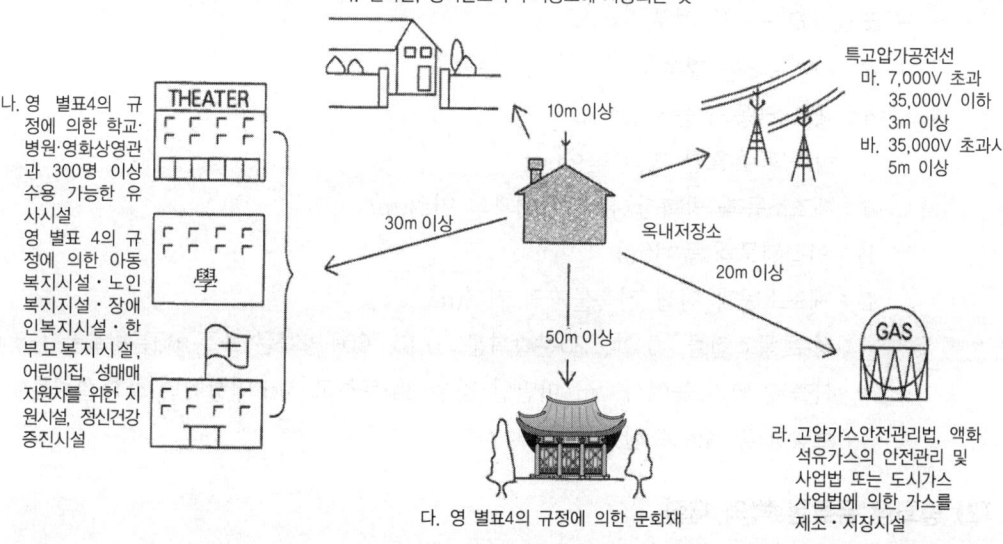

가. 건축물, 공작물로서 주거용도에 사용되는 것

나. 영 별표4의 규정에 의한 학교·병원·영화상영관과 300명 이상 수용 가능한 유사시설
영 별표 4의 규정에 의한 아동복지시설·노인복지지설·장애인복지시설·한부모복지시설, 어린이집, 성매매지원자를 위한 지원시설, 정신건강증진시설

다. 영 별표4의 규정에 의한 문화재

라. 고압가스안전관리법, 액화석유가스의 안전관리 및 사업법 또는 도시가스사업법에 의한 가스를 제조·저장시설

마. 7,000V 초과 35,000V 이하 3m 이상
바. 35,000V 초과시 5m 이상

3 안전거리의 단축

(1) 방화벽에 의한 단축

① 내화구조 또는 불연재료로 된 방화상 유효한 담 또는 벽을 설치하는 경우에는 안전거리를 단축할 수 있다.
② 방화상 유효한 벽의 높이 산정식

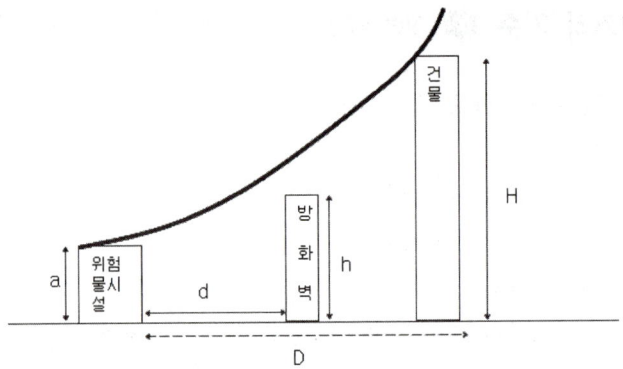

- $H \leq pD^2 + a$인 경우 h=2
- $H > pD^2 + a$인 경우 $h = H - p(D^2 - d^2)$

　　a : 제조소 등의 높이(m)

　　h : 방화상 유효한 벽의 높이(m)

　　d : 제조소등과 방화상 유효한 벽과의 거리(m)

　　H : 인접건물의 높이(m)

　　D : 제조소등과 인접 건축물과의 거리(m)

　　p : 상수(목조건물 : 0.04, 30분방화문 : 0.15, 60+방화문 또는 60분방화문 : ∞)

　　※ 산출된 벽의 높이가 2m 미만인 경우 2m로하고, 4m이상이면 소화설비를 보강한 후 4m로 한다.

(2) 방화상 유효한 벽의 재질

벽이 제조소등으로부터 5m미만의 거리에 설치하는 경우는 내화구조, 5m이상의 거리에 설치하는 경우는 불연재료로 한다.

27 위험물 제조소의 보유공지

1 ▶▶ 개요

① 보유공지란 화재의 예방 또는 진압 차원에서 보유하여야 하는 공간을 말하며, 보유공지 안에는 어떠한 시설도 없어야 하는 절대적 확보공간이다.

② 안전거리는 위험물 시설과 보호하고자 하는 대상물이 존재할 때 대두되는 2차원적인 수평적 거리 개념이다.
③ 그러나 보유공지는 위험물 시설 그 자체의 존재로 대두되는 개념으로 3차원적인 공간적 거리 개념이다.

2 보유공지 목적

(1) 예방
점검 및 보수 등의 공간 확보

(2) 소방
소화활동의 공간제공 및 확보

(3) 방화
① 위험물 시설의 화재시 연소확대 방지
② 피난상 필요한 공간 확보

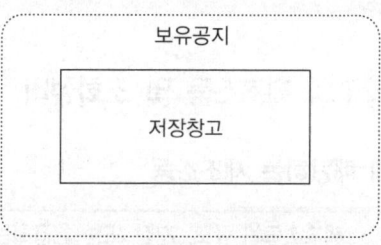

【 보유공지의 개념 】

3 보유공지 기준

(1) 위험물 제조소

취급하는 위험물의 최대수량	공지의 너비
지정수량의 10배 이상	5m 이상
지정수량의 10배 미만	3m 이상

① 옥내 저장소 : 지정수량 배수에 따라 0.5~15m까지 다양함
② 옥외 저장소 : 지정수량 배수에 따라 3~15m까지 다양함

4 ▸▸ 완화기준

① 제조소 작업공정이 다른 작업장의 작업공정과 연속되어 있어 제조소 건축물 그 밖의 공작물 주위에 공지를 두는 경우, 그 제조소 작업에 현저한 지장이 생길 우려가 있고, 다른 작업장 사이에 격벽이 설치되는 경우는 보유공지 제외 가능
② 격벽 기준
   방화벽과 같음

5 ▸▸ 결론

① 보유공지 및 안전거리는 복사열, 과압으로 평가하여 안전성을 확보
② 정성적 → 정량적으로 재정립

28 소화난이도등급 I 의 제조소등 및 소화설비

1 ▸▸ 소화난이도등급 I 의 제조소등 및 소화설비

(1) 소화난이도등급 I 에 해당하는 제조소등

제조소등의 구분	제조소등의 규모, 저장 또는 취급하는 위험물의 품명 및 최대수량 등
제조소 일반취급소	연면적 1,000㎡ 이상인 것
	지정수량의 100배 이상인 것(고인화점위험물만을 100℃ 미만의 온도에서 취급하는 것 및 제48조의 위험물을 취급하는 것은 제외)
	지반면으로 부터 6m 이상의 높이에 위험물 취급설비가 있는 것(고인화점위험물만을 100℃ 미만의 온도에서 취급하는 것은 제외)
	일반취급소로 사용되는 부분 외의 부분을 갖는 건축물에 설치된 것(내화구조로 개구부 없이 구획 된 것 및 고인화점위험물만을 100℃ 미만의 온도에서 취급하는 것 및 별표16 X의2의 화학실험의 일반취급소는 제외)
주유취급소	별표13 V 제2호에 따른 면적의 합이 500㎡를 초과하는 것

옥내저장소	지정수량의 150배 이상인 것(고인화점위험물만을 저장하는 것 및 제48조의 위험물을 저장하는 것은 제외)
	연면적 150㎡을 초과하는 것(150㎡ 이내마다 불연재료로 개구부 없이 구획 된 것 및 인화성고체 외의 제2류 위험물 또는 인화점 70℃ 이상의 제4류 위험물만을 저장하는 것은 제외)
	처마높이가 6m 이상인 단층건물의 것
	옥내저장소로 사용되는 부분 외의 부분이 있는 건축물에 설치된 것(내화구조로 개구부 없이 구획 된 것 및 인화성고체 외의 제2류 위험물 또는 인화점 70℃ 이상의 제4류 위험물만을 저장하는 것은 제외)
옥외탱크저장소	액표면적이 40㎡ 이상인 것(제6류 위험물을 저장하는 것 및 고인화점위험물만을 100℃ 미만의 온도에서 저장하는 것은 제외)
	지반면으로부터 탱크 옆판의 상단까지 높이가 6m 이상인 것(제6류 위험물을 저장하는 것 및 고인화점위험물만을 100℃ 미만의 온도에서 저장하는 것은 제외)
	지중탱크 또는 해상탱크로서 지정수량의 100배 이상인 것(제6류 위험물을 저장하는 것 및 고인화점위험물만을 100℃ 미만의 온도에서 저장하는 것은 제외)
	고체위험물을 저장하는 것으로서 지정수량의 100배 이상인 것
옥내탱크저장소	액표면적이 40㎡ 이상인 것(제6류 위험물을 저장하는 것 및 고인화점 위험물만을 100℃ 미만의 온도에서 저장하는 것은 제외)
	바닥면으로부터 탱크 옆판의 상단까지 높이가 6m 이상인 것 (제6류 위험물을 저장하는 것 및 고인화점 위험물만을 100℃ 미만의 온도에서 저장하는 것은 제외)
	탱크전용실이 단층건물 외의 건축물에 있는 것으로서 인화점 38℃ 이상 70℃ 미만의 위험물을 지정수량의 5배 이상 저장하는 것(내화구조로 개구부없이 구획된 것은 제외한다)
옥외저장소	덩어리 상태의 유황을 저장하는 것으로서 경계표시 내부의 면적(2 이상의 경계표시가 있는 경우에는 각 경계표시의 내부의 면적을 합한 면적)이 100㎡ 이상인 것
	별표 11 Ⅲ의 위험물을 저장하는 것으로서 지정수량의 100배 이상인 것
암반탱크저장소	액표면적이 40㎡ 이상인 것(제6류 위험물을 저장하는 것 및 고인화점 위험물만을 100℃ 미만의 온도에서 저장하는 것은 제외)
	고체위험물을 저장하는 것으로서 지정수량의 100배 이상인 것
이송취급소	모든 대상

비고) 제조소등의 구분별로 오른쪽란에 정한 제조소등의 규모, 저장 또는 취급하는 위험물의 수량 및 최대수량 등의 어느 하나에 해당하는 제조소등은 소화난이도등급Ⅰ에 해당하는 것으로 한다.

(2) 소화난이도등급Ⅰ의 제조소등에 설치하여야 하는 소화설비

제조소등의 구분			소 화 설 비
제조소 및 일반취급소			옥내소화전설비, 옥외소화전설비, 스프링클러설비 또는 물분무등소화설비(화재발생시 연기가 충만할 우려가 있는 장소에는 스프링클러설비 또는 이동식 외의 물분무등소화설비에 한한다)
주유취급소			스프링클러설비(건축물에 한정한다), 소형수동식 소화기 등(능력단위의 수치가 건축물 그 밖의 공작물 및 위험물의 소요단위의 수치에 이르도록 설치할 것)
옥내 저장소	처마높이가 6m 이상인 단층건물 또는 다른 용도의 부분이 있는 건축물에 설치한 옥내저장소		스프링클러설비 또는 이동식 외의 물분무등소화설비
	그 밖의 것		옥외소화전설비, 스프링클러설비, 이동식 외의 물분무등소화설비 또는 이동식 포소화설비(포소화전을 옥외에 설치하는 것에 한한다.)
옥외탱크 저장소	지중탱크 또는 해상탱크 외의 것	유황만을 저장 취급하는 것	물분무소화설비
		인화점 70℃ 이상의 제4류 위험물만을 저장취급하는 것	물분무소화설비 또는 고정식 포소화설비
		그 밖의 것	고정식 포소화설비(포소화설비가 적응성이 없는 경우에는 분말소화설비)
	지중탱크		고정식 포소화설비, 이동식 외의 이산화탄소소화설비 또는 이동식 외의 할로겐화합물소화설비
	해상탱크		고정식 포소화설비, 물분무소화설비, 이동식 외의 이산화탄소소화설비 또는 이동식 외의 할로겐화합물소화설비
옥내탱크 저장소	유황만을 저장취급하는 것		물분무소화설비
	인화점 70℃ 이상의 제4류 위험물만을 저장취급하는 것		물분무소화설비, 고정식 포소화설비, 이동식 외의 이산화탄소소화설비, 이동식 외의 할로겐화합물소화설비 또는 이동식 외의 분말소화설비
	그 밖의 것		고정식 포소화설비, 이동식 외의 이산화탄소소화설비, 이동식 외의 할로겐화합물소화설비 또는 이동식 외의 분말소화설비
옥외저장소 및 이송취급소			옥내소화전설비, 옥외소화전설비, 스프링클러설비 또는 물분무등소화설비(화재발생시 연기가 충만할 우려가 있는 장소에는 스프링클러설비 또는 이동식 외의 물분무등소화설비에 한한다)

암반탱크 저장소	유황만을 저장 취급하는 것	물분무소화설비
	인화점 70℃ 이상의 제4류 위험물만을 저장취급하는 것	물분무소화설비 또는 고정식 포소화설비
	그 밖의 것	고정식 포소화설비(포소화설비가 적응성이 없는 경우에는 분말소화설비)

〈비고〉
1. 위 표 오른쪽란의 소화설비를 설치함에 있어서는 당해 소화설비의 방사범위가 당해 제조소, 일반취급소, 옥내저장소, 옥외탱크저장소, 옥내탱크저장소, 옥외저장소, 암반탱크저장소(암반탱크에 관계되는 부분을 제외한다) 또는 이송취급소(이송기지 내에 한한다)의 건축물, 그 밖의 공작물 및 위험물을 포함하도록 하여야 한다. 다만, 고인화점위험물만을 100℃ 미만의 온도에서 취급하는 제조소 또는 일반취급소의 경우에는 당해 제조소 또는 일반취급소의 건축물 및 그 밖의 공작물만 포함하도록 할 수 있다.
2. 고인화점위험물만을 100℃ 미만의 온도에서 취급하는 제조소 또는 일반취급소의 위험물에 대해서는 대형수동식소화기 1개 이상과 당해 위험물의 소요단위에 해당하는 능력단위의 소형수동식소화기를 설치하여야 한다. 다만, 당해 제조소 또는 일반취급소에 옥내·외소화전설비, 스프링클러설비 또는 물분무등소화설비를 설치한 경우에는 당해 소화설비의 방사능력범위 내에는 대형수동식소화기를 설치하지 아니할 수 있다.
3. 가연성증기 또는 가연성미분이 체류할 우려가 있는 건축물 또는 실내에는 대형수동식소화기 1개 이상과 당해 건축물, 그 밖의 공작물 및 위험물의 소요단위에 해당하는 능력단위의 소형수동식소화기 등을 추가로 설치하여야 한다.
4. 제4류 위험물을 저장 또는 취급하는 옥외탱크저장소 또는 옥내탱크저장소에는 소형수동식소화기 등을 2개 이상 설치하여야 한다.
5. 제조소, 옥내탱크저장소, 이송취급소, 또는 일반취급소의 작업공정상 소화설비의 방사능력범위 내에 당해 제조소등에서 저장 또는 취급하는 위험물의 전부가 포함되지 아니하는 경우에는 당해 위험물에 대하여 대형수동식소화기 1개 이상과 당해 위험물의 소요단위에 해당하는 능력단위의 소형수동식소화기 등을 추가로 설치하여야 한다.

29 위험물 제조소등별로 설치하여야 하는 스프링클러설비에 기준

1 ▸▸ 스프링클러설비의 설치기준은 다음의 기준에 의할 것

① 스프링클러헤드는 방호대상물의 천장 또는 건축물의 최상부 부근(천장이 설치되지 아니한 경우)에 설치하되, 방호대상물의 각 부분에서 하나의 스프링클러헤드까지의 수평거리가 1.7m(제4호 비고 제1호의 표에 정한 살수밀도의 기준을 충족하는 경우에는 2.6m) 이하가 되도록 설치할 것

② 개방형 스프링클러헤드를 이용한 스프링클러설비의 방사구역(하나의 일제개방밸브에 의하여 동시에 방사되는 구역을 말한다. 이하 같다)은 150㎡ 이상(방호대상물의 바닥면적이 150㎡ 미만인 경우에는 당해 바닥면적)으로 할 것
③ 수원의 수량은 폐쇄형 스프링클러헤드를 사용하는 것은 30(헤드의 설치개수가 30미만인 방호대상물인 경우에는 당해 설치개수), 개방형 스프링클러헤드를 사용하는 것은 스프링클러헤드가 가장 많이 설치된 방사구역의 스프링클러헤드 설치개수에 2.4㎥를 곱한 양 이상이 되도록 설치할 것
④ 스프링클러설비는 3)의 규정에 의한 개수의 스프링클러헤드를 동시에 사용할 경우에 각 선단의 방사압력이 100kPa(제4호 비고 제1호의 표에 정한 살수밀도의 기준을 충족하는 경우에는 50kPa) 이상이고, 방수량이 1분당 80ℓ(제4호 비고 제1호의 표에 정한 살수밀도의 기준을 충족하는 경우에는 56ℓ) 이상의 성능이 되도록 할 것
⑤ 스프링클러설비에는 비상전원을 설치할 것

제131조 (스프링클러설비의 기준) 스프링클러설비의 기준은 다음 각호와 같다.
1. 개방형스프링클러헤드는 방호대상물의 모든 표면이 헤드의 유효사정 내에 있도록 설치하고, 다음 각목에 정한 것에 의하여 설치할 것
    가. 스프링클러헤드의 반사판으로부터 하방으로 0.45m, 수평방향으로 0.3m의 공간을 보유할 것
    나. 스프링클러헤드는 헤드의 축심이 당해 헤드의 부착면에 대하여 직각이 되도록 설치 할 것
2. 폐쇄형스프링클러헤드는 방호대상물의 모든 표면이 헤드의 유효사정 내에 있도록 설치하고, 다음 각목에 정한 것에 의하여 설치할 것
    가. 스프링클러헤드는 제1호가목 및 나목의 규정에 의할 것
    나. 스프링클러헤드의 반사판과 당해 헤드의 부착면과의 거리는 0.3m 이하일 것
    다. 스프링클러헤드는 당해 헤드의 부착면으로부터 0.4m 이상 돌출한 보 등에 의하여 구획된 부분마다 설치할 것. 다만, 당해 보 등의 상호간의 거리(보 등의 중심선을 기산점으로 한다)가 1.8m 이하인 경우에는 그러하지 아니하다.
    라. 급배기용 닥트 등의 긴변의 길이가 1.2m를 초과하는 것이 있는 경우에는 당해 덕트 등의 아래면에도 스프링클러헤드를 설치할 것
    마. 스프링클러헤드의 부착위치는 (1) 및 (2)에 정한 것에 의할 것
        (1) 가연성 물질을 수납하는 부분에 스프링클러헤드를 설치하는 경우에는 제1호가목의 규정에 불구하고 당해 헤드의 반사판으로부터 하방으로 0.9m, 수평방향으로 0.4m의 공간을 보유할 것

(2) 개구부에 설치하는 스프링클러헤드는 당해 개구부의 상단으로부터 높이 0.15m 이내의 벽면에 설치할 것

바. 건식 또는 준비작동식의 유수검지장치의 2차측에 설치하는 스프링클러헤드는 상향식스프링클러헤드로 할 것. 다만, 동결할 우려가 없는 장소에 설치하는 경우는 그러하지 아니하다.

사. 스프링클러헤드는 그 부착장소의 평상시의 최고주위온도에 따라 다음 표에 정한 표시온도를 갖는 것을 설치할 것

부착장소의 최고주위온도 (단위 ℃)	표시온도 (단위 ℃)
28 미만	58 미만
28 이상 39 미만	58 이상 79 미만
39 이상 64 미만	79 이상 121 미만
64 이상 106 미만	121 이상 162 미만
106 이상	162 이상

30 위험물 제조소등별로 설치하여야 하는 고정식 포소화설비의 방출구 등의 기준

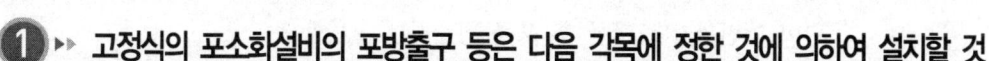

1 ▸▸ 고정식의 포소화설비의 포방출구 등은 다음 각목에 정한 것에 의하여 설치할 것

가. 고정식 포방출구방식은 탱크에서 저장 또는 취급하는 위험물의 화재를 유효하게 소화할 수 있도록 포방출구, 당해 소화설비에 부속하는 보조포소화전 및 연결송수구를 다음에 정한 것에 의하여 설치할 것

(1) 포방출구는 다음에 정한 것에 의할 것

(가) 포방출구는 다음의 구분에 의할 것

1) Ⅰ형 : 고정지붕구조의 탱크에 상부포주입법(고정포방출구를 탱크옆판의 상부에 설치하여 액표면상에 포를 방출하는 방법을 말한다. 이하 같다)을 이용하는 것으로서 방출된 포가 액면 아래로 몰입되거나 액면을 뒤섞지 않고 액면상을 덮을 수 있는 통계단 또는 미끄럼판 등의 설비 및 탱크내의 위험물증기가 외부로 역류되는 것을 저지할 수 있는 구조·기구를 갖는 포방출구

2) Ⅱ형 : 고정지붕구조 또는 부상덮개부착고정지붕구조(옥외저장탱크의 액상에 금속제의 플로팅, 팬 등의 덮개를 부착한 고정지붕구조의 것을 말한다. 이하

같다)의 탱크에 상부포주입법을 이용하는 것으로서 방출된 포가 탱크옆판의 내면을 따라 흘러내려 가면서 액면 아래로 몰입되거나 액면을 뒤섞지 않고 액면상을 덮을 수 있는 반사판 및 탱크내의 위험물증기가 외부로 역류되는 것을 저지할 수 있는 구조·기구를 갖는 포방출구

3) 특형 : 부상지붕구조의 탱크에 상부포주입법을 이용하는 것으로서 부상지붕의 부상부분에 높이 0.9m 이상의 금속제의 칸막이(방출된 포의 유출을 막을 수 있고 충분한 배수능력을 갖는 배수구를 설치한 것에 한한다)를 탱크옆판의 내측으로부터 1.2m 이상 이격하여 설치하고 탱크옆판과 칸막이에 의하여 형성된 환상부분(이하 "환상부분"이라 한다)에 포를 주입하는 것이 가능한 구조의 반사판을 갖는 포방출구

4) Ⅲ형 : 고정지붕구조의 탱크에 저부포주입법(탱크의 액면하에 설치된 포방출구로부터 탱크내에 주입하는 방법을 말한다)을 이용하는 것으로서 송포관(발포기 또는 포발생기에 의하여 발생된 포를 보내는 배관을 말한다. 당해 배관으로 탱크내의 위험물이 역류되는 것을 저지할 수 있는 구조·기구를 갖는 것에 한한다. 이하 같다)으로부터 포를 방출하는 포방출구

5) Ⅳ형 : 고정지붕구조의 탱크에 저부포주입법을 이용하는 것으로서 평상시에는 탱크의 액면하의 저부에 설치된 격납통(포를 보내는 것에 의하여 용이하게 이탈되는 캡을 갖는 것을 포함한다)에 수납되어 있는 특수호스 등이 송포관의 말단에 접속되어 있다가 포를 보내는 것에 의하여 특수호스 등이 전개되어 그 선단이 액면까지 도달한 후 포를 방출하는 포방출구

(나) 포방출구는 다음 표에 의하여 탱크의 직경, 구조 및 포방출구의 종류에 따른 수 이상의 개수를 탱크옆판의 외주에 균등한 간격으로 설치할 것

탱크의 구조 및 포방출구의 종류	포 방 출 구 의 개 수			
	고정지붕구조		부상덮개부착 고정지붕구조	부상지붕구조
탱크직경	Ⅰ형 또는 Ⅱ형	Ⅲ형 또는 Ⅳ형	Ⅱ형	특형
13m 미만	2	1	2	2
13m 이상 19m 미만	2	1	3	3
19m 이상 24m 미만	2	1	4	4
24m 이상 35m 미만	2	2	5	5
35m 이상 42m 미만	3	3	6	6
42m 이상 46m 미만	4	4	7	7

46m 이상 53m 미만		6	6	8	8
53m 이상 60m 미만		8	8	10	10
60m 이상 67m 미만	왼쪽란에 해당하는 직경의 탱크에는 Ⅰ형 또는 Ⅱ형의 포방출구를 8개 설치하는 것 외에, 오른쪽란에 표시한 직경에 따른 포방출구의 수에서 8을 뺀 수의 Ⅲ형 또는 Ⅳ형의 포방출구를 폭 30m의 환상부분을 제외한 중심부의 액표면에 방출할 수 있도록 추가로 설치할 것	10			
67m 이상 73m 미만		12			12
73m 이상 79m 미만		14			
79m 이상 85m 미만		16			14
85m 이상 90m 미만		18			
90m 이상 95m 미만		20			16
95m 이상 99m 미만		22			
99m 이상		24			18

주. Ⅲ형의 포방출구를 이용하는 것은 온도 20℃의 물 100g에 용해되는 양이 1g 미만인 위험물(이하 "비수용성"이라 한다)이면서 저장온도가 50℃ 이하 또는 동점도(動粘度)가 100cSt 이하인 위험물을 저장 또는 취급하는 탱크에 한하여 설치 가능하다.

(다) 포방출구는 다음 표의 위험물의 구분 및 포방출구의 종류에 따라 정한 액표면적 1㎡당 필요한 포수용액양에 당해 탱크의 액표면적(특형의 포방출구를 설치하는 경우는 환상부분의 면적으로 한다. 이하 같다)을 곱하여 얻은 양을 동표의 위험물의 구분 및 포방출구의 종류에 따라 정한 방출율(액표면적 1㎡당 매 분당의 포수용액의 방출량) 이상으로 (나)의 표에서 정한 개수[고정지붕구조의 탱크 중 탱크직경이 24m 미만인 것은 당해 포방출구(Ⅲ형 및 Ⅳ형은 제외)의 개수에서 1을 뺀 개수]에 유효하게 방출할 수 있도록 설치할 것

포방출구의 종류 위험물의 구분	Ⅰ형		Ⅱ형		특형		Ⅲ형		Ⅳ형	
	포수용액량 (l/㎡)	방출율 (l/㎡·min)	포수용액량 (l/㎡)	방출율 (l/㎡·min)	포수용액량 (l/㎡)	방출율 (l/㎡·min)	포수용액량 (l/㎡)	방출율 (l/㎡·min)	포수용액량 (l/㎡)	방출율 (l/㎡·min)
제4류위험물중 인화점이 21℃ 미만인 것	120	4	220	4	240	8	220	4	220	4
제4류위험물중 인화점이 21℃ 이상 70℃ 미만인 것	80	4	120	4	160	8	120	4	120	4
제4류위험물중 인화점이 70℃ 이상인 것	60	4	100	4	120	8	100	4	100	4

(라) 제4류 위험물 중 비수용성외의 것에 대해서는 (다)의 표에 불구하고 표 1에서 정한 포수용액양 및 방출율에 표 2의 세부구분란의 품목에 따라 정한 계수를 각각 곱한 수치 이상으로 할 것

【 표 1 】

Ⅰ형		Ⅱ형		특형		Ⅲ형		Ⅳ형	
포수용액량 (l/m^3)	방출율 ($l/m^2 \cdot min$)	포수용액량 (l/m^2)	방출율 ($l/m^2 \cdot min$)	포수용액량 (l/m^2)	방출율 ($l/m^2 \cdot min$)	포수용액량 (l/m^2)	방출율 ($l/m^2 \cdot min$)	포수용액량 (l/m^2)	방출율 ($l/m^2 \cdot min$)
160	8	240	8	–	–	–	–	240	8

【 표 2 】

위험물의 구분		계 수
종 류	세부 구분	
알콜류	메틸알콜, 3-메틸2-부틸알콜, 에틸알콜, 아릴알콜, 1-펜틸알콜, 2-펜틸알콜, t-펜틸알콜, 이소펜틸알콜, 1-헥실알콜, 사이크로헥사놀, 훌후릴 알콜, 벤질알콜, 프로필렌글리콜, 에틸렌글리콜, 디에틸렌 글리콜, 디프로필렌 글리콜, 글리세린	1.0
	2-프로필알콜, 1-프로필알콜, 이소부틸알콜, 1-부틸알콜, 2-부틸알콜	1.25
	t-부틸 알콜	2.0
에테르류	디이소프로필에텔, 에틸렌글리콜에틸에텔, 에틸렌글리콜메틸에텔, 디에틸렌글리콜에틸에텔, 디에틸렌글리콜메틸에텔	1.25
	1-4디옥산	1.5
	디에틸에텔, 아세톤알데히드디에틸아세탈, 에틸프로필에텔, 테트라히드로푸란, 이소부틸비닐에텔, 에틸부틸에텔, 에틸비닐에텔	2.0
에스테르류	초산에틸, 개미산에틸, 개미산메틸, 초산메틸, 초산비닐, 개미산프로필, 아크릴산메틸, 아크릴산에틸, 메타크릴산메틸, 메타크릴산에틸, 초산프로필, 개미산부틸, 에틸렌글리콜모노에틸에텔아세톤, 에틸렌글리콜모노메틸에텔아세톤	1.0
케 톤 류	아세톤, 메틸에틸케톤, 메틸이소부틸케톤, 아세틸아세톤, 사이클로헥사논	1.0
알데히드류	아크릴알데히드(아크로레인), 크로톤알데히드, 파라알데히드	1.25
	아세트알데히드	2.0

아민류	에틸렌디아민, 사이클로헥실아민, 아니린, 에타놀아민, 디에타놀아민, 트리에타놀아민	1.0
	에틸아민, 프로필아민, 아릴아민, 디에틸아민, 부틸아민, 이소부틸아민, 트리에틸아민, 펜틸아민, t-부틸아민	1.25
	이소프로필아민	2.0
니트릴류	아크릴로니트릴, 아세트니트릴, 브틸로니트릴	1.25
유기산	초산, 무수초산, 아크릴산, 프로피온산, 개미산	1.25
그 밖의 수용성인 것	프로필렌옥사이드, 그 밖의 것	2.0

(2) 보조포소화전은 (가) 내지 (다)에 정한 것에 의할 것
  (가) 방유제 외측의 소화활동상 유효한 위치에 설치하되 각각의 보조포소화전 상호간의 보행거리가 75m 이하가 되도록 설치할 것
  (나) 보조포소화전은 3개(호스접속구가 3개 미만인 경우에는 그 개수)의 노즐을 동시에 사용할 경우에 각각의 노즐선단의 방사압력이 0.35MPa 이상이고 방사량이 400l/min 이상의 성능이 되도록 설치할 것
  (다) 보조포소화전은 옥외소화전설비의 옥외소화전기준의 예에 준하여 설치할 것
(3) 연결송액구는 다음 식에 의하여 구해진 수 이상을 스프링클러설비의 송수구 기준의 예에 의하여 설치할 것

$$N = \frac{Aq}{C}$$

N : 연결송액구의 설치수
A : 탱크의 최대수평단면적(㎡)
q : 제1호가목(1)(다)에서 정한 탱크의 액표면적 1㎡당 방사하여야 할 포수용액의 방출율 (l/min)
C : 연결송수구 1구당의 표준송액량(800l/min)

31 위험물 제조소등별로 설치하여야 하는 경보설비의 종류

1. 제조소등별로 설치하여야 하는 경보설비의 종류

제조소등의 구 분	제조소등의 규모, 저장 또는 취급하는 위험물의 종류 및 최대수량 등	경보설비
1. 제조소 및 일반취급소	• 연면적 500㎡ 이상인 것 • 옥내에서 지정수량의 100배 이상을 취급하는 것(고인화점 위험물만을 100℃ 미만의 온도에서 취급하는 것을 제외한다) • 일반취급소로 사용되는 부분 외의 부분이 있는 건축물에 설치된 일반취급소(일반취급소와 일반취급소 외의 부분이 내화구조의 바닥 또는 벽으로 개구부 없이 구획된 것을 제외한다)	자동화재탐지설비
2. 옥내저장소	• 지정수량의 100배 이상을 저장 또는 취급하는 것(고인화점 위험물만을 저장 또는 취급하는 것을 제외한다) • 저장창고의 연면적이 150㎡를 초과하는 것[당해 저장창고가 연면적 150㎡ 이내마다 불연재료의 격벽으로 개구부 없이 완전히 구획된 것과 제2류 또는 제4류의 위험물(인화성고체 및 인화점이 70℃ 미만인 제4류위험물을 제외한다)만을 저장 또는 취급하는 것에 있어서는 저장창고의 연면적이 500㎡ 이상의 것에 한한다] • 처마높이가 6m 이상인 단층건물의 것 • 옥내저장소로 사용되는 부분 외의 부분이 있는 건축물에 설치된 옥내저장소[옥내저장소와 옥내저장소 외의 부분이 내화구조의 바닥 또는 벽으로 개구부 없이 구획된 것과 제2류 또는 제4류의 위험물(인화성고체 및 인화점이 70℃ 미만인 제4류 위험물을 제외한다)만을 저장 또는 취급 하는 것을 제외한다]	
3. 옥내탱크저장소	단층 건물 외의 건축물에 설치된 옥내탱크저장소로서 소화난이도 등급 Ⅰ에 해당하는 것	
4. 주유취급소	옥내주유취급소	
5. 옥외탱크저장소	특수인화물, 제1석유류 및 알코올류를 저장 또는 취급하는 탱크의 용량이 1000만리터 이상인 것	자동화재탐지설비, 자동화재속보설비
6. 제1호 내지 제4호의 자동화재탐지설비 설치대상에 해당하지 아니하는 제조소등	지정수량의 10배 이상을 저장 또는 취급하는 것	자동화재탐지설비, 비상경보설비, 확성장치 또는 비상방송설비 중 1종 이상

비고) 이송취급소의 경보설비는 별표 15 Ⅳ제14호의 규정에 의한다.

2 ▸▸ 자동화재탐지설비의 설치기준

① 자동화재탐지설비의 경계구역(화재가 발생한 구역을 다른 구역과 구분하여 식별할 수 있는 최소단위의 구역을 말한다. 이하 이 호 및 제2호에서 같다)은 건축물 그 밖의 공작물의 2 이상의 층에 걸치지 아니하도록 할 것. 다만, 하나의 경계구역의 면적이 500m^2 이하이면서 당해 경계구역이 두개의 층에 걸치는 경우이거나 계단·경사로·승강기의 승강로 그 밖에 이와 유사한 장소에 연기감지기를 설치하는 경우에는 그러하지 아니하다.
② 하나의 경계구역의 면적은 600m^2 이하로 하고 그 한변의 길이는 50m(광전식분리형 감지기를 설치할 경우에는 100m)이하로 할 것. 다만, 당해 건축물 그 밖의 공작물의 주요한 출입구에서 그 내부의 전체를 볼 수 있는 경우에 있어서는 그 면적을 1,000m^2 이하로 할 수 있다.
③ 자동화재탐지설비의 감지기는 지붕(상층이 있는 경우에는 상층의 바닥) 또는 벽의 옥내에 면한 부분(천장이 있는 경우에는 천장 또는 벽의 옥내에 면한 부분 및 천장의 뒷 부분)에 유효하게 화재의 발생을 감지할 수 있도록 설치할 것
④ 옥외탱크저장소에 설치하는 자동화재탐지설비 설치기준
　㉠ 불꽃감지기를 설치할 것. 다만, 불꽃을 감지하는 기능이 있는 지능형 폐쇄회로텔레비전(CCTV)을 설치한 경우 불꽃감지기를 설치한 것으로 본다.
　㉡ 옥외저장탱크 외측과 별표 6 Ⅱ에 따른 보유공지 내에서 발생하는 화재를 유효하게 감지할 수 있는 위치에 설치할 것
　㉢ 지지대를 설치하고 그 곳에 감지기를 설치하는 경우 지지대는 벼락에 영향을 받지 않도록 설치할 것
⑤ 자동화재탐지설비에는 비상전원을 설치할 것
⑥ 옥외탱크저장소가 다음의 어느 하나에 해당하는 경우에는 자동화재탐지설비를 설치하지 않을 수 있다.
　㉠ 옥외탱크저장소의 방유제(防油堤)와 옥외저장탱크 사이의 지표면을 불연성 및 불침윤성(수분에 젖지 않는 성질)이 있는 철근콘크리트 구조 등으로 한 경우
　㉡ 「화학물질관리법 시행규칙」 별표 5 제6호의 화학물질안전원장이 정하는 고시에 따라 가스감지기를 설치한 경우
⑦ 옥외탱크저장소가 다음 각 목의 어느 하나에 해당하는 경우에는 자동화재속보설비를 설치하지 않을 수 있다.
　㉠ ⑥의 ㉠ 또는 ㉡에 해당하는 경우
　㉡ 법 제19조에 따른 자체소방대를 설치한 경우
　㉢ 안전관리자가 해당 사업소에 24시간 상주하는 경우

32 옥외탱크저장소

1 ▶▶ 탱크의 구조 🌟 1통 3부자

① 용량 100만*l* 이상은 비파괴 시험 시 고시에 준함
② **통기장치** : 옥내 탱크 저장소에 준함
③ 두께 3.2mm 이상의 강철판
④ **부식방지 조치**
⑤ **자동계량장치** : 액체 위험물의 옥외저장탱크

2 ▶▶ 방유제

방유제 설치기준

3 ▶▶ 안전거리

위험물제조소 기준과 같음

4 ▶▶ 보유공지

취급하는 위험물의 최대수량	공지의 너비
지정수량의 500배 이하	3m 이상
지정수량의 500배 초과 1000배 이하	5m 이상
지정수량의 1000배 초과 2000배 이하	9m 이상
지정수량의 2000배 초과 3000배 이하	12m 이상
지정수량의 3000배 초과 4000배 이하	15m 이상
지정수량의 4000배 초과	당해 탱크의 수평단면의 최대지름(가로형인 경우에는 긴 변)과 높이 중 큰 것과 같은 거리 이상. 다만, 30m 초과의 경우에는 30m 이상으로 할 수 있고, 15m 미만의 경우에는 15m 이상으로 하여야 한다.

33 탱크의 안전성능시험

1 ▸▸ 개요

① 비파괴 시험, 수압시험, 기밀시험
② 3.2mm 이상의 강철판 또는 동등 이상의 강도, 내식성, 내열성 재료이어야 한다.

2 ▸▸ 비파괴 시험 방자초침

① 방사선 투과시험 : 방사선이 결함부 투과 시 흡수되어 강도 저하
② 자기 탐상시험 : 자분을 살포하여 결합자분 상태에 따른 배열로 판정
③ 초음파 탐상시험 : 초음파가 불연속 상태 존재 시 이상 변화 감지
④ 침투 탐상 시험 : 모세관 현상을 이용 침투액으로 판정

3 ▸▸ 수압시험

① 비압력 탱크
　㉠ 산화 프로필렌 탱크, 보냉 아세트 알데히드, 0.7배 압력에 10분
　㉡ 비 프로필렌 탱크, 보냉 아세트 알데히드, 1.3배 압력에 10분
② 최대사용압력 1.5배 세거나 변형 없을 것

4 ▸▸ 기밀시험

① 진공시험 : 비눗물과 400mmHg의 부압
② 가압법 : 가압 중 배관부에 비눗물로
③ 미가압법 : 천천히 가압
④ 미감압법 : 천천히 감압

34. 옥외탱크저장소의 방유제 설치기준

1 ▶▶ 용량 🔥 용분이 주간배구

1기 $V=110\%$ 이상, 2기 이상 $V=110\% \; Q_{max} \uparrow$

2 ▶▶ 방유제 분할

① 면적 8만m² 이하
② 탱크 수 10개

3 ▶▶ 이격거리

① 지름 15m 이상인 경우 탱크높이의 1/2이상
② 지름 15m 미만인 경우 탱크높이의 1/3이상

4 ▶▶ 주위도로

① 방유제 외면의 1/2이상 3m 이상 노면 폭은 확보
② 3m 이상 노면 폭을 확보한 도로 또는 공지에 접할 것

5 ▶▶ 간막이둑

① 설치대상 : 탱크용량 1,000만l 이상
② 용량 : 탱크용량 10% 이상
③ 높이 : 0.3m 이상 방유제보다 0.2m 낮게 설치
④ 재료 : 흙 또는 콘크리트

6 ▶▶ 배수배관

① 방유제 또는 간막이 둑에는 방유제를 관통하는 배관 설치금지

② 방유제에는 그 내부에 고인물을 외부로 배출하기 위한 배수구를 설치하고 이를 개폐하는 밸브 등을 방유제의 외부에 설치할 것

7 ▶▶ 구조

① 높이가 1m 초과 시 계단 또는 경사로를 약 50m 마다 설치
② 높이는 0.5m 이상~3m 이하
③ 위험물이 방유제 외부로 유출되지 아니하는 구조

35 옥외탱크저장소 방유제의 설치높이?

(방유제 내 바닥면적은 130m²)

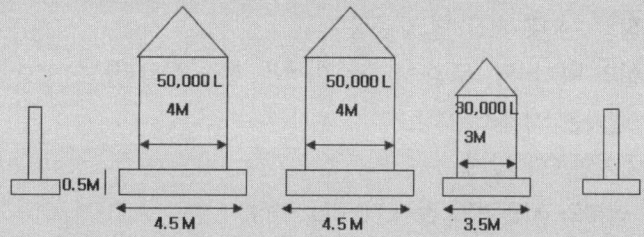

풀이 1. 조건
  1) 방유제 내 가장 큰 탱크가 파괴되어 유출된 것을 가정한다.
     가장 큰 탱크용량×1.1배
  2) 방유제 내 탱크기초체적을 가산하여 계산
  3) 파괴되지 않은 나머지 탱크의 방유제 높이를 고려하여 계산한다.
2. 계산순서
  1) 방유제 체적
     방유제 체적=방유제 내부 최대탱크용량의 110%+탱크의 기초부분 합계+파괴되지 않은 탱크의 방유제까지의 체적으로 계산
  2) 방유제 내부 최대탱크용량의 110%
     방유제 내부에 탱크가 2기 이상인 경우
     $Q_{max} \times 1.1 = 50,000l \times 1.1 = 55m^3$
  3) 탱크의 기초부분 합계
     $\frac{\pi}{4} \times 4.5^2 \times 0.5 \times 2개소 + \frac{\pi}{4} \times 3.5^2 \times 0.5 \times 1개소 = 20.7m^3$

4) 파손되지 않은 탱크의 내용적 추가부분 합계

$$\frac{\pi}{4} \times 4^2 \times (h-0.5) + \frac{\pi}{4} \times 3^2 \times (h-0.5) = 19.6h - 9.8$$

5) 방유제 높이(h)

$130(\text{m}^2) \times h(\text{m}) =$ 방유제 내부 최대탱크용량의 110% + 탱크의 기초부분 합계 + 파괴되지 않은 탱크의 방유제까지의 체적

$130(\text{m}^2) \times h(\text{m}) = 55 + 20.7 + 19.6h - 9.8$

$130h - 19.6h = 65.91$

$h = \dfrac{65.9}{110.4} = 0.596(\text{m})$

3. 결론

답 0.596(m)

36 지하탱크저장소

① 탱크 상호간격 : 1m 이상
  탱크 주위공간 : 0.1m 이상 이격
② 통기장치 : 옥내 저장 탱크 준용
③ 탱크실의 벽, 바닥, 뚜껑 : 0.3m 이상의 철근 콘크리트
④ 누유 검사관 : 4개소 이상
⑤ 맨홀 : 지면보다 낮게
⑥ 탱크 상부와 지면과의 간격 : 0.6m 이상
⑦ 자동 계량 장치 : 액체 위험물 저장 시 설치

37 통기장치

① 선단은 개구부에서 1m 이상 이격
② 인화방지망을 설치
③ 직경 30mm 이상

④ 지면에서 4m 이상 이격

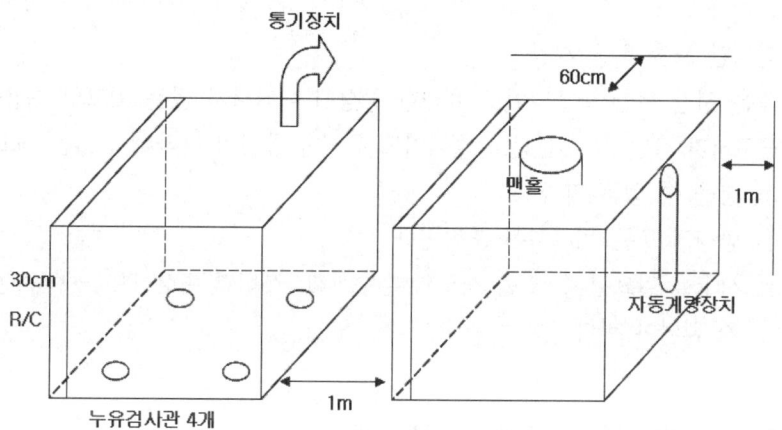

38 TLV(Threshold Limit Values) 허용한계농도

1 ▸▸ 정의

독성물질의 섭취량과 인간에 대한 그 반응정도를 나타내는 관계에서 손상을 입히지 않는 농도 중 가장 큰 값(RMV=농도*지속시간)

2 ▸▸ TLV-TWA(Time Weighted Average Concentration)

① 시간 가중 평균 농도
② 매일 근로자가 일주일에 40시간, 하루 8시간씩 정상 근무할 경우 근로자에게 노출되어도 아무런 나쁜 영향을 주지 않는 최고 평균 농도값
③ TWA 농도 $= \dfrac{C_1 T_1 + C_2 T_2 \ldots + C_n T_n}{8}$

C : 유해요인 측정농도(ppm)
T : 유해요인 발생시간(H)

3 ▶▶ TLV-STEL(Short Term Exposure Limit)

① 단시간 노출 허용 시간
② 짧은 시간 동안 노출되어도 유해한 증상이 나타나지 않는 최고의 허용농도
③ 근로자가 작업 시 15분간 노출되어도 유해한 증상이 나타나지 않는 최고의 허용농도
　㉠ 참을 수 없는 자극
　㉡ 만성적 또는 비가역적 조직변화
　㉢ 사고를 일으킬 수 있는 정도의 혼수상태, 자위력 손상 TLV-TWA농도를 초과하지 않아야 한다.

4 ▶▶ TLV-C(Ceiling Value : 최고치)

① 최고 허용 한계 농도
② 단 한순간이라도 초과하지 않아야 하는 농도를 의미한다.

위험물
[기출문제]

기출문제

124회

01 위험물안전관리법령에서 정하는 「수소충전설비를 설치한 주유취급소의 특례」 상의 기준 중 충전설비와 압축수소의 수입설비(受入設備)에 대하여 설명하시오.

02 독성에 관한 하버(Haber, F.)의 법칙에 대하여 설명하시오.

03 액체의 비등영역을 구분하고 비등곡선에 대하여 설명하시오.

04 액체가연물의 연소에 의한 화재패턴에 대하여 설명하시오.
1) 일반적인 특징
2) 종류 5가지

05 위험물안전관리법령에서 명시한 알코올류에 대하여 다음을 설명하시오.
1) 알코올류의 정의(제외기준 포함)
2) 알코올류의 종류별 분자구조식, 위험성, 저장·취급방법

06 위험물안전관리에 관한 세부기준 중 탱크안전성능검사에 대하여 발생할 수 있는 용접부의 구조상 결함의 종류 및 비파괴 시험방법에 대하여 설명하시오.

123회

01 위험물안전관리법령상 제조소의 위치·구조 및 설비의 기준에 대한 다음 내용에 대하여 설명하시오.
1) 건축물의 구조
2) 배출설비
3) 압력계 및 안전장치

122회

01 화학물질의 위험도를 정의하고, 아세틸렌을 예를 들어 설명하시오.

02 특수가연물의 정의, 품명 및 수량, 저장 및 취급기준, 특수가연물수량에 따른 소방시설의 적용에 대하여 설명하시오.

121회

01 액체 가연물의 연소에 영향을 미치는 인자에 대하여 설명하시오.

02 위험물안전관리법령상 다음 용어의 정의를 쓰시오.
1) 위험물
2) 지정수량
3) 제조소
4) 저장소
5) 취급소

03 위험물안전관리법령에서 정하는 위험물 제조소의 안전거리에 대하여 설명하시오.

04 위험물안전관리법령상 옥내탱크저장소의 위치·구조 및 설비의 기준 중 다음에 대하여 설명하시오.
1) 표시 및 표지
2) 게시판
3) 게시판의 색
4) 압력탱크에 설치하는 압력계 및 안전장치
5) 밸브없는 통기관의 설치기준

기출문제

120회

01 위험물제조소의 위치·구조 및 설비기준에서 다음 내용을 설명하시오.
1) 안전거리
2) 보유공지(방화상 유효한 격벽 포함)
3) 정전기 제거설비

02 위험물안전관리법령에서 정한 예방규정 작성대상 및 예방규정에 포함되어야 할 내용에 대하여 설명하시오.

119회

118회

01 위험물안전관리법 시행령에서 규정하고 있는 인화성액체에 대하여 설명하고, 인화성 액체에서 제외할 수 있는 경우 4가지를 설명하시오.

> **해설** ① "인화성액체"라 함은 액체(제3석유류, 제4석유류 및 동식물유류의 경우 1기압과 섭씨 20도에서 액체인 것만 해당한다)로서 인화의 위험성이 있는 것을 말한다.
> ② 다만, 다음 각 목의 어느 하나에 해당하는 것을 법 제20조제1항의 중요기준과 세부기준에 따른 운반용기를 사용하여 운반하거나 저장(진열 및 판매를 포함한다)하는 경우는 제외한다.
> 가. 「화장품법」 제2조제1호에 따른 화장품 중 인화성액체를 포함하고 있는 것
> 나. 「약사법」 제2조제4호에 따른 의약품 중 인화성액체를 포함하고 있는 것
> 다. 「약사법」 제2조제7호에 따른 의약외품(알코올류에 해당하는 것은 제외한다) 중 수용성인 인화성액체를 50부피퍼센트 이하로 포함하고 있는 것
> 라. 「의료기기법」에 따른 체외진단용 의료기기 중 인화성액체를 포함하고 있는 것
> 마. 「생활화학제품 및 살생물제의 안전관리에 관한 법률」 제3조제4호에 따른 안전확인대상생활화학제품(알코올류에 해당하는 것은 제외한다) 중 수용성인 인화성액체를 50부피퍼센트 이하로 포함하고 있는 것

02. 「위험물안전관리법」에서 규정하고 있는 「수소충전설비를 설치한 주유취급소의 특례」상의 기술기준 중 아래 내용을 설명하시오.

1) 개질장치(改質裝置)   2) 압축기(壓縮機)   3) 충전설비

117회

01. 원소주기율표상 1족 원소인 K, Na의 소화특성을 설명하시오.

해설

1. 금속화재
   ① 금속화재는 Al, Mg, K, Na, Li 등이 연소하는 화재로서
   ② 물과 반응하여 수소를 발생하므로 수계소화설비는 사용하지 못한다.
   ③ 금속화재는 금속화재용 분말소화약제를 사용하여야 한다.

2. 금속화재 소화특성
   ① 금속화재는 고온에서 연소하는 금속에 물이 접촉 수소 결합을 끊을 수 있는 높은 에너지
   $H_2O \rightarrow H_2 \uparrow + 1/2$
   ② 수소결합을 끊을 경우
   수소와 산소가 혼합하여 수증기 폭발
   ③ $2Na + 2H_2O \rightarrow 2NaOH + H_2 \uparrow$
   물과 나트륨 접촉하면 수소 발생

3. 소화방법
   ① 마른모래, 팽창질석으로 질식 소화
   ② Dry Powder로 소화
   ③ Dry Powder

종류	Na-X	MET-L-X	G-1	TMB	TEC
성분	탄산나트륨 (Na_2CO_3) + 첨가제	염화나트륨 ($NaCl_2$) + 첨가제	유기인 + 흑연이 입혀진 코크스		$BaCl_2$ 51% KCl 29% $NaCl_2$ 20%
적용	Na	K, Na, Mg	K, Na, Li, Mg		
특징	① 첨가제 습기방지 소화압력 유지 ② 비염소화합물 소화약제로 개발	고온의 수직표면 오래동안 부착	흑연이 열을 흡수 금속의 온도 ↓	자신이 타서 잔사(산화붕소)로서 Glass상 피막형상 →TMB 사용 후 물 사용 가능	융점 545℃ 염화바륨 독성 주의

기출문제

02 옥외저장탱크 유분리장치의 설치목적 및 구조에 대하여 설명하시오

해설
1. 개요
   ① 유분리장치는 비수용성인 위험물 저장 시 설치한다.
2. 설치목적
   ① 기름 및 기타 액체가 공지 외부로 유출방지
   ② 기름과 물을 분리
   ③ 기름은 모으고, 물은 하수구로 배수
3. 구조
   1) 유분리조
      ① 크기 : 가로40cm 이상, 세로40cm 이상. 깊이 70cm 이상 또는 동 용량 이상
      ② 단수 : 3단 이상
      ③ 재질 : 콘크리트 또는 강철판 등의 재질
   2) 덮개
      ① 두께 6mm 이상의 강철판 또는 이와 동등이상의 견고한 것으로 할 것.
      ② 개방이 쉽도록 손잡이 등을 설치하고, 빗물 또는 이물질 침투되지 않는 구조로 할 것
   3) 엘보관
      ① 재질 : 내식성·내유성이 있는 금속 또는 프라스틱 등
      ② 구경 : 10cm 이상
      ③ 출구 : 유입물이 넘치지 않도록 유분리조의 상단으로부터 15cm 이상의 간격을 둘 것
      ④ 입구 : 유분리조의 바닥으로부터 10cm 이상 30cm 미만의 간격을 둘 것. 단, 유분리조의 규모를 고려하여 소방서장이 유분리장치 기능에 지장이 없다고 인정하는 경우에는 30cm이상으로 할 수 있다.

03 물질안전보건자료(MSDS) 작성대상 물질과 작성항목에 대하여 설명하시오.

해설

1. 물질안전보건자료(MSDS) 작성대상 물질
   1) 건강 유해성 10개
      ① 심한 눈 손상 또는 눈 자극성 물질
      ② 호흡기 또는 피부 과민성 물질
      ③ 흡인 유해성 물질
      ④ 발암성 물질
      ⑤ 급성독성 물질
      ⑥ 피부 부식성 또는 자극성 물질
      ⑦ 생식독성 물질
      ⑧ 생식세포 변이원성 물질
      ⑨ 특정 표적장기(標的臟器) 독성 물질 – 1회 노출
      ⑩ 특정 표적장기(標的臟器) 독성 물질 – 반복 노출
   2) 물리적 위험성 16개
      ① 산화성 가스   ② 산화성 액체
      ③ 산화성 고체   ④ 인화성 가스
      ⑤ 인화성 액체   ⑥ 인화성 고체
      ⑦ 인화성 에어로졸   ⑧ 금속부식성 물질
      ⑨ 고압가스   ⑩ 폭발성 물질 또는 화약류
      ⑪ 자연발화성 액체   ⑫ 자연발화성 고체
      ⑬ 자기반응성 (自己反應性) 물질 및 혼합물
      ⑭ 자기발열성 (自己發熱性) 물질 및 혼합물
      ⑮ 유기과산화물   ⑯ 물 반응성 물질 및 혼합물
   3) 환경 유해성 2개
      ① 급성 수생환경 유해성 물질
      ② 만성 수생환경 유해성 물질

2. 작성항목
   ① 화학제품과 회사 정보
      제품명, 일반적특성, 제품의 용도, 제조자정보
   ② 구성 성분의 명칭 및 함유량
      화학물질명, 함유량, 식별번호
   ③ 폭발 화재 시 조치요령
      인화점, 자연발화점, 연소상하한계, 소화방법등
   ④ 물리 화학적 특성
      분자량, PH, 용해도, 끓는점, 녹는점, 비중, 점도등
   ⑤ 독성에 관한 정보
      급성 경구, 경피, 흡입독성, 만성독성, 생식독성
   ⑥ 폐기시 주의사항
      폐기방법, 폐기기 주의사항, 폐기물관리법 규제현황
   ⑦ 법적 규제사항
      산업안전보건법, 유해화학물질관리법등에 의한 규제

기출문제

⑧ 위험·유해성 정보
  피부, 눈에 대한 영향, 흡입, 섭취시 영향
⑨ 응급 조치요령
  눈에 들어 갔을때, 피부에 접촉 했을때, 흡입 했을때
⑩ 누출 사고시 대처 방법
  인체, 환경을 보호하기 위한 대책, 정화 제거방법
⑪ 취급 및 저장 방법
  안전취급요령, 보관방법
⑫ 노출 방지 및 개인 보호구
  눈, 호흡기, 손, 신체보호, 위생상 주의사항, 노출기준
⑬ 안전성 및 반응성
  화학적 안전성, 분해 시 생성되는 유해물질, 반응 시 유해물질 발생 가능성
⑭ 환경에 미치는 영향
  수생 및 생태독성, 토양이동성, 잔류성 및 분해성 동생물 내 축적 가능성
⑮ 운송에 필요한 정보
  선박안전법, 운송시 주의사항, 기타 외국 운송관련 규정에 의한 분류 및 규제
⑯ 기타 참고사항 자료의 출처

04 위험물안전관리법령에서 정하는 제5류 위험물에 대하여 다음의 내용을 설명하시오.
- 성질, 품명, 지정수량, 위험등급
- 저장 및 취급방법
- 위험물 혼재기준
- 히드록실아민 1000 kg을 취급하는 제조소의 안전거리 산정

해설 1. 성질, 품명, 지정수량, 위험등급

제5류	자기반응 성물질	1. 유기과산화물	10킬로그램
		2. 질산에스테르류	10킬로그램
		3. 니트로화합물	200킬로그램
		4. 니트로소화합물	200킬로그램
		5. 아조화합물	200킬로그램
		6. 디아조화합물	200킬로그램
		7. 히드라진 유도체	200킬로그램
		8. 히드록실아민	100킬로그램
		9. 히드록실아민염류	100킬로그램
		10. 그 밖에 행정안전부령으로 정하는 것 11. 제1호 내지 제10호의 1에 해당하는 어느 하나 이상을 함유한 것	10킬로그램, 100킬로그램 또는 200킬로그램

2. 저장 및 취급방법
   ① 가열, 충격, 마찰을 피하고 고온체와의 접근을 피한다.
   ② 용기파손에 주의하고 화기엄금, 충격주의 등 주의사항 표시
   ③ 소화가 곤란하므로 소분하여 보관
3. 위험물 혼재기준
   1) 영 별표 1의 유별을 달리하는 위험물은 동일한 저장소(내화구조의 격벽으로 완전히 구획된 실이 2 이상 있는 저장소에 있어서는 동일한 실. 이하 제3호에서 같다)에 저장하지 아니하여야 한다. 다만, 옥내저장소 또는 옥외저장소에 있어서 다음의 각목의 규정에 의한 위험물을 저장하는 경우로서 위험물을 유별로 정리하여 저장하는 한편, 서로 1m 이상의 간격을 두는 경우에는 그러하지 아니 하다(중요기준).
      ① 제1류 위험물(알칼리금속의 과산화물 또는 이를 함유한 것을 제외한다)과 제5류 위험물을 저장하는 경우
      ② 제1류 위험물과 제6류 위험물을 저장하는 경우
      ③ 제1류 위험물과 제3류 위험물 중 자연발화성물질(황린 또는 이를 함유한 것에 한한다)을 저장하는 경우
      ④ 제2류 위험물 중 인화성고체와 제4류 위험물을 저장하는 경우
      ⑤ 제3류 위험물 중 알킬알루미늄등과 제4류 위험물(알킬알루미늄 또는 알킬리튬을 함유한 것에 한한다)을 저장하는 경우
      ⑥ 제4류 위험물 중 유기과산화물 또는 이를 함유하는 것과 제5류 위험물 중 유기과산화물 또는 이를 함유한 것을 저장하는 경우
4. 히드록실아민 1000 kg을 취급하는 제조소의 안전거리 산정
   1) 히드록실아민등을 취급하는 제조소의 특례는 다음 각목과 같다.
      ① 지정수량 이상의 히드록실아민등을 취급하는 제조소의 위치는 건축물의 벽 또는 이에 상당하는 공작물의 외측으로부터 해당 제조소의 외벽 또는 이에 상당하는 공작물의 외측까지의 사이에 다음 식에 의하여 요구되는 거리 이상의 안전거리를 둘 것
         $D = 51.1 \sqrt[3]{N}$
         D : 거리(m)
         N : 해당 제조소에서 취급하는 히드록실아민등의 지정수량의 배수
   2) 안전거리 산정
      $D = 51.1 \sqrt[3]{N} = 51.1 \sqrt[3]{10} = 110.09 (m)$
      안전거리는 110.9m이상 확보

05 위험물제조소등의 소화설비 설치기준에 대하여 다음의 내용을 설명하시오.

– 전기설비의 소화설비
– 소요단위와 능력단위
– 소요단위 계산방법
– 소화설비의 능력단위

해설 1. 전기설비의 소화설비

제조소등에 전기설비(전기배선, 조명기구 등은 제외한다)가 설치된 경우에는 당해 장소의 면적 100㎡마다 소형수동식소화기를 1개 이상 설치할 것

2. 소요단위와 능력단위
   1) 소요단위 : 소화설비의 설치대상이 되는 건축물 그 밖의 공작물의 규모 또는 위험물의 양의 기준단위
   2) 능력단위 : 1)의 소요단위에 대응하는 소화설비의 소화능력의 기준단위

3. 소요단위 계산방법
   1) 제조소 또는 취급소의 건축물은 외벽이 내화구조인 것은 연면적(제조소등의 용도로 사용되는 부분 외의 부분이 있는 건축물에 설치된 제조소등에 있어서는 당해 건축물 중 제조소등에 사용되는 부분의 바닥면적의 합계를 말한다. 이하 같다) 100㎡를 1소요단위로하며, 외벽이 내화구조가 아닌 것은 연면적 50㎡를 1 소요단위로 할 것
   2) 저장소의 건축물은 외벽이 내화구조인 것은 연면적 150㎡를 1소요단위로 하고, 외벽이 내화구조가 아닌 것은 연면적 75㎡를 1소요단위로 할 것
   3) 제조소등의 옥외에 설치된 공작물은 외벽이 내화구조인 것으로 간주하고 공작 물의 최대수평투영면적을 연면적으로 간주하여1) 및2)의 규정에 의하여 소요 단위를 산정할 것
   4) 위험물은 지정수량의 10배를 1소요단위로 할 것

4. 소화설비의 능력단위
   1) 수동식소화기의 능력단위는 수동식소화기의 형식승인 및 검정기술기준에 의하 여 형식승인 받은 수치로 할 것
   2) 기타 소화설비의 능력단위는 다음의 표에 의할 것

소화설비	용량	능력단위
소화전용(轉用)물통	8ℓ	0.3
수조(소화전용물통 3개 포함)	80ℓ	1.5
수조(소화전용물통 6개 포함)	190ℓ	2.5
마른 모래(삽 1개 포함)	50ℓ	0.5
팽창질석 또는 팽창진주암(삽 1개 포함)	160ℓ	1.0

116회

01 나트륨(Na)에 관한 다음 질문에 답하시오.

◀해설
1. 물과의 반응식
   $2Na + 2H_2O \rightarrow 2NaOH + H_2 \uparrow$
2. 보호액의 종류와 보호액 사용 이유
   1) 종류

① 등유
② 경유
2) 보호액 사용 이유
① 가연성 가스 발생 방지
② 습기차단
3. 다음 중 사용 할 수 없는 소화약제를 모두 골라 쓰시오.
1) 이산화탄소
   $4Na + CO_2 \rightarrow 2Na_2O + C$
2) Halon 1301
3) 강화액 소화약제

> 이산화탄소, Halon 1301, 팽창질석, 팽창진주암, 강화액 소화약제

02
요오드가 160인 동식물유류 500000 ℓ 를 옥외저장소에 저장하고 있다. 다음 질문에 답하시오.

▲해설
1. 위험물안전관리법령 상 지정수량 및 위험등급, 주의사항을 표시하는 게시판의 내용을 쓰시오.
   ① 지정수량 : 10000
   ② 위험등급 : Ⅲ
   ③ 주의사항을 표시하는 게시판 : 화기엄금(적색바탕에 백색문자)
2. 동식물유류를 요오드가에 따라 분류하고, 해당품목을 각각 2개씩 쓰시오.

구분	요오드값	종류
건성유	130 이상	아마인유, 들기름유, 동유, 해바라기유, 정어리유
반건성유	100~130	채종유, 목화씨유, 참기름, 콩기름
불건성유	100이하	야자유, 올리브, 피마자유, 동백유

3. 위험물안전관리법령 상 옥외저장소에 저장 가능한 4류 위험물의 품명을 쓰시오
   ① 제1석유류(인화점이 0℃ 이상인 것에 한함)
   ② 알코올류
   ③ 제2석유류
   ④ 제3석유류
   ⑤ 제4석유류
   ⑥ 동식물유류.
4. 상기 위험물이 자연발화가 발생하기 쉬운 이유를 설명하시오.
   ① 동식물유지가 기름걸레 등으로 침투
      - 동식물유지를 닦거나 접촉한 넝마조각, 걸레, 종이뭉치, 우레탄폼, 장갑, 톱밥 등을 방치
      - 불포화유가 많은 식물유를 이용한 튀김찌꺼기, 부스러기 등이 가열된 상태로 회수되어 방치
   ② 이에 따라 공기와의 접촉 면적이 증대되어 산화반응이 이루어져 발열량이 증대된다.

기출문제

③ 주위 환경조건(고온다습 등)에 의해 방열조건이 불량하여 열이 축적된다.
④ 열축적에 의해 자연발화점 이상으로 온도가 상승하여 자연발화가 된다.
⑤ 동식물 유지의 침투 → 공기와 접촉면적 증대 → 산화반응 → 발열량 증대 → 열축적 → 온도상승 → 자연발화

5. 인화점이 200℃인 경우 위험물안전관리법령 상 경계표시 주위에 보유하여야 하는 공지의 너비를 쓰시오.
① 고인화점 위험물 정의
- 인화점이 100℃ 이상인 제4류 위험물
② 500000 ÷ 10000 = 50배 (보유공지 3m 이상)

03 반도체 제조과정에서 사용되는 가스/케미컬 중 실란(silane)에 대하여 다음 물음에 답하시오.

▶해설 1. 분자식
① SiH_4
② 수소화 규소 Si_nH_{2n+2}의 총칭. 단순히 실란이라 할 때는 n=1의 화합물 SiH_4를 지칭한다. n=2, 3 등의 화합물은 디실란, 트리실란 등이라 한다.
③ 메테인(methane,   )의 규소 유사물로 메테인의 탄소(C)를 규소(Si)로 바꾼 물질

2. 위험성

◆인화성 가스   ◆눈 자극성
◆고압가스   ◆급성 독성(흡입)
◆피부 자극성   ◆호흡기계 자극성

① 유독성 : 1, 가연성 : 4, 반응성 : 3
② 극인화성 물질임
③ 고인화성 물질 : 열, 스파크 또는 화염에 의해 쉽게 점화됨
④ 공기와 결합하여 폭발성 혼합물을 형성함
⑤ 실레인은 공기 중에서 자연점화 우려
⑥ 액화가스로부터의 증기상 물질은 처음에 공기보다 무거우며 땅을 따라 분포됨
⑦ 증기는 점화원까지 상당한 거리를 이동할 수 있고 역화할 수 있음
⑧ 화재에 노출된 실린더는 통풍이 가능하며 압력제거장치를 통해 인화성 가스를 방출할 수 있음
⑨ 용기는 가열되면 폭발할 수 있음
⑩ 규소 수소화물(Silicone hydride)은 온도가 약간 증가하거나 압력이 낮아짐으로써 공기 중에서 점화할 수 있음
⑪ 실레인(Silane)은 경미하게 흡습성임
⑫ 순수한 금속은 온도가 증가하거나 압력이 줄어들지 않는 한 점화하지 않는다고 함

⑬ 불순물같은 다른 수소화물류의 존재는 접촉이 일어날 때마다 항상 점화를 야기함
3. 허용농도
   ① 국내규정TWA : 5ppm
   ② ACGIH 규정TWA 5 ppm mg/m³
   ③ 독성 또한 LC50(Lethal Concentration)이 4시간 노출을 기준으로 9,600ppm인 저독성 물질
   ④ 폭발범위 : 1.4~96%
4. 안전 확보를 위한 이송체계
   ① 독성가스 입·출하시설은 누출이 쉽게 발생할 수 있으므로 가급적 옥내에 설치하지나 국소배기설비를 설치하여 중화시설로 연결하는 것을 추천한다.
      ㉠ 탱크차량 시설
      ㉡ 독성가스 실린더 출하시설
   ② 독성가스는 저장탱크나 트레일러로부터 기상 상태로 출하 또는 하역되도록 검토하여야 한다.
   ③ 치환용 가스는 입·출하 독성가스와 반응성이 없는 가스를 사용하여야 한다.
   ④ 반복적인 작업으로 설비 피로도가 높은 플렉시블 호스는 설비보존 프로그램을 통해 주기적으로 검사 및 교체하여야 한다.
   ⑤ 입·출하배관에는 긴급차단밸브와 이를 구동시키는 원격조작스위치를 설치하여야 한다.
   ⑥ 인화성을 가진 독성가스의 방재시설은 반응성을 검토하여 반응성이 없는 물질로 소화약제를 선택하여야 한다.
   ⑦ 방재활동 후 발생된 오염물질은 폐수처리시설을 통해 처리할 수 있도록 한다.
5. 소화방법
   ① 유출을 멈추게 할 수 없다면 소화시도 하지 말 것
   ② 탱크차 또는 용기 내 누출원에 물을 대지 말 것
   ③ 화재에 노출된 용기는 다량의 물로 냉각시킬 것
   ④ 가능한 멀리서 물을 뿌릴 것
   ⑤ 화재장소에 다량의 가스 실린더가 있을 경우 : 가스 유출을 멈추기 위해 특별히 훈련된 사람은 용기의 누출을 막고 불활성 환경을 만들어 산소 수치를 낮출 수 있음
   ⑥ 유출율을 감소시키고 불활성 가스를 주입하여 유출을 멈춰서 역화를 막을 것
   ⑦ 공급이 중단될 때까지 소화하지 말 것; 폭발적으로 재점화될 수 있음
   ⑧ 소화된 뒤에도 가스 유출이 계속된다면, 폭발을 방지하게 위해 환기를 증가시킬 것
   ⑨ 용기 밸브를 잠그기 위해 방폭도구를 사용할 것
   ⑩ 화재가 주변 용기에 영향을 미칠 경우, BLEVE(블레비 : 고압 상태인 액화가스용기가 가열되어 물리적 폭발이 순간적으로 화학적 폭발로 이어지는 현상, Boiling Liquid Evaporating Vapour Explosion)에 주의할 것
6. GMS(Gas Monitoring System)
   ① 공장 내부의 공기 오염도를 확인하고 대기를 관리하기 위하여 설치된 가스농도 측정장치.
   ② 실란은 반도체, 평판디스플레이, 태양전지 등 산업에서 급속히 증가하고 있다.
   ③ 실란은 자연발화성 기체로써 안전한 관리를 위해 특별한 장치와 취급상 주의가 요구

115회

01 다음 용어를 위험물안전관리법에 근거하여 설명하시오.

해설 1. 위험물
   ① 위험물은 인화성 또는 발화성 등의 성질을 가진 것으로 대통령령으로 정하는 물품이다.
   ② 국내 위험물의 분류 : 물리적 위험성
2. 지정수량
   ① 지정수량은 위험물의 종류별로 위험성을 고려하여 대통령령이 정하는 수량이 다.
   ② 제조소 등의 설치허가 등에 있어서 최저의 기준이 되는 수량을 말한다.
3. 제조소
   ① 제조소는 위험물을 재조할 목적으로 지정수량 이상의 위험물을 취급하기 위하여 위험물 시설의 설치 및 변경에 따른 허가를 받은 장소이다.
   ② 제조소 시설기준
      - 안전거리 : 방호대상물 보호 및 환경안전 확보
      - 보유공지 : 화재시 연소확대방지, 현장 소방활동, 피난을 위한 절대공간
      - 표지 및 게시판 : 위험물시설에 대한 명시, 주의 및 정보제공
      - 건축물과 안전설비 : 화재, 폭발 피해 최소화 및 내외부 안전설비
4. 저장소
   ① 저장소는 지정수량 이상의 위험물을 저장하기 위한 대통령령이 정하는 장소로서 위험물 시설의 설치 및 변경에 따른 허가를 받은 장소이다.
   ② 위험물 저장소
      - 옥내 저장소 : 옥내에 위험물을 저장하는 장소
      - 옥외 저장소 : 옥외의 장소에서 제2류의 위험물중 유황 또는 인화성 고체, 알코올류, 제2석유류, 제3석유류, 동식물유류, 제 6류 위험물 등을 정장하는 장소
   ③ 위험물 탱크저장소
      - 옥내탱크저장소 : 옥내에 있는 탱크에 위험물을 저장하는 저장시설
      - 옥외탱크저장소 : 옥외에 있는 탱크에 위험물을 저장하는 저장시설
      - 지하탱크저장소 : 지하에 매설되어 있는 탱크에 위험물을 저장하는 저장시설
      - 이동탱크저장소 : 차량에 고정된 탱크에 위험물을 저장하는 장소
      - 간이탱크저장소 : 간이탱크에 위험물을 저장하는 장소

- 암반탱크저장소 : 암반내의 공간을 이용한 탱크에 액체의 위험물을 저장하는 장소
5. 취급소
① 지정수량 이상의 위험물을 제조외의 목적으로 취급하기 위한 대통령령이 정하는 장소로서 허가 받은 장소
② 취급소의 종류
- 주유취급소 : 고정된 주유설비에 의하여 위험물을 자동차, 항공기, 선박 등의 연료탱크에 직접 주유하기 위하여 위험물을 취급하는 장소
- 판매취급소 : 점포에서 위험물을 용기에 담아 판매하기 위하여 지정수량의 40배 이하의 위험물을 취급하는 장소
- 이송취급소 : 배관 및 이에 부속하는 설비에 의하여 위험물을 이송하는 취급소
- 일반취급소 : 주유취급소, 판매취급소, 이송취급소 외의 장소

02 수소화알루미늄리튬(Lithium Aluminium Hydride)의 성상, 위험성, 저장 및 취급방법, 그리고 소화방법에 대하여 설명하시오.

해설

1. 개요
   1) 수소화 알루미늄리튬은 LAH 또는 Lithium Aluminium Hydride라고 불리는 환원제이다. 주로 유기화학에서 자주 쓰이며, 에스테르를 일차 알코올로 환원시키거나 케톤을 이차 알코올로 환원시키는데 사용되며, 물과 반응하여 수소를 발생시킨다.
   2) 연료전지 수소공급 재료로 이용하고 있다.
2. 성상 및 위험성
   1) 위험성
      ① 수소화 알루미늄 리튬은 제3류 자연발화성 및 금수성물질
      ② 수소화 알루미늄 리튬은 물 반응성 물질이라서, 취급자가 실수로 물에 빠트린 다면 수용액은 생성된 수산화 리튬과 반응하여 순식간에 끓는점까지 도달할 수 있고, 겉으로는 수소기체가 격렬히 생성되어 폭발사고를 일으킬 수 있다.
      ③ 반응식
      $2LiAlH_4 + 2H_2O = 2LiOH + 2Al + 5H_2$
   2) 성상
      ① 금속의 수소화물 종류 중 하나이다.
      ② 무색의 고체로, 가열이나 수분에 의하여 격렬한 분해반응을 일으킨다.
      ③ 이중결합을 환원시키지 않고 카보닐기 등을 선택적으로 환원시킬 수 있다.
      ④ 용해도가 크므로 환원제로서의 기능은 수소화알루미늄보다 크다.
      ⑤ 에테르 속에서 알루미늄을 과잉의 수소화리튬과 반응시키면 생성된다.
   3) 화재 및 폭발위험
      ① 제3류 자연발화성 및 금수성물질의 금속의 수소화물로 물 또는 수분과 접촉한 고체는 연소성 물질들을 발화시키기에 충분한 열을 발생시킬 수 있음
      ② 더스트의 생성을 피해야 한다(더스트 폭발 위험성이 있을 수 있음)
      ③ 발생된 열은 발화 및 또는 폭발을 일으킬 수 있음
      ④ 격렬하게 또는 폭발적으로 반응할 수 있음

기출문제

3. 저장 및 취급방법
   1) 확실하게 밀폐된 용기에 저장할 것
   2) 혼합금지 물질과 분리 할 것
   3) 습기를 피해서 저장할 것
   4) 아르곤(Ar)과 같은 불활성 기체에 저장할 것
   5) 서늘하고 건조하고 극한 환경으로부터 보호받는 장소에 저장할 것
   6) 저장 및 취급 시, 제조자의 권고사항을 살펴볼 것
4. 소화방법
   1) 소방서에 신고하여 화재위치와 위험성을 알릴 것
   2) 안전거리를 유지하며 적절한 보호 하에 화재를 진압할 것
   3) 흑연, 소다회, 염화나트륨 혹은 적절한 건조한 분말가루를 사용하여 소화시킬 것
   4) 물을 사용하여 소화하지 말 것
   5) 호흡보호구가 장착된 전신 보호복을 착용할 것
   6) 모든 수단을 동원해, 수로나 배수구로의 유출을 차단할 것
   7) 뜨거울 것으로 의심되는 용기에 접근하지 말 것
   8) 만약 안전하게 할 수 있다면 용기는 화재진행 경로에서 제거할 것
5. 누출사고 시 대처 방법
   1) 열, 화염, 스파크 등의 점화원을 피할 것
   2) 누출된 물질을 만지지 말 것
   3) 누출지역으로부터 안전한 지역으로 용기를 이동 할 것
   4) 누출 물질에 직접 물이 접촉되지 않도록 할 것
   5) 물질의 위험성에 대해 훈련된 사람만이 청소와 폐기처리를 할 것

03 위험물 제조소의 위치 · 구조 및 설비의 기준에서 안전거리, 보유공지와 표지 및 게시판에 대하여 설명하시오.

해설 Ⅰ 위험물 제조소의 위치 · 구조 및 설비의 기준에서 안전거리
1. 개요
   ① 안전거리란 위험물 시설에서의 폭발, 화재, 누설로부터 인접 건물 및 거주자를 보호하기 위한 물리적 수평거리를 말한다.
   ② 안전거리는 위험물 시설에서 저장 및 취급하는 위험물의 종류와 양에 따라 변할 수 있다.
   ③ 안전거리 내에는 다른 물건이나 시설물이 있어도 상관없으며, 기준에 맞는 방호벽을 설치하면 안전거리를 짧게 할 수 있다.
2. 안전거리 기준 ◆암기 문병가주고
   ① 문화재와 유형문화재 : 50m 이상
   ② 병원 · 학교 · 극장 · 다수의 수용시설 : 30m 이상
   ③ 가스의 저장 저장 또는 취급하는 시설 : 20m 이상
   ④ 주거용 건축물 또는 공작물 : 10m 이상
   ⑤ 고압 전선 - 사용전압이 35,000V를 초과 : 5m 이상

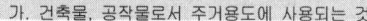
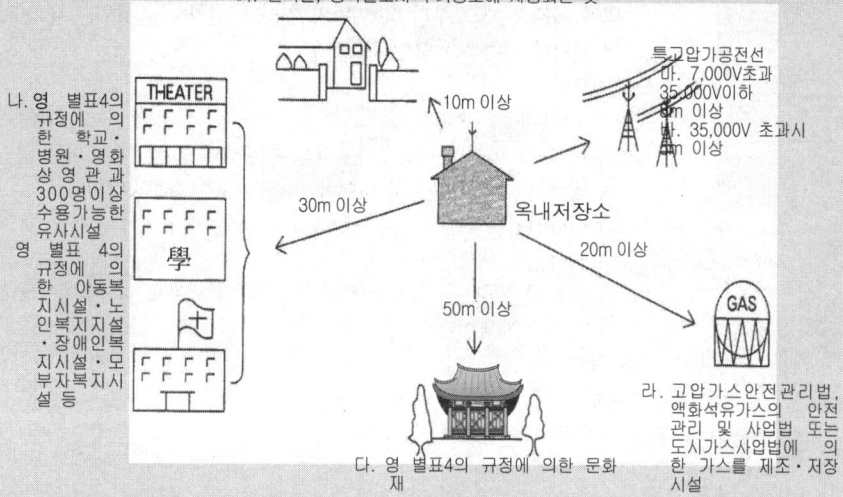

3. 안전거리의 단축
   1) 방화벽에 의한 단축
   ① 내화구조 또는 불연재료로 된 방화상 유효한 담 또는 벽을 설치하는 경우에는 안전거리를 단축할 수 있다.
   ② 방화상 유효한 벽의 높이 산정식

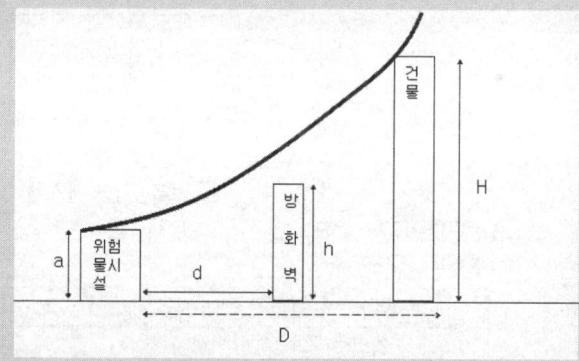

- $H \leqq pD^2 + a$ 인 경우 h = 2
- $H > pD^2 + a$ 인 경우 $h = H - p(D^2 - d^2)$

　　a : 제조소등의 높이(m),
　　h : 방화상 유효한 벽의 높이(m),
　　d : 제조소등과 방화상 유효한 벽과의 거리(m),
　　H : 인접건물의 높이(m),
　　D : 제조소등과 인접 건축물과의 거리(m),
　　p : 상수(목조건물 : 0.04 , 을종 방화문 : 0.15 , 갑종 방화문 : ∞)
※ 산출된 벽의 높이가 2m 미만인 경우 2m로하고, 4m이상이면 소화설비를 보강 한

후 4m로 한다.
2) 방화상 유효한 벽의 재질
벽이 제조소등으로부터 5m미만의 거리에 설치하는 경우는 내화구조, 5m이상의 거리에 설치하는 경우는 불연재료로 한다.

Ⅱ 보유공지

1. 개요
① 보유공지란 화재의 예방 또는 진압 차원에서 보유하여야 하는 공간을 말하며, 보유공지 안에는 어떠한 시설도 없어야 하는 절대적 확보공간이다.
② 안전거리는 위험물 시설과 보호하고자 하는 대상물이 존재할 때 대두되는 2차원적인 수평적 거리 개념이다.
③ 그러나 보유공지는 위험물 시설 그 자체의 존재로 대두되는 개념으로 3차원적인 공간적 거리 개념이다.

2. 보유공지 목적
1) 예방
   점검 및 보수 등의 공간 확보
2) 소방
   소화활동의 공간제공 및 확보
3) 방화
   - 위험물 시설의 화재시 연소확대 방지
   - 피난상 필요한 공간 확보

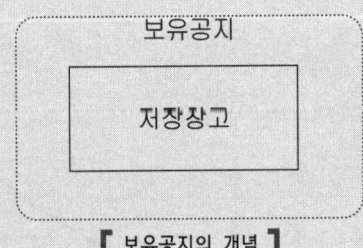

【 보유공지의 개념 】

3. 보유공지 기준
1) 위험물 제조소

취급하는 위험물의 최대수량	공지의 너비
지정수량의 10배 이상	5m 이상
지정수량의 10배 미만	3m 이상

① 옥내 저장소 : 지정수량 배수에 따라 0.5 ~ 15 m 까지 다양함
② 옥외 저장소 : 지정수량 배수에 따라 3 ~ 15 m 까지 다양함

4. 완화기준
1) 제조소 작업공정이 다른 작업장의 작업공정과 연속되어 있어 제조소 건축물 그 밖의 공작물 주위에 공지를 두는 경우, 그 제조소 작업에 현저한 지장이 생길 우려가 있고, 다른 작업장 사이에 격벽이 설치되는 경우는 보유공지 제외가능
2) 격벽 기준
   방화벽과 같음

Ⅲ 표지 및 게시판
1. 위험물 제조소 표지 및 게시판

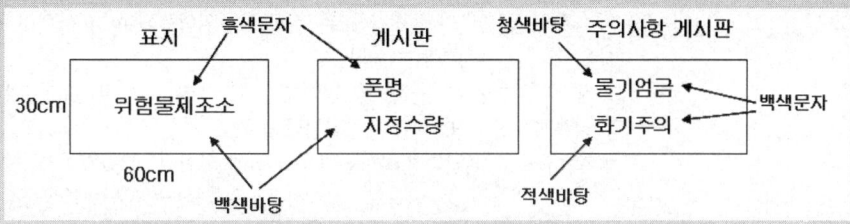

예) 제1류 위험물(무기과산화물), 제3류 위험물(금수성물질) - "물기엄금"

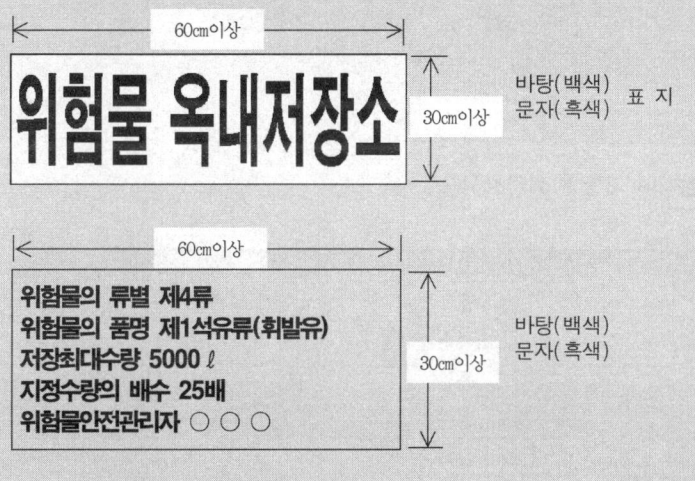

주의사항
(제1류 위험물 중 알카리금속의 과산화물과 이를 함유한 것 또는 제3류 위험물 중 금수성 물질)
바탕(청색)
문자(백색)

1) 제조소에는 보기 쉬운 곳에 다음 항목의 기준에 따라 "위험물 제조소"라는 표시를 한 표지를 설치하여야 한다.
  ① 표지는 한변의 길이가 0.3m 이상, 다른 한변의 길이가 0.6m 이상인 직사각형으로 할 것
  ② 표지의 바탕은 백색으로, 문자는 흑색으로 할 것
2. 제조소에는 보기 쉬운 곳에 다음 항목의 기준에 따라 방화에 관하여 필요한 사항을 게시한 게시판을 설치하여야 한다.
  ① 게시판은 한변의 길이가 0.3m 이상, 다른 한변의 길이가 0.6m 이상인 직사각형으로 할 것
  ② 게시판에는 저장 또는 취급하는 위험물의 유별·품명 및 저장최대수량 또는 취급최

기출문제

대수량, 지정수량의 배수 및 안전관리자의 성명 또는 직명을 기재할 것
③ "②"목의 게시판의 바탕은 백색으로, 문자는 흑색으로 할 것
④ "②"목의 게시판 외에 저장 또는 취급하는 위험물에 따라 다음의 규정에 의한 주의사항을 표시한 게시판을 설치할 것
  - 제1류 위험물 중 알칼리금속의 과산화물과 이를 함유한 것 또는 제3류 위험물 중 금수성물질에 있어서는 "물기엄금"
  - 제2류 위험물(인화성고체를 제외한다)에 있어서는 "화기주의"
  - 제2류 위험물 중 인화성고체, 제3류 위험물 중 자연발화성물질, 제4류 위험물 또는 제5류 위험물에 있어서는 "화기엄금"
⑤ "④"목의 게시판의 색은 "물기엄금"을 표시하는 것에 있어서는 청색바탕에 백색문자로, "화기주의" 또는 "화기엄금"을 표시하는 것에 있어서는 적색바탕에 백색문자로 할 것

04 위험물안전관리법령상 제2류 위험물의 품명과 지정수량, 범위 및 한계, 일반적인 성질과 소화방법에 대하여 설명하시오.

▶ 해설 1. 제2류 위험물의 품명과 지정수량

제2류	가연성 고체	1. 황화린	100kg
		2. 적린	100kg
		3. 유황	100kg
		4. 철분	500kg
		5. 금속분	500kg
		6. 마그네슘	500kg
		7. 그 밖에 행정안전부령이 정하는 것 8. 제1호 내지 제7호의 1에 해당하는 어느 하나 이상을 함유한 것	100kg 또는 500kg
		9. 인화성고체	1,000kg

2. 범위 및 한계
  1) 유황은 순도가 60중량퍼센트 이상인 것을 말한다. 이 경우 순도측정에 있어서 불순물은 활석 등 불연성 물질과 수분에 한한다.
  2) "철분"이라 함은 철의 분말로서 53㎛의 표준체를 통과하는 것이 50중량퍼센트 미만인 것은 제외한다.
  3) "금속분"이라 함은 알칼리금속·알칼리토류금속·철 및 마그네슘 외의 금속의 분말을 말하고, 구리분·니켈분 및 150㎛의 체를 통과하는 것이 50중량퍼센트 미만인 것은 제외한다.
  4) 마그네슘 및 제2류제8호의 물품 중 마그네슘을 함유한 것에 있어서는 다음 각목의 1에 해당하는 것은 제외한다.
    가. 2mm의 체를 통과하지 아니하는 덩어리 상태의 것
    나. 직경 2mm 이상의 막대 모양의 것

5) 황화린·적린·유황 및 철분은 제2호의 규정에 의한 성상이 있는 것으로 본다.
6) "인화성고체"라 함은 고형알코올 그 밖에 1기압에서 인화점이 섭씨 40도 미만인 고체를 말한다.

3. 공통적인 성질
   ① 자체가 독성을 가지고 있거나 연소 시 유독가스를 발생
   ② 가연성 고체
   ③ 비교적 낮은 온도에서 착화되기 쉬운 가연성 고체이며 대단히 연소속도가 빠르다.
   ④ 철분, 마그네슘, 금속분류는 물과 산과 접촉 시 발열

4. 저장 및 취급 방법
   ① 독성에 유의
   ② 산화재와 접촉이나 혼합을 피하고, 점화원 또는 과열을 피한다.
   ③ 철분, 마그네슘, 금속분류는 물과 접촉을 피한다.

5. 소화방법
   ① 주수에 의한 냉각효과
   ② 철분, 마그네슘, 금속분류는 건조사로 질식소화
   ③ 포나 금속화재용 분말 소화약제
      Na-X, MET-L-X, G-1, TMB, TEC〉

05 휴대전화, 노트북 등에 사용되는 리튬이온 배터리의 화재위험성과 대책을 설명 하시오.

▲해설 1. 개요
   1) 리튬 이온 전지(-電池, Lithium-ion battery, Li-ion battery)는 이차 전지의 일 종으로서, 방전 과정에서 리튬 이온이 음극에서 양극으로 이동하는 전지이다.
   2) 충전시에는 리튬 이온이 양극에서 음극으로 다시 이동하여 제자리를 찾게 된다. 리튬 이온 전지는 충전 및 재사용이 불가능한 일차 전지인 리튬 전지와는 다르 며, 전해질로서 고체 폴리머를 이용하는 리튬 이온 폴리머 전지와도 다르다.
   3) 리튬 이온 전지는 에너지 밀도가 높고 기억 효과가 없으며, 사용하지 않을 때에 도 자가방전이 일어나는 정도가 작기 때문에 시중의 휴대용 전자 기기들에 많 이 사용되고 있다.
   4) 그러나 일반적인 리튬 이온 전지는 잘못 사용하게 되면 폭발할 염려가 있으므 로 주의해야 한다.
   5) 음극, 양극과 전해질로 어떤 물질을 사용하느냐에 따라 전지의 전압과 수명, 용 량, 안정성 등이 크게 바뀔 수 있다.

2. 리튬이온 배터리의 구성 및 특징
   1) 리튬 이온 전지는 양극, 음극, 전해질의 세 부분으로 구성
      ① 음극 재질은 흑연
      ② 양극에는 층상의 리튬코발트산화물(lithium cobalt oxide)과 같은 산화물, 인산 철리튬(lithium iron phosphate, LiFePO4)과 같은 폴리음이온, 리튬망간 산화 물, 스피넬 등이 쓰인다.
      ③ 전해질에는 고체 폴리머로 이용
   2) 충방전 원리

기출문제

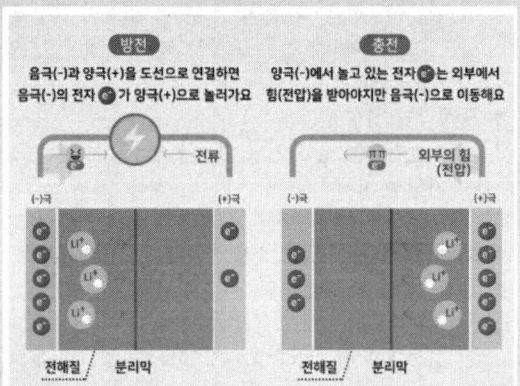

4. 리튬이온 배터리의 화재의 위험성
    1) 제조상의 결함
        ① 배터리를 보호하는 케이스와 내부 전극 사이에 충분한 공간이 없음.
        ② 전극이 압박을 받음으로써 일부 배터리 전극이 구부러져 쇼트발생
    2) 설계상의 문제
        ① 최근의 소형 단말기는 대부분 최대한 얇으면서 가볍게 설계된다. 특히 작은 본체에 대용량 배터리를 탑재한 경우라면 내구성에도 문제 발생
        ② 배터리 주변에 물리적 압력이 가해지면 전극과 분리기가 손상을 입고 쇼트를 일으킬 수 있음.
        ③ 환기 및 온도 관리가 허술하면 배터리 내부 가연성 전해질의 발열로 이어지고 일단 전해질이 뜨거워지면 화학 반응이 다른 발열로 이어짐
    3) 리튬이온 배터리의 과충전이나 과방전으로 인한 화재나 폭발 발생
    4) 불량 충전기에서 발화
        불량 충전 케이블은 인하여 전선피복에서 단락이나 케이블과 콘넥터 연결부분에 서접촉저항 증가 발화가 일어난다.
5. 대책
    1) 리튬이온배터리 제조업체의 공정관리 강화
    2) 리튬이온배터리의 보호회로 기준 강화
    3) 대체 배터리 연구강화
    4) 사용 및 보관의 부주의에 의한 사고 위험 예방
        ① 직사광선에 노출된 장소는 피함.
        ② 충전지와 전지는 정품만 사용
        ③ 전지를 망치 등으로 두드리거나 높은 곳에서 낙하 등 강한 충격방지
        ④ 끝이 날카로운 송곳 등으로 전지를 뚫는 것은 피함
        ⑤ 전지를 물속에 넣거나 습기가 많은 곳에서 사용 금함

114회

> 113회(2017년 8월)

> 112회(2017년 5월)

> 111회(2017년 1월)

01 위험물안전관리법령에 따라 다음 사항을 설명하시오.
1) 액상의 정의
2) 지정수량 판정기준을 위한 수용성의 정의
3) 유분리장치 설치여부를 위한 수용성의 정의

해설　1. 액상의 정의
　　　　1) 수직으로 된 시험관에 시료를 55mm까지 채우고, 시험관을 수평으로 하였을 때 시료 액면의 선단이 30mm를 이동하는데 걸리는 기간이 90초 이내인 것
　　　　2) 시험관 : 안지름 300mm, 높이 120mm의 원통형유리관
　　　2. 지정수량 판정기준을 위한 수용성의 정의
　　　　인화성 액체 중 수용성 액체란 온도 20℃, 기압 1기압에서 동일한 양의 증류수와 완만하게 혼합하여, 혼합액의 유동이 멈춘 후 당해 혼합액이 외관을 유지하는 것을 말한다.
　　　3. 유분리장치 설치여부를 위한 수용성의 정의
　　　　온도 20℃의 물 100g에 용해되는 양이 1g 미만인 것

02 화학물질 분류 및 표지에 관한 세계조화시스템(GHS)에 따른 위험물 수납용기 외부의 경고표시 기재사항을 설명하시오.

해설　1. 위험물 수납용기 외부의 경고표시 기재사항
　　　　1) 위험물을 수납한 용기의 외부에 표시할 사항　**암기** 신문제공 유예
　　　　　① 신호어 : 위험성의 심각성 정도에 따라 표시하는 "위험" 또는 "경고"로 표시하는 문구
　　　　　② 그림문자 : 분류기준에 따라 위험성의 내용을 나타내는 그림

③ 제품정보 : 물질명 또는 제품명, 함량 등에 관한 정보
④ 공급자정보 : 제조자 또는 공급자의 명칭, 연락처 등에 관한 정보
⑤ 유해・위험문구(H CODE) : 분류기준에 따라 위험성을 알리는 문구
⑥ 예방조치문구(P CODE) : 화학물질에 노출되거나 부적절한 저장・취급 등으로 발생하는 위험성을 방지하거나 최소화하기 위한 권고조치를 명시한 문구

2) 표지의 바탕

바탕은 백색으로, 문자와 테두리는 흑색으로 하되, 용기의 표면을 바탕색으로 사용할 수 있다. 다만, 바탕색이 흑색에 가까운 경우 문자와 테두리를 바탕색과 대비되는 색상으로 하여야 한다.

3) 그림문자

위험성을 나타내는 심벌과 테두리로 구성하며 심벌은 검정색으로, 테두리는 적색으로 한다.

2. GHS 기준에 따른 유해・위험성 분류 정보 예시

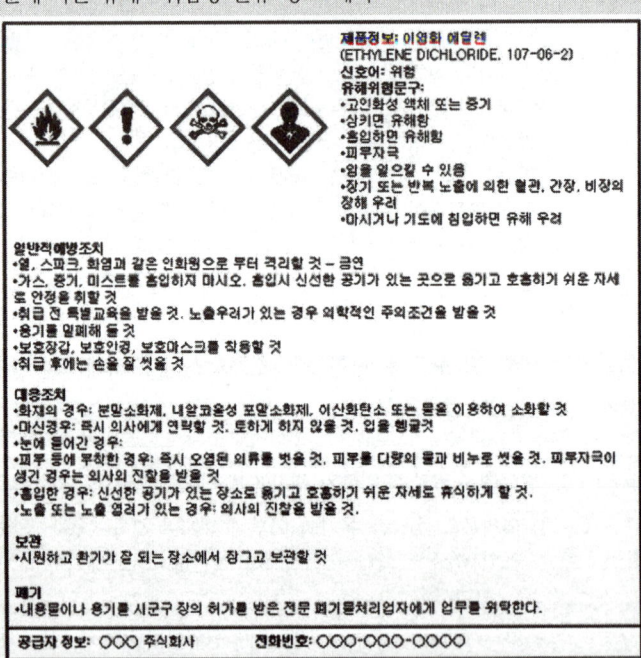

03 위험물안전관리법령에 따른 위험물의 성질을 분류하기 위한 시험방법 중 다음 (   )안에 알맞은 내용을 쓰시오.

유별	성질	시험방법
제1류	산화성	연소시험, ( )
	충격민감성	( ), 철관시험
제2류	착화위험성	( )
	인화위험성	인화점시험
제3류	자연발화성	발화위험성시험
	금수성	물과 접촉하여 발화하거나 가연성가스를 발생할 위험성 시험
제4류	인화점	인화점시험
제5류	폭발성	( )
	가열분해성	( )
제6류	산화성	연소시험

◀ 해설

유별	성질	시험방법
제1류	산화성	연소시험, (대량연소시험)
	충격민감성	(낙구타격감도시험), 철관시험
제2류	착화위험성	(불꽃 착화시험)
	인화위험성	인화점시험
제3류	자연발화성	발화위험성시험
	금수성	물과 접촉하여 발화하거나 가연성가스를 발생할 위험성 시험
제4류	인화점	인화점시험
제5류	폭발성	(열분석시험)
	가열분해성	(압력용기시험)
제6류	산화성	연소시험

04 화학공장에서 촉매로 사용되는 알킬알루미늄(Alkylaluminium)에 대하여 다음 사항을 설명하시오.

1) 위험성
2) 소화약제(사용가능한 것과 사용 불가능으로 구분)
3) 물과 트라이에틸알루미늄(Triethylaluminium)의 화학반응식

기출문제

05 옥외탱크저장소에 최대저장수량이 100,000L인 탱크 1기만 설치하는 경우 다음 사항을 설명하시오. (단, 저장 위험물은 휘발유이고, 지반면의 탱크 바닥으로부터 탱크 옆판의 상단까지 높이는 6m이며, 탱크 내의 최대상용압력은 정압 4kPa이다.)

1) 보유공지의 너비, 방유제의 용량 및 높이
2) 설치 가능한 통기관의 종류와 설치기준
3) 주입구 게시판의 표시내용
4) 설치하여야 하는 소화설비와 경보설비

해설 1) 보유공지의 너비, 방유제의 용량 및 높이
  ① 보유공지의 너비
    지정수량 500배 이하 : 보유공지는 3m 이상

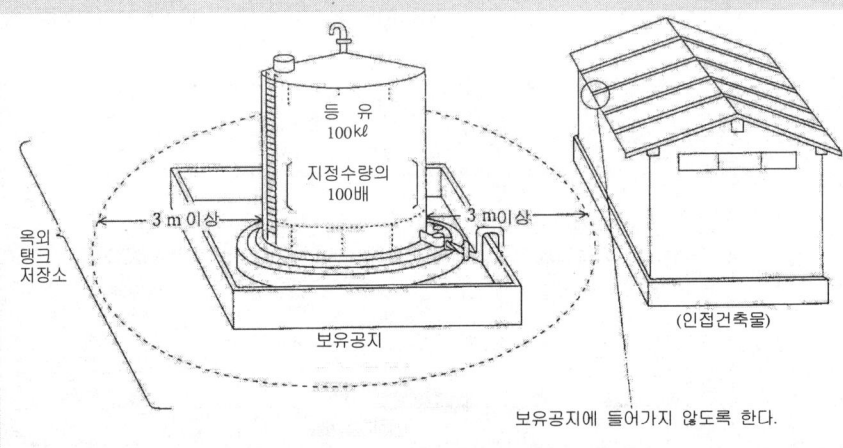

  ② 방유제의 용량 및 높이
    ㉠ 방유제 용량 : 100,000L × 1.1 =110,000L
    ㉡ 방유제의 높이 : 0.5 ~ 3m
2) 설치 가능한 통기관의 종류와 설치기준
  ① 밸브 없는 통기관
    ㉠ 직경은 30mm 이상일 것
    ㉡ 선단은 수평면보다 45도 이상 구부려 빗물 등의 침투를 막는 구조로 할 것
    ㉢ 가는 눈의 구리망 등으로 인화방지장치를 할 것. 다만, 인화점 70℃ 이상의 위험물만을 해당 위험물의 인화점 미만의 온도로 저장 또는 취급하는 탱크에 설치하는 통기관에 있어서는 그러하지 아니하다.
    ㉣ 가연성의 증기를 회수하기 위한 밸브를 통기관에 설치하는 경우에 있어서는 당해 통기관의 밸브는 저장탱크에 위험물을 주입하는 경우를 제외하고는 항상 개방되어 있는 구조로 하는 한편, 폐쇄하였을 경우에 있어서는 10kPa 이하의 압력에서 개방되는 구조로 할 것. 이 경우 개방된 부분의 유효단면적은 777.15mm² 이상이어야 한

다.
② 대기밸브부착 통기관
   ㉠ 5kPa 이하의 압력차이로 작동할 수 있을 것
   ㉡ ① ㉢의 기준에 적합할 것
3) 주입구 게시판의 표시내용
   ① 주입구 게시판의 표시내용
      인화점이 21℃ 미만인 위험물의 옥외저장탱크의 주입구에는 보기 쉬운 곳에 다음의 기준에 의한 게시판을 설치할 것. 다만, 소방본부장 또는 소방서장이 화재예방상 당해 게시판을 설치할 필요가 없다고 인정하는 경우에는 그러하지 아니하다.
      ㉠ 게시판은 한변이 0.3m 이상, 다른 한변이 0.6m 이상인 직사각형으로 할 것
      ㉡ 게시판에는 "옥외저장탱크 주입구"라고 표시하는 것 외에 취급하는 위험물의 유별, 품명 및 별표 4 Ⅲ제2호라목의 규정에 준하여 주의사항을 표시할 것
      ㉢ 게시판은 백색바탕에 흑색문자(별표 4 Ⅲ제2호라목의 주의사항은 적색문자)로 할 것

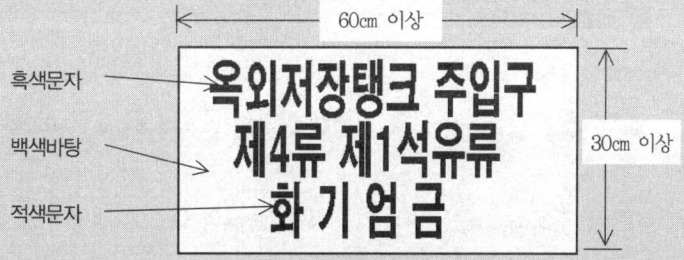

110회(2016년 8월)

01 위험물안전관리법상 운송책임자의 감독·지원을 받아 운송하는 위험물의 종류·성상 및 위험물 이동탱크의 설치기준을 쓰고, 운송책임자의 자격요건 및 해당 위험물의 유출시 적응 소화약제와 소화방법에 대하여 설명하시오.

02 병원시설에서 사용하는 산화에틸렌(Ethylene Oxide)가스의 위험성과 보관상 주의사항을 설명하시오.

기출문제

109회(2016년 5월)

01 물질안전보건자료(MSDS)의 작성항목을 설명하시오.

108회(2016년 1월)

01 자체소방대를 설치하여야 하는 제4류 위험물을 취급하는 사업소(제조소 또는 일반 취급소)의 화학소방자동차에 갖추어야 하는 소화능력 및 설비 기준에 대하여 설명하시오.

02 제조소등의 안전거리 단축 기준인 방화상 유효한 담 높이 산정식을 설명하시오.

03 위험물 제조소의 안전거리 기준 및 건축물의 구조에 대하여 설명하시오.
   1) 안전거리 기준
   2) 건축물의 구조

04 휘발유(Gasoline)의 성상, 위험성, 저장·취급방법, 소화방법과 유해성에 대하여 설명하시오.

05 위험물을 옥외에서 제조·취급하는 화학공장 시설에 설치되는 고정식 포소화설비의 포방출구를 포모니터 노즐 방식으로 설치하고자 할 경우 다음 사항을 설명하시오.
   1) 포모니터 노즐의 정의
   2) 설치기준
   3) 수원의 수량

◢해설 1. 포모니터 노즐의 정의
   1) 인화점이 38℃ 이하의 위험물을 저장하는 옥외탱크나 이송취급소의 주입구를 방호하기 위해 설치하는 것으로, 원격조작이 가능하다.
   2) 발포방식은 포소화전과 유사하다.
   2. 설치기준
   1) 포모니터 노즐은 옥외저장탱크 또는 이송취급소의 펌프설비 등이 안벽, 부두, 해상구조물, 그 밖의 이와 유사한 장소에 설치되어 있는 경우에 당해 장소의 (해면과 접하는

선)으로부터 수평거리 15m 이내의 해면 및 주입구등 위험물취급설비의 모든 부분이 수평방사거리 내에 있도록 설치할 것. 이 경우에 그 설치개수가 1개인 경우에는 2개로 할 것
  2) 포모니터 노즐은 소화활동상 지장이 없는 위치에서 기동 및 조작이 가능하도록 고정하여 설치할 것
  3) 포모니터 노즐은 모든 노즐을 동시에 사용할 경우에 각 노즐선단의 방사량이 1900ℓ/min 이상이고 수평방사거리가 30m 이상이 되도록 설치할 것
3. 수원의 수량
  1) 방사량 (30분 이상)
    1900L/min × 30min × 2ea = 114m³
  2) 포소화배관내를 채우기 위하여 필요한 양
    114m³ + 포소화배관내를 채우기 위하여 필요한 양

06 자연발화성의 시험방법 및 판정기준을 위험물 안전관리에 관한 세부기준에 근거하여 설명하시오.

07 다음과 같은 소화난이도 등급Ⅰ에 해당되는 위험물 일반취급소에 설치되는 스프링클러설비의 아래 항목에 대하여 답하시오.

- 취급유종 : 등유(Kerosene), 인화점 40℃
- 건축구조 : 지상1층, 내화구조의 벽/바닥으로 구획된 가로 20m×세로 15m
- 스프링클러헤드 단위유량은 80L/min, 살수기준 면적은 실 전체 면적으로 함.

1) 상기 위험물시설에 적용되는 스프링클러설비의 세부 설치기준
2) 상기 조건에 적합한 스프링클러 설치개수, 유량, 수원량 산정

107회(2017년 8월)

01 테르밋반응을 설명하고, 테르밋반응으로 인해 발생할 수 있는 화재위험성에 대하여 설명하시오.

기출문제

02 위험물 저장탱크에서 화재가 발생하였을 경우 다음 질문에 답하시오.
1) 위험물이 아세톤일 경우 사용 가능한 알콜형 포소화약제를 5가지로 세분하여 그 특성을 설명하시오.
2) 위험물이 중유일 경우 저장 탱크에서 나타날 수 있는 슬롭오버(Slop Over)와 보일오버(Boil Over) 현상에 대하여 설명하시오.

106회(2015년 5월)

01 무기과산화물, 유기과산화물 및 목재가 연소에 용이한 이유를 설명하시오.

▲해설
1. 무기과산화물, 유기과산화물
   1) 무기과산화물
      무기과산화물이란 분자 내에 $-O-O-$ (Peroxy기)결합을 가진 산화물의 총칭으로 과산화수소(H_2O_2)의 수소분자가 금속으로 치환된 제1류 위험물이다.
      불안정한 물질로 가열 등에 의해 분해되며 산소를 방출한다.
      무기과산화물 자체는 연소되지 않지만, 유기물 등과 접촉하여 산소를 방출한다.
      물과 격렬하게 반응 $Na_2O_2 + H_2O \rightarrow 2NaOH + \frac{1}{2}O_2$
   2) 유기과산화물
      유기과산화물이란 과산화물의 수소원자가 알킬기로 치환된 구조로서 $R'-O-O-R'$ ($R=C_nH_{2n+1}$)이다.
      $-O-O$ 사이의 결합에너지 3Kcal/mol 결합이 약하여 충격 등에 의해 쉽게 분해되며, 산소를 함유하고 있는 자기 반응성 물질이다.
2. 연소에 용이한 이유
   1) 무기과산화물
      무기과산화물 자체는 연소되지 않지만, 결합에너지는 낮저, 열, 충격, 마찰 등에 $O-O$ 결합이 분해되어 산소를 방출하므로 주변 가연물 연소를 돕는 조연성 물질이다.
   2) 유기과산화물
      결합에너지는 34Kcal/mol로 낮으며, 열, 충격, 마찰 등에 $O-O$ 결합이 분해되어 ($R-O-O-R \rightarrow R-O\cdot + \cdot O-R$) 라디칼을 생성하여 작은 에너지에 의해서 쉽게 연소가 일어난다.
      반응성과 연소성이 매우 크고, 열적으로 불안정하여 자기촉진분해 위험성이 있으며, 액체의 경우 인화점이 낮은 액체로 위험분위기 조성시 폭발할 수 있다.
   3) 목재
      (1) 목재는 비균질성, 비균등성 물질로 특성치들이 측정 방향에 따라 달라짐

목재의 성분별 분해온도
반셀룰로즈 : 200~260℃
셀룰로즈 : 240~350℃
리그닌 : 280~500℃

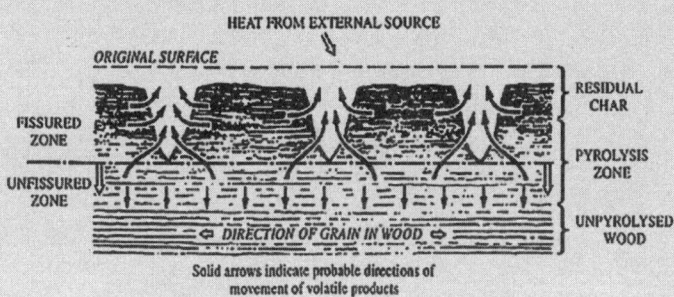

[목재의 연소 단면]

2) 목재판과 막대기의 연소
① 나무결 구조로 인해 특성치는 방향에 따라 변함
- 나무결과 평행의 열전도도는 나무결의 수직인 부분보다 약 2배가 됨
- 발생된 휘발분은 나무결에 따라 차이가 발생
② 온도에 다른 특성 변화
- 200~250℃ 이상에서 색깔이 변하고 숯이 생성
- 300℃ 이상이 되면 물리적 구조 파괴가 발생(휘발분이 쉽게 증발)
- 균열의 깊이가 증가됨에 따라 점차 넓어지고 악어등과 같은 형태를 가짐
건물화재에서 이런 현상이 나타나는 것은 화재의 상당한 성장을 의미함(탄화심도)
③ 화재억제제와 같은 무기불순물의 영향
분해속도에 매우 민감한 영향을 줌
④ 무기분 함량
사전에 영향을 주는 요소로 작용
3) 통나무 연소(격자구조의 연소)
① 목재의 배열의 상태에 따라 복잡해짐
② 겹친 통나무 내에 가두어진 열과 연소면 사이의 상호복사에 의해 가열면적과 흡수 열량이 커짐

02 저장용기에 저장된 메탄(CH_4)과 아세틸렌(C_2H_2)을 이동할 경우 어느 물질이 더 위험한지에 대하여 설명하시오.

◀해설 1. 메탄(CH_4), 아세틸렌(C_2H_2)
1) 메탄
- 메탄 연소범위(5~15)
$CH_4 + 2CO_2 \rightarrow CO_2 + 2H_2O$

기출문제

- 연소 시 LPG보다 적은 공기 소요
- 연소 하한이 높다.(상대적)
- 연소온도 2,050℃

2) 아세틸렌
- 아세틸렌 경우 가스폭발 범위는 2.5~81%
  아세틸렌 경우 분해폭발 범위는 2.5~100%
  $C_2H_2 \rightarrow 2C + H_2 + 54(Kcal)$
- 아세틸렌 분해반응이 발열반응인 물질로 분해폭발 발생
- 이러한 분해폭발성 가스가 분해되면 발열을 동반하여 분해 생성된 가스가 팽창되면서 압력이 상승하여 폭발하는 것

2. 위험성
1) 연소범위
  아세틸렌의 연소범위가 메탄에 비하여 넓다
2) 점화에너지
  아세틸렌은 작은에너지에 쉽게 연소 또는 폭발로 전이 된다.
3) 폭연 폭굉 가능성
  아세틸렌은 배관 중에서 발생되면 폭굉으로 전이되고 화염, 스파크, 가열 등의 열원이나 밸브개폐 등의 단열압축에 의해 발생될 수 있다.

03 가연성 액체와 화염확산속도는 전반적으로 가연성 고체의 화염확대속도보다 빠르다. 그 이유에 대하여 설명하시오.

◀해설▶ 1. 개요
고체의 화염확산은 표면화염확산 및 훈소의 성장으로 표현되며 액체의 화염확산는 액온의 인화점 보다 높을 때(예혼합형 연소), 액온의 인화점보다 낮을 때(예열형 연소)로 구분하여 표현된다.
가연성 기체의 화염확산은 UVCE로 표현되며 확산이 커지면 Fire Ball로 전이 되는 과정을 나타낸다.

2. 가연성 액체 화염확산
1) 정의
① 가연성 액체의 액면 상의 한 점에서 착화가 일어나면 화염은 액면을 따라서 일정한 속도로 번져간다.
② 이러한 현상은 화염의 연소 확대(Fire Spread)라 하며 그 거동은 액체 온도가 액체의 인화점보다 낮고 낮음에 따라 변한다.

2) 예열형 전파
① 액면상의 농도는 농도 하한계 이하 영역으로 액체를 가열해서 착화가능
② 화염에 의하여 미연소 액면이 예열 되어야만 연소가 확대
③ 인화점이 40℃ 부근인 맥동유 경우 상온에서 착화하면 계속 연소한다.
④ 중질유에서 연소속도는 액면 강화속도 표시한다.

$$V = A\frac{H_c}{H_V} = 0.076\frac{H_c}{H_V}$$

H_c : 연료의 연소열(kcal/kg)

H_V : 연료의 증발잠열(kcal/kg)

3) 표면 장력 구동류

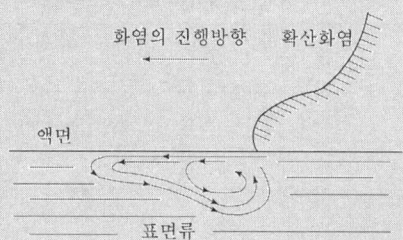

① 표면류에 의하여 화염 전방과 같은 방향으로 전열이 진행
② 가연성 증기는 화염으로부터 멀어짐에 따라 온도가 저하하여 부력을 읽기 때문에 흐름이 순환되는데
③ 이 흐름은 액면상의 표면장력의 구배에 기인하므로 표면 장력 구동류라 한다.
④ 따라서 연소 확대는 따뜻한 표면류에 의하여 차가운 미연액체가 가열되어 인화점에 도달하면 화염은 그 위치까지 이동하는 현상을 표면 장력 구동류라 한다.

4) 화염전파
① 표면류에 비하여 기상 중의 화염전파는 빠르며
② 화염은 곧바로 표면류의 맨 앞부분에 따라 붙어, 거기에서 다시 표면류의 발달을 기다려서 진행한다.
③ 따라서 인화점이 액온보다 낮을 경우에는 화염 전파는 일정한 속도로 진행하지 않고 가속과 감속을 반복하는 맥동점이 된다.

3. 고체 표면에서 화염 확산
1) 화염확산 속도(확산거리와 발화시간)
   (1) 고체표면 화염확산에서의 가장 많은 열전도율은 δ_f에 걸친 표면에서의 열전달이다.
   (2) 따라서 $q = q''\delta_f w$ (q'' : 화염전면의 열류, δ_f : 확산거리, w : 연료의 폭)
   (3) $A = wl$ 을 ⓐ에 대입하면
   $$V = \frac{q''\delta_f w}{\rho c A(T_{ig} - T_\infty)} = \frac{q''\delta_f}{\rho c l(T_{ig} - T_\infty)} \qquad ⓑ$$
   (4) 얇은 고체의 경우($l < 2\text{mm}$) 발화시간(t_{ig})은 $t_{ig} = \rho cl\dfrac{(T_{ig} - T_s)}{q''}$ 이므로 ⓑ식과 결합하면 확산속도 $V = \dfrac{\delta_f}{t_{ig}}$가 된다.
   (5) 두꺼운 고체의 경우($l > 2\text{mm}$)도 발화시간(t_{ig})식과 화염확산 속도식을 결합하면, 결국 $V = \dfrac{\delta_f}{t_{ig}}$로 귀결된다.

(6) 대부분의 경우 화염확산 문제는 화염의 열전달에 기인하는 확산거리(δ_f)와 발화시간(t_{ig})에 따른 문제가 된다.

2) 고체표면 화염의 확산방향

구분	하향 또는 측향 화염확산	상향 화염확산
정의	① 역풍확산(반대 흐름 확산) 화염확산방향 ⇌ 공기흐름방향 : [반대]	① 순풍확산(풍조확산) 화염확산방향 = 공기흐름방향 : [일치]
확산조건	② 확산 조건 : 표면온도 ≧ 임계온도(120℃)	② 바람은 화재자체에 기인되는 부력흐름에 의해서만 일어난다.
특징	③ 화염은 확산면의 전방 1mm보다 작은 영역을 가열한다.	③ 화염확산에 필요한 가열은 확장된 화염으로부터의 열전달에 의해 이루어진다. ④ 화염확산거리(δ_f)는 점화원의 성질과 벽의 연소특성에 의존한다.

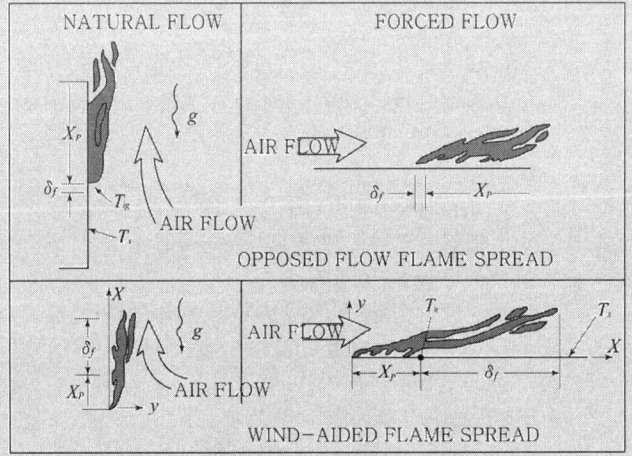

4. 액체의 화염확산 속도가 고체의 화염확산속도 빠른 이유
   1) 목재의 화염확산속도는 열전달 중 전도 및 가열된 화염의 길이에 영향을 받는다.
   2) 액체의 화염확산속도는 대류에 기인하며, 표면장력구동류 영향을 받는다.
   3) 정지된 공기 중에서의 액면 위 화염확산에서는 표면장력 효과는 화염 전면의 액체를 통한 열전달의 주요 원인이 된다. 이러한 액체의 열전달은 공기와의 경계면에서 일어나는 표면 열전달을 증가시킨다. 액체의 화염확산속도는 전반적으로 고체와 비교되는 성질상 고체의 화염 확대 속도보다 커진다.

105회(2015년 2월)

01 인화성액체의 인화점 시험방법 3가지와 세타(seta)밀폐식 측정기에 의한 인화점 측정시험방법을 설명하시오.

02 위험물안전관리법상 제1류 위험물의 산화성 시험 및 판전방법에 대하여 설명하시오.

104회(2014년 8월)

01 경질류 및 중질류 탱크의 화재특성에 대하여 설명하시오.

103회(2014년 5월)

01 위험물 판정기준으로 규정된 위험물 성질 중 ①액상 ②수용성액체의 정의에 대하여 각각 설명하시오.

> **해설** ① 액상의 정의
> 액체(제3석유류, 제4석유류 및 동식물유류에 있어서는 1기압과 섭씨 20도에서 액상인 것에 한한다)로서 인화의 위험성이 있는 것을 말한다.
> ② 수용성액체의 정의
> 인화성액체 중 수용성액체란 온도 20℃, 기압 1기압에서 동일한 양의 증류수와 완만하게 혼합하여, 혼합액의 유동이 멈춘 후 당해 혼합액이 균일한 외관을 유지하는 것을 말한다.

기출문제

> **Reference**
> 1. "산화성고체"라 함은 고체[액체(1기압 및 섭씨 20도에서 액상인 것 또는 섭씨 20도 초과 섭씨 40도 이하에서 액상인 것을 말한다. 이하 같다) 또는 기체(1기압 및 섭씨 20도에서 기상인 것을 말한다) 외의 것을 말한다. 이하 같다]로서 산화력의 잠재적인 위험성 또는 충격에 대한 민감성을 판단하기 위하여 소방방재청장이 정하여 고시(이하 "고시"라 한다)하는 시험에서 고시로 정하는 성질과 상태를 나타내는 것을 말한다. 이 경우 "액상"이라 함은 수직으로 된 시험관(안지름 30㎜, 높이 120㎜의 원통형유리관을 말한다)에 시료를 55㎜까지 채운 다음 당해 시험관을 수평으로 하였을 때 시료액면의 선단이 30㎜를 이동하는데 걸리는 시간이 90초 이내에 있는 것을 말한다.
> 2. "가연성고체"라 함은 고체로서 화염에 의한 발화의 위험성 또는 인화의 위험성을 판단하기 위하여 고시로 정하는 시험에서 고시로 정하는 성질과 상태를 나타내는 것을 말한다.
> 8. "인화성고체"라 함은 고형알코올 그 밖에 1기압에서 인화점이 섭씨 40도 미만인 고체를 말한다.
> 11. "인화성액체"라 함은 액체(제3석유류, 제4석유류 및 동식물유류에 있어서는 1기압과 섭씨 20도에서 액상인 것에 한한다)로서 인화의 위험성이 있는 것을 말한다.

02 연소가스에서 발생되는 유해물질의 독성허용한계농도(TLV)에서 ① 시간가중평균농도(TLV-TWA : Time Weighted Average Concentration) ② 단시간노출허용농도(TLV-STEL : Short Term Exposure Limit) ③최고허용농도(TLV-C : Ceiling)에 대하여 설명하시오.

해설

1. 정의
   독성물질의 섭취량과 인간에 대한 그 반응정도를 나타내는 관계에서 손상을 입히지 않는 농도 중 가장 큰 값(RMV=농도*지속시간)
2. TLV-TWA(Time Weighted Average Concentration)
   ① 시간 가중 평균 농도
   ② 매일 근로자가 일주일에 40시간, 하루 80시간씩 정상 근무할 경우 근로자에게 노출되어도 아무런 나쁜 영향을 주지 않는 최고 평균 농도값
   ③ TWA 농도 $= \dfrac{C_1 T_1 + C_2 T_2 \ldots + C_n T_n}{8}$
   C : 유해요인 측정농도(ppm)
   T : 유해요인 발생시간(H)
3. TLV-STEL(Short Term Exposure Limit)
   ① 단시간 노출 허용 시간
   ② 짧은 시간 동안 노출되어도 유해한 증상이 나타나지 않는 최고의 허용농도
   ③ 근로자가 작업 시 15분간 노출되어도 유해한 증상이 나타나지 않는 최고의 허용농도

㉠ 참을 수 없는 자극
㉡ 만성적 또는 비가역적 조직변화
㉢ 사고를 일으킬 수 있는 정도의 혼수상태, 자위력 손상 TLV-TWA농도를 초과하지 않아야 한다.
4. TLV-C(Ceiling Value : 최고치)
① 최고 허용 한계 농도
② 단 한순간이라도 초과하지 않아야 하는 농도를 의미한다.

102회(2014년 2월)

01 유해화학물질 유출사고 중 최근에 누출된 불산을 제독하는 방법 중 화학적 방법과 물리적 방법으로 구분하여 설명하시오.

02 국내 위험물안전관리법과 NFPA Code 704에서 규정하고 있는 위험물 분류 기준 등을 상호 비교하여 설명하고, 국내 위험물의 분류체계, 식별체계, 위험등급 측면에서의 문제점과 개선사항에 대하여 설명하시오.

해설 1. 개요
 1) NFPA 분류는 한 번 봄으로써 쉽게 위험물 특성을 알 수 있게 한 것이 대단한 장점이다.
 2) NFPA704에서는 위험물을 유독성(청), 가연성(적), 반응성(황) 관점에서 5단계(0~4)로 분류함.
2. 위험물 식별 표시

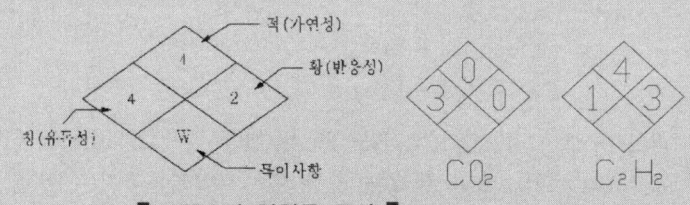

【 NFPA의 위험물 표시 】

1) 특이사항은 금수성, 산화성, 방사성 물질에 한하여 특별한 기호를 넣는 것
2) 예를 들면 금수성인 것은 물을 뿌려서는 안된다는 것을 알 수 있도록 표시
3) 이 표식은 소방대원뿐만 아니라 공장의 관계자에게도 알 수 있도록 하는 것임

기출문제

3. NFPA 위험물 분류

유 독 성(청색)		
4	위 험	짧은 노출(피폭)에도 치명적임. 특수 보호장비 필요
3	주 의	부식성 혹은 유독성·피부접촉 또는 흡입을 피할 것
2	주 의	흡입 또는 흡수시 유해
1	조 심	자극성이 있음
0		위험하지 않음
가 연 성(적색)		
4	위 험	가연성 가스 또는 대단히 연소하기 쉬운 액체
3	주 의	인화점 100°F 미만인 인화성액체
2	조 심	인화점 100°F 이상 200°F 미만인 가연성액체
1		가열시 가연성
0		불연성
반 응 성(황색)		
4	위 험	실온에서도 폭발성 물질
3	위 험	충격, 밀폐상태에서 가열 또는 물과 혼합시 폭발 물질
2	주 의	물과 혼합시 불안정하거나 격렬한 반응
1	조 심	물과 혼합시 또는 가열시 반응성이 있으나 격렬하지 않음
0	안 정	물과 혼합시 반응성이 없음
특이사항(백색)		
W		금수성 물질
OXY		산화성 물질

4. 결론
   1) 어떠한 물질에 대해서도 하나의 표시로 위험성을 나타낼 수 있고 저장, 취급, 소화활동관점에서 이점이 있는 반면 수송할 때 물질명을 알 수 없는 경우 대책을 세우는데 어려움이 있다.
   2) 물질의 위험성을 종합적으로 평가하고 그것을 조직의 구성원들에게 알리는 것이 중요하며 NFPA 704의 식별 및 분류체계는 위험도 및 다양한 위험을 한 빈 봄으로써 알 수 있는 대단한 장점이 있다.

03 과산화수소(H_2O_2)는 수용액 농도 36wt%(비중 약 1.137) 이상이 위험물에 속한다. 과산화수소는 양모, 펄프, 종이, 식품, 유지 등의 표백제(농도 3%), 산화제, 방부제(농도 3%), 살균제(농도 3%), 소독제(농도 3%) 등의 다양한 농도로 사용된다. 따라서 과산화수소(H_2O_2)에 대하여 다음을 설명하시오.

1) 위험성
2) 저장 및 취급방법
3) 소화방법

101회(2013년 8월)

01 중질유 저장탱크에서 발생하는 현상중 Boil Over와 Froth Over에 대하여 설명하시오.

02 탄화칼슘(CaC_2) 제조 공장의 침수로 인한 화재발생과정 및 위험성에 대하여 설명하시오.

03 방유제의 설치기준을 기술하고, 제조소의 옥외 탱크와 옥외 탱크저장소에 설치하는 방유제 용량 산출 방식을 구분하여 설명하시오.

◀해설 방유제
1. 인화성액체위험물(이황화탄소를 제외한다)의 옥외탱크저장소의 탱크 주위에는 다음 각목의 기준에 의하여 방유제를 설치하여야 한다.
   가. 방유제의 용량은 방유제안에 설치된 탱크가 하나인 때에는 그 탱크 용량의 110% 이상, 2기 이상인 때에는 그 탱크 중 용량이 최대인 것의 용량의 110% 이상으로 할 것. 이 경우 방유제의 용량은 당해 방유제의 내용적에서 용량이 최대인 탱크 외의 탱크의 방유제 높이 이하 부분의 용적, 당해 방유제내에 있는 모든 탱크의 지반면 이상 부분의 기초의 체적, 간막이 둑의 체적 및 당해 방유제 내에 있는 배관 등의 체적을 뺀 것으로 한다.
   나. 방유제의 높이는 0.5m 이상 3m 이하로 할 것
   다. 방유제내의 면적은 8만m^2 이하로 할 것
   라. 방유제내의 설치하는 옥외저장탱크의 수는 10(방유제내에 설치하는 모든 옥외저장탱크의 용량이 20만L 이하이고, 당해 옥외저장탱크에 저장 또는 취급하는 위험물의 인화점이 70℃ 이상 200℃ 미만인 경우에는 20) 이하로 할 것. 다만, 인화점이 200℃ 이상인 위험물을 저장 또는 취급하는 옥외저장탱크에 있어서는 그러하지 아니하다.
   마. 방유제 외면의 2분의 1 이상은 자동차 등이 통행할 수 있는 3m 이상의 노면폭을 확보한 구내도로(옥외저장탱크가 있는 부지내의 도로를 말한다. 이하 같다)에 직접 접하도록 할 것. 다만, 방유제내에 설치하는 옥외저장탱크의 용량합계가 20만L 이하인 경우에는 소화활동에 지장이 없다고 인정되는 3m 이상의 노면폭을 확보한 도로 또는 공지에 접하는 것으로 할 수 있다.
   바. 방유제는 옥외저장탱크의 지름에 따라 그 탱크의 옆판으로부터 다음에 정하는 거리를 유지할 것. 다만, 인화점이 200℃ 이상인 위험물을 저장 또는 취급하는 것에 있어서는 그러하지 아니하다.
     1) 지름이 15m 미만인 경우에는 탱크 높이의 3분의 1 이상
     2) 지름이 15m 이상인 경우에는 탱크 높이의 2분의 1 이상
   사. 방유제는 철근콘크리트 또는 흙으로 만들고, 위험물이 방유제의 외부로 유출되지 아니하는 구조로 할 것
   아. 용량이 1,000만L 이상인 옥외저장탱크의 주위에 설치하는 방유제에는 다음의 규정에

따라 당해 탱크마다 간막이 둑을 설치할 것
1) 간막이 둑의 높이는 0.3m(방유제내에 설치되는 옥외저장탱크의 용량의 합계가 2억L를 넘는 방유제에 있어서는 1m)이상으로 하되, 방유제의 높이보다 0.2m 이상 낮게 할 것
2) 간막이 둑은 흙 또는 철근콘크리트로 할 것
3) 간막이 둑의 용량은 간막이 둑안에 설치된 탱크이 용량의 10% 이상일 것

자. 방유제내에는 당해 방유제내에 설치하는 옥외저장탱크를 위한 배관(당해 옥외저장탱크의 소화설비를 위한 배관을 포함한다), 조명설비 및 계기시스템과 이들에 부속하는 설비 그 밖의 안전확보에 지장이 없는 부속설비 외에는 다른 설비를 설치하지 아니할 것

차. 방유제 또는 간막이 둑에는 당해 방유제를 관통하는 배관을 설치하지 아니할 것. 다만, 방유제 또는 간막이 둑에 손상을 주지 아니하도록 하는 조치를 강구하는 경우에는 그러하지 아니하다.

카. 방유제에는 그 내부에 고인 물을 외부로 배출하기 위한 배수구를 설치하고 이를 개폐하는 밸브 등을 방유제의 외부에 설치할 것

타. 용량이 100만L 이상인 위험물을 저장하는 옥외저장탱크에 있어서는 카목의 밸브 등에 그 개폐상황을 쉽게 확인할 수 있는 장치를 설치할 것

파. 높이가 1m를 넘는 방유제 및 간막이 둑의 안팎에는 방유제내에 출입하기 위한 계단 또는 경사로를 약 50m마다 설치할 것

2. 제1호 가목·나목·사목 내지 파목의 규정은 인화성이 없는 액체위험물의 옥외저장탱크의 주위에 설치하는 방유제의 기술기준에 대하여 준용한다. 이 경우에 있어서 제1호 가목 중 "110%"는 "100%"로 본다.

04 불화수소의 물리, 화학적 독성, 누출 시 인체와 환경에 미치는 영향 및 대책에 대하여 설명하시오.

05 최근 석유화학공장 등에서 폭발 및 화재사고가 빈번하게 발생하고 있다. 이러한 사고를 미연에 방지하기 위하여 물질안전 보건제도(Material Safety Data Sheets, MSDS)가 매우 중요하다. 이 제도의 실시배경, 목적, 대상물질 및 작성항목에 대하여 설명하시오.

06 자기반응성물질의 시험방법 및 판정기준을 위험물안전관리에 관한 세부기준을 근거로 설명하시오.

해설 1. 위험물안전관리에 관한 세부기준
제17조(자기반응성물질의 시험방법 및 판정기준) 영 별표 1 비고 제19호의 규정에 따른 자기반응성물질에 해당하는 것의 시험방법 및 판정기준은 제18조 내지 제21조에 의한다.
2. 시험방법 및 판정기준은 제18조 내지 제21조
① 제18조(폭발성 시험방법) 폭발성으로 인한 위험성의 정도를 판단하기 위한 시험은 열분석시험으로 하며 그 방법은 다음 각 호에 의한다.
1. 표준물질의 발열개시온도 및 발열량(단위 질량당 발열량을 말한다. 이하 같다)
  가. 표준물질인 2·4-디니트로톨루엔 및 기준물질인 산화알루미늄을 각각 1mg씩 파열압력이 5MPa 이상인 스테인레스강재의 내압성 쉘에 밀봉한 것을 시차주사(示差走査)열량측정장치(DSC) 또는 시차(示差)열분석장치(DTA)에 충전하고 2·4-디니트로톨루엔 및 산화알루미늄의 온도가 60초간 10℃의 비율로 상승하도록 가열하는 시험을 5회 이상 반복하여 발열개시온도 및 발열량의 각각의 평균치를 구할 것
  나. 표준물질인 과산화벤조일 및 기준물질인 산화알루미늄을 각각 2mg씩으로 하여 가목에 의할 것
2. 시험물품의 발열개시온도 및 발열량 시험은 시험물질 및 기준물질인 산화알루미늄을 각각 2mg씩으로 하여 제1호가목에 의할 것
② 제21조(가열분해성 판정기준 등)
가열분해성으로 인하여 자기반응성물질에 해당하는 것은 제20조에 의한 시험결과 파열판이 파열되는 것으로 하되, 그 지정수량은 다음 각 호와 같다(2 이상에 해당하는 경우에는 지정수량이 낮은 쪽으로 한다).
1. 구멍의 직경이 0.6mm인 오리피스판을 이용하여 파열판이 파열되는 물질 : 지정수량 200kg
2. 구멍의 직경이 1mm인 오리피스판을 이용하여 파열판이 파열되는 물질 : 지정수량 100kg
3. 구멍의 직경이 9mm인 오리피스판을 이용하여 파열판이 파열되는 물질 : 지정수량 10kg

기출문제

100회(2013년 5월)

01 국내에 규정된 위험물제조소 및 일반취급소에서 발생하는 가연성 유증기 처리를 위한 환기설비 및 배출설비의 설치기준을 설명하시오.

해설

Ⅰ. 환기설비
1) 환기는 자연배기방식으로 할 것
2) 급기구는 당해 급기구가 설치된 실의 바닥면적 150㎡마다 1개 이상으로 하되, 급기구의 크기는 800㎠ 이상으로 할 것. 다만 바닥면적이 150㎡ 미만인 경우에는 다음의 크기로 하여야 한다.

바닥면적	급기구의 면적
60㎡ 미만	150㎠ 이상
60㎡ 이상 90㎡ 미만	300㎠ 이상
90㎡ 이상 120㎡ 미만	450㎠ 이상
120㎡ 이상 150㎡ 미만	600㎠ 이상

3) 급기구는 낮은 곳에 설치하고 가는 눈의 구리망 등으로 인화방지망을 설치할 것
4) 환기구는 지붕위 또는 지상 2m 이상의 높이에 회전식 고정벤티레이터 또는 루푸팬방식으로 설치할 것

2. 배출설비가 설치되어 유효하게 환기가 되는 건축물에는 환기설비를 하지 아니 할 수 있고, 조명설비가 설치되어 유효하게 조도가 확보되는 건축물에는 채광설비를 하지 아니할 수 있다.

Ⅱ. 배출설비
가연성의 증기 또는 미분이 체류할 우려가 있는 건축물에는 그 증기 또는 미분을 옥외의 높은 곳으로 배출할 수 있도록 다음 각호의 기준에 의하여 배출 설비를 설치하여야 한다.

1. 배출설비는 국소방식으로 하여야 한다. 다만, 다음 각목의 1에 해당하는 경우에는 전역방식으로 할 수 있다.
  가. 위험물취급설비가 배관이음 등으로만 된 경우
  나. 건축물의 구조·작업장소의 분포 등의 조건에 의하여 전역방식이 유효한 경우
2. 배출설비는 배풍기·배출닥트·후드 등을 이용하여 강제적으로 배출하는 것으로 하여야 한다.
3. 배출능력은 1시간당 배출장소 용적의 20배 이상인 것으로 하여야 한다. 다만, 전역방식의 경우에는 바닥면적 1㎡당 18㎥ 이상으로 할 수 있다.
4. 배출설비의 급기구 및 배출구는 다음 각목의 기준에 의하여야 한다.
  가. 급기구는 높은 곳에 설치하고, 가는 눈의 구리망 등으로 인화방지망을 설치할 것
  나. 배출구는 지상 2m 이상으로서 연소의 우려가 없는 장소에 설치하고, 배출닥트가 관통하는 벽부분의 바로 가까이에 화재시 자동으로 폐쇄되는 방화댐퍼를 설치할 것

5. 배풍기는 강제배기방식으로 하고, 옥내닥트의 내압이 대기압 이상이 되지 아니하는 위치에 설치하여야 한다.

02 NFPA-30에 규정된 가연성액체(Combustible Liquid)와 인화성 액체(Flammable Liquid)의 세부 구분 기준을 설명하시오.

99회(2013년 2월)

01 독성학의 허용농도 표시법에서 TLV(허용한계농도)에 대하여 설명하시오.

02 위험물의 취급기준을 10가지 이상 기술하시오.

98회(2012년 8월)

01 도장작업을 한 탱크, 기름을 넣었던 탱크, 피트 등의 밀폐된 공간에서의 용접작업 시 화재 방지 및 작업자의 안전을 위한 안전조치 사항을 설명하시오.

02 위험물안전관리법령으로 정하는 위험물의 지정수량(정의, 규제범위, 배수계산 및 표시)에 대하여 설명하시오.

03 금속나트륨의 화학적 특성, 화재위험성 및 화재감식요령에 대하여 설명하시오.

04 트리에틸알루미늄(Tri Ethyl Aluminium ; $(C_2H_5)_3Al$)의 성상, 위험성, 저장·취급 및 소화방법에 대하여 설명하시오.

05 제2류 위험물의 종류별 품명, 지정수량, 위험등급 및 위험물안전관법령상의 범위와 한계에 대하여 설명하시오.

기출문제

97회(2012년 5월)

01 일정규모 이상의 인화성 또는 발화성 위험물질을 제조, 저장 및 취급하는 시설은 특정 보호시설과 적정한 안전거리의 확보가 요구된다. 위험물 안전관리법에 규정된 안전거리 이격 기준을 설명하시오.

96회(2012년 2월)

95회(2011년 8월)

01 최근 일본에서 발생한 지진·해일로 기간산업시설 안전관리에 대한 국민들의 우려가 고조되고 있는 실정이다. 국내 위험물의 저장·취급시설의 지진재해방지조치에 대하여 기술하시오.

02 톨루엔(Toluene)을 저장하고 있는 고정지붕식탱크(Fixed roof thank)는 유류의 주입 및 배율에 적합한 배기구(Normal & emergency vents)를 갖추어야 한다. 다음과 같은 조건을 기준으로 총비상배기용량(Total emergency relief capacity)을 산출하시오.

- 톨루엔 분자량(Molecular weight) : 92.1g/mole
- 톨루엔 증발잠열(Latent heat of vaporization) : 7.93kcal/mole
- 자유대기량(Free air per hour) : 639000ft^3
- 단위환산 : 1kcal=3.968Btu, 1lb=454g

03 위험물시설중 소화난이도 등급1에 대해 해당하는 제조소 등을 구분하고 필요한 소화설비의 종류에 대하여 기술하시오.

04 위험물안전관리법에 의한 옥내탱크전용실 중 「단층 건축물 및 단층이외의 건축물에 설치된 탱크전용실」의 건축적인 측면에서의 설치기준에 대해 설명하시오.

94회(2011년 5월)

01 위험물 탱크 공간용적의 산정기준을 설명하고, 다음 그림과 같은 탱크의 내용적 계산식을 쓰시오.

◢해설

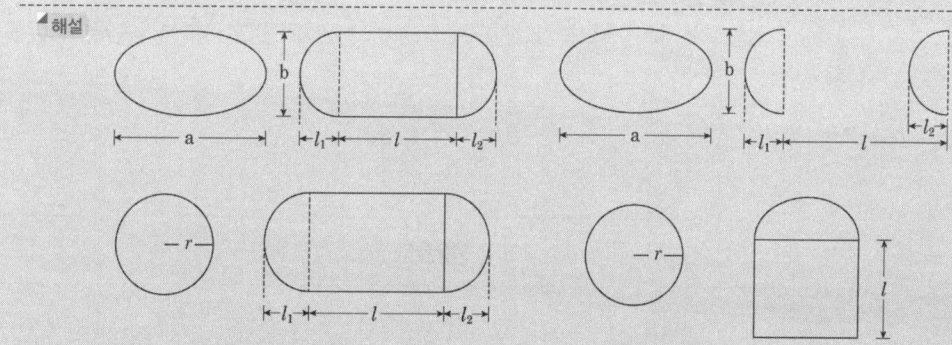

02 국제연합(UN)에서 규정한 화학물질 분류표지에 관한 세계조화시스템(GHS)의 화학물질의 유해, 위험성을 분류하고 설명하시오.

03 소방관련법에서 특수가연물의 품명별 지정수량과 저장 및 취급방법에 대하여 설명하시오.

04 금속화재 발생 시 화재진압 방법에 대하여 설명하시오.

기출문제

93회(2011년 2월)

01 아염소산나트륨(NaClO$_2$)는 섬유의 표백, 펄프·우지의 탈색 및 표백, 가구용 목재보존, 어유·전분·설탕의 표백, 염색, 수돗물의 살균, 복숭아·포도의 표백, ClO$_2$ 제조 등에 사용된다. 그러나 위 화합물은 위험물안전관리법, 동법 시행령 제2조[별표 1]의 제1류 위험물(산화성 고체)로 분류하고 있다. 이에 대한 ① 위험성 및 유독성 ② 저장·취급 방법 ③ 화재시 소화방법을 설명하시오.

02 액체에서의 표면화염확산은 고체의 표면화염 확산 메카니즘과 유사하다. 그러나 액체인 경우에는 화염확산으로 인해 액체 내부에 움직임이 일어날 수 있는 것이 다르다. 이 경우 정지된 공기중에서 액면 위 화염확산으로 가정하고 고체표면화염확산과 다른 이유를 설명하시오.

92회

01 산업안전기준에 규정된 다음의 독성물질 구분기준항목에 대하여 설명하고, 각 항목의 함량 기준치를 제시하시오.(10점)

　가. LD50(경구, 쥐)
　나. LD50(경피, 토끼 또는 쥐)
　다. LD50(쥐, 4시간 흡입)

02 국내에서 적용되는 방유제(Dike)내의 옥외탱크저장소의 저장규모별로 구분되는 보유공지, 저장탱크간의 이격거리(인접탱크간의 보유공지) 및 보유공지 단축기준에 대하여 설명하고 이 용도의 물분무소화설비의 설치기준에 대하여 설명하시오.

03 위험물 저장탱크 중 지붕부상형(EFRT, External Floating Roof Tank)탱크에 고정포 방출 설비(Fixed Foam Chamber System)를 설치할 경우 예상되는 문제점과 최근 적용되고 있는 개선방식에 대하여 설명하시오.(25점)

91회

01 위험물안전관리법, 동법 시행령 제2조[별표1]에서 제1류인 염소산염류와 제6류인 질산(HNO_3)을 위험물로 분류하는 이유를 아래 각항에 대하여 설명하시오.
① 염소산염류는 염소산칼륨($KClO_3$)이 진한 황산과 접촉할 때를 상정하여 그 구체적 작용
② 질산은 암모니아와 접촉할 때를 상정하여 그 구체적 작용

90회

01 자동차 생산 공정 중에서 화재 발생빈도 및 화재위험성이 높은 도장공정의 발화위험 발화예방과 화재발생시의 소방대책에 대하여 설명하시오.

89회

01 위험물안전관리법령에서 규정하는 다음 용어에 대하여 설명하시오.
1) 액상 2) 마그네슘 3) 알코올류 4) 동식물유류 5) 수용성 물질

02 위험물안전관리법시행규칙에서 "위험물의 운반에 관한 기준"에 따라 제1류위험물의 위험등급을 분류하고 품명 중 "그밖에 총리령으로 정하는 것" 8가지와 각각의 지정수량을 기술하시오.

03 생석회(산화칼슘)와 톱밥, 지푸라기 등을 배수시설이 충분하지 않은 장소에 보관하던 중 빗물로 인하여 화재가 발생하였다. 화재발생 메커니즘 및 감식방법에 대하여 논하시오.

기출문제

88회

01 유해위험물질(화재폭발 및 독성)은 유해가스 위험정도를 판단하기 위하여 독성지수를 적용한다. 대표적인 지수인 TWA 및 STEL에 대하여 각각 기술하시오.

02 제3류 위험물의 품명, 성질, 취급요령 및 소화방법에 대하여 기술하시오.

03 위험물 제조소 및 일반취급소의 보유공지 기준과 완화조건에 대하여 기술하시오.

87회

01 윤화(Ring fire)현상을 설명하고 그 발생원인 및 대책을 기술하시오.

02 중질유 탱크화재 시 발생하는 Boil Over, Slop Over, Froth Over에 대해 설명하시오.

86회

85회

01 위험물안전관리법, UN수송규칙 및 GHS(Globally Harmonized System of Classification and Chemicals)에서 규정하는 위험물의 물리적 위험성 분류를 비교 설명하시오.

02 위험물안전관리법에서 정하고 있는 제4류 위험물에 대하여 기술하고, 이를 판정하기 위한 시험방법에 대하여 설명하시오.

03 물질안전보건자료(MSDS)에 기재되어야 하는 위험 유해성 정보에 대하여 설명하시오.

84회

01 위험물의 착화위험성 시험방법과 판정기준에 대하여 기술하시오.

02 가연성 증기 또는 미분이 체류할 우려가 있는 특정 위험물제조소에서 발생하는 증기 또는 미분의 배출설비에 대하여 기술하시오.

83회

01 다음 유기화학물의 명칭과 구조식을 기술하시오.
   1) CH_1
   2) CH

02 위험물 제조소 등에서 소화난이도 I 에 해당하는 시설을 구분하여 기술하시오.

기출문제

82회

01 다음 물질들에 대하여 위험물안전관리법에 근거, 위험물로 분류될 수 있는 한계에 대하여 기술하시오.
1) 철분   2) 금속분   3) 인화성고체   4) 특수인화물   5) 알코올류

02 마그네슘 화재시 소화약제로서 물과 이산화탄소를 사용할 수 없는 이유를 쓰고 화학반응식으로 표현하시오.

03 요오드화 값, 건성유, 반건성유, 불건성유를 정의하고 동식물성 유지의 자연발화 과정에 대하여 설명하시오.

81회

01 가연성 액체화재의 액면화재(Pool Fire)를 지배하는 4가지 요소를 설명하시오.

80회

PART 05

위험성 평가

PART 05 위험성 평가

01 Hazard와 Risk 차이점

1 ▶▶ 개요

① 위험성 평가는 위험요소를 찾아내어 사고 발생확률과 사고크기를 분석하여 그때 발생하는 영향을 정량화하여 대책을 세우는 과정이다.
② 이 때의 위험요소는 Hazard 라 하며 정성적 기법으로 찾아내고
③ 사고발생확률과 사고크기는 Risk로 표현하며 정량적인 기법으로 찾아낸다.

2 ▶▶ Hazard 정성적 위험성 기법

① 잠재위험으로 사람, 재산 또는 환경에 손상을 입힐 가능성이 있는 화학적 또는 물리적 상태를 말한다.
② 즉 물질에 폭발성, 독성, 유해성 등을 말한다.
③ 위험요소를 찾아내는 기법으로 What-if 체크리스트, 이상 위험도 분석법 등이 있다.

3 ▶▶ Risk 정량적 위험성 기법 → 구체적 대책

① Risk는 사고발생 확률과 사고영향분석의 곱으로 나타낸다.
② 즉, 사고발생 빈도와 사고발생으로 나타내는 피해크기를 말하며, 보험사에서는 방호대책을 고려하지 않는 최대손실 값인 PML(Probable Maximum Loss)을 이용한다.
③ 사고 발생빈도는 ETA, FTA에 의해 평가하며
④ 사고 영향 분석은 CA 등에 의하여 평가한다.
⑤ 위험성 평가 절차

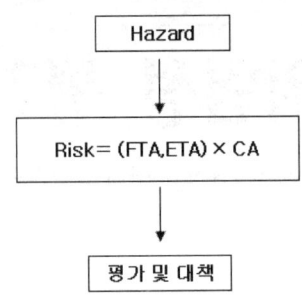

02 화학공장(공정) 위험성 평가기법의 종류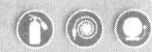

1 ▸▸ 정성적 평가기법(HAZID)-Hazard Identification(Qualititative Assessment)

위험요소의 존재여부를 규명하고 확인하는 절차로서 정성적 평가방법을 사용한다.

(1) 체크리스트 법(Process check list)
① 미리 준비된 체크리스트를 활용하여 최소한의 위험도를 인지하는 방법으로 미숙련 기술자도 적용 가능하고 이용하기 쉬우며 상대적으로 빨리 결과를 제공해 준다는 장점이 있으나
② 체크리스트 작성자의 경험, 기술수준, 지식을 기반으로 하므로 주관적인 평가가 되는 단점이 있다.

(2) 안전성 검토법(Safety review)
① 공장의 운전과 유지절차가 설계목적과 기준에 부합되는지 확인하는 기법
② 이 방법은 체크리스트나 사고예상 질문법 등과 병행하여 실시하는 것이 보통이다.

(3) 상대 위험순위 분석법(Relative ranking)
① 사고에 의한 피해 정도를 나타내는 상대적 위험순위와 정성적인 정보를 얻을 수 있는 방법으로 Dow and Mond Indices를 사용한다.
② Dow and Mond Indices 는 화학공장에 존재하는 위험에 대해 간단하고 직접적으로 상대적 위험순위를 파악 가능케 해주는 지표로서 공장의 상황에 따라 penalty와 credit를 부여한다.

(4) 예비위험 분석법(Preliminary hazard analysis)

예비위험 분석법의 주 목적은 위험을 일찍 인식하여 위험이 나중에 발견되었을 때는 비용을 절약하자는 것으로 공장개발의 초기단계에서 적용하여 공장입지 선정시부터 유용하게 활용할 수 있는 기법이다.

(5) 위험과 운전성 분석법 HAZOP(Hazard & Operability study)

(6) 이상위험도 분석법(Failure modes, Effects and Criticality Analysis)

① Failure mode : 공정이나 공장 장치가 어떻게 고장 났는가에 대한 설명
② Effects : 고장에 대해 어떤 결과가 발생될 것인가에 대한 설명
③ Criticality : 그 결과가 얼마나 치명적인가를 분석하여 위험도 순위를 만들어서 고장(Failure mode)의 영향을 파악하는 방법이다.

(7) 작업자 실수 분석법(Human error analysis)

작업자 실수 분석법은 공장의 운전자, 보수반원, 기술자 그리고 그 외의 다른 사람들의 작업에 영향을 미칠 수 있는 위험요소들을 평가하는 방법으로 사고를 일으킬 수 있는 실수가 생기는 상황을 알아내는 것이다.

(8) 사고예상 질문법("What if" analysis)

① 사고예상 질문 분석법은 정확하게 구체화 되어 있지는 않지만 바람직하지 않은 결과를 초래할 수 있는 사건을 세심하게 고려해 보는 목적을 가지고 있으며
② 설계, 건설, 운전단계, 공정의 수정 등에서 생길 수 있는 바람직하지 않은 결과를 조사하는 방법이다.

2 ▸▸ 정량적 평가기법 (HAZAN)-Hazard Analysis)_(Quantitative Assessment)

정성적인 위험요소를 확률적으로 분석 평가하는 정량적 평가기법으로 분류할 수 있다.

(1) 빈도분석방법(Frequency Analysis)

① 결함수 분석법 (Fault tree analysis)
② 사건수 분석법 (Event tree analysis)

(2) 사고 원인-결과 영향 분석방법(Cause-Consequence Analysis)

(3) 위험도 분석방법(Risk Analysis)

① 위험도 매트릭스(Risk Matrix)
② F-N커브(Frequence-Number Curve)
③ 위험도 형태(Risk Profile)
④ 위험도 밀도커브(Risk Density Curve)

3. 위험성 평가절차

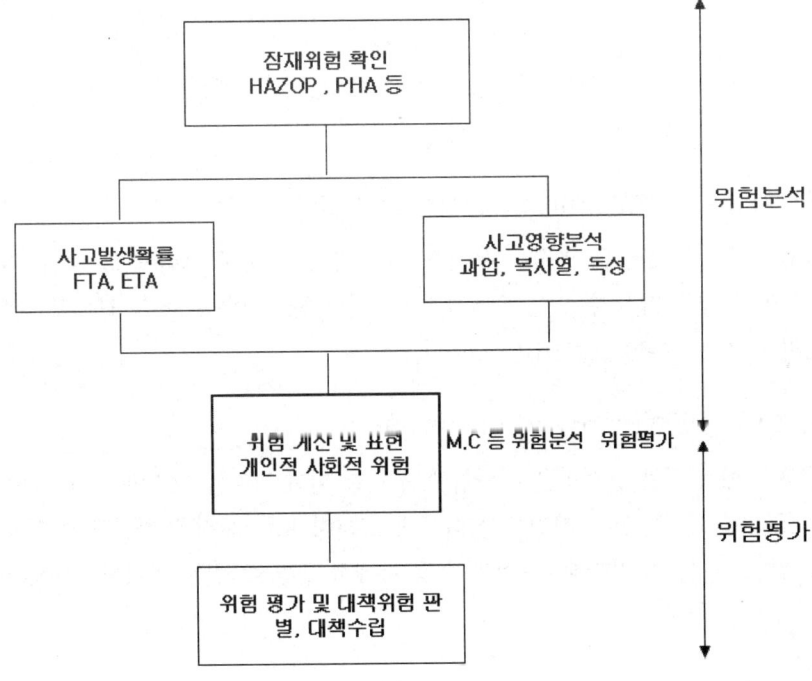

03 위험성평가 비교표

분 류	기 법	대상 및 적용시기	주요특징 및 수행자	소요시간 및 경비
정성적 위험성 평가	1. 체크 리스트법	• 설계, 건설, 시운전, 운전 중 또는 운전 정지시 등 모든 공정에 적용	- 유경험자들이 체크리스트 작성 - 준비된 체크리스트 기준에 의한 점검	○기법 중 최소의 시간과 경비소요
	2. 안전성 검토	• 운전중인 공장에 주로 적용되며, 파일로트 플랜트나 연구실, 저장설비, 지원설비 등에 적용, 신규공정에도 적용 • 위험한 공정에 대해 2년 내지 3년, 위험도가 적은 공정에 대해서는 5년 내지 10년 주기로 정해진 일정에 따라 시행	- 운전원, 관리책임자, 엔지니어, 안전관리자 등 공장의 많은 사람이 참여하여 수행 - 공장의 운전 및 유지절차가 설계목적과 부합여부 확인 - 전문가적인 지식과 책임을 가지고 적당한 조직을 구성하여 수행 - 공식, 비공식 안전성 검토가능	• 2~5명의 팀이 1주일 이상 소요
	3. 상대 위험순위 분석법	• 설계단계에서 공정중 위험지역 확인 및 공장의 방호지역지정 • 운전중에 존재하는 위험 제거 장소확인	- 위험물 및 위험공정을 지수화하여 상대적 위험등급 비교 - 각 공정은 공정을 알고 있는 한 사람에 의해 수행	• 유자격자를 포함한 한개의 팀이 1주일에 2~3개 단위 공정 수행
	4. 예비 위험 분석법	• 설계 초기단계 또는 공정의 기본요소와 물질이 정해진 상태에서 실시 • 공장개발 초기단계에 적용하여 공장입지 선정등에 이용	- 시스템 개발단계에 실시하는 정성적인 위험성 평가 - 안전에 대한 지식이 있는 한 두명의 기술진에 의한 평가	• 숙련된 엔지니어가 다른 방법보다 적은 노력과 경비로 수행
	5. 사고 예상 질문법	• 준공되는 공장의 공정 개발단계나 초기 시운전시 수행 • 공정에 변화를 주었을 때 그 영향을 알아보기 위해 수행	- 자유토론 방식 접근 - 설계, 설치 및 운전시에 적용가능 - 리더의 역할이 중요 - 단순사건에 대한 개인 또는 2~3명의 전문가로 팀구성	• 소요시간 및 경비는 공정의 수와 크기에 비례함
	6. HAZOP 연구	• 설계도면이 거의 완성 되는 시점 • 재설계가 계획되는 시기 • 기존설비	- 지침어에 따라 조직적 검토 - 구조적인 자유토론방식 - 명확히 정의된 설계, 절차에 적용	• 공정의 크기와 복잡성에 비례하나 일반적으로 하

			- 5~6명의 전문가와 보조인원이 참여 - 소형공장의 경우 2~3명이 수행	나의 검토 구간(Node) 당 세시간 정도 소요
정성적 위험성 평가	7. 이상 위험도 분석법	• 설계시 부가적인 보호 장치 확인 • 건설현장에서 장치 등의 변경이 있을 때 이를 평가 • 기존설비의 정성적 위험성 평가 가능한 사고를 나타내는 한 가지 이상을 확인하는데 이용	- 장치 및 기계설비 전문가 2인 이상, 평가기법 전문가 1인 이상 참여 - 명확히 정의된 대상에 적용 가능 - 수행에 많은 경험이 요구되지 않음 - 구성요소와 고장상태의 정리가 필요함	• 한명의 평가자가 한시간 당 2~4개의 시스템을 평가
	8. 작업자 실수 분석법	• 운전자, 보수인원, 기술자 등 작업자들이 작업에 영향을 미칠 요소를 평가 • 설계의 변경이 운전자의 작업에 미치는 효과를 평가 • 운전자 실수의 원인을 확인하고 실수를 일으켰던 운전자의 오류를 확인	- 한명의 분석자 또는 전문가가 하나의 공정에 대한 평가	• 작은 공정의 경우 1~4시간 정도 소요
정량적 위험성 평가	9. 결함수 분석법 (FTA)	• 공장 설계단계와 운전 중인 공장을 대상으로 적용	- 연역적 접근방법 - 공정기술자, 운전기술자, 정비기술자 등 숙련된 개인 또는 1내지 3명의 전문가 - 명확히 정의된 대상에 적용 - 정성, 정량적 표현가능 - 인적오류 평가가능	• 단순한 공정은 1일정도 걸리나 복잡한 시스템은 1~3주 정도 소요
	10. 사상수 분석법 (ETA)	• 가정된 초기사건으로부터 발생하는 가능한 사건을 평가하기 위하여 설계단계에서 실시 • 기존 안전장치의 적절함을 평가하거나 장치 이상으로부터 생길 수 있는 결과를 시험하기 위하여 운전설비에 사용	- 설계기술자, 제조기술자, 기법 전문가 등 숙련된 개인 또는 2~4명으로 구성하여 평가 - 귀납적 접근방법 - 시간대 표현가능 - 인간오류 포함 - 초기사건으로 인한 결과 분석	• 작은 공정단위에서 몇 개의 초기사건으로 평가하기에 3~6일 소요 • 크고 복잡한 단위공정은 2~4주 소요

11. 원인 결과 분석법 (CA)	• 가능한 사고를 평가하고 근본원인을 알내기 위해 설계단계에 실시 • 가능한 이상을 평가하기 위해 운전설비에 적용	−다양한 경험을 가진 작은팀 으로 2~4명의 전문가 또는 개인이 분석	• 몇 개의 초기 사건들에 대한 전문적인 분석은 대 개 1주일 이내 소요

분류	기법	장 점	단 점
정성적 위험성 평가	1. 체크 리스트법	• 미숙련기술자가 사용할 수 있다. • 개개인의 기술자가 수행한 작업에 대해서 경영층이 검토할 수 있는 자료를 제공한다. • 화학공장의 위험평가에 대한 방법을 제시한다.	• 체크리스트 작성자의 경험을 기반으로 하므로 주기적으로 검사 보완되어야 한다. • 체크리스트에 없는 항목은 점검이 안되고 체계적인 위험확인이 안된다.
	2. 안전성 검토	• 사고나 심각한 재해를 일으킬 수 있는 공장의 운전조건이나 절차를 확인한다. • 깊이 숨어 있는 잠재위험을 손쉽게 찾을 수 있다	• 시간과 인력이 많이 소요된다. • 운전중에 적용하므로 공장안의 많은 사람들과 인터뷰를 실시할 필요가 있다.
	3. 상대 위험순위 분석법	• 화학공정에 존재하는 위험에 대해 간단하고 직접적인 상대 위험순위를 제공해준다. • 위험을 수치화함으로써 가시화가 가능하다.	• 유자격자(화학기술자)만이 평가할 수 있다. • 구체적인 위험이나 진행중인 사고 예측이 불가능하다.
	4. 예비 위험 분석법	• 공장의 초기 위험을 발견하여 시정하므로 경비절감에 효과적 • 분석이 용이하고 다른 분석방법과 선행에서 실시할 수 있다. • 안전문제에 대한 경험이 거의 없는 경우에도 적용할 수 있다. • 분석이 용이하여 시간과 경비를 절약할 수 있다.	• 만족할 만한 구체적인 결과를 얻기 힘들다.
	5. 사고 예상 질문법	• 분석이 용이하여 시간과 경비를 절약할 수 있다.	• What-If 질문을 정확히 만들어야 한다. • 분석자에 의하여 결과가 다르게 나온다.

	6. HAZOP 연구	• 구조적이고 체계적인 평가기법이다. • 위험성뿐만 아니라 운전에 관한 정보도 알 수 있다. • 자유토론을 하는 과정에서 공장의 위험 요소들을 규명함으로써 위험 요소를 철저히 찾을 수 있다. • 안전 비전문가도 수행가능	• 5~7명의 전문인력에 필요하므로 시간과 노력이 많이 요구된다. • 정답이 없다. 평가자의 자질에 의하여 결과가 달라진다. • 공학적이고 구체적인 정보제공을 못한다.
	7. 이상 위험도 분석법	• 적은 노력과 특별한 훈련없이 쉽게 평가가 가능하다. • 중대사고에 충분히 영향을 미치거나 직접적인 원인이 되는 단일 고장형태를 확인할 수 있다. • 부품의 결함과 공정에 영향을 미치는 원인 등을 정확히 평가 할 수 있다.	• 동시에 두 가지 이상의 요소가 고장인 경우에는 해석이 곤란하다. • 운전자의 실수는 일반적으로 확인되지 않는다. • 사고를 야기하는 장치이상들의 조합을 알아내는 방법으로는 효율적이지 못하다. • 평가에 영향을 주는 요인이 많다.
	8. 작업자 실수 분석법	• 실수의 형태와 실수를 줄이기 위해 제안된 시스템을 변경하고 교육 등을 통해 쉽게 수정된다.	• 사람의 실수에 대해서만 분석하는 것이다.
정량적 위험성 평가	9. 결함수 분석법	• 정성적, 정량적 평가가 가능하다. • 위험을 구체적으로 계량화 할 수 있다.	• 평가자가 분석대상인 시스템에 대한 지식과 경험이 풍부하여야 . • 변수가 큰 공정은 평가가 어렵고 부품 고장률 등의 신뢰성이 요구됨
	10. 사상수 분석법	• 정량적 평가가 가능하다. • 위험을 구체적으로 계량화 할 수 있다.	• 시간이 오래 걸린다. • 평각기술자의 지식정도에 따라 결과가 다르다
	11. 원인 결과 분석법	• 전달매체로서의 사용이 가능하다. • 결과가 예측되는 발생빈도를 정량화할 수 있다.	• 사고를 일으켰던 장치의 이상이나 공정에 대한 지식과 비상시 운전 절차에 대한 지식이 필요하다. • FTA와 ETA는 숙련된 팀원이 필요하다.

04 위험과 운전성 분석법 HAZOP(Hazard & Operability study)

1 ▶▶ 개요

① 설계 의도에 반하는 이탈현상을 찾아내어 공정의 위험요소와 운전상의 문제점을 도

출하는 방법
② 여러 분야 전문가들로 팀을 구성 토론에 의해서 잠재적인 이탈현상을 도출하여 원인 및 결과, 대책을 세우는 기법이다.

② 수행절차

선행조건 – 대상공정 선정

(1) Node 구분

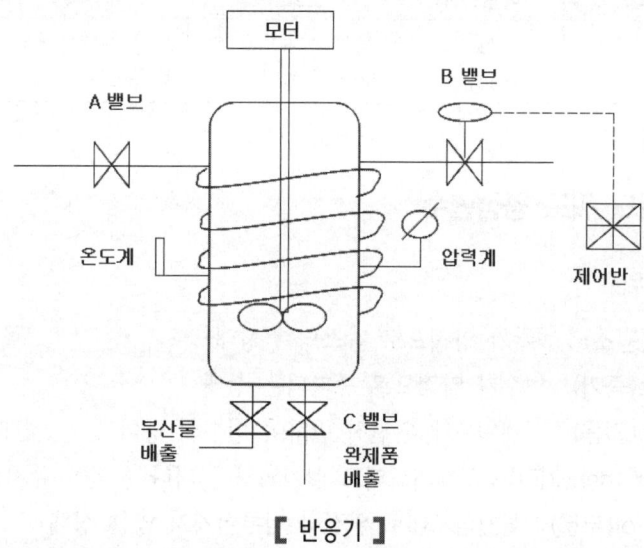

【 반응기 】

① 팀 리더가 토론을 하기 전 검토구간을 선정
② 예 Valve "A"에서 Valve "C"까지

(2) 이탈현상

① 가이드 워드와 공정 변수 등을 순서대로 결합하여 이탈현상을 찾는다.
② No+flow=No flow 흐름이 없다.

(3) 이탈 현상에 원인을 찾는다.

① 이탈 현상에 원인이 될 수 있는 모든 내용을 찾는다.
② Valve에 고장 등

(4) 원인으로 발생되는 결과 예상

유체에 흐름이 없이 반응기 내부에서 반응폭주 발생

(5) 대책을 세운다.

유체 흐름을 감시하는 유량계 설치 등

(6) 작성 예

node : A~C

가이드워드	이탈현상	원인	결과	대책
No	No flow	• 밸브 A가 막힘 • 파이프 막힘	반응기 내부에서 반응폭주	유량계 설치 By Pass 배관

3. 가이드 워드 공정변수

(1) 가이드 워드

① less(감소) : 변수가 양적으로 감소되는 상태
② more(증가) : 변수가 양적으로 증가되는 상태
③ none(없음) : 설계워드에 완전히 반하여 변수의 양이 없는 상태
④ other than(기타) : 설계의도대로 설치되지 않거나 운전이 유지되지 않는 상태
⑤ part of(부분) : 설계의도대로 완전히 이루어지지 않는 상태
⑥ as well as(부가) : 설계의도 외에 다른 변수가 부가되는 상태
⑦ Reverse(반대) : 설계의도와 정반대로 나타나는 상태

(2) 공정 변수(Process Parameter)

① Flow : 흐름 F
② Temperature : 온도 T
③ Pressure : 압력 P
④ Time : 시간 t

4. 특성

① 목적 : 위험요소와 운전상의 문제점 발견

② 적용시기 : 신규 공정의 설계 완성시점 및 기존 공정의 재설계 준비단계
③ 대상 : 공정전반
④ 결과 : 정성적
⑤ 소요인원 : 각 분야 전문 기술자(4~7인 1팀)

5 ▶▶ 정점/단점

(1) 장점
① 체계적 접근
② 각 분야별 종합적 검토
③ 정성적 평가의 문제점 해소

(2) 단점
① 팀의 구성 및 구성원의 참여
② 소요시간 과다

6 ▶▶ 결론

① Hazop Study 결과 위험등급이 높은 항목은 집중적인 안전관리 및 해당 부분의 위험요소를 인지할 수 있어 대책을 강구한다.
② 위험등급의 객관화가 어렵다는 것이 문제이다.

05 ETA/FTA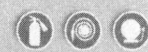

1 ▶▶ 개요

위험성 평가=위험요소 찾아 → 사고발생 확률×사고 크기

2 ETA(Event Tree Analysis)

(1) 정의-사고 확률분석
① ETA는 초기 사건에서부터 마지막 결과까지 발생경로를 추론하는 귀납적 분석으로
② 각 발생 경로별 확률을 계산하는 정량적 분석기법
③ 재해의 확대요인을 분석하는데 적합

(2) 작성 순서
① 좌측에서 우측으로 진행

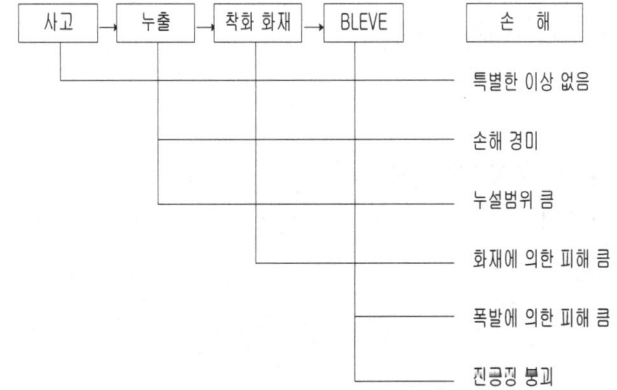

② 각 요소를 나타내는 시점에서 성공사상을 위에 실패사상을 아래에 분기
③ 분기될 때 각각 발생확률(신뢰도 및 비신뢰도)을 나타낸다.
④ 최후의 신뢰도 합이 시스템의 신뢰도
⑤ 분기된 각 사상의 합은 "1"

(3) 장점
① 체계적, 정량적 분석
② 발생 가능한 사고의 유추
③ 초기 사고, 대처에 효과적

(4) 단점
① 소요시간 과다
② 확률 데이터 수집

3 ▸▸ FTA(Fault Tree Analysis)

(1) 정의-원인를 규명하는 것
① 정성적 평가로부터 인지된 사고의 시나리오를 Top Event로 놓고 사고가 일어나는 원인을 파악하는 연역적 정량적 기법이다.
② 장치의 이상이나 고장의 확률을 대입하면 특정사고의 확률 및 손실 비용 계산이 가능하다.

(2) 작성 순서
① Top Event 선정
② 각 사상마다 재해 원인 규명(탑, 중간, 말단 사상 원인 규명)
③ FT 작성

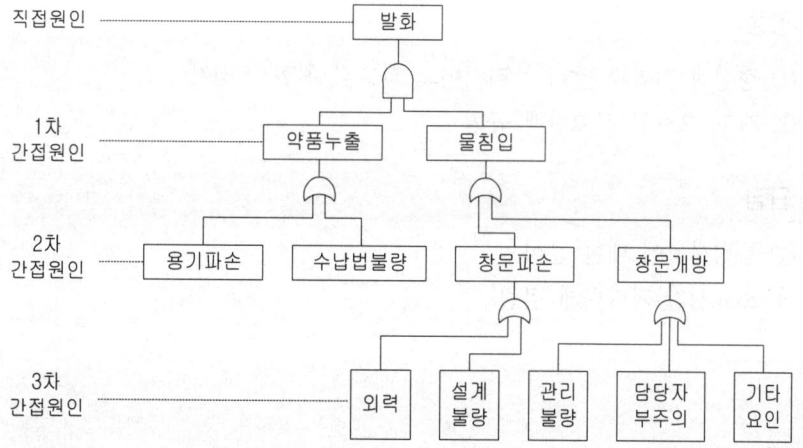

    ㉠ 부분적 FT
    ㉡ 중간사상 발생 부분 재검토
    ㉢ 전체 FT 작성
④ FT의 수식화 수학적 처리의 간소화

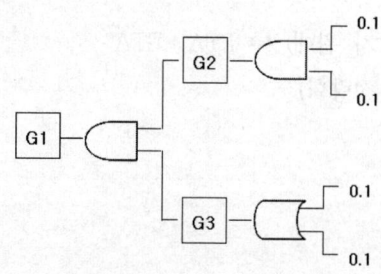

$G_2 : 0.1 \times 0.1 = 0.01$

$G_3 : 1-(1-0.1) \times (1-0.1) = 0.19$

$G_1 : 0.01 \times 0.19 = 0.0019(0.19\%)$

⑤ 발생확률을 FT로 표시
⑥ Cut set, Minimal Curset을 구한다.
⑦ 재해 발생 확률 계산
⑧ 개선 계획의 작성

(3) FTA의 기호

【 AND Gate OR Gate 정상사상 기본사상(실수, 결함) 】

(4) 장점

① 정성적 기법과 달리 논리적이고 확률적 위험성 평가
② 사고 요소의 상호관계 규명

(5) 단점

① 특정사고에 대한 분석
② 소요시간 과다하게 걸림

06 원인경과 분석법 CCA(Cause-Consequence Analysis)

1 ▸ 개요

목적(원인, 결과를 알기 위해) ⇒ FTA + ETA
원인, 결과(발생빈도 정량화)

2 ▶▶ Mechanism 절차

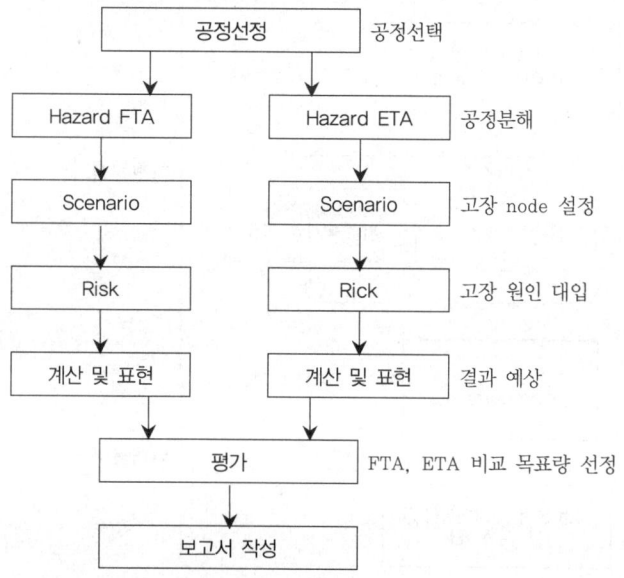

3 ▶▶ 결론

결과의 정량화
다양한 전문가 필요

07 CA(Consequence Analysis)사고 영향분석

1 ▶▶ 개요

① 위험은 정량화 → 구체적 대책 → 사고 예방
   빈도×가혹도=CA
② 누설 → 독성, 복사열 과압

2. 위험성 평가절차

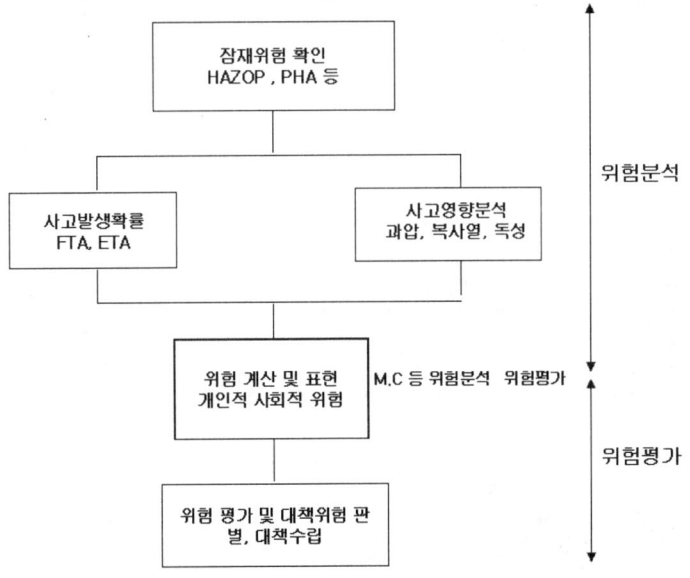

3. CA 절차(사고영향 분석)

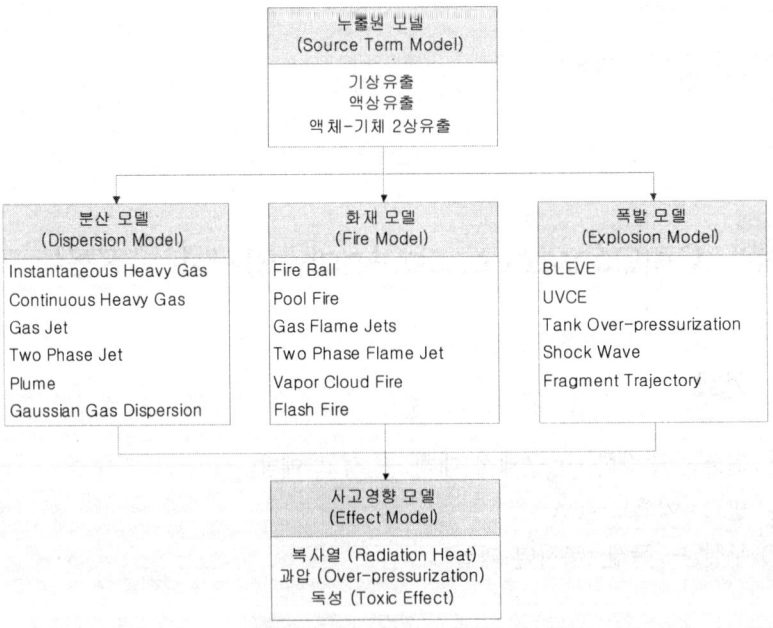

【 사고결과영향분석 흐름 】

4 ▶▶ 누출원 모델링(Source Term Modeling)

① 화학공정에서 사고는 유독물질, 가연성 물질, 폭발성 물질이 누출되어 발생하는데 누출은 파이프라인 파열, 탱크 또는 파이프에서의 구멍 생성, 반응폭주, 외부에서의 화재 등이 있다.
② 누출모델은 CA에서 중요한 역할을 하며 방출은 광역의 방출과 제한된 틈 방출로 구분된다. 광역의 방출은 저장탱크 폭발이 예이며 제한된 틈 방출은 파이프의 구멍, 밸브나 플랜지의 틈 등이 있다.
③ 물질의 물리적 상태에 따라 분출형태가 달리 나타나며 저장 내용물이 가스나 증기이면 기상누출로, 액체저장의 액체수위 이하일 경우 액상누출이나 순간증발로, 액체와 증기의 2상에서의 누출은 2상 유출로 나타난다.
④ 일반적인 누출은 구멍을 통한 액체의 흐름, 파이프를 통한 액체의 흐름, 구멍을 통한 증기의 흐름, 플래싱 액체, 액체의 증발 및 비등 모델 등이 있다.
⑤ 누출모델은 누출속도, 총 누출량, 누출상에 대해 어떻게 배출되는지를 설명하기 위해 사용된다.

5 ▶▶ 대기확산 모델링(Dispersion modeling)

① 분산모델은 독성물질 이동예측 모델로 물질이 바람의 방향쪽으로 어떻게 운송되고 어떤 농도로 어떻게 분산되는지를 설명하기 위해 사용된다.
② 주요변수는 바람속도, 대기안정도, 대지조건, 누출지점의 높이, 누출된 물질의 부력과 운동량 등이다.
③ 누출된 유독물질은 plume 또는 puff의 형태로 바람에 의해 이동하며, 고밀도 가스는 공기보다 분자량이 크거나 누출 중 자기냉각에 의해 온도가 낮아져서 발생하며 중력에 지배를 받아 지면으로 떨어진다.
④ 위험물질 이동 예측을 통해 증기구름을 생성시킬 수 있는 확률을 감소시키거나 유독물질에 노출된 사람 및 자산의 보호를 달성할 수 있다.
⑤ Jet release dispersion, heavy gas dispersion, dispersion by atmospheric turbulence(대기난류 확산) 등이 있다.

6 ▶▶ 화재 모델링(fire modeling)

① 화재가 발생 했을 때 얼마나 큰 에너지를 방출하고, 방출된 에너지가 얼마만큼 영향

을 미치는가를 예측하는 모델로 화재의 형태인 액면화재, 제트화재, 플래쉬화재로 분류한다. 화재모델은 누출모델을 열복사와 같은 잠재적 에너지 위험성으로 변환시키는 역할을 한다.
② 화재시 주위에 인적, 물적 손실을 주는 가장 큰 요인은 화재시 발생하는 복사열이다. 따라서 복사열을 정량적으로 계산이 가능하다면 안전배치, 안전설계, 비상조치계획 등 안전대책을 수립할 수 있다.
③ 액면화재 모델, 제트화재 모델, 화이어볼 모델, 플래쉬화재 모델 등이 있다.

7 ▸▸ 폭발 모델링(Explosion Modeling)

① 용기폭발모델링(vessel explosion modeling)은 사람이나 구조물의 상해나 피해를 평가하기 위해 과압을 평가하는 것으로 가압속도에 따라 물리적 폭발 모델과 화학반응 모델을 사용한다.
물리적 폭발 모델링은 등온 팽창의 가정하에 추산하며 거리에 따른 과압의 감쇄는 TNT 폭발물과 비슷하다고 가정한다. 용기의 빠른 가압으로 인한 화학반응의 경우, TNT상당량은 용기에서 일어나는 화학반응의 반응열에 의해 추정된다.
② BLEVE modeling은 사람이나 구조물에 폭발과압을 추정하기 위해 사용하는데, 과열액체의 플래싱을 무시하는 등온팽창모델, 과열액체의 플랭싱을 가정하는 등온팽창모델, 단열팽창을 가정하는 TNT 당량을 이용하여 추정한다.
③ 증기운폭발 모델링(vapor cloud explosion modeling)은 거리에 따른 과압의 감쇄는 TNT와 비슷하다고 가정한 TNT 등가모델과 TNO 멀티에너지를 이용 추정한다.

8 ▸▸ 사고영향모델링(effect modeling)

① 열복사 영향에서 사람의 상해정도는 노출된 시간과 사고의 열유속(heat flux)에 의존한다. 일반적으로 수포성화상을 기준점으로, TNO 액면화재와 플래쉬화재의 노출로 인한 사람에 대한 영향을 추정하기 위해 probit모델을 제시하였다.
② 폭발영향(explosion effects)은 직접적인 폭풍영향과 건물구조물의 붕괴로 인한 간접적인 폭풍영향으로 나타내는데, 일반적으로 고막파열을 기준점으로 둔다.
③ TNO에서 고막파열 probit모델을 제시
Probit = $-15.6 + 1.93 \ln P_s$
여기서, P_s = 피크과압(N/m^2)
④ 독성영향(toxic effects)에서 독성물질의 노출로 인한 사람의 피해범위는 노출 시간

과 농도에 의존한다. 짧은 시간(short - term) 폭로인 급성폭로와 장기간 동안 노출 폭로로 분류할 수 있다.

9. 결론

화학공장은 빈도는 적으나 가혹도 커져 → 정량적 위험성 평가 → 사고 시 피해 극소화하여야 한다. (안전운전, 안전설계)

> **Reference**
>
> ● 액면화재의 화재모델링(참고문헌 위험성평가 동화기술)
>
> 1. 개요
>   공정중의 배관, 탱크에 저장된 위험성액체가연물이 누설되어 흐르거나 낮은 웅덩이나, 방유제 등에 액체 Pool을 형성한 후 화재가 발생하는 경우에 발생할 수 있는 위험을 평가하는 것이다. 이때 평가하는 위험성은 액체화재에서 발생되는 난류확산화염으로, 거대한 화염에서 방사되는 복사에너지에 의한 주위 건물과 장치에 대한 손상을 평가한다.
>   1) 방출되어 피사체에 전달되는 열량계산
>   ① 기본식
>   ㉠ SFRM모델링에서는 액면화재의 화염을 수직 실린더로 가정
>   ㉡ 화염으로부터 임의의 거리에서 받는 복사열을 계산하는 식
> $$H = \tau F E \, [\text{W/m}^2]$$
>   여기서, H : 거리에서 받는 복사열
> τ : 대기의 열투과도
> F : 형상계수
> E : 방출열
>   ② 표면방출열 계산
>   ㉠ 앞의 식에서 복사되어 전달되는 열량을 계산하기 위해서는 τ, F, E 의 3가지를 알아야 하는데 이중에서 가장 중요한 것은 표면 방출열 E를 계산하는 것
>   ㉡ 방사에너지는 스테판 볼츠만의 식으로 계산
>   방사 에너지 $S = \sigma T^4 \, [\text{W/m}^2 \cdot \text{K}^4]$
>   여기서, σ는 스테판 볼츠만의 상수 $\sigma = 5.68 \times 10^{-18} \, [\text{W/m}^2 \cdot \text{deg}^4]$
>   ㉢ 다음 식으로도 표면 방출열을 계산
>   표면방출열 $E = \dfrac{\beta m H (\pi b^2)}{2\pi b a + \pi b^2} \, [\text{W/m}^2]$
>   여기서, m : 연소속도(kg/m^2·sec), a : 액면반경(m)
> β : 복사분율, b : 화염길이(m)
> H : 연소열(J/kg)
>   ③ 연소속도 계산
>   ㉠ 연소속도는 액면화재가 진행되는 동안 액면에서 가연성 물질이 증발되는 속도에 비례

    ⓒ 증발속도는 화재 시 발생되는 화염으로부터 전도와 대류 및 복사에 의해 가연성 액체에 전달되는 열에 의해 결정
    ⓒ 주위온도보다 비등점이 높은 액체의 연소속도는 다음 식으로 계산

$$\text{연소속도} \quad m = \frac{0.001 \Delta H_c}{C_p(T_b - T_a) + \Delta H_v} \text{ [kg/m}^2 \cdot \text{sec]}$$

     여기서, ΔH_c : 가연성 액체의 연소열(J/kg)
        C_p : 가연성 액체의 비열(J/kg·K)
        T_a : 대기온도(K)
        T_b : 액체의 비등점(K)
        ΔH_v : 가연성 액체의 기화열(J/kg)
  ④ 화염의 높이 계산
    ㉠ 화염 높이는 다음 식으로 계산

$$\text{화염높이} \quad H = \frac{84bm}{\left[p_a\sqrt{2gb}\right]^{0.61}}$$

     여기서, p_a : 공기밀도(kg/m³)
        g : 중력가속도(9.8m/sec²)
        b : Pool의 반경(m)
  ⑤ 위의 방식으로 계산한 표면 방출열 E는 가연물의 종류, Pool의 크기 등에 따라 달라지는데 탄화수소의 경우에는 120~220kW/m² 정도
 2) 형상계수 산정
  ① 기하학적 인자(Configuration Factor: 형상계수 또는 배치계수)는 화염에 노출된 물체의 위치와 방향, 화염모양의 영향을 고려한 인자
  ② 배치계수는 다음 식으로 계산

$$\text{배치계수} \quad \phi = \frac{1}{90}\left[\frac{x}{\sqrt{1+x^2}}tan^{-1}\left(\frac{y}{\sqrt{1+x^2}}\right) + \frac{y}{\sqrt{1+y^2}}tan^{-1}\left(\frac{x}{\sqrt{1+y^2}}\right)\right]$$

   여기서, x : Height Ratio, y : Width Ratio
   복사체의 높이가 a[m], 폭이 b[m], 복사체와 피사체 사이의 거리가 c[m]라고 하면
   Height Ratio $x = a \div c$
   Width Ratio $y = b \div c$
  ③ 바람이 불 때는 화염이 수직 실린더가 아니고 기울어 질 것이므로 풍속을 고려해서 화염의 경사각을 결정
 3) 열의 대기 투과도 결정
  ① 복사열을 진행과정에서 주위의 공기 또는 수증기를 가열하고 탄산가스가 흡수하기도 하기 때문에 처음 복사된 열량이 모두 피사체에 전달되는 것이 아니고 일부는 도중에서 소비되기 때문에 복사열의 대기 투과도 개념이 필요
  ② 대기 투과도는 다음 식으로 계산

$$\tau = 2.02 \times (P_w X)^{-0.09}$$

   여기서, P_w : 수증기 분압(N/m²), X : 화염으로부터의 거리(m)

3. 결론

이와 같은 절차에 의해 예상가능한 최대 풀의 직경, 이로부터 발생되는 화염의 높이, 화염에서 방출되는 복사에너지의 크기, 화염과 피사체 사이의 형상(배치) 상태를 통해서 하나의 사건이 실제적인 위험으로 전환될 수 있는지를 결정할 수 있을 것이다. 여기서 제외되었지만 기타 폭발에 의한 압력파로 인한 손상과 독성가스의 누출로 인한 피해등도 평가의 대상이 된다.

08 위험의 표현방법(정량적 위험성평가 기법 중 위험도분석법)

1 ▶▶ Risk Matrix  MC등

(1) 개요

① X축에 사고크기를 Y축에 사고의 빈도를 단계로 나누어 표시함으로써 위험도를 등급으로 표시하는 것으로,
② 피해의 크기는 사망이나 부상 또는 재산 피해 크기로 표시하며,
③ 발생빈도는 사고 발생 가능성을 확률 단위로 분류하거나 발생 빈도별로 표시
④ 사고의 크기와 빈도 모두 1등급에서 5등급으로 구분

(2) 위험도 매트릭스 예

① 표현

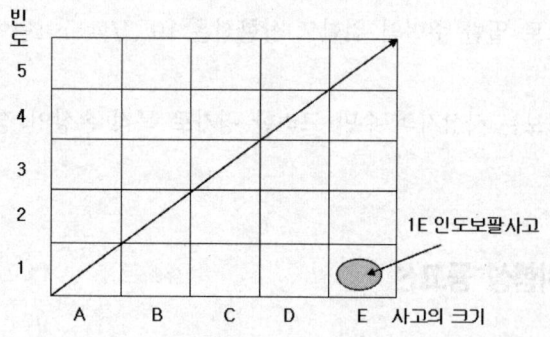

② 사회적 허용 가능 조건을 초과하면 빈도를 낮추는 대책, 피해의 크기를 낮추는 대책이 필요
③ 인도 보팔 가스사고는 빈도 10^0이나 사고의 크기는 10^3 정도였다.

(3) 대책
① 사회적 허용기준이하로 낮춘다.
② 빈도가 작으나 피해크기가 큰 것도 고려하여 대책을 만든다.

2. F-N 커브

① 표현

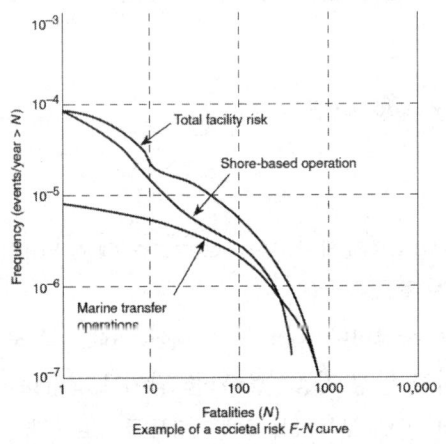

㉠ 사상자의 수만 평가
② NII 원칙에 의해 설계된 원전사고 위험성 : 10^{-6}/year 위해 다중 방호 System 도입하고 LOPA동한 평가를 하여 신뢰도 확보한다.
③ 대체적으로 일반 주민의 위험도 상한선은 10^{-4}/year 1년에 1/10,000명이 사망하는 확률
④ F-N 커브는 사상자의 수만 고려한 평가로 목적 손상인 경제적 영향을 고려하지 않는다.

3. 개인 위험성 등고선

① 개념
어느 특정한 장소에서 개인적 위험이 동일한 점을 서로 연결하여 놓은 점

②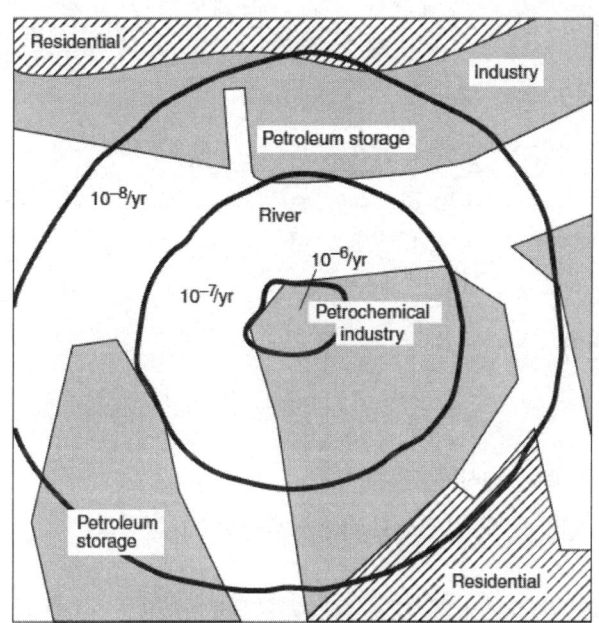

Example of an individual risk contour plot

③ 위험도가 높은 지역의 사람을 이주시키거나 방호 대책을 세운다.

09 FREM(Fire Risk Evaluation Model)

1 ▶▶ 개요

① 화재위험평가모델이라 하며 현재 유럽에서 건축허가 또는 보험업무에 위험 평가로 널리 사용되고 있는 Gretener Matho를 컴퓨터 프로그램으로, 제작한 것이다.
② FREM은 위험요소를 확인하고, 이에 대한 안전대책을 비교하여 건물 내의 화재 위험도를 평가하기 위한 컴퓨터 프로그램이다.

2 ▶▶ FREM의 화재위험도 산정 개념

① 건물 내의 잠재위험과 활성위험을 합산하여 「화재 위험」을 정하고, 이를 기본대책, 특별대책, 내화대책 등과 같은 「방호대책」으로 나누어 실제 화재 위험도를 결정

② 화재 위험도(R) = $\dfrac{화재위험}{방호대책}$ = $\dfrac{잠재위험(P) \times 활성위험(A)}{기본(N) \times 내화대책(F) \times 특별대책(S)}$

③ 화재위험도 등급

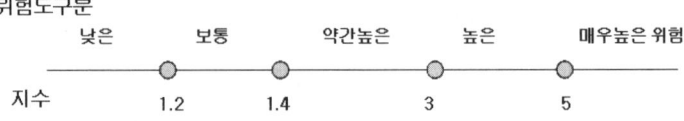

3 ▸▸ 산정단계

(1) 1단계

① 방화구획(평가 대상)의 결정
② 하나의 건물군 또는 건물에서의 방화구획 수준 판정

(2) 단계

① 자료, 입력 _{암기} NFPAS
- 기본대책(N) : 소화기, 교육
- 내화대책(F) : 방화구획
- 잠재위험(P) : 화재하중, 연소속도
- 활성위험(A) : 발화위험(나, 고, 충, 전…)
- 특별대책(S) : 자동소화설비

(3) 3단계

위험도 산출

(4) 4단계

① 위험도 개선 : 1.4 초과 시 위험개선을 위한 적극적 대책

4 ▸▸ 결론

① 건물의 실사를 통한 구체적 자료를 입력하여야 FREM 평가 시 오차가 적어진다.
② 조사 시 세심한 조사가 필요하며, 전문가에 의하여 이루어져야 한다.

10. Dow's Fire & Explotion Index(Dow Index)

1 ▶▶ 개요

① Dow Index는 화재 폭발사고 발생 시 예상되는 위험등급을 5단계로 구분하여 평가한다.
② 적용범위
  ㉠ 인화성, 가연성 또는 반응성 물질을 사용하는 화학공장
  ㉡ 파일롯트 플랜트(위험물질 450kg 이상)
  ㉢ 기타 변압기, 보일러 발전소 등 (위험물질 2350kg 이상)
③ 위험요소 확인 및 크기 산출이 가능하므로 실용성이 높으며, 평가대상이나 목적 또는 시기에 따라 병용선택 및 적용이 가능하다.

2 ▶▶ 평가 절차

(1) 공정 선정(대상공정)

평가대상 단위공정을 선정하는 것으로 주요장치나 자본 투자 밀도 등을 고려, 공정 엔지니어와 협약 후 선정한다.

(2) 물질 계수(MF) 선정

① 공정에서 사용하는 물질이 위험도에 따라 1~40까지의 물질 계수 중에서 산정한다.
② Dow Index Guide 부록에 주요물질 328개가 수록

(3) 일반공정 위험계수(F_1) 산정

① 사고의 손실규모를 결정하는 항목으로 과거에 화재나 폭발로 심각한 영향을 끼친 것들이다.(6개 항목)
② 이들 6개 항목 중에서 선정된 패널티를 합한 후 기본점수 1을 더하면 F_1값이 구해진다.

(4) 특수 공정 위험계수(F_2)선정

① 사고의 발생 가능성 즉, 화재 및 폭발의 주요원인이 되는 12개의 항목으로 구성
② 가장 위험한 운전 상태를 고려하여 선정된 패널티를 합한 후 기본 점수 1를 더하면 F_2값이 구해진다.

(5) 단위공정 위험계수(F_3)선정

① $F_3 = F_1 \times F_2$

② F_3값은 1~8 범위이나 만약 초과하면 8로 한다.

(6) 화재폭발 지수(Index) 산정

① Index : $F_3 \times MF$

② Dow 지수에 따른 위험등급(5단계)

화재폭발 위험지수(Index)	위험정도(등급)
1~60	경미
61~96	낮음
97~127	중간
128~158	높음
159 이상	매우 높음

(7) 사고 시 피해 반경 산정(f_t)

① 피해반경(f_t)=0.84×Index

② 장비 위치 풍향 배수시설에 따라 피해범위가 불규칙적으로 나타나므로 평균적으로 계산하여 0.84를 도입

(8) 피해 노출 지역의 자산가치($)산정

사고 시 피해액($)은 피해노출 지역 내의 장비 및 저장물품 등을 교체하는 비용으로 계산 → 재조달가액

(9) 손실계수 (D) 산정

F_3와 MF의 상관관계를 그래프로 표시한 0.01~1의 범위에서 산정

(10) 기본 최대 예상 손실 산정(Base MPPD)

$ \times D$ 산정(PML과 유사)

(11) 손실방지 신뢰계수

$$C = C_1 \times C_2 \times C_3$$

C_1 : 공정제어 신뢰계수, C_2 : 물질차단 신뢰계수, C_3 : 방화설비 신뢰계수(설비)

(12) 실제 최대예상 손실(Actual MPPD) 산정

① Actual MPPD=Base MPPD×C
② 손실방지를 고려한 보험의 EML과 유사

(13) 예상 최대 조업 중단 일수(MPDO) 산정

① MPDO는 Actual MPPD에 의해 도표의 70% 범위에서 결정
② 특별한 고려사항이 있다면 도표에 의하지 않고 구할 수도 있다.

3. 결론

① 위험요소 확인 및 크기 산출이 가능하므로 효용성이 높은 평가 방법이다.
② 상기 평가 항목은 6번항 화재 폭발 지수(Index)산정이 핵심부분으로 화재폭발 위험 지수라고도 한다.

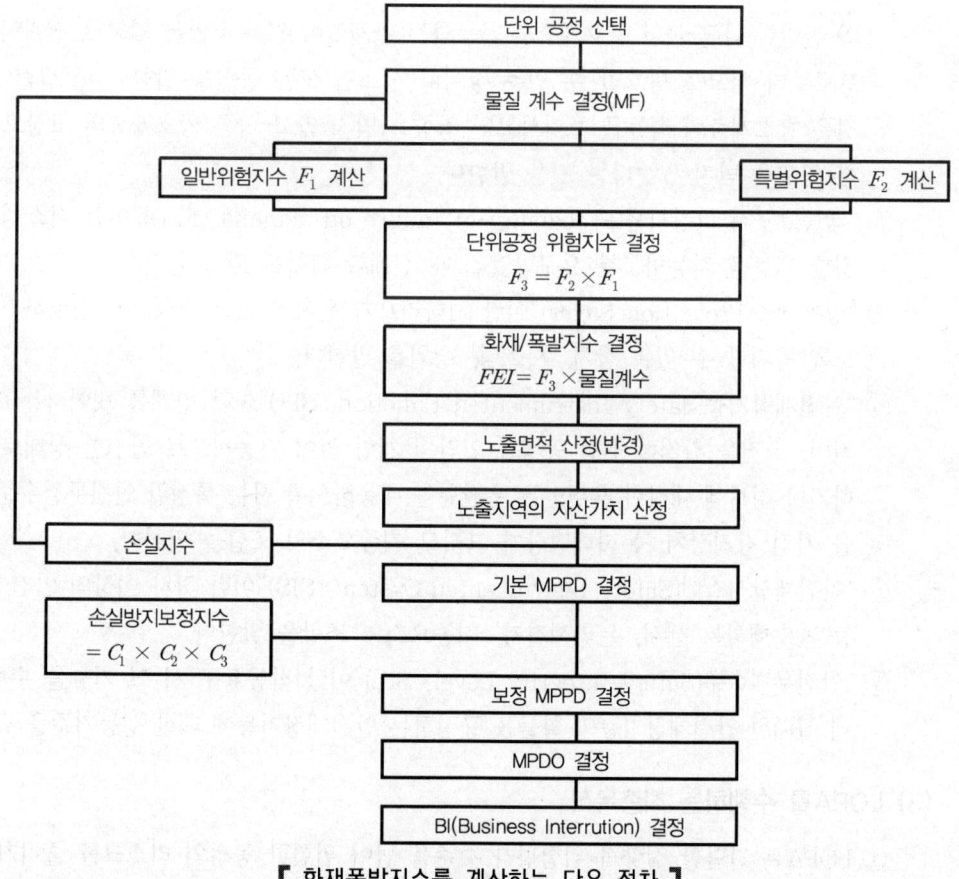

【 화재폭발지수를 계산하는 다우 절차 】

11 방호계층분석(Layer of protection analysis, LOPA) 기법

1 ▶▶ 서론

(1) 적용범위
공정의 수명주기 동안 기본적인 설계 대안들을 검사하고 더 나은 종류의 독립방호계층 (IPL)을 검토하는 것에 적용

(2) 용어
① "방호계층분석기법(Layer of protection analysis, LOPA)"이란 원하지 않는 사고의 빈도나 강도를 감소시키는 독립방호계층의 효과성을 평가하는 방법 및 절차를 말한다.
② "독립방호계층(Independent protection layer, IPL)"이란 초기사고나 사고 시나리오와 관련한 다른 어떤 방호계층의 작동과는 관계없이 원하지 않는 결과로 전개되는 것으로부터 사고를 방호할 수 있는 장치나 시스템 또는 동작을 말한다. 독립적이라는 것은 방호계층의 성능은 초기사고의 영향을 받지 않고 다른 방호계층의 고장으로 인한 영향을 받지 않는다는 것을 말한다.
③ "작동요구시 고장확률(Probability of failure on demand, PFD)"이란 시스템이 특정한 기능을 작동하도록 요구받았을 때 실패할 확률을 말한다.
④ "방호계층(Protection Layer)"이란 시나리오가 원하지 않는 방향으로 진행하지 못하도록 방지할 수 있는 장치, 시스템, 행위를 말한다.
⑤ "안전계장기능(Safety Instrumented Function, SIF)"이란 한계를 벗어나는(비정상적인) 조건을 감지하거나, 공정을 인간의 개입 없이 기능적으로 안전한 상태로 유도하거나 경보에 대하여 훈련받은 운전원을 대응하도록 하는 특정한 안전무결수준(SIL)을 가진 감지장치, 논리해결장치 그리고 최종요소의 조합을 말한다.
⑥ "안전계장시스템(Safety Instrumented System, SIS)"이란 하나 이상의 안전계장기능을 수행하는 센서, 논리해결기, 최종요소의 조합을 말한다.
⑦ "안전무결수준(Safety Integrity Level, SIL)"이란 작동요구 시 그 기능을 수행하는 데 실패한 안전계장기능의 확률을 규정하는 안전계장기능에 대한 성능기준을 말한다.

(3) LOPA를 수행하는 최종목적
① LOPA는 간단한 정량적 위험평가 수준을 넘어 위험한 공정의 리스크를 줄이기 위해 SIF를 설치하고, 이들 SIF를 위한 SIL(Safe Integrity Level)을 결정하며 또한 이를

기반으로 SIS를 갖추기 위한 분석이라 할 수 있다.
② 일반적으로 공정의 자동 시스템을 구축할 경우 전체 Control Loop 중 60~70% 정도는 특별한 SIL 등급에 대한 고려가 필요치 않으며, 약 30~40%정도가 SIL 1,2,3등급을 요구한다. 이 중 약 30% 정도가 SIL 1를 요구하며, 나머지에 대해 SIL 2,3 loop가 대략 2대 1 정도의 비율을 갖는다.
③ 이는 전체 시스템 구성을 위한 투자비 증가를 요구하며, LOPA 분석은 이러한 SIL의 요구 조건을 분석하여 SIL 3등급의 수를 낮춤으로써, SIS 구축을 위한 투자비 감소를 가져오는 긍정적인 평가 방법으로도 이용된다.
④ 결론적으로 LOPA는 주 컨트롤 시스템 및 현재의 안전시스템을 평가한 후각 사업장의 위험관리 기준 내에서 운전을 수행하기 위해 각 계장설비의 SIL을 평가하고 필요하다면 SIS 구축 등 필요한 추가적이 보호장치를 설치하여 사고 결과에 대한 심도가 높은 부분의 발생 빈도는 낮추려는데 있다.

2 ▶▶ 본론

(1) 방호계층분석에 활용할 자료

① 팀 리더는 위험성평가의 목적과 범위를 정한 후 평가에 필요한 자료를 수집한다.
② 위험성평가에 사용되는 설계도서는 최신의 것이어야 한다.
③ 기존공장의 위험성평가에 사용되는 설계도서는 현장과 일치되어야 한다.
④ 방호계층분석에 필요한 자료 목록은 다음과 같다.
   ㉠ 위험과 운전분석 등의 정성적 위험성평가 실시 결과서(HAZOP)
   ㉡ 안전장치 및 설비 고장률 자료
   ㉢ 인간실수율 자료
   ㉣ 회사에서 별도로 정하는 위험허용기준(또는 규제당국에서 요구하는 기준)
   ㉤ 공정흐름도면(PFD), 물질 및 열수지
   ㉥ 공정배관・계장도면(P&ID)
   ㉦ 공정 설명서 및 제어계통 개념과 제어 시스템
   ㉧ 정상 및 비정상 운전절차
   ㉨ 모든 경보 및 자동 운전정지 설정치 목록
   ㉩ 유해・위험물질의 물질안전보건자료(MSDS)
   ㉪ 설비배치도면
   ㉫ 배관 표준 및 명세서

㉔ 안전밸브 및 파열판 사양
㉕ 과거의 중대산업사고, 공정사고 및 아차사고 사례 등

(2) 수행흐름도

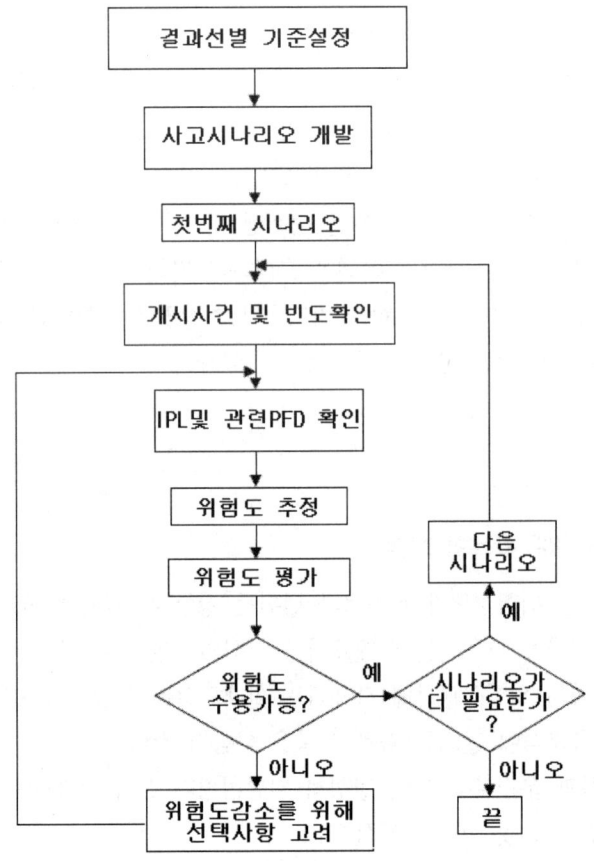

(3) 방호계층분석 단계별 수행절차

① 1단계 – 시나리오를 선별하기 위해 영향을 확인한다.
  ㉠ 방호계층분석은 이전에 실시한 위험성평가에서 개발된 시나리오를 이용하여 평가한다.
  ㉡ 방호계층분석 평가의 첫 번째 단계는 시나리오를 선별하는 것이다. 시나리오를 선별하는 방법은 영향을 기반으로 한다.
  ㉢ 영향은 보통 위험과 운전분석 평가와 같은 정성적 위험성평가에서 확인한다.
  ㉣ 다음으로 영향을 평가하고 그 크기를 추정한다.

② 2단계 – 사고 시나리오를 선택한다.
　　㉠ 방호계층분석은 한 번에 한 시나리오에만 적용한다.
　　㉡ 시나리오는 하나의 원인(초기사고)과 쌍을 이루는 하나의 결과로 제한한다.
③ 3단계 – 시나리오의 초기사고를 확인하고 초기사고빈도(연간 사고수)를 정한다.
　　㉠ 초기사고는 반드시 영향을 나타내어야 한다.(모든 안전장치가 실패한 경우).
　　㉡ 빈도는 시나리오가 타당하게 적용될 수 있는 운전형태의 빈도와 같은 시나리오의 배경적인 면을 포함하여야 한다.
　　㉢ 평가팀은 방호계층분석 결과와의 일관성을 얻기 위해 빈도를 평가하는 것에 관한 지침을 별도로 만드는 것이 필요하다.
④ 4단계 – 독립방호계층을 규명하고 각 독립방호계층의 작동요구시 고장확률을 평가한다.
　　㉠ 몇몇의 사고 시나리오는 하나의 독립된 방호계층만을 필요로 하고, 다른 사고 시나리오는 시나리오에 대한 허용가능한 위험을 얻기 위해 많은 독립방호계층 또는 아주 낮은 작동요구시 고장확률을 가진 독립방호계층을 필요로 한다.
　　㉡ 주어진 시나리오에 대해 독립방호계층의 필요조건을 충족하는 기존의 안전장치를 알아내는 것이 방호계층분석의 핵심이다.
　　㉢ 평가팀은 평가시 사용할 수 있도록 이미 결정된 독립방호계층값들을 준비하여야 한다. 따라서 평가팀은 분석 대상인 시나리오에 가장 잘 맞는 값을 선택할 수 있다.
⑤ 5단계 – 영향, 초기사고, 독립방호계층 데이터를 결합하여 시나리오의 위험을 수학적으로 평가한다.
　　㉠ 사고 영향의 정의에 따라 다른 요소들도 계산 과정에 포함할 수 있다. 접근 방법에는 산술적 공식과 그래프식의 방법이 있다.
　　㉡ ㉠의 방법과는 상관없이 평가팀은 결과를 문서화하는 표준형식을 자체적으로 만들어 사용할 수도 있다.
⑥ 6단계 – 시나리오에 관련된 결정에 도달하기 위한 위험도를 평가한다.
　　㉠ 방호계층분석으로 위험도 결정을 해야 하는 방법을 기술한다.
　　㉡ 이 방법은 시나리오의 위험을 사업장의 허용위험기준이나 관련된 목표와의 비교를 포함하여야 한다.

(4) LOPA 적용시기

① 설계단계
　　㉠ PFD 및 P&ID가 완전히 발행된 경우
　　㉡ 정성적 위험성평가에 의해 확인된 시나리오를 분석하여 SIF 설계, 여러 가지 공정 대안을 분류하고 최선안을 찾기 위해 이용

② 기존 공정, 제어, 또는 안전시스템 변경단계
③ 기타
  ㉠ 초기공정개념 설계단계
  ㉡ 공정에 대한 공정위험분석의 하나의 과정으로써의 단계
  ㉢ 공정에 대한 허용가능 위험 판정 단계
  ㉣ 공정을 허용 가능한 위험수준으로 유지하기 위한 장비선정단계 등

3. 결론(장·단점)

(1) 장점
① 순수한 정량적 위험성평가보다 시간을 절약할 수 있다.
② 위험판정을 신속히 할 수 있어 위험평가 회의의 효율성을 증진할 수 있다.
③ 정성적 평가 방법보다 우수한 비교위험 판정 기준을 제시하고 각각의 시나리오에 따른 빈도 및 사고결과 값을 제공한다.
④ 충분한 방호조치(Safeguard)가 고려된 운전 및 실무 규정인가를 평가하는데 도움을 준다.
⑤ IPL에 대한 명확하고 적절한 상세기준을 제시하는데 도움을 준다.
⑥ 위험이 ALARP(합리적 수행 허용범위)내에 존재하는지 결정하는데 도움을 준다.

(2) 단점
① LOPA 기법에 의해 수행된 시나리오에 대해서만 상호위험 비교가능
② 단순화된 접근 방법이고 모든 시나리오에 적용될 수 없다.
③ LOPA 결과 수치는 시나리오의 위험을 정밀하게 나타낸 것이 아니다.
④ 정성적 위험성평가보다 시간이 더 소요
⑤ 보다 복잡한 시나리오 및 의사결정을 위해 사용하기 때문에 간단한 의사 결정을 수행하는데 있어서 LOPA의 가치는 그렇게 크지 못하다.

12 방호계층분석 보고서

1 ▶▶ 방호계층분석 보고서에 포함될 사항

(1) 방호계층분석 보고서에는 다음과 같은 사항이 포함되어야 한다.
① 영향
② 강도수준
③ 개시원인
④ 초기사고빈도
⑤ 방호계층
⑥ 추가적인 완화대책
⑦ 독립방호계층
⑧ 중간사고빈도
⑨ 안전계장기능 무결성수준
⑩ 완화된 사고빈도
⑪ 전체위험도

(2) **방호계층분석 보고서 작성**
〈별지서식 1〉는 방호계층분석 수행동안에 필요한 작성 양식을 나타낸 것이다.
① **영향** : 위험과 운전분석 평가에서 결정한 각각의 영향에 대한 설명은 〈별지서식 1〉의 제1항에 입력한다.
② **강도수준** : 강도 수준은 〈표 2〉와 같이 영향에 따라 미약, 심각, 매우 심각으로 구분하여 결정하며 〈별지서식 1〉의 제2항에 입력한다.

【 영향사고 강도 수준 】

강도수준	영 향
미 약	넓은 지역에 영향을 미칠 수 있는 잠재성을 가진 영향은 처음에는 국소지역으로 제한된다.
심 각	영향사고는 공정지역이나 공정 외곽지역에 심각한 부상이나 사망을 유발할 수 있다.
매우 심각	심각한 사고보다 5배 이상인 영향 사고

③ 개시원인
   ㉠ 모든 영향사고에 대한 개시원인을 〈별지서식 1〉의 제3항에 기입한다.
   ㉡ 영향사고는 많은 개시원인을 가질 수 있으며, 모든 개시원인을 나열하는 것이 중요하다.

④ 초기사고빈도
   ㉠ 초기사고의 빈도값은 연간 사고건수로 표현하며 그 값을 〈별지서식 1〉의 제4항에 기록한다.
   ㉡ 일반적인 초기사고 빈도값은 〈표 3〉을 이용하여 구한다.
   ㉢ 팀의 경험이 초기사고빈도를 결정하는데 있어 매우 중요하다.

⑤ 방호계층
   ㉠ 공정설비에서 발견되는 일반적인 위험감소 방법은 일반적인 공정산업체에서 제공될 수 있는 다중 방호계층을 나타낸다. 각각의 방호계층은 다른 방호계층과 연관하여 작동하는 장치나 행정적인 제어의 결합으로 구성되어 있다. 높은 신뢰도를 가지고서 기능을 수행하는 방호계층은 독립방호계층으로서 인정이 된다.
   ㉡ 초기사고가 발생하였을 때, 영향사고의 빈도를 감소시키기 위한 공정설계는 〈별지서식 1〉의 제5항에 기록한다. 이에 대한 예는 자켓(Jacket) 파이프 또는 자켓 Vessel이 될 수 있다. 자켓은 자켓 내부 배관이나 자켓 내부 Vessel의 무결성이 타협되면 공정물질의 누출을 예방할 수 있다.
   ㉢ 기본공정제어 시스템은 〈별지서식 1〉의 제5항에 기록한다.
   ㉣ 기본공정제어 시스템의 제어루프에서 초기사고가 발생하였을 때 영향 사고를 예방한다면 제어루프의 PFDavg(작동요구시 고장확률)에 근거한 인정점수(Credit)를 받게 된다.
   ㉤ 운전원에게 경보를 발하고 운전원의 개입을 활용하는 경보설비에 대한 인정은 〈별지서식 1〉의 제5항에서의 마지막 항에 작성한다.
   ㉥ 일반적인 방호계층의 PFDavg 값은 다음 표에서 구한다.

【 초기사고 빈도 】

저	설비의 예상 수명기간동안에 매우 낮은 발생 확률을 가진 고장이나 연속적인 고장. 보기 - 3개 이상의 동시적인 계장의 고장이나 인간오류 - 하나의 탱크 또는 공정용기의 자체고장	$f < 10^{-4}$, /yr

중	설비의 예상 수명기간동안에 낮은 발생확률을 가진 고장이나 연속적인 고장 보기 – 이중의 계장이나 밸브고장 – 계장설비고장과 운전원 실수의 결합 – 작은 공정배관이나 피팅류의 단일고장	$10^{-4} < f < 10^{-2}$, /yr
고	설비의 예상 수명기간동안에 합리적으로 발생한다고 예상되는 고장 보기 – 공정 누출 – 단일 계장이나 밸브고장 – 물질의 누출을 야기할 수 있는 인간실수	$10^{-2} < f$, /yr

【 일반적인 방호계층(예방 및 완화)의 작동요구시 고장확률 】

방호계층	작동요구 시 고장확률
제어 루프	1.0×10^{-1}
인적 오류(훈련, 스트레스 받지 않음)	1.0×10^{-2}부터 1.0×10^{-4}
인적 오류(스트레스 상황)	0.5에서 1.0
경보에 대한 운전원의 대응	1.0×10^{-1}
내부 및 외부의 압력을 받고 있는 상황에서 최대 발생 압력이상으로 계산된 용기압력	10^{-4} 이상(용기의 무결성이 유지된다면, 즉 부식을 알고 있고 검사나 정비가 예정대로 수행된다면)

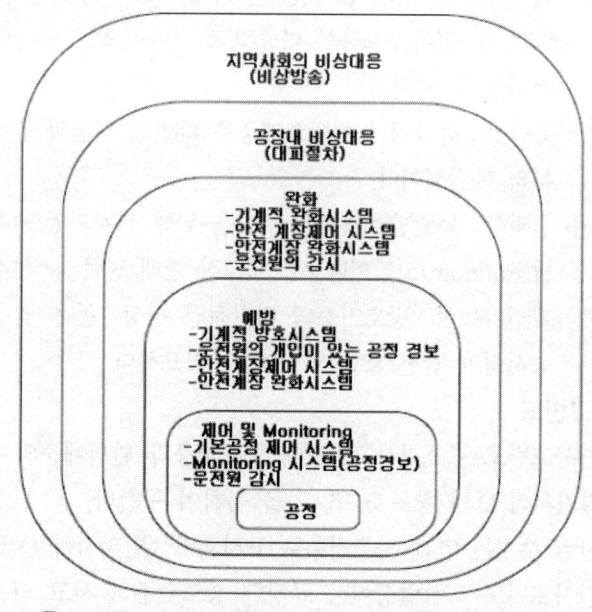

【 공정설비에서 발견되는 일반적인 위험감소방법 】

⑥ 추가적인 완화대책
  ㉠ 완화계층은 일반적으로 기계설비, 구조물, 절차 등과 관련하며 그 예는 압력방출 장치, 방류둑(Dike, Bund), 출입제한 등과 같다.
  ㉡ 완화계층은 영향사고의 강도를 감소시킬 수는 있지만 발생자체를 예방할 수는 없다. 그 예는 화재나 연기발생을 위한 Deluge시스템, 연기 경보시설, 대비절차 등이다.
  ㉢ 평가팀은 모든 완화계층에 대하여 적절한 작동요구 시 고장확률을 결정하여야 하며 그 결과를 〈별지서식 1〉의 제6항에 작성한다.

⑦ 독립방호계층
  ㉠ 독립방호계층에 대한 기준을 만족하는 방호계층은 〈별지서식 1〉의 제7항에 나열한다.
  ㉡ 방호계층을 독립방호계층으로서 인정하기 위한 기준은 다음과 같다.
    ⓐ 방호계층은 확인된 위험을 최소 100배 이상 감소할 수 있어야 한다.
    ⓑ 방호기능은 0.9이상의 유용성(Availability)을 제공할 수 있어야 한다.
    ⓒ 다음과 같은 중요한 특성을 지녀야 한다.
      ㉮ 구체성 : 하나의 독립방호계층은 하나의 잠재된 위험한 사고의 결과를 유일하게 예방하거나 완화할 수 있도록 설계되어야 한다(예를 들면, 반응 폭주, 독성물질 누출, 내용물 손실, 화재 등). 다중원인이 같은 위험한 사고를 유도할 수 있다. 따라서 다중사고 시나리오는 하나의 독립방호계층 작동을 개시할 수 있다.
      ㉯ 독립성 : 하나의 독립방호계층은 확인된 위험과 관련된 다른 방호계층으로부터 독립적이다.
      ㉰ 신뢰성 : 독립방호계층은 무엇을 위해 설계되었느냐에 따라 달라지므로 우발(Random)고장이나 시스템고장 형태 양쪽 다 설계에서 간주되어야 한다.
      ㉱ 확인가능성 : 방호기능의 정기적인 정상작동을 입증하기위해 설계하며 입증시험과 안전시스템의 정비가 필요하다.

⑧ 중간사고빈도
  ㉠ 중간사고빈도는 초기사고빈도에 방호계층과 완화계층의 작동요구 시 고장 확률(〈별지서식 1〉의 항목 5, 6, 7)을 곱하여 구한다.
  ㉡ 계산된 수치는 연간 사고건수로 표시되며 〈별지서식 1〉의 제8항에 입력 한다.
  ㉢ 중간사고빈도가 사업장에서 규정한 강도수준의 사고 기준보다 적다면 추가적인 방호계층은 필요가 없다. 그러나 경제적으로 적절하다면 추가적인 위험감소대책은 적용되어야 한다.

㉣ 특정 시나리오에 대한 일반적인 중간사고의 빈도는 다음 식과 같이 계산한다.

$$f_i^c = f_i^I \times \prod_{j=1}^{j} PFD_{ij} = f_i^I \times PFD_{i1} \times PFD_{i2} \times \cdots \times PFD_{ij}$$

여기서, f_i^c는 초기사고 i에 대한 결과 C의 빈도이다.

f_i^I는 초기사고 i에 대한 초기사고빈도이다.

PFD_{ij}는 초기사고 i의 결과 C에 대해 방호하는 j번째 독립방호계층의 작동요구 시 고장확률이다.

㉤ 중간사고빈도가 회사에서 규정된 강도수준의 사고 기준보다 크다면 추가적인 완화대책이 필요하다.

㉥ 안전계장시스템형태로 추가적인 방호대책을 적용하기 전에 본질적으로 더 안전한 방법과 해결대책을 고려하여야 한다.

㉦ 만약 본질적으로 안전한 설계변경이 가능하다면 〈별지서식 1〉은 수정되어야 하고 중간사고빈도는 회사의 허용기준 이하인지를 결정하기 위해 다시 계산하여야 한다.

㉧ 앞의 시도가 중간빈도를 회사의 위험허용기준이하로 감소시키는 것이 어렵다면 안전계장시스템이 필요하다.

⑨ 안전계장기능 무결성수준

㉠ 새로운 안전계장기능이 필요하다면 필요한 무결성 수준은 사고의 강도 수준에 대한 회사의 허용기준을 중간사고빈도로 나누어서 다시 계산할 수 있다.

㉡ 이 수치보다 낮은 안전계장기능에 대한 PFDavg는 안전계장시스템에 대한 최대치로서 결정하고 〈별지서식 1〉의 제9항에 입력한다.

⑩ 완화된 사고빈도

㉠ 완화된 사고빈도는 〈별지서식 1〉의 제8항과 제9항을 곱해서 다시 계산하고 그 값을 제10항에 입력한다.

㉡ 이렇게 계속해서 평가팀은 확인가능한 각 영향사고에 대한 완화된 사고 빈도를 계산할 때까지 계속한다.

⑪ 전체 위험도

㉠ 마지막 단계는 같은 위험성이 있는 심각하거나 매우 심각한 범위의 영향 사고에 대한 모든 완화된 사고빈도를 합한다. 예를 들면, 화재를 발생시키는 모든 심각하거나 매우 심각한 영향사고에 대한 완화된 사고빈도는 합해져서 다음 식과 같이 이용한다.

$$f_i^{fire\,injury} = f_i^I \times [\Pi \prod_{j=1}^{J} PFD_{ij}] \times P^{ignition} \times P^{person\,present} \times P^{injury}$$

여기서, $f_i^{fire\,injury}$ = 화재로 인한 사망 위험

$f_i^I \times [\Pi \prod_{j=1}^{J} PFD_{ij}]$ = 누출된 모든 인화성물질의 완화된 사고빈도

$P^{ignition}$ = 점화확률

$P^{person\,present}$ = 그 지역에 사람이 있을 확률

P^{injury} = 화재로 치명상을 입을 확률을 나타낸다.

ⓒ 독성물질을 누출시키는 모든 심각하거나 매우 심각한 범위의 영향사고를 합한 후에 다음 식과 같이 이용한다.

$$f_i^{toxic} = f_i^I \times [\Pi \prod_{j=1}^{J} PFD_{ij}] \times P^{person\,present} \times P^{injury}$$

여기서, f_i^{toxic} = 독성물질 누출로 인한 사망위험

$f_i^I \times [\Pi \prod_{j=1}^{J} PFD_{ij}]$ = 누출된 모든 독성물질의 완화된 사고빈도

$P^{person\,present}$ = 그 지역에 사람이 있을 확률

P^{injury} = 누출로 인해 치명상을 입을 확률을 나타낸다.

ⓒ 위험성평가팀의 전문성과 지식이 공정설비의 조건과 작업, 영향지역에 대한 공식에서 요인들을 보정하는데 있어서 중요하다. 이 과정으로부터 공정에 대한 전체 위험은 이 공식을 적용하여 얻어진 결과를 합해서 결정할 수 있다.

ⓔ 만약 이 결과 영향을 받은 사람들에 대한 사업장기준을 만족하거나 작다면 방호계층분석은 완료된다. 그러나 영향을 받은 사람들이 다른 기존 설비나 새로운 프로젝트로부터 나온 위험에 따라 다를 수도 있기 때문에, 경제적으로 수행가능하다면 추가적인 위험 완화 및 감소를 시키는 것이 필요하다.

〈별지서식 1〉 방호계층분석(방호계층분석) 결과서 양식

#	1	2	3	4	5	6	7	8	9	10	11
					방호계층							
순서	영향 설명	강도 수준	초기 사고 원인	초기 사고 빈도	일반적인 공정 설계	기본 공정 제어 시스템	경보 등	추가적인 완화대책, 접근 제한 등	독립방호계층, 추가적인 완화대책, 다이크, 압력방출	중간 단계의 사고 빈도	안전계장 기능 무결 수준	완화된 사고 발생 빈도	비고
1												
2												
N												

13 PSM(한국산업보건안전공단) SMS(Safety Management System)

1 ▸▸ 개요

① PSM이란 종합적으로 공정안전관리 체계를 의미하며, 안전관리를 위한 조직 안전관리 시스템의 개발, 안전관리의 적용으로 기획에서 적용까지의 모든 행위를 의미하며, 가스관련설비는 가스안전공사에서 가스안전관리체계(SMS Safety Management System) 개선계획(1995년 실시)을 통하여 진행하고 있다.

② PSM의 목적은 공정에서 일어날 수 있는 화재 폭발 혹은 독성가스 누출로부터 종업원 및 인근 주민의 생명을 보호하고 생산시설을 보호유지하는 데 있다.

③ 1984년 인도의 보팔사고 등으로 세계 각국에 재해 예방의 일환으로 도입하였고, 국내는 1996년에 산업안전보건법에 의해서 시행되고 있다.

> **Reference**
>
> 제33조의6(공정안전보고서의 제출 대상) ① 법 제49조의2제1항에서 "대통령령으로 정하는 유해·위험설비"란 다음 각 호의 어느 하나에 해당하는 사업을 하는 사업장의 경우에는 그 보유설비를 말하고, 그 외의 사업을 하는 사업장의 경우에는 별표 10에 따른 유해·위험물질 중 하나 이상을 같은 표에 따른 규정량 이상 제조·취급·사용·저장하는 설비 및 그 설비의 운영과 관련된 모든 공정설비를 말한다.
> ① 원유 정제처리업
> ② 기타 석유정제물 재처리업
> ③ 석유화학계 기초화학물 제조업 또는 합성수지 및 기타 플라스틱물질 제조업. 다만, 합성수지 및 기타 플라스틱물질 제조업은 별표 10의 제1호 또는 제2호에 해당하는 경우로 한정한다.
> ④ 질소, 인산 및 칼리질 비료 제조업(인산 및 칼리질 비료 제조업에 해당하는 경우는 제외한다)
> ⑤ 복합비료 제조업(단순혼합 또는 배합에 의한 경우는 제외한다)
> ⑥ 농약 제조업(원제 제조만 해당한다)
> ⑦ 화약 및 불꽃제품 제조업

2. PSM의 체계

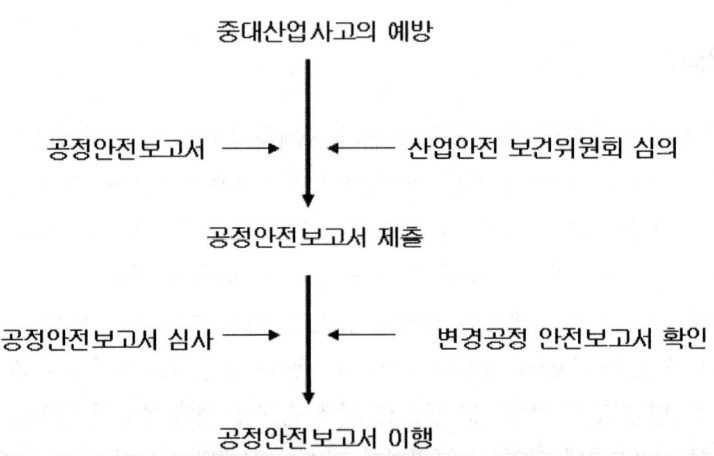

3. 공정안전 보고서 포함 사항 ★ 보안비공기

① 공정 위험보고서
② 안전운전 계획

③ 비상 조치 계획
④ 공정 운전 자료
⑤ 기타 필요한 사항

4 ▶▶ 공정 위험성 평가서

① 위험성 평가 기법 중 하나 이상을 선정하여 평가
② 잠재 위험에 대한 사고예방 대책
③ 피해 최소화 대책(잠재 위험이 있는 경우)

5 ▶▶ 안전운전 계획

① 안전운전 지침서
② 설비점검 검사 및 보수 유지계획 및 지침서
③ 안전운전 작업
④ 도급업체 안전관리 계획
⑤ 근로자 등 교육계획
⑥ 가동 전 점검지침
⑦ 변경 요소 관리계획
⑧ 자체검사 및 사고 조사 계획

6 ▶▶ 비상 조치 계획 → 재해로 전이 시의 긴급조치

① 비상조치를 위한 장비 인력 보유현황
② 사고 발생 시 부서 및 관련기관의 비상 연락체계
③ 비상시를 위한 조직의 임무 및 수행절차
④ 비상조치 교육
⑤ 주민 홍보 계획

7 ▶▶ 장점

① 안전활동의 효율성 향상
② 공정설계, 신규 사업 등에서 안전검토에 소요되는 비용절감

③ 기업이미지 향상
④ 유지 보수내용 감소
⑤ 운전정보의 질적향상
⑥ 품질, 주민들의 신뢰도 향상

14 화재 조사

1 ▸▸ 목적

① 원인규명
  출화, 연소, 연소확대 원인규명
  사상자 발생원인, 방화관리 상황 규명
② 방지
  유사화재 방지와 피해 경감 도모
③ 수집
  화재 통계 및 소방정보

2 ▸▸ 화재 조사

(1) 예비조사
  ① 출동 중 조사
  ② 화재발생 접수
    출동 도중의 상황파악
    현장 도착 시 연소상황 파악
    화재진압 시 상황 파악

(2) 본 조사
  ① 현장조사
  ② 화재조사(출화원인 조사+출화원인 이외 조사)
  ③ 화원부

④ 발화부 추정 5원칙
  ㉠ 도괴방향법
  ㉡ 연소의 상승성
  ㉢ 탄화심도 비교법
  ㉣ 주염, 주연흔
  ㉤ 용융흔

(3) 정밀 검사
① 감식, 감정
② 발화부 판정
  ㉠ 존재하는 경우
  ㉡ 존재하지 않는 경우
  ㉢ 화원에 대한 유의사항

3 ▶▶ 기초지식

① 물질의 연소이론
② 화재성상의 특성
③ 소화이론
④ 화재원인 조사 요령
⑤ 현장 관찰조사 요령

15 국가 화재분류 체계 방안

1 ▶▶ 개요

① 최근 건축물의 대형화, 고층화, 인텔리전트화, 밀폐화 됨에 따라 화재 양상이 복잡하고 화재 시 인명, 재산피해 증가 추세
② 따라서 화재조사나 화재분석으로 전문적, 과학적으로 규명하고 분석하여 통계화하여 소방행정자료로 활용과
③ 유사화재의 재발방지와 화재 예방 대책을 수집한다.

2 ▸▸ 화재조사의 목적

① 유사화재 방지와 피해경감도모
② 출화원인 규명
③ 화재확대 및 연소원인 규명
④ 사상자 발생원인 및 방화관리 상황규명
⑤ 화재통계 등 소방정보 수집

3 ▸▸ 화재 분류체계

(1) 화재원인 규명 방법 재정립

현행		개선
발화원인	과학성 정확성 →	발화 원인 발화 열원 최초 착화물

(2) 화재원인의 분류

현행		개선
① 전기가스, 유류, 담배 등 12종 ② 과학적 분석불가	정밀성 향상 →	발화 ─ 발화요인(42종류) 실화 ─ 발화열원(26종류) 자연적 ─ 요인 최초착화물(57종류) 미상 ─ 125종류

(3) 화재장소의 분류

현행		개선
호텔, 극장, 공연장, 음식점 26종류	맞춤형 예방 →	① 주용도 : 대, 중, 소 분류 ② 부속용도 : 일반생활, 후생복지, 업무 ③ 발화지점 : 생활공간, 출구, 구조 588 종류

(4) PL법에 의한 분쟁대비

① 발화관련 기기에 대한 제품명, 제품번호, 제조일, 동력원조사
② 방화관련 기기에 대한 DB구축으로 소방행정 선진화 구축

(5) 연소확대 과정 분석
① 최초 착화물, 연소 착화물, 신고지연, 교통혼잡 등 연소확대 요인 분석
② 법령의 재개정이나 예방정책 자료로 활용

(6) 방화 정보수립, 체계정립
① 방화가 증가하는 추세, 방화와 방화의심으로 구분
② 언제, 어디서, 방화도구, 동기
③ 방화수사와 대책마련의 기초자료로 활용

(7) 소방 방화시설(22종)의 유효성 조사
① SP. 자탐 등 소방방재시설에 대한 설치여부, 작동여부 미작동 사유조사
② 소방관리 출동, 진압소요시간, 동원 소방력 등 다양한 화재정보 파악
③ 문제점을 바로 개선시켜 선진국형 행정체계를 구축

(8) 화재통계 시스템 구축
① 화재원인, 건수, 장소에 대한 실시간 검색 및 정보활용 가능
② 선진국형 소방행정 구축

④ 결론
① 화재통계에 대한 정량화로 경험행정에서 과학행정으로 바뀌는 계기가 될 수 있으며 화재정보 공유에 따른 자율인건의식과 인식 전환으로 화재예방과 인명피해 최소화
② 화재안전관리에 대한 범국가적 민, 관협동체계를 이루어 소방안전 실효성 향상
③ 선진국형 소방행정 구축

16 발화부 추정의 5원칙

① 도괴 방향법 암기 도연 탄주용
① 출화가옥의 기둥 등은 발화부를 향해 도괴하는 경향이 있다.

②

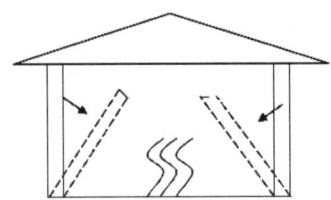

㉠ 화재 시 Fick's Law에 의해 목재 등 가연물이 열분해 되어 농도가 높은 곳에서 낮은 곳으로 이동
㉡ 화염을 향해 도괴한다.

② ▸▸ 연소의 패턴

① 화재 플럼은 V패턴을 보이며 연소
② 수직연소가 가장 빠르다.
③ V 패턴에 꼭지점을 발화부로 추정한다.

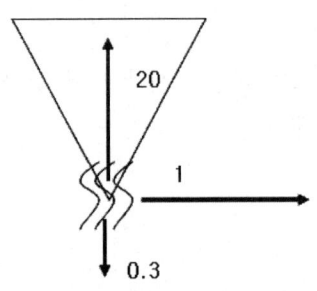

【 화재플럼의 V패턴 】

③ ▸▸ 탄화 심도 비교법

① 탄화심도는 발화부에 가까울수록 깊어지는 경향이 있다.
② 장시간 목재류 화재는 탄화심도가 넓고 깊어지는 경향이 있다.
③ 심도가 깊고 넓은 지점을 발화부로 추정

④ ▸▸ 주염흔, 주연흔

① 주염흔은 주연흔을 말하며 연소가 진행된 방향 쪽에 흰색이나 연한 갈색모양으로 형성
② 주연흔은 구조재의 천장이나 내, 외벽체에 연기색상으로 만들어진 현상으로 진행되어 가는 방향 쪽에 형성

5 ▶▶ 용융흔

① 유리류는 250° 균열, 650~750℃에서 물러지고, 850℃에서 용해
② 알루미늄은 약 600℃에서 용해

17 방화

1 ▶▶ 개요

① 인간의 잘못이나 부주의로 발생하는 화재를 실화라 하며 방화는 나쁜 의도를 가지고 화재를 발생시켜 타인에게 피해를 입히는 행위로 건축물, 또는 물건을 화재를 통해 훼손하는 행위를 말한다.
② 최근에는 실화보다 방화가 늘어나고 있는 추세
③ 국내 화재 발생 상황은 전기 > 방화 > 담배 > 불장난 순으로 방화가 차지하는 비중이 높다.
④ 방화는 불특정 다수인에게 피해를 일으키고, 한번 화재로 피해가 커지는 문제가 있다.

2 ▶▶ 특성 암기 원인 비피해

(1) 원인 다양

범죄 은폐, 원한 복수, 음주 약물 중독, 정신적 문제, 선동, 경제적 이득 등 다양하다.

(2) 인명, 주택 방화가 많다.

재산보다는 인명을 목적으로 방화를 일으키고, 주택방화가 많다.

(3) 비계절, 비주기적

① 실화는 겨울 > 봄 > 가을 > 여름 순으로 발생
② 방화는 그 발생이 비계절적이고 비주기적이다.

(4) 피해규모가 크다

은폐된 공간에서 이루어져 화재발견이 늦고, 인화성물질 사용으로 피해가 크다.

3 ▶▶ 방화의 원인 추가 원주 정선경

(1) 원한 복수
전체 방화 20%가 인간관계의 분쟁에 의해서 발생

(2) 음주 약물 중독
술이나 약물은 복용한 상태에서 발생가능성이 높다.

(3) 정신적 문제
방화를 통한 스릴, 자극, 쾌감을 느끼는 방화광등에 정신적 문제로 발생

(4) 선동, 범죄은폐
사회적 불안감 조성, 살인, 강도, 절도범죄 은폐 목적

(5) 경제적 원인
화재보험을 통한 경제적 이익을 취하기 위한 것

4 ▶▶ 대책

(1) 화재 조사 기법 과학화의 제도적인 대책
① 화재원인 조사를 통해 방화원인 규명, 처벌 강화
② 보험회사와 국립 과학수사 연구소와의 긴밀한 협력체계

(2) 주변 환경 관리
경제 순찰 강화, 방화 우려장소 CCTV 설치

(3) 환경 설계를 통한 범죄 예방기법 도입
범죄의 기회를 물리적으로 차단하는 선진국형 범죄예방 기술도입

(4) 가연물 등의 정리

(5) 전자 감시
방화범죄자에게 전자 팔찌 등을 착용, 감시

18 고층건물 화재

1 ▸▸ 개요

① 고층건물이란 층수가 높은 건물로서 건축법상 11층 이상 또는 31m 이상의 건축물을 말한다.
② 고층건물은 화재시 인명피해와 재산 피해가 매우 크기 때문에 소방법상 필요한 소방설비 이외에 건축법상 특별피난계단(11층 이상, 공동주택은 16층 이상), 비상용승강기(높이 31m 이상), 배연설비(6층 이상) 등의 설비 및 시설을 설치해야 한다.

2 ▸▸ 특성

(1) 공간적 특성

① 주로 사무실로 OA기기와 그 부속품, 서류, 가구, 가연성 내장재 등이 다량으로 존재한다.
② 복잡한 전기시설 및 취사 등을 위한 가스시설, 보수작업으로 인한 화재 위험성이 높다.
③ 건물이 높기 때문에 피난 또는 소방 활동상 어려움이 있다.
④ 유리벽 건물이며 창이 크지 않기 때문에 외부 공기의 공급이 원활하지 않다.

(2) 연소 특성

① 다량의 가연물로 인해 화재의 성장이 빠르고, 환기 지배형의 화재 모습을 보이며 화재가혹도가 크다.
② 플래시오버에 다다르게 되면 가연물의 급격한 연소로 인하여 대량의 가스가 방출되어 온도 및 압력이 상승하고 화염이 분출하여 상층의 창이 파괴되어 상층 내부로 연소 확대 된다.
③ 엘리베이터, 전기 및 공조 설비의 Shaft등 건물의 수직관통부가 많기 때문에 이들이 연돌효과를 일으켜서 상층으로의 연기확산을 가속화시킬 위험성이 크다.
④ 또한 강제적인 급배기시스템에 의해 공기의 흐름이 조절되기 때문에 연기와 유독가스의 확산이 급속도로 진행될 가능성이 크다.

3. 문제점

(1) 피난상 문제점
① 고층 건물은 피난 동선이 매우 길며, 높은 거주 밀도로 인해 많은 사람들의 동시 피난이 불가능하여 인명 피해가 크다.
② 건물내의 다수의 방문객은 피난로를 알지 못할 가능성이 크며, 고층 건물이기 때문에 창문 등을 통한 피난이 불가능하다.

(2) 소화 활동상 문제점
① 건물이 높기 때문에 소방차의 사다리가 접근되지 못하는 경우가 많으며, 펌프로부터 물 공급 시간이 길어진다.
② 또한 피난로와 소방대의 진입로가 일치하여 소화활동의 개시가 늦으며 화재가 지속되면 건물 주요구조부의 강도 저하로 인해 붕괴 피해가 우려된다.

4. 대책

(1) 예방
① 가연물의 사용을 제한하고, 내장재를 불연화·난연화 한다.
② 전기적, 기계적, 화학적 점화원을 제거 또는 관리하여 화재의 발생을 예방한다.

(2) 소방
① 공간 및 시설의 형태를 고려한 조기 감지 및 통보 설비를 설치한다.
② 초고층부 화재는 자체 소화설비에 의한 진압이 이루어 지지 못하면 사실상 소화가 불가능하기 때문에 스프링클러 설비 등 자동 소화설비를 설치한다.
③ 방연커튼, 방연 경계벽, 제연 설비 등을 사용하여 연기를 효과적으로 제어한다.

(3) 방화
① 수평피난인 경우 안전구역 설정 후 안전하게 피난할 수 있게 고려한다.
② 수직피난의 안정성을 위해 계단실 및 부속실 등의 제연설비를 설치하고 피난완료 시간이 거주가능시간보다 크게 설계한다.
③ 내화성능을 향상하고 출화 위험 장소를 철저하게 방화구획 한다.
④ 스팬드럴 및 캔틸레버 등을 설치하여 상층으로 연소가 확대되지 않게 한다.

19 지하구 화재

1 ▸▸ 개요

① 지하구란 전력·통신용 전선이나 가스·냉난방용 배관 또는 이와 비슷한 것을 집합 수용하기 위하여 설치한 지하공작물로서
② 사람이 점검 또는 보수하기 위하여 출입이 가능한 것으로
③ 폭 1.8m, 높이 2m, 길이 50m 이상(전력·통신사업용은 500m 이상)인 것을 말한다.
④ 지하구 화재는 전력·통신을 차단하여 사회 경제적으로 큰 피해를 주고, 피해복구에 많은 시간과 비용이 소요된다.

2 ▸▸ 특성

(1) 공간적 특성
① 밀폐된 지하 공간에 가연물인 케이블이 다량 설치되어 있다.
② 다량의 케이블에는 항상 전기가 흐르고 있다.
③ 지하공간이기 때문에 자연 채광이 없으며, 천장 면까지의 높이가 낮다.

(2) 연소 특성
① 발화원인

케이블 자체의 발화	외부에 의한 발화
- 누전, 과전류 등에 의한 발화 - 절연열화 및 탄화에 의한 발화 - 접촉부의 과열에 의한 발화 - 단락, 지락, 스파크 등에 의한 발화 - 시공불량 등에 의한 온도상승으로 부분 발열 발화 - 다회선 포설에 따른 허용전류 저감률 부족으로 온도상승으로 발화	- 케이블이 접속되어 있는 기기류의 과열 - 공사중 용접불꽃 등에 의한 발화 - 케이블 주위에서 기름 등의 가연물의 연소 - 타구역에서 발생한 화재가 케이블로 연소 확대 - 방화

② 지하구내의 주요 가연물인 케이블은 외피가 폴리에틸렌이나 PVC이기 때문에 화재가 발생하면 농연, 열기류가 연속적으로 연소확대가 될 위험성이 있다.
③ 축적된 연기 등 다량의 연소생성물을 지상으로 배출하기가 어렵다.

③ ▶▶ 문제점

(1) 피난상 문제점
① 지하공간의 화재는 바람의 영향을 받지 않아 출입구의 방향에 따라 환기류의 방향이 변하기 때문에 피난방향의 혼란을 초래한다.
② 케이블 외장재인 폴리에틸렌이나 PVC는 연소시 독성가스(HCl, CO 등) 및 연기가 생성되어 단시간동안 흡입하여도 인체에 치명적인 영향을 줄 수 있다.

(2) 소화 활동상 문제점
① 화재가 진압되더라도 복구인원과 장비의 투입이 어렵기 때문에 복구 시간이 많이 소요된다.
② 지하구는 어둡고 비좁아 진압시 어려움이 따르며 소방대원의 피해가 우려되고 지상의 지휘본부와 지하에 진입한 대원간의 통신이 어려워 화재상황을 파악하기가 곤란하다.

④ ▶▶ 대책

(1) 예방
① 내열·내화성능의 케이블을 설치하여 근본적으로 화재 발생 가능성을 줄인다.
② 내열·내화성능의 케이블이 설치되지 않은 지역은 일정구간별 내화도료를 칠하여 시공한다.
③ 전기 용량에 맞는 케이블을 사용하여 과전류로 인해 화재가 발생되지 않도록 하고 정기적으로 케이블의 절연상태를 점검한다.
④ 외부로부터 담뱃불 등의 사고요인이 투척되지 않도록 방호망 설치한다.

(2) 소방

① 소방관서와 공동구의 통제실 간에 화재 등 소방 활동과 관련된 정보를 상시 교환할 수 있는 정보통신망을 구축할 것
② 정보통신망은 광케이블 또는 이와 유사한 성능을 가진 선로로서 원격제어가능할 것
③ 주수신기는 공동구의 통제실에, 보조수신기는 관할 소방관서에 설치하여야 하고, 수신기에는 원격제어 기능이 있을 것
④ 비상시에 대비하여 예비선로를 구축할 것
⑤ 정온식 감지선형 감지기를 신설하거나 기존의 감지기를 정온식 감지선형 감지기 또는 광센서 감지선형 감지기로 교체하여 화재위치를 정확히 파악할 수 있게 한다.
⑥ 화재위험도가 아주 높은 구간은 미분무수 소화 설비, 스프링클러 소화설비 등의 자동식 소화설비 설치하여 조기에 화재를 진압할 수 있게 한다.

(3) 방화

① 방화벽의 위치는 분기구 및 환기구 등의 구조를 고려하여 설치하며, 방화벽은 내화구조로서 홀로 설 수 있는 구조일 것
② 방화벽에 출입문을 설치하는 경우에는 방화문으로 할 것
③ 방화벽을 관통하는 케이블·전선 등에는 내화성이 있는 화재차단재로 마감할 것

20 목조 문화재 건축물 화재

1 ▶ 개요

문화재는 문화활동에 의하여 창조된 가치가 뛰어난 인류 문화활동의 소산으로, 그 대상이 우리 민족의 역사와 혼과 정기가 담겨있는 것이니 만큼 그 가치는 환산이 불가능하다고 할 수 있다.
이러한 문화재는 대부분 목조건축물중에서도 오래된 고목으로써 화재에 매우 취약하므로 방화, 소화대책의 중요성은 두말할 필요없다.

2 ▸▸ 숭례문 화재와 지붕구조(적심)

① 화재 개요

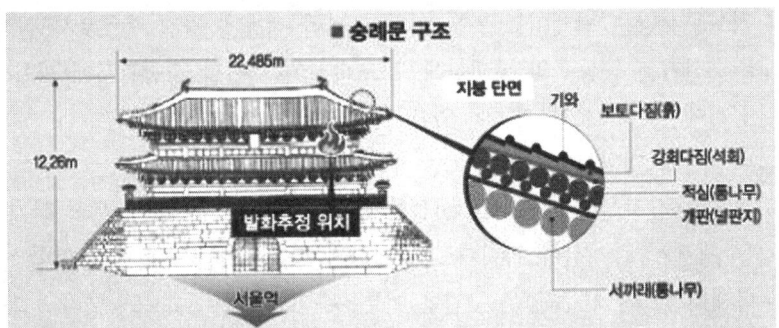

숭례문의 발화 예상지점과 지붕의 구조는 위의 그림과 같으며 신너 3통이 방화범에 의해 인화되어 예상방화지점에서 화재 발생, 화열이 기둥을 타고 상부로 올라가 적심층으로 번져 훈소상태로 연소진행, 소방대 출동 진압에 의해 2층 누각내의 화염진압, 화재가 진압되었음을 통보함. 하지만 2층 기와 곳곳에서 적심층의 훈소에 의해 백연이 발생되고 있었고 이것이 연소확대되어 기와 곳곳과 2층 누각 천정에서 다시 출화 적심층의 화재 진압실패로 2층 누각전소후 진화되었음

② 전통 문화재 지붕구조와 숭례문 화재

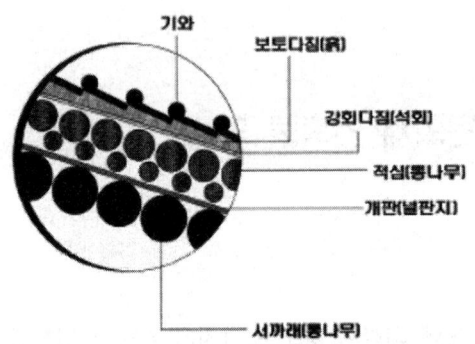

㉠ 지붕위쪽부터 기와와 보토층, 석회층, 적심, 개판, 서까래의 적층 구조로 되어 있다.
㉡ 이중 기와와 석회층이 외부에서 물과 습기가 들어오는 것을 차단하는 역할을 하며
  - 소방대의 방수가 적심층에 도달하는 것을 방해함
㉢ 지붕의 틀을 잡아주는 적심은 주로 통나무를 사용하나 그 나무와 나무사이의 틈에 흙 또는 나무조각으로 채워주게 되는데 숭례문은 자귀목이라는 나무조각으로 채워져 있었고 신너의 화열이 이 적심층의 나무조각에 도달하여 훈소상태에 도달하게 만들었을것이라고 추정됨

② 적심층의 훈소가 계속 진행 확대되어 온도와 공기조건이 충족되어 출화, 2층 누각 천정전체를 화염에 뒤 덮이게 함
⑩ 적심층에 소화수를 침투시키려 했으나, 기와와 석회층에 의해서 차단
⑪ 기와를 뜯어내고 소화수 침투계획실행, 지붕의 견고함과 계속된 방수로 인하여 기와에 살얼음이 생성돼 기와 해채 작업이 용이하지 않음
⊘ 2층 전소후 진화

3 ▸▸ 문화재화재의 특징 및 문제점

① 전형적인 목조건축물 화재이며 주로 고목으로 이루어져 목재의 수분함량 등이 매우 낮아 화재에 상대적으로 일반 목조 건축물에 비해 취약하다.
② 대상물의 가치를 돈으로 환산할수 없다.
③ 대부분의 문화재의 방재시스템이 소방법, 건축법 등의 저촉을 받지 않으므로 자체적으로 방재시스템을 설치 운영하고 있어 방재시설의 설치, 관리상태가 열악하다.
 - 주야 감시체계가 없고, 적응성이 없는 감지기 설치, 동파, 비전문가(무자격자)의 시공으로 오시공이 빈번하다.
④ 산불 등 외부 위험에 취약한 경우가 많으며 소방대의 진출입 도로상황 역시 열악하다. (협소한 도로 및 높은 고도 등의 이유로)
⑤ 대웅전등의 법당안에는 상시 촛불이 켜 있고, 연등 등으로 인해 화재 위험성이 항상 존재한다.

4 ▸▸ 문화재를 화재로부터 보호하기 위한 대책에 대한 개념

① 인명피해의 중요성 못지않게 재산(문화적 자산)피해의 방지도 중요하다.
② 도심에 있는 문화재와 산중에 위치하고 있는 문화재 와는 방재대책에 차이점을 고려하여야 한다.
 - 소방대의 단시간 도착여부 및 산불등의 고려
③ 고건축물이므로 건축구조가 현대 건축과 상이하므로 화재예방 및 진압이 일반건물과 다르게 접근하여야 한다.
 - 관아, 향교, 서원, 성곽건축 등 그 특성에 맞게 고려
④ 방재시스템 설치시 문화재의 가치를 훼손하거나 변형하는 것에 주의하여야 한다.
 - 문화재의 미관도 고려하여야 한다
⑤ 산중의 문화재 사용전력이 소방펌프등과 같은 대형 동력을 사용하는데 부적합하므로

전력상항을 고려하여야 하거나 개선해야 한다.
⑥ 소화시스템의 대표격인 수계소화설비의 동파문제를 해결하여야 한다.
⑦ 전문적인 지식이 부족하더라도 쉽고, 간단하게 운영 및 관리 할수 있어야 한다.
⑧ 소화기는 초기소화에 있어서 강력한 힘을 발휘한다 다만 유지관리가 원활히 이루어져야 한다 대부분 문화재에 소화기는 비치되어 있으나 외부노출등으로 인하여 약제가 굳거나 녹이슬어 작동이 안되는 것이 빈번하다.
⑨ 지난 몇 년간 화재원인별 통계를 보면 항상 전기화재가 가장 많았다 그러므로 누전차단기, 아크고장 회로차단기 같은 전기화재 방지대책이 고려되어야 한다.
⑩ 숭례문화재에서 보듯이 소외된 계층의 국가에 대한 불만을 표출할 때 문화재가 좋은 표적이 될 수 있으므로 보안대책등을 수립하여 방화에 대비하여야 한다.
⑪ 산불과 비화등에 취약한 문화재가 많으므로 이에 대한 방지책이 고려되어야 한다.
⑫ 향불 등으로 인한 감지기의 오보가 발생될 수 있으므로 문화재 환경에 맞는 감지기 적용하여야 한다.
– 사용 중인 양초와 향로 등은 가연성 커튼이나 벽에 걸린 물건으로부터 1.2m 이상 이격하여야 하며, 넘어지지 않는 구조로 지지되어야 한다.

5 ▶▶ 방재시스템

일반건물의 소방안전의 주된 목적은 인명과 재산이 되어야 겠지만, 문화재는 재산가치를 돈으로 환산할 수 없음은 물론 한번 소실되고 나면 다시 복원하더라도 역사적 가치가 되돌아오지 않는 특성을 가진 귀중한 대상이다.

(1) 수동적(Passive) 방재시스템

① 방염
문화재 중 목조건물은 대다수를 차지하며, 목재는 화재의 진화가 어려우므로 예방이 가장 중요하다 그러므로 목재 자체에 방염처리를 하여 연소를 예방할 수 있을 뿐 아니라 사용 방염제에 따라서는 방충과 방부효과도 가질 수 있다.
㉠ 문화재의 방염처리는 목재 자체의 변질이나 단청의 변색등을 유발해서는 안된다.
㉡ 목재부재 자체에 방염처리를 못하고 완공된 건물(문화재)에 적용시 완벽한 방염처리는 어려우며 방염부위가 제한적이다.
㉢ 현재 문화재청에 의해 목조문화재 방염제 도포사업이 시행되고 있으며 화재피해가 우려되는 중요문화재와 방염제 도포시기가 6년 이상 지난 중요 목조문화재 등에 방염제를 도포하고 있다.

㉣ 현재 국내외에 완벽하게 단청 등 천연색감 등에 영향을 주지 않는 제품은 없으며, 시간이 지나면서 백화현상 및 변색현상 등이 진행되는 것을 감안할 때 사용은 신중히 검토하여야 한다.

② 방화수림

목조문화재의 대부분인 사찰은 산림속에 위치한 경우가 많으며 그로 인해 산불로부터 항상 영향을 받는다. 그러므로 산불에 강한 수분이 많은 수종으로 방화수림대를 조성하고 산림과의 공간을 확보하여 산불에서의 확산피해를 최소화 한다.

㉠ 고창 선운사의 경우 옛조상이 500년 전부터 대웅전 뒤에 동백나무숲을 조성하여 산불로부터 사찰을 지켰으며 현재도 이 동백나무 방화수림대가 대웅전 뒤에 형성되어 있다.

㉡ 방화수림에 적합한 수종에는 은행나무, 굴참나무, 동백나무, 사철나무 등이 있다.

㉢ 방화수림은 단기간 내에 조성되는 것이 아니므로 면밀히 전문가의 검토 후 설치하여야 하며 대상 문화재로부터 15~20m의 완충지대를 가지고 폭 30m의 내화수종을 식재한다.

③ 방화선의 구축(fire break)

산불이 크게 번지는 것을 방지키 위해 사전에 일정한 폭으로 산림을 베어 놓아 일정한 빈 공간을 확보하여 화재확대를 방지한 것

– 방화선의 폭은 나무높이의 두배이상 또는 10m(약 30ft) 이상을 일반적 원칙. 경사도가 심한 경우 100ft이상 확보

④ 안전선

방화선과 같은 개념이며 동일한 의미로도 사용되나 건축물 주변에 사용되는 방화선의 개념으로 미국에서는 문화재와 도서관일 경우 숲과 건축물사이의 공간을 40m 이상 확보하도록 규정하고 있다.

(2) 적극적(Active) 방호시스템

① 소화기

목조건축물화재의 특성상 초기진압이 가장 중요하며 유효하다.

㉠ 소화기는 보행거리 10m마다 설치하고

㉡ 외부 노출환경을 감안할 때 불량율을 고려해 2개 1조로 하여 설치하는 것을 권장한다.

㉢ 분말소화기 유효방사거리가 3~4m로써 문화재 천정이나 처마부분에 화재가 발생할 경우 유효거리에 미치지 못하므로 강화액 소화기를 사용하여 유효 방사거리를 늘리는게 합리적이다.

② 수막시스템
　㉠ 문화재 주변에 수막설비 노즐을 설치 수막을 형성하여 산불 등 외부화재시 복사열 등으로부터 문화재를 보호하는 것이 주목적이다.
　㉡ 문화재의 특징(지붕의 재질, 건축물의 구조 등)에 따라 수막형성 방향과 각도 노즐의 압력, 유량 등을 고려하여 설치한다.
　　– 국내는 지붕이 기와 등으로 되어있으므로 일본(목재지붕)과 같이 상방향방사가 아닌 단청과 벽체 등의 하방향 방사가 유효하다.
　㉢ 수막설비는 복사열을 차단해 목재의 인화점인 250℃(헤미셀루로오스의 열분해온도) 이하로 온도상승을 억제하는 탁월한 효과가 있다.

③ 방수총 시스템
　㉠ 원거리에 소화수를 대량의 소화수를 방수할수 있는 능력을 가진 설비로,
　㉡ 방수총은 문화재건축물 자체 화재시 화재 진압용으로 사용하거나 건축물 주변에 높게 방수하여 낙하하는 물방울에 의해 수막을 형성하여 외부화재(산불 등) 방어용으로 사용된다.

④ 화재 감지 설비
문화재는 목조이므로 초기화재 감지가 매우 중요하다
　㉠ 불꽃감지기
　　ⓐ 초기불꽃 반응에 가장 빠른 반응을 보인다.
　　ⓑ 촛불과, 담배등의 비화재요인에 대하여 화재와 구별할수 있는 능력(IR3)을 가지고 있어서 오보도 적다.
　　ⓒ 신뢰성이 높다
　　ⓓ 사각지대로 인해 설치개수가 늘어나 초기설치비가 많이 든다.
　　ⓔ 미관을 해칠 수 있으므로 바깥커버는 나무무늬나 사용장소와 비슷함 무늬를 사용한다.
　㉡ 연기흡입형 감지기
　　ⓐ 고감도로써 훈소단계에서 조기경보를 제공할 수 있다.
　　ⓑ 외부에 노출되지 않게 설치함으로써 미관을 해치지 않는다.
　　ⓒ 오보가 매우 적다.

(3) 기타

① 소방도로
사찰 등의 문화재가 있는 국내의 산악지형은 경사도가 높고 지형이 험준하여 대형소방차량의 진입이 용이하지 않는 게 현실이다.

그러므로 1차적으로 중형이상의 소방차량이 드나들 수 있는 도로가 확보되어야 하고(폭 3m 이상의 소방도로) 이것이 어려울 경우 소형소방차량을 자체 확보하거나, 인근에 헬기 이착륙장을 마련하여 소방대 투입이 용이한 조치를 강구하여야 한다.

② 대상물의 여건과 지리적 조건을 감안할 때 엔진 펌프의 사용과 소화용수를 충분히 확보하여야 한다.
- 낙산사 화재시에도 자의적 방재설비가 있었으나 설계오류, 부실시공, 용량 부족, 유지관리 부재로 인해 화재시 그 성능을 제대로 발휘하지 못했음

③ 지속적이고 정기적인 교육 및 훈련을 통하여 지속적으로 방화부분을 보완해 나가야 한다.

21 타이어 창고 화재위험

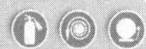

1 ▶ 화재위험

① 공간을 차단해야 하는 저장창고의 고유 특성과 저장된 제품으로 인한 잠재적인 다량의 열 방출 특성으로 인하여 고무타이어창고의 화재위험은 매우 높으며, 고무타이어는 종이 등과 같은 가연물보다 발화가 어렵지만 일단 발화가 되면 화염과 연기는 급속도로 확대됨

② 공업용 트럭의 사용, 전기장치, 가열원 등이 창고지역에 존재하는 가장 중요한 발화원이며, 방화 역시 많은 창고화재의 원인이 되고 있음

2 ▶ 건물구조

철골기둥의 내화성능은 적재높이가 4.6m~6m(15fit~20fit)인 경우에는 1시간 이상, 적재높이가 6m(20fit) 초과하는 경우에는 2시간 이상일 것

3 ▶ 방화구획

스프링클러설비가 설치되어 있는 경우, 타이어와 기타 가연성 제품사이에 통로가 있어야

하며 통로의 너비는 2.4m(8fit) 이상이어야 하고, 스프링클러설비가 설치되지 않은 경우 타이어가 저장되어 있는 부분은 방화구획할 것

4 적재방법

① 파일의 폭은 15m(50ft) 이하이어야 하고, 파일 사이의 주 통로 폭은 2.4m(8ft)이상일 것
② 적재품의 상단과 스프링클러헤드의 반사판, 지붕과 적재품 사이 및 히터, 난로 및 연도와 적재품의 이격거리는 모든 방향으로 0.9m(3ft) 이상일 것

5 소방시설

(1) 스프링클러설비

스프링클러헤드에서의 방수압력은 $4.2kgf/cm^2$(60psi) 이상, 건물의 일부만 타이어 창고용으로 사용되는 경우, 스프링클러설비의 포용범위는 타이어 저장구역 밖으로 4.6m(15ft) 이상 확장할 것

(2) 고팽창포소화설비

① 고팽창포소화설비의 작동방식은 자동식이어야 하고, 방사량은 $9.78 l/min/m^2$ ($0.24gal/min/ft^2$) 이상일 것
② 감지설비, 포소화약제 펌프, 발포기 및 설비의 작동에 필수적인 기타 설비부품에는 예비전원을 설치할 것

(3) 가압송수장치

① 급수량은 인-랙 스프링클러헤드, 고팽창포의 발포에 필요한 양과 필요한 방수 구역 전체에 필요한 스프링클러설비의 살수밀도를 합한 양을 충분히 공급할 수 있을 것
② 총 급수량은 자동식 스프링클러설비 및 포소화설비에 필요한 양에 소방호스주수에 필요한 양을 합한 양으로써 최소 2,835 l/min(750gal/min)이상일 것
③ 급수장치는 스프링클러설비 및 소방호스 주수에 필요한 물의 양을 3시간 이상 급수할 수 있을 것

(4) 경보설비

① 자동식 스프링클러설비 및 포소화설비에는 중앙감시실, 보조 및 원격 감시실 또는 유

수경보장치를 설치할 것

② 건물 내 지구음향장치는 주변의 소음으로 인하여 종업원들이 경보음을 들을 수 없는 경우도 있으므로, 주변의 소음과 구별되는 경보음을 발할 수 있도록 해야 하고, 운전자들이 쉽게 볼 수 있는 위치에 경광등과 같은 시각경보 장치를 설치할 것

22 전통시장의 화재안전관리 실태와 문제점 및 대책

1 ▸▸ 개요

재래 또는 도매시장으로 대표되는 시장은 20년 이상의 노후화 된 건물이 많고, 구조적 특성상 건물의 밀집도가 높아 방화구획 등 연소확대 차단시설 및 소방시설의 설치 곤란, 안전의식의 부재, 특정다수인의 출입 등으로 인하여 대형화재가 발생할 수 있는 취약지구 중 하나라고 할 수 있다.

특히 그 이용 형태적 특성상 냉난방 및 취사 등을 위해 전기 및 가스시설의 무분별한 설치·사용으로 발화의 위험성이 높음은 물론 시장 내 좁은 도로와 차광막, 노점 및 불법주정차, 상품적치 등으로 인해 화재 시 소방대의 신속한 화재현장 진입이 곤란하여 초기 진압에 실패하여 많은 재산 및 인명피해가 우려된다.

2 ▸▸ 전통시장 화재발생 현황 및 방재적 특성

(1) 화재발생 원인

① 노후화된 전기시설
② 화기취급 부주의

(2) 전통시장의 방재적 특성

① 건물 구조적 측면에서의 특성
  ㉠ 목조 마감재, 샌드위치패널 등 비내화구조, 방화구획 미설정 등으로 연소확대 우려
  ㉡ 복잡한 내부구조 및 점포배치 등으로 인하여 화재 시 초기 진화 어려움
② 이용 형태적 측면에서의 특성
  ㉠ 소방통로에 노점상과 좌판, 상품의 무단 점유와 무질서한 적재

ⓒ 좁은 도로와 차광막 시설, 불법 주정차 등으로 인한 소방차 진입 불가
ⓒ 24시간 개방으로 불특정 다수인 관리인력 부족
ⓔ 영업종료 후 출입문을 폐쇄하는 곳도 있어 화재 시 초기대응 곤란
③ 방화관리 측면에서의 특성
㉠ 방화관리 전문가의 부재로 인해 효율적 방화관리 업무수행에 한계
㉡ 소방시설의 적절한 유지관리를 위한 소방 전문인력 부족

3 ▶▶ 전통시장의 화재안전관리 실태

(1) 방화관리업무 전담인원 부족

(2) 방화관리 업무 전담 인원 부재, 기계 및 전기 관련 업무 중첩

(3) 방화관리 업무에 대한 전문성과 집중성 결여

(4) 방화관리 업무의 용역 대행으로 책임감 부족

(5) 화재위험 요소
  ① 문어발식 전기사용 및 용량초과 등 노후화된 전기시설의 사용
  ② 겨울철 난방기구의 사용 시 안전시설 미설치
  ③ 불특정 다수인에 의한 화기 취급 등 부주의

(6) 화재 초기진화 저해
  ① 화재 감지시스템의 잦은 오작동으로 인한 소방시스템의 불신
  ② 시장 종사자의 화재신고, 소화기 사용 등 화재대응능력 부족
  ③ 소방시설 위치 및 사용방법 불인지

4 ▶▶ 전통시장의 문제점 및 개선방안

(1) 방화관리업무 전담인력의 부재 및 전문성 결여
  ① 소방시설관리사 등 전문성을 갖춘 자를 의무적으로 배치
  ② 방화관리의 전문성과 효율성을 높이도록 해야 한다.

(2) 전통시장의 노후화, 건물 구조적 취약성에 따른 화재위험도의 증가
  ① 소방시설을 포함한 시설의 현대화 필요

② 화재가혹도가 높은 판매장이나 직판시장 등은 스프링클러설비와 같은 자동식 소화설비 설치
③ 냉장·냉동창고 용도에 사용되는 단열재는 무기질 단열재로 시공
④ 창고 내부에도 적응성을 갖춘 감지기 설치
⑤ 별도의 방화대책으로 화재확대위험 경감 방안 강구

(3) 시장 종사자들의 화재예방에 대한 무관심과 부적절한 대응능력

체계적이고 지속적인 화재 예방 등 소방교육 필요

(4) 전통시장과 관련된 소방법 미체계화로 인한 혼란

① 특정소방대상물에 대하여 적용하고 있는 소방법에는 「소방시설 설치유지 및 안전관리에 관한 법률 시행령」 별표 2에서 규정하고 있고, 공공기관은 「공공기관에 관한 방화관리 규정」에서 다루고 있으며, 다중이용업소에 대해서는 「다중이용업소 안전관리에 관한 특별법」에서 규정하고 있다.
② 전통시장, 도매시장 등은 대형화재지구 및 화재경계지구에 속하고, 다중이용업소 안전관리에 관한 특별법에 의한 다중이용업소도 설치되어 있다.
③ 따라서 법령의 혼동 등으로 인해 특정대상물을 관리하는 관리자들의 혼란을 방지하기 위하여 통합 관련법을 재정하여야 한다.

23 대형 물류창고 화재의 특성과 방재대책

1 ▸▸ 대형 물류창고 화재의 특성

① 물류창고 화재는 일반적으로 저장된 물품의 표면에서부터 시작되어 부채꼴 모양으로 확산되어 간다. 화재는 물질을 직접 가열 연소시킴과 동시에 복사열이 가까운 주변 물질을 가열하여 연소 확대를 용이하게 한다.
② 화재초기의 연소속도는 물질의 표면 상태에 따라 다르며, 화재 지속시간은 저장 물질의 종류와 밀접한 관계가 있다.
③ 저장된 물품들 사이의 공간이 넓으면 연소에 필요한 공기가 충분히 공급되어 화재는 빨리 확산되고 반대로 공간이 좁으면 화재는 천천히 진행된다.
④ 랙크식 창고는 보통 창고보다 연소가 빠르고 격렬하게 진행되는데 그 이유는 물질의

연소 가능 표면적이 넓고, 연소에 필요한 충분한 공기량이 쉽게 공급될 수 있는 상태로 가연물이 적재되어 있기 때문이다.
⑤ 스프링클러 설비에 의한 살수도 랙크의 좁은 수직공간을 침투하여 효과적으로 소화하는 데에는 어려움이 있으며, 랙크가 높고 공간이 좁을수록 진화작업은 더욱 어렵게 된다.
⑥ 최근에 발생한 대규모 창고화재를 분석한 결과 다음과 같은 공통점이 발견되었다.
  ㉠ 대단위 창고 내부에서 진화작업을 하는 것은 극히 어렵고 위험하다.
  ㉡ 불량하게 설치된 방화벽과 방화문은 화재가 확대된 이후에는 아무 쓸모가 없다.
  ㉢ 창고 관계자들은 일반적으로 인화성 액체 등의 위험물과 일반물질을 구별하여 저장하지 않고, 취급물질의 위험성을 모르는 경우가 많다.
  ㉣ 포장재료가 금속과 종이 같은 재래식 물질에서 플라스틱과 같은 위험물질로 변화되어 가고 있다.
  ㉤ 화재의 초기단계에서부터 소화기 등의 수동소화설비로는 진화가 불가능한 경우가 많다.
  ㉥ 시설 및 관리가 아무리 잘 되어 있는 창고라도 발화요인은 항상 존재한다.

❷ 대형 물류창고 화재의 방재대책

① 건물구조는 철근콘크리트 또는 철골철근콘크리트 구조로 하는 것이 좋다.
② 저장물질의 하중을 계산할 때는 저장물질이 물을 흡수했을 때 가중되는 무게를 고려하여 결정해야 한다.
③ 특정 물질이 그 자체로서는 위험성이 없으나 다른 물질과 화합하면 위험해지는 물질은 별도로 분리 저장한다. 또한 오손, 부식 등을 야기할 수 있는 물질도 가능한 한 구분하여 저장한다.
④ 가연성물질의 저장창고와 다른 지역(비가연성 물질의 저장창고, 공정지역, 사무실)과는 1시간 이상의 내화구조로 방화구획 한다.
⑤ 물을 흡수하면 팽창되는 물품은 벽과 0.6 이상 이격하여 저장한다.
⑥ 난방설비, 환풍기, 조명설비 등 발화원이 될 수 있는 부분과 저장물품 사이에는 유효한 안전거리를 확보한다.
⑦ 가연성 분진이 축적되지 않도록 하고, 축적된 분진은 진공청소기를 사용하여 제거하거나 쓸어 모아 용기에 담아 버려야 하며, 그냥 공기 중으로 털어 버리는 일이 없도록 한다.
⑧ 저장품의 정리정돈 및 청결은 화재발생의 가능성을 낮게 해주며, 관리인과 작업자의 화재에 대한 관심을 높여준다.

24 초고층 건축물의 위험성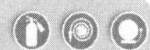

1 ▸▸ 초고층 건축물의 위험성

(1) 연돌효과로 인한 급격한 화재확산
① 건축물 높이와 실내, 외부의 온도차에 의한 연돌효과로 인하여 화재발생 시 급격하게 수직으로 확산될 가능성이 매우 높다.
② 승강기의 문이나 계단실 출입문의 개방 시 연돌효과가 매우 높게 발생하기 때문에 승강기 승강로와 계단실이 연기로부터 쉽게 오염되어 피난에 영향을 줄 수 있다.
③ 이러한 연돌효과는 우리나라의 경우처럼 겨울에 실내와 외부의 온도차가 클수록 보다 강력하게 발생된다.

(2) 패닉현상의 유발
① 일본의 동경과 미국의 뉴욕 그리고 우리나라 서울의 초고층 거주자들의 심리 특성의 비교를 보면 우리나라 사람들이 초고층 건축물에서 느끼는 불안감이 가장 높은 것으로 나타났다.
② 이러한 불안감은 많은 사람들이 거주하는 초고층 건축물에서 소규모 화재 시에도 패닉현상을 유발할 가능성을 높게 하고 있다.

(3) 높은 화재하중
① 호텔 등 숙박시설, 위락시설, 관람시설, 집회시설 등 다양한 복합용도로 공간이 구성되어 있어 용도에 따라 화재강도가 서로 차이가 있고, 또한 복합용도에 의한 화재 하중의 증가로 인하여 초기 진압 및 피난에 실패할 경우 많은 인명 및 재산피해가 발생할 가능성이 매우 높은 화재 특성을 가지고 있다.
② 일반 건축물에 비하여 고급의 내장재 실내장식품, 바닥재 등으로 마감되어 있어 화재하중이 높고 화재가 발생할 경우 연기 등 화재가스가 다량으로 발생할 가능성이 매우 높다.

(4) 다양한 발화원
① 발전기나 변압기 등이 건축물 내에 설치되어 있으며 또한 복잡하고 다양한 전기배선 및 통신 배선이 건축물 전체에 설치되어 있어 화재발생의 위험이 높다.
② 호텔, 식당, 전망대, 콘도 등에서 조리를 위하여 가스렌지 등의 발화원을 사용하고

있어 화재가 발생할 위험장소가 폭넓게 분포되어 있다.

(5) 방화나 테러 등의 위험
① 초고층 건축물은 그 상징성과 인지도로 인하여 일반 건축물에 비하여 테러의 표적이 될 가능성 높으며, 테러로 인한 화재는 동시 다발적인 화재가 될 가능성이 있어 그 위험성이 더욱 높다.
② 또한 수용인원과 유동인원 등 불특정 다수인이 많이 사용하는 건축공간으로서 일반 건축물에 비하여 방화의 대상이 될 가능성이 높다.

(6) 공공 소방대원에 의한 인명구조 및 화재진압의 한계성
① 커튼월 타입의 외창 구조로 인하여 화재시 유리가 파손되면 외부공기가 일시에 유입되어 단시간 내에 화재가 최성기에 도달하기 때문에 소화활동의 한계성이 있다.
② 건축물의 높이로 인하여 소방대원이 화재장소까지 출동하는 데 많은 시간이 소요되며, 부상자 등을 이송하는데 어려움이 있다.
③ 피난하는 사람들과 소방대원간에 계단에서 혼잡이 발생하여 발화지점으로 이동하는 데 많은 시간이 소요된다.

(7) 설비 등으로 인한 연기확산
건축물 내부는 냉난방 및 공조설비 등이 설치되어 있으며 화재시 발생된 연기와 유독가스가 이들을 경유하여 전파해 나갈 가능성이 높다.

2. 초고층 건축물의 피난 장애

(1) 연기로 인한 피난 장애
연기는 가연물이 연소할 때 열 분해과정에서 발생하는 여러 가지 열분해 생성물, 탄소입자 및 이산화탄소 수증기 등의 연소생성가스, 그리고 연소에 관여하지 않았던 산소, 질소 등을 함유한 혼합물이다.
초고층 건축물에서는 화염보다 훨씬 먼저 화재가 발생한 것을 경고하기 위해 연기가 발생한다. 연기는 탄소입자의 부유로 확인할 수 있지만, 독특한 냄새를 수반하므로 냄새로도 알 수 있다. 그러나 연기에는 유독가스도 함유 되어 있으므로 가볍게 보아서는 안된다.

(2) 어둠으로 인한 피난장애

초고층건축물 화재의 경우, 연소에 의한 단선 등으로 통상의 조명이 꺼진 경우, 자동적으로 비상용 조명으로 교체할 수 있도록 되어 있다.

비상용 조명은 축전지나 자가발전기로 전원을 공급하며, 전선 등을 통하여 조명기구에 공급되고 최저 20분~1시간은 길어지게 되는 경우도 있다.

짙은 연기로 인해 가시거리의 저하도 커다란 걸림돌의 하나가 된다.

어둠 속에서 인간의 행동은 방향성을 상실할 뿐만 아니라 공포감에 의한 심리적인 압박감으로 크게 제한되게 된다.

(3) 화염으로 인한 피난장애

연소란 것은 당연히 발열을 수반하는 것이지만, 초고층건축물 화재의 경우 어느 정도까지 온도가 상승하는가 하면, 보통은 1000℃ 전후로 최고는 1,100℃를 초과하는 경우도 있다. 화염에 의한 인체에 미치는 화상의 문제는 열방사의 문제가 된다. 보통 인체에 대한 방사열의 허용한계는 2,000Kcal/m^2 · h 정도가 되면 인체에 치명적이다.

(4) 인간의 심리로 인하 피난장애

인간은 때때로 피난장애가 되는 수가 있다. 인간은 화재 시에 생명의 위험에 직면한 경우, 불안과 공포심으로 이성적인 판단에 의한 행동과 사고를 상실하고, 본능과 감정에 의거하여 위험을 회피하려는 충동적인 행위로 치달리기 쉽다.

이러한 상황에 놓인 경우, 각 개인이 이성을 잃고, 불안과 공포심 등으로 화재 특유의 심리상태에 빠지며, 예상도 하지 못한 피해로 발전하는 행동이 나온다.

25 대규모 복합시설 방재계획 특성과 방재대책

1 ▸▸ 개요

최근 도심에서 연면적 수십만m^2에 이르는 대규모 복합 건축물이 건설중이거나 계획 중에 있으며, 이러한 대규모 복합건물은 지하의 쇼핑몰과 지상부분에 업무시설 또는 주거시설 등이 복합적으로 구성되어 화재시 재해규모가 확대되거나 피난시간이 증대되는 문제점이 있다.

② 방재상 문제점

(1) 재해규모의 확대
시설의 규모가 커지고 공간의 복잡화가 진행됨에 따라 화재 확대의 경로나 범위가 넓어져 상승 또는 전파에 의한 화재 확대의 위험성이 크다.

(2) 피난동선의 폭주
재해시 한꺼번에 피난이 이루어지면 피난동선의 합류에 의한 혼란이 일어남
관리시간 문제로 인하여 피난경로가 일방적으로 폐쇄될 우려가 있음.

(3) 대응시간 증가
시설이 거대화 되어 방재를 위한 접근이나 응답시간이 길어짐
방재센터에서 현장까지 거리가 길어 초기 발화 확인이나 소화가 길어짐

(4) 관리의 다원화 광역화
시설규모가 커지면, 관리 주체가 복수에 걸친 경우가 늘어나므로 총괄적인 관리가 어려워져서 그에 따른 정보전달 지연 등의 문제 발생
방재설비 상호연동이 복잡화되어 연동기능에 고장 발생우려

(5) 방재정보량 증가
방재정보량이 증가하여 그 수집 및 분석에 많은 시간이 발생하며 오동작에 의한 정보가 중복되면 시스템의 신뢰성에 문제 발생

③ 방재계획시 배려해야할 부분

(1) 복합화에 따른 연쇄확대의 위험성 제거
① 방재상 독립할 수 있는 복수의 zone으로 분할
② 접합부나 접속매체에 충분한 차단성능 부여
③ 용도를 달리하는 부분 사이의 구획에 대한 신뢰성 향상

(2) 대규모화에 따른 대응 부하의 증대에 대처 할 것
① 진입이나 피난을 위한 경로나 거점의 확보
② 서브방재센터나 피난안전구역 분산배치

(3) 관리의 광역화나 다원화가 초래하는 약점을 극복 할 것
  ① 관리나 정보의 일원화, 방재관리의 연대
  ② 공용부분에 방재책임을 명확히 할 것

4 ▸▸ 방재계획의 요점

(1) 고성능구획에 의한 분할
  ① 보통의 방화구획보다 높은 차단 성능을 가진 방화구획으로 구획
  ② 스프링클러 또는 드렌쳐설비를 통한 성능 향상

(2) 접합부 방재계획
  ① 접합부는 연소확대방지 및 연기확산방지가 가능한 성능으로 구획
  ② 선큰이나 인공지반인 경우 안전성이 확보된 피난장소로 계획
  ③ 소방관 접근이 용이 하도록 확보

(3) 종합적 방재시스템의 구성
  ① 개별동마다 독립적인 기능이 있는 방재센터 설치
  ② 대규모의 정보를 원활하게 처리 할 수 있는 기능이 있을 것

26 사고결과 영향분석 CA(Consequency Analysis) (KOSHA CODE P-09-2005)

1 ▸▸ 개요

- 공정에서 발생하는 화재, 폭발, 독성가스 누출 등 중대재해가 발생했을 때 인간과 주변 시설물에 어떤 영향을 미치고 그 피해와 손실이 어느 정도인가를 평가하는 것
- 발생 사고는 화재, 폭발, 독성가스누출
- 발생되는 피해는 복사열, 충격파, 파편, 중독
- 사고결과의 영향을 평가하기 위해서는 누출모델(Source Term Model) 분산모델(Dispersion Model) 화재모델(Fire Model) 폭발모델(Explosion Model) 사고영향모델(Effect Model) 사용

(1) 액면화재의 화재모델링

① 방출되어 피사체에 전달되는 열량계산

㉠ 기본식

ⓐ SFRM모델링에서는 액면화재의 화염을 수직 실린더로 가정

ⓑ 화염으로부터 임의의 거리에서 받는 복사열을 계산하는 식

$$H = \tau FE [\text{W/m}^2]$$

여기서, H : 거리 x에서 받는 복사열
  τ : 대기의 열투과도
  F : 형상계수
  E : 방출열

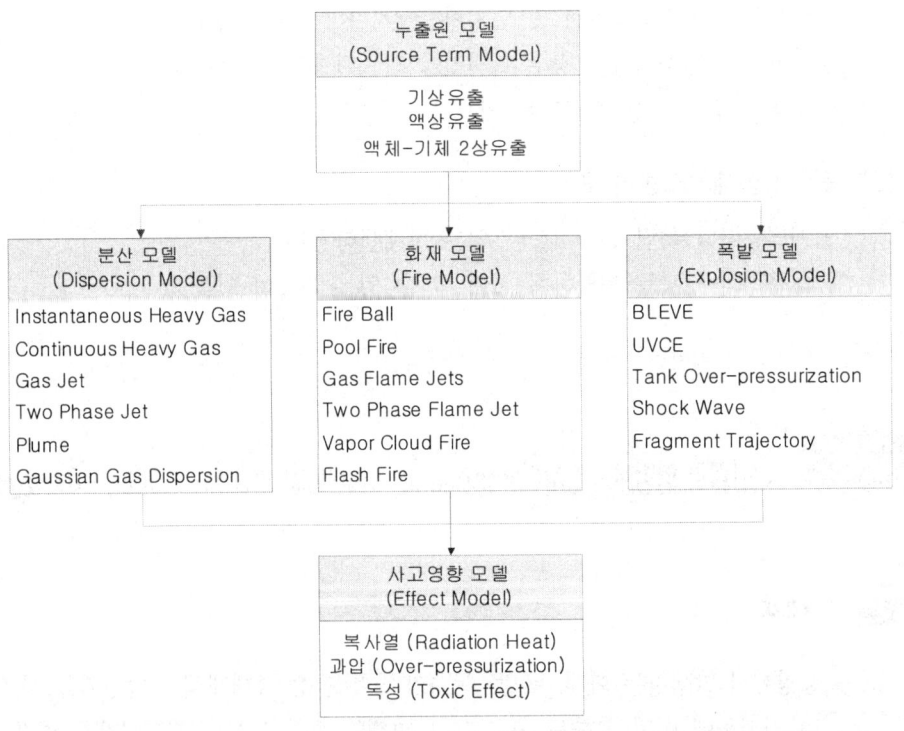

【 사고결과영향분석 흐름 】

㉡ 표면방출열 계산

ⓐ 앞의 식에서 복사되어 전달되는 열량을 계산하기 위해서는 τ, F, E의 3가지를 알아야 하는데 이중에서 가장 중요한 것은 표면 방출열 E를 계산하는 것

ⓑ 방사에너지는 스테판 볼츠만의 식으로 계산

$$\text{방사 에너지 } S = \sigma T^4 [W/m^2 \cdot K^4]$$

여기서, σ는 스테판 볼츠만의 상수 $\sigma = 5.68 \times 10^{-18} [W/m^2 \cdot deg^4]$

ⓒ 다음 식으로도 표면 방출열을 계산

$$\text{표면방출열 } E = \frac{\beta m H (\pi b^2)}{2\pi ba + \pi b^2} [W/m^2]$$

여기서, m : 연소속도(kg/m²·sec)
　　　　β : 복사분율
　　　　H : 연소열(J/kg)
　　　　a : 액면반경(m)
　　　　b : 화염길이(m)

ⓒ 연소속도 계산

ⓐ 연소속도는 액면화재가 진행되는 동안 액면에서 가연성 물질이 증발되는 속도에 비례
ⓑ 증발속도는 화재 시 발생되는 화염으로부터 전도와 대류 및 복사에 의해 가연성 액체에 전달되는 열에 의해 결정
ⓒ 주위온도보다 비등점이 높은 액체의 연소속도는 다음식으로 계산

$$\text{연소속도 } m = \frac{0.001 \Delta H_c}{C_p(T_b - T_a) + \Delta H_v} \ [kg/m^2 \cdot sec]$$

여기서, ΔH_c : 가연성 액체의 연소열(j/kg)
　　　　C_p : 가연성 액체의 비열(J/kg·K)
　　　　T_a : 대기온도(K)
　　　　T_b : 액체의 비등점(K)
　　　　ΔH_v : 액체의 비등점(K)

ⓔ 화염의 높이 계산

- 화염 높이는 다음 식으로 계산

$$\text{화염높이 } H = \frac{84bm}{\left[p_a\sqrt{2gb}\right]^{0.61}}$$

여기서, p_a : 공기밀도(kg/m³), g : 중력가속도(9.8m/sec²), b : Pool의 반경(m)

ⓑ 위의 방식으로 계산한 표면 방출열 E는 가연물의 종류, Pool의 크기 등에 따라 달라지는데 탄화수소의 경우에는 120~220 kW/m² 정도

② 형상계수 산정
  ㉠ 기하학적 인자(Configuration Factor: 형상계수 또는 배치계수)는 화염에 노출된 물체의 위치와 방향, 화염모양의 영향을 고려한 인자
  ㉡ 배치계수는 다음 식으로 계산

$$\text{배치계수 } \phi = \frac{1}{90}\left[\frac{x}{\sqrt{1+x^2}}tan^{-1}\left(\frac{y}{\sqrt{1+x^2}}\right) + \frac{y}{\sqrt{1+y^2}}tan^{-1}\left(\frac{x}{\sqrt{1+y^2}}\right)\right]$$

  여기서, x : Height Ratio
  y : Width Ratio

  복사체의 높이가 a[m], 폭이 b[m], 복사체와 피사체 사이의 거리가 c[m]라고 하면
  Height Ratio $x = a \div c$
  Width Ratio $y = b \div c$

  ㉢ 바람이 불 때는 화염이 수직 실린더가 아니고 기울어 질 것이므로 풍속을 고려해서 화염의 경사각을 결정

③ 열의 대기 투과도 결정
  ㉠ 복사열을 진행과정에서 주위의 공기 또는 수증기를 가열하고 탄산가스가 흡수하기도 하기 때문에 처음 복사된 열량이 모두 피사체에 전달되는 것이 아니고 일부는 도중에서 소비되기 때문에 복사열의 대기 투과도 개념이 필요
  ㉡ 대기 투과도는 다음 식으로 계산

$$\tau = 2.02 \times (P_w X)^{-0.09}$$

  여기서, P_w : 수증기 분압(N/m²)
  X : 화염으로부터의 거리(m)

(2) 제트화재의 화재모델링

제트화재의 특성을 모델화하기 위한 방법은 일반적으로 사용되는 모델은 미국 석유화학 협회에서 제시한 모델인데 이 모델에서는 다음의 가정
① 누출속도는 일정하며 지표면과 수직 방향이다.
② 누출되는 연소물질은 완전 연소한다.
③ 대기중의 탄산가스에 의한 열전달의 감소는 무시한다.
④ 불꽃으로 인한 열전달 속도의 변화는 고려하지 않는다.

제트화재에 의해 수직방향으로 발산되는 복사열은 다음 식으로 계산

$$복사열\ H = \frac{\tau \beta Q}{4\pi D^2}[\text{kW/m}^2]$$

여기서, τ : 대기투과도
   β : 수소는 0.15, 메탄은 0.2 기타의 탄화수소는 0.3
   Q : 제트화재에 의해 발출되는 총열량(kW)
   D : 불꽃 중심으로부터 고찰점까지의 거리

【 복사열량에 따른 장치 피해 】

장치가 받는 복사열(kw/m²)	복사열로 인해 장치가 받을 수 있는 피해
37.5	공정장치들이 심각한 피해를 입음
23.0	보온하지 않은 철제 구조물이 구조적인 변형을 일으킴
12.5	플라스틱 튜브들이 녹아내림

⑤ Jet Fire는 다른 화재들에서와 같이 염에서 주변으로 방산(放散) 되는 복사열에 의한 피해가 가장 큼

⑥ 복사열(輻射熱, Radiant heat)의 피해가 어떻게 미칠지 그 피해 범위를 추정함에 있어서 우선, 사람과 주변 시설에 대한 복사열의 피해를 판단할 기준이 필요

(3) BLEVE 화재모델링

① 등온 팽창모델

등온 팽창모델에서는 다음 식을 이용

$$\text{TNT 당량질량}\ W = 5 \times 10^{-4} mRT \ln \frac{P_1}{P_2}$$

여기서, n : 플래쉬 되는 증기의 mole 수
   R : 가스 상수
   T : 과열액체의 초기온도
   P_1 : 과열액체의 초기 압력
   P_2 : 과열액체의 최종 압력

② 단열 팽창모델

단열팽창 모델에서는 다음 식을 이용해서 계산

$$\text{TNT 상당질량 } W = \frac{-\triangle U}{H}$$

여기서, $\triangle U$: 용기 내용물의 내부에너지의 변화(BTU)
H : TNT의 연소열(20,000BTU/lbs)

27 TNO 액면화재모델 피해예측절차

 개요

(1) 정의

① 저장탱크 또는 배관에서 인화성 물질이 누출되어 그 물질이 액면을 형성하여 화재를 일으키는 경우에 적용한다.
② 액면화재(Pool fire)는 화재시의 복사열에 의하여 피해를 입게 된다.

(2) 전제조건

① 지상에서의 액표면 화재에 적용한다.
② 산소가 충분히 공급되는 것으로 가정한다.
③ 액표면적이 일정한 것으로 가정한다.
④ 완전연소로 가정한다.
⑤ 연소시 생성되는 이산화탄소 및 검댕에 의한 투과도에 영향을 미치지 않는 것으로 가정

2 ▸▸ 피해예측절차

(1) 피해예측순서

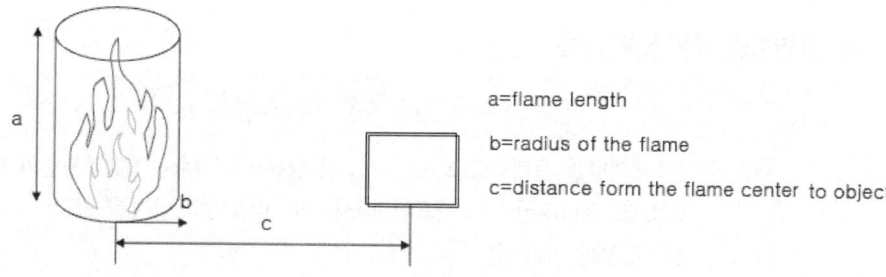

① 연소속도 산출
  ㉠ 액표면에서의 단위면적당 증발량을 의미
  ㉡ 액체의 비점이 대기온도보다 높은 경우, 낮은 경우 또는 표에 의해서 구한다.
② 불꽃의 길이 산출
  ㉠ 불꽃이 기울어진 경우와 수직인 경우를 나눠 수식에 의해 산출한다.
  ㉡ 불꽃의 길이는 액표면의 반지름에 비례하며, 연소속도에 비례한다.
③ 불꽃의 기울기 산출
  ㉠ 지형시계인자 산출에 영향을 미친다.
  ㉡ 수직인 경우 $\cos\theta = 1$

(2) 복사열량 산출 방법

① 복사열량 산출

$$Q = \tau \times F \times E$$

여기서, Q : 불꽃에서부터 일정거리에서의 복사열량(w/㎡)
  τ : 투과도(무차원)
  F : 최대지형시각인자(무차원)
  E : 표면방출 플럭스량[W/㎡]

② 투과도 산출

$$\tau = 2.02[P_{pw} \times l] - 0.09$$

여기서, τ : 투과도(무차원), P_{pw} : RH×PW, l : 불꽃으로부터 떨어진 거리[m]
  RH : 상대습도, PW : 물의 증기압[N/㎡]

③ 최대지형시각인자 산출

$$F^2 = F_v^2 + F_h^2$$

여기서, 수직지형시계인자(F_v), 수평지형시계인자(F_h)

④ 표면방출 플럭스량 산출

$$E = (\beta \times m \times H_c \times S)/(2\pi R \times L_f + S)$$

여기서, E : 표면방출 플럭스량[W/m²], β : 전체복사열의 비율 전체복사열의 비율
H_c : 연소열[J/kg], S : 액표면적[m²], R : 액표면의 반지름[m]
L_f : 불꽃의 길이[m]

물질명	액표면의 지름 (mm/in)	β	물질명	액표면의 지름 (mm/in)	β
메탄올 (Methanol)	80/3 150/6 1200/48	0.162 0.165 0.170	휘발유 (Gasoline)	1200/48 1500/60 3000/120	0.30~0.40 0.16~0.27 0.13~0.14
액화천연가스 (LNG)	1500/60 3000/120 6000/240	0.15~0.24 0.24~0.34 0.20~0.27	벤젠 (Benzene)	80/3 450/18 750/30 1200/48	0.35 0.345 0.35 0.36
부탄 (Butane)	300/12 450/18 750/30	0.199 0.205 0.269			

③ 결론

① 불꽃에서부터 일정거리로 바꾸어 반복 계산하여 사고지점으로부터 일정거리별 복사열량을 산출한다.
② 산출한 거리별 복사열량을 알게 되면 그 지점에서의 피해는 간단히 예측할 수 있다
   피해예측결과요약(화재)
③ 즉 주변근로자 및 설비에 미치는 피해를 객관적으로 산정한다.

〈별지 양식 2〉

피해예측결과요약(화재)

1. 사업장 및 대상공장

사업장명	
주　소	
대상공장명	

2. 기상자료 및 지형

풍　속	m/sec	풍　향	
온　도	℃	상대습도	%
누출시간	☐ 낮　　☐ 밤	주변지형	☐ 도시지형　☐ 농촌지형

3. 가상시나리오

물질명		물질의 종류	☐ 가연성가스　☐ 인화성물질
누출물질의 밀도	kg/m³	누출량	kg, kg/sec
누출원		누출원의 지름	m
누출/운전온도	℃	누출/운전압력	kgf/cm²
누출의 종류	☐ 연속　　☐ 순간	누출기간	sec

4. 피해예측결과

화재의 종류	☐ 액면화재　☐ 증기운화재　☐ 고압분출화재　☐ 화구·BLEVE ☐ 기타(　　　　　　　　　　)		
복사열량	kW/m²	화재/화구의 크기(지름)	m
불꽃의 기울기		화구의 높이	m
복사열이 5kW/m²인 지점의 거리			m
사용한 모델	☐ TNO　　☐ API　　☐ TNT 당량　　☐ 단열팽창 ☐ 기타(　　　　　　　　　　)		

5. 첨부(계산근거)

위험성 평가
[기출문제]

기출문제

125회

01 최근 자주 발생하는 물류창고의 화재에 대하여 화재확산 원인과 개선방안을 설명하시오.

124회

01 ERPG(Emergency Response Planning Guideline) 1, 2, 3에 대하여 설명하시오.

02 변압기 화재, 폭발의 발생과정과 안전대책에 대하여 설명하시오.

03 지하구의 화재안전기준이 2021년 1월 15일부터 시행되었다. 다음에 대하여 설명하시오.
　1) 지하구의 화재안전기준 제정·개정배경
　2) 지하구의 화재특성
　3) 소방시설 등의 설치기준

123회

01 고용노동부 고시의 「사업장 위험성평가에 관한 지침」에 따른 위험성 평가방법 및 위험성 평가 절차에 대하여 설명하시오.

02 최근 에너지저장장치(ESS : Energy Storage System)를 활용한 전기저장시설의 화재가 빈발하여 화재사고 예방 및 피해 확산 방지를 위해 전기저장시설의 화재안전기준 제정(안)이 예고되었다. 이에 따른 스프링클러설비 및 배출설비 설계 시 고려사항에 대하여 설명하시오.

03 전통시장화재에 대하여 다음 사항을 설명하시오

가. 전통시장 화재의 특성(취약성)
나. 전통시장 화재알림시설 지원사업목적 및 대상
다. 개별점포 및 공용부분 화재알림시설 설치기준 및 구성도(전통시설 화재알림시설 설치사업가이드라인)

122회

01 화재 패턴(Pattern)의 개념과 패턴의 생성 원리에 대하여 설명하시오.

02 최근 정부에서는 지난 4월 발생한 이천물류센터 공사현장 화재사고 이후 같은 사고가 다시는 재발하지 않도록 건설현장의 화재사고 발생위험 요인들을 분석하여 건설현장 화재 안전대책을 마련하였다. 다음 각 사항에 대하여 설명하시오.

가. 건설현장 화재 안전대책의 중점 추진 방향
나. 건설현장 화재 안전대책의 세부 내용을 건축자재 화재안전기준 강화 측면과 화재 위험작업 안전조치이행 측면 중심으로 각각 설명

03 어떤 빌딩이 스프링클러설비와 소방서에 자동으로 울리는 알람 시스템에 의해 화재에 대해 보호되고 있다. 다음 조건에 따라 화재진압 실패 확률을 결함수 분석에 의해 계산하고 스프링클러설비와 알람시스템을 설치하는 이유를 설명하시오. (단, 연간화재발생 확률은 0.005회이고, 만약 화재가 발생한다면 스프링클러가 작동할 확률은 97%이고, 소방서에서 알람이 울릴 확률은 98%이며, 스프링클러에 의해 효과적으로 화재를 진압할 확률은 95%이다. 또한 소방서에서 알람이 울리면 소방관은 성공적으로 99%의 화재진압을 할 수 있다)

기출문제

121회

01 위험성 평가기법 중 위험도 매트릭스(Risk Matrix)에 대하여 설명하시오.

02 임야화재의 대표적인 발화원인과 화재원인별 조사방법에 대하여 설명하시오.

120회

01 장외영향평가서작성 등에 관한 규정에서 정한 장외영향평가의 정의, 업무 절차 및 장외 영향평가서의 작성방법에 대하여 설명하시오.

02 화재예방, 소방시설 설치·유지 및 안전관리에 관한 법령에서 정한 소방특별조사에 대하여 다음의 내용을 설명하시오.
  1) 조사목적
  2) 조사시기
  3) 조사항목
  4) 조사방법

119회

01 화학공장의 위험성평가 목적과 정성적평가와 정량적평가 방법에 대하여 설명하시오.

118회

117회

01 국가화재안전기준(NFSC)을 적용하여야 하는 지하구의 기준 및 지하공간(공동 구, 지하구 등)의 화재특성, 소방대책을 설명하시오.

해설

1. 지하구의 기준
   ① 전력·통신용의 전선이나 가스·냉난방용의 배관 또는 이와 비슷한 것을 집합수 용하기위하여 설치한 지하 인공구조물로서 사람이 점검 또는 보수를 하기 위 하여 출입이 가능한 것 중 폭 1.8m 이상이고 높이가 2m 이상이며 길이가 50m 이상(전력 또는 통신사업용인 것은 500m 이상)인 것
   ② 「국토의 계획 및 이용에 관한 법률」 제2조제9호에 따른 공동구

2. 지하공간(공동구, 지하구 등)의 화재특성
   1) 공간적 특성
      ① 밀폐된 지하 공간에 가연물인 케이블이 다량 설치되어 있다.
      ② 다량의 케이블에는 항상 전기가 흐르고 있다.
      ③ 지하공간이기 때문에 자연 채광이 없으며, 천장 면까지의 높이가 낮다.
   2) 연소 특성
      ① 발화원인

케이블 자체의 발화	외부에 의한 발화
- 누전, 과전류 등에 의한 발화 - 절연열화 및 탄화에 의한 발화 - 접촉부의 과열에 의한 발화 - 단락, 지락, 스파크 등에 의한 발화 - 시공불량 등에 의한 온도상승으로 부분 발열 발화 - 다회선 포설에 따른 허용전류 저감률 부족으로 온도상승으로 발화	- 케이블이 접속되어 있는 기기류의 과열 - 공사중 용접불꽃 등에 의한 발화 - 케이블 주위에서 기름 등의 가연물의 연소 - 타구역에서 발생한 화재가 케이블로 연소 확대 - 방화

   ② 지하구내의 주요 가연물인 케이블은 외피가 폴리에틸렌이나 PVC이기 때문에 화재가 발생하면 농연, 열기류가 연속적으로 연소확대가 될 위험성이 있다.
   ③ 축적된 연기 등 다량의 연소생성물을 지상으로 배출하기가 어렵다.
   3) 피난상 문제점
      ① 지하공간의 화재는 바람의 영향을 받지 않아 출, 입구의 방향에 따라 환기류 의 방향이 변하기 때문에 피난방향의 혼란을 초래한다.
      ② 케이블 외장재인 폴리에틸렌이나 PVC는 연소시 독성가스(HCl, CO 등) 및 연기가 생성되어 단시간동안 흡입하여도 인체에 치명적인 영향을 줄 수 있다.
   4) 소화 활동상 문제점
      ① 화재가 진압되더라도 복구인원과 장비의 투입이 어렵기 때문에 복구 시간이 많이 소요된다.

3. 지하공간(공동구, 지하구 등)의 소방대책
   1) 예방
      ① 내열·내화성능의 케이블을 설치하여 근본적으로 화재 발생 가능성을 줄인다.
      ② 내열·내화성능의 케이블이 설치되지 않은 지역은 일정구간별 내화도료를 칠하여 시공한다.
      ③ 전기 용량에 맞는 케이블을 사용하여 과전류로 인해 화재가 발생되지 않도록 하고 정기적으로 케이블의 절연상태를 점검한다.
      ④ 외부로부터 담뱃불 등의 사고요인이 투척되지 않도록 방호망 설치한다.
   2) 소방
      ① 소방관서와 공동구의 통제실 간에 화재 등 소방 활동과 관련된 정보를 상시 교환할 수 있는 정보통신망을 구축할 것
      ② 정보통신망은 광케이블 또는 이와 유사한 성능을 가진 선로로서 원격제어가 능할 것
      ③ 주수신기는 공동구의 통제실에, 보조수신기는 관할 소방관서에 설치하여야 하고, 수신기에는 원격제어 기능이 있을 것
      ④ 비상시에 대비하여 예비선로를 구축할 것
      ⑤ 정온식 감지선형 감지기를 신설하거나 기존의 감지기를 정온식 감지선형 감지기 또는 광센서 감지선형 감지기로 교체하여 화재위치를 정확히 파악할 수 있게 한다.
      ⑥ 화재위험도가 아주 높은 구간은 미분무수 소화 설비, 스프링클러 소화설비 등의 자동식 소화설비 설치하여 조기에 화재를 진압할 수 있게 한다.
   3) 방화
      ① 방화벽의 위치는 분기구 및 환기구 등의 구조를 고려하여 설치하며, 방화벽은 내화구조로서 홀로 설 수 있는 구조일 것
      ② 방화벽에 출입문을 설치하는 경우에는 방화문으로 할 것
      ③ 방화벽을 관통하는 케이블·전선 등에는 내화성이 있는 화재차단재로 마감할 것

116회

01 산불화재에서 Crown fire와 화학공정에서 Blow down에 대하여 설명하시오.

해설   1. 수관화(Crown fire)
   1) 발생과정
      지표화→수간화→수관화→비화→화재폭풍(fire storm)
   2) 특징
      ① 나무의 가지 부분이 타는 것을 말하며, 수관화가 일어나면 화세도 강하고 진행속도가 빨라서 진화가 힘들며 피해도 가장 크다.
      ② 실효습도가 25% 이하일 땐 나무의 꼭대기에서 꼭대기로 불길이 번지는 수관화(樹冠火)가 일어나 진화헬기의 접근마저 어려워진다.
      ③ 수관화는 초대형 산불의 주요 원인으로 작은 나무와 덤불이 삼림 아래에 울창하게 번식한 지역에서 수관화가 이뤄진다. 사다리 장작 구실을 하는 작은 수목을 타고 불길이 상승기류에 휩쓸려 수목 상층부로 이동하는 것이다.
      ④ 수관화는 화염이 나무의 윗부분을 태우는 데 그치지 않고 꼭대기와 꼭대기로 이어져 방화대를 넘고 진압이 사실상 불가능하다. 수관층을 구성하는 교목이 완전 연소되는것으로 토양의 온도가 현저히 증가하며, 산화지의 교목이나 관 목이 모두 불에 타고 토양의 온도도 지표화에 비해 훨씬 높아진다.
      ⑤ 상부층 화재로 옮기기까지의 사다리 역할 화재를 수간화(樹幹火)라 하는데 일반적으로 나무의 줄기가 타는 것을 말한다. 간벌이나 가지치기 등 육림작업이 부실한 경우 밀생된 가지나 잎으로 옮겨진다.
   2. Blow down
      ① 보일러의 연소 계통에 공기, 수증기 등으로 불어서 밖으로 빼내는 작업
      ② 안전밸브에서 배관이나 장치 내의 기체 또는 액체를 방출하는 것
      ③ 배기밸브 또는 배기구가 열리기 시작하고 실린더 내의 가스가 뿜어 나오는 현 상
      ④ blow down하기 위해서는 다음방법 중 하나를 선택한다.
         - 운전 중에 drain value를 약간 열어둔다.
         - 운전수위를 높여서 계속 over flow시킨다.
         - 하부수조의 청소를 겸해서 정기적으로 물을 갈아 넣는다.
      ⑤ blow down량은 수질 혹은 농축도에 따라 다르지만 공조용인 경우는 일반으로 순환수량의 0.3%정도(개방식, 밀폐식)가 필요량이다.

02 고층건축물(30층 이상) 공사현장에서 공정별 화재위험요인을 설명하시오.
(공정 : 기초 및 지하 골조공사, Core Wall공사, 철골·Deck·슬라브공사, 커튼월공사, 소방설비공사, 마감 및 실내장식공사, 시운전 및 준공시)

기출문제

03 도로터널에 화재위험성평가를 적용하는 경우 이벤트 트리(event tree)와 F-N곡선에 대하여 설명하시오.

115회

01 원자력발전소의 심층화재방어의 개념에 대하여 설명하시오.

▶해설 1. 개념
　① 원자력발전소는 화재사고와 같은 이상상태가 발생할 경우를 대비하여 원자로를 안전하게 정지시키는 능력을 확보하는데 가장 큰 설계개념을 두고 건설된다.
　② 방화구역 단위로 화재위험성을 평가하고 방화구역내에서 화재가 발생한 경우에도 원자로 손상가능성을 최소화하여 적용된 화재방호설계 - 화재가 발생하지 않도록 사전에 예방(Prevention) - 화재가 발생한 경우에도 화재를 조기에 감지, 진압(Suppression) - 화재로 인한 영향을 최소화(Mitigation)

2. 원자력발전에서 화재안전성 평가
　1) 화재위험도분석(FHA : Fire Hazard Analysis)
　　① 방화구획, 화재재해분석, 화재안전정지분석으로 구분
　　② 방화구획 : 방사성 물질 누출 가능성 최소화
　　③ 화재재해분석 : 화재 예방 및 화재방호설비 분석
　　④ 화재안전정지분석 : 안전정지 관련설비 분석
　2) 안전정지분석(SSA : Safety Shutdown Analysis)
　　① 원전 방화지역내 화재발생시 인접구역에서 안전정지상태를 달성하고 유지하는데 필요한 기기의 기능이 보존됨을 입증사고
　　② 사고발생 → 원자로 핵분열 차단 → 냉각능력
　3) 확률론적 안전성분석(PSA : Probability Safety Analysis)
　　① 화재지역의 안전정지기능이 상실되어 노심이 손상되는 확률을 정량적으로 분석
　　② 원전의 설계, 운전, 정비 등 종합적으로 고려하여 원전의 안전성 향상 방안 도출

114회

113회(2017년 8월)

01 차량화재의 원인을 설명하시오.

해설

1. 개요
   1) 대부분의 사례를 보면 차량화재의 점화 에너지원은 건축화재, 아크, 배선의 과부하, 화염노출(Open Fire), 발열물질 등과 관련된 것과 동일하다.
   2) 하지만 특별히 고려해야 하는 것은 엔진 배기 시스템의 고온표면과 같은 것이다. 이 배기 시스템은 배기매니폴드, 배기파이프 한 개 이상의 촉매변환기, 머플러, 테일파이프로 구성된다.
   3) 기타 점화원으로 작용할 수 있는 고온표면은 브레이크, 베어링이 될 수도 있다.

2. 차량화재의 원인 및 대책

구분	자동차화재의 점화원으로 작용하는 인자	예방대책
1	화염노출	에어 클리너가 적당한 자리에 위치 조절 캠핑차량의 경우 가전제품의 파일롯 불꽃이나 운전용버너, 오븐, 워터 히터 등은 화염에 노출 등 방지
2	전기에 의한 점화원	퓨우즈 등 차단장치 설치
3	캠핑용 차량	외부전원공급에 규격배선 및 규격 차단장치 설치
4	배선 과부하	정격부하 이하로 부하공급 과부하 발생시 차단장치를 통한 차단
5	접속부의 고저항 발생	접속부 저항을 0.1Ω 이하로 연결 접속부 체결상태 확인
6	전기적 단락과 아크발생 (전기 방전)	전선의 단락방지, 과부하 보호장치 아크발생 우려장소는 방호
7	아크(탄소) 트래킹	절연체의 먼지 부착 시 제거 소규모 방전 방지
8	램프 전구와 필라멘트	필라멘트는 진공이나 주위가 불활성 가스인 환경에서 작동
9	차량에 사용되고 있는 외부 전원	외부전원공급에 규격배선 및 규격 차단장치 설치
10	고온표면	고온표면 발생장소는 방호하여 열면발화 방지
11	기계적인 불꽃	기계적인 불꽃 발생장소 방호
12	발연 물질 (Smoking Materials)	우렌탄 폼으로 된 시트는 쉽게 연소되고 화염을 내며 착화되므로 난연성물질 시트 제작

02 냉동물류창고의 화재위험성과 적응성을 갖는 소화설비 및 감지기에 대하여 설명하시오.

기출문제

112회(2017년 5월)

01 산업안전보건법에 의한 공정안전보고서의 제출 대상 및 세부내용에 대하여 설명하시오.

해설

1. 개요
   ① PSM이란 종합적으로 공정안전관리 체계를 의미하며, 안전관리를 위한 조직안전관리 시스템의 개발, 안전관리의 적용으로 기획에서 적용까지의 모든 행위를 의미하며, 가스관련 설비는 가스안전공사에서 가스안전관리체계(SMS, Safety Management System) 개선계획(1995년 실시)을 통하여 진행하고 있다.
   ② PSM의 목적은 공정에서 일어날 수 있는 화재 폭발 혹은 독성가스 누출로부터 종업원 및 인근 주민의 생명을 보호하고 생산시설을 보호유지하는 데 있다.
   ③ 1984년 인도의 보팔사고 등으로 세계 각국에 재해 예방의 일환으로 도입하였고, 국내는 1996년에 산업안전보건법에 의해서 시행되고 있다.

2. 공정안전보고서의 제출 대상
   ① 원유 정제처리업
   ② 기타 석유정제물 재처리업
   ③ 석유화학계 기초화학물 제조업 또는 합성수지 및 기타 플라스틱물질 제조업. 다만, 합성수지 및 기타 플라스틱물질 제조업은 별표 10의 제1호 또는 제2호에 해당하는 경우로 한정한다.
   ④ 질소, 인산 및 칼리질 비료 제조업(인산 및 칼리질 비료 제조업에 해당하는 경우는 제외한다)
   ⑤ 복합비료 제조업(단순혼합 또는 배합에 의한 경우는 제외한다)
   ⑥ 농약 제조업(원제 제조만 해당한다)
   ⑦ 화약 및 불꽃제품 제조업

3. PSM의 체계

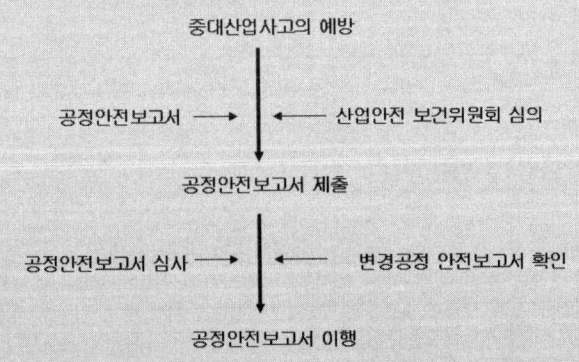

4. 공정안전 보고서 포함 사항 **암기** 보안비공기
   ① 공정 위험보고서
   ② 안전운전 계획

③ 비상 조치 계획
④ 공정 운전 자료
⑤ 기타 필요한 사항
5. 공정 위험성 평가서
① 위험성 평가 기법 중 하나 이상을 선정하여 평가
② 잠재 위험에 대한 사고예방 대책
③ 피해 최소화 대책(잠재 위험이 있는 경우)
6. 안전운전 계획
① 안전운전 지침서
② 설비점검 검사 및 보수 유지계획 및 지침서
③ 안전운전 작업
④ 도급업체 안전관리 계획
⑤ 근로자 등 교육계획
⑥ 가동 전 점검지침
⑦ 변경 요소 관리계획
⑧ 자체검사 및 사고 조사 계획
7. 비상 조치 계획 → 재해로 전이 시의 긴급조치
① 비상조치를 위한 장비 인력 보유현황
② 사고 발생 시 부서 및 관련기관의 비상 연락체계
③ 비상시를 위한 조직의 임무 및 수행절차
④ 비상조치 교육
⑤ 주민 홍보 계획
8. 장점
① 안전활동의 효율성 향상
② 공정설계, 신규 사업 등에서 안전검토에 소요되는 비용절감
③ 기업이미지 향상
④ 유지 보수내용 감소
⑤ 운전정보의 질적향상
⑥ 품질, 주민들이 신뢰도 향상

02 지하역사 승강장에서 화재발생 시 화재위험특성, 피난특성 및 소화활동특성에 대하여 설명하시오.

해설
1. 개요
① 지하철이란 대도시에서 교통 혼잡을 완화하고 빠른 속도로 열차를 운행하기 위하여 땅속으로 굴을 파서 설치한 철도 또는 그 철도를 다니는 전동차를 말하며,
② 지하철 화재는 전동차 내에서 화재와 승강장에서 발생하는 화재로 구분하고 있으며,
③ 한 번의 화재로 인하여 많은 인명피해와 경제적으로 큰 피해를 주고, 피해복구에도 많은 시간과 비용이 소요된다.

2. 특성
   1) 공간적 특성
      ① 지하철 승강장 공간에 가연물인 스크린도어 및 광고물품이 다량 설치되어 있다.
      ② 다량의 케이블에는 항상 전기가 흐르고 있다.
      ③ 지하공간이기 때문에 자연 채광이 없으며, 천장 면까지의 높이가 낮다.
   2) 연소 특성
      ① 발화원인

전기 케이블 자체의 발화	외부에 의한 발화
- 누전, 과전류 등에 의한 발화 - 절연열화 및 탄화에 의한 발화 - 접촉부의 과열에 의한 발화 - 단락, 지락, 스파크 등에 의한 발화 - 시공불량 등에 의한 온도상승으로 부분 발열 발화	- 방화에 의한 연소확대 - 매점 등에서 전기스토브 및 에어컨 사용으로 의한 발화 - 다른층 연소가 승강으로 연소 확대

      ② 지하철 승강장의 스크린도어 및 광고 부착품이 폴리에틸렌이나 PVC이기 때문에 화재가 발생하면 농연, 열기류가 연속적으로 연소확대가 될 위험성이 있다.
      ③ 축적된 연기 등 다량의 연소생성물을 지상으로 배출하기가 어렵다.
3. 문제
   1) 피난상 문제점
      ① 승강장의 화재는 바람의 영향을 받지 않아 출, 입구의 방향에 따라 환기류 및 전동차 진입에 따른 기류의 방향이 변하기 때문에 피난방향의 혼란을 초래한다.
      ② 스크린도어 또는 광고부착품이 폴리에틸렌이나 PVC는 연소시 독성가스(HCl, CO 등) 및 연기가 생성되어 단시간동안 흡입하여도 인체에 치명적인 영향을 줄 수 있다.
      ③ 피난경로가 복잡하여 피난시간이 많이 소요된다.
   2) 소화 활동상 문제점
      ① 지하에서 화재가 발생하여 진압되더라도 복구인원과 장비의 투입이 어렵기 때문에 복구 시간이 많이 소요된다.
      ② 승강장은 농연으로 진압시 어려움이 따르며 소방대원의 피해가 우려되고 지상의 지휘본부와 지하에 진입한 대원간의 통신이 어려워 화재상황을 파악하기가 곤란하다.
4. 대책
   1) 예방
      ① 스크린도어 및 광고부착품을 불연화하여 근본적으로 화재 발생 가능성을 줄인다.
      ② 승강장의 내장재를 불연화하고 불연화가 불가능한 부분은 방염처리 시공을 철저히 한다.
      ③ 매점 등에서 사용하는 냉난방기로 인한 과전류로 인해 화재가 발생되지 않도록 하고 정기적으로 케이블의 절연상태를 점검한다.
   2) 소방
      ① 소방관서와 통제실 간에 화재 등 소방 활동과 관련된 정보를 상시 교환할 수 있는 정보통신망을 구축할 것
      ② 정보통신망은 광케이블 또는 이와 유사한 성능을 가진 선로로서 원격제어가 가능할 것

③ 주수신기는 지하철 관제실에, 보조수신기는 관할 소방관서에 설치하여야 하고, 수신기에는 원격제어 기능이 있을 것
④ 피난유도선을 설치하여 원활한 피난동선을 확보한다.
⑤ 광전식 분리형 감지기 또는 광센서 감지선형 감지기로 교체하여 화재위치를 정확히 파악할 수 있게 한다.
⑥ 스프링클러 소화설비 등의 자동식 소화설비를 설치하여 조기에 화재를 진압할 수 있게 한다.
3) 방화
① 거실제연설비를 설치하여 피난안전성 및 소화활동공간을 확보하여야 함
② 출입문을 설치하는 경우에는 방화문으로 할 것
③ 승강자의 계단에는 드렌쳐설비를 설치하여 상층으로 연소확대를 방지함

111회(2017년 1월)

110회(2016년 8월)

01 화재원인조사 및 감식과정에서 트레일러패턴(Trailer pattern)과 고스트마크(Ghost mark)에 대하여 설명하시오.

해설
1. 트레일러패턴(Trailer pattern)
   1) 액체의 트레일러패턴(= 포어 패턴)
      인화성 액체가연물이 바닥에 쏟아졌을 때 액체가연물이 쏟아진 부분과 쏟아지지 않은 부분의 탄화경계 흔적을 말하며, 이러한 형태는 화재가 진행되면서 액체가연물이 있는 곳은 다른 곳보다 연소가 강하기 때문에 탄화 정도의 강·약에 의해서 구분된다.
      때로는 액체가 자연스럽게 낮은 곳으로 흐른 부드러운 곡선 형태를 나타내기도 하고, 쏟아진 모양 그대로 불규칙한 형태를 나타내기도 하지만, 연소된 부분과 연소되지 않은 부분에서 뚜렷한 경계선을 나타낸다.
   2) 고체의 트레일러패턴
      의도적으로 한 곳에서 다른 곳으로 연소를 확대시키기 위해 놓여진 가연물의 흔적을 말하며, 두루마리 화장지, 낙엽, 벼짚단 등으로 연소를 확대시킨 연소 형태를 말한다.
2. 고스트 마크(Ghost Mark)
   콘크리트, 시멘트 바닥에 비닐타일 등이 접착제로 부착되어 있을 때 그 위로 석유류의 액체가연물이 쏟아지고, 화재가 발생하면 열과 솔벤트 성분이 타일의 가장자리 부분에서부터 타일을 박리시키고, 이때 액체가연물은 타일 사이로 스며들며 부분적으로 접착제를

용해한다.

실내가 화염에 의한 열기가 가득하게 되면 액체가연물과 접착제의 화합물은 타일의 틈새에서 더욱 격렬하게 연소하게 되고, 결과적으로 타일 아래의 바닥에는 타일 등 바닥재의 틈새모양으로 변색되고 종종 박리되기도 하는데 이때 바닥에서 보이는 흔적을 고스트 마크라고 한다. 이 패턴은 다른 패턴과 달리 플래시오버와 같은 강력한 화재열기속에서 발생한다.

02 전기화재의 화재조사기법과 발화부 판단요소를 설명하시오.

03 견본주택(Model House)의 안전관리 제도상 문제점, 특성 및 방재대책에 대하여 설명하시오.

109회(2016년 5월)

01 임야화재의 연소과정을 3단계로 구분하여 설명하시오.

108회(2016년 2월)

01 석탄화력 발전소에 적용되는 소방시설을 소방대상물별로 각각 구분하여 설명하시오.

> **해설** I. 개요
> ① 석탄은 공기 중에서 발화온도보다 낮은 온도에서 스스로 발열하여 그 열이 장기간 축적, 발화점에 도달하여 연소에 도달하며
> ② 밀폐된 주변의 입열에 의해서 열전달이 계의 중심으로 이동하고 계의 중심부 온도가 자연변화점 이상이 될 때 발화하는 것을 석탄의 자연발화(산화열에 의한 자연발화)라 한다.
> ③ 발생 메카니즘
> 입열 → 온도상승 → 반응속도 상승 → 온도 상승 반복 → 발화점 이상시 발화

Ⅱ. 석탄화력발전소의 소방설비
1. 석탄 저장소(Coal Shed)

 1) 예방
    호퍼의 면적을 작게 하여 저장량을 줄인다.
 2) 소화설비
    ① 고팽포소화설비(class A포), 보조포소화전을 설치하고 있음 외국에서 스프링클러 소화설비와 같이 사용
    ② 훈소의 가능성이 크므로 유화제(wetting agent)를 첨가하여 침투력 증가
2. 석탄의 이송(컨베이어)
 1) 감지
    광센서 선형감지기(약 6,000m)
 2) 소화
    물분무설비
 3) 정전기를 제거하기 위한 제전기 설치
3. 석탄이송타워
   이산화탄소화소화설비 적용
4. 보일러(로) 및 터빈
 1) Air Preheater

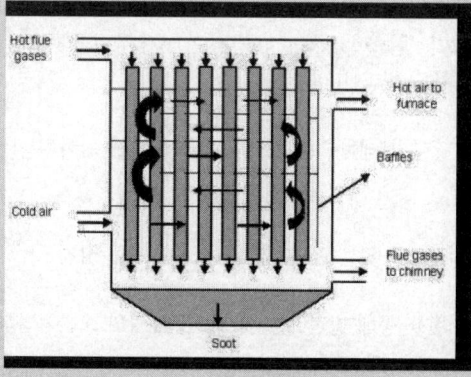

에어프리히터(고온의 로) 등에 스프링클러 사용

기출문제

4. 케이블실
   케이블 트레이 상부, 측면에 물분무 헤드 설치
5. 케이블
   난연성 케이블 사용
6. 전자기기실(제어실)
   청정소화약제를 이용한 소화설비 적용
7. 변압기
   물분무소화설비
8. 윤활유 공급장치
   저압식 이산화탄소소화설비 중 국소방출방식 사용

107회(2015년 8월)

01 풍력발전기의 화재발생 시의 위험성 및 소화대책을 설명하시오.

▸해설
1. 개요
   풍력발전기는 바람의 에너지를 전기에너지로 바꿔주는 장치로서, 풍력발전기의 날개를 회전시켜 이때 생긴 날개의 회전력으로 전기를 생산하는 설비이다.
   종류에는 설치장소에 따라 육상풍력발전기와 해상풍력발전기로 구분되며 육상풍력발전기 블레이드(2MW급) 길이가 40m 내외인데 반해, 해상풍력발전기의 블레이드(7MW급)는 80m이며 육상풍력의 경우 해상풍력에 비해 절반정도의 설치비용이 소요된다.
   육상풍력은 주로 단단한 콘크리트 기초에 타워를 결속시키고 그 위에 터빈과 블레이드가 올라가는 형태이며 이에 비해 해상풍력은 수심에 따라 여러 가지 형태의 기초가 필요하다 낮은 수심에서는 해저의 지형에 고정이 가능하지만 깊은 수심에서 이것이 불가능하게 되므로 부유식 형태의 기초를 사용한다.
2. 구성
   1) 회전자 날개
      블레이드 크기 및 풍속(8m/s, 9m/s, 10m/s)에 따라 회전력 발생이 다르며, 이것에 따라 발전용량도 변화한다.
   2) 제동장치
      로터 축에 달린 브레이크 디스크와 마찰패드를 잡아주는 캘리퍼를 이용하여 로터를 정지시킨다.
   3) 증속장치
      회전자의 회전으로 얻은 에너지를 증속시켜 주는 장치
   4) 발전기
      고속축의 회전을 통해 발전하는 것으로 플레밍의 오른손법칙을 이용

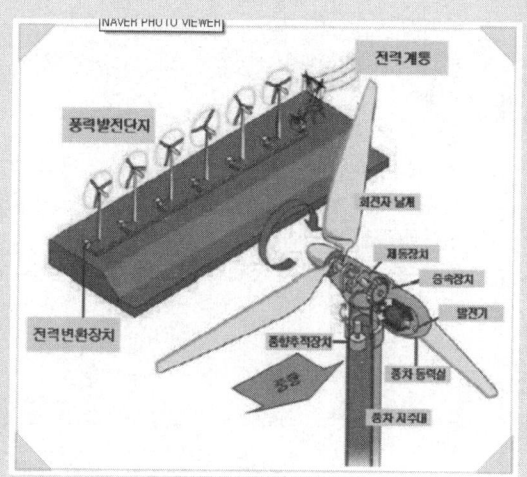

[풍력발전기 구성]

3. 화재발생 시의 위험성
    1) 회전자 로터 브레이크 과열
        브레이크용 패드 수명은 약 2년이나 기계적인 결함, 설치방법 불량으로 브레이크 패드에서 화재. 감녕풍력단지(2015년 7월 7일 화재 발생) 풍력발전기화재는 로터 축에 달린 브레이크 디스크와 마찰패드를 잡아주는 캘리퍼가 붙어 있는 상태에서 로터가 계속 돌아가 마찰열로 화재가 발생
    2) 고소에서의 발화
        ① 대부분 발전기 최상단 50m 이상의 본체부분에서 화재발생
        ② 50m 높이로 지역 소방대의 접근 및 소화가 불가능하다.
        ③ 제주도 감녕풍력단지 화재사례에서 알 수 있듯이 직접적인 진화가 매우 어렵다.
            (장맛비로 화재진압 됨)
    3) 윤활유 공급장치 화재
        터빈 등에 윤활유 공급장치에서 단열압축 현상으로 인한 화재발생
    4) 전력변환장치 화재
        전력변환장치 내에 축전지 등에서 화재 발생
    5) 배선 단락, 누전으로 인한 화재
4. 예방대책
    1) 풍력발전기의 안전검사를 정기적으로 받도록 의무화
    2) 특수감지기 설치
        광센서 선형감지기 등을 설치하여 화재 위치 신속히 판단
    3) CCTV 설치
        풍력발전기 내부를 상시 감시하여 화재 및 고장 등을 진단
5. 소화대책
    1) 가스계 소화설비 적용
        전기기기 및 판넬 등이 존재하므로 가스계소화설비를 적용하여 소화

2) 소공간 소화장치 적용
   각 구획된 장소마다 소공간 소화장치를 설치하여 소화
6. 방호대책
   1) 소방력 확보
      풍력발전기 높이(50m) 이상 진압 가능한 장비 지역 내 확보
      제주지역인 경우 현재 57m 이상 고가사다리차가 2대만 보유하고 있음
   2) 산불화재로 인한 이격거리 확보
      대형 산불로 인하여 풍력발전기가 연소확대되지 않도록 산림과 충분한 이격거리 확보를 하여야 함

106회(2015년 5월)

01 대형 물류창고 화재의 특성과 방재대책에 대하여 설명하시오.

02 전통시장의 화재안전관리 실태와 문제점 및 대책에 대하여 설명하시오.

105회(2015년 2월)

01 건축물의 화재위험평가 중 FREM(Fire Risk Evaluation Method)에 대하여 설명하시오.

02 반도체 제조공정지역에 설치하는 소방시설과 제조공정지역의 유지관리기준에 대하여 설명하시오.

03 액체탄화수소의 일반적인 특성과 연소 후 특징적으로 나타나는 화재패턴(Fire Pattern)에 대하여 설명하시오.

04 NFPA 921에서 추천하고 있는 과학적인 화재조사방법에 대하여 설명하시오.

05 필로티구조로 된 건축물의 화재 위험성에 대하여 설명하시오.

104회(2014년 8월)

01 HAZOP Study에서 Guide Word를 제시하고 그 의미를 설명하시오.

02 폭발피해의 정량화 방법에 대하여 설명하시오.

103회(2014년 5월)

01 하인리히의 사고예방 5단계에 따른 사고 예방 과정을 각 단계별로 구분하여 대책을 설명하시오.

> 해설   1. 개요
> ① 재해손실 비용이란 업무상의 재해로서 인적상해를 수반하는 재해에 의해서 생기는 손실, 비용을 말한다.
> ② 만약 재해가 발생하지 않았다면 당연히 제출하지 않았을 직접 또는 간접으로 생기는 여러 가지의 손실비용을 총칭하여 재해 cost라 한다.
> 2. 하인리히(H.W.Heinnch) 재해 COST 산출 방식
> ① 직접비용(보험회사가 지불한 금액) → A
> ② 간접비용(이외의 재산손실이나, 생산의 저해때문에 회사가 받은 손실) → B
> ③ A:B=1:4
> ④ 총재해비용=직접비용과 간접비용의 합
> 3. 하인리히의 사고발생 연쇄성 이론 5단계
> (1) 유전적 요인 및 사회적 환경
> ① 무모, 완고, 탐욕, 기타 성격상의 바람직스럽지 못한 특징은 유전에 의해서 물려 받았는지도 모른다.
> ② 환경은 성격상의 바람직스럽지 못한 특징을 조장하고, 교육을 방해할 수 있다.
> ③ 유전 및 환경은 인적 결합 원인이 된다.
> (2) 개인적 결함

기출문제

① 무모, 포악한 성질, 신경질, 홍분성, 무분별 등 안전수단에 대한 결함과 같은 선천적 또는 후천적인 인적결함은 불안전 행동을 일으키고
② 또는 기계적, 물리적 위험성이 존재에 따른 인적 결함
(3) 불안전 행동과 기계적, 물리적 위험성
① 매달린 짐의 밑에 선다, 경보 없이 기계를 움직인다.
② 방호되지 않는 톱니바퀴, 손잡이 미설치, 불충분한 조명
③ 상기 원인으로 기계적, 물리적 위험성은 직접적 사고 원인
(4) 사고(accident)
사람의 추락, 비례물에 대한 타격 등과 같은 사상은 상체의 원인이 되는 전형적인 사고이다.
(5) 상해(산업재해)
화상, 열상 등은 직접적으로 사고로부터 생기는 상해이다.

4. 하인리히의 사고예방 관리 5단계
(1) 제1단계(안전조직)
① 경영자의 안전목표 설정
② 안전관리자의 선임
③ 안전의 라인 및 참모조직
④ 안전활동 방침 및 계획 수립
⑤ 조직을 통한 안전활동전계
(2) 제2단계(사실의 발견)
① 사고 및 활동기록의 검토
② 작업 분석
③ 점검 및 검사
④ 사고 조사
⑤ 각종 안전 회의 및 토의
⑥ 근로자의 제안 및 여론조사
(3) 제3단계(분석)
① 사고 원인 및 경향성 분석
② 사고기록 및 관계자료 분석
③ 인적, 물적, 환경적 조건 분석
④ 작업공정 분석
⑤ 교육훈련 및 적정배치 분석
⑥ 안전수칙 및 보호장비의 적부
(4) 제4단계(시정방법의 선정)
① 기술적 개선
② 배치 조정
③ 교육 훈련의 개선
④ 안전 행정의 개선
⑤ 규정 및 수칙 등 제도의 개선
⑥ 안전 운동의 전개
(5) 제5단계(시정책의 적용)

시정책은 하베이가 주창한 3E [① 교육 (education) ② 기술 (engineering) ③ 독려, 규제 (enforcement)]를 완성함으로써 이루어짐

5. 결론
① 하인리히는 330건의 사고중 300건은 무상해 재해, 29건은 경상재해, 1건만 중대사고라고 했다.
② 여기서, 300건의 무상해(아차사고)로 중요성이 강조된다.
③ 안전은 자율에 의해 이루어져야 한다는 것을 말해주며 불가항력적인 2% 외의 98% 사고는 예방이 가능하다는 결론을 내린다.(불안전한 상태 10%, 불안전한 행동 88%)

02 유해 · 위험물의 누출모델, 분산모델 및 영향모델에 대하여 설명하시오.

102회(2014년 2월)

101회(2013년 8월)

01 최근 3년간 국내 화재발생 결과를 발화요인별과 발화열원별 순위로 구분하여 1위에서 3위까지 순서대로 설명하시오.

02 기기분석 방법의 장, 단점과 가스 크로마토그래피(Gas CHromatography, GC)의 원리 및 특성에 대하여 설명하시오.

100회(2013년 5월)

01 화학공장의 계기시스템 결함 위험요소를 파악하고 정량적으로 분석하는데 SIL(Safety Integrity Level)이 요구된다. SIL study에 적용되는 결함(Failure)의 종류와 SIS(Safety Instrumented System), PFD(Probability of Failure on Demand) 및 SIL 등급을 설명하시오.

99회(2013년 2월)

98회(2012년 8월)

97회(2012년 5월)

01 화재위험분석(Fire Risk Analysis)에 필요한 시스템 신뢰도(System Reliability)를 평가하는 방법으로 Reliability Block Diagram 기법이 적용된다. 어떤 시스템에 3개의 단위공정(Unit)이 직렬로 연결되어 있으며, 각 단위공정의 고장률(Failure Rate) 상수(λ)는 각각 $3.8 \times 10^{-6} hr^{-1}$, $4.8 \times 10^{-6} hr^{-1}$, $9.5 \times 10^{-6} hr^{-1}$일 경우 다음 항목을 계산하시오.

1) 전체 시스템 고장률(λs)
2) 1,000시간 운전에 대한 시스템 신뢰도(Rs)
3) 시스템 평균 고장수명(MTTFs, mean time to failure)

96회(2012년 2월)

01 위험성평가기법의 종류와 특징에 대하여 설명하시오.

02 화재조사에서 화재패턴의 종류 중 도넛 패턴(Doughnut Pattern)에 대하여 설명하시오.

95회(2011년 8월)

01 최근 고유가 정책의 대안으로 대규모 석탄(Coal) 저장시설이 여러 분야에서 적용되고 있다. 일반적인 석탄화재의 특성을 설명하고, 석탄 저장시설을 Silo방식과 Shed방식으로 구분하여 적합한 소화시설 및 화재예방, 감지시설에 대하여 설명하시오.

94회(2011년 5월)

01 위험도 매트릭스에 대하여 설명하시오.

02 화재조사 시 소실정도에 의한 화재를 분류하고, 발화부 추정원칙 6가지를 설명하시오.

93회(2011년 2월)

01 화재 현장조사기법 중 화재 벡터링(Fire Vectring)에 대하여 설명하시오.

92회(2010년 8월)

01 화재폭발위험성에 대한 화학공정(Chemical process)의 위험도 분석방법으로 폭넓게 적용되고 있는 Fire Explosion Index(F & EI)를 계산하는 다음과 같은 단계별 항목에 대하여 설명하시오.
　　가. 분석대상 공정선정(Identify Process Unit)
　　나. 가연물 지수산정(Material Factor)

기출문제

다. 일반공정 위험지수 산정(General Process Hazard Factor)
라. 특수공정 위험지수 산정(Special Process Hazard Factor)
마. F & EI 계산 방법

02 화재위험 확률에 대한 등급을 6가지로 분류하여 설명하시오.(25점)

91회

01 위험성평가 기법을 활용하여 화재위험성평가를 ① 결함수분석법과 ② 사상수분석법으로 하고자 한다. 각각의 기법에 대하여 "대상 및 적용시기", "주요특징 및 수행자", "소요시간 및 경비"에 대하여 설명하시오.

90회

01 화학공장의 정량적 위험분석(Quantitative Risk Analysis, QRA)과 관련된 다음 항목에 대하여 각각 설명하시오.

가. QRA를 실시하는 목적
나. 위험도(Risk) 함수관련 인자
다. QRA를 수행하는 단계별 과정

02 화학공장의 화재폭발 시 독성물질의 누출 및 확산피해를 예측하는데 사용되는 화학물질폭로영향지수(Chemical Exposure Index, CEI)의 산정에 필요한 비상대응계획 수립지침(Emergency Response Planning Guideline, ERPG)에 대하여 설명하시오.

89회

88회

01 국내 산업안전기준(KOSHA Code P-31)에 규정된 사고피해예측기법 내용 중 확산, 화재(복사열) 및 폭발(과압)의 위험정도 여부를 판단할 수 있는 위험판정 기준에 대하여 기술하시오.

87회

86회

01 최근 화학공장 중심으로 설계 및 시공 단계에서부터 검토·평가되고 있는 안전 통합 레벨(SIL: Safety Integrated Level)의 설정목적, 검토(Review)항목 및 검증(Verification) 과정에 대하여 설명하시오.

85회

84회

기출문제

83회

82회

81회

80회

01 원자력발전소의 화재방호 특성을 기술하고, 화재위험도 분석 절차를 설명하시오.

02 방화(放火)의 실태와 대책방안에 대하여 논하시오.

수험서의 NO.1 서울고시각

공편자약력

장명근
- 서울 과학기술대학 안전공학과 졸업
- (전) 신우건설산업(주) 기전부 근무
  대안엔지니어링 설계, 감리부 근무
  북평화력발전소 설계 등
  (주)극동전력 감리부 근무
  (주)한방유비스 감리부 근무
  제2롯데월드 신축공사 저층부 감리단장
- (현) (주)한백에프엔씨 감리부 근무

조진원
- 중앙대학교 졸업
- (전) (주)새한이엔씨 감리부 근무
  한국소방안전원 근무
  북평환경발전소 설계 등
  연구실환경안전 진단업무 등
- (현) (주)한국전설 감리부 근무

이지호
- 인하대학교 화학공학과 졸업
- (전) 한솔방재 근무
  (주)한신소방 설계부 근무
  한국소방산업기술원 근무
  가스계설프로그램 인증 업무 등
- (현) (주)세종종합기술 근무

차주형
- 소방시설관리사(7회 합격, 2004년)
- 소방기술사(90회 합격, 2010년)
- (전) (주)삼주 점검팀 근무
  (주)대일산업 점검팀 근무
  (주)건국방재 점검팀 근무
  가스계설프로그램 인증 업무 등
- (현) (주)지여이앤씨 감리부 근무

MAP 소방(상) 기술사

인쇄일 2023년 1월 5일
발행일 2023년 1월 10일

공편자 장명근 · 조진원 · 이지호 · 차주형
발행인 김용관
발행처 ㈜서울고시각
주 소 서울시 영등포구 양평로 157 투웨니퍼스트밸리 10층 1008호
대표전화 02.706.2261
상담전화 02.706.2262~6 | FAX 02.711.9921
인터넷서점 · 동영상강의 www.edu-market.co.kr
E-mail gosigak@gosigak.co.kr
표지디자인 이세정
편집디자인 김수진, 황인숙
편집 · 교정 이대근

ISBN 978-89-526-4403-9
정 가 46,000원

저자와의 협의하에 인지생략

• 이 책에 실린 내용에 대한 저작권은 서울고시각에 있으므로 함부로 복사 · 복제할 수 없습니다.